UG 软件应用认证指导用书

UG NX 9.0 产品设计实例精解

北京兆迪科技有限公司　编著

内容提要

本书是进一步学习UG NX 9.0产品设计的高级实例书籍，共介绍了32个经典的实际产品的设计全过程，这些实例涉及各个行业和领域，选用的实例都是生产一线实际应用中的各种产品，经典而实用，这些实例和应用案例覆盖了不同行业，具有很强的实用性和广泛的适用性。本书附带2张多媒体DVD学习光盘，制作了189个UG产品设计技巧和具有针对性的实例教学视频，并进行了详细的语音讲解，时间长达17.3个小时（1038分钟），光盘中还包含本书所有的实例源文件以及已完成的实例文件。另外，为方便UG NX低版读者的学习，光盘中特提供了UG NX 7.0、UG NX 8.0和UG NX 8.5版本的素材源文件。

本书在内容上，先针对每一个实例进行概述，说明该实例的特点，使读者对其有一个整体概念的认识，学习也更有针对性，接下来的操作步骤翔实、透彻，图文并茂，引领读者一步步地完成设计，这种讲解方法能使读者更快、更深入地理解UG产品设计中的一些抽象的概念、重要的设计技巧和复杂的命令及功能，还能使读者较快地进入产品设计实战状态；在写作方式上，本书紧贴UG NX 9.0软件的实际操作界面，使初学者能够直观、准确地操作软件进行学习，从而尽快地上手，提高学习效率。

本书内容全面，条理清晰，实例丰富，讲解详细，图文并茂，可作为广大工程技术人员和设计工程师学习UG的产品设计自学教程和参考书，也可作为大中专院校学生和各类培训学校学员的CAD/CAM课程上课及上机练习的教材。

图书在版编目（CIP）数据

UG NX 9.0产品设计实例精解 / 北京兆迪科技有限公司编著. -- 北京 : 中国水利水电出版社, 2014.4
UG软件应用认证指导用书
ISBN 978-7-5170-1841-4

Ⅰ. ①U… Ⅱ. ①北… Ⅲ. ①工业产品－产品设计－计算机辅助设计－应用软件 Ⅳ. ①TB472-39

中国版本图书馆CIP数据核字(2014)第056202号

策划编辑：杨庆川/杨元泓　责任编辑：杨元泓　加工编辑：王　东　封面设计：梁　燕

书　名	UG软件应用认证指导用书 UG NX 9.0 产品设计实例精解
作　者	北京兆迪科技有限公司　编著
出版发行	中国水利水电出版社 （北京市海淀区玉渊潭南路1号D座　100038） 网址：www.waterpub.com.cn E-mail：mchannel@263.net（万水） sales@waterpub.com.cn 电话：（010）68367658（发行部）、82562819（万水）
经　售	北京科水图书销售中心（零售） 电话：（010）88383994、63202643、68545874 全国各地新华书店和相关出版物销售网点
排　版	北京万水电子信息有限公司
印　刷	北京蓝空印刷厂
规　格	184mm×260mm　16开本　20印张　416千字
版　次	2014年4月第1版　2014年4月第1次印刷
印　数	0001—5000册
定　价	46.00元（附2张DVD）

前　言

UG 是由美国 UGS 公司推出的功能强大的的三维 CAD/CAM/CAE 软件系统，其内容涵盖了产品从概念设计、工业造型设计、三维模型设计、分析计算、动态模拟与仿真、工程图输出，到生产加工成产品的全过程，应用范围涉及航空航天、汽车、机械、造船、通用机械、数控（NC）加工、医疗器械和电子等诸多领域。由于具有强大而完美的功能，UG 近几年几乎成为三维 CAD/CAM 领域的一面旗帜和标准，它在国外大学院校里已成为学习工程类专业必修的课程，也成为工程技术人员必备的技术。UG NX 9.0 是目前最新的版本，该版本在易用性、数字化模拟、知识捕捉、可用性和系统工程、模具设计和数控编程等方面进行了创新，对以前版本进行了数百项以客户为中心的改进。

零件建模与设计是产品设计的基础和关键，要熟练掌握使用 UG 对各种零件的设计，只靠理论学习和少量的练习是远远不够的。编著本书的目的正是为了使读者通过书中的经典实例，迅速掌握各种零件的建模方法、技巧和构思精髓，使读者在短时间内成为一名 UG 产品设计高手。本书是进一步学习 UG NX 9.0 产品设计的实例图书，其特色如下：

- 实例丰富。与其他的同类书籍相比，包括更多的产品设计实例和设计方法。
- 讲解详细，条理清晰。保证自学的读者能够独立学习书中的内容。
- 写法独特。采用 UG NX 9.0 软件中真实的对话框、按钮和图标等进行讲解，使初学者能够直观、准确地操作软件，从而大大提高学习效率。
- 附加值高。本书附带 2 张多媒体 DVD 学习光盘，制作了 189 个 UG 产品设计技巧和具有针对性的实例教学视频，并进行了详细的语音讲解，时间长达 17.3 个小时（1038 分钟），2 张 DVD 光盘教学文件容量共计 6.3GB，可以帮助读者轻松、高效地学习。

本书主要参编人员来自北京兆迪科技有限公司，展迪优承担本书的主要编写工作，参加编写的人员还有王焕田、刘静、雷保珍、刘海起、魏俊岭、任慧华、詹路、冯元超、刘江波、周涛、赵枫、邵为龙、侯俊飞、龙宇、施志杰、詹棋、高政、孙润、李倩倩。该公司专门从事 CAD/CAM/CAE 技术的研究、开发、咨询及产品设计与制造服务，并提供 UG、ANSYS、ADAMS 等软件的专业培训及技术咨询。在本书编写过程中得到了该公司的大力帮助，在此表示衷心的感谢。读者在学习本书的过程中如果遇到问题，可通过访问该公司的网站 http://www.zalldy.com 来获得帮助。

编　者

前言

本 书 导 读

为了能更高效地学习本书，务必请您仔细阅读下面的内容。

写作环境

本书使用的操作系统为 64 位的 Windows 7，系统主题采用 Windows 经典主题。本书采用的写作蓝本是 UG NX 9.0 中文版。

光盘使用

为方便读者练习，特将本书所有素材文件、已完成的实例文件、配置文件和视频语音讲解文件等放入随书附带的光盘中，读者在学习过程中可以打开相应素材文件进行操作和练习。

本书附带 2 张多媒体 DVD 光盘，建议读者在学习本书前，先将 2 张 DVD 光盘中的所有文件复制到计算机硬盘的 D 盘中，然后再将第二张光盘 ugnx90.5-video2 文件夹中的所有文件复制到第一张光盘的 video 文件夹中。D 盘上 ugnx90.5 目录下共有 4 个子目录：

（1）ugnx90_system_file 子目录：包含一些系统文件。

（2）work 子目录：包含本书的全部已完成的实例文件。

（3）video 子目录：包含本书讲解中的视频录像文件。读者学习时，可在该子目录中按顺序查找所需的视频文件。

（4）before 子目录：为方便 UG 低版本用户和读者的学习，光盘中特提供了 UG NX 7.0、UG NX 8.0 和 UG NX 8.5 版本的配套素材源文件。

光盘中带有“ok”扩展名的文件或文件夹表示已完成的实例。

本书约定

- 本书中有关鼠标操作的说明如下：
  - ☑ 单击：将鼠标指针移至某位置处，然后按一下鼠标的左键。
  - ☑ 双击：将鼠标指针移至某位置处，然后连续快速地按两次鼠标的左键。
  - ☑ 右击：将鼠标指针移至某位置处，然后按一下鼠标的右键。
  - ☑ 单击中键：将鼠标指针移至某位置处，然后按一下鼠标的中键。
  - ☑ 滚动中键：只是滚动鼠标的中键，而不能按中键。
  - ☑ 选择（选取）某对象：将鼠标指针移至某对象上，单击以选取该对象。
  - ☑ 拖移某对象：将鼠标指针移至某对象上，然后按下鼠标的左键不放，同时移动鼠标，将该对象移动到指定的位置后再松开鼠标的左键。

- 本书中的操作步骤分为 Task、Stage 和 Step 三个级别，说明如下：
  - ☑ 对于一般的软件操作，每个操作步骤以 Step 字符开始。
  - ☑ 每个 Step 操作视其复杂程度，其下面可含有多级子操作，例如 Step1 下可能包含（1）、（2）、（3）等子操作，（1）子操作下可能包含①、②、③等子操作，①子操作下可能包含 a）、b）、c）等子操作。
  - ☑ 如果操作较复杂，需要几个大的操作步骤才能完成，则每个大的操作冠以 Stage1、Stage2、Stage3 等，Stage 级别的操作下再分 Step1、Step2、Step3 等操作。
  - ☑ 对于多个任务的操作，则每个任务冠以 Task1、Task2、Task3 等，每个 Task 操作下则可包含 Stage 和 Step 级别的操作。
- 由于已建议读者将随书光盘中的所有文件复制到计算机硬盘的 D 盘中，所以书中在要求设置工作目录或打开光盘文件时，所述的路径均以“D:\”开始。

技术支持

本书主要参编人员来自北京兆迪科技有限公司，该公司专门从事 CAD/CAM/CAE 技术的研究、开发、咨询及产品设计与制造服务，并提供 UG、ANSYS、ADAMS 等软件的专业培训及技术咨询。读者在学习本书的过程中如果遇到问题，可通过访问该公司的网站 http://www.zalldy.com 来获得技术支持。

咨询电话：010-82176248，010-82176249。

目　　录

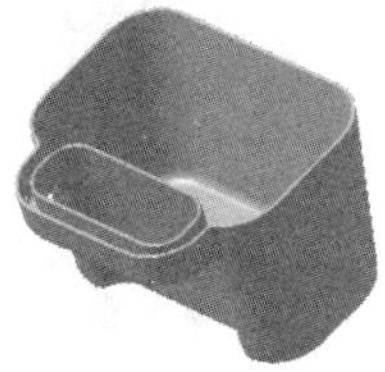

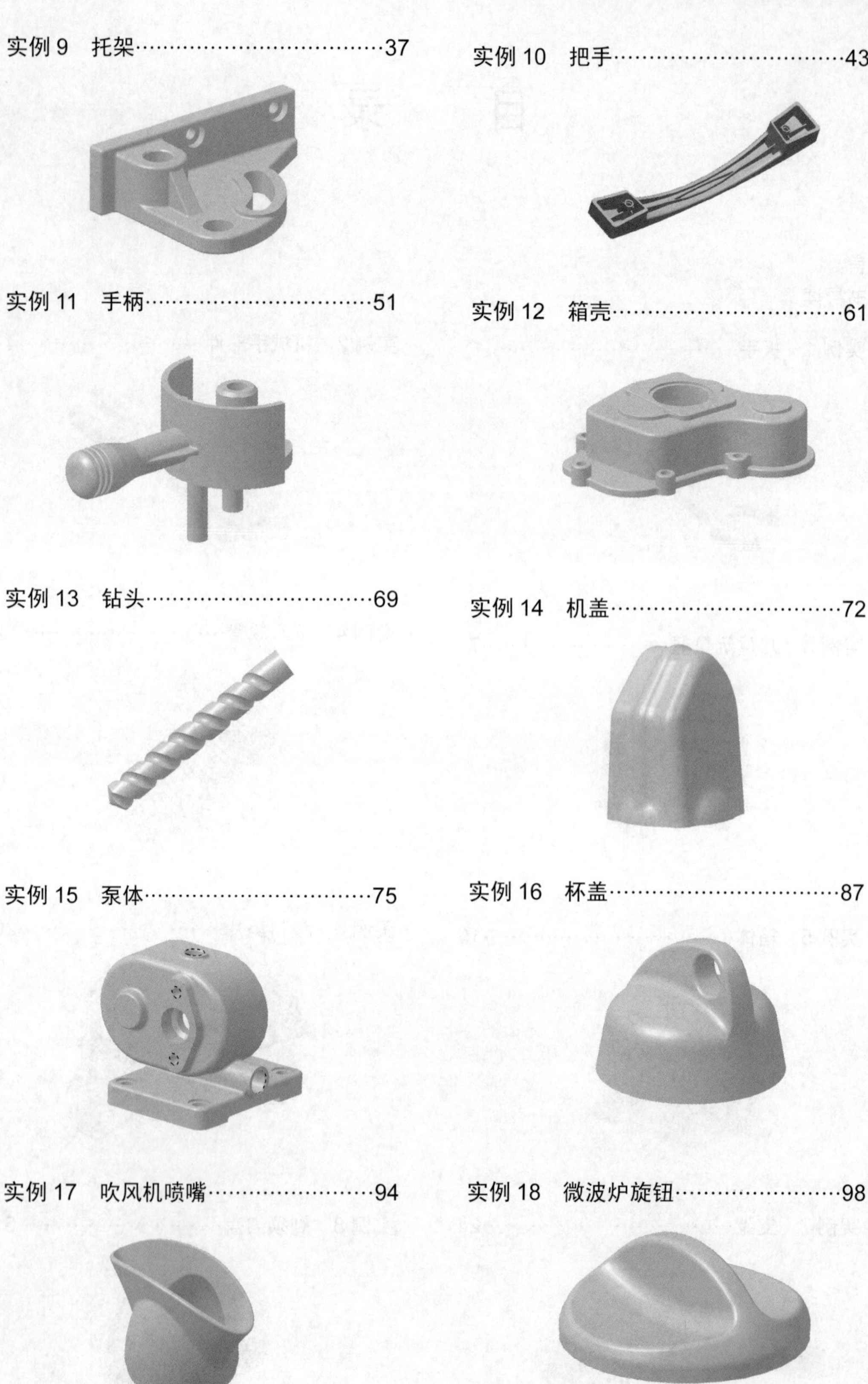

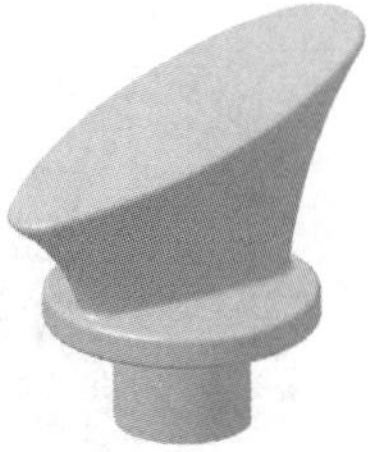

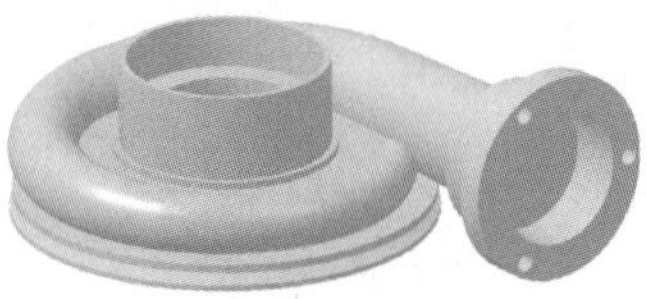

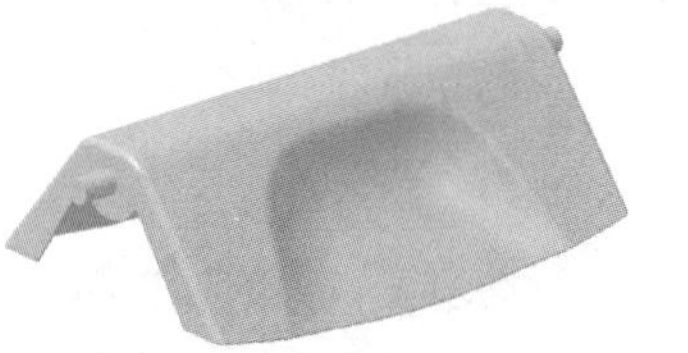

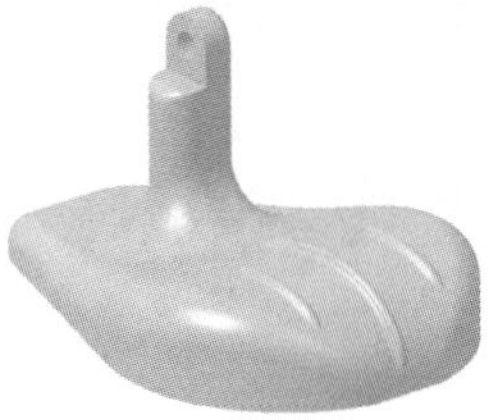

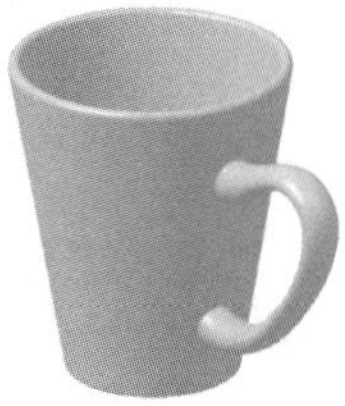

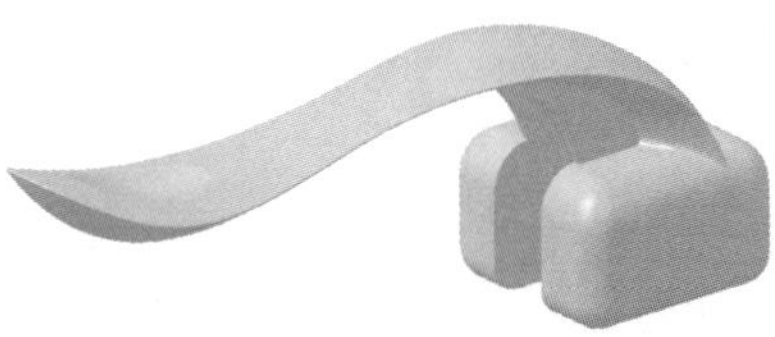

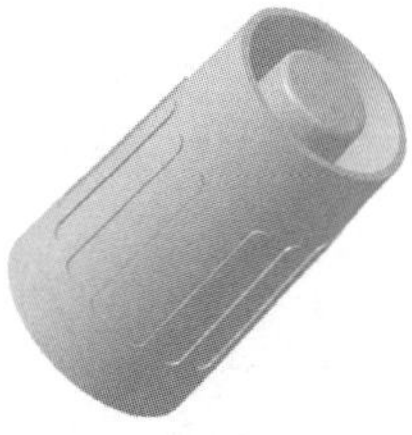

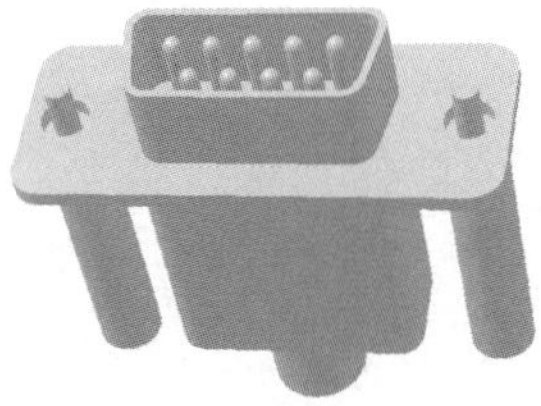

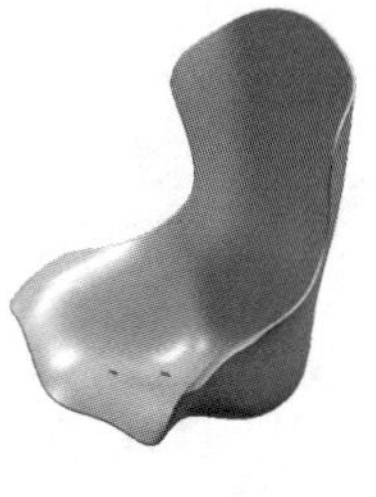

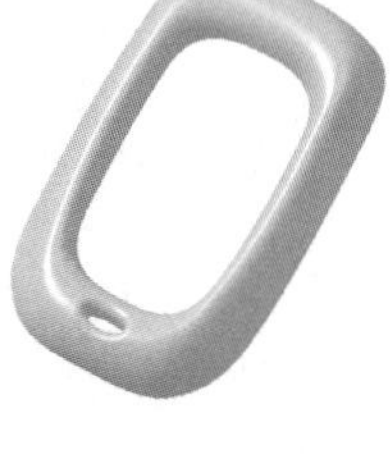

实例 1 扳 手

实例概述:

本实例介绍了一个简单箱体的设计过程。主要讲述拉伸、基准面、边倒圆等特征命令的应用。在创建特征的过程中，需要注意所用到的技巧和注意事项。零件模型及相应的模型树如图 1.1 所示。

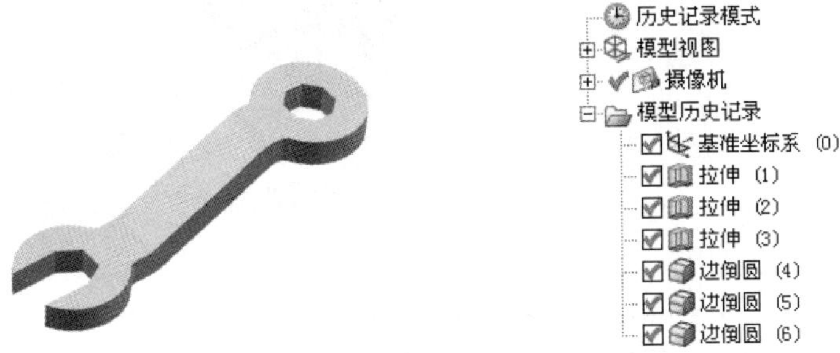

图 1.1 零件模型及模型树

Step1. 新建文件。选择下拉菜单 文件(F) → 新建(N)... 命令，系统弹出“新建”对话框。在 模型 选项卡的 模板 区域中选取模板类型为 模型，在 名称 文本框中输入文件名称 spanner，单击 确定 按钮，进入建模环境。

Step2. 创建图 1.2 所示的拉伸特征 1。选择下拉菜单 插入(S) → 设计特征(E) → 拉伸(E)... 命令（或单击 按钮）；单击“拉伸”对话框中的“绘制截面”按钮，系统弹出“创建草图”对话框，选取 XY 基准平面为草图平面，选中 设置 区域的 创建中间基准 CSYS 复选框，单击 确定 按钮，绘制图 1.3 所示的截面草图，退出草图环境；在 限制 区域的 结束 下拉列表中选择 对称值 选项，并在其下的 距离 文本框中输入值 32.5；其他参数采用系统默认设置；单击 < 确定 > 按钮，完成拉伸特征 1 的创建。

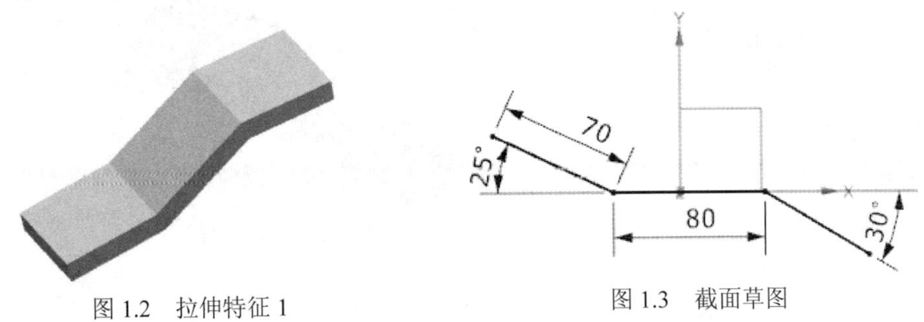

图 1.2 拉伸特征 1　　图 1.3 截面草图

Step3. 创建图 1.4 所示的拉伸特征 2。选择下拉菜单 插入(S) → 设计特征(E) → 拉伸(E)... 命令（或单击 按钮）；单击“拉伸”对话框中的“绘制截面”按钮，系统弹出“创建草图”对话框，选取图 1.5 所示的面为草图平面，选中 设置 区域的

☑ 创建中间基准 CSYS 复选框，单击 确定 按钮，绘制图 1.6 所示的截面草图，退出草图环境；在“拉伸”对话框 极限 区域的 开始 下拉列表中选择 贯通 选项；在 限制 区域的 结束 下拉列表中选择 贯通 选项，在 布尔 区域的 布尔 下拉列表中选择 求差 选项，其他参数采用系统默认设置；单击 < 确定 > 按钮，完成拉伸特征 2 的创建。

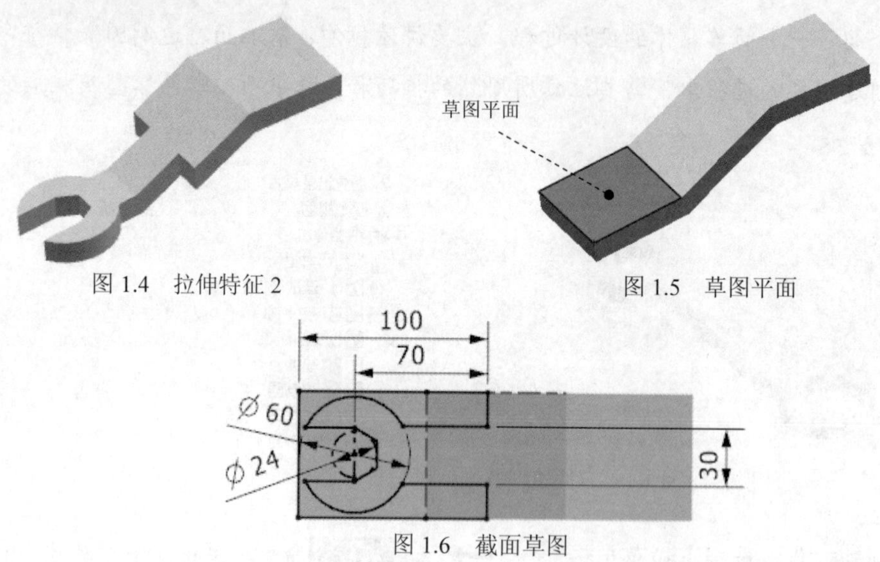

图 1.4 拉伸特征 2

图 1.5 草图平面

图 1.6 截面草图

Step4. 创建图 1.7 所示的拉伸特征 3。选择下拉菜单 插入(S) → 设计特征(E) → 拉伸(E)... 命令（或单击按钮）；单击“拉伸”对话框中的“绘制截面”按钮，系统弹出“创建草图”对话框，选取图 1.8 所示的面为草图平面，选中 设置 区域的 ☑ 创建中间基准 CSYS 复选框，单击 确定 按钮，绘制图 1.9 所示的截面草图，退出草图环境；在“拉伸”对话框 极限 区域的 开始 下拉列表中选择 贯通 选项；在 限制 区域的 结束 下拉列表中选择 贯通 选项，在 布尔 区域的 布尔 下拉列表中选择 求差 选项，其他参数采用系统默认设置；单击 < 确定 > 按钮，完成拉伸特征 3 的创建。

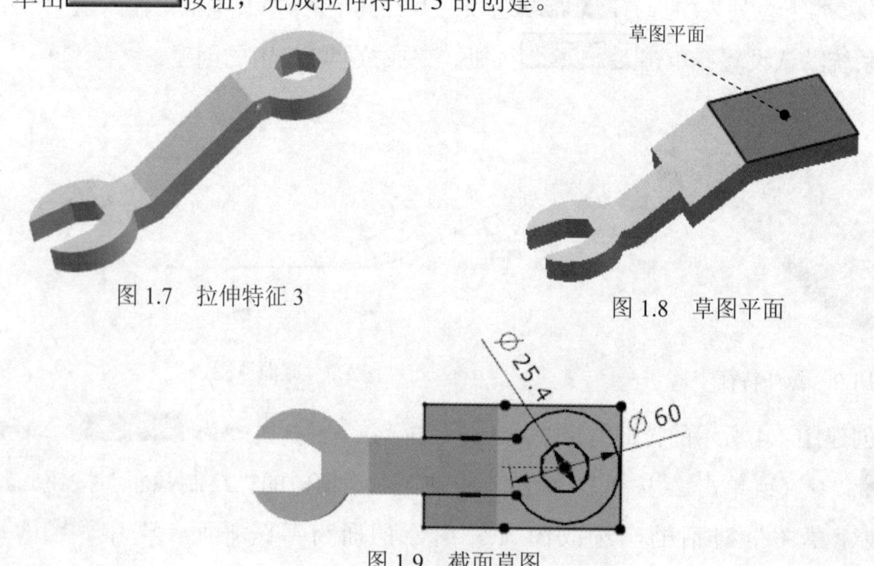

图 1.7 拉伸特征 3

图 1.8 草图平面

图 1.9 截面草图

Step5. 创建图 1.10b 所示的边倒圆特征 1。选择下拉菜单 插入(S) → 细节特征(L) ▸ → 边倒圆(E)... 命令（或单击按钮）；在 要倒圆的边 区域中单击按钮，选取图 1.10a 所示的 4 条边为边倒圆参照，并在 半径 1 文本框中输入值 5；单击 < 确定 > 按钮，完成边倒圆特征 1 的创建。

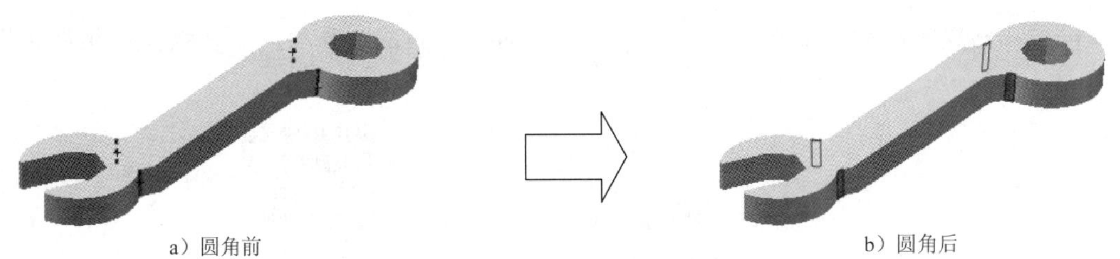

a）圆角前　　b）圆角后

图 1.10　边倒圆特征 1

Step6. 创建边倒圆特征 2。选取图 1.11a 所示的边线为边倒圆参照，其圆角半径值为 20。

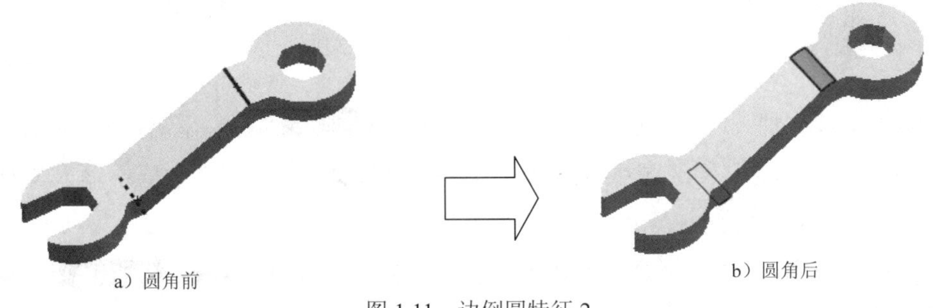

a）圆角前　　b）圆角后

图 1.11　边倒圆特征 2

Step7. 创建边倒圆特征 3。选取图 1.12a 所示的边线为边倒圆参照，其圆角半径值为 10。

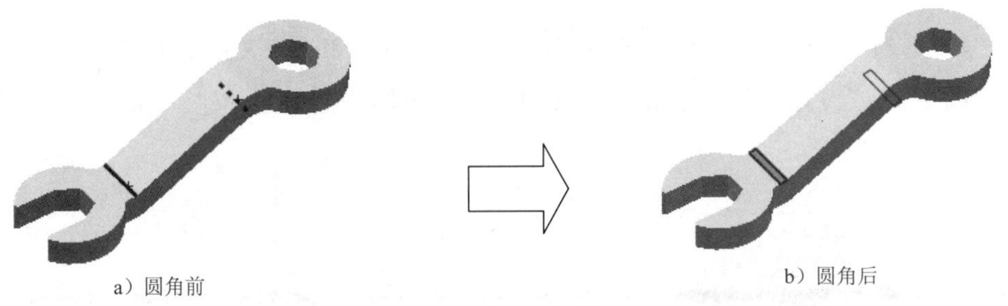

a）圆角前　　b）圆角后

图 1.12　边倒圆特征 3

Step8. 保存零件模型。选择下拉菜单 文件(F) → 保存(S) 命令，即可保存零件模型。

实例 2 机械手部件

实例概述:

本实例介绍了一个简单箱体的设计过程。主要讲述拉伸、基准面、边倒圆等特征命令的应用。在创建特征的过程中，需要注意所用到的技巧和注意事项。零件模型及相应的模型树如图 2.1 所示。

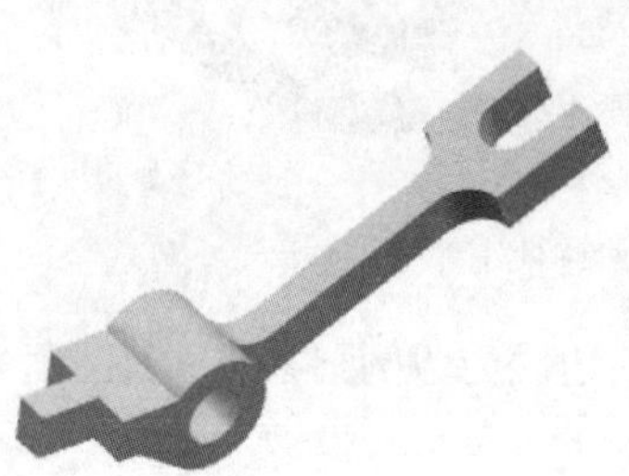

历史记录模式
模型视图
摄像机
模型历史记录
基准坐标系 (0)
拉伸 (1)
拉伸 (2)
拉伸 (4)
拉伸 (5)
边倒圆 (6)
边倒圆 (7)

图 2.1 零件模型及模型树

Step1. 新建文件。选择下拉菜单 文件(F) → 新建(N)... 命令，系统弹出“新建”对话框。在 模型 选项卡的 模板 区域中选取模板类型为 模型，在 名称 文本框中输入文件名称 machine hand，单击 确定 按钮，进入建模环境。

Step2. 创建图 2.2 所示的拉伸特征 1。选择下拉菜单 插入(S) → 设计特征(E) → 拉伸(E)... 命令（或单击按钮）；单击“拉伸”对话框中的“绘制截面”按钮，系统弹出“创建草图”对话框，选取 XY 基准平面为草图平面，选中 设置 区域的 ☑ 创建中间基准 CSYS 复选框，单击 确定 按钮，绘制图 2.3 所示的截面草图，退出草图环境；在 限制 区域的 结束 下拉列表中选择 对称值 选项，并在其下的 距离 文本框中输入值-10；其他参数采用系统默认设置；单击 < 确定 > 按钮，完成拉伸特征 1 的创建。

图 2.2 拉伸特征 1

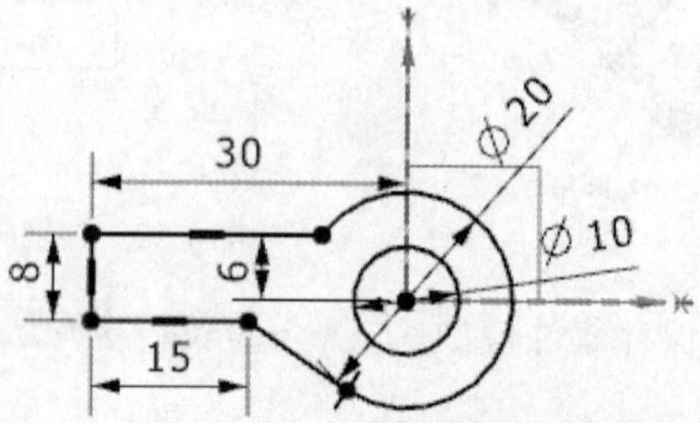

30
Ø20
Ø10
8
6
15

图 2.3 截面草图

Step3. 创建图 2.4 所示的拉伸特征 2。选择下拉菜单 插入(S) → 设计特征(E) → 拉伸(E)... 命令（或单击按钮）；单击“拉伸”对话框中的“绘制截面”按钮，系统弹出“创建草图”对话框，选取图 2.4 所示的面为草图平面，选中设置区域的☑ 创建中间基准 CSYS复选框，单击确定按钮，绘制图 2.5 所示的截面草图，退出草图环境；在“拉伸”对话框极限区域的开始下拉列表中选择值选项，并在其下的距离文本框中输入值 0；在限制区域的结束下拉列表中选择贯通选项，在布尔区域的布尔下拉列表中选择求差选项，其他参数采用系统默认设置；单击< 确定 >按钮，完成拉伸特征 2 的创建。

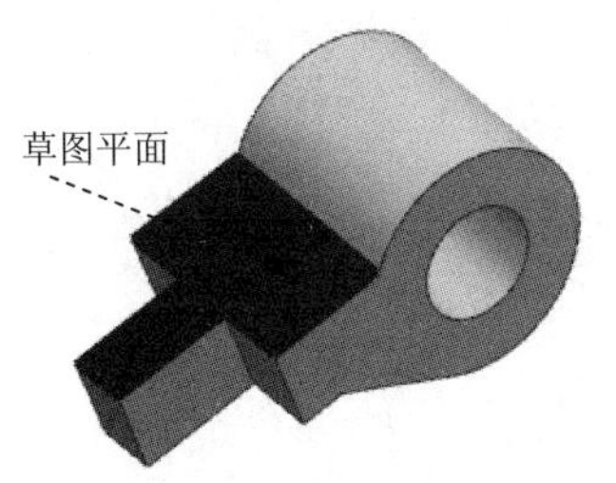

图 2.4 拉伸特征 2

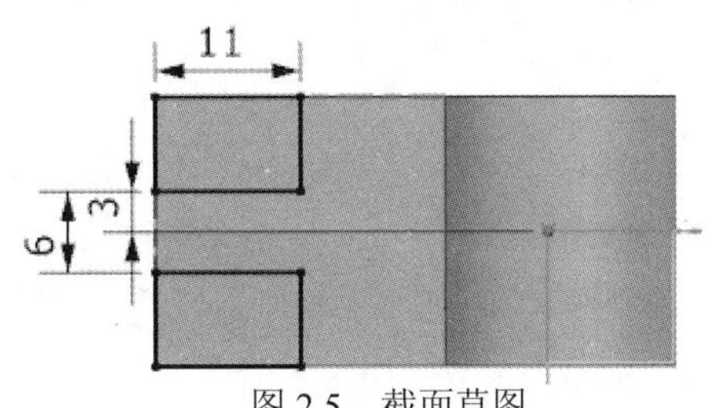

图 2.5 截面草图

Step4. 创建图 2.6 所示的拉伸特征 3。选择下拉菜单插入(S) → 设计特征(E) → 拉伸(E)...命令（或单击按钮）；单击“拉伸”对话框中的“绘制截面”按钮，系统弹出“创建草图”对话框，选取 XY 基准平面为草图平面，选中设置区域的☑ 创建中间基准 CSYS复选框，单击确定按钮，绘制图 2.7 所示的截面草图，退出草图环境；在限制区域的结束下拉列表中选择对称值选项，在布尔区域的布尔下拉列表中选择求和选项，其他参数采用系统默认设置；单击< 确定 >按钮，完成拉伸特征 3 的创建。

图 2.6 拉伸特征 3

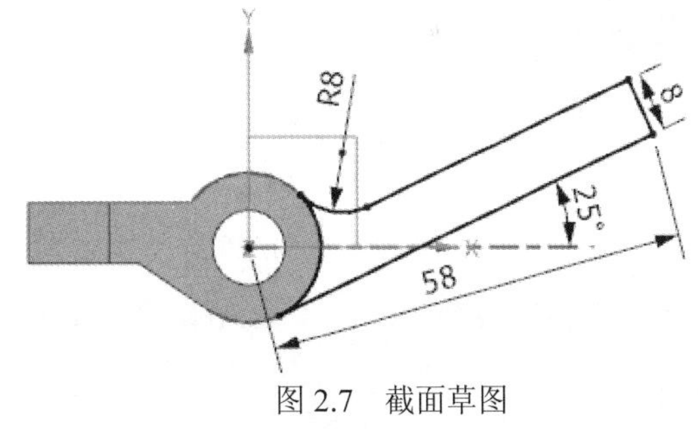

图 2.7 截面草图

Step5. 创建图 2.8 所示的拉伸特征 4。选择下拉菜单插入(S) → 设计特征(E) → 拉伸(E)...命令（或单击按钮）；单击“拉伸”对话框中的“绘制截面”按钮，系统弹出“创建草图”对话框，选取图 2.8 所示的面为草图平面，选中设置区域的☑ 创建中间基准 CSYS复选框，单击确定按钮，绘制图 2.9 所示的截面草图，退出草图环境；在“拉伸”对话框极限区域的开始下拉列表中选择直至延伸部分选项，选择图 2.10 所示的面 1；在限制区域的结束下拉列表中选择直至延伸部分选项，选择图 2.10 所示的面 2；在布尔区域的布尔下拉列表中选择求和选项，其他参数采用系统默认设置；单击< 确定 >按钮，完成拉伸特征 4 的创建。

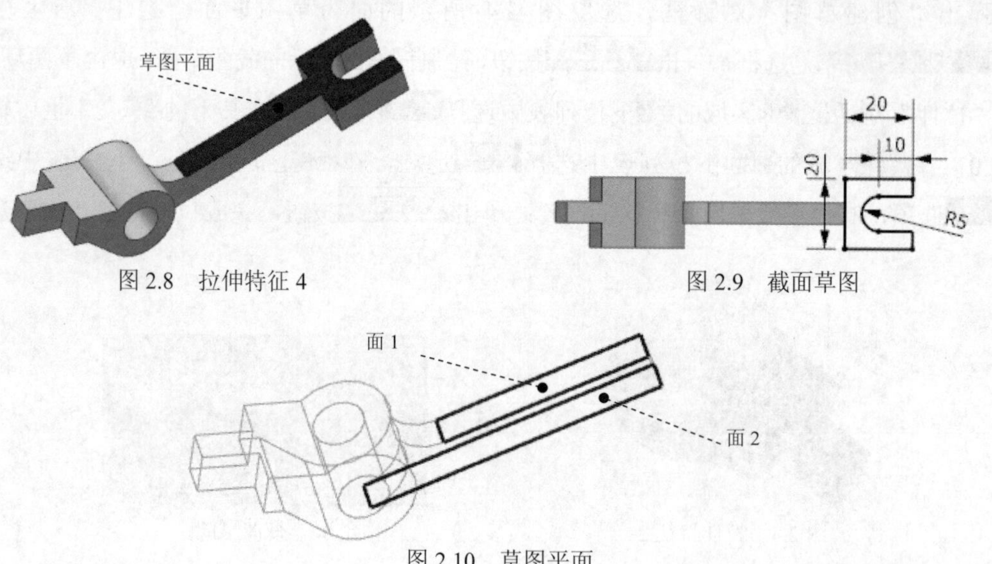

图 2.8　拉伸特征 4

图 2.9　截面草图

图 2.10　草图平面

Step6. 创建图 2.11b 所示的边倒圆特征 1。选择下拉菜单 插入(S) → 细节特征(L) → 边倒圆(E)... 命令（或单击按钮）；在 要倒圆的边 区域中单击按钮，选取图 2.11a 所示的两条边为边倒圆参照，并在 半径 1 文本框中输入值 7；单击 < 确定 > 按钮，完成边倒圆特征 1 的创建。

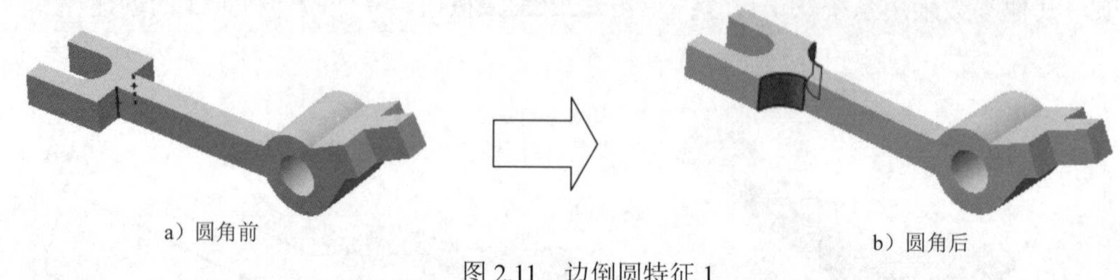

a）圆角前　　b）圆角后

图 2.11　边倒圆特征 1

Step7. 创建边倒圆特征 2。选取图 2.12a 所示的边线为边倒圆参照，其圆角半径值为 5。

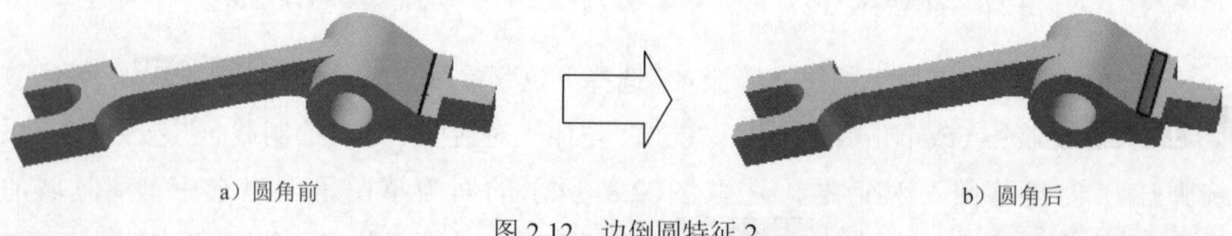

a）圆角前　　b）圆角后

图 2.12　边倒圆特征 2

Step8. 保存零件模型。选择下拉菜单 文件(F) → 保存(S) 命令，即可保存零件模型。

实例3 儿童玩具篮

实例概述:

本实例介绍了儿童玩具篮的设计过程。此实例主要运用了拉伸特征，通过对本实例的学习，读者能熟练地掌握实体的拉伸、抽壳和倒圆角等特征的应用。零件模型及相应的模型树如图 3.1 所示。

图 3.1　零件模型及模型树

Step1. 新建文件。选择下拉菜单 文件(F) → 新建(N)... 命令，系统弹出“新建”对话框。在 模型 选项卡的 模板 区域中选择模板类型为 模型；在 名称 文本框中输入文件名称 toy_basket；单击 确定 按钮，进入建模环境。

Step2. 创建图 3.2 所示的拉伸特征 1。选择下拉菜单 插入(S) → 设计特征(E) → 拉伸(E)... 命令（或单击 按钮），系统弹出“拉伸”对话框；单击“拉伸”对话框中的“绘制截面”按钮，系统弹出“创建草图”对话框。选取 YZ 基准平面为草图平面，选中 设置 区域的 ☑ 创建中间基准 CSYS 复选框，单击 确定 按钮，进入草图环境，绘制图 3.3 所示的截面草图，选择下拉菜单 任务(K) → 完成草图(K) 命令（或单击 完成草图 按钮），退出草图环境；在“拉伸”对话框 限制 区域的 开始 下拉列表中选择 值 选项，并在其下的 距离 文本框中输入值 0；在 限制 区域的 结束 下拉列表中选择 值 选项，并在其下的 距离 文本框中输入值 115，其他参数采用系统默认设置；单击 < 确定 > 按钮，完成拉伸特征 1 的创建。

说明：系统默认的拉伸方向为 X 轴的正方向。

图 3.2　拉伸特征 1

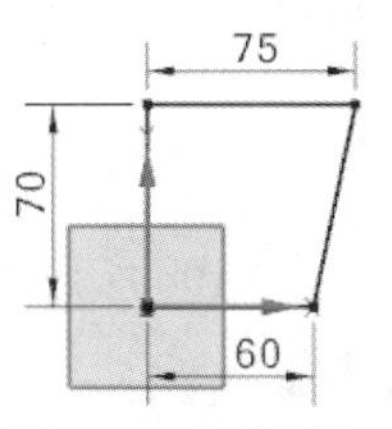

图 3.3　截面草图

Step3. 创建图 3.4 所示的拉伸特征 2。选择下拉菜单 插入(S) → 设计特征(E) → 拉伸(E)... 命令（或单击按钮），系统弹出“拉伸”对话框；单击“拉伸”对话框中的“绘制截面”按钮，系统弹出“创建草图”对话框。选取图 3.5 所示的模型表面为草图平面，取消选中设置区域的 创建中间基准 CSYS 复选框，单击 确定 按钮，进入草图环境，绘制图 3.6 所示的截面草图，选择下拉菜单 任务(K) → 完成草图(K) 命令（或单击 完成草图 按钮），退出草图环境；在“拉伸”对话框中单击方向区域的“反向”按钮；在限制区域的开始下拉列表中选择 值 选项，并在其下的距离文本框中输入值 0；在限制区域的结束下拉列表中选择 值 选项，并在其下的距离文本框中输入值 15，在布尔区域的下拉列表中选择 求和 选项，采用系统默认的求和对象；单击 < 确定 > 按钮，完成拉伸特征 2 的创建。

图 3.4 拉伸特征 2

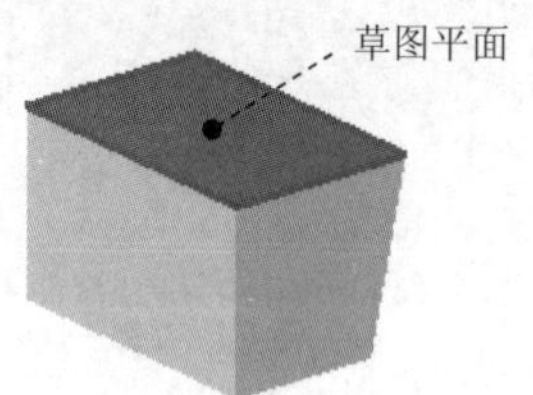

图 3.5 定义草图平面

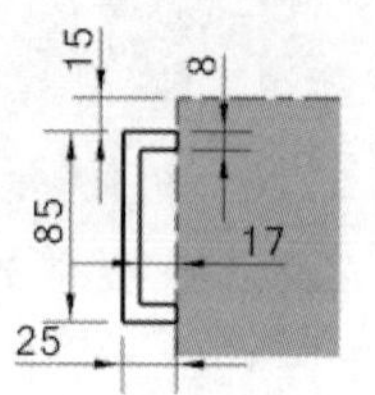

图 3.6 截面草图

Step4. 创建图 3.7 所示的拉伸特征 3。选择下拉菜单 插入(S) → 设计特征(E) → 拉伸(E)... 命令（或单击按钮），系统弹出“拉伸”对话框；单击“拉伸”对话框中的“绘制截面”按钮，系统弹出“创建草图”对话框，选取图 3.8 所示的模型表面为草图平面，单击 确定 按钮，进入草图环境，绘制图 3.9 所示的截面草图，选择下拉菜单 任务(K) → 完成草图(K) 命令（或单击 完成草图 按钮），退出草图环境；在“拉伸”对话框限制区域的开始下拉列表中选择 值 选项，并在其下的距离文本框中输入值 0；在限制区域的结束下拉列表中选择 值 选项，并在其下的距离文本框中输入值 8，并单击方向区域的“反向”按钮；在布尔区域的下拉列表中选择 求差 选项，采用系统默认的求差对象；单击 < 确定 > 按钮，完成拉伸特征 3 的创建。

图 3.7 拉伸特征 3

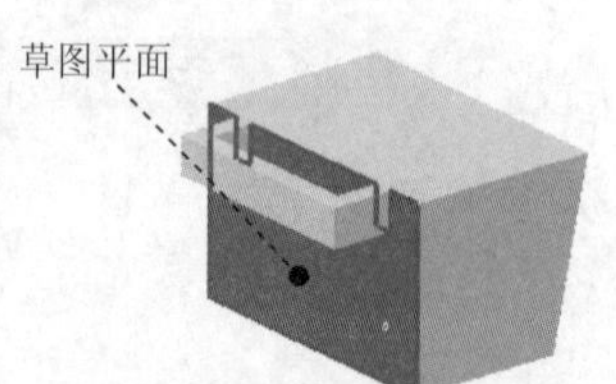

图 3.8 定义草图平面

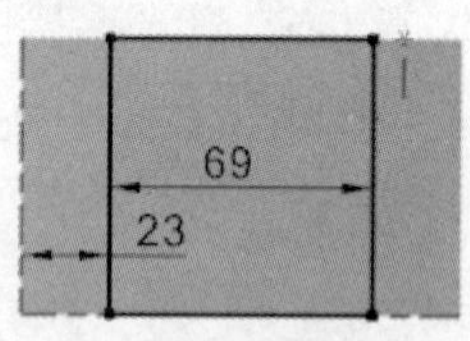

图 3.9 截面草图

Step5. 创建图 3.10b 所示的边倒圆特征 1。选择下拉菜单 插入(S) → 细节特征(L) → 边倒圆(E)... 命令（或单击按钮），系统弹出“边倒圆”对话框；在要倒圆的边区域中单击按钮，选取图 3.10a 所示的 6 条边线为边倒圆参照，并在半径 1 文本框中输入值 20；

单击 < 确定 > 按钮，完成边倒圆特征 1 的创建。

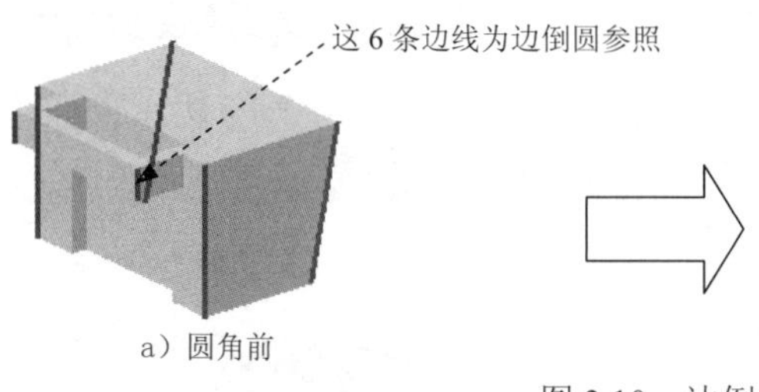

a）圆角前

b）圆角后

图 3.10　边倒圆特征 1

Step6. 创建图 3.11b 所示的边倒圆特征 2。选择下拉菜单 插入(S) → 细节特征(L) → 边倒圆(E)... 命令（或单击按钮），系统弹出“边倒圆”对话框；在要倒圆的边区域中单击按钮，选取图 3.11a 所示的 4 条边线为边倒圆参照，并在半径 1文本框中输入值 10；单击 < 确定 > 按钮，完成边倒圆特征 2 的创建。

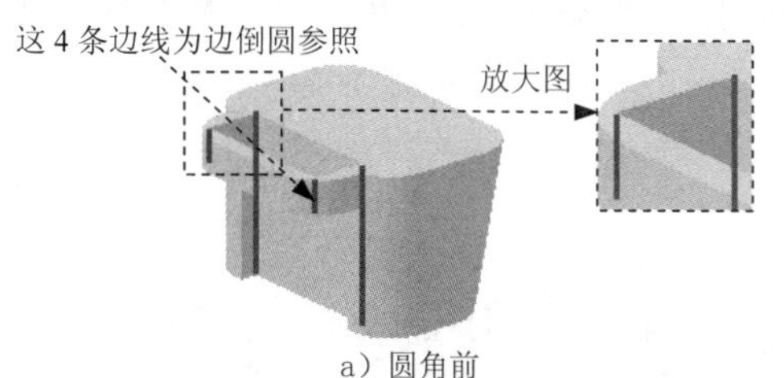

a）圆角前

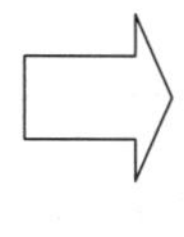

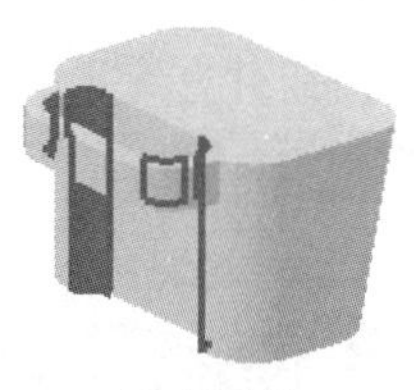
b）圆角后

图 3.11　边倒圆特征 2

Step7. 创建边倒圆特征 3。选取图 3.12 所示的边线为边倒圆参照，其圆角半径值为 6。

Step8. 创建边倒圆特征 4。选取图 3.13 所示的边线为边倒圆参照，其圆角半径值为 6。

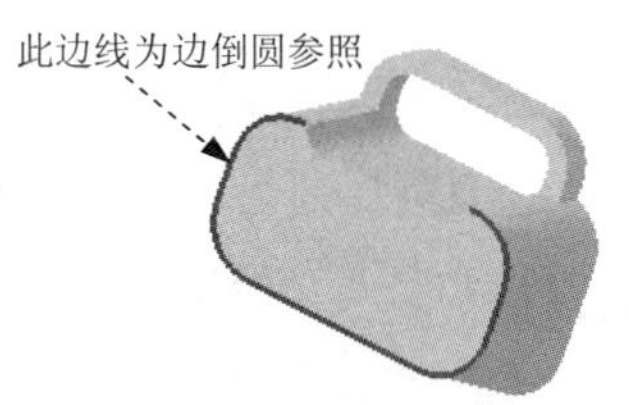

图 3.12　边倒圆特征 3

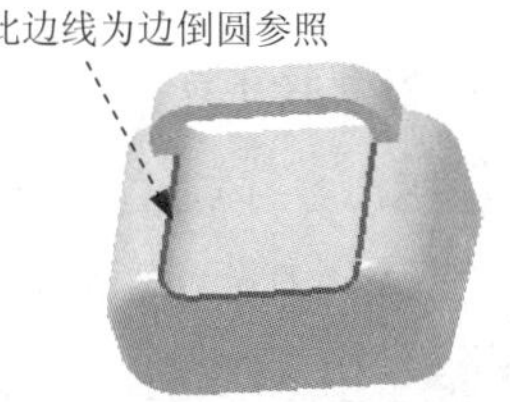

图 3.13　边倒圆特征 4

Step9. 创建边倒圆特征 5。选取图 3.14 所示的两条边线为边倒圆参照，其圆角半径值为 3。

Step10. 创建边倒圆特征 6。选取图 3.15 所示的两条边线为边倒圆参照，其圆角半径值为 3。

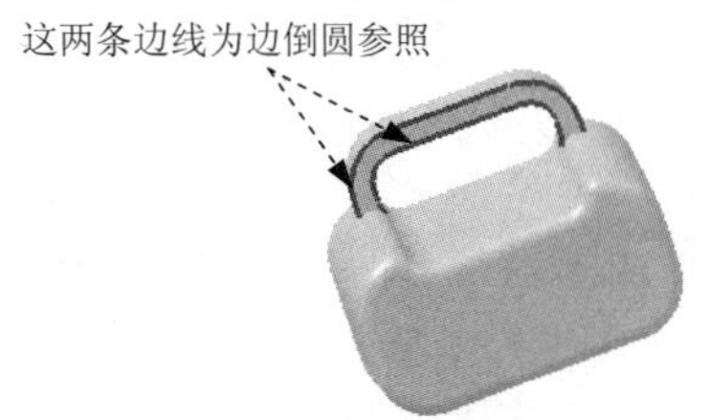

图 3.14　边倒圆特征 5

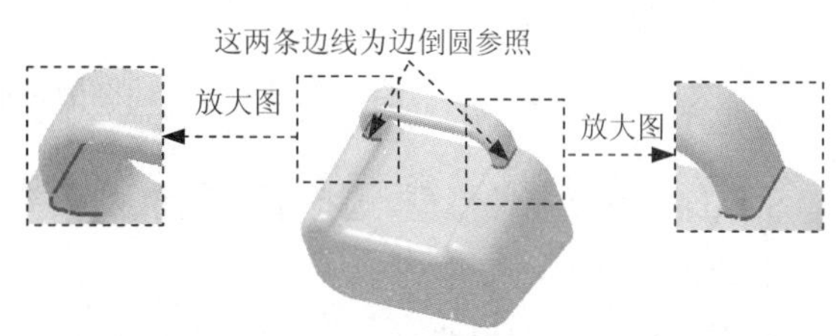

图 3.15　边倒圆特征 6

Step11. 创建图 3.16 所示的抽壳特征。选择下拉菜单 插入(S) → 偏置/缩放(O) → 抽壳(H)... 命令（或单击按钮），系统弹出“抽壳”对话框；在类型区域的下拉列表中选择 移除面，然后抽壳 选项；在要穿透的面区域单击按钮，选取图 3.17 所示的面为移除面，并在厚度文本框中输入值 1.5，采用系统默认方向；单击 < 确定 > 按钮，完成抽壳特征的创建。

图 3.16 抽壳特征

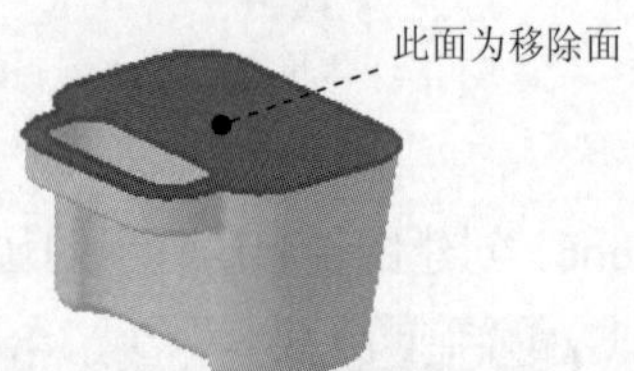

图 3.17 选取移除面

Step12. 创建图 3.18b 所示的边倒圆特征 7。选择下拉菜单 插入(S) → 细节特征(L) → 边倒圆(E)... 命令（或单击按钮），系统弹出“边倒圆”对话框；在要倒圆的边区域中单击按钮并在半径 1 文本框中输入值 0.3，选取图 3.18a 所示的两条边线为边倒圆参照；单击 < 确定 > 按钮，完成边倒圆特征 7 的创建。

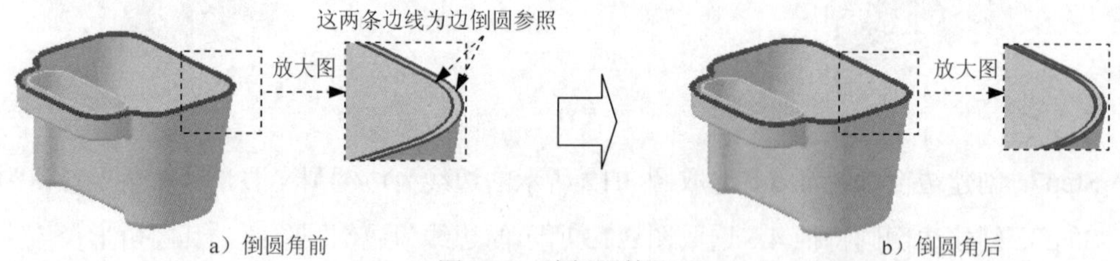

图 3.18 边倒圆特征 7

Step13. 创建图 3.19b 所示的边倒圆特征 8。选择下拉菜单 插入(S) → 细节特征(L) → 边倒圆(E)... 命令（或单击按钮），系统弹出“边倒圆”对话框；在要倒圆的边区域中单击按钮，选取图 3.19a 所示的两条边线为边倒圆参照，并在半径 1 文本框中输入值 0.75；单击 < 确定 > 按钮，完成边倒圆特征 8 的创建。

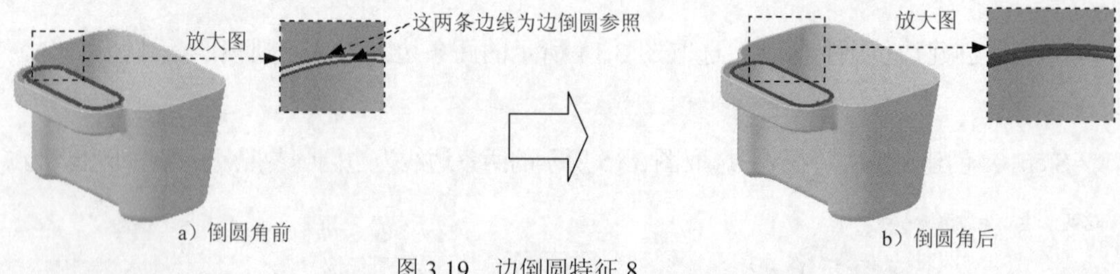

图 3.19 边倒圆特征 8

Step14. 保存零件模型。选择下拉菜单 文件(F) → 保存(S) 命令，即可保存零件模型。

说明：

- 零件模型创建完成后，如果要对其进行修改，可直接在图形区（或模型树）双击

某个特征，在系统弹出的相应特征对话框中修改参数即可。

- 在产品设计过程中，对于影响产品壁厚的圆角特征必须在抽壳特征之后创建。例如本例 Step5 的圆角特征 1 放在抽壳后的情况，如图 3.20 所示。

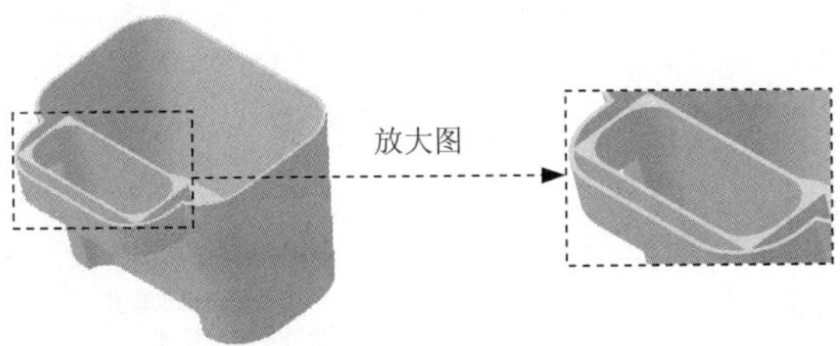

图 3.20　抽壳后圆角

实例 4　下水软管

实例概述：

本实例介绍了下水软管的设计过程。通过学习本实例，读者可对实体的旋转、抽壳和求和等特征的创建方法有比较深入的了解。零件模型及相应的模型树如图 4.1 所示。

历史记录模式
模型视图
摄像机
用户表达式
模型历史记录
基准坐标系 (0)
回转 (1)
回转 (2)
阵列［线性］(3)
回转 (4)
壳 (5)

图 4.1　零件模型及模型树

Step1. 新建文件。选择下拉菜单 文件(F) → 新建(N)... 命令，系统弹出“新建”对话框。在 模型 选项卡的 模板 区域中选取类型为 模型 的模板，在 名称 文本框中输入文件名称 air_pipe，单击 确定 按钮，进入建模环境。

Step2. 创建图 4.2 所示的旋转特征 1。选择 插入(S) → 设计特征(E) → 旋转(R)... 命令（或单击 按钮），系统弹出“旋转”对话框；单击 截面 区域中的 按钮，系统弹出“创建草图”对话框，选中 ☑ 创建中间基准 CSYS 复选框，选取 XY 基准平面为草图平面，单击 确定 按钮，进入草图环境，绘制图 4.3 所示的截面草图，选择下拉菜单 任务(K) → 完成草图(K) 命令（或单击 完成草图 按钮），退出草图环境；在绘图区域选取 YC 基准轴为旋转轴；在“旋转”对话框 限制 区域的 开始 下拉列表中选择 值 选项，并在其下的 角度 文本框中输入值 0，在 结束 下拉列表中选择 值 选项，并在其下的 角度 文本框中输入值 360，其他采用系统默认设置；单击 < 确定 > 按钮，完成旋转特征 1 的创建。

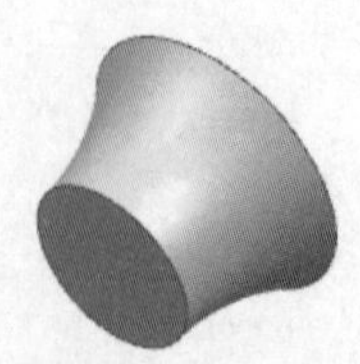

图 4.2　旋转特征 1

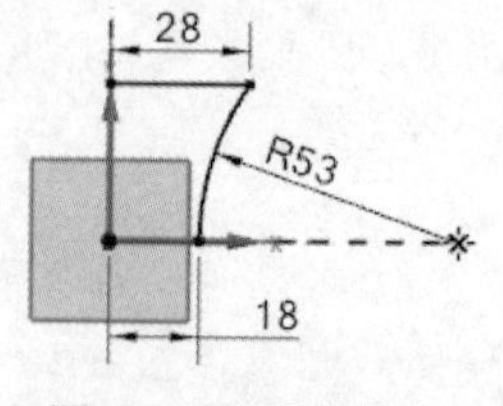

图 4.3　截面草图

Step3. 创建图 4.4 所示的旋转特征 2。选择 插入(S) → 设计特征(E) → 旋转(R)... 命令（或单击 按钮），系统弹出“旋转”对话框；单击 截面 区域中的 按钮，系统弹出“创建草图”对话框，取消选中 ☐ 创建中间基准 CSYS 复选框，选取 XY 基准平面为草图平面，单击确定按钮，进入草图环境，绘制图4.5所示的截面草图，选择下拉菜单任务(K) → 完成草图(K)命令（或单击完成草图按钮），退出草图环境；在绘图区域中选取YC基准轴为旋转轴；在“旋转”对话框限制区域的开始下拉列表中选择值选项，并在其下的角度文本框中输入值0，在结束下拉列表中选择值选项，并在其下的角度文本框中输入值360，在布尔区域中选择求和选项，采用系统默认的求和对象；单击<确定>按钮，完成旋转特征2的创建。

Step4. 创建图4.6所示的阵列特征。选择下拉菜单插入(S) → 关联复制(A) → 阵列特征(A)...命令（或单击按钮），系统弹出“阵列特征”对话框；在绘图区选取Step3所创建的旋转特征2；在“阵列特征”对话框中阵列定义区域的布局下拉列表中选择线性选项；在方向1区域中激活指定矢量，指定YC基准轴为指定矢量；在“阵列特征”对话框的间距下拉列表中选择数量和节距选项，在数量文本框中输入值15，在节距文本框中输入值7，取消方向2的阵列；单击“阵列特征”对话框中的确定按钮，完成阵列特征的创建。

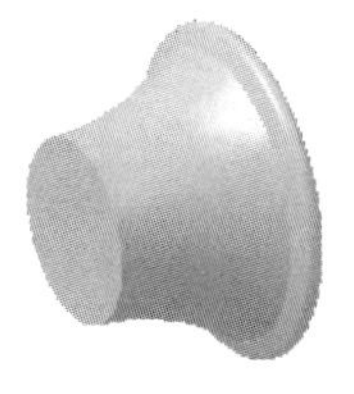
图4.4 旋转特征2

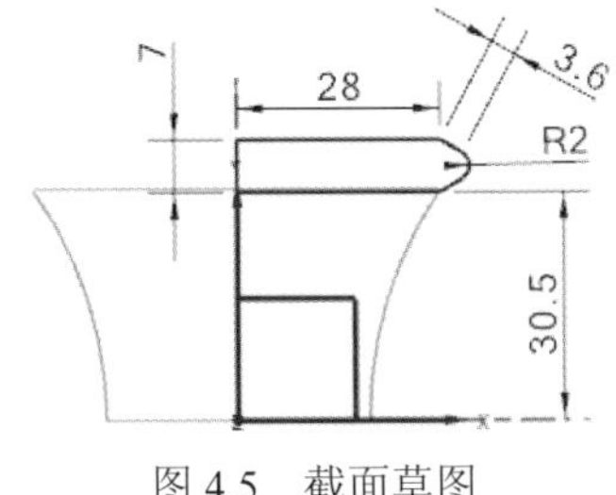

图4.5 截面草图

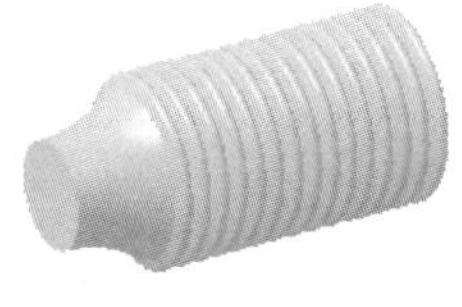
图4.6 阵列特征

Step5. 创建图4.7所示的旋转特征3。选择插入(S) → 设计特征(E) → 旋转(R)...命令（或单击按钮），系统弹出“旋转”对话框；单击截面区域中的按钮，系统弹出“创建草图”对话框，选取XY基准平面为草图平面，单击确定按钮，进入草图环境，绘制图4.8所示的截面草图，选择下拉菜单任务(K) → 完成草图(K)命令（或单击完成草图按钮），退出草图环境；在绘图区域中选取YC基准轴为旋转轴，并选取原点为指定点；在“旋转”对话框限制区域的开始下拉列表中选择值选项，并在其下的角度文本框中输入值0，在结束下拉列表中选择值选项，并在其下的角度文本框中输入值360，在布尔区域中选择求和选项，其他参数采用系统默认设置；单击<确定>按钮，完成旋转特征3的创建。

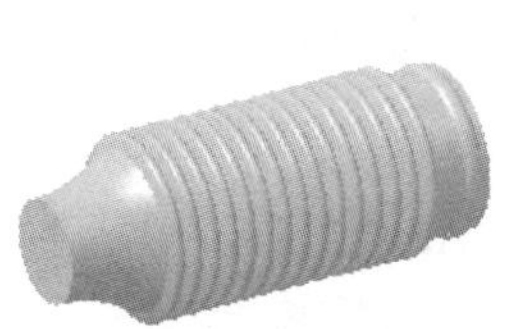
图4.7 旋转特征3

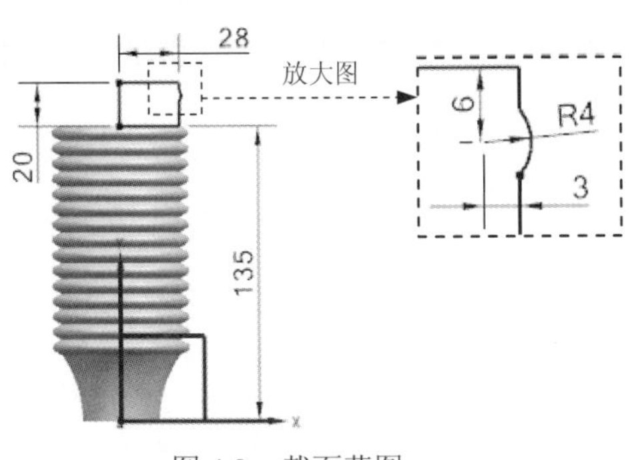

图4.8 截面草图

Step6. 创建图 4.9 所示的抽壳特征。选择下拉菜单 插入(S) → 偏置/缩放(O) → 抽壳(H)... 命令（或单击按钮），系统弹出“抽壳”对话框；在要穿透的面区域中单击按钮，选择图 4.10 所示的两个面为要移除的面，并在厚度文本框中输入值 1.2，采用系统默认方向；单击 < 确定 > 按钮，完成抽壳特征的创建。

图 4.9　抽壳特征

图 4.10　选取移除面

Step7. 保存零件模型。选择下拉菜单 文件(F) → 保存(S) 命令，即可保存零件模型。

实例 5 箱 体

实例概述:

本实例介绍了一个简单箱体的设计过程。主要讲述拉伸、基准面、边倒圆等特征命令的应用。在创建特征的过程中，需要注意所用到的技巧和注意事项。零件模型及相应的模型树如图 5.1 所示。

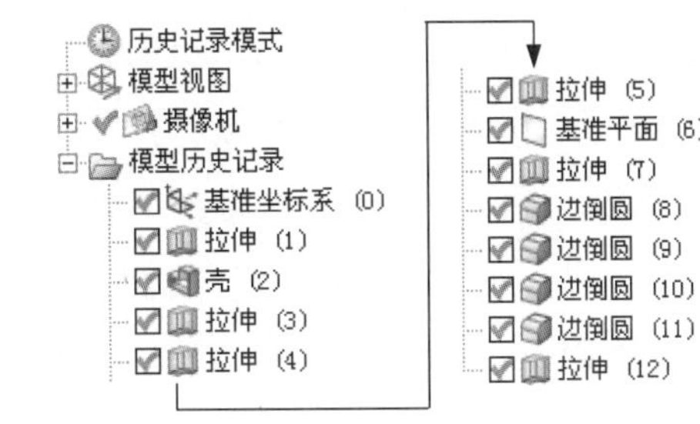

图 5.1 零件模型及模型树

Step1. 新建文件。选择下拉菜单 文件(F) → 新建(N)... 命令，系统弹出“新建”对话框。在 模型 选项卡的 模板 区域中选取模板类型为 模型，在 名称 文本框中输入文件名称 box，单击 确定 按钮，进入建模环境。

Step2. 创建图 5.2 所示的拉伸特征 1。选择下拉菜单 插入(S) → 设计特征(E) → 拉伸(E)... 命令（或单击 按钮），系统弹出“拉伸”对话框；单击“拉伸”对话框中的“绘制截面”按钮，系统弹出“创建草图”对话框。选取 YZ 基准平面为草图平面，选中 设置 区域的 ☑ 创建中间基准 CSYS 复选框，单击 确定 按钮，进入草图环境，绘制图 5.3 所示的截面草图，选择下拉菜单 任务(K) → 完成草图(K) 命令（或单击 完成草图 按钮），退出草图环境，在“拉伸”对话框 限制 区域的 开始 下拉列表中选择 值 选项，并在其下的 距离 文本框中输入值-40；在 限制 区域的 结束 下拉列表中选择 值 选项，并在其下的 距离 文本框中输入值 40，其他参数采用系统默认设置，单击 < 确定 > 按钮，完成拉伸特征 1 的创建。

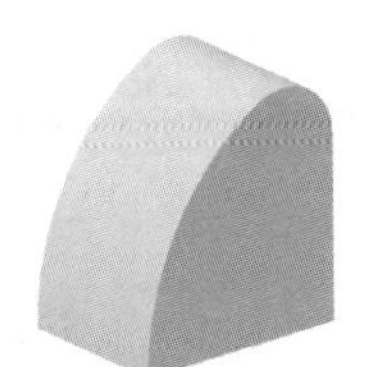

图 5.2 拉伸特征 1

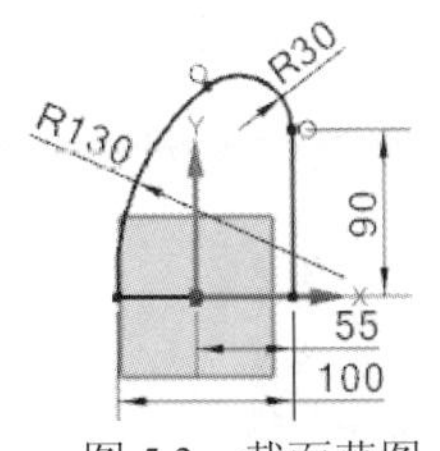

图 5.3 截面草图

Step3. 创建图 5.4 所示的抽壳特征。选择下拉菜单 插入(S) → 偏置/缩放(O) → 抽壳(H)... 命令（或单击 按钮），系统弹出“抽壳”对话框；在 要穿透的面 区域单击 按

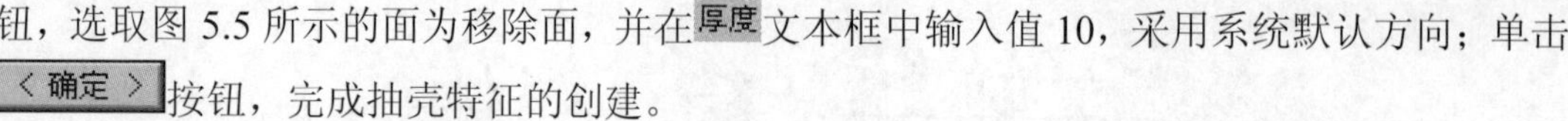

钮，选取图 5.5 所示的面为移除面，并在厚度文本框中输入值 10，采用系统默认方向；单击＜确定＞按钮，完成抽壳特征的创建。

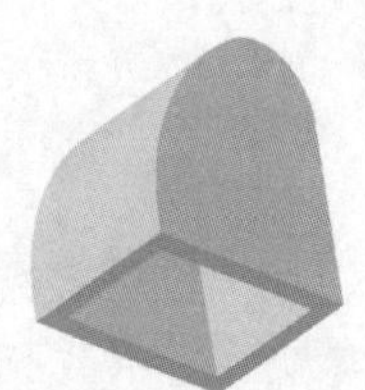

图 5.4　抽壳特征

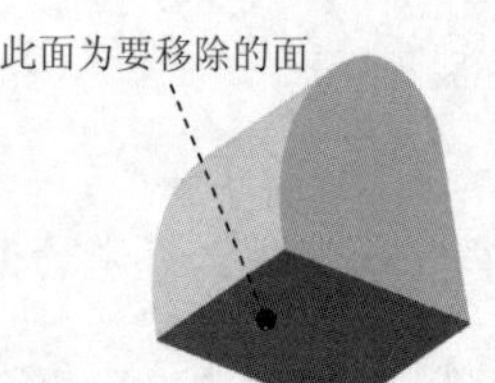

图 5.5　定义移除面

Step4. 创建图 5.6 所示的拉伸特征 2。选择下拉菜单插入(S) ➡ 设计特征(E) ➡ 拉伸(E)... 命令（或单击按钮），系统弹出“拉伸”对话框；单击“拉伸”对话框中的“绘制截面”按钮，系统弹出“创建草图”对话框，选取 XY 基准平面为草图平面，单击确定按钮，进入草图环境，绘制图 5.7 所示的截面草图，选择下拉菜单任务(K) ➡ 完成草图(K)命令（或单击完成草图按钮），退出草图环境；在限制区域的开始下拉列表中选择值选项，并在其下的距离文本框中输入值 0；在限制区域的结束下拉列表中选择值选项，并在其下的距离文本框中输入值 10；在布尔区域中选择求和选项，采用系统默认的求和对象；单击“拉伸”对话框中的＜确定＞按钮，完成拉伸特征 2 的创建。

图 5.6　拉伸特征 2

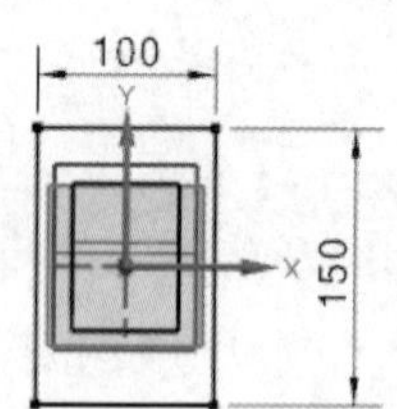

图 5.7　截面草图

Step5. 创建图 5.8 所示的拉伸特征 3。选择下拉菜单插入(S) ➡ 设计特征(E) ➡ 拉伸(E)... 命令，选取图 5.9 所示的平面为草图平面，取消选中设置区域的创建中间基准 CSYS复选框，绘制图 5.10 所示的截面草图，在限制区域的开始下拉列表中选择值选项，并在其下的距离文本框中输入值 0；在限制区域的结束下拉列表中选择值选项，并在其下的距离文本框中输入值 8；在布尔区域的下拉列表中选择求和选项，采用系统默认的求和对象。

图 5.8　拉伸特征 3

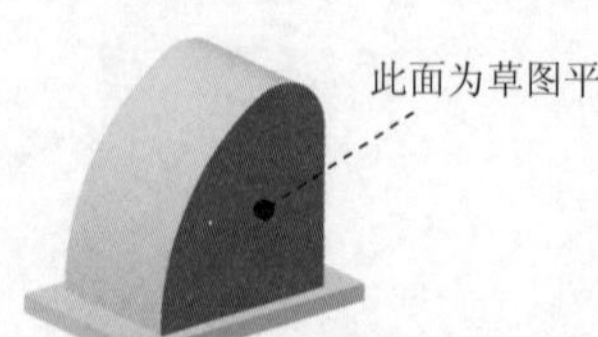

图 5.9　定义草图平面

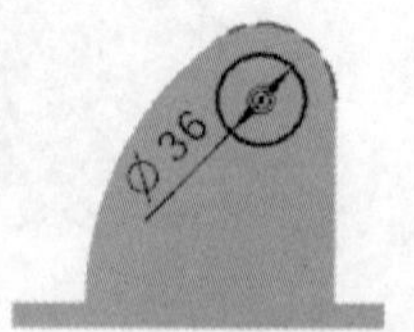

图 5.10　截面草图

Step6. 创建图 5.11 所示的拉伸特征 4。选择下拉菜单插入(S) ➡  设计特征(E) ➡

拉伸(E)...命令（或单击按钮），系统弹出“拉伸”对话框；单击“拉伸”对话框中的“绘制截面”按钮，系统弹出“创建草图”对话框。选取图5.12所示的平面为草图平面，进入草图环境，绘制图5.13所示的截面草图，选择下拉菜单任务(K) → 完成草图(K)命令（或单击完成草图按钮），退出草图环境；在限制区域的开始下拉列表中选择值选项，并在其下的距离文本框中输入值0；在限制区域的结束下拉列表中选择直至下一个选项，并单击方向区域的“反向”按钮；在布尔区域的下拉列表中选择求差选项，采用系统默认的求差对象；单击“拉伸”对话框中的< 确定 >按钮，完成拉伸特征4的创建。

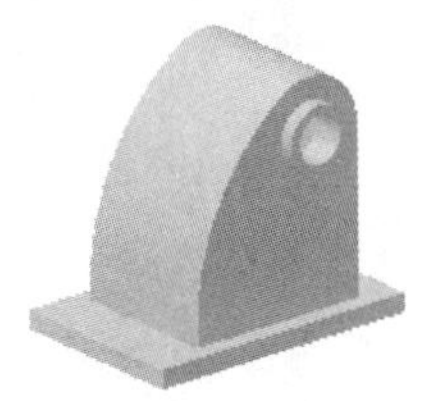
图5.11　拉伸特征4

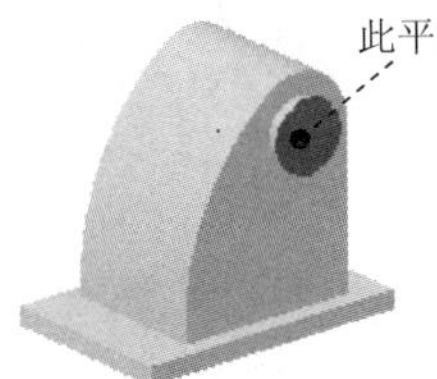

图5.12　定义草图平面

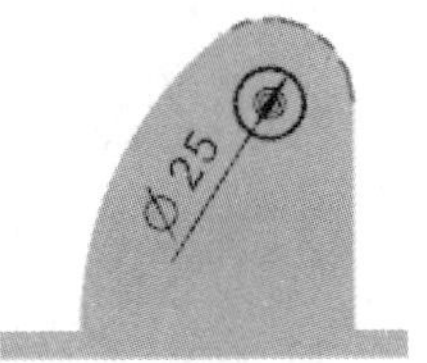

图5.13　截面草图

Step7. 创建图5.14所示的基准平面1。选择下拉菜单插入(S) → 基准/点(D) → 基准平面(D)...命令（或单击按钮），系统弹出“基准平面”对话框；在类型区域的下拉列表中选择相切选项，在子类型的下拉列表中选择通过线条选项，在参考几何体区域中单击*选择相切面 (0)区域，选取图5.15所示的面为相切面，然后单击*选择线性对象 (0)区域，选取图5.15所示的边线为基准平面所通过的边线；在“基准平面”对话框中单击< 确定 >按钮，完成基准平面1的创建。

图5.14　基准平面1

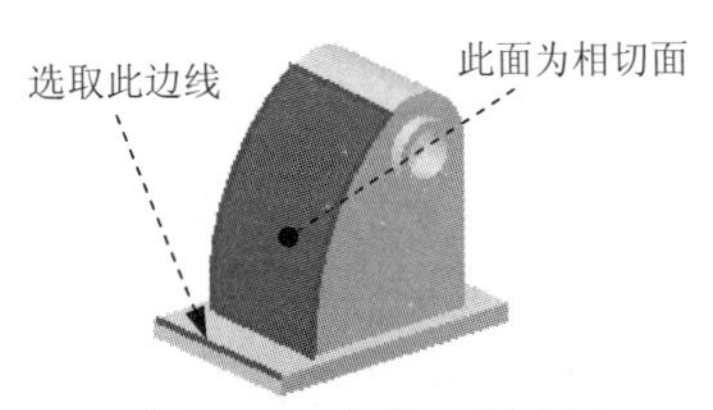

图5.15　基准平面参照

Step8. 创建图5.16所示的拉伸特征5。选择下拉菜单插入(S) → 设计特征(E) → 拉伸(E)...命令，选取基准平面1为草图平面，绘制图5.17所示的截面草图，在“拉伸”对话框限制区域的开始下拉列表中选择值选项，并在其下的距离文本框中输入值0；在限制区域的结束下拉列表中选择直至选定选项，选取图5.18所示的面为拉伸终止面；在布尔区域的下拉列表中选择求差选项，采用系统默认的求差对象，单击< 确定 >按钮，完成拉伸特征5的创建。

Step9. 创建图5.19b所示的边倒圆特征1。选择下拉菜单插入(S) → 细节特征(L) → 边倒圆(E)...命令（或单击按钮），系统弹出“边倒圆”对话框；在要倒圆的边区域

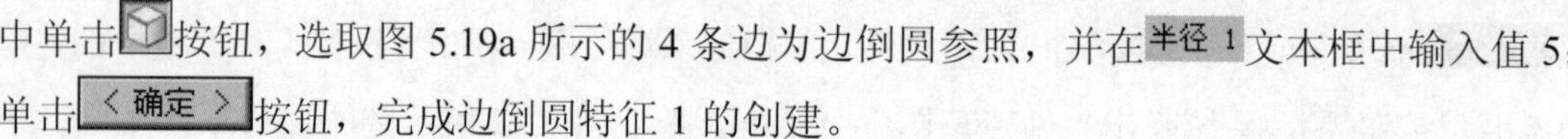

中单击按钮，选取图 5.19a 所示的 4 条边为边倒圆参照，并在半径 1文本框中输入值 5；单击< 确定 >按钮，完成边倒圆特征 1 的创建。

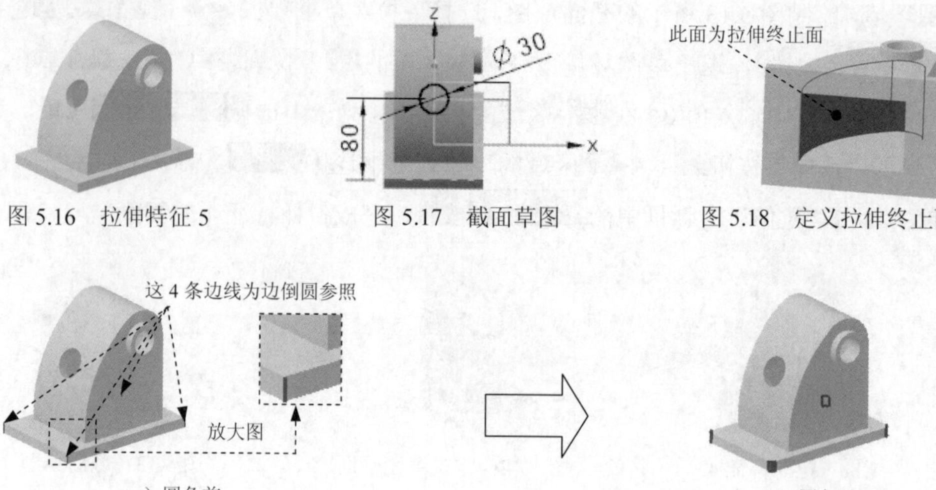

图 5.16　拉伸特征 5　　图 5.17　截面草图　　图 5.18　定义拉伸终止面

a）圆角前　　b）圆角后

图 5.19　边倒圆特征 1

Step10. 创建边倒圆特征 2。选取图 5.20a 所示的边线为边倒圆参照，其圆角半径值为 2。

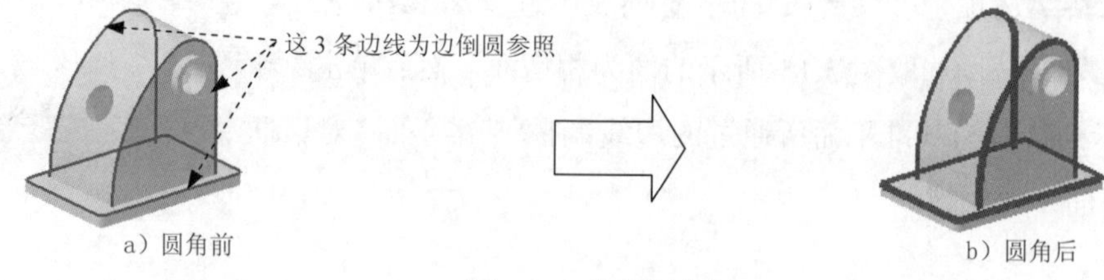

a）圆角前　　b）圆角后

图 5.20　边倒圆特征 2

Step11. 创建边倒圆特征 3。选取图 5.21 所示的边线为边倒圆参照，其圆角半径值为 5。

Step12. 创建边倒圆特征 4。选取图 5.22 所示的边线为边倒圆参照，其圆角半径值为 2。

图 5.21　选取边倒圆参照　　图 5.22　选取边倒圆参照

Step13. 创建图 5.23 所示的拉伸特征 6。选择下拉菜单 插入(S) → 设计特征(E) → 拉伸(E)... 命令，选取 XY 基准平面为草图平面，绘制图 5.24 所示的截面草图，在限制区域的开始下拉列表中选择值选项，并在其下的距离文本框中输入值 0；在限制区域的结束下拉列表中选择贯通选项；在布尔区域的下拉列表中选择求差选项，采用系统默认的求差对象。

图 5.23 拉伸特征 6

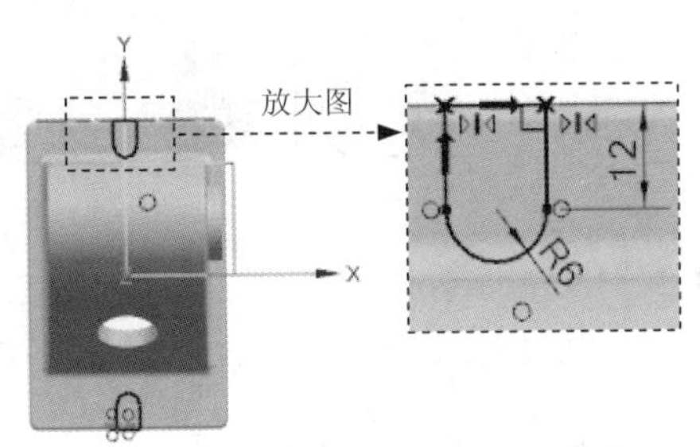

图 5.24 截面草图

Step14. 保存零件模型。选择下拉菜单 文件(F) → 保存(S) 命令，即可保存零件模型。

实例6 塑料垫片

实例概述：

在本实例的设计过程中，镜像特征的运用较为巧妙，在镜像时应注意镜像基准面的选择。零件模型和模型树如图 6.1 所示。

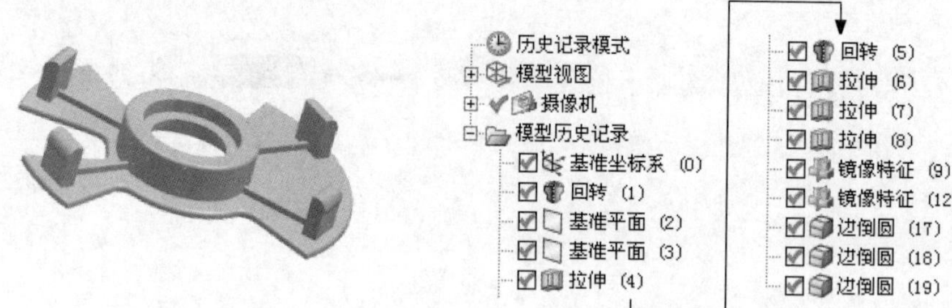

图 6.1 零件模型及模型树

Step1. 新建文件。选择下拉菜单 文件(F) → 新建(N)... 命令，系统弹出“新建”对话框。在 模型 选项卡的 模板 区域中选取模板类型为 模型，在 名称 文本框中输入文件名称 GAME，单击 确定 按钮，进入建模环境。

Step2. 创建图 6.2 所示的旋转特征 1。选择 插入(S) → 设计特征(E) → 旋转(R)... 命令（或单击 按钮），单击 截面 区域中的 按钮，在绘图区选取 XZ 基准平面为草图平面，选中 设置 区域的 创建中间基准 CSYS 复选框，绘制图 6.3 所示的截面草图。在绘图区中选取 Z 轴为旋转轴。在“旋转”对话框 限制 区域的 开始 下拉列表框中选择 值 选项，并在 角度 文本框中输入值 0，在 结束 下拉列表框中选择 值 选项，并在 角度 文本框中输入值 360；单击 < 确定 > 按钮，完成旋转特征 1 的创建。

图 6.2 旋转特征 1

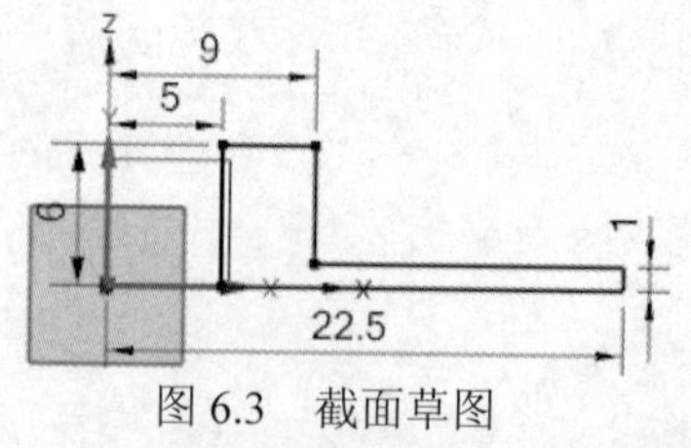

图 6.3 截面草图

Step3. 创建图 6.4 所示的基准平面 1。选择 插入(S) → 基准/点(D) → 基准平面(D)... 命令（或单击 按钮），系统弹出“基准平面”对话框。在 类型 区域的下拉列表框中选择 按某一距离 选项，在绘图区选取 XY 基准平面，输入偏移值 6。单击 < 确定 > 按钮，完成基准平面 1 的创建。

Step4. 创建图 6.5 所示的基准平面 2。选择 插入(S) → 基准/点(D) → 基准平面(D)...

命令（或单击按钮），系统弹出“基准平面”对话框。在类型区域的下拉列表框中选择成一角度选项，在绘图区选取 YZ 基准平面，在通过轴区域选择 ZC 轴，输入角度值 30。单击< 确定 >按钮，完成基准平面 2 的创建。

图 6.4　基准平面 1

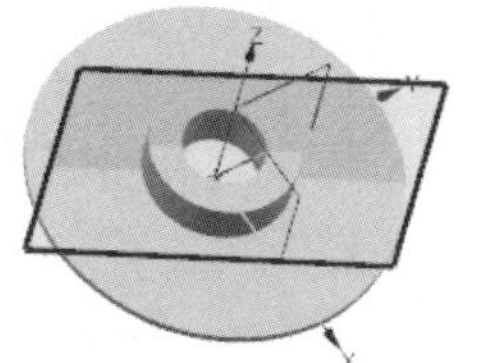
图 6.5　基准平面 2

Step5. 创建图 6.6 所示的拉伸特征 1。选择下拉菜单插入(S) → 设计特征(E) → 拉伸(E)...命令，系统弹出“拉伸”对话框。选取基准平面 1 为草图平面，取消选中设置区域的□ 创建中间基准 CSYS复选框，绘制图 6.7 所示的截面草图；在指定矢量下拉列表中选择-ZC选项；在限制区域的开始下拉列表框中选择值选项，并在其下的距离文本框中输入值 0，在限制区域的结束下拉列表框中选择值选项，并在其下的距离文本框中输入值 2，在布尔区域的下拉列表框中选择求差选项，采用系统默认的求差对象。单击< 确定 >按钮，完成拉伸特征 1 的创建。

图 6.6　拉伸特征 1

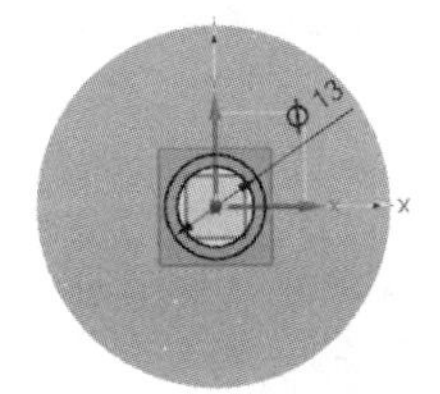

图 6.7　截面草图

Step6. 创建图 6.8 所示的旋转特征 2。选择插入(S) → 设计特征(E) → 旋转(R)...命令（或单击按钮），单击截面区域中的按钮，在绘图区选取 YZ 基准平面为草图平面，绘制图 6.9 所示的截面草图。在绘图区中选取 Z 轴为旋转轴。在“旋转”对话框限制区域的开始下拉列表框中选择值选项，并在角度文本框中输入值 0，在结束下拉列表框中选择值选项，并在角度文本框中输入值 360；在布尔区域的下拉列表框中选择求差选项，单击< 确定 >按钮，完成旋转特征 2 的创建。

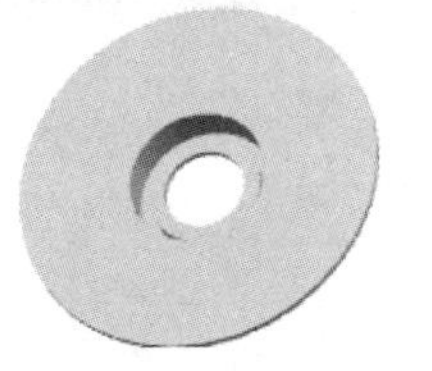
图 6.8　旋转特征 2

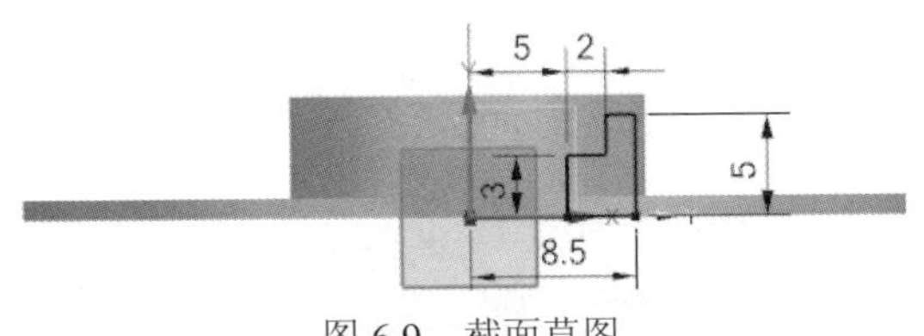

图 6.9　截面草图

Step7. 创建图 6.10 所示的拉伸特征 2。选择下拉菜单插入(S) → 设计特征(E) →

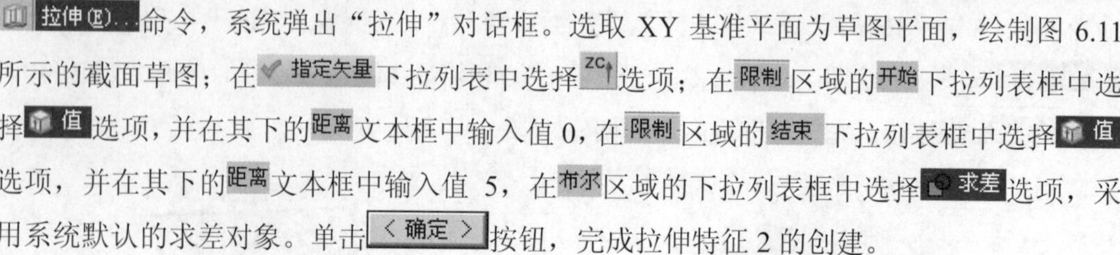

拉伸(E)...命令，系统弹出“拉伸”对话框。选取 XY 基准平面为草图平面，绘制图 6.11 所示的截面草图；在指定矢量下拉列表中选择ZC↑选项；在限制区域的开始下拉列表框中选择值选项，并在其下的距离文本框中输入值 0，在限制区域的结束下拉列表框中选择值选项，并在其下的距离文本框中输入值 5，在布尔区域的下拉列表框中选择求差选项，采用系统默认的求差对象。单击< 确定 >按钮，完成拉伸特征 2 的创建。

图 6.10 拉伸特征 2

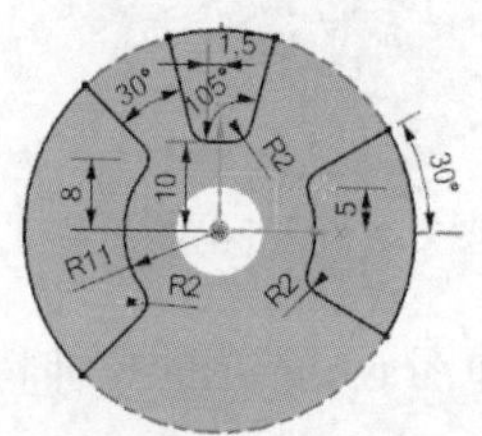

图 6.11 截面草图

Step8. 创建图 6.12 所示的拉伸特征 3。选择下拉菜单插入(S) → 设计特征(E) → 拉伸(E)...命令，系统弹出“拉伸”对话框。选取基准平面 2 为草图平面，绘制图 6.13 所示的截面草图；在指定矢量下拉列表中选择选项，单击图形区的基准平面 2；在限制区域的开始下拉列表框中选择对称值选项，并在其下的距离文本框中输入值 2.5，在布尔区域的下拉列表框中选择求和选项，采用系统默认的求和对象。单击< 确定 >按钮，完成拉伸特征 3 的创建。

图 6.12 拉伸特征 3

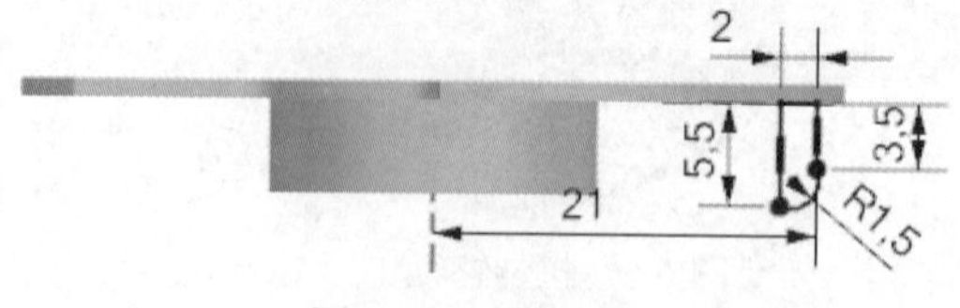

图 6.13 截面草图

Step9. 创建图 6.14 所示的拉伸特征 4。选择下拉菜单插入(S) → 设计特征(E) → 拉伸(E)...命令，系统弹出“拉伸”对话框。选取基准平面 2 为草图平面，绘制图 6.15 所示的截面草图；在指定矢量下拉列表中选择选项，单击图形区的基准平面 2；在限制区域的开始下拉列表框中选择对称值选项，并在其下的距离文本框中输入值 0.25，在偏置下拉列表框中选择两侧选项，在开始文本框中输入值 1，在结束文本框中输入值 0。在布尔区域的下拉列表框中选择求和选项，采用系统默认的求和对象。单击< 确定 >按钮，完成拉伸特征 4 的创建。

图 6.14 拉伸特征 4

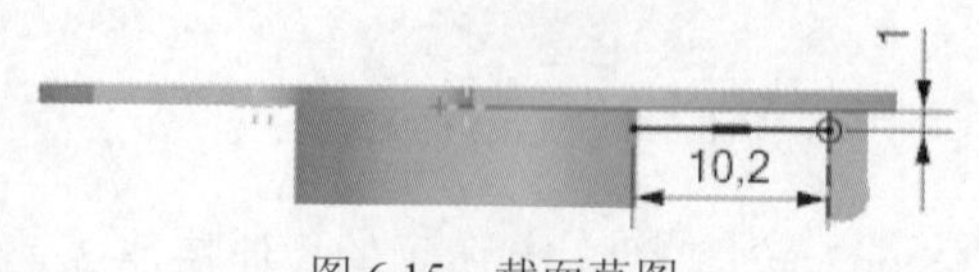

图 6.15 截面草图

Step10. 创建图 6.16 所示的镜像特征 1。选择下拉菜单 插入(S) → 关联复制(A) → 镜像特征(M)... 命令，在绘图区中选取图 6.12 所示的拉伸特征 3 和图 6.14 所示的拉伸特征 4 为要镜像的特征。在 镜像平面 区域中单击 按钮，在绘图区中选取 YZ 基准平面作为镜像平面。单击 < 确定 > 按钮，完成镜像特征 1 的创建。

Step11. 创建图 6.17 所示的镜像特征 2。选择下拉菜单 插入(S) → 关联复制(A) → 镜像特征(M)... 命令，在绘图区中选取图 6.16 所示的镜像特征 1、图 6.12 所示的拉伸特征 3 和图 6.14 所示的拉伸特征 4 为要镜像的特征。在 镜像平面 区域中单击 按钮，在绘图区中选取 XZ 基准平面作为镜像平面。单击 < 确定 > 按钮，完成镜像特征 2 的创建。

图 6.16 镜像特征 1

图 6.17 镜像特征 2

Step12. 后面的详细操作过程请参见随书光盘中 video\ch06\reference\文件下的语音视频讲解文件 GAME-r01.avi。

实例 7　支　架

实例概述：

本实例介绍了支架的设计过程，通过学习本实例，读者可以对拉伸、孔、边倒圆和创建基准平面等特征的创建方法有进一步的了解。零件模型及相应的模型树如图 7.1 所示。

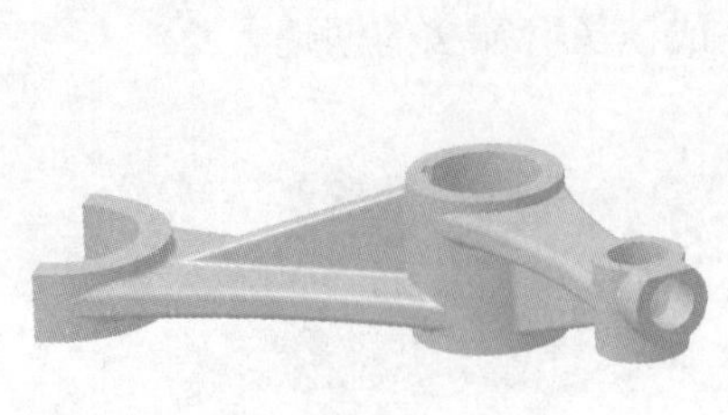

历史记录模式
模型视图
摄像机
模型历史记录
基准坐标系 (0)
拉伸 (1)
拉伸 (2)
拉伸 (3)
求和 (4)
拉伸 (5)
拉伸 (6)
求和 (7)
拉伸 (8)
基准平面 (9)
拉伸 (10)
基准平面 (11)
拉伸 (12)
简单孔 (13)
拉伸 (14)
边倒圆 (15)
边倒圆 (16)
边倒圆 (17)
边倒圆 (18)
边倒圆 (19)

图 7.1　零件模型及模型树

Step1. 新建文件。选择下拉菜单 文件(F) → 新建(N)... 命令，系统弹出“新建”对话框。在 模型 选项卡的 模板 区域中选取类型为 模型 的模板，在 名称 文本框中输入文件名称 pole，单击 确定 按钮，进入建模环境。

Step2. 创建图 7.2 所示的拉伸特征 1。选择下拉菜单 插入(S) → 设计特征(E) → 拉伸(E)... 命令（或单击按钮），系统弹出“拉伸”对话框；单击“拉伸”对话框中的“绘制截面”按钮，系统弹出“创建草图”对话框。选中 创建中间基准 CSYS 复选框，单击按钮，选取 XY 基准平面为草图平面，单击 确定 按钮，进入草图环境，绘制图 7.3 所示的截面草图，选择下拉菜单 任务(K) → 完成草图(K) 命令（或单击 完成草图 按钮），退出草图环境；在“拉伸”对话框 限制 区域的 开始 下拉列表中选择 值 选项，并在其下的 距离 文本框中输入值 0；在 限制 区域的 结束 下拉列表中选择 值 选项，并在其下的 距离 文本框中输入值 25，其他参数采用系统默认设置；单击 < 确定 > 按钮，完成拉伸特征 1 的创建。

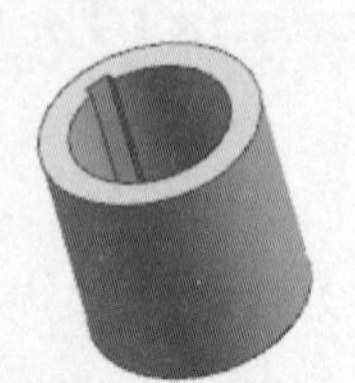

图 7.2　拉伸特征 1

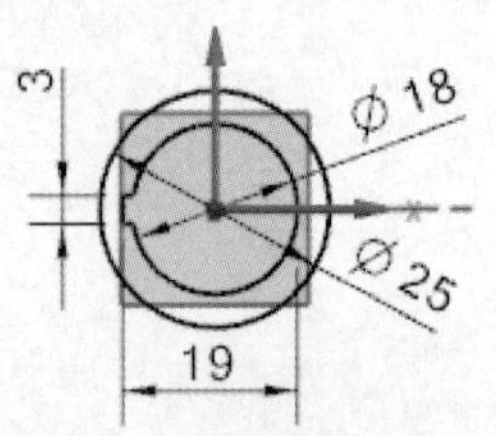

图 7.3　截面草图

Step3. 创建图 7.4 所示的拉伸特征 2。选择下拉菜单 插入(S) → 设计特征(E) →

拉伸(E)...命令（或单击按钮），系统弹出“拉伸”对话框；单击“拉伸”对话框中的“绘制截面”按钮，系统弹出“创建草图”对话框；取消选中□ 创建中间基准 CSYS复选框，单击按钮，选取 XY 基准平面为草图平面，单击 确定 按钮，进入草图环境，绘制图 7.5 所示的截面草图，选择下拉菜单 任务(K) → 完成草图(K)命令（或单击 完成草图按钮），退出草图环境；在“拉伸”对话框限制区域的开始下拉列表中选择 值选项，并在其下的距离文本框中输入值 0；在限制区域的结束下拉列表中选择 值选项，并在其下的距离文本框中输入值 11，其他参数采用系统默认设置；单击 < 确定 > 按钮，完成拉伸特征 2 的创建。

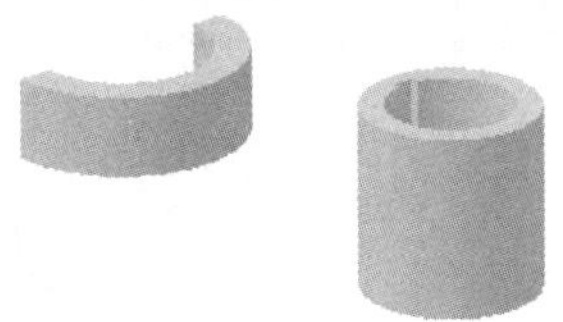
图 7.4 拉伸特征 2

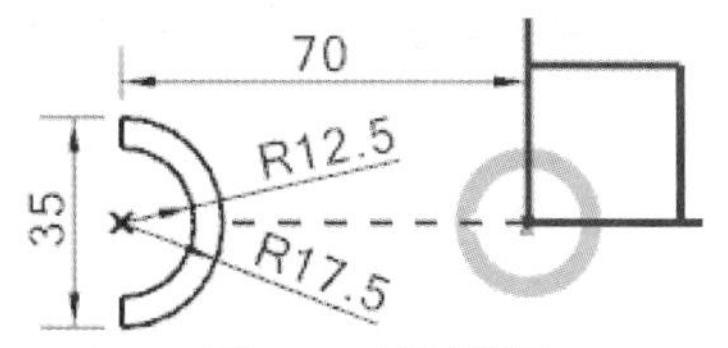

图 7.5 截面草图

Step4. 创建图 7.6 所示的拉伸特征 3。选择下拉菜单 插入(S) → 设计特征(E) → 拉伸(E)...命令（或单击按钮），系统弹出“拉伸”对话框；单击“拉伸”对话框中的“绘制截面”按钮，系统弹出“创建草图”对话框。单击按钮，选取 XY 基准平面为草图平面，单击 确定 按钮，进入草图环境，绘制图 7.7 所示的截面草图，选择下拉菜单 任务(K) → 完成草图(K)命令（或单击 完成草图按钮），退出草图环境；在“拉伸”对话框限制区域的开始下拉列表中选择 值选项，并在其下的距离文本框中输入值 3；在限制区域的结束下拉列表中选择 值选项，并在其下的距离文本框中输入值 8；在布尔区域的下拉列表中选择 求和选项，单击按钮，在绘图区选取 Step2 所创建的拉伸特征 1 为求和目标体；单击 < 确定 > 按钮，完成拉伸特征 3 的创建。

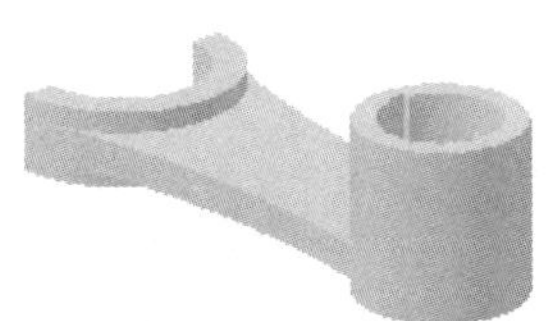
图 7.6 拉伸特征 3

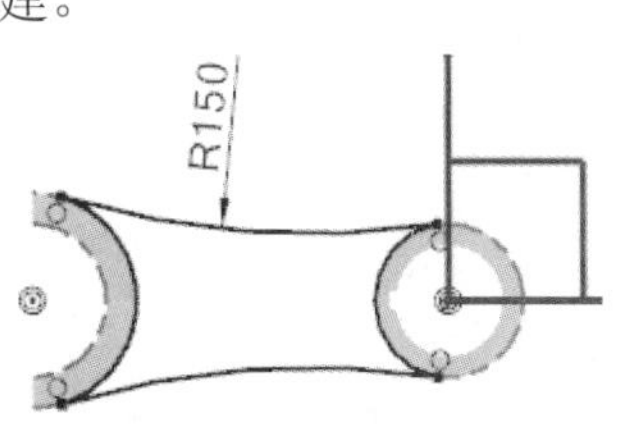

图 7.7 截面草图

Step5. 求和操作 1。选择下拉菜单 插入(S) → 组合(B) ▸ → 求和(U)...命令（或单击按钮），系统弹出“求和”对话框；选取图 7.8 所示的特征为目标体，选取图 7.9 所示的实体为工具体，单击 < 确定 > 按钮，完成求和操作 1。

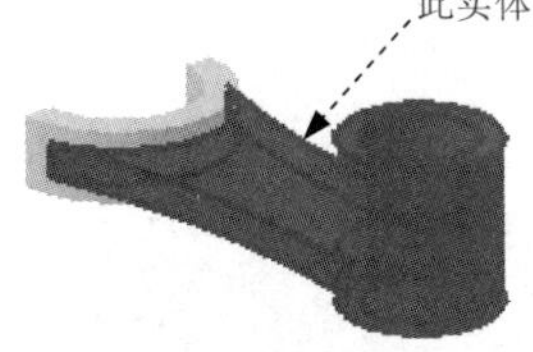

图 7.8 目标体

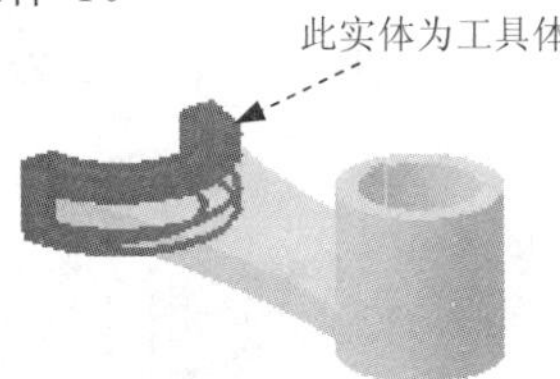

图 7.9 工具体

Step6. 创建图 7.10 所示的拉伸特征 4。选择下拉菜单 插入(S) → 设计特征(E) → 拉伸(E)... 命令（或单击 按钮），系统弹出“拉伸”对话框；单击“拉伸”对话框中的“绘制截面”按钮，系统弹出“创建草图”对话框。单击 按钮，选取 XY 基准平面为草图平面，单击 确定 按钮，进入草图环境，绘制图 7.11 所示的截面草图，选择下拉菜单 任务(K) → 完成草图(K) 命令（或单击 完成草图 按钮），退出草图环境；在“拉伸”对话框 限制 区域的 开始 下拉列表中选择 值 选项，并在其下的 距离 文本框中输入值 12；在 限制 区域的 结束 下拉列表中选择 值 选项，并在其下的 距离 文本框中输入值 27，在 布尔 区域的下拉列表中选择 无 选项，其他参数采用系统默认设置；单击 < 确定 > 按钮，完成拉伸特征 4 的创建。

图 7.10 拉伸特征 4

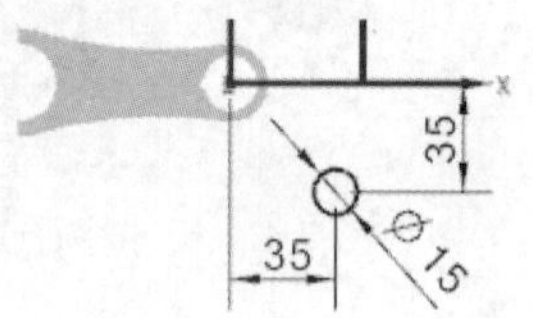

图 7.11 截面草图

Step7. 创建图 7.12 所示的拉伸特征 5。选择下拉菜单 插入(S) → 设计特征(E) → 拉伸(E)... 命令（或单击 按钮），系统弹出“拉伸”对话框；单击“拉伸”对话框中的“绘制截面”按钮，系统弹出“创建草图”对话框，单击 按钮，选取 XY 基准平面为草图平面，单击 确定 按钮，进入草图环境，绘制图 7.13 所示的截面草图，选择下拉菜单 任务(K) → 完成草图(K) 命令（或单击 完成草图 按钮），退出草图环境；在“拉伸”对话框 限制 区域的 开始 下拉列表中选择 值 选项，并在其下的 距离 文本框中输入值 18；在 限制 区域的 结束 下拉列表中选择 值 选项，并在其下的 距离 文本框中输入值 23；在 布尔 区域的下拉列表中选择 求和 选项，单击 按钮，在绘图区选取 Step6 所创建的拉伸特征 4 为求和目标体；单击 < 确定 > 按钮，完成拉伸特征 5 的创建。

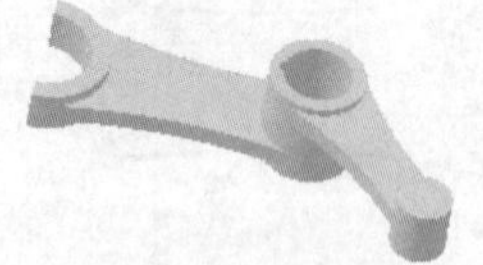

图 7.12 拉伸特征 5

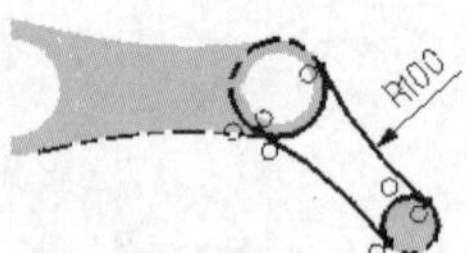

图 7.13 截面草图

Step8. 求和操作 2。选择下拉菜单 插入(S) → 组合(B) ▸ → 求和(U)... 命令（或单击 按钮），系统弹出“求和”对话框；选取图 7.14 所示的实体为目标体，选取图 7.15 所示的实体为工具体，单击 < 确定 > 按钮，完成求和操作 2。

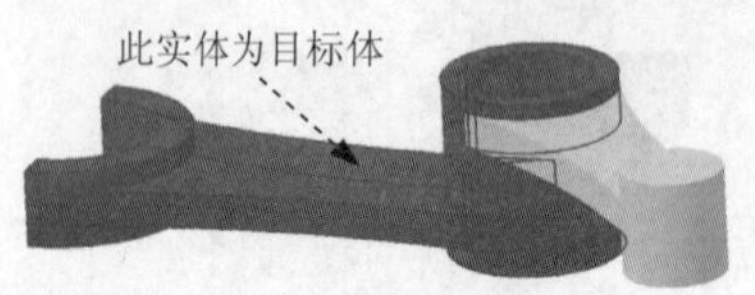

图 7.14 目标体

图 7.15 工具体

Step9. 创建图 7.16 所示的拉伸特征 6。选择下拉菜单 插入(S) → 设计特征(E) → 拉伸(E)... 命令（或单击按钮），系统弹出“拉伸”对话框；单击“拉伸”对话框中的“绘制截面”按钮，系统弹出“创建草图”对话框。单击按钮，选取 ZX 基准平面为草图平面，单击 确定 按钮，进入草图环境，绘制图 7.17 所示的截面草图，选择下拉菜单 任务(K) → 完成草图(K) 命令（或单击 完成草图 按钮），退出草图环境；在“拉伸”对话框 限制 区域的 开始 下拉列表中选择 对称值 选项，并在其下的 距离 文本框中输入值 2；在 布尔 区域的下拉列表中选择 求和 选项，采用系统默认的求和对象；单击 <确定> 按钮，完成拉伸特征 6 的创建。

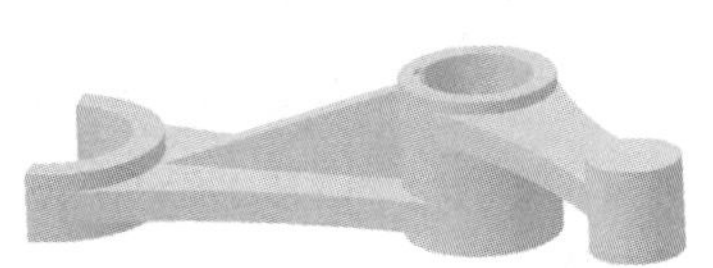

图 7.16 拉伸特征 6

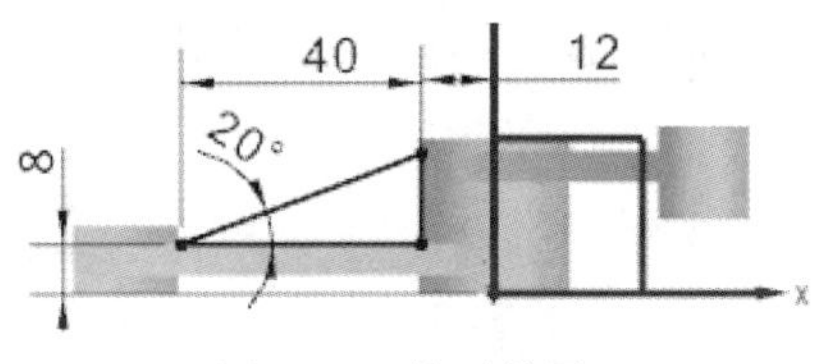

图 7.17 截面草图

Step10. 创建图 7.18 所示的基准平面 1。选择下拉菜单 插入(S) → 基准/点(D) → 基准平面(D)... 命令（或单击按钮），系统弹出“基准平面”对话框；在 平面参考 区域中单击按钮，在 类型 区域的下拉列表中选择 成一角度 选项；在绘图区选取基准平面 ZX；在 通过轴 区域中单击按钮，在绘图区选取基准轴 Z；在 角度 区域的 角度选项 下拉列表中选择 值 选项，在 角度 文本框中输入值 45；在“基准平面”对话框中单击 <确定> 按钮，完成基准平面 1 的创建。

Step11. 创建图 7.19 所示的拉伸特征 7。选择下拉菜单 插入(S) → 设计特征(E) → 拉伸(E)... 命令（或单击按钮），系统弹出“拉伸”对话框；单击“拉伸”对话框中的“绘制截面”按钮，系统弹出“创建草图”对话框，单击按钮，选取 Step10 所创建的基准平面 1 为草图平面，单击 确定 按钮，进入草图环境，绘制图 7.20 所示的截面草图，选择下拉菜单 任务(K) → 完成草图(K) 命令（或单击 完成草图 按钮），退出草图环境；在“拉伸”对话框 限制 区域的 开始 下拉列表中选择 值 选项，并在其下的 距离 文本框中输入值-2；在 限制 区域的 结束 下拉列表中选择 值 选项，并在其下的 距离 文本框中输入值 2；在 布尔 区域的下拉列表中选择 求和 选项，采用系统默认的求和对象；单击 <确定> 按钮，完成拉伸特征 7 的创建。

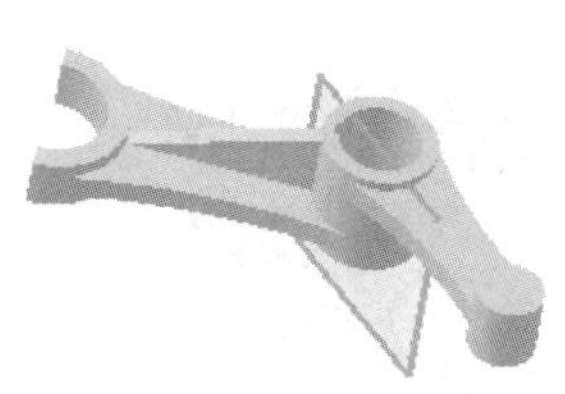

图 7.18 基准平面 1

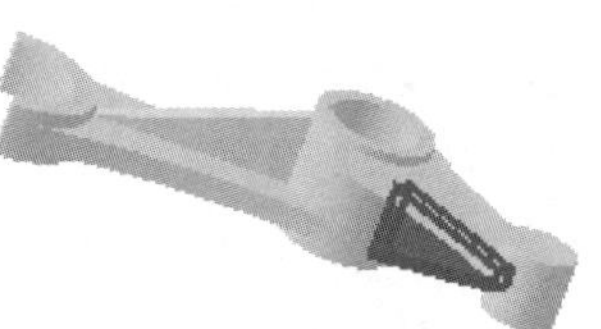

图 7.19 拉伸特征 7

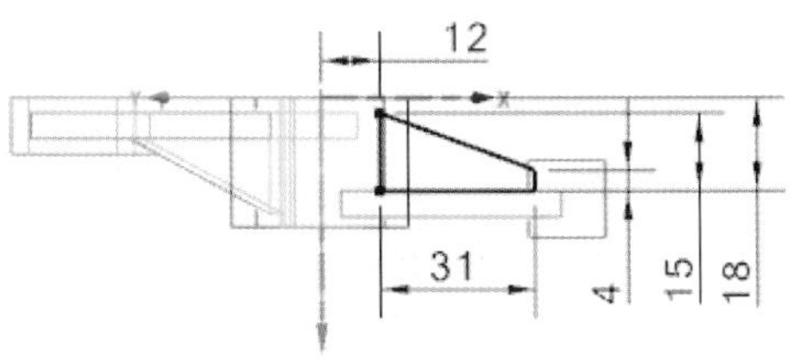

图 7.20 截面草图

Step12. 创建图 7.21 所示的基准平面 2。选择下拉菜单 插入(S) → 基准/点(D) → 基准平面(D)... 命令（或单击按钮），系统弹出“基准平面”对话框；在类型区域的下拉列表中选择 成一角度 选项；在平面参考区域中单击按钮，在绘图区选取 Step10 所创建的基准平面 1；在通过轴区域中单击按钮，在绘图区选取 ZC 基准轴；在角度区域的角度选项下拉列表中选择值选项，在角度文本框中输入值 90；在“基准平面”对话框中单击 < 确定 > 按钮，完成基准平面 2 的创建。

Step13. 创建图 7.22 所示的拉伸特征 8。选择下拉菜单 插入(S) → 设计特征(E) → 拉伸(E)... 命令（或单击按钮），系统弹出“拉伸”对话框；单击“拉伸”对话框中的“绘制截面”按钮，系统弹出“创建草图”对话框。单击按钮，选取 Step12 所创建的基准平面 2 为草图平面，单击 确定 按钮，进入草图环境，绘制图 7.23 所示的截面草图，选择下拉菜单 任务(K) → 完成草图(K) 命令（或单击 完成草图 按钮），退出草图环境；在“拉伸”对话框限制区域的开始下拉列表中选择 直至选定 选项，单击按钮，选取 Step6 所创建的拉伸特征 4；在限制区域的结束下拉列表中选择 值 选项，并在其下的距离文本框中输入值 60；在布尔区域的下拉列表中选择 求和 选项，采用系统默认的求和对象；单击 < 确定 > 按钮，完成拉伸特征 8 的创建。

图 7.21　基准平面 2　　图 7.22　拉伸特征 8　　图 7.23　截面草图

Step14. 创建图 7.24 所示的孔特征。选择下拉菜单 插入(S) → 设计特征(E) → 孔(H)... 命令（或单击按钮），系统弹出“孔”对话框；在类型下拉列表框中选择 常规孔 选项，单击“孔”对话框中的“绘制截面”按钮，然后在绘图区域中选取图 7.25 所示的孔的放置面，单击 确定 按钮，系统自动弹出“草图点”对话框，在“草图点”对话框中单击按钮，在系统弹出的“点”对话框类型下拉列表中选择 圆弧中心/椭圆中心/球心 选项，选取图 7.26 所示的圆弧为孔的放置参照；在成形下拉列表框中选择 简单 选项，在直径文本框中输入值 10，在深度文本框中输入值 15，在顶锥角文本框中输入值 0，其余参数采用系统默认设置，单击 < 确定 > 按钮，完成孔的创建。

图 7.24　孔特征

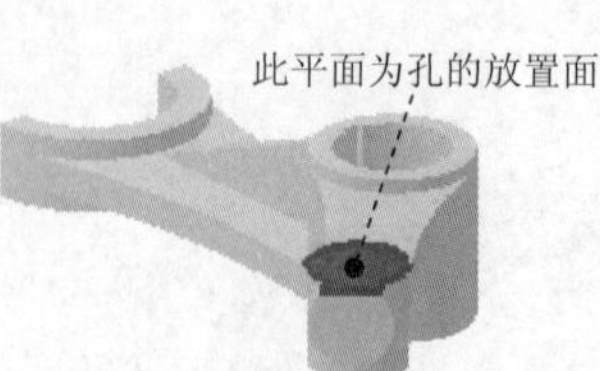

图 7.25　定义孔放置面

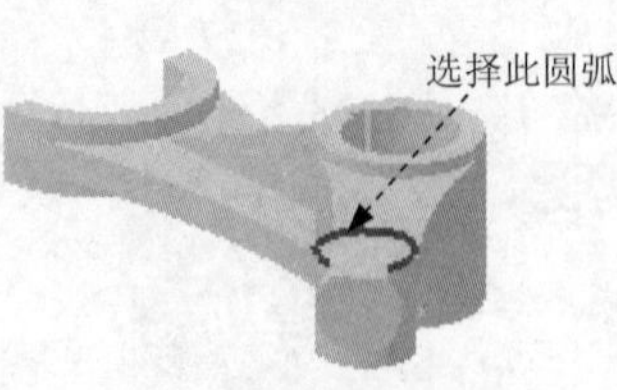

图 7.26　孔定位

Step15. 创建图 7.27 所示的拉伸特征 9。选择下拉菜单插入(S) → 设计特征(E) → 拉伸(E)...命令（或单击按钮），系统弹出“拉伸”对话框；单击“拉伸”对话框中的“绘制截面”按钮，系统弹出“创建草图”对话框。单击按钮，选取图 7.28 所示的平面为草图平面，单击确定按钮，进入草图环境，绘制图 7.29 所示的截面草图，选择下拉菜单任务(K) → 完成草图(K)命令（或单击完成草图按钮），退出草图环境；在“拉伸”对话框限制区域的开始下拉列表中选择值选项，并在其下的距离文本框中输入值 0；在限制区域的结束下拉列表中选择直至下一个选项，并单击“反向”按钮；在布尔区域的下拉列表中选择求差选项，采用系统默认的求差对象；单击“拉伸”对话框中的< 确定 >按钮，完成拉伸特征 9 的创建。

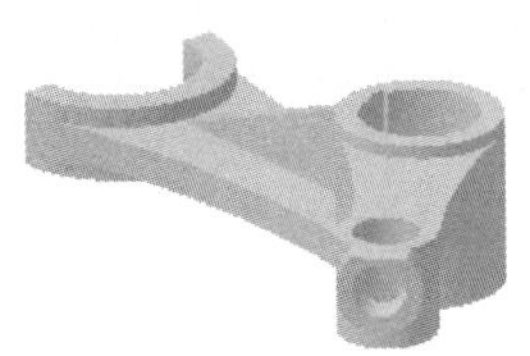

图 7.27 拉伸特征 9

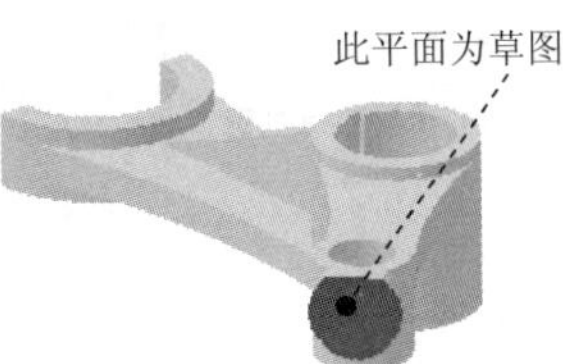

图 7.28 选取草图平面

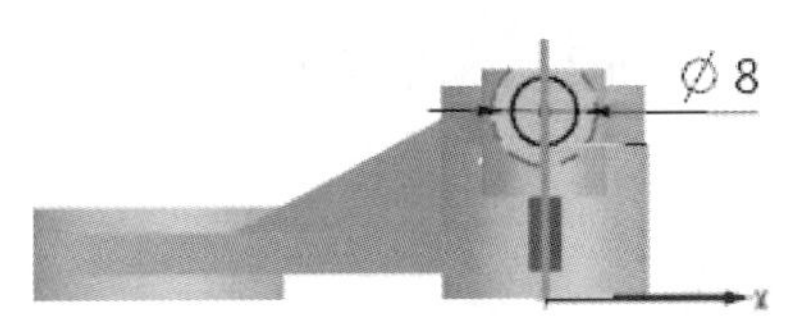

图 7.29 截面草图

Step16. 创建图 7.30b 所示的边倒圆特征 1。选择下拉菜单插入(S) → 细节特征(L) → 边倒圆(E)...命令（或单击按钮），系统弹出“边倒圆”对话框；在要倒圆的边区域中单击按钮，选择图 7.30a 所示的 8 条边线为边倒圆参照，并在半径 1文本框中输入值 1.5；单击< 确定 >按钮，完成边倒圆特征 1 的创建。

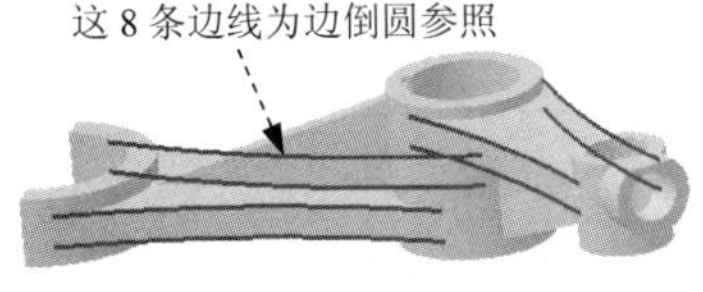

a）圆角前

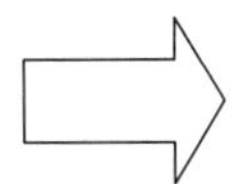

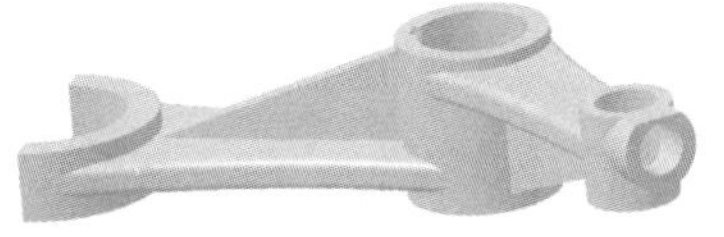

b）圆角后

图 7.30 边倒圆特征 1

Step17. 创建边倒圆特征 2。选取图 7.31 所示的边线为边倒圆参照，其圆角半径值为 1。

Step18. 创建边倒圆特征 3。选取图 7.32 所示的边线为边倒圆参照，其圆角半径值为 1。

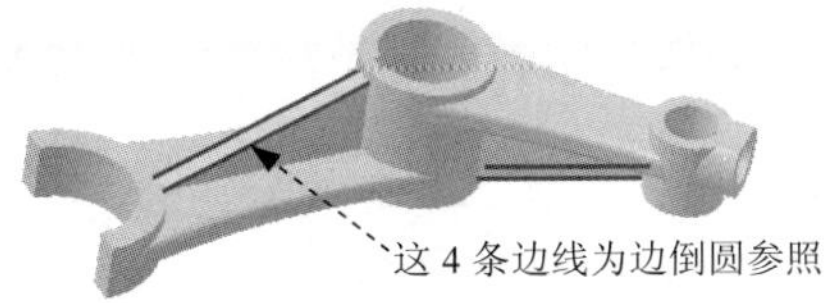

图 7.31 边倒圆特征 2

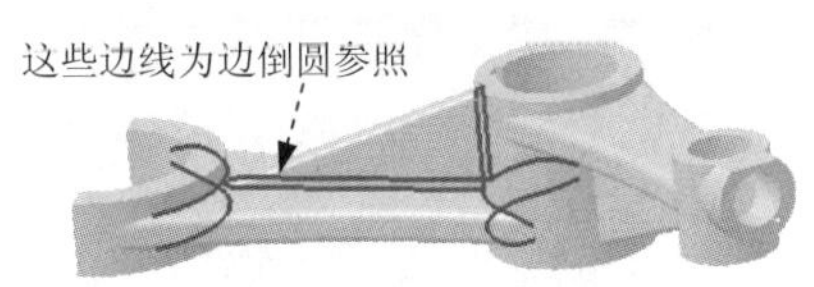

图 7.32 边倒圆特征 3

Step19. 创建边倒圆特征 4。选取图 7.33 所示的边线为边倒圆参照，其圆角半径值为 1。

Step20. 创建边倒圆特征 5。选取图 7.34 所示的边线为边倒圆参照，其圆角半径值为 1。

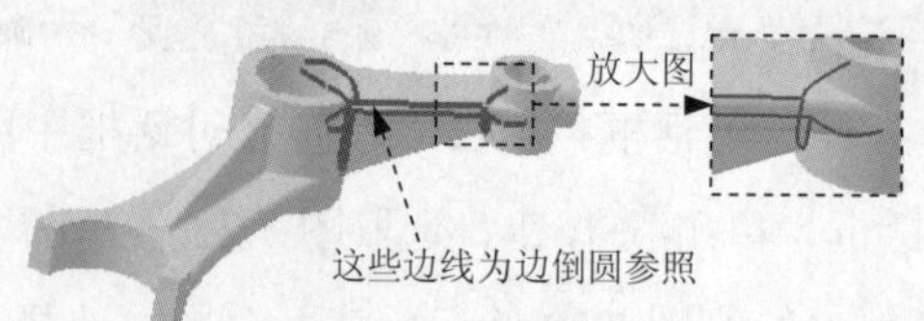

图 7.33　边倒圆特征 4

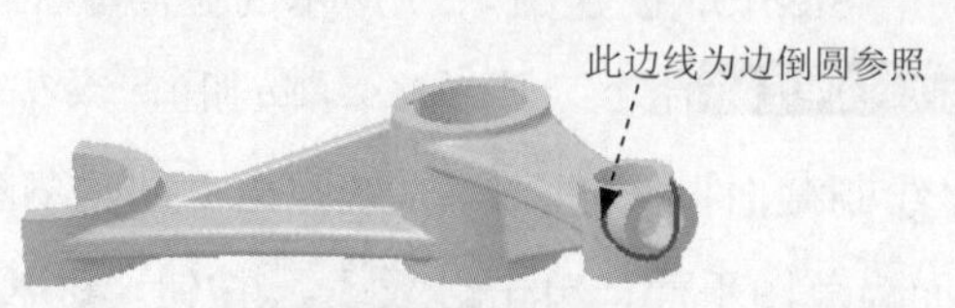

图 7.34　边倒圆特征 5

Step21. 设置隐藏。选择下拉菜单 编辑(E) → 显示和隐藏(H) ▸ → 隐藏(H)... 命令（或单击按钮），系统弹出“类选择”对话框；单击“类选择”对话框 过滤器 区域中的按钮，系统弹出“根据类型选择”对话框，按住 Ctrl 键选择对话框列表中的 草图 和 基准 选项，单击 确定 按钮。系统再次弹出“类选择”对话框，单击对话框 对象 区域中的“全选”按钮；单击 确定 按钮，完成对设置对象的隐藏。

Step22. 保存零件模型。选择下拉菜单 文件(F) → 保存(S) 命令，即可保存零件模型。

实例8 剃须刀盖

8.1 实例概述

本实例介绍了剃须刀盖的设计过程。通过学习本实例，会使读者对实体的拉伸、镜像、边倒圆、抽壳、扫掠等特征有更为深入的了解。需要注意在创建扫掠特征过程中的一些技巧。零件模型及模型树如图 8.1.1 所示。

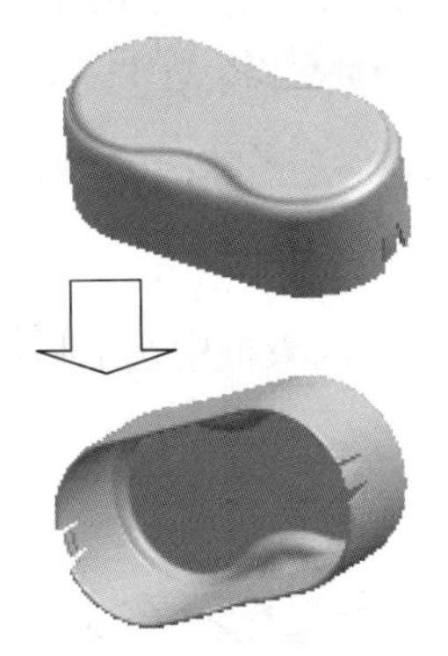

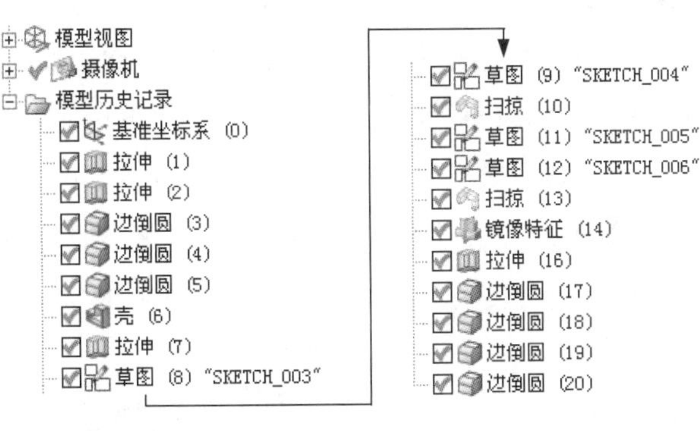

图 8.1.1 零件模型及模型树

8.2 详细设计过程

Step1. 新建文件。选取下拉菜单 文件(F) → 新建(N)... 命令（或单击 按钮），系统弹出“新建”对话框。在 模型 选项卡的 模板 区域中选取模板类型为 模型，在 名称 文本框中输入文件名称 cover，单击 确定 按钮，进入建模环境。

Step2. 创建图 8.2.1 所示的零件基础特征——拉伸 1。

（1）选取命令。选取下拉菜单 插入(S) → 设计特征(E) → 拉伸(E)... 命令（或单击 按钮），系统弹出“拉伸”对话框。

（2）单击“拉伸”对话框中的“绘制截面”按钮，系统弹出“创建草图”对话框，选中 创建中间基准 CSYS 复选框。

① 定义草图平面。单击 按钮，选取 XY 平面为草图平面，单击 确定 按钮。

② 进入草图环境，绘制图 8.2.2 所示的截面草图。

③ 单击 完成草图 按钮，退出草图环境。

（3）确定拉伸开始值和结束值。在 限制 区域的 开始 下拉列表框中选取 值 选项，并在其下的距离文本框中输入值 0；在限制区域的结束下拉列表框中选取值选项，并在其下的距离文本框中输入值 18，其他参数采用系统默认设置值。

（4）单击“拉伸”对话框中的< 确定 >按钮，完成拉伸特征 1 的创建。

图 8.2.1　拉伸特征 1

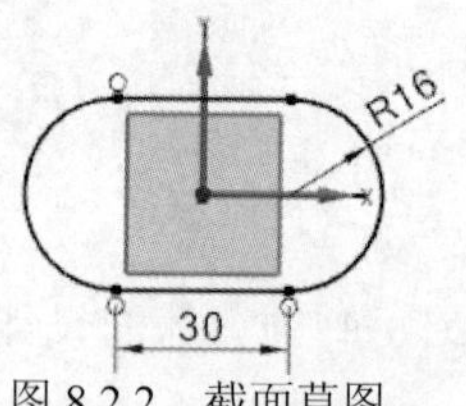

图 8.2.2　截面草图

Step3. 创建图 8.2.3 所示的零件特征——拉伸 2。选取插入(S) → 设计特征(E) → 拉伸(E)...命令（或单击按钮），系统弹出“拉伸”对话框。选取图 8.2.4 所示的平面为草图平面，选取 X 轴为草图水平参考方向，取消选中设置区域的创建中间基准 CSYS复选框，绘制图 8.2.5 所示的截面草图。在指定矢量下拉列表中选择ZC选项；在限制区域的开始下拉列表框中选取值选项，并在其下的距离文本框中输入值 0；在限制区域的结束下拉列表框中选取值选项，并在其下的距离文本框中输入值 2；在布尔区域的下拉列表框中选取求和选项。单击< 确定 >按钮，完成拉伸特征 2 的创建。

图 8.2.3　拉伸特征 2

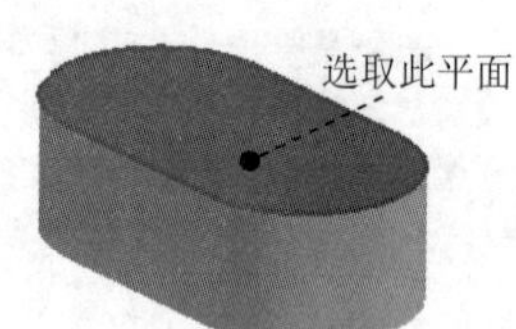

图 8.2.4　定义草图平面

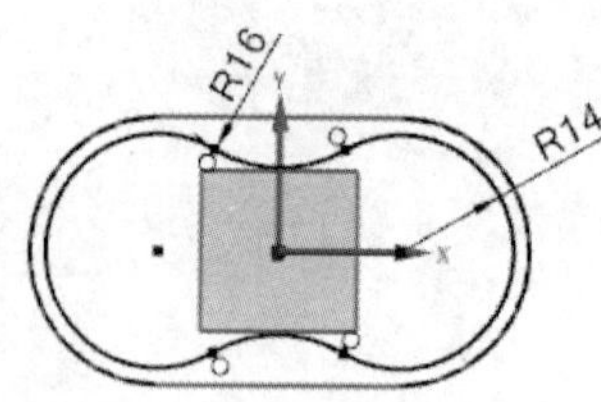

图 8.2.5　截面草图

Step4. 创建图 8.2.6 所示的边倒圆特征 1。

（1）选取命令。选取下拉菜单插入(S) → 细节特征(L) → 边倒圆(E)...命令（或单击按钮），系统弹出“边倒圆”对话框。

（2）在要倒圆的边区域中单击按钮，选取图 8.2.6a 所示的边链为边倒圆参照，并在半径 1文本框中输入值 2。

（3）单击< 确定 >按钮，完成边倒圆特征 1 的创建。

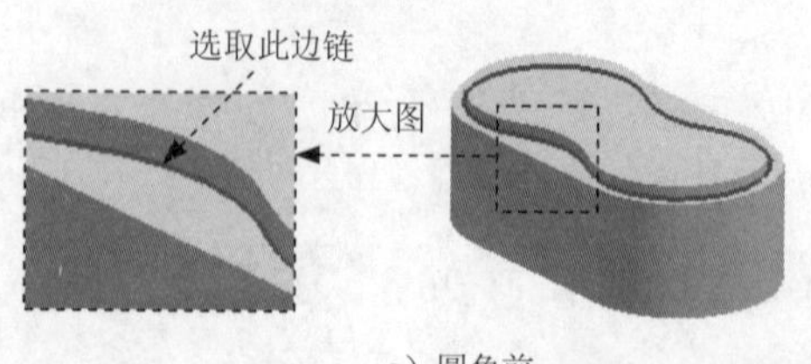

a）圆角前

b）圆角后

图 8.2.6　边倒圆特征 1

Step5. 创建图 8.2.7 所示的边倒圆特征 2。

（1）选取命令。选取下拉菜单 插入(S) → 细节特征(L) ▸ → 边倒圆(E)... 命令（或单击按钮），系统弹出“边倒圆”对话框。

（2）在要倒圆的边区域中单击按钮，选取图 8.2.7a 所示的边链为边倒圆参照，并在半径 1文本框中输入值 2，完成边倒圆特征 2 的创建。

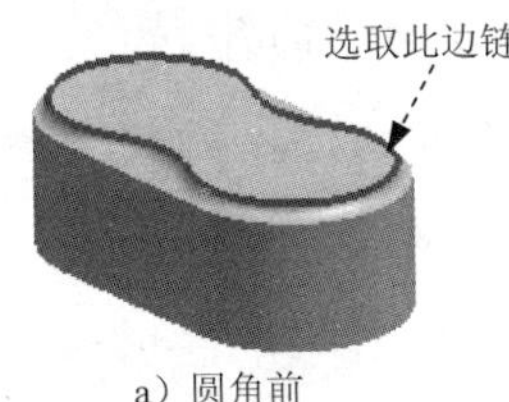

a）圆角前

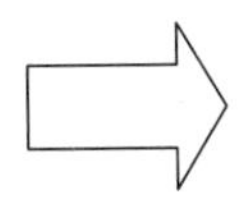

b）圆角后

图 8.2.7 边倒圆特征 2

Step6. 创建图 8.2.8 所示的边倒圆特征 3。

（1）选取命令。选取下拉菜单 插入(S) → 细节特征(L) ▸ → 边倒圆(E)... 命令（或单击按钮），系统弹出“边倒圆”对话框。

（2）在要倒圆的边区域中单击按钮，选取图 8.2.8a 所示的圆弧为边倒圆参照，并在半径 1文本框中输入值 1。

（3）在可变半径点区域中单击指定新的位置按钮，单击图 8.2.8b 所示边线的第 1 点，在系统弹出的V 半径文本框中输入 1，在弧长百分比文本框中输入 50；单击图 8.2.8b 所示边线的第 2 点，在系统弹出的V 半径文本框中输入 3，在弧长百分比文本框中输入 50；单击图 8.2.8b 所示边线的第 3 点，在系统弹出的V 半径文本框中输入 1，在弧长百分比文本框中输入 50；单击图 8.2.8b 所示边线的第 4 点，在系统弹出的V 半径文本框中输入 3，在弧长百分比文本框中输入 50。

（4）单击< 确定 >按钮，完成边倒圆特征 3 的创建。

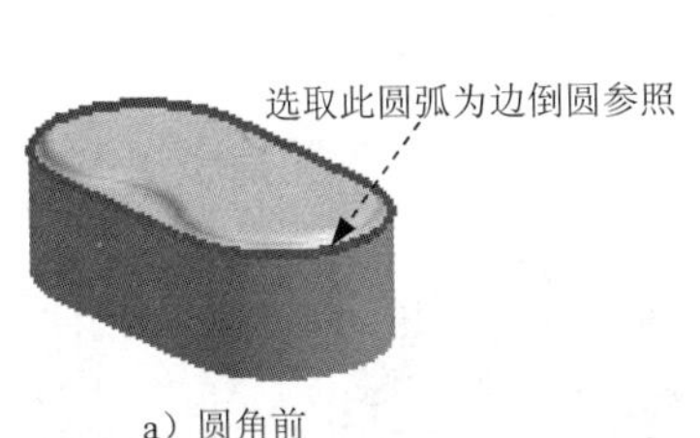

a）圆角前

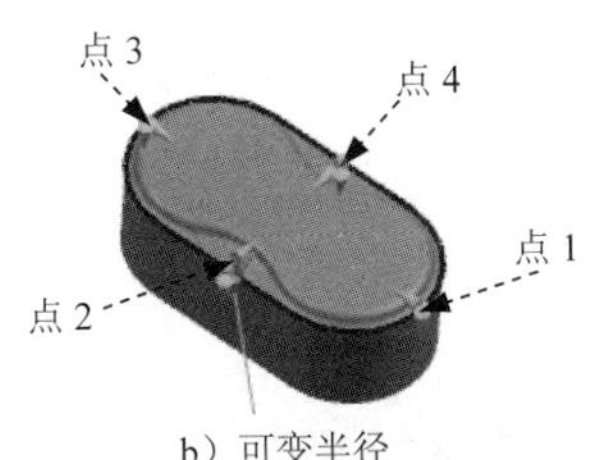

b）可变半径

c）圆角后

图 8.2.8 边倒圆特征 3

Step7. 创建图 8.2.9 所示的零件特征——抽壳。

（1）选取命令。选取下拉菜单 插入(S) → 偏置/缩放(O) → 抽壳(H)... 命令（或单击按钮），系统弹出“抽壳”对话框。

（2）在类型下拉列表中选择移除面，然后抽壳。在要穿透的面区域中单击按钮，选取图 8.2.10 所示的面为移除面，并在厚度文本框中输入 1。

（3）单击< 确定 >按钮，完成抽壳特征的创建。

图 8.2.9 抽壳特征

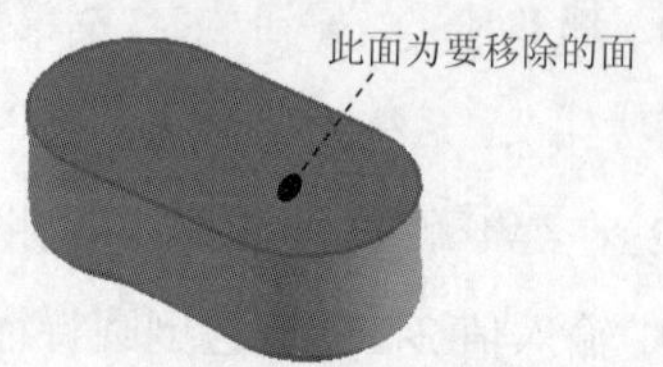

图 8.2.10 要移除的面

Step8. 创建图 8.2.11 所示的零件特征——拉伸 3。选取 插入(S) → 设计特征(E) → 拉伸(E)... 命令（或单击按钮），系统弹出“拉伸”对话框。选取基准平面 YZ 为草图平面，绘制图 8.2.12 所示的截面草图。在 指定矢量 下拉列表中选择 XC 选项；在 限制 区域的 开始 下拉列表框中选取 贯通 选项，在 限制 区域的 结束 下拉列表框中选取 贯通 选项，在 布尔 区域的下拉列表框中选取 求差 选项，采用系统默认的求差对象。单击 <确定> 按钮。

图 8.2.11 拉伸特征 3

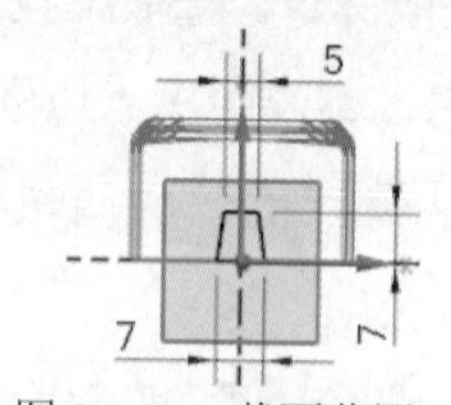

图 8.2.12 截面草图

Step9. 创建图 8.2.13 所示的草图 1。

（1）选取命令。选取下拉菜单 插入(S) → 在任务环境中绘制草图(V)... 命令，系统弹出“创建草图”对话框。

（2）定义草图平面。选取图 8.2.14 所示的平面为草图平面，选取 X 轴为草图水平参考方向，单击“创建草图”对话框中的 确定 按钮。

① 进入草图环境，绘制图 8.2.13 所示的草图。

② 单击 完成草图 按钮，退出草图环境。

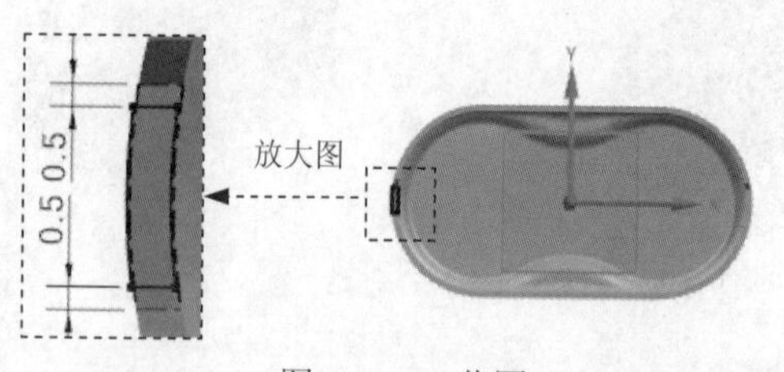

图 8.2.13 草图 1

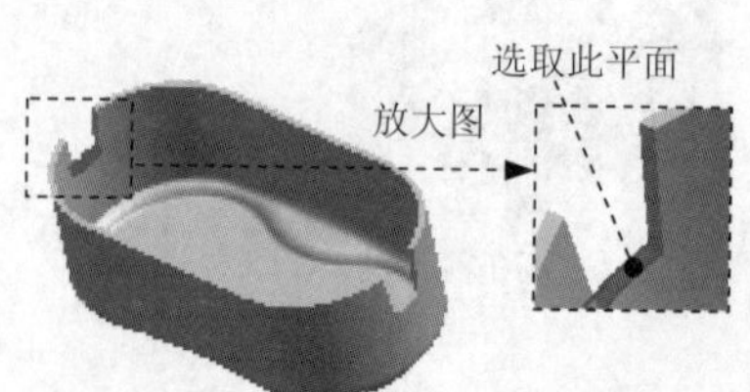

图 8.2.14 定义草图平面

Step10. 创建图 8.2.15 所示的草图 2。选取 插入(S) → 在任务环境中绘制草图(V)... 命令，系统弹出“创建草图”对话框；选取基准平面 ZX 为草图平面，选取 X 轴为草图水平参考方向，单击“创建草图”对话框中的 确定 按钮，进入草图环境，单击 完成草图 按钮，退出草图环境。

说明：选取下拉菜单 插入(S) → 处方曲线(U) → 相交曲线(U)... 命令，作草图平面 ZX 与拉伸特征 1 的交线，使其与所绘的草图相切。

Step11. 创建图 8.2.16 所示的零件特征——扫掠 1。

（1）选取命令。选取下拉菜单 插入(S) → 扫掠(W) → 沿引导线扫掠(G)... 命令，系统弹出“沿引导线扫掠”对话框。

（2）定义截面线串。在绘图区选取草图 1 为扫掠的截面曲线串。

（3）定义引导线串。在绘图区选取草图 2 为扫掠的引导线串。

（4）定义扫掠布尔运算。在 布尔 区域的下拉列表中选择 求和 选项，单击“沿引导线扫掠”对话框中的 < 确定 > 按钮。

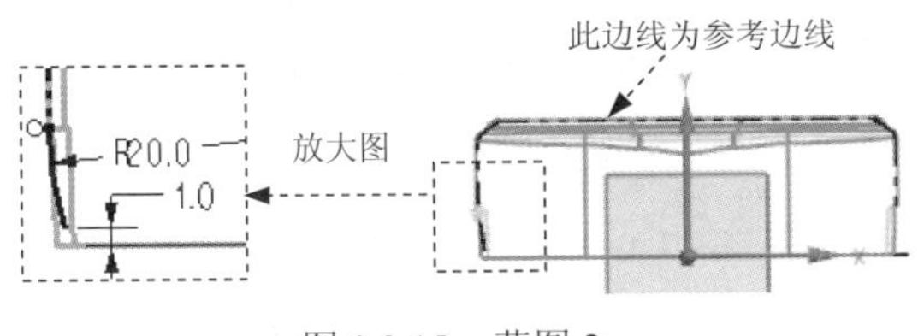

图 8.2.15 草图 2

图 8.2.16 扫掠特征 1

Step12. 创建图 8.2.17 所示的草图 3。选取下拉菜单 插入(S) → 在任务环境中绘制草图(V)... 命令，选取图 8.2.18 所示的平面为草图平面，绘制图 8.2.17 所示的草图 3。

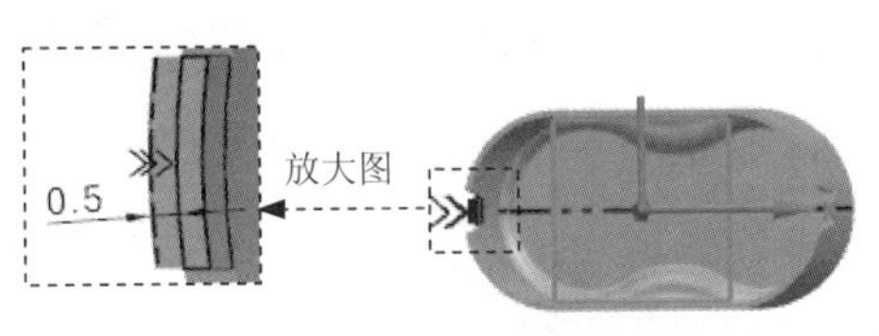

图 8.2.17 草图 3

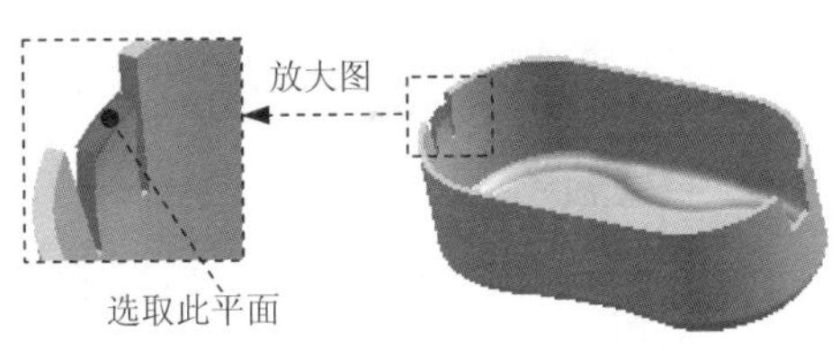

图 8.2.18 定义草图平面

Step13. 创建图 8.2.19 所示的草图 4。选取 插入(S) → 在任务环境中绘制草图(V)... 命令，选取基准平面 ZX 为草图平面，选取 X 轴为草图水平参考方向，绘制图 8.2.19 所示的草图 4。

Step14. 创建图 8.2.20 所示的扫掠特征 2。

（1）选取命令。选取下拉菜单 插入(S) → 扫掠(W) → 沿引导线扫掠(G)... 命令，系统弹出“沿引导线扫掠”对话框。

（2）定义截面线串。在绘图区选取草图 3 为扫掠的截面曲线串。

（3）定义引导线串。在绘图区选取草图 4 为扫掠的引导线串。

（4）定义布尔运算。在 布尔 区域的下拉列表中选择 求差 选项，单击“沿引导线扫掠”对话框中的 < 确定 > 按钮。

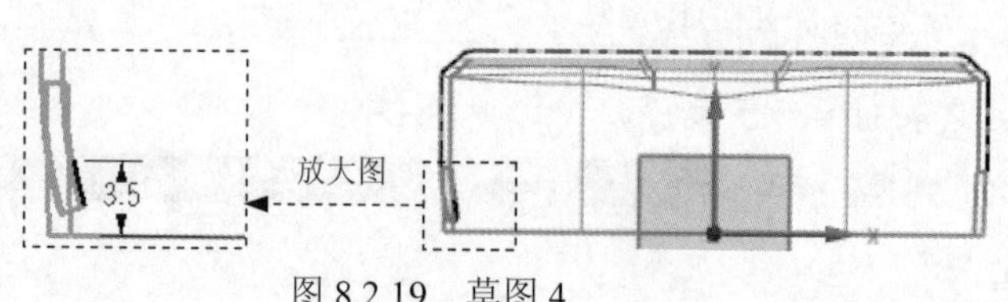

图 8.2.19 草图 4

图 8.2.20 扫掠特征 2

Step15. 创建图 8.2.21 所示的零件特征——镜像。

（1）选取命令。选取下拉菜单 插入(S) → 关联复制(A) → 镜像特征(M)... 命令（或单击按钮），系统弹出“镜像特征”对话框。

（2）定义镜像特征。在绘图区选取图 8.2.21a 所示的实体特征为镜像特征。

（3）定义镜像平面。在镜像平面区域中单击按钮，在绘图区选取 YZ 基准平面作为镜像平面。

（4）单击“镜像特征”对话框中的 确定 按钮，完成镜像特征的创建。

a）镜像前　　b）镜像后

图 8.2.21 镜像特征 1

Step16. 创建图 8.2.22 所示的零件特征——拉伸 4。选取菜单 插入(S) → 设计特征(E) → 拉伸(E)... 命令，系统弹出“拉伸”对话框。选取 ZX 基准平面为草图平面，选取 X 轴为草图水平参考方向，单击 确定 按钮。绘制图 8.2.23 所示的截面草图。在 指定矢量 下拉列表中选择 YC 选项；在 限制 区域的 开始 下拉列表框中选取 值 选项，并在其下的 距离 文本框中输入值 0，在 限制 区域的 结束 下拉列表框中选取 贯通 选项，在 布尔 区域的下拉列表框中选取 求差 选项，采用系统默认的求差对象。单击 < 确定 > 按钮。

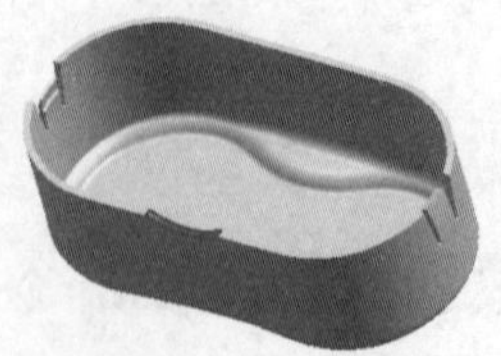
图 8.2.22 拉伸特征 4

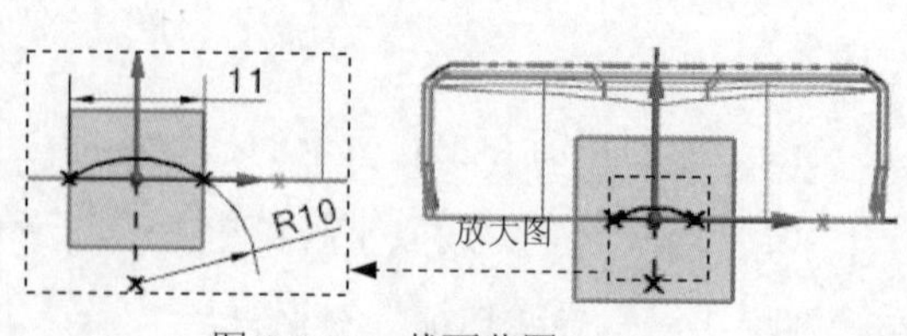

图 8.2.23 截面草图

Step17. 后面的详细操作过程请参见随书光盘中 video\ch08\reference\文件下的语音视频讲解文件 cover-r01.avi。

实例9 托 架

实例概述:

本实例介绍了托架的设计过程。通过对本实例的学习，读者可以从中掌握实体拉伸特征、孔以及边倒圆特征的应用，其中孔特征的创建方法较为巧妙，需要读者用心体会。零件模型及相应的模型树如图 9.1 所示。

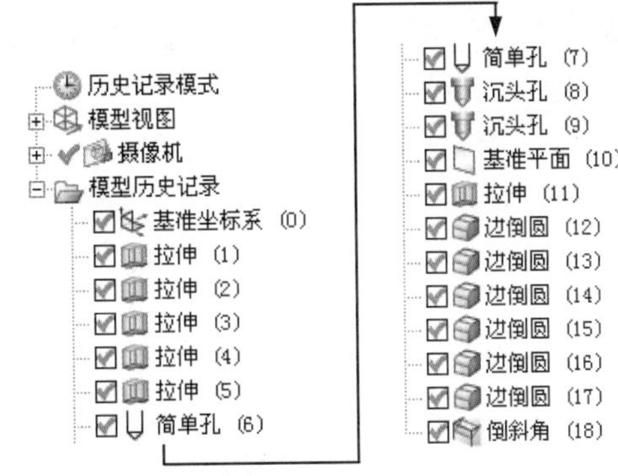

图 9.1 零件模型及模型树

Step1. 新建文件。选择下拉菜单 文件(F) → 新建(N)... 命令，系统弹出“新建”对话框。在 模型 选项卡的 模板 区域中选取模板类型为 模型，在 名称 文本框中输入文件名称 bracket，单击 确定 按钮，进入建模环境。

Step2. 创建图 9.2 所示的拉伸特征 1。选择下拉菜单 插入(S) → 设计特征(E) → 拉伸(E)... 命令（或单击按钮），系统弹出“拉伸”对话框；单击“拉伸”对话框中的“绘制截面”按钮，系统弹出“创建草图”对话框。选取 ZX 基准平面为草图平面，在 设置 区域中选中 ☑ 创建中间基准 CSYS 复选框，单击 确定 按钮，进入草图环境，绘制图 9.3 所示的截面草图，选择下拉菜单 任务(K) → 完成草图(K) 命令（或单击 完成草图 按钮），退出草图环境；在“拉伸”对话框 限制 区域的 开始 下拉列表中选择 值 选项，并在其下的 距离 文本框中输入值 0；在 限制 区域的 结束 下拉列表中选择 值 选项，并在其下的 距离 文本框中输入值 165，其他参数采用系统默认设置；单击 < 确定 > 按钮，完成拉伸特征 1 的创建。

图 9.2 拉伸特征 1

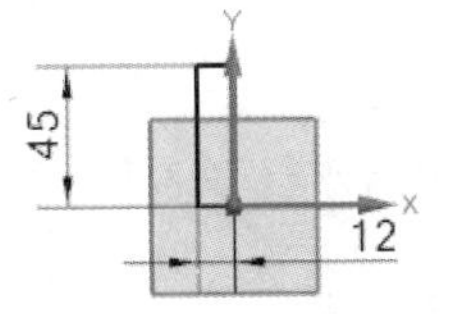

图 9.3 截面草图

Step3. 创建图 9.4 所示的拉伸特征 2。选择下拉菜单 插入(S) → 设计特征(E) →

拉伸(E)...命令，取消选中设置区域的□创建中间基准 CSYS复选框，选取 XY 基准平面为草图平面，绘制图 9.5 所示的截面草图，在“拉伸”对话框限制区域的开始下拉列表中选择值选项，并在其下的距离文本框中输入值 0；在限制区域的结束下拉列表中选择值选项，并在其下的距离文本框中输入值 12，在布尔区域的下拉列表中选择求和选项，采用系统默认的求和对象。

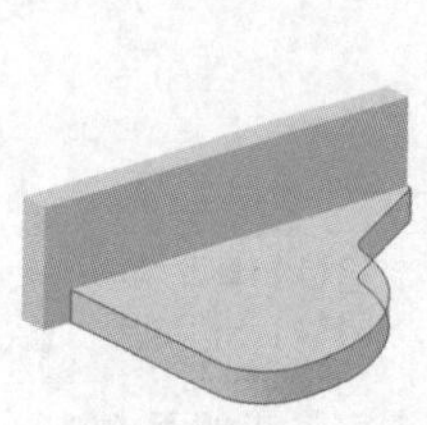
图 9.4　拉伸特征 2

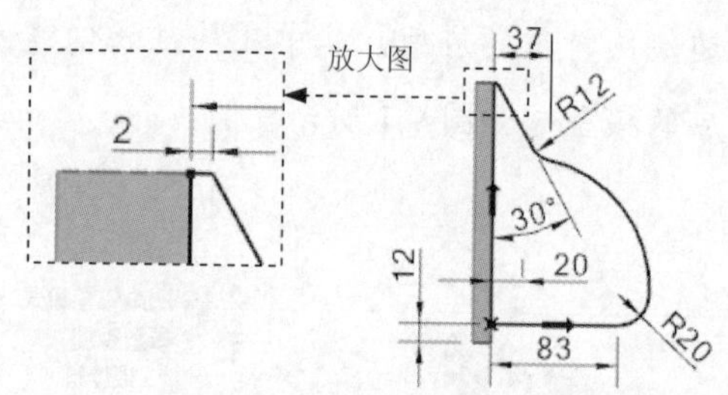

图 9.5　截面草图

Step4. 创建图 9.6 所示的拉伸特征 3。选择下拉菜单插入(S) → 设计特征(E) → 拉伸(E)...命令，选取图 9.7 所示的平面为草图平面，绘制图 9.8 所示的截面草图，在“拉伸”对话框限制区域的开始下拉列表中选择值选项，并在其下的距离文本框中输入值 0；在限制区域的结束下拉列表中选择值选项，并在其下的距离文本框中输入值 28，在布尔区域的下拉列表中选择求和选项，采用系统默认的求和对象。

图 9.6　拉伸特征 3

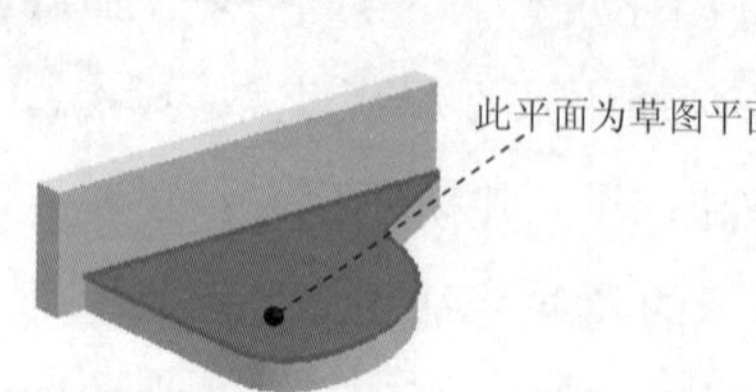

图 9.7　定义草图平面

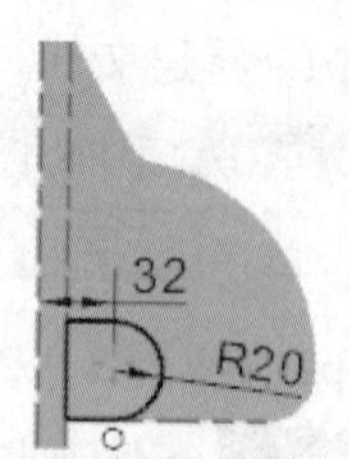

图 9.8　截面草图

Step5. 创建图 9.9 所示的拉伸特征 4。选择下拉菜单插入(S) → 设计特征(E) → 拉伸(E)...命令，选取图 9.10 所示的平面为草图平面，绘制图 9.11 所示的截面草图，在“拉伸”对话框限制区域的开始下拉列表中选择值选项，并在其下的距离文本框中输入值 0；在限制区域的结束下拉列表中选择值选项，并在其下的距离文本框中输入值 3，在布尔区域的下拉列表中选择求和选项，采用系统默认的求和对象。

图 9.9　拉伸特征 4

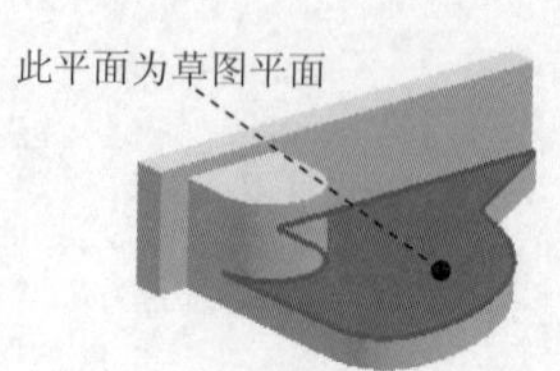

图 9.10　定义草图平面

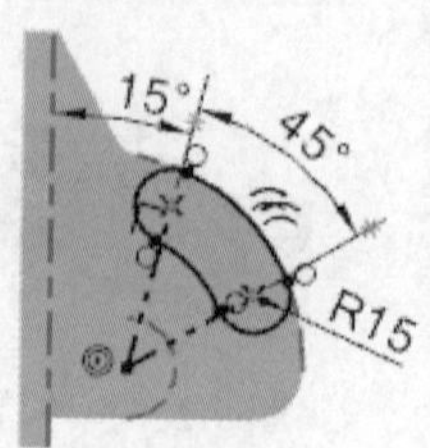

图 9.11　截面草图

Step6. 创建图 9.12 所示的拉伸特征 5。选择下拉菜单插入(S) → 设计特征(E) → 拉伸(E)...命令，选取图 9.13 所示的平面为草图平面，绘制图 9.14 所示的截面草图。在“拉伸”对话框限制区域的开始下拉列表中选择值选项，并在其下的距离文本框中输入值 0；在限制区域的结束下拉列表中选择贯通选项，并单击方向区域的按钮；在布尔区域的下拉列表中选择求差选项，采用系统默认的求差对象。

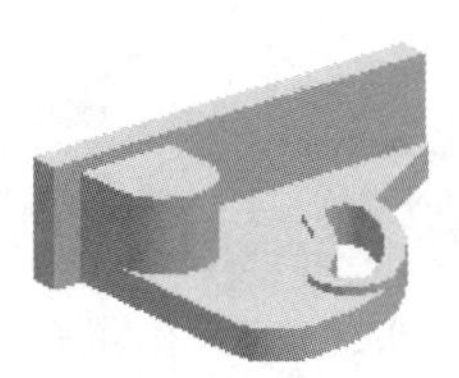
图 9.12 拉伸特征 5

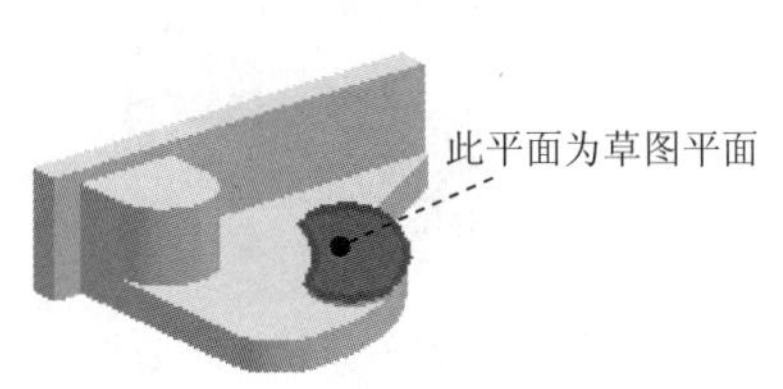

图 9.13 定义草图平面

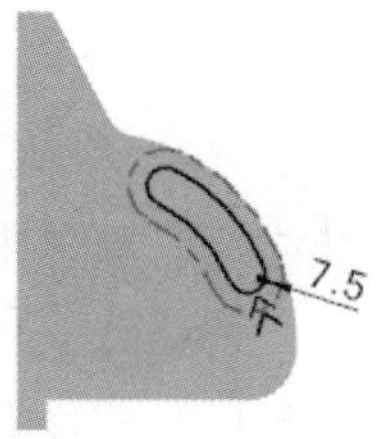

图 9.14 截面草图

Step7. 创建图 9.15 所示的孔特征 1。选择插入(S) → 设计特征(E) → 孔(H)...命令（或单击按钮），系统弹出“孔”对话框；在类型下拉列表框中选择常规孔选项，选取图 9.16 所示的圆弧为孔的放置参照；在成形下拉列表框中选择简单选项，在直径文本框中输入值 20，在深度文本框中输入值 12，在顶锥角文本框中输入值 0，其余参数采用系统默认设置，单击< 确定 >按钮，完成孔的创建。

图 9.15 孔特征 1

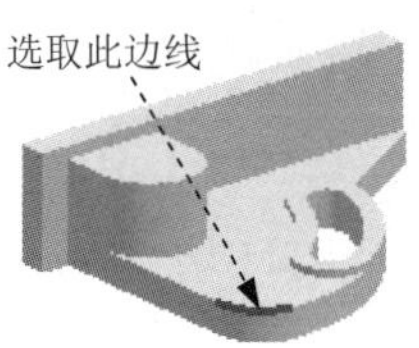

图 9.16 孔定位

Step8. 创建图 9.17 所示的孔特征 2。选择下拉菜单插入(S) → 设计特征(E) → 孔(H)...命令（或单击按钮），系统弹出“孔”对话框；在类型下拉列表框中选择常规孔选项，选取图 9.18 所示的圆弧为孔的放置参照，在深度限制下拉列表框中选择贯通体选项，其余参数采用系统默认设置，单击< 确定 >按钮，完成孔特征 2 的创建。

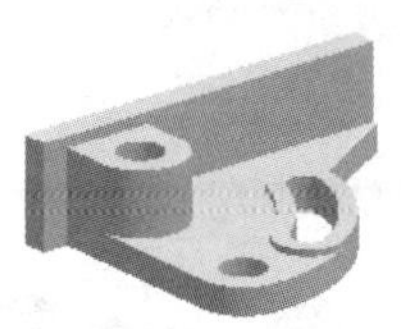
图 9.17 孔特征 2

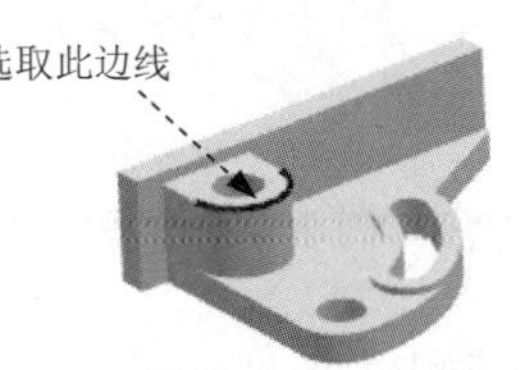

图 9.18 定义孔位置

Step9. 创建图 9.19 所示的孔特征 3。选择下拉菜单插入(S) → 设计特征(E) → 孔(H)...命令（或单击按钮），系统弹出“孔”对话框；在类型下拉列表框中选择常规孔选项，单击“孔”对话框中的“绘制截面”按钮，然后在模型中选取图 9.20 所示的孔的放置面，单击确定按钮，进入草图环境；系统自动弹出“草图点”对话框，在“草图

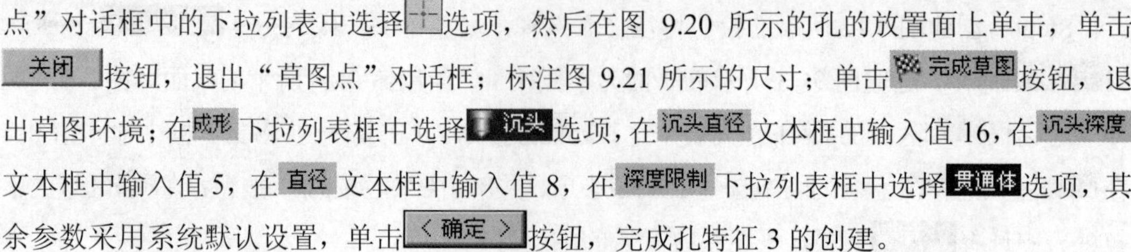

点”对话框中的下拉列表中选择 选项，然后在图 9.20 所示的孔的放置面上单击，单击 关闭 按钮，退出“草图点”对话框；标注图 9.21 所示的尺寸；单击 完成草图 按钮，退出草图环境；在成形下拉列表框中选择 沉头 选项，在沉头直径文本框中输入值 16，在沉头深度文本框中输入值 5，在直径文本框中输入值 8，在深度限制下拉列表框中选择贯通体选项，其余参数采用系统默认设置，单击 < 确定 > 按钮，完成孔特征 3 的创建。

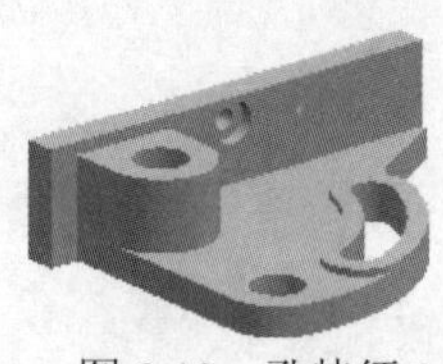

图 9.19　孔特征 3

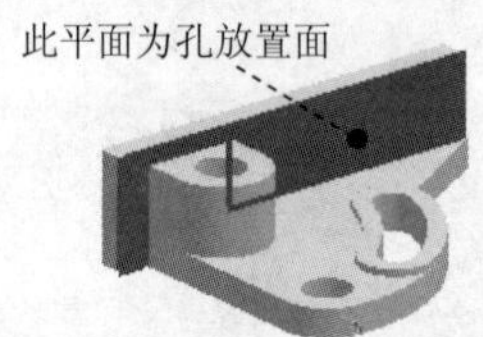

图 9.20　定义孔放置面

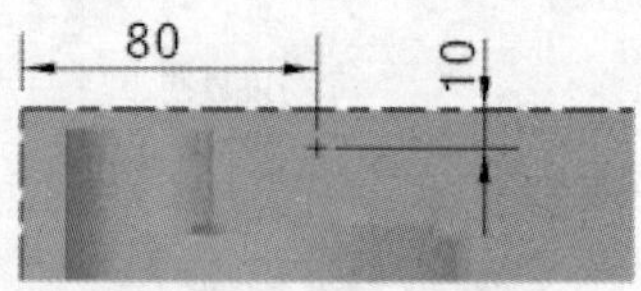

图 9.21　定义孔位置

Step10. 创建图 9.22 所示的孔特征 4。参照前面孔特征 3 的操作步骤，孔位置尺寸如图 9.22 所示，完成孔特征 4 的创建。

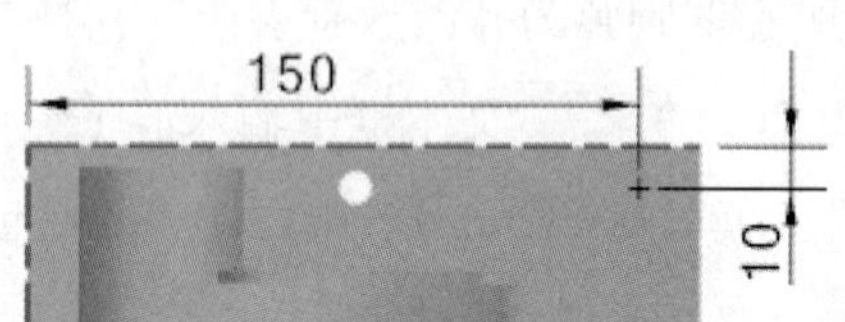

图 9.22　孔特征 4 及孔位置

Step11. 创建图 9.23 所示的基准平面 1。选择下拉菜单 插入(S) → 基准/点(D) → 基准平面(D)... 命令（或单击 按钮），系统弹出“基准平面”对话框；在类型区域的下拉列表中选择 通过对象 选项，将鼠标指针移动到图 9.24 所示的孔的内表面处，选择图形区出现的孔轴线，采用系统默认方向；单击 < 确定 > 按钮，完成基准平面 1 的创建。

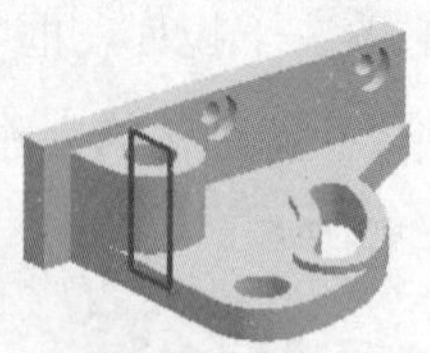

图 9.23　基准平面 1

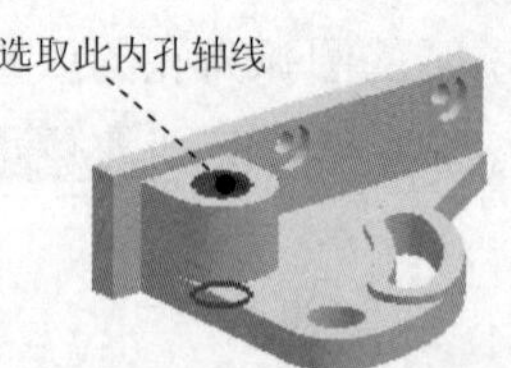

图 9.24　定义基准平面参照

Step12. 创建图 9.25 所示的拉伸特征 6。选择下拉菜单 插入(S) → 设计特征(E) → 拉伸(E)... 命令，选取基准平面 1 为草图平面，绘制图 9.26 所示的截面草图。在“拉伸”对话框限制区域的开始下拉列表中选择 值 选项，并在其下的距离文本框中输入值-6；在限制区域的结束下拉列表中选择 值 选项，并在其下的距离文本框中输入值 6；在布尔区域的下拉列表中选择 求和选项，采用系统默认的求和对象，完成拉伸特征 6 的创建。

图 9.25　拉伸特征 6

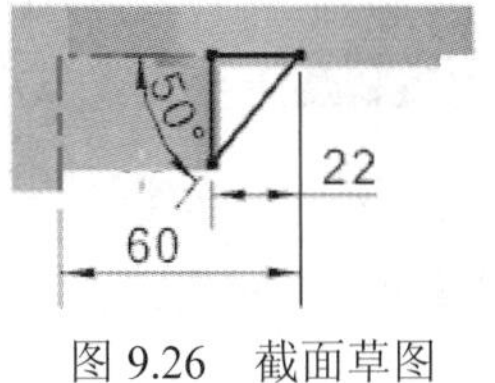

图 9.26　截面草图

Step13. 创建图 9.27b 所示的边倒圆特征 1。选择下拉菜单 插入(S) → 细节特征(L) ▸ → 边倒圆(E)... 命令（或单击按钮），系统弹出“边倒圆”对话框；在要倒圆的边区域中单击按钮，选取图 9.27a 所示的边线为边倒圆参照，并在半径 1 文本框中输入值 2；单击 应用 按钮，完成边倒圆特征 1 的创建。

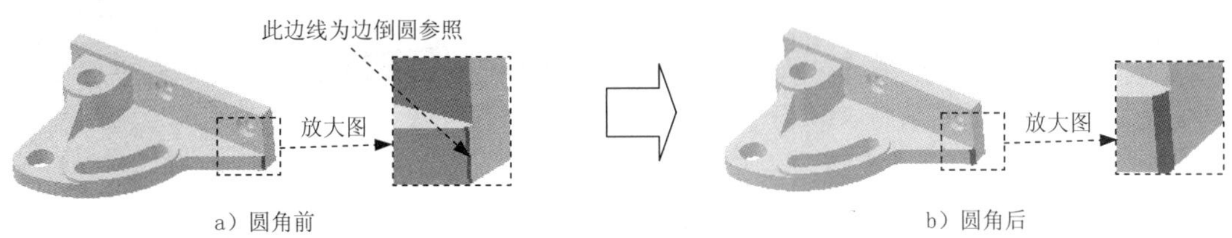

图 9.27　边倒圆特征 1

Step14. 创建边倒圆特征 2。操作步骤参照 Step13，选取图 9.28 所示的边线为边倒圆参照，其圆角半径值为 2。

Step15. 创建边倒圆特征 3。选取图 9.29 所示的边线为边倒圆参照，其圆角半径值为 1.5。

Step16. 创建边倒圆特征 4。选取图 9.30 所示的边线为边倒圆参照，其圆角半径值为 1。

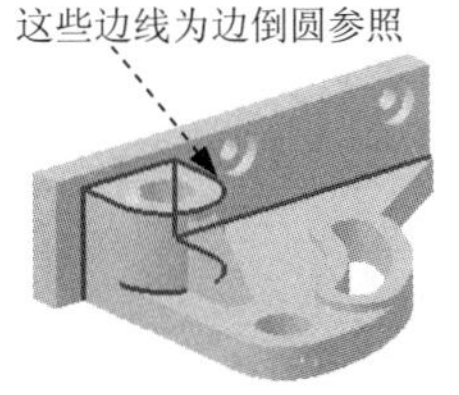

图 9.28　边倒圆特征 2

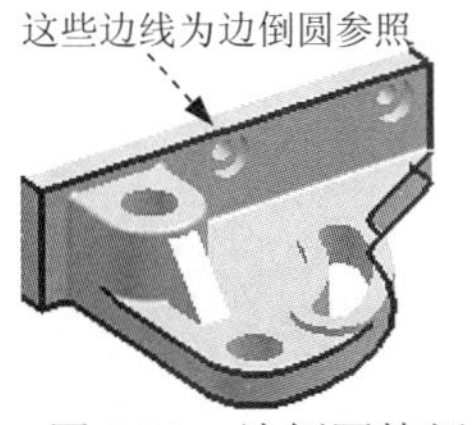

图 9.29　边倒圆特征 3

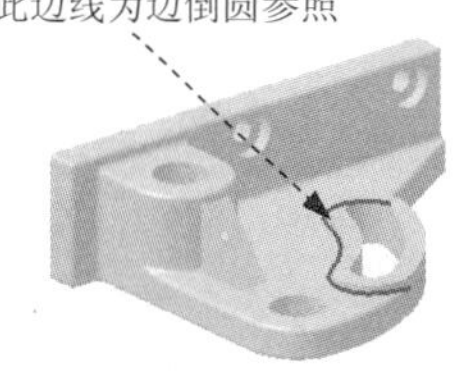

图 9.30　边倒圆特征 4

Step17. 创建边倒圆特征 5。选取图 9.31 所示的边线为边倒圆参照，其圆角半径值为 1.5。

Step18. 创建边倒圆特征 6。选取图 9.32 所示的边线为边倒圆参照，其圆角半径值为 3。

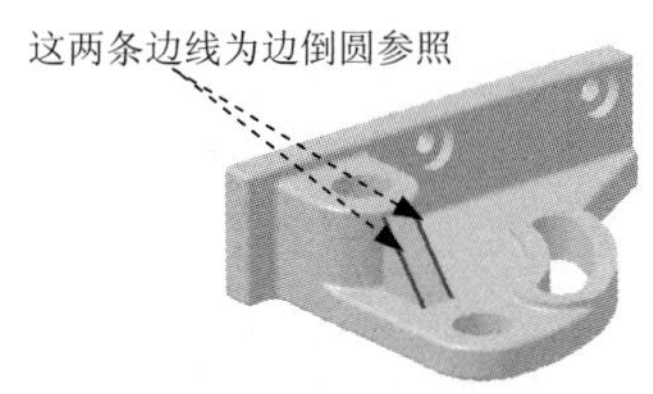

图 9.31　边倒圆特征 5

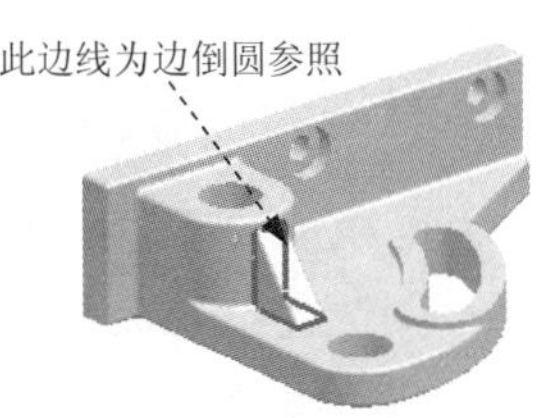

图 9.32　边倒圆特征 6

Step19. 创建图 9.33b 所示的倒斜角特征。选择下拉菜单 插入(S) → 细节特征(L) → 倒斜角(C)... 命令（或单击按钮），系统弹出"倒斜角"对话框；在边区域中单击按钮，选择图 9.33a 所示的边线为倒斜角参照，在偏置区域的横截面下拉列表中选择 对称 选项，并在距离文本框中输入值 1；单击 < 确定 > 按钮，完成倒斜角特征的创建。

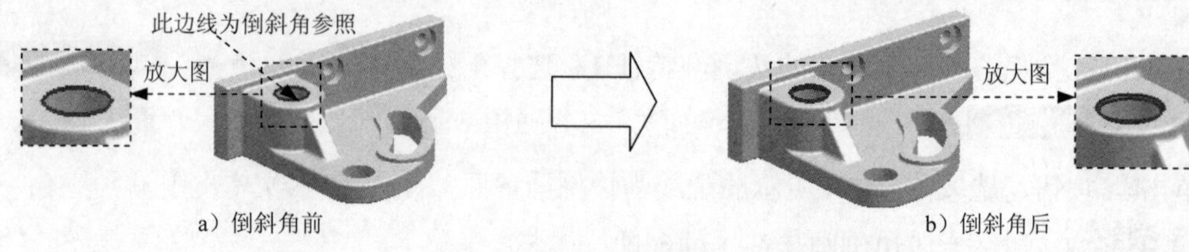

a）倒斜角前　　b）倒斜角后

图 9.33　倒斜角特征

Step20. 保存零件模型。选择下拉菜单 文件(F) → 保存(S) 命令，即可保存零件模型。

实例 10 把 手

10.1 实例概述

本实例在进行设计的过程中充分利用了创建的曲面，该零件主要运用了拉伸、镜像、偏置曲面等特征命令。下面介绍该零件的设计过程，零件模型及模型树如图 10.1.1 所示。

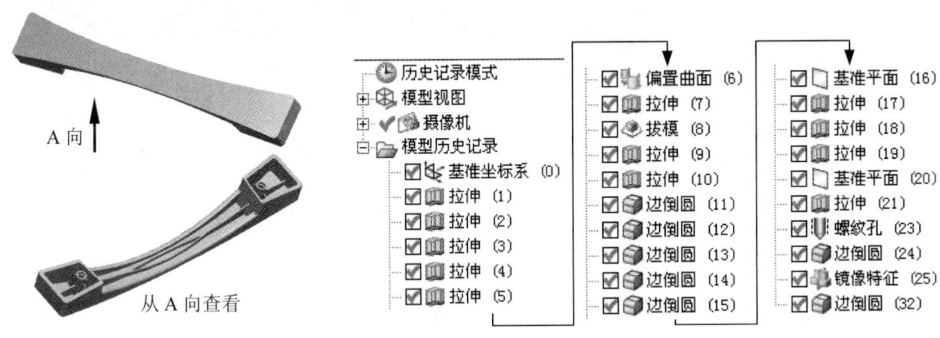

图 10.1.1 零件模型及模型树

10.2 详细设计过程

说明： 本应用前面的详细操作过程请参见随书光盘中 video\ch10\reference\文件下的语音视频讲解文件 HANDLE-r01.avi。

Step1. 打开文件 D:\ugnx90.5\work\ch10\HANDLE_ex.prt。

Step2. 创建图 10.2.1 所示的零件特征——拉伸 4。选择 插入(S) → 设计特征(E) → 拉伸(E)... 命令，系统弹出“拉伸”对话框。选取图 10.2.2 所示的平面为草图平面，绘制图 10.2.3 所示的截面草图；在 指定矢量 下拉列表中选择 ZC↑ 选项；在 限制 区域的 开始 下拉列表框中选择 值 选项，并在其下的 距离 文本框中输入值 0，在 限制 区域的 结束 下拉列表框中选择 直至选定 选项，选取图 10.2.2 所示的曲面为拉伸终止面。在 布尔 区域的下拉列表框中选择 求差 选项，选取拉伸特征 1 为求差对象。单击 确定 按钮，完成拉伸特征 4 的创建。

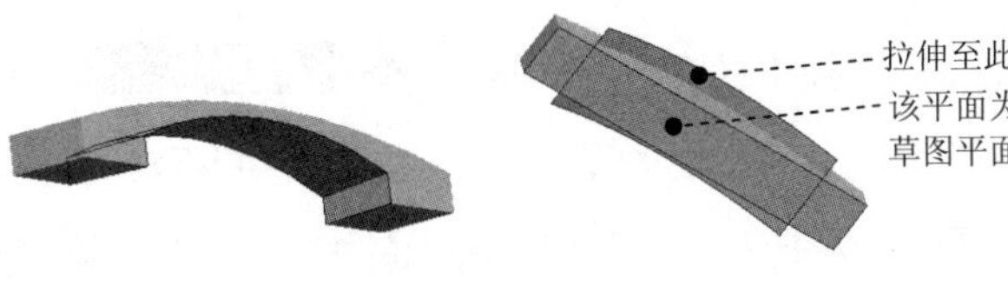

图 10.2.1 拉伸特征 4　　图 10.2.2 定义草图平面

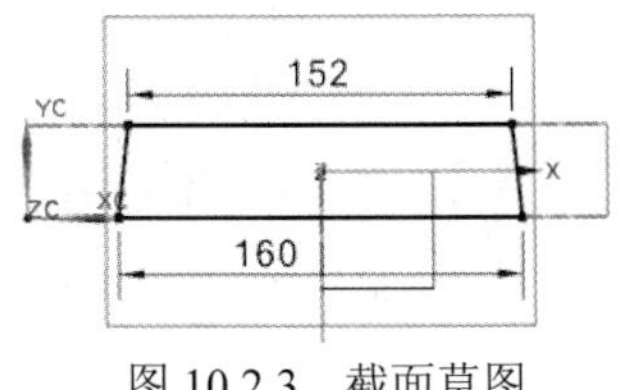

图 10.2.3 截面草图

Step3. 创建图 10.2.4 所示的零件特征——拉伸 5。选择 插入(S) → 设计特征(E) → 拉伸(E)... 命令，系统弹出“拉伸”对话框。选取图 10.2.2 所示的平面为草图平面，绘制图 10.2.5 所示的截面草图；在 指定矢量 下拉列表中选择 ZC↑ 选项；在 限制 区域的 开始 下拉列表框中选择 值 选项，并在其下的 距离 文本框中输入值 0，在 限制 区域的 结束 下拉列表框中选择 值 选项，并在其下的 距离 文本框中输入值 59，在 布尔 区域的下拉列表框中选择 求差 选项，采用系统默认的求差对象。单击 < 确定 > 按钮，完成拉伸特征 5 的创建。

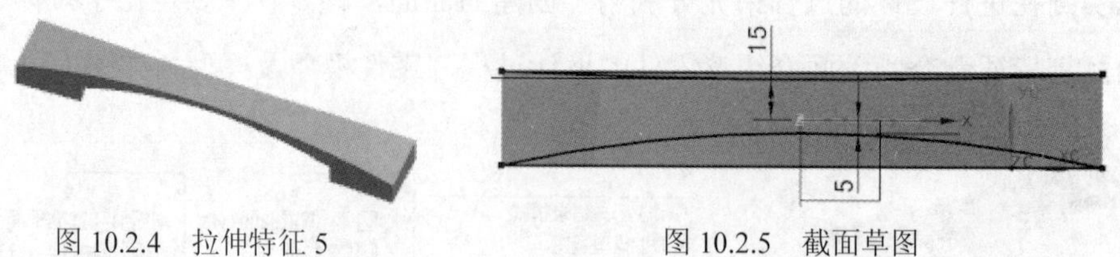

图 10.2.4　拉伸特征 5　　　　图 10.2.5　截面草图

Step4. 创建图 10.2.6 所示的偏置曲面。选择下拉菜单 插入(S) → 偏置/缩放(O) → 偏置曲面(O)... 命令，系统弹出“偏置曲面”对话框。选择图 10.2.7 所示的曲面为偏置曲面。在 偏置 1 文本框中输入值 2；单击 按钮，调整偏置方向为 Z 基准轴负向；其他参数采用系统默认设置。单击 < 确定 > 按钮，完成偏置曲面的创建。

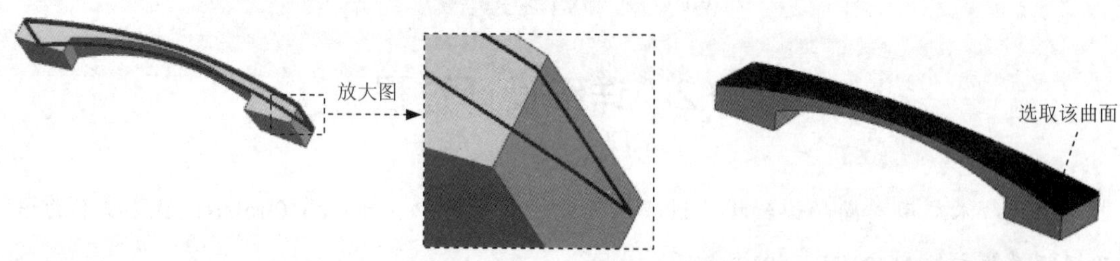

图 10.2.6　偏置曲面　　　　图 10.2.7　定义参照面

Step5. 创建图 10.2.8 所示的零件特征——拉伸 6。选择 插入(S) → 设计特征(E) → 拉伸(E)... 命令，系统弹出“拉伸”对话框。选取图 10.2.9 所示的平面为草图平面，绘制图 10.2.10 所示的截面草图；在 指定矢量 下拉列表中选择 ZC↑ 选项；在 限制 区域的 开始 下拉列表框中选择 值 选项，并在其下的 距离 文本框中输入值 0，在 限制 区域的 结束 下拉列表框中选择 直至选定 选项，在 布尔 区域的下拉列表框中选择 求差 选项，选取拉伸特征 1 为求差对象。单击 < 确定 > 按钮，完成拉伸特征 6 的创建。

说明：偏置曲面 1 为拉伸直至选定的对象。

Step6. 创建图 10.2.11 所示的拔模特征。选择下拉菜单 插入(S) → 细节特征(L) → 拔模(T)... 命令，在 脱模方向 区域中指定矢量选择 Z 轴的负方向，在 拔模参考 区域中选择图 10.2.12 所示的面为拔模固定面，在 要拔模的面 区域选择图 10.2.13 所示的面为参照，并在 角度 1 文本框中输入值 8。单击 < 确定 > 按钮，完成拔模特征 1 的创建。

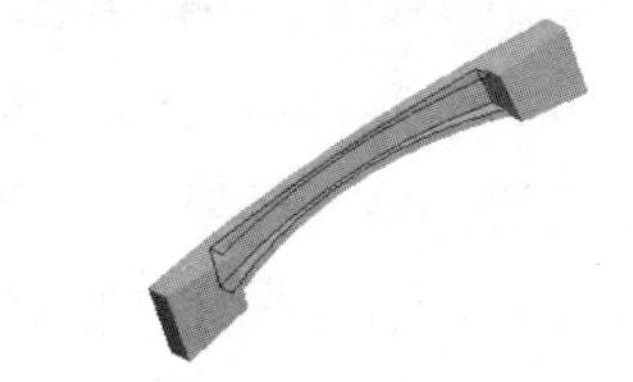

图 10.2.8 拉伸特征 6

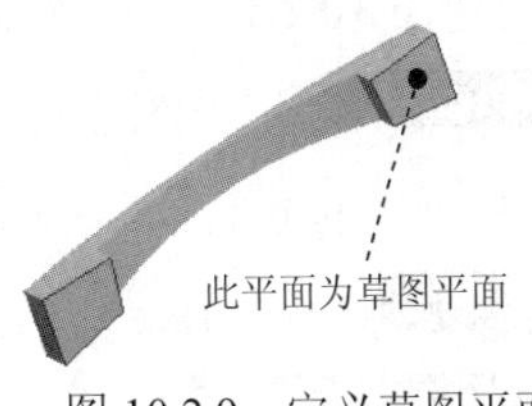

图 10.2.9 定义草图平面

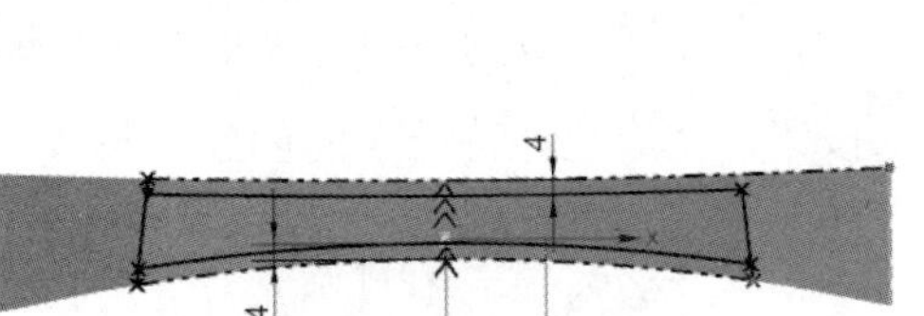

图 10.2.10 截面草图

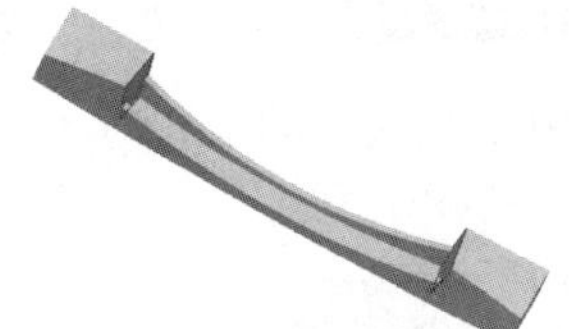

图 10.2.11 拔模特征 1

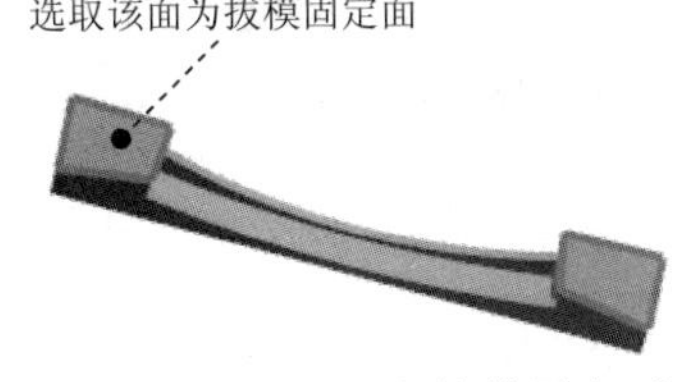

图 10.2.12 定义拔模固定面

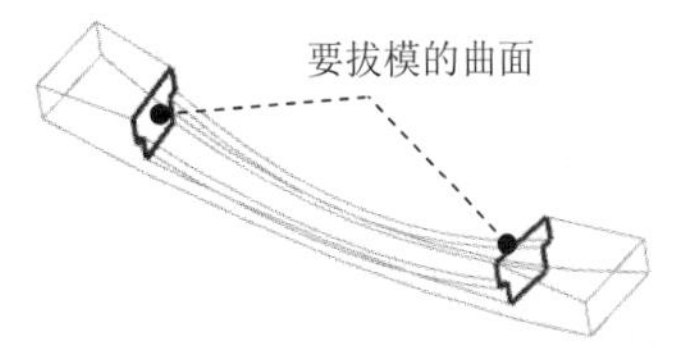

图 10.2.13 定义拔模面

Step7. 创建图 10.2.14 所示的零件特征——拉伸 7。选择 插入(S) → 设计特征(E) → 拉伸(E)... 命令，系统弹出“拉伸”对话框。选取图 10.2.15 所示的平面为草图平面，绘制图 10.2.16 所示的截面草图；在 指定矢量 下拉列表中选择 ZC↑ 选项；在 偏置 区域的 偏置 下拉列表中选取 两侧 选项，在 开始 文本框输入 0，在 结束 文本框输入 1；在 限制 区域的 开始 下拉列表框中选择 直至延伸部分 选项，选取拉伸特征 3 创建的片体，在 限制 区域的 结束 下拉列表框中选择 直至选定 选项，选取偏置曲面为选定对象，在 布尔 区域的下拉列表框中选择 求和 选项，采用系统默认的求和对象。单击 < 确定 > 按钮，完成拉伸特征 7 的创建。

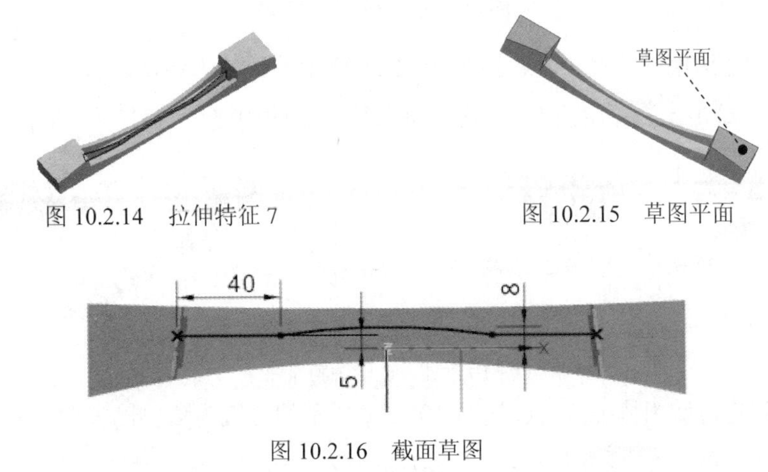

图 10.2.14 拉伸特征 7

图 10.2.15 草图平面

图 10.2.16 截面草图

Step8. 创建图 10.2.17 所示的零件特征——拉伸 8。选择菜单 插入(S) → 设计特征(E) → 拉伸(E)... 命令，系统弹出“拉伸”对话框。选取图 10.2.18 所示的平面为草图平面，绘制图 10.2.19 所示的截面草图；在 指定矢量 下拉列表中选择 ZC↑ 选项；在 偏置 区域的 偏置 下拉列表中选取 两侧 选项，在 开始 文本框输入 0，在 结束 文本框输入 1；在 限制 区域的 开始 下拉列表框中选择 直至延伸部分 选项，选取拉伸特征 3 创建的片体，在 限制 区域的 结束 下拉列表框中选择 直至选定 选项，选取偏置曲面为选定对象，在 布尔 区域的下拉列表框中选择 求和 选项，采用系统默认的求和对象。单击 < 确定 > 按钮，完成拉伸特征 8 的创建。

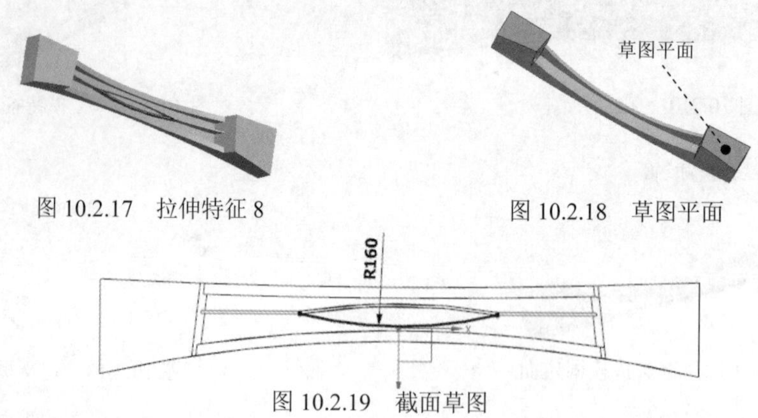

图 10.2.17　拉伸特征 8

图 10.2.18　草图平面

图 10.2.19　截面草图

Step9. 创建边倒圆特征 1。选择下拉菜单 插入(S) → 细节特征(L) ▸ → 边倒圆(E)... 命令，在 要倒圆的边 区域中单击 按钮，选择图 10.2.20 所示的边链为边倒圆参照，并在 半径 1 文本框中输入值 3。单击 < 确定 > 按钮，完成边倒圆特征 1 的创建。

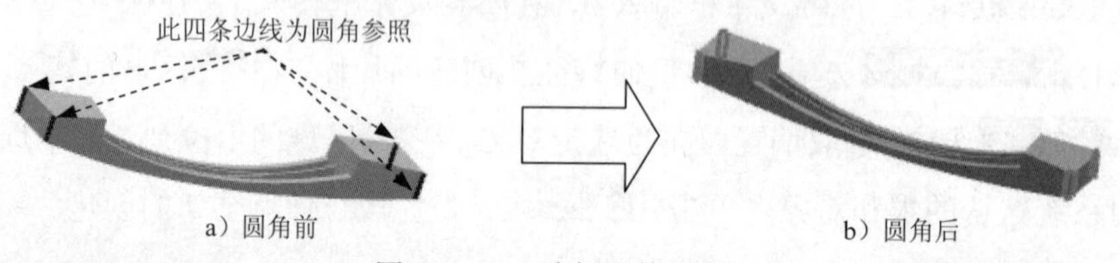

a）圆角前　　b）圆角后

图 10.2.20　边倒圆特征 1

Step10. 创建边倒圆特征 2。选择图 10.2.21 所示的边链为边倒圆参照，并在 半径 1 文本框中输入值 2。单击 < 确定 > 按钮，完成边倒圆特征 2 的创建。

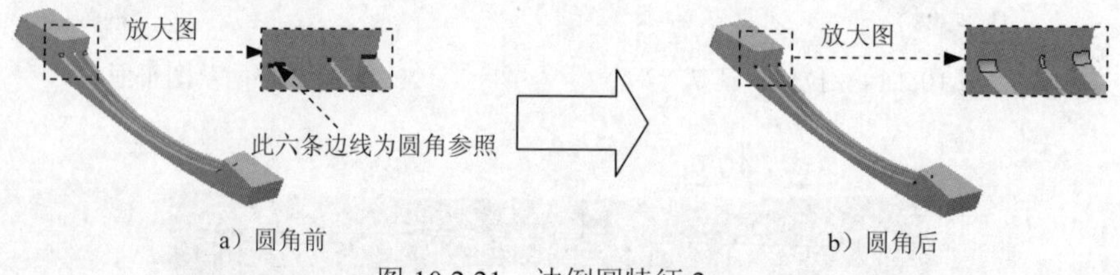

a）圆角前　　b）圆角后

图 10.2.21　边倒圆特征 2

Step11. 创建边倒圆特征 3。选择图 10.2.22 所示的边链为边倒圆参照，并在 半径 1 文本框中输入值 0.5。单击 < 确定 > 按钮，完成边倒圆特征 3 的创建。

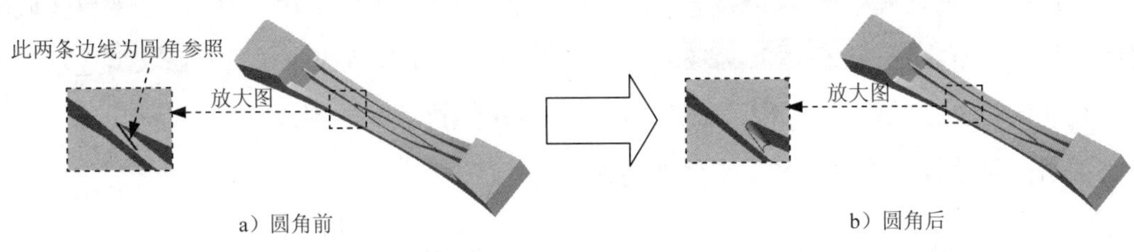

图 10.2.22 边倒圆特征 3

Step12. 创建边倒圆特征 4。选择图 10.2.23 所示的边链为边倒圆参照，并在半径 1文本框中输入值 0.5。单击< 确定 >按钮，完成边倒圆特征 4 的创建。

图 10.2.23 边倒圆特征 4

Step13. 创建边倒圆特征 5。选择图 10.2.24 所示的边链为边倒圆参照，并在半径 1文本框中输入值 2。单击< 确定 >按钮，完成边倒圆特征 5 的创建。

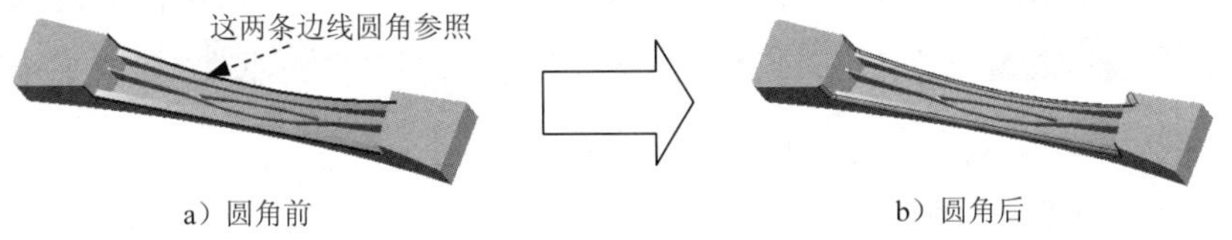

图 10.2.24 边倒圆特征 5

Step14. 创建图 10.2.25 所示的基准平面 1。选择下拉菜单插入(S) ➡ 基准/点(D) ➡ 基准平面(D)...命令（或单击按钮），系统弹出“基准平面”对话框。在类型区域的下拉列表框中选择按某一距离选项，在绘图区选取 XZ 基准平面，输入偏移值 2。单击< 确定 >按钮，完成基准平面 1 的创建。

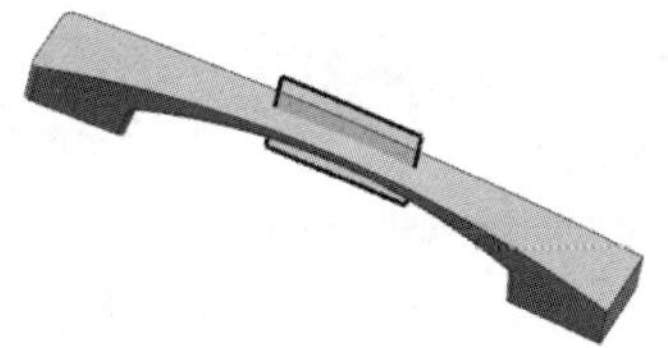
图 10.2.25 基准平面 1

Step15. 创建图 10.2.26 所示的零件特征——拉伸 9。选择下拉菜单插入(S) ➡ 设计特征(E) ➡ 拉伸(E)...命令，系统弹出“拉伸”对话框。选取图 10.2.27 所示的平面为草图平面，绘制图 10.2.28 所示的截面草图；在指定矢量下拉列表中选择ZC↑选项；在限制区域的开始下拉列表框中选择值选项，并在其下的距离文本框中输入值 0，在限制区域的结束下拉列表框中选择直至延伸部分选项，在布尔区域的下拉列表框中选择求差选项，采用系统默认的求差对象。单击< 确定 >按钮，完成拉伸特征 9 的创建。

说明：偏置曲面为拉伸时直至延伸部分。

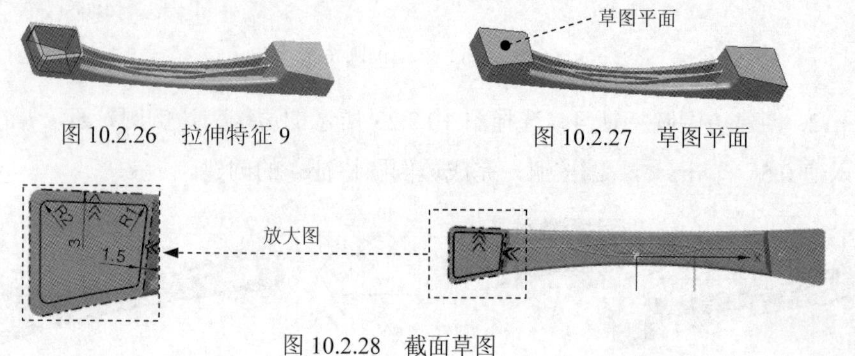

图 10.2.26　拉伸特征 9

图 10.2.27　草图平面

图 10.2.28　截面草图

Step16. 创建图 10.2.29 所示的零件特征——拉伸 10。选择插入(S) → 设计特征(E) → 拉伸(E)...命令，系统弹出"拉伸"对话框。选取图 10.2.30 所示的平面为草图平面，绘制图 10.2.31 所示的截面草图；在指定矢量下拉列表中选择ZC选项；在限制区域的开始下拉列表框中选择值选项，并在其下的距离文本框中输入值 0；在限制区域的结束下拉列表框中选择直至选定对象选项，在布尔区域的下拉列表框中选择求和选项，采用系统默认的求和对象。单击< 确定 >按钮，完成拉伸特征 10 的创建。

说明：偏置曲面为拉伸时直至选定对象。

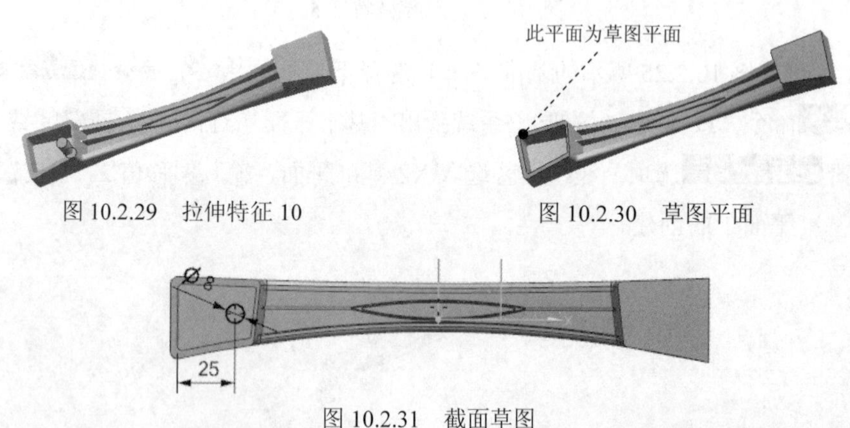

图 10.2.29　拉伸特征 10

图 10.2.30　草图平面

图 10.2.31　截面草图

Step17. 创建图 10.2.32 所示的零件特征——拉伸 11。选择插入(S) → 设计特征(E) → 拉伸(E)...命令，系统弹出"拉伸"对话框。选取基准平面 1 为草图平面，绘制图 10.2.33 所示的截面草图；在指定矢量下拉列表中选择-YC选项；在限制区域的开始下拉列表框中选择对称值选项，并在其下的距离文本框中输入值 1，在布尔区域的下拉列表框中选择求和选项，采用系统默认的求和对象。单击< 确定 >按钮，完成拉伸特征 11 的创建。

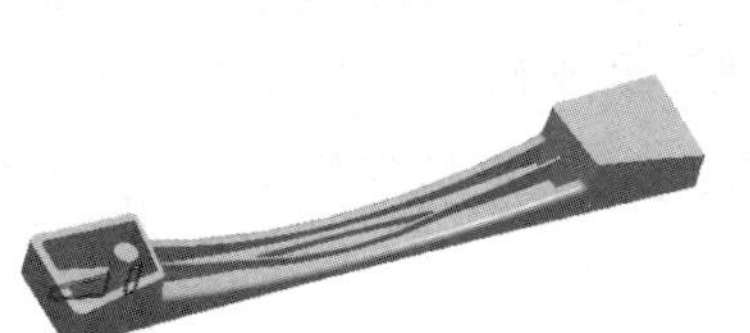

图 10.2.32 拉伸特征 11

图 10.2.33 截面草图

Step18. 创建图 10.2.34 所示的基准平面 2。选择下拉菜单 插入(S) → 基准/点(D) → 基准平面(D)... 命令，系统弹出“基准平面”对话框。在 类型 区域的下拉列表框中选择 成一角度 选项，选取 YZ 基准平面为参照，在绘图区选取图 10.2.34 所示的轴。在 角度 区域的 角度 文本框输入 0。单击 < 确定 > 按钮，完成基准平面 2 的创建。

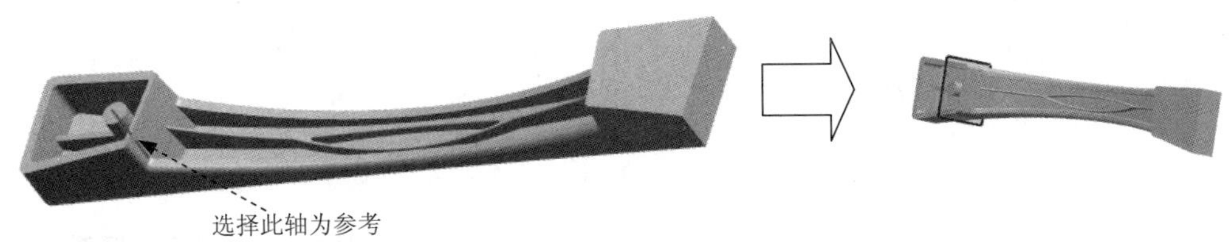

图 10.2.34 基准平面 2

Step19. 创建图 10.2.35 所示的零件特征——拉伸 12。选择下拉菜单 插入(S) → 设计特征(E) → 拉伸(E)... 命令，系统弹出“拉伸”对话框。选取基准平面 2 为草图平面，绘制图 10.2.36 所示的截面草图；在 指定矢量 下拉列表中选择 XC 选项；在 限制 区域的 开始 下拉列表框中选择 对称值 选项，并在其下的 距离 文本框中输入值 1，在 布尔 区域的下拉列表框中选择 求和 选项，采用系统默认的求和对象。单击 < 确定 > 按钮，完成拉伸特征 12 的创建。

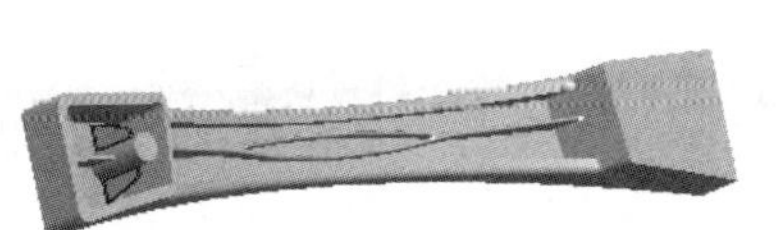

图 10.2.35 拉伸特征 12

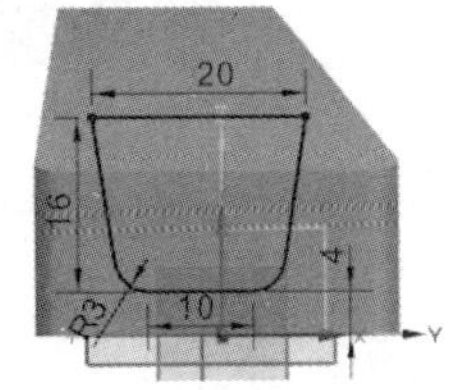

图 10.2.36 截面草图

Step20. 创建图 10.2.37 所示的孔特征。选择下拉菜单 插入(S) → 设计特征(E) → 孔(H)... 命令。在 类型 下拉列表中选择 螺纹孔 选项，选取图 10.2.38 所示圆弧的中心为定位点，在“孔”对话框 螺纹尺寸 区域中的 大小 下拉列表中选择 M5x0.8 选项，在 螺纹深度 文本框中输入值 15，在尺寸区域的深度文本框中输入值 15，在布尔区域的下拉列表框中选择求差选项，采用系统默认的求差对象。其他参数设置保持系统默认；单击< 确定 >按钮，完成孔特征的创建。

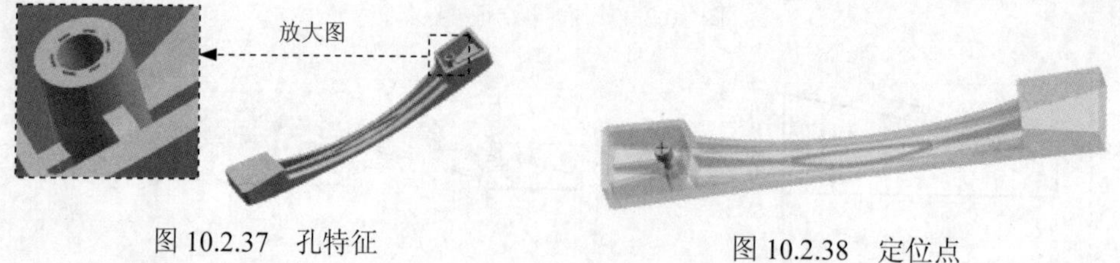

图 10.2.37　孔特征　　图 10.2.38　定位点

Step21. 创建边倒圆特征 6。选择图 10.2.39 所示的边链为边倒圆参照，并在半径 1文本框中输入值 0.5。单击< 确定 >按钮，完成边倒圆特征 6 的创建。

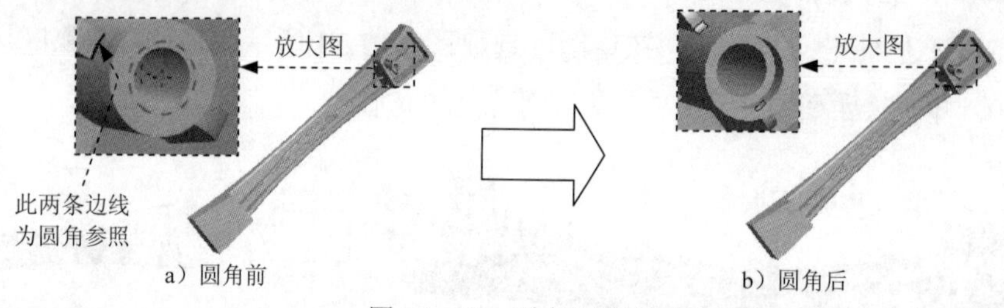

图 10.2.39　边倒圆特征 6

Step22. 创建图 10.2.40 所示的零件特征——镜像。选择插入(S) → 关联复制(A) → 镜像特征(M)...命令，在绘图区中选取图 10.2.26 所示的拉伸特征 9、图 10.2.29 所示的拉伸特征 10、图 10.2.32 所示的拉伸特征 11、图 10.2.35 所示的拉伸特征 12、图 22.44 孔特征和图 10.2.39 所示的边倒圆特征 6 为要镜像的特征。在镜像平面区域中单击按钮，在绘图区中选取 YZ 基准平面作为镜像平面。单击< 确定 >按钮，完成镜像特征的创建。

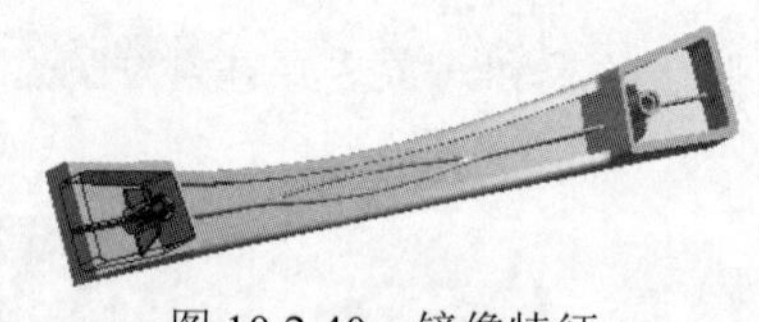

图 10.2.40　镜像特征

Step23. 保存零件模型。选择下拉菜单文件(F) → 保存(S)命令，即可保存零件模型。

实例 11 手　　柄

实例概述：

本实例介绍了手柄的设计过程。读者在学习本实例后，可以熟练掌握拉伸特征、旋转特征、圆角特征、倒斜角特征和镜像特征的创建。零件模型及相应的模型树如图 11.1 所示。

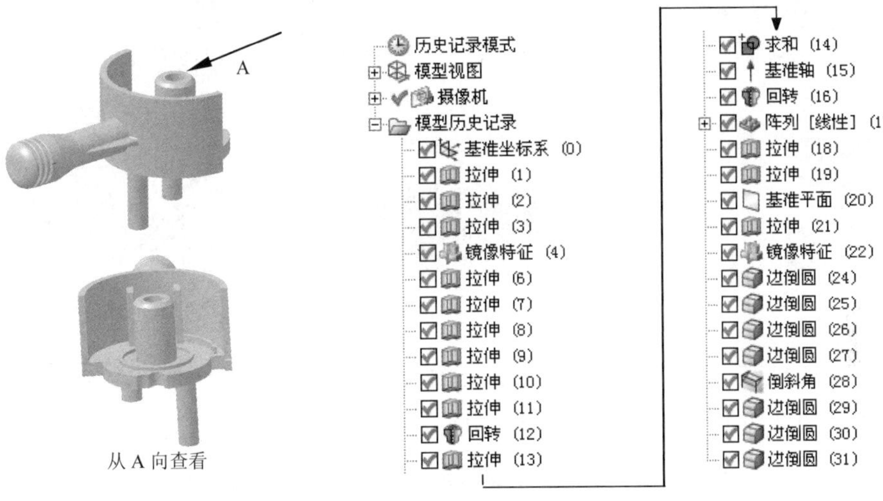

图 11.1　零件模型及模型树

Step1. 新建文件。选择下拉菜单 文件(F) → 新建(N)... 命令，系统弹出“新建”对话框。在 模型 选项卡的 模板 区域中选取模板类型为 模型，在 名称 文本框中输入文件名称 handle_body，单击 确定 按钮，进入建模环境。

Step2. 创建图 11.2 所示的拉伸特征 1。选择下拉菜单 插入(S) → 设计特征(E) → 拉伸(E)... 命令（或单击按钮），系统弹出“拉伸”对话框；单击“拉伸”对话框中的“绘制截面”按钮，系统弹出“创建草图”对话框。单击按钮，选取 XY 基准平面为草图平面，选中 设置 区域的 ☑ 创建中间基准 CSYS 复选框，单击 确定 按钮，进入草图环境，绘制图 11.3 所示的截面草图，选择下拉菜单 任务(K) → 完成草图(K) 命令（或单击 完成草图 按钮），退出草图环境；在“拉伸”对话框 限制 区域的 开始 下拉列表中选择 值 选项，并在其下的 距离 文本框中输入值 0；在 限制 区域的 结束 下拉列表中选择 值 选项，并在其下的 距离 文本框中输入值 2，其他参数采用系统默认设置；单击 < 确定 > 按钮，完成拉伸特征 1 的创建。

Step3. 创建图 11.4 所示的拉伸特征 2。选择下拉菜单 插入(S) → 设计特征(E) → 拉伸(E)... 命令（或单击按钮），选取图 11.5 所示的平面为草图平面，取消选中 设置 区域的 ☐ 创建中间基准 CSYS 复选框，绘制图 11.6 所示的截面草图。在“拉伸”对话框 限制 区域的 开始下拉列表中选择值选项，并在其下的距离文本框中输入值 0；在限制区域的结束下拉列表中选择值选项，并在其下的距离文本框中输入值 10，在布尔区域中选择求和选项，采用系统默认的求和对象。

图 11.2　拉伸特征 1

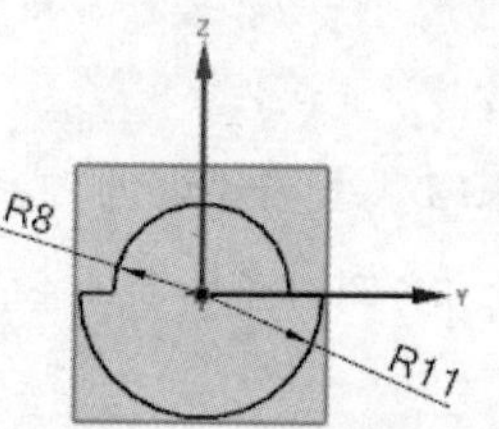

图 11.3　截面草图

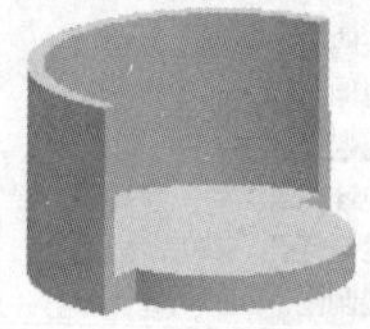

图 11.4　拉伸特征 2

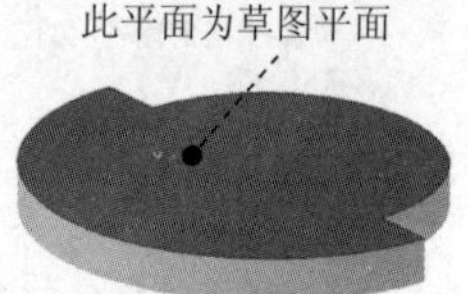

图 11.5　定义草图平面

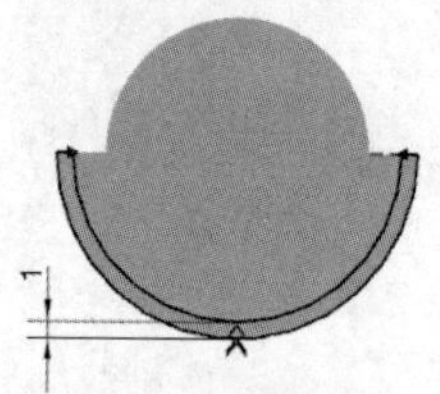

图 11.6　截面草图

Step4. 创建图 11.7 所示的拉伸特征 3。选择下拉菜单插入(S) → 设计特征(E) → 拉伸(E)...命令，选取图 11.8 所示的平面为草图平面，绘制图 11.9 所示的截面草图，在“拉伸”对话框限制区域的开始下拉列表中选择值选项，并在其下的距离文本框中输入值 0；在限制区域的终点下拉列表中选择值选项，并在其下的距离文本框中输入值 8，在布尔区域的下拉列表中选择求和选项，采用系统默认的求和对象。

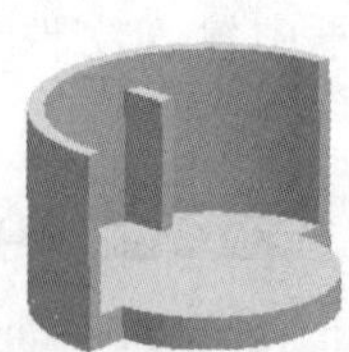

图 11.7　拉伸特征 3

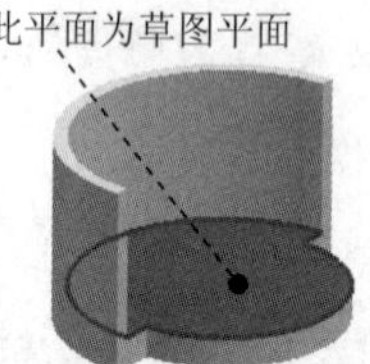

图 11.8　定义草图平面

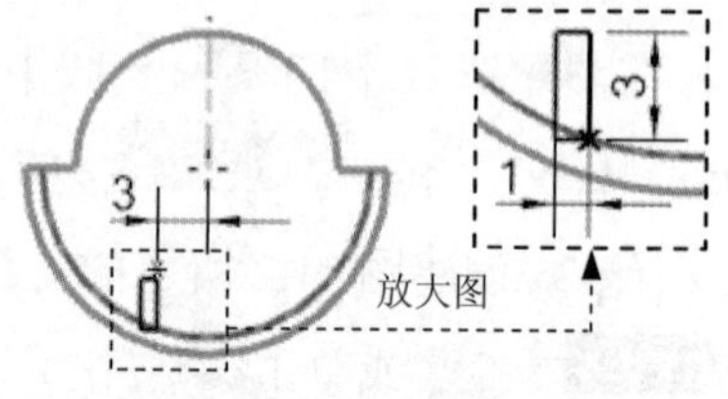

图 11.9　截面草图

Step5. 创建图 11.10b 所示的镜像特征 1。选择下拉菜单插入(S) → 关联复制(A) → 镜像特征(M)... 命令，系统弹出“镜像特征”对话框；在镜像平面区域的平面列表框中选择现有平面选项，单击按钮，在绘图区域中选取 YZ 基准平面为镜像平面；在绘图区域中选取 Step4 所创建的拉伸特征 3 为镜像特征；单击“镜像特征”对话框中的确定按钮，完成镜像特征 1 的创建。

a）镜像前

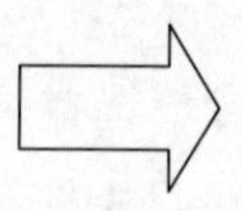

b）镜像后

图 11.10　镜像特征 1

Step6. 创建图 11.11 所示的拉伸特征 4。选择下拉菜单插入(S) → 设计特征(E) → 拉伸(E)...命令，选取图 11.12 所示的平面为草图平面，绘制图 11.13 所示的截面草图，在“拉伸”对话框限制区域的开始下拉列表中选择值选项，并在其下的距离文本框中输入值 0；在限制区域的结束下拉列表中选择值选项，并在其下的距离文本框中输入值 1，在布尔区域中选择求和选项，采用系统默认的求和对象。

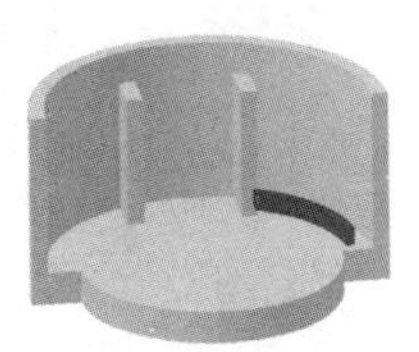
图 11.11 拉伸特征 4

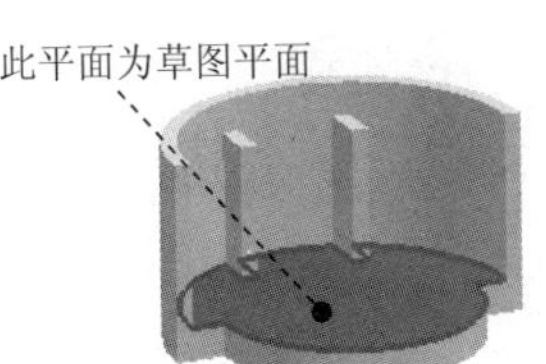

图 11.12 定义草图平面

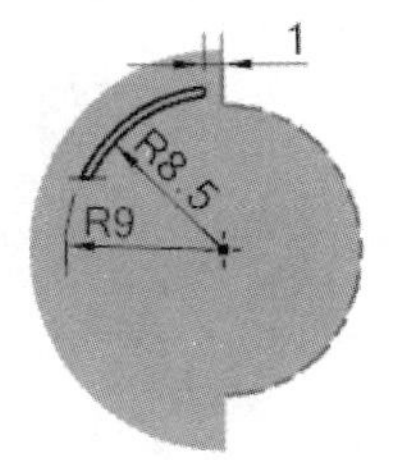

图 11.13 截面草图

Step7. 创建图 11.14 所示的拉伸特征 5。选择下拉菜单插入(S) → 设计特征(E) → 拉伸(E)...命令，选取图 11.15 所示的平面为草图平面，绘制图 11.16 所示的截面草图，在“拉伸”对话框限制区域的开始下拉列表中选择值选项，并在其下的距离文本框中输入值 0；在限制区域的结束下拉列表中选择值选项，并在其下的距离文本框中输入值 1.5，并单击“反向”按钮，定义 Z 轴的负方向为拉伸方向；在布尔区域的下拉列表中选择求和选项，采用系统默认的求和对象。

图 11.14 拉伸特征 5

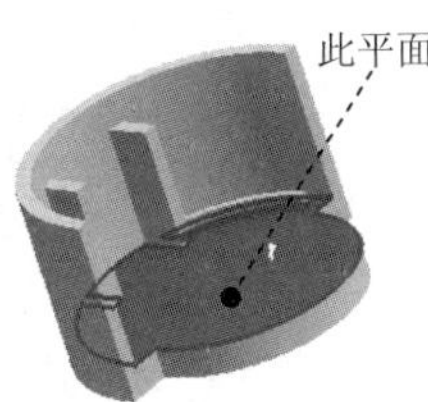

图 11.15 定义草图平面

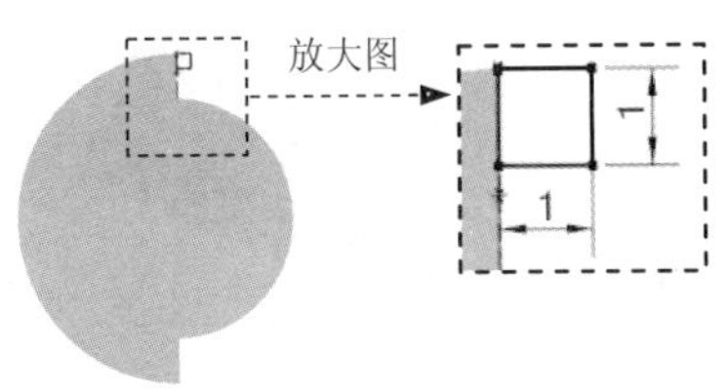

图 11.16 截面草图

Step8. 创建图 11.17 所示的拉伸特征 6。选择下拉菜单插入(S) → 设计特征(E) → 拉伸(E)...命令，选取图 11.18 所示的平面为草图平面，绘制图 11.19 所示的截面草图，在“拉伸”对话框限制区域的开始下拉列表中选择值选项，并在其下的距离文本框中输入值 0；在限制区域的结束下拉列表中选择值选项，并在其下的距离文本框中输入值 0.5；在布尔区域的下拉列表中选择求和选项，采用系统默认的求和对象。

图 11.17 拉伸特征 6

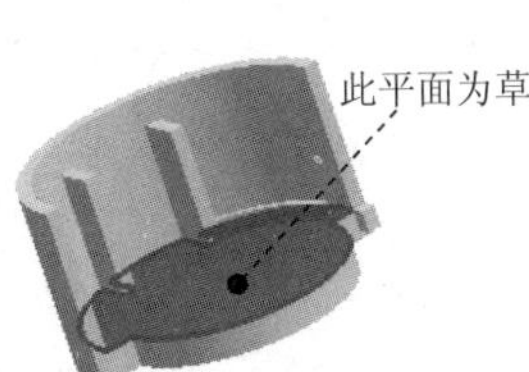

图 11.18 定义草图平面

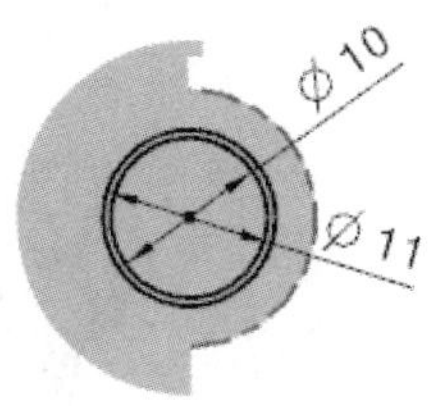

图 11.19 截面草图

Step9. 创建图 11.20 所示的拉伸特征 7。选择下拉菜单插入(S) → 设计特征(E) → 拉伸(E)...命令，选取图 11.21 所示的平面为草图平面，绘制图 11.22 所示的截面草图，在“拉伸”对话框限制区域的开始下拉列表中选择值选项，并在其下的距离文本框中输入值 0；在限制区域的结束下拉列表中选择值选项，并在其下的距离文本框中输入值 9；在布尔区域中选择求和选项，采用系统默认的求和对象。

图 11.20　拉伸特征 7

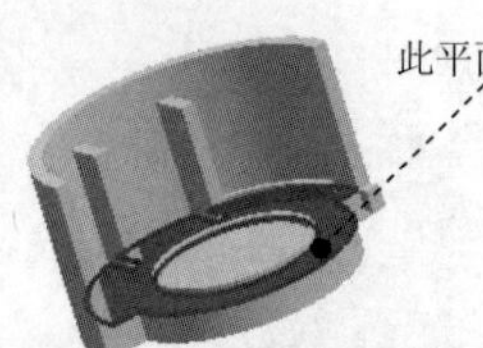

图 11.21　定义草图平面

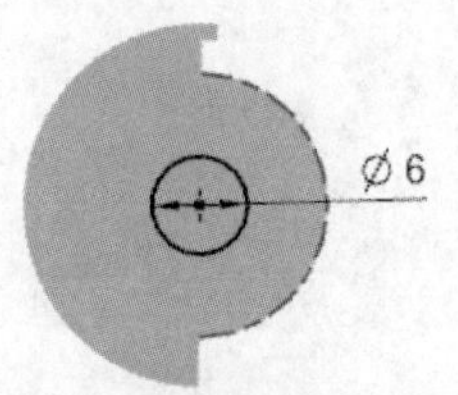

图 11.22　截面草图

Step10. 创建图 11.23 所示的拉伸特征 8。选择下拉菜单插入(S) → 设计特征(E) → 拉伸(E)...命令，选取与基准平面 XY 重合的模型表面为草图平面，绘制图 11.24 所示的截面草图。在“拉伸”对话框限制区域的开始下拉列表中选择值选项，并在其下的距离文本框中输入值 0；在限制区域的结束下拉列表中选择值选项，并在其下的距离文本框中输入值 5，定义 ZC 基准轴的反方向为拉伸方向；在布尔区域的下拉列表中选择求和选项，采用系统默认的求和对象。

图 11.23　拉伸特征 8

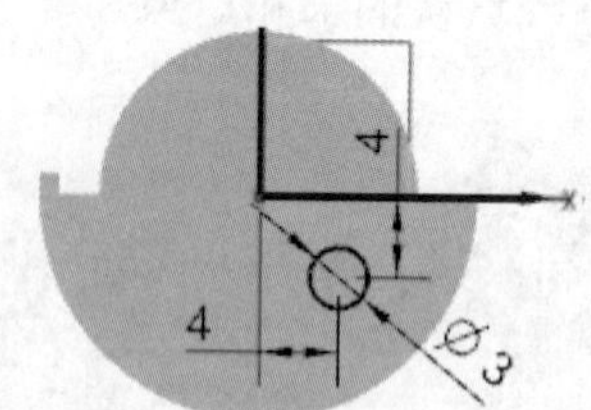

图 11.24　截面草图

Step11. 创建图 11.25 所示的拉伸特征 9。选择下拉菜单插入(S) → 设计特征(E) → 拉伸(E)...命令，选取与基准平面 XY 重合的模型表面为草图平面，绘制图 11.26 所示的截面草图，在“拉伸”对话框限制区域的开始下拉列表中选择值选项，并在其下的距离文本框中输入值 0；在限制区域的结束下拉列表中选择值选项，并在其下的距离文本框中输入值 12，并单击“反向”按钮，定义 ZC 基准轴的反方向为拉伸方向；在布尔区域的下拉列表中选择求和选项，采用系统默认的求和对象。

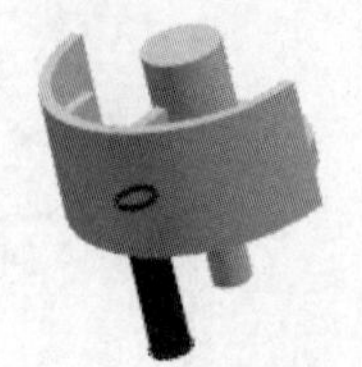
图 11.25　拉伸特征 9

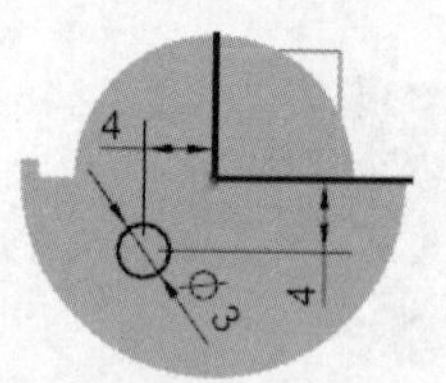

图 11.26　截面草图

Step12. 创建图 11.27 所示的旋转特征 1。选择插入(S) ➡ 设计特征(E) ➡ 旋转(R)... 命令（或单击按钮），系统弹出“旋转”对话框；单击截面区域中的按钮，系统弹出“创建草图”对话框，选取 YZ 基准平面为草图平面，单击确定按钮，进入草图环境，绘制图 11.28 所示的截面草图，选择下拉菜单任务(K) ➡ 完成草图(K)命令（或单击完成草图按钮），退出草图环境；在绘图区域中选取图 11.28 所示的直线为旋转轴；在“旋转”对话框限制区域的开始下拉列表中选择值选项，并在其下的角度文本框中输入值 0，在结束下拉列表中选择值选项，并在其下的角度文本框中输入值 360，在布尔区域的布尔下拉列表中选择无选项，其他参数采用系统默认设置；单击< 确定 >按钮，完成旋转特征 1 的创建。

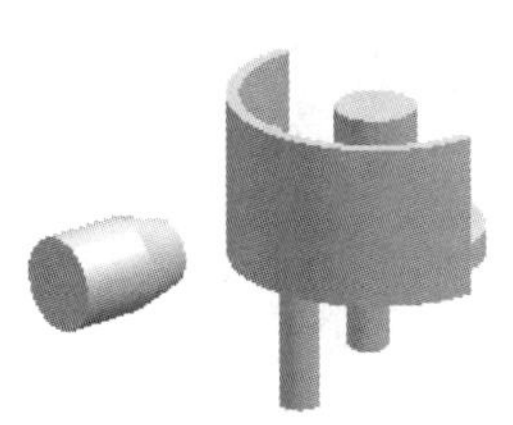
图 11.27 旋转特征 1

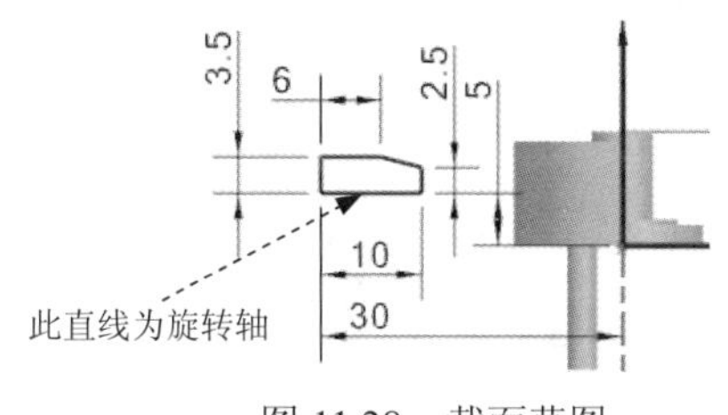

图 11.28 截面草图

Step13. 创建如图 11.29 所示的拉伸特征 10。选择下拉菜单插入(S) ➡ 设计特征(E) ➡ 拉伸(E)...命令，选取图 11.30 所示的平面为草图平面，绘制图 11.31 所示的截面草图，在“拉伸”对话框限制区域的开始下拉列表中选择值选项，并在其下的距离文本框中输入值 0；在限制区域的结束下拉列表中选择直至选定选项，选取图 11.32 所示的面为拉伸终止面；在布尔区域的下拉列表中选择求和选项，选取图 11.33 所示的实体为求和对象。

图 11.29 拉伸特征 10

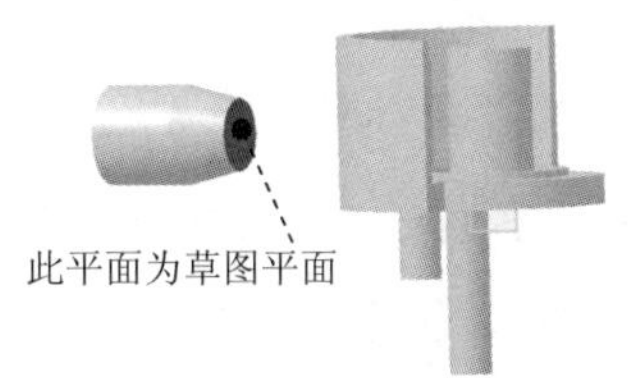

图 11.30 选取草图平面

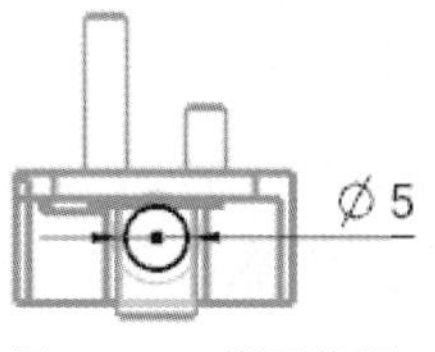

图 11.31 截面草图

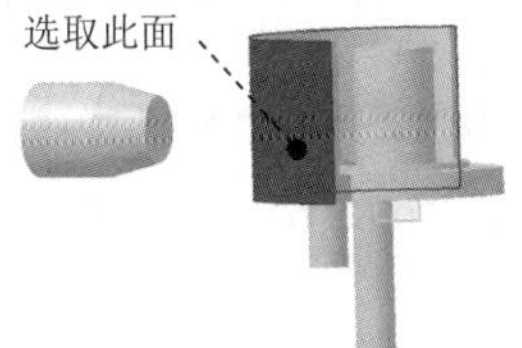

图 11.32 选取拉伸终止面

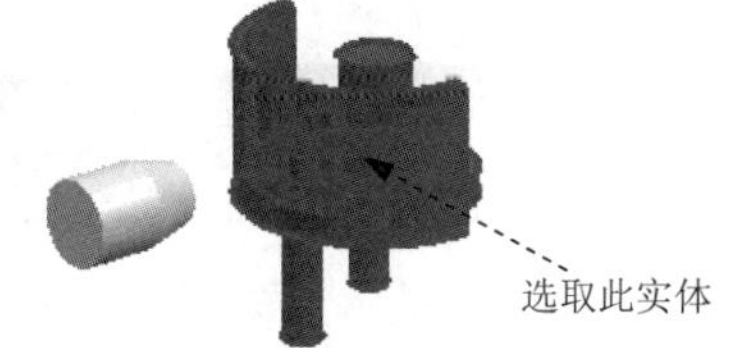

图 11.33 求和对象

Step14. 对实体进行求和操作。选择下拉菜单插入(S) ➡ 组合(B) ➡ 求和(U)...命令（或单击按钮），系统弹出“求和”对话框；选取图 11.34 所示的实体为目标体，选

取图 11.35 所示的实体为工具体，单击 < 确定 > 按钮，完成该布尔操作。

Step15. 创建图 11.36 所示的基准轴。选择下拉菜单 插入(S) → 基准/点(D) → 基准轴(A)... 命令（或单击工具条上的按钮），系统弹出“基准轴”对话框；在类型区域选择 曲线/面轴 选项，单击按钮后，在绘图区域中选取图 11.37 所示的圆柱面；单击 < 确定 > 按钮，完成基准轴的创建。

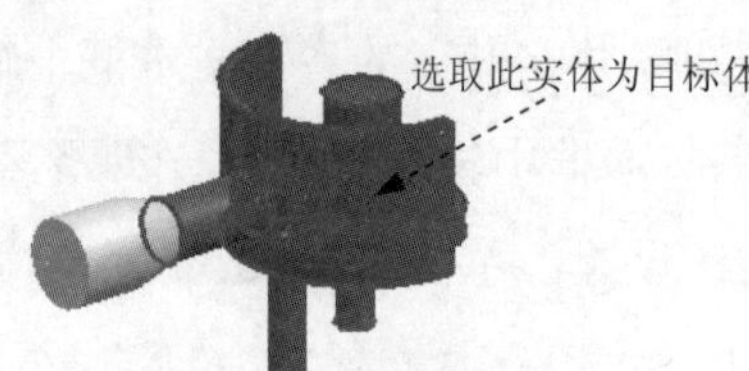

图 11.34 定义目标体

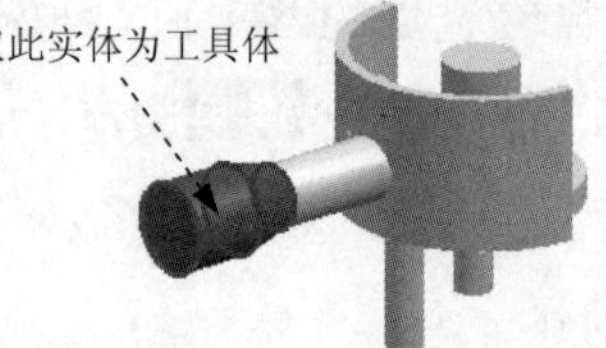

图 11.35 定义工具体

图 11.36 基准轴

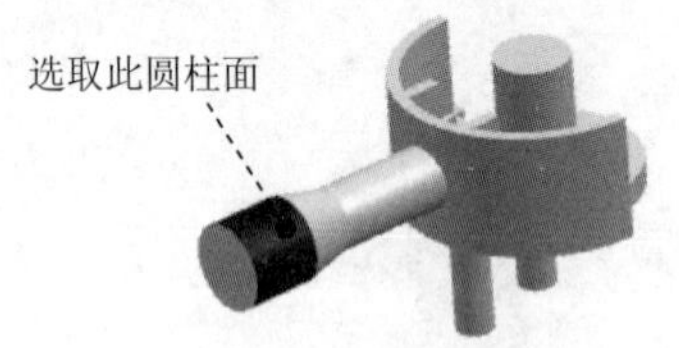

图 11.37 定义基准轴

Step16. 创建图 11.38 所示的旋转特征 2。选择 插入(S) → 设计特征(E) → 旋转(R)... 命令（或单击按钮），系统弹出“旋转”对话框；单击 截面 区域中的按钮，系统弹出“创建草图”对话框，选取 YZ 基准平面为草图平面，单击 确定 按钮，进入草图环境，绘制图 11.39 所示的截面草图，选择下拉菜单 任务(K) → 完成草图(K) 命令（或单击 完成草图 按钮），退出草图环境；在绘图区域选取 Step15 所创建的基准轴为旋转轴；在“旋转”对话框 限制 区域的 开始 下拉列表中选择 值 选项，并在其下的 角度 文本框中输入值 0，在 终点 下拉列表中选择 值 选项，并在其下的 角度 文本框中输入值 360；在 布尔 区域的下拉列表中选择 求差 选项，采用系统默认的求差对象；单击 < 确定 > 按钮，完成旋转特征 2 的创建。

Step17. 创建图 11.40 所示的阵列特征。选择下拉菜单 插入(S) → 关联复制(A) → 阵列特征(A)... 命令（或单击按钮），系统弹出“阵列特征”对话框；在绘图区选取 Step16 所创建的旋转特征 2；在“阵列特征”对话框 阵列定义 区域的 布局 下拉列表中选择 线性 选项；在 方向 1 区域中激活 * 指定矢量，指定 YC 基准轴为指定矢量；在“阵列特征”对话框的 间距 下拉列表中选择 数量和节距 选项，在 数量 文本框中输入值 3，在 节距 文本框中输入值 1；单击“阵列特征”对话框中的 < 确定 > 按钮，完成阵列特征的创建。

图 11.38 旋转特征 2

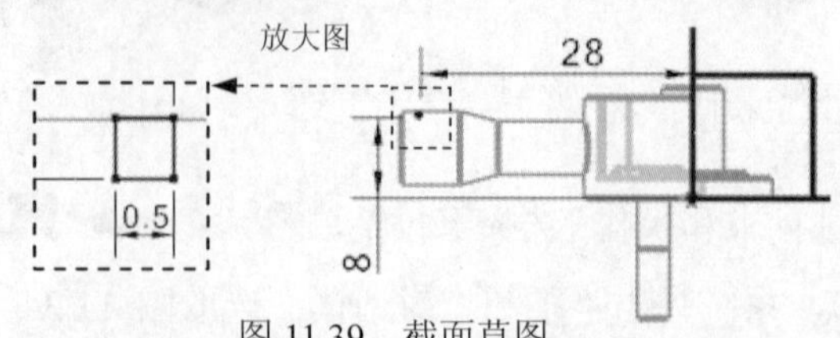

图 11.39 截面草图

图 11.40 阵列特征

Step18. 创建图 11.41 所示的拉伸特征 11。选择下拉菜单 插入(S) ➡ 设计特征(E) ➡ 拉伸(E)... 命令（或单击按钮），选取图 11.42 所示的平面为草图平面，绘制图 11.43 所示的截面草图，在“拉伸”对话框限制区域的开始下拉列表中选择值选项，并在其下的距离文本框中输入值 0；在限制区域的结束下拉列表中选择值选项，并在其下的距离文本框中输入值 6，单击“反向”按钮，定义 Z 基准轴的反方向为拉伸方向；在布尔区域的下拉列表中选择求差选项，采用系统默认的求差对象。

图 11.41　拉伸特征 11

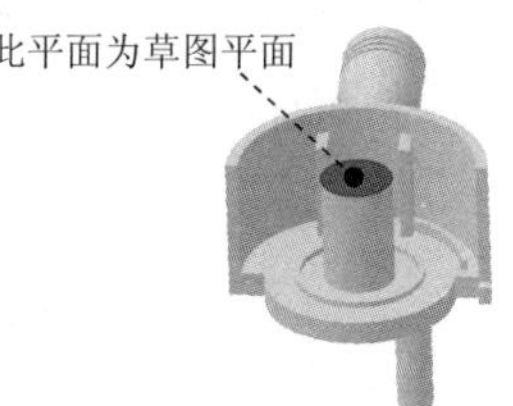

图 11.42　选取草图平面

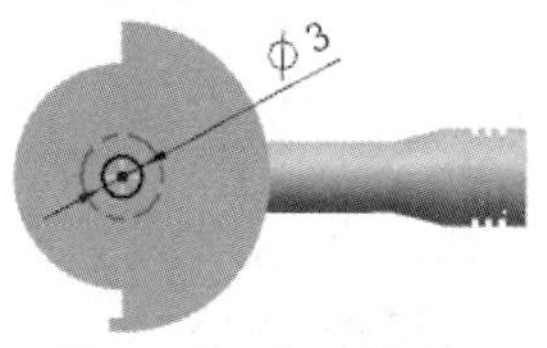

图 11.43　截面草图

Step19. 创建图 11.44 所示的拉伸特征 12。选择下拉菜单 插入(S) ➡ 设计特征(E) ➡ 拉伸(E)... 命令（或单击按钮），选取图 11.45 所示的平面为草图平面，绘制图 11.46 所示的截面草图，在“拉伸”对话框限制区域的开始下拉列表中选择值选项，并在其下的距离文本框中输入值 0；在限制区域的结束下拉列表中选择贯通选项，单击“反向”按钮，定义 ZC 基准轴的反方向为拉伸方向；在布尔区域的下拉列表中选择求差选项，采用系统默认的求差对象。

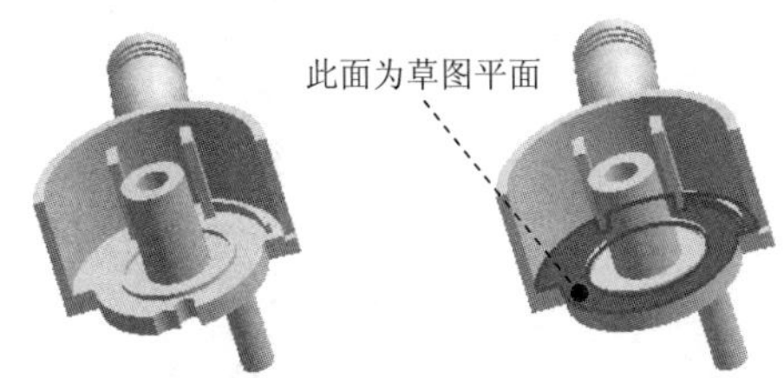

图 11.44　拉伸特征 12

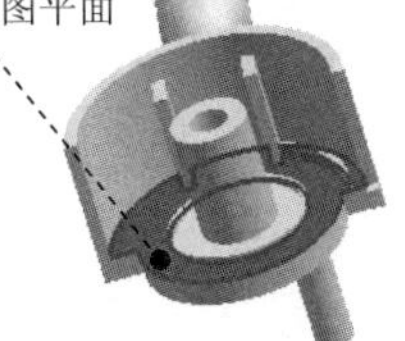

图 11.45　选取草图平面

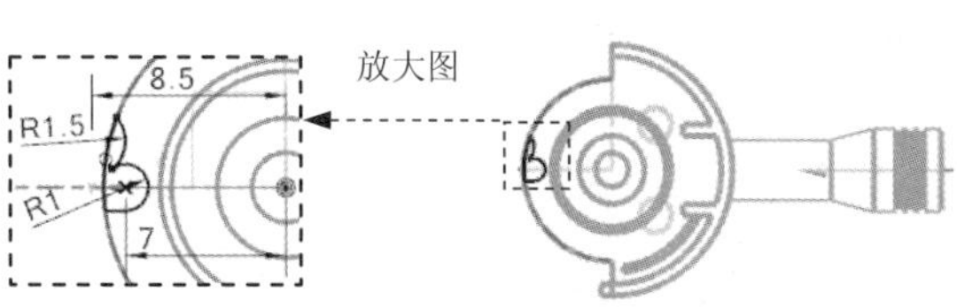

图 11.46　截面草图

Step20. 创建图 11.47 所示的基准平面。选择下拉菜单 插入(S) ➡ 基准/点(D) ➡ 基准平面(D)... 命令（或单击按钮），系统弹出“基准平面”对话框；在类型区域的下拉列表中选择成一角度选项，在绘图区选取 YZ 基准平面和 Step15 所创建的基准轴，在角度文本框中输入值 90；在“基准平面”对话框中单击< 确定 >按钮，完成基准平面的创建。

Step21. 创建图 11.48 所示的拉伸特征 13。选择下拉菜单 插入(S) ➡ 设计特征(E) ➡ 拉伸(E)... 命令（或单击按钮），系统弹出“拉伸”对话框；单击“拉伸”对话框中的“绘制截面”按钮，系统弹出“创建草图”对话框。单击按钮，选取 Step20 所创建的基准平面为草图平面，单击确定按钮，进入草图环境，绘制图 11.49 所示的截面草图，选择下拉菜单 任务(K) ➡ 完成草图(K) 命令（或单击完成草图按钮），退出草图环境；

在“拉伸”对话框限制区域的开始下拉列表中选择对称值选项，并在其下的距离文本框中输入值 0.4；在布尔区域的下拉列表中选择求和选项，采用系统默认的求和对象；单击< 确定 >按钮，完成拉伸特征 13 的创建。

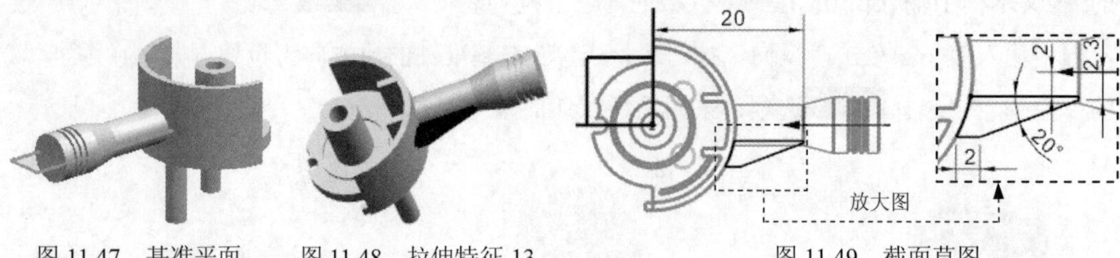

图 11.47 基准平面　　图 11.48 拉伸特征 13　　图 11.49 截面草图

Step22. 创建图 11.50 所示的镜像特征 2。选择下拉菜单插入(S) → 关联复制(A) → 镜像特征(M)... 命令（或单击按钮），系统弹出“镜像特征”对话框；在镜像平面区域中单击按钮，在绘图区域中选取基准平面 YZ 作为镜像平面；在绘图区域中选取 Step21 所创建的拉伸特征 13 为镜像特征；单击“镜像特征”对话框中的确定按钮，完成镜像特征 2 的创建。

Step23. 创建图 11.51b 所示的边倒圆特征 1。选择下拉菜单插入(S) → 细节特征(L) → 边倒圆(E)...命令（或单击按钮），系统弹出“边倒圆”对话框；在要倒圆的边区域中单击按钮，选取图 11.51a 所示的边线为边倒圆参照，并在半径 1文本框中输入值 2；单击< 确定 >按钮，完成边倒圆特征 1 的创建。

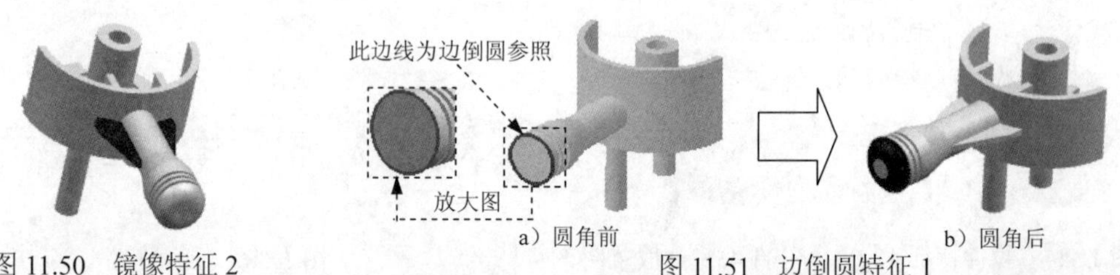

a）圆角前　　b）圆角后

图 11.50 镜像特征 2　　图 11.51 边倒圆特征 1

Step24. 创建图 11.52b 所示的边倒圆特征 2。选择下拉菜单插入(S) → 细节特征(L) → 边倒圆(E)...命令（或单击按钮），系统弹出“边倒圆”对话框；在要倒圆的边区域中单击按钮，选取图 11.52a 所示的 6 条边线为边倒圆参照，并在半径 1文本框中输入值 0.1；单击< 确定 >按钮，完成边倒圆特征 2 的创建。

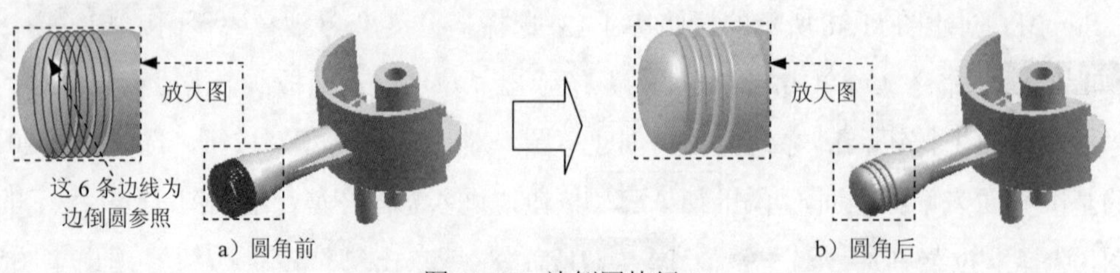

a）圆角前　　b）圆角后

图 11.52 边倒圆特征 2

Step25. 创建边倒圆特征 3。选取图 11.53 所示的边线为边倒圆参照，其圆角半径值为 1。

Step26. 创建边倒圆特征 4。选取图 11.54 所示的 3 条边线为边倒圆参照，其圆角半径值为 0.5。

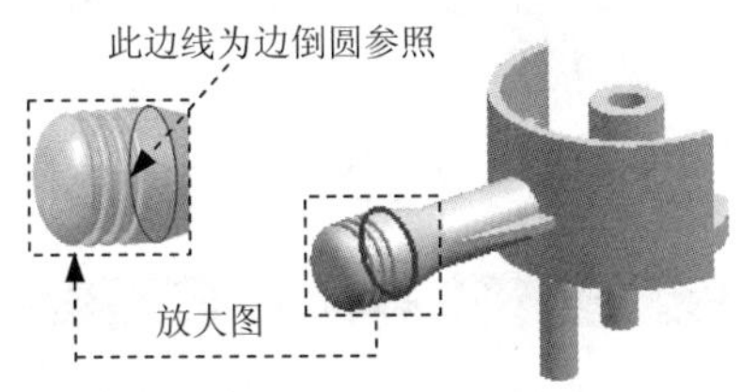

图 11.53　选取边倒圆参照

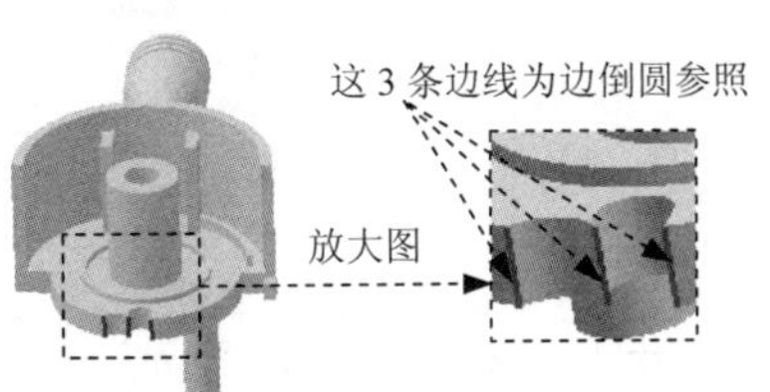

图 11.54　选取边倒圆参照

Step27. 创建图 11.55b 所示的倒斜角特征。选择下拉菜单 插入(S) → 细节特征(L) ▸ → 倒斜角(C)... 命令（或单击按钮），系统弹出“倒斜角”对话框；在边区域中单击按钮，选择图 11.55a 所示的边线为倒斜角参照，在偏置区域的横截面下拉列表中选择对称选项，并在距离文本框中输入值 0.5；单击 < 确定 > 按钮，完成倒斜角特征的创建。

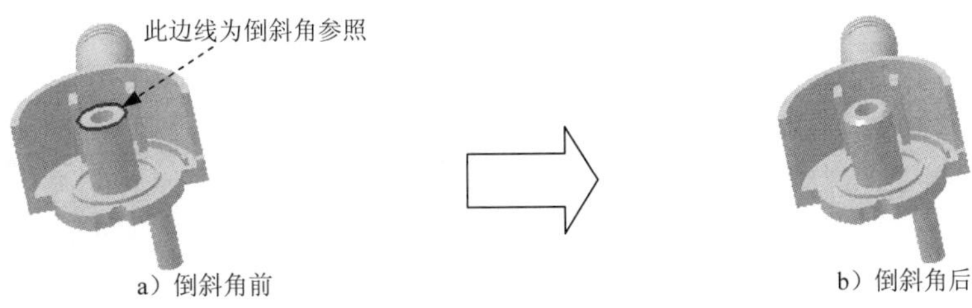

图 11.55　倒斜角特征

Step28. 创建图 11.56b 所示的边倒圆特征 5。选择下拉菜单 插入(S) → 细节特征(L) ▸ → 边倒圆(E)... 命令（或单击按钮），系统弹出“边倒圆”对话框；在要倒圆的边区域中单击按钮，选取图 11.56a 所示的边线为边倒圆参照，并在半径 1文本框中输入值 5；单击 < 确定 > 按钮，完成边倒圆特征 5 的创建。

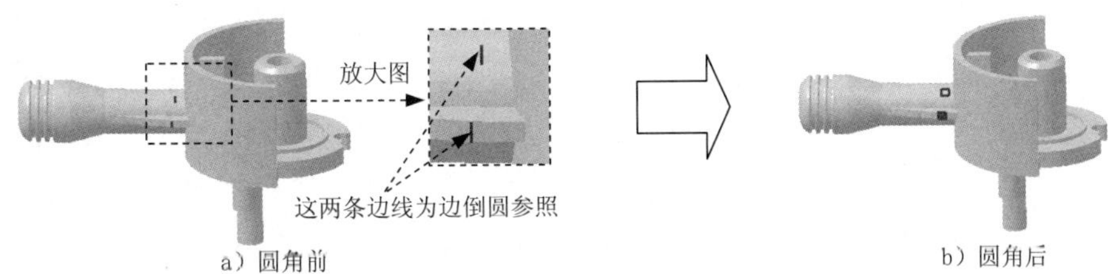

图 11.56　边倒圆特征 5

Step29. 创建边倒圆特征 6。选取图 11.57 所示的边线为边倒圆参照，其圆角半径值为 0.2。

Step30. 创建边倒圆特征 7。选取图 11.58 所示的边线为边倒圆参照，其圆角半径值为 0.3。

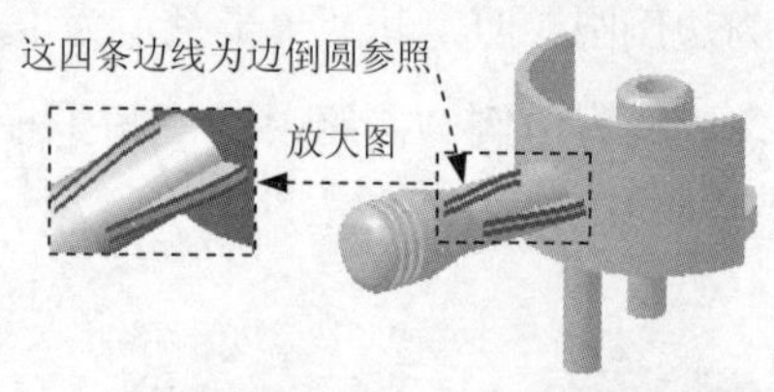

图 11.57　选取边倒圆参照

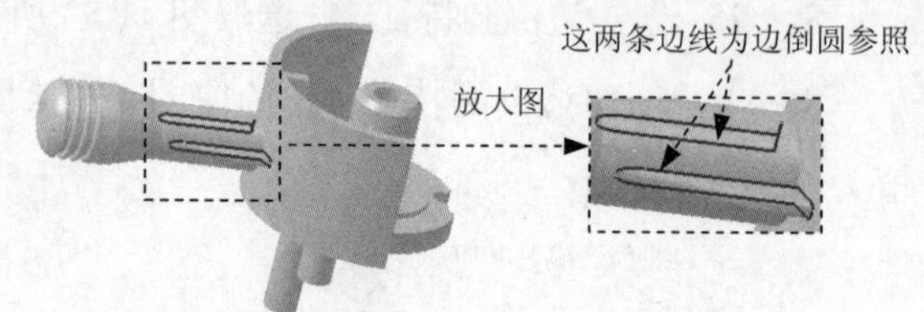

图 11.58　选取边倒圆参照

Step31. 设置隐藏。选择下拉菜单编辑(E) ➡ 显示和隐藏(H) ➡ 隐藏(H)...命令（或单击按钮），系统弹出“类选择”对话框；单击“类选择”对话框过滤器区域中的按钮，系统弹出“根据类型选择”对话框，按住 Ctrl 键，选择对话框列表中的草图和基准选项，单击确定按钮。系统再次弹出“类选择”对话框，单击对话框对象区域中的“全选”按钮；单击对话框中的确定按钮，完成对设置对象的隐藏。

Step32. 保存零件模型。选择下拉菜单文件(F) ➡ 保存(S)命令，即可保存零件模型。

实例 12 箱　壳

实例概述:

本实例介绍了箱壳的设计过程。此例是对前面几个实例以及相关命令的总结性练习，模型本身虽然是一个很单纯的机械零件，但是通过练习本例，读者可以熟练掌握拉伸特征、孔特征、边倒圆特征及扫掠特征的应用。零件模型及相应的模型树如图 12.1 所示。

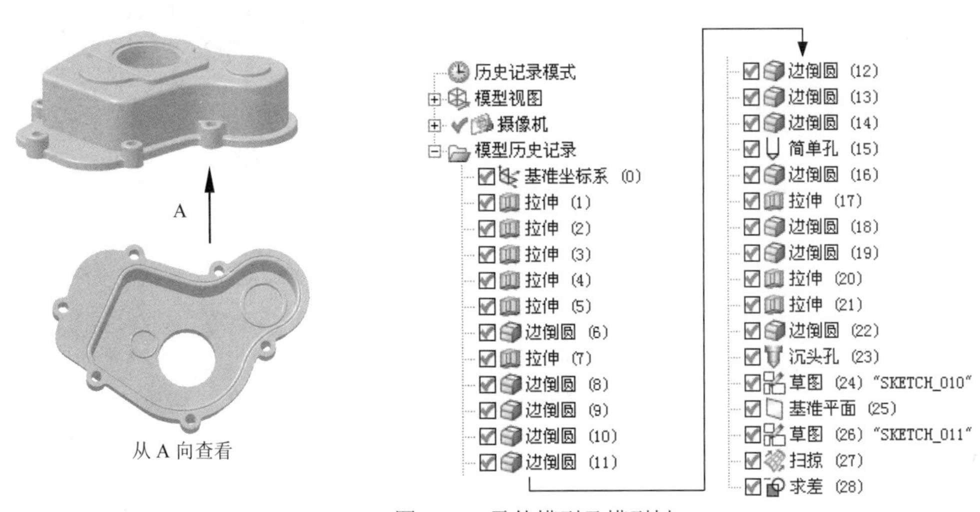

图 12.1　零件模型及模型树

Step1. 新建文件。选择下拉菜单 文件(F) → 新建(N)... 命令，系统弹出“新建”对话框。在 模型 选项卡的 模板 区域中选择模板类型为 模型，在 名称 文本框中输入文件名称 tank_shell，单击 确定 按钮，进入建模环境。

Step2. 创建图 12.2 所示的拉伸特征 1。选择下拉菜单 插入(S) → 设计特征(E) → 拉伸(E)... 命令（或单击 按钮），系统弹出“拉伸”对话框；单击“拉伸”对话框中的“绘制截面”按钮，系统弹出“创建草图”对话框。单击 按钮，选取 XY 基准平面为草图平面，选中 设置 区域的 ☑ 创建中间基准 CSYS 复选框，单击 确定 按钮，进入草图环境，绘制图 12.3 所示的截面草图，选择下拉菜单 任务(K) → 完成草图(K) 命令（或单击 完成草图 按钮），退出草图环境；在“拉伸”对话框 限制 区域的 开始 下拉列表中选择 值 选项，并在其下的 距离 文本框中输入值 0；在 限制 区域的 结束 下拉列表中选择 值 选项，并在其下的 距离 文本框中输入值 20，其他参数采用系统默认设置；单击 < 确定 > 按钮，完成拉伸特征 1 的创建。

Step3. 创建图 12.4 所示的拉伸特征 2。选择下拉菜单 插入(S) → 设计特征(E) → 拉伸(E)... 命令（或单击 按钮），系统弹出“拉伸”对话框。选取图 12.5 所示的平面为草图平面，取消选中设置区域的□创建中间基准 CSYS复选框，绘制图 12.6 所示的截面草图。在“拉伸”对话框限制区域的开始下拉列表中选择值选项，并在其下的距离文本框中输入值 0；在限制区域的结束下拉列表中选择值选项，并在其下的距离文本框中输入值 120；在布尔区域的下拉列表中选择求和选项，采用系统默认的求和对象。

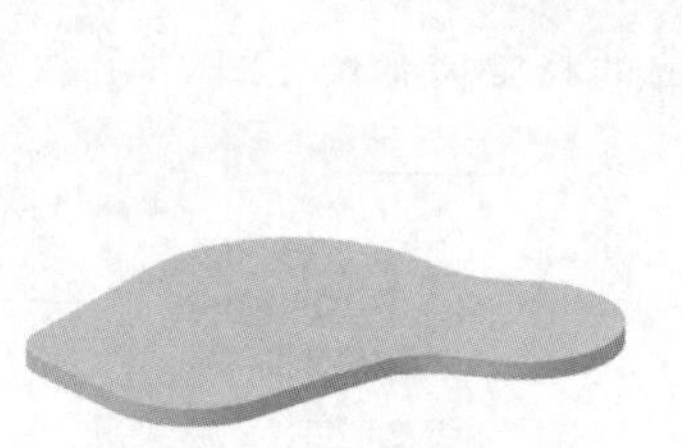

图 12.2　拉伸特征 1

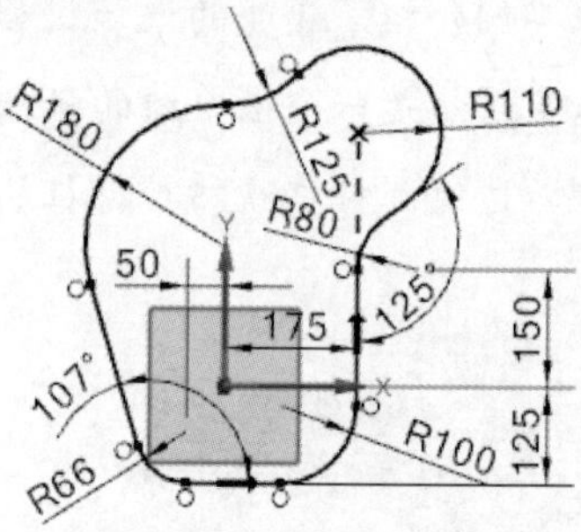

图 12.3　截面草图

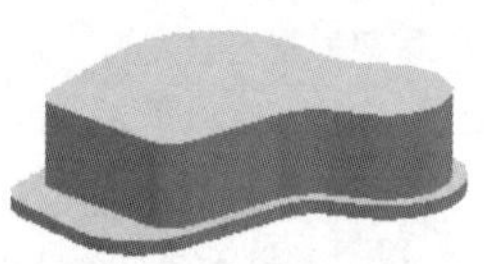

图 12.4　拉伸特征 2

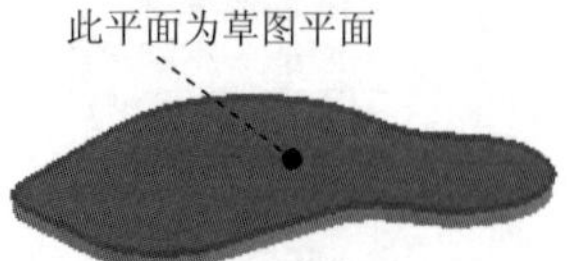

图 12.5　定义草图平面

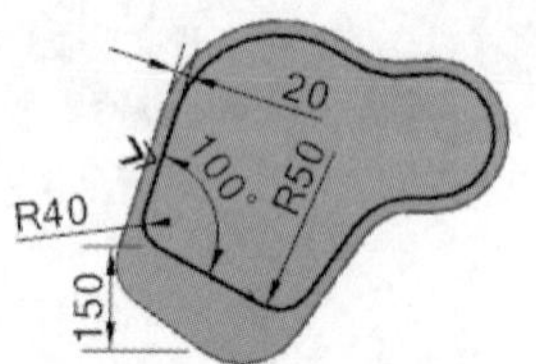

图 12.6　截面草图

Step4. 创建图 12.7 所示的拉伸特征 3。选择下拉菜单插入(S) → 设计特征(E) → 拉伸(E)...命令（或单击按钮），系统弹出“拉伸”对话框。选取 XY 基准平面为草图平面，绘制图 12.8 所示的截面草图。在“拉伸”对话框限制区域的开始下拉列表中选择值选项，并在其下的距离文本框中输入值 0；在限制区域的结束下拉列表中选择值选项，并在其下的距离文本框中输入值 110；在布尔区域中的下拉列表中选择求差选项，采用系统默认的求差对象。

图 12.7　拉伸特征 3

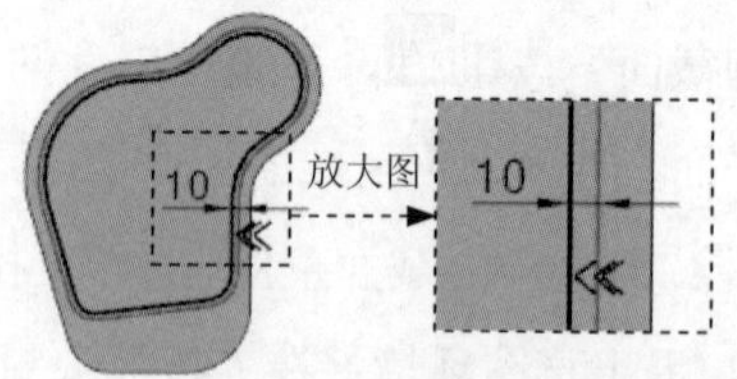

图 12.8　截面草图

Step5. 创建图 12.9 所示的拉伸特征 4。选择下拉菜单插入(S) → 设计特征(E) → 拉伸(E)...命令（或单击按钮），系统弹出“拉伸”对话框。选取 XY 基准平面为草图平面，绘制图 12.10 所示的截面草图。在“拉伸”对话框限制区域的开始下拉列表中选择值选项，并在其下的距离文本框中输入值 0；在限制区域的结束下拉列表中选择值选项，并在其下的距离文本框中输入值 50；在布尔区域的下拉列表中选择求和选项，采用系统默认的求和对象。

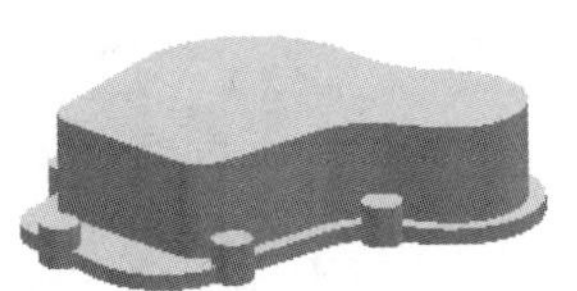
图 12.9 拉伸特征 4

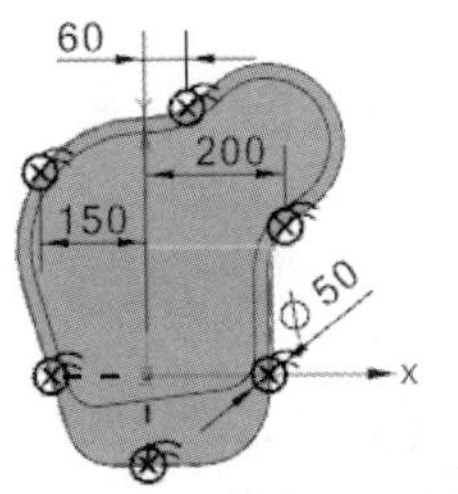

图 12.10 截面草图

Step6. 创建图 12.11 所示的拉伸特征 5。选择下拉菜单 插入(S) → 设计特征(E) → 拉伸(E)... 命令（或单击按钮），系统弹出“拉伸”对话框；选取图 12.12 所示的平面为草图平面，绘制图 12.13 所示的截面草图。在“拉伸”对话框限制区域的开始下拉列表中选择值选项，并在其下的距离文本框中输入值 0；在限制区域的结束下拉列表中选择值选项，并在其下的距离文本框中输入值 10；在布尔区域的下拉列表中选择求和选项，采用系统默认的求和对象。

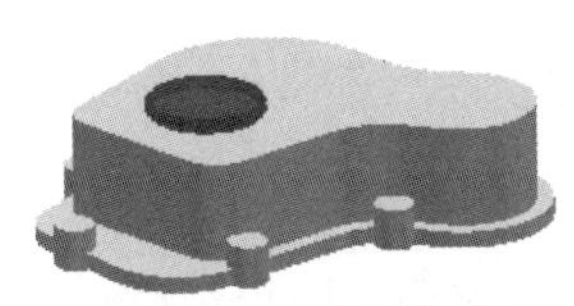
图 12.11 拉伸特征 5

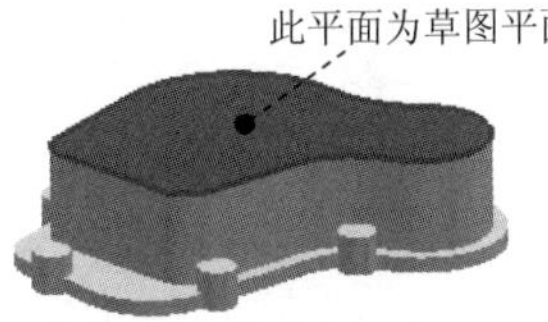

图 12.12 定义草图平面

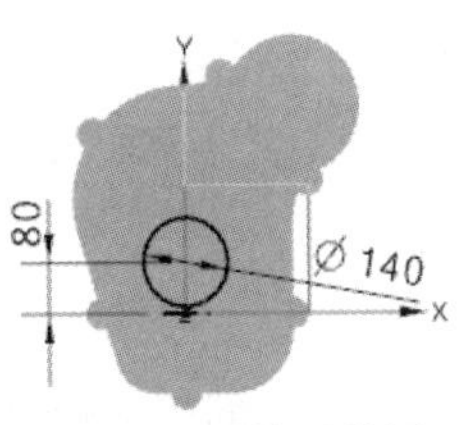

图 12.13 截面草图

Step7. 创建图 12.14b 所示的边倒圆特征 1。选择下拉菜单 插入(S) → 细节特征(L) → 边倒圆(E)... 命令（或单击按钮），系统弹出“边倒圆”对话框；在要倒圆的边区域中单击按钮，选取图 12.14a 所示的边线为边倒圆参照，并在半径 1 文本框中输入值 10；单击 < 确定 > 按钮，完成边倒圆特征 1 的创建。

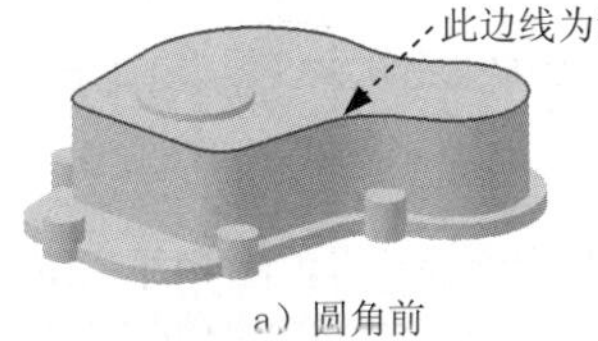

a）圆角前

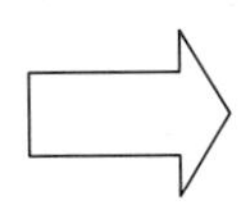

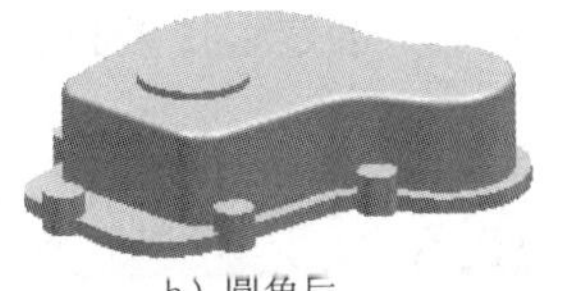
b）圆角后

图 12.14 边倒圆特征 1

Step8. 创建图 12.15 所示的拉伸特征 6。选择下拉菜单 插入(S) → 设计特征(E) → 拉伸(E)... 命令（或单击按钮），系统弹出“拉伸”对话框。选取图 12.16 所示的平面为草图平面，绘制图 12.17 所示的截面草图。在“拉伸”对话框限制区域的开始下拉列表中选择值选项，并在其下的距离文本框中输入值 0；在限制区域的结束下拉列表中选择值

选项，并在其下的距离文本框中输入值 14；在布尔区域的下拉列表中选择求和选项，采用系统默认的求和对象。

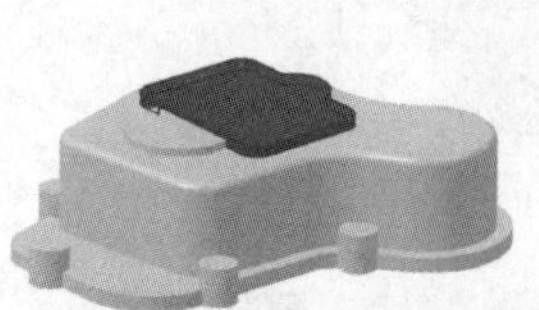
图 12.15　拉伸特征 6

图 12.16　定义草图平面

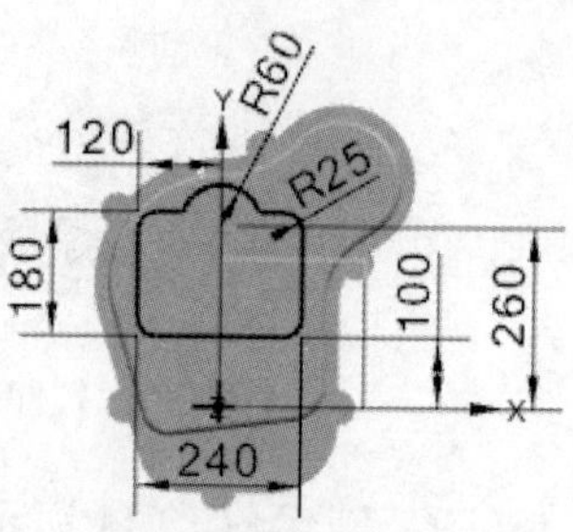

图 12.17　截面草图

Step9. 创建边倒圆特征 2。操作步骤参照 Step7，选取图 12.18 所示的两条边为边倒圆参照，圆角半径值为 20。

Step10. 创建边倒圆特征 3。选取图 12.19 所示的边线为边倒圆参照，圆角半径值为 3。

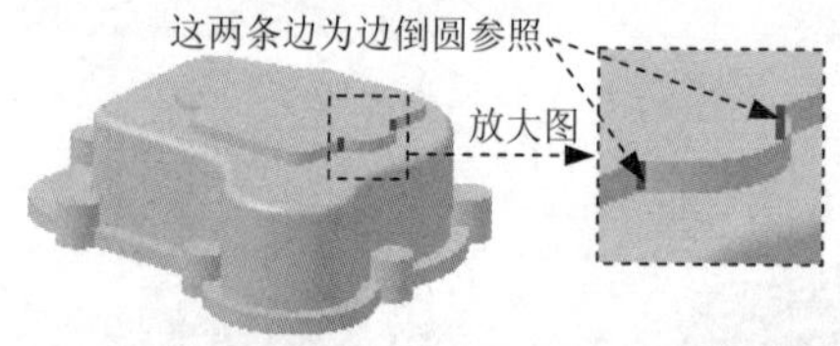

图 12.18　边倒圆特征 2

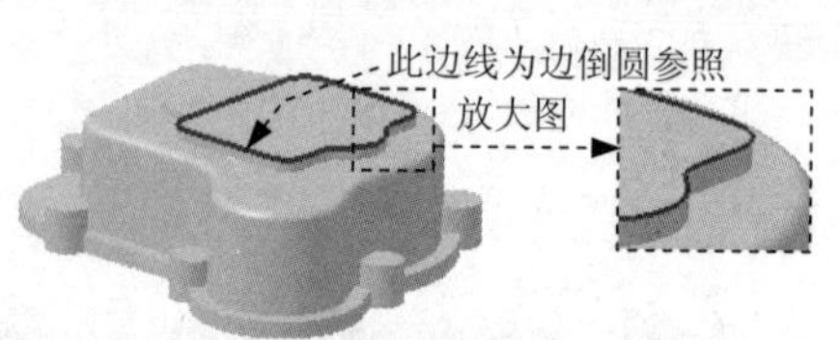

图 12.19　边倒圆特征 3

Step11. 创建边倒圆特征 4。选取图 12.20 所示的边线为边倒圆参照，圆角半径值为 2。

Step12. 创建边倒圆特征 5。选取图 12.21 所示的 12 条边为边倒圆参照，圆角半径值为 10。

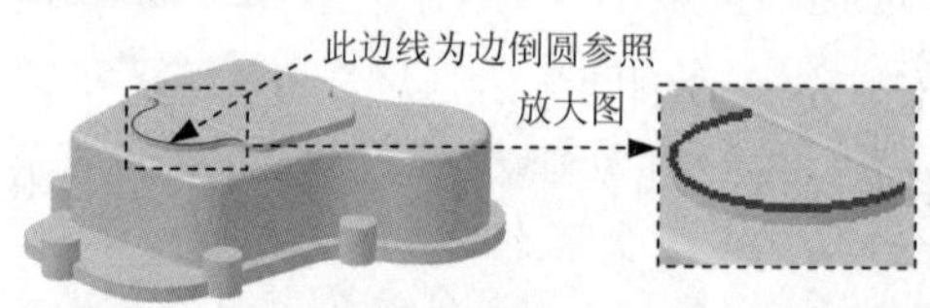

图 12.20　边倒圆特征 4

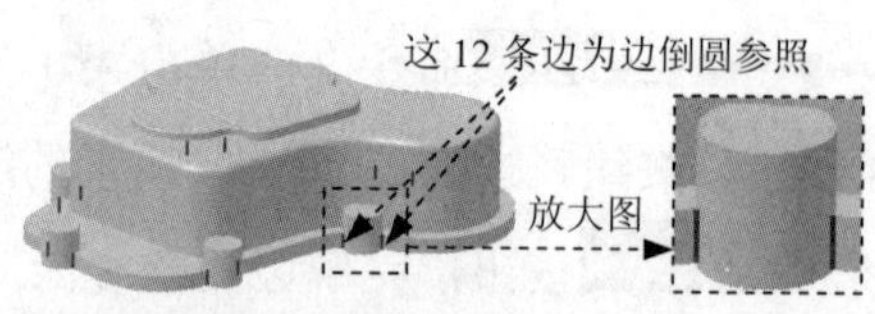

图 12.21　边倒圆特征 5

Step13. 创建边倒圆特征 6。选取图 12.22 所示的 8 条边线为边倒圆参照，圆角半径值为 10。

Step14. 创建边倒圆特征 7。选取图 12.23 所示的 6 条边线为边倒圆参照，圆角半径值为 5。

Step15. 创建边倒圆特征 8。选取图 12.24 所示的边线为边倒圆参照，圆角半径值为 5。

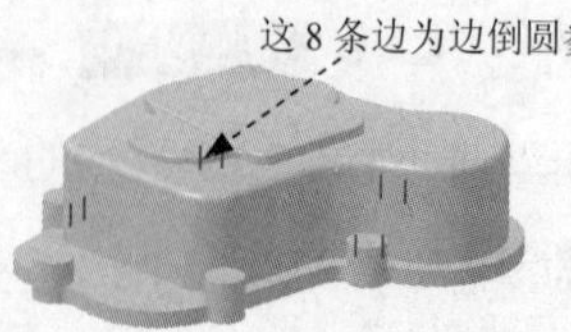

图 12.22　边倒圆特征 6

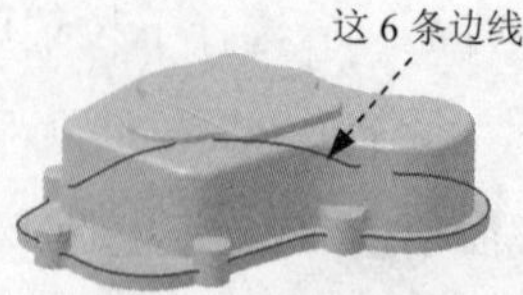

图 12.23　边倒圆特征 7

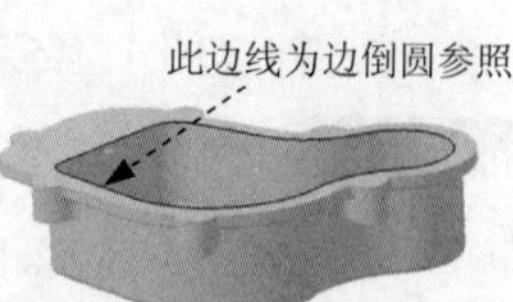

图 12.24　边倒圆特征 8

Step16. 创建图 12.25 所示的孔特征 1。选择下拉菜单 插入(S) → 设计特征(E) → 孔(H)... 命令（或单击按钮），系统弹出“孔”对话框；在类型下拉列表框中选择 常规孔 选项，首先确认“选择条”工具条中的按钮被按下，选取图 12.26 所示的 6 条圆弧边线为孔的放置参照；在成形下拉列表框中选择 简单 选项，在直径文本框中输入值 26，在深度限制下拉列表框中选择贯通体选项，其余参数按系统默认设置，完成孔特征 1 的创建。

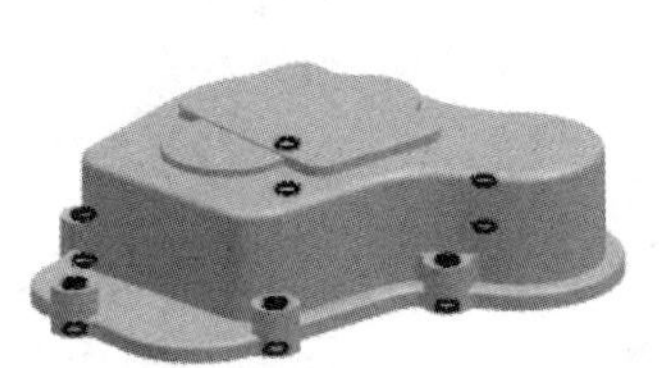

图 12.25 孔特征 1

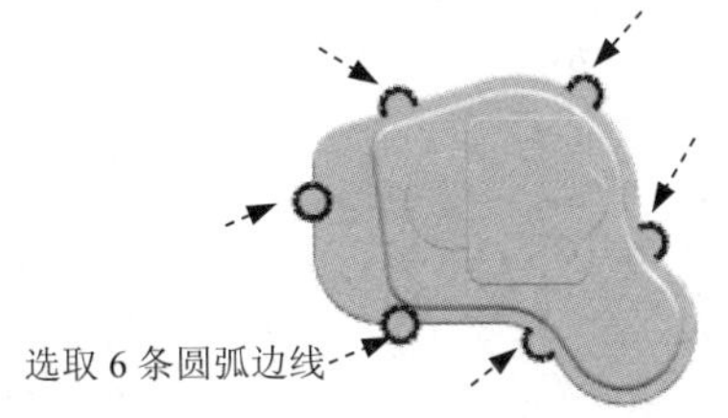

图 12.26 孔定位

Step17. 创建边倒圆特征 9。选取图 12.27 所示的 6 条边线为边倒圆参照，圆角半径值为 5。

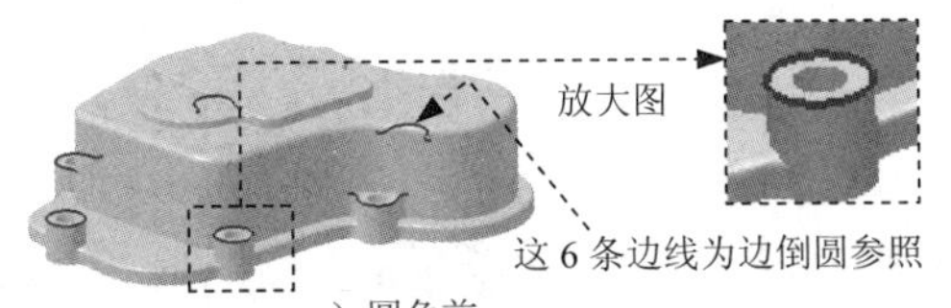

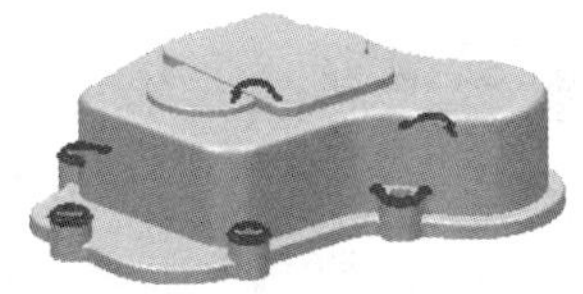

图 12.27 选取边倒圆参照

Step18. 创建图 12.28 所示的拉伸特征 7。选择下拉菜单 插入(S) → 设计特征(E) → 拉伸(E)... 命令（或单击按钮），系统弹出“拉伸”对话框。选取图 12.29 所示的平面为草图平面，绘制图 12.30 所示的截面草图。在“拉伸”对话框限制区域的开始下拉列表中选择 值 选项，并在其下的距离文本框中输入值 0；在限制区域的结束下拉列表中选择 值 选项，并在其下的距离文本框中输入值 14；在布尔区域的下拉列表中选择 求和 选项，采用系统默认的求和对象。

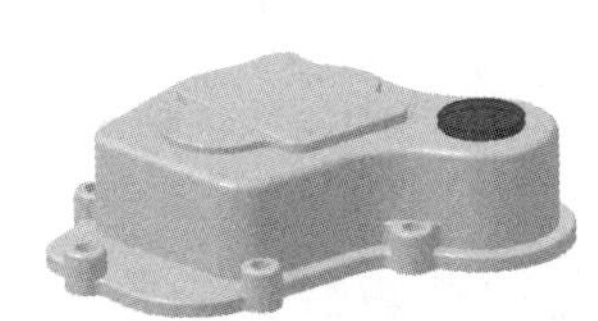

图 12.28 拉伸特征 7

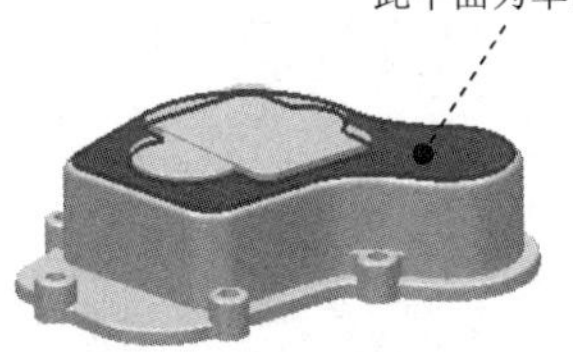

图 12.29 定义截面草图

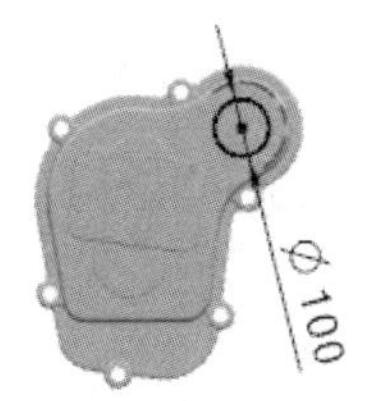

图 12.30 截面草图

Step19. 创建边倒圆特征 10。选取图 12.31 所示的边线为边倒圆参照，圆角半径值为 2。

Step20. 创建边倒圆特征 11。选取图 12.32 所示的边线为边倒圆参照，圆角半径值为 3。

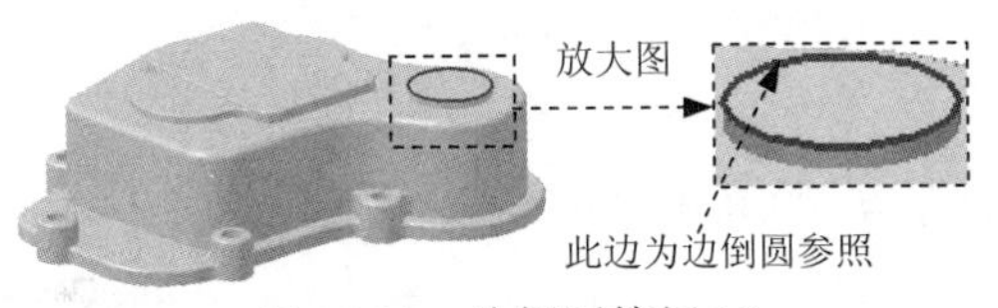

图 12.31 边倒圆特征 10

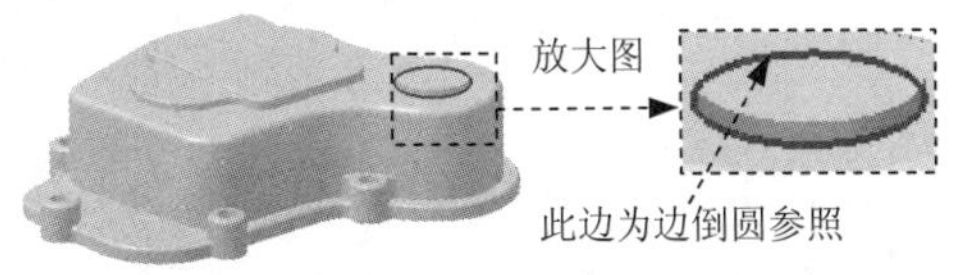

图 12.32 边倒圆特征 11

Step21. 创建图 12.33 所示的拉伸特征 8。选择下拉菜单插入(S) → 设计特征(E) → 拉伸(E)...命令，系统弹出“拉伸”对话框。选取图 12.34 所示的平面为草图平面；绘制图 12.35 所示的截面草图；在“拉伸”对话框限制区域的开始下拉列表中选择值选项，并在其下的距离文本框中输入值 0；在限制区域的结束下拉列表中选择值选项，并在其下的距离文本框中输入值 10；在布尔区域的下拉列表中选择求和选项，采用系统默认的求和对象，其他参数采用系统默认设置；单击< 确定 >按钮，完成拉伸特征 8 的创建。

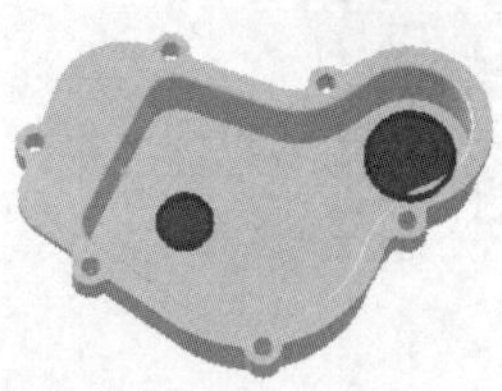

图 12.33　拉伸特征 8

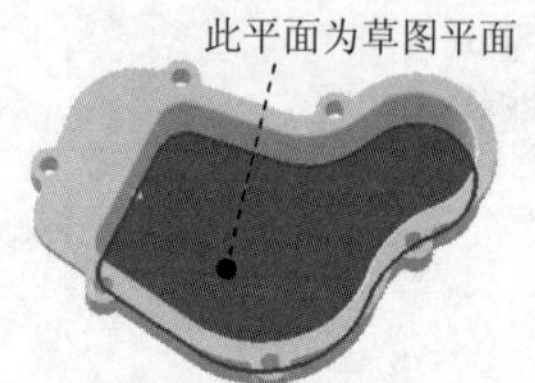

图 12.34　定义草图平面

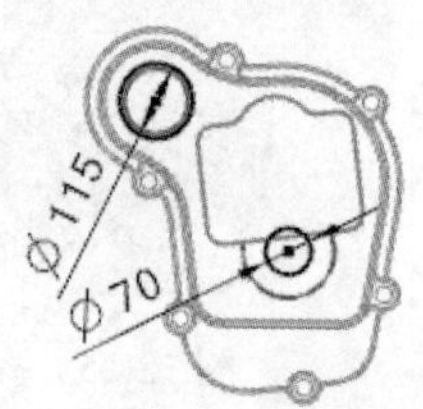

图 12.35　截面草图

Step22. 创建图 12.36 所示的拉伸特征 9。选择下拉菜单插入(S) → 设计特征(E) → 拉伸(E)...命令，系统弹出“拉伸”对话框。选取图 12.37 所示的平面为草图平面；绘制图 12.38 所示的截面草图；在“拉伸”对话框限制区域的开始下拉列表中选择值选项，并在其下的距离文本框中输入值 0；在限制区域的结束下拉列表中选择值选项，并在其下的距离文本框中输入值 15；在布尔区域的下拉列表中选择求差选项，系统将自动与模型中唯一个体进行布尔求差运算，其他参数采用系统默认设置；单击< 确定 >按钮，完成拉伸特征 9 的创建。

图 12.36　拉伸特征 9

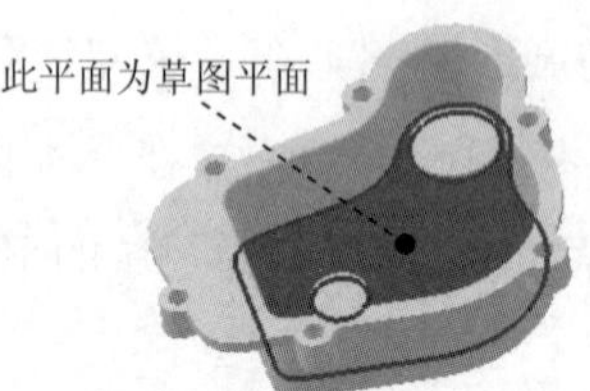

图 12.37　定义草图平面

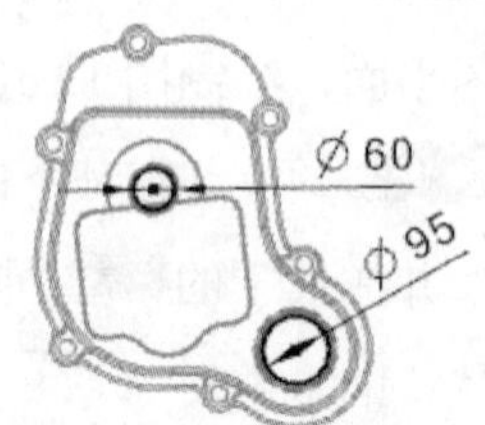

图 12.38　截面草图

Step23. 创建边倒圆特征 12。选取图 12.39 所示的 4 条边线为边倒圆参照，圆角半径值为 2。

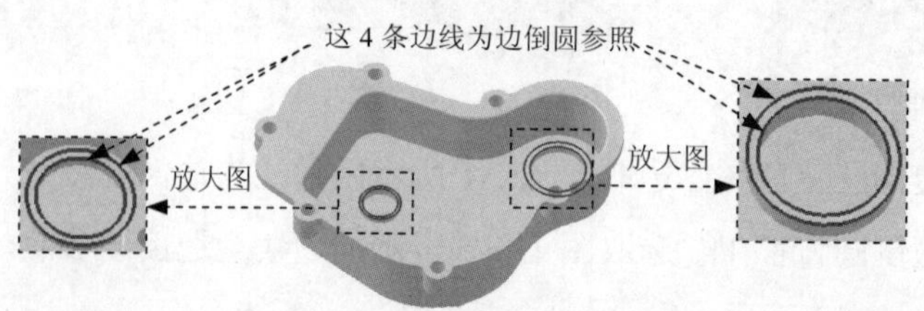

图 12.39　边倒圆特征 12

Step24. 创建图 12.40 所示的孔特征 2。选择下拉菜单插入(S) → 设计特征(E) → 孔(H)...命令（或单击按钮），系统弹出“孔”对话框；在类型下拉列表框中选择常规孔选项，单击“孔”对话框中的“绘制截面”按钮，然后在模型中选取图 12.41 所示的孔的放置面，单击 确定 按钮，进入草图环境，系统弹出“草图点”对话框；在“草图点”对话框中的下拉列表中选择 选项，然后在图 12.41 所示的孔的放置面上单击，然后单击 关闭 按钮，退出“草图点”对话框；标注图 12.42 所示的尺寸；然后单击 完成草图 按钮，退出草图环境；选取草图点，在成形下拉列表框中选择 沉头 选项，在沉头直径文本框中输入值 160，在沉头深度文本框中输入值 25，在直径文本框中输入值 140，在深度限制下拉列表框中选择贯通体选项，其余参数采用系统默认设置，单击 < 确定 > 按钮，完成孔特征 2 的创建。

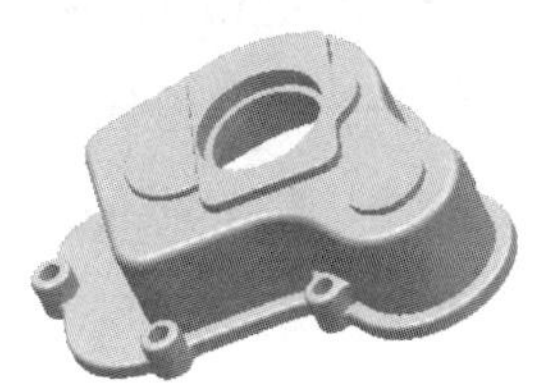
图 12.40　孔特征 2

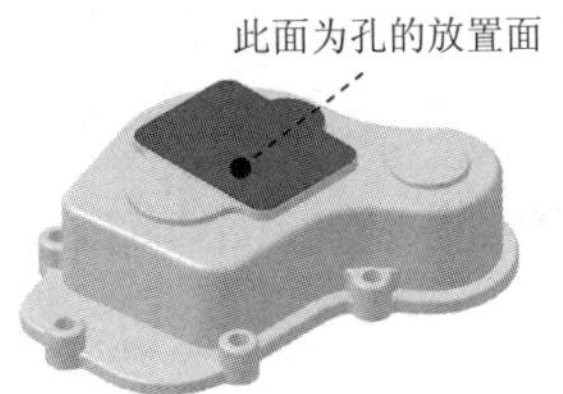

图 12.41　定义孔的放置面

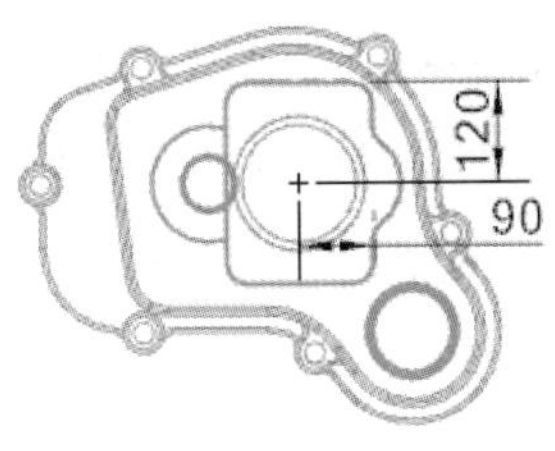

图 12.42　孔的位置尺寸

Step25. 创建图 12.43 所示的草图 1。选择下拉菜单 插入(S) → 在任务环境中绘制草图(V)... 命令，系统弹出“创建草图”对话框；选取图 12.44 所示的平面为草图平面，单击“创建草图”对话框中的 确定 按钮；进入草图环境，绘制图 12.45 所示的草图 1；选择下拉菜单 任务(K) → 完成草图(K) 命令（或单击 完成草图 按钮），退出草图环境。

图 12.43　草图 1（建模环境下）

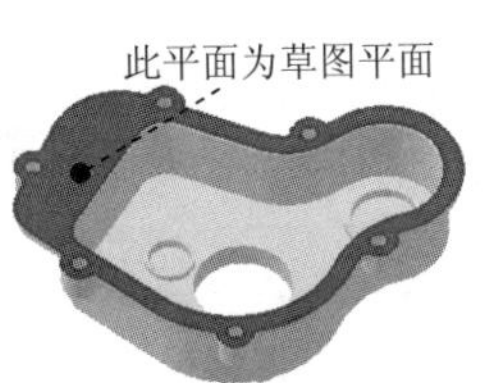

图 12.44　定义草图平面

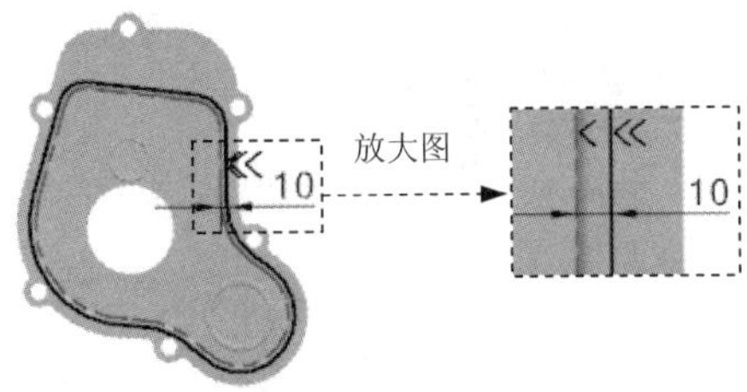

图 12.45　草图 1

Step26. 创建图 12.46 所示的基准平面。选择下拉菜单 插入(S) → 基准/点(D) → 基准平面(D)... 命令（或单击 按钮），系统弹出“基准平面”对话框；在类型区域的下拉列表中选择 曲线上 选项，在绘图区选取图 12.47 所示的草图 1 中的直线，在弧长文本框中输入值 0；在“基准平面”对话框中单击 < 确定 > 按钮，完成基准平面的创建。

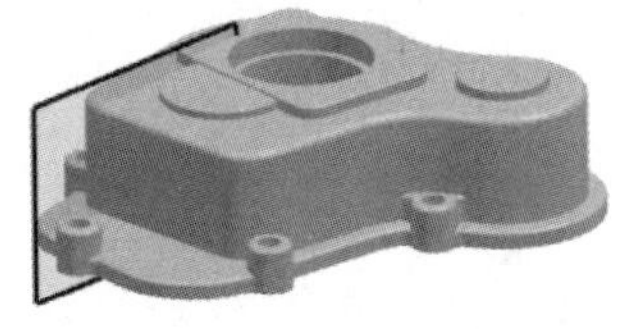
图 12.46　基准平面

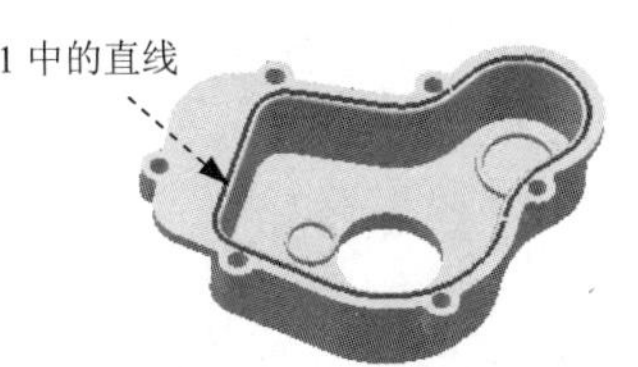

图 12.47　定义基准平面

Step27. 创建图 12.48 所示的草图 2。选择下拉菜单 插入(S) → 在任务环境中绘制草图(V)... 命令，系统弹出“创建草图”对话框；选取 Step26 所创建的基准平面为草图平面，单击“创建草图”对话框中的 确定 按钮；进入草图环境，绘制图 12.48 所示的草图 2；选择下拉菜单 任务(K) → 完成草图(K) 命令（或单击 完成草图 按钮），退出草图环境。

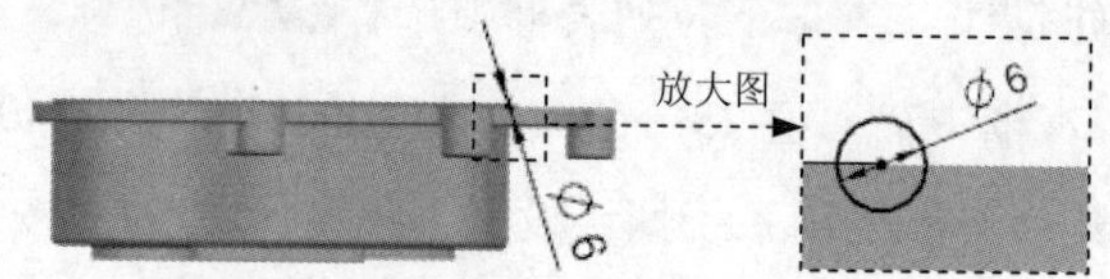

图 12.48　草图 2

Step28 创建图 12.49 所示的扫掠特征。选择下拉菜单 插入(S) → 扫掠(W) → 扫掠(S)... 命令，系统弹出“扫掠”对话框；在 截面 区域中单击按钮，在绘图区域中选取 Step27 所创建的草图 2；在 引导线 区域中单击按钮，在绘图区域中选取 Step25 所创建的草图 1；单击“扫掠”对话框中的 < 确定 > 按钮，完成扫掠特征的创建。

图 12.49　扫掠特征

Step29. 对实体进行求差操作。选择菜单 插入(S) → 组合(B) ▸ → 求差(S)... 命令，系统弹出“求差”对话框；选取箱壳实体为目标体，选取扫掠特征为工具体，单击 < 确定 > 按钮，完成布尔求差操作。

Step30. 保存零件模型。选择下拉菜单 文件(F) → 保存(S) 命令，即可保存零件模型。

实例 13 钻 头

实例概述:

本实例介绍了钻头的设计过程。主要是讲述实体旋转、创建基准面、螺旋线、桥接曲线、扫掠等特征命令的应用。在本例中曲线的桥接看似平常，但是用桥接曲线创建扫掠特征从而使螺纹尾部特征得以巧妙处理是非常重要的。零件模型及相应的模型树如图 13.1 所示。

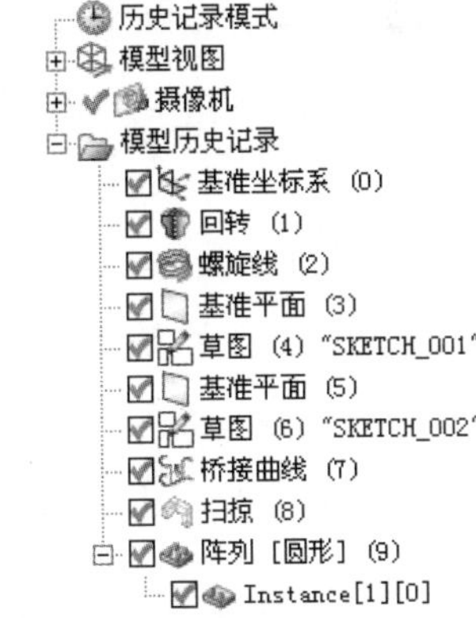

图 13.1 零件模型及模型树

Step1. 新建文件。选择下拉菜单 文件(F) → 新建(N)... 命令，系统弹出“新建”对话框。在 模型 选项卡的 模板 区域中选取模板类型为 模型，在 名称 文本框中输入文件名称 driller，单击 确定 按钮，进入建模环境。

Step2. 创建图 13.2 所示的旋转特征。选择 插入(S) → 设计特征(E) → 旋转(R)... 命令（或单击 按钮），系统弹出“旋转”对话框；单击 截面 区域中的 按钮，系统弹出“创建草图”对话框，选中 ☑ 创建中间基准 CSYS 复选框，选取 YZ 基准平面为草图平面，单击 确定 按钮，进入草图环境，绘制图 13.3 所示的截面草图，选择下拉菜单 任务(K) → 完成草图(K) 命令（或单击 完成草图 按钮），退出草图环境；在绘图区域中选取 ZC 基准轴为旋转轴；在“旋转”对话框 限制 区域的 开始 下拉列表中选择 值 选项，并在其下的 角度 文本框中输入值 0，在 结束 下拉列表中选择 值 选项，并在其下的 角度 文本框中输入值 360，其他参数采用系统默认设置；单击 < 确定 > 按钮，完成旋转特征的创建。

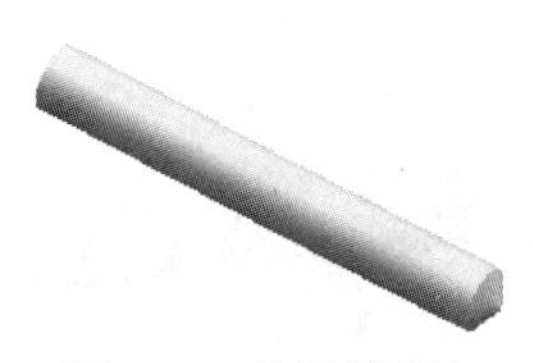

图 13.2 旋转特征

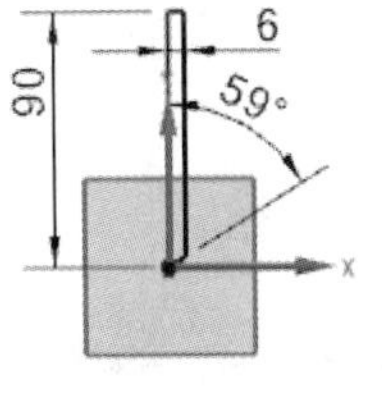

图 13.3 截面草图

Step3. 创建图 13.4 所示的螺旋线特征。选择下拉菜单 插入(S) → 曲线(C) → 螺旋线(X)... 命令，系统弹出“螺旋线”对话框；在“螺旋线”对话框的 类型 下拉列表中选择 沿矢量 选项，单击 方位 区域的“CSYS 对话框”按钮，系统弹出“CSYS”对话框，在“CSYS”对话框的 类型 下拉列表中选择 绝对 CSYS 选项，单击对话框中的 确定 按钮，系统返回到“螺旋线”对话框；在“螺旋线”对话框的 大小 区域中选中 ⊙ 直径 单选项，在 规律类型 下拉列表中选择 恒定 选项，然后输入直径值为 12；在“螺旋线”对话框 螺距 区域的 规律类型 下拉列表中选择 恒定 选项，然后输入螺距值为 25；在“螺旋线”对话框 长度 区域的 方法 下拉列表中选择 圈数 选项，在 圈数 文本框中输入值 3；在“螺旋线”对话框 设置 区域的 旋转方向 下拉列表中选择 右手 选项；单击“螺旋线”对话框中的 < 确定 > 按钮，完成螺旋线特征的创建。

Step4. 创建图 13.5 所示的基准平面 1。选择下拉菜单 插入(S) → 基准/点(D) → 基准平面(D)... 命令（或单击 按钮），系统弹出“基准平面”对话框；在 类型 区域的下拉列表中选择 曲线上 选项；在绘图区域选取图 13.6 所示的螺旋线的端点，其他参数采用系统默认方向；在“基准平面”对话框中单击 < 确定 > 按钮，完成基准平面 1 的创建。

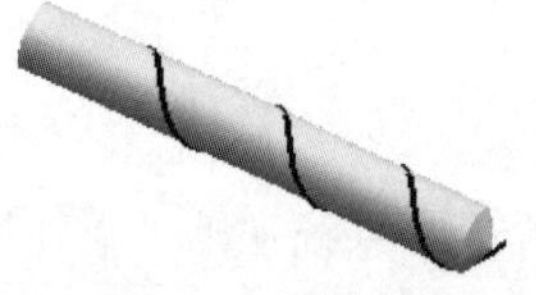
图 13.4　螺旋线特征

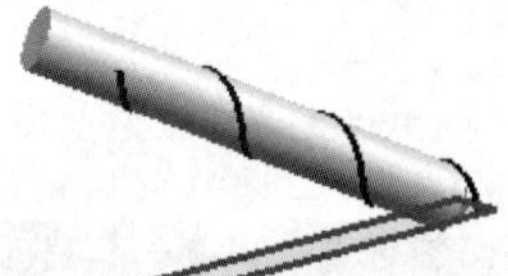
图 13.5　基准平面 1

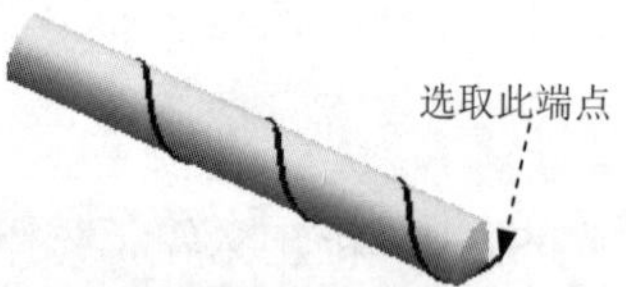

图 13.6　定义基准平面

Step5. 创建图 13.7 所示的草图 1。选择下拉菜单 插入(S) → 在任务环境中绘制草图(V)... 命令，系统弹出“创建草图”对话框，取消选中 创建中间基准 CSYS 复选框；选取基准平面 1 为草图平面，单击“创建草图”对话框中的 确定 按钮；进入草图环境，绘制图 13.7 所示的草图 1；选择下拉菜单 任务(K) → 完成草图(K) 命令（或单击 完成草图 按钮），退出草图环境。

说明：图 13.7 所示的截面草图圆心与螺旋线的端点重合。

Step6. 创建图 13.8 所示的基准平面 2。选择下拉菜单 插入(S) → 基准/点(D) → 基准平面(D)... 命令（或单击 按钮），系统弹出“基准平面”对话框；在 类型 区域的下拉列表中选择 按某一距离 选项，在绘图区选取图 13.8 所示的平面，在 距离 文本框中输入值-10；在“基准平面”对话框中单击 < 确定 > 按钮，完成基准平面 2 的创建。

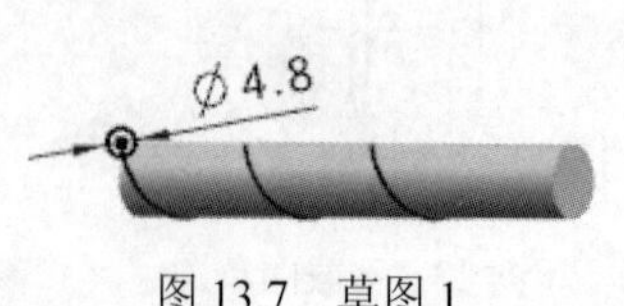

图 13.7　草图 1

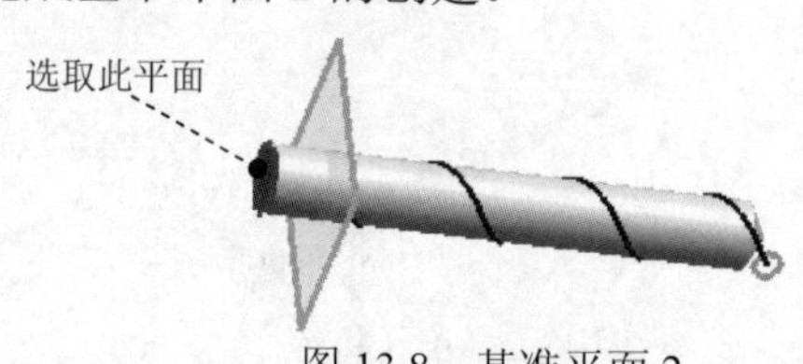

图 13.8　基准平面 2

Step7. 创建图 13.9 所示的草图 2。选择下拉菜单 插入(S) → 在任务环境中绘制草图(V)... 命令，选取基准平面 2 为草图平面，绘制图 13.9 所示的草图 2，单击 完成草图 按钮，退出草图环境。

Step8. 创建图 13.10 所示的桥接曲线特征。选择 插入(S) → 来自曲线集的曲线(F) → 桥接(B)... 命令（或单击 按钮），系统弹出“桥接曲线”对话框；选取 Step7 所创建的草图 2 为起始对象，选取 Step3 所创建的螺旋线特征为终止对象，在 连接性 区域中单击 开始 选项卡，在 位置 下拉列表中选择 弧长百分比 选项，在 % 文本框中输入值 30；单击 结束 选项卡，在 位置 下拉列表中选择 弧长百分比 选项，在 % 文本框中输入值 0；单击“桥接曲线”对话框中的 < 确定 > 按钮，完成桥接曲线特征的创建。

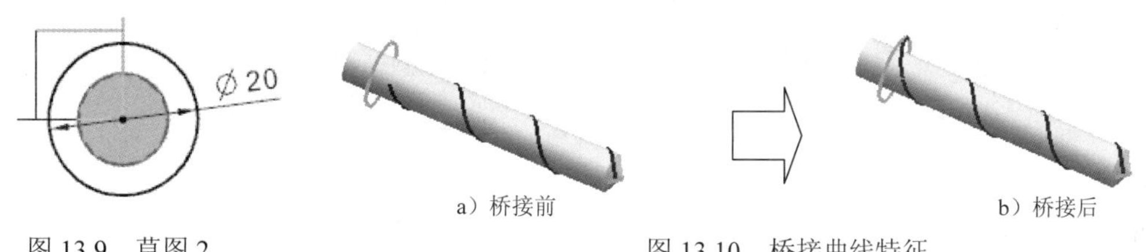

图 13.9 草图 2　　图 13.10 桥接曲线特征

Step9. 创建图 13.11 所示的扫掠特征。选择下拉菜单 插入(S) → 扫掠(W) → 沿引导线扫掠(G)... 命令（或单击工具栏中的 按钮），系统弹出“沿引导线扫掠”对话框；在 截面 区域中单击 按钮，在绘图区选取 Step5 所创建的草图 1 为扫掠的截面曲线串；在 引导线 区域中单击 按钮，在绘图区选取 Step3 所创建的螺旋线特征为扫掠的引导线串；将 偏置 区域中的 第一偏置 和 第二偏置 都设为 0，在 布尔 区域的下拉列表中选择 求差 选项，采用系统默认目标体，单击 < 确定 > 按钮，完成扫掠特征的创建。

Step10. 创建图 13.12 所示的阵列特征。选择下拉菜单 插入(S) → 关联复制(A) → 阵列特征(A)... 命令（或单击 按钮），系统弹出“阵列特征”对话框；在绘图区选取 Step9 所创建的扫掠特征；在“阵列特征”对话框 阵列定义 区域的 布局 下拉列表中选择 圆形 选项；在 方向 1 区域中激活 * 指定矢量，指定 ZC 基准轴为指定矢量；在“阵列特征”对话框的 间距 下拉列表中选择 数量和节距 选项，在 数量 文本框中输入值 2，在 节距角 文本框中输入值 180；单击“阵列特征”对话框中的 确定 按钮，完成阵列特征的创建。

图 13.11 扫掠特征　　图 13.12 阵列特征

Step11. 保存零件模型。选择下拉菜单 文件(F) → 保存(S) 命令，即可保存零件模型。

实例 14 机　盖

实例概述：

本实例介绍了机盖的设计过程。通过练习本例，读者可以掌握拔模、扫掠、边倒圆等特征命令的应用。零件模型及相应的模型树如图 14.1 所示。

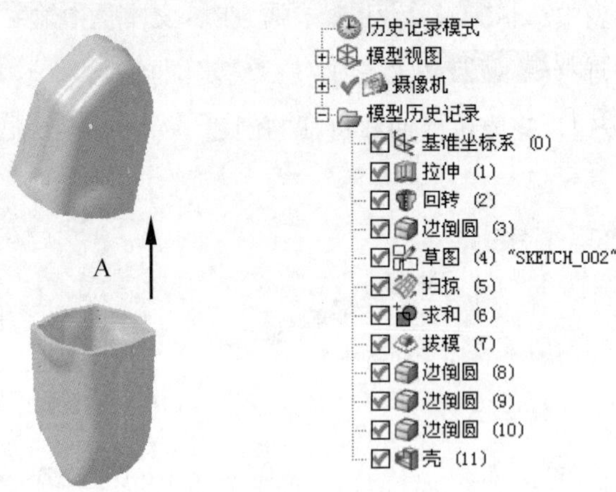

图 14.1　零件模型及模型树

说明：本应用前面的详细操作过程请参见随书光盘中 video\ch14\reference\文件下的语音视频讲解文件 upper_cap-r01.avi。

Step1. 打开文件 D:\ugnx90.5\work\ch14\upper_cap_ex.prt。

Step2. 创建图 14.2b 所示的边倒圆特征 1。选择下拉菜单 插入(S) → 细节特征(L) ▸ → 边倒圆(E)... 命令（或单击 按钮），系统弹出“边倒圆”对话框；在 要倒圆的边 区域中单击 按钮，选取图 14.2a 所示的两条边线为边倒圆参照，并在 半径 1 文本框中输入值 20；单击 < 确定 > 按钮，完成边倒圆特征 1 的创建。

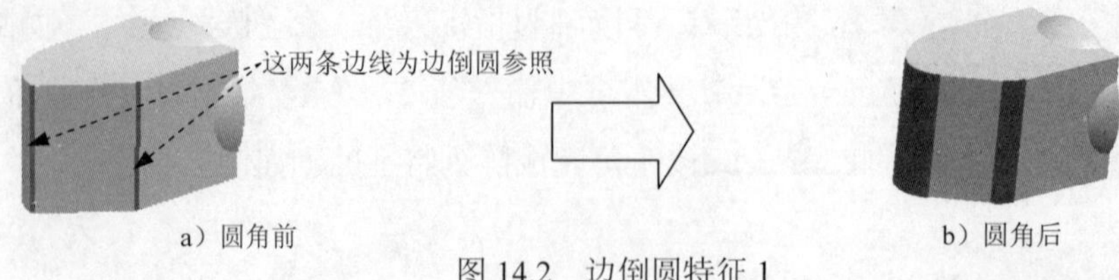

图 14.2　边倒圆特征 1

Step3. 创建图 14.3 所示的草图 1。选择下拉菜单 插入(S) → 在任务环境中绘制草图(V)... 命令，系统弹出“创建草图”对话框；选取图 14.4 所示的平面为草图平面，单击“创建草图”对话框中的 确定 按钮；进入草图环境，绘制图 14.3 所示的草图 1；选择下拉菜单 任务(K) → 完成草图(K) 命令（或单击 完成草图 按钮），退出草图环境。

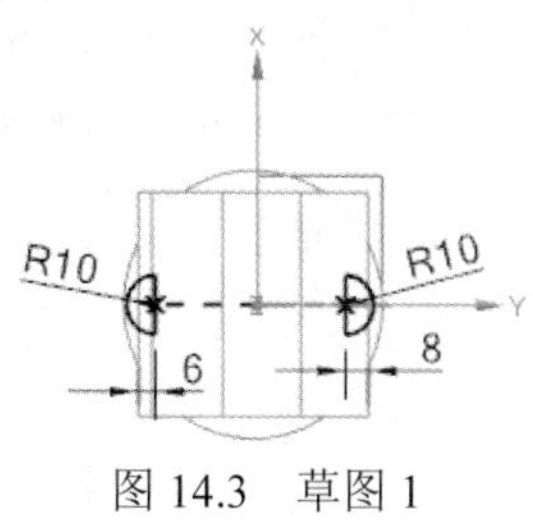

图 14.3 草图 1

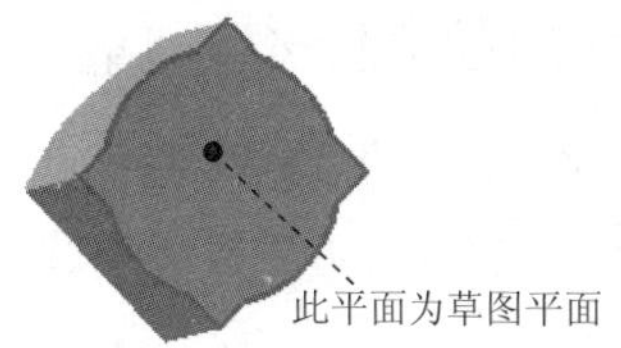

图 14.4 定义草图平面

Step4. 创建图 14.5 所示的扫掠特征。选择下拉菜单 插入(S) → 扫掠(W) → 扫掠(S)... 命令，系统弹出“扫掠”对话框；在截面区域中单击按钮，在绘图区域中选取 Step3 所创建的草图 1；在引导线区域中单击按钮，在绘图区域中选取图 14.6 所示的边线；单击“扫掠”对话框中的 < 确定 > 按钮，完成扫掠特征的创建。

说明：在选取扫掠截面线串时，在选取扫掠截面时应先在“选择”工具条下拉列表中选择相连曲线选项，在绘图区域中选取曲线 1 后，必须单击中键确认，并在绘图区域中选取曲线 2；在选取扫掠引导线时应先在“选择”工具栏下拉列表中选择相切曲线选项，再选取图 14.6 所示的边线。

图 14.5 扫掠特征

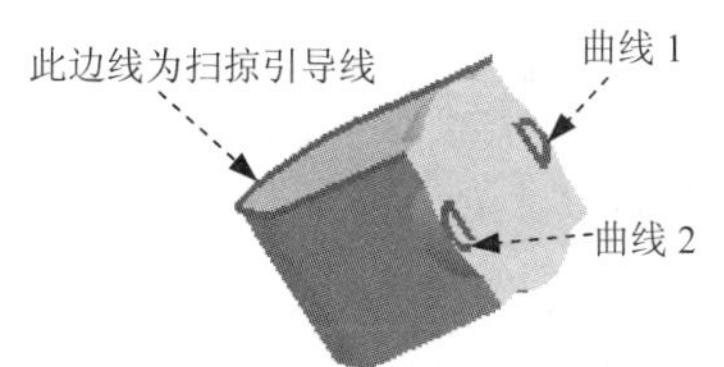

图 14.6 定义截面线串/引导线串

Step5. 对实体进行求和操作。选择下拉菜单 插入(S) → 组合(B) → 求和(U)... 命令（或单击按钮），系统弹出“求和”对话框；选取 Step4 所创建的扫掠特征为目标体，选取除此之外的其余实体为刀具体，单击 < 确定 > 按钮，完成该布尔求和操作。

Step6. 创建图 14.7 所示的拔模特征。选择下拉菜单 插入(S) → 细节特征(L) ▸ → 拔模(T)... 命令（或单击按钮），系统弹出“拔模”对话框；在类型区域中选择 从平面或曲面 选项，在“拔模方向”区域的下拉列表中选择 ZC 为拔模方向。选择图 14.4 所示的表面为固定平面，单击鼠标中键确认，选取图 14.8 所示的平面为要拔模的面，在角度 1 文本框中输入拔模角度值 4；单击“拔模”对话框中的 < 确定 > 按钮，完成拔模特征的创建。

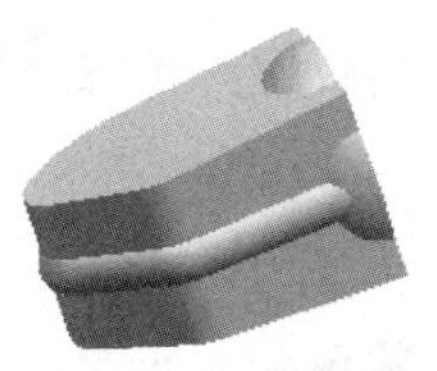

图 14.7 拔模特征

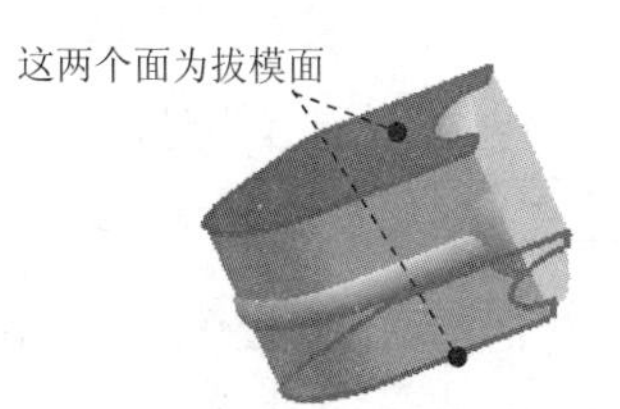

图 14.8 定义拔模面

Step7. 创建图 14.9 所示的边倒圆特征 2。选择下拉菜单 插入(S) → 细节特征(L) → 边倒圆(E)... 命令（或单击按钮），系统弹出“边倒圆”对话框；在要倒圆的边区域中单击按钮，选取图 14.9a 所示的 6 条边线为边倒圆参照，并在半径 1 文本框中输入值 20；单击 < 确定 > 按钮，完成边倒圆特征 2 的创建。

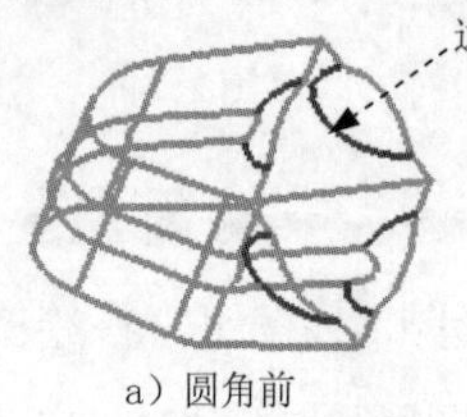

a）圆角前

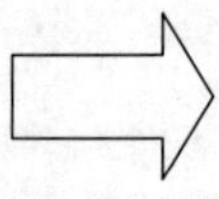

b）圆角后

图 14.9　边倒圆特征 2

Step8. 创建边倒圆特征 3。选取图 14.10 所示的两条边线为边倒圆参照，其圆角半径值为 10。

Step9. 创建边倒圆特征 4。选取图 14.11 所示的边线为边倒圆参照，其圆角半径值为 15。

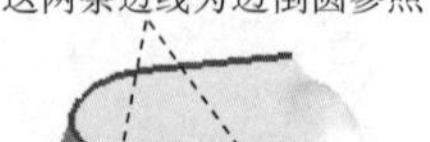

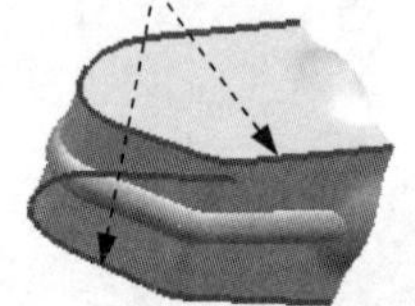

图 14.10　边倒圆特征 3

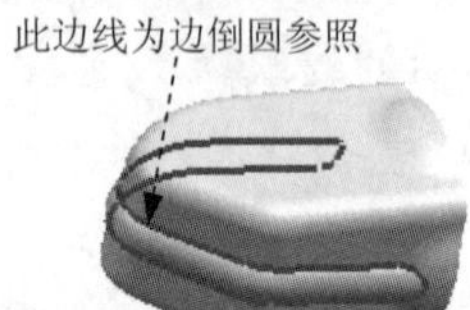

图 14.11　边倒圆特征 4

Step10. 创建图 14.12 所示的抽壳特征。选择下拉菜单 插入(S) → 偏置/缩放(O) → 抽壳(H)... 命令（或单击按钮），系统弹出“抽壳”对话框；在要穿透的面区域中单击按钮，选取图 14.13 所示的面为移除面，并在厚度文本框中输入值 5，采用系统默认的抽壳方向；单击 < 确定 > 按钮，完成抽壳特征的创建。

图 14.12　抽壳特征

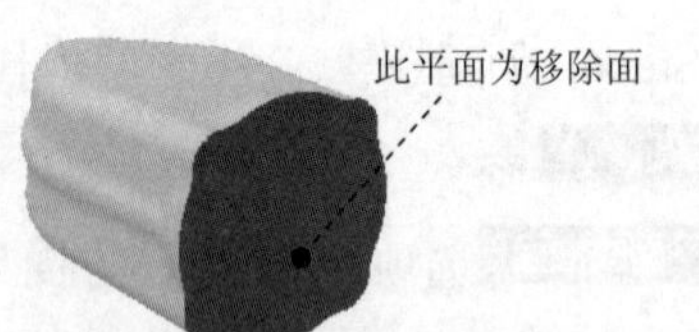

图 14.13　定义抽壳特征

Step11. 设置隐藏。选择下拉菜单 编辑(E) → 显示和隐藏(H) → 隐藏(H)... 命令（或单击按钮），系统弹出“类选择”对话框；单击“类选择”对话框过滤器区域的按钮，系统弹出“根据类型选择”对话框，按住 Ctrl 键，选择对话框列表中的草图和基准选项，单击 确定 按钮。系统再次弹出“类选择”对话框，单击对话框对象区域的“全选”按钮；单击对话框中的 确定 按钮，完成对设置对象的隐藏。

Step12. 保存零件模型。选择下拉菜单 文件(F) → 保存(S) 命令，即可保存零件模型。

实例 15 泵　　体

实例概述：

本实例介绍了泵体的设计过程。通过对本例的学习，读者可以对拉伸、孔、螺纹和阵列等特征的应用有更为深入的理解。在创建特征的过程中，需要注意在特征定位过程中用到的技巧和某些注意事项。零件模型及相应的模型树如图 15.1 所示。

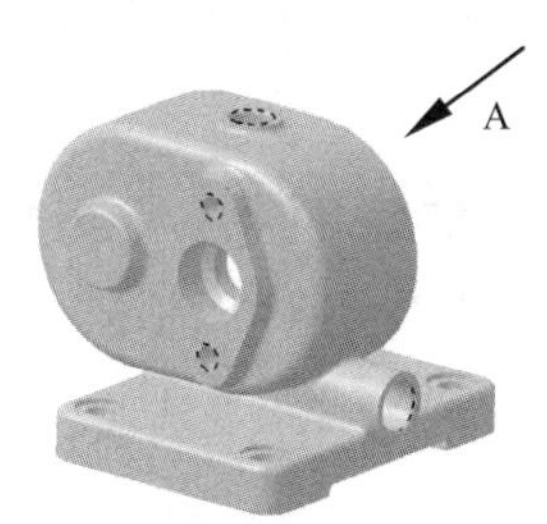

图 15.1　零件模型及模型树

Step1. 新建文件。选择下拉菜单 文件(F) → 新建(N)... 命令，系统弹出“新建”对话框。在 模型 选项卡的 模板 区域中选取模板类型为 模型；在 名称 文本框中输入文件名称 pump；单击 确定 按钮，进入建模环境。

Step2. 创建图 15.2 所示的拉伸特征 1。选择下拉菜单 插入(S) → 设计特征(E) → 拉伸(E)... 命令（或单击 按钮），系统弹出“拉伸”对话框；单击“拉伸”对话框中的“绘制截面”按钮，系统弹出“创建草图”对话框；选中 创建中间基准 CSYS 复选框。单击 按钮，选取 ZX 基准平面为草图平面，单击 确定 按钮，进入草图环境，绘制图 15.3 所示的截面草图 1，选择下拉菜单 任务(K) → 完成草图(K) 命令（或单击 完成草图 按钮），退出草图环境；在“拉伸”对话框 限制 区域的 开始 下拉列表中选择 对称值 选项，并在其下的 距离 文本框中输入值 52.5，其他参数采用系统默认设置；单击 < 确定 > 按钮，完成拉伸特征 1 的创建。

图 15.2 拉伸特征 1

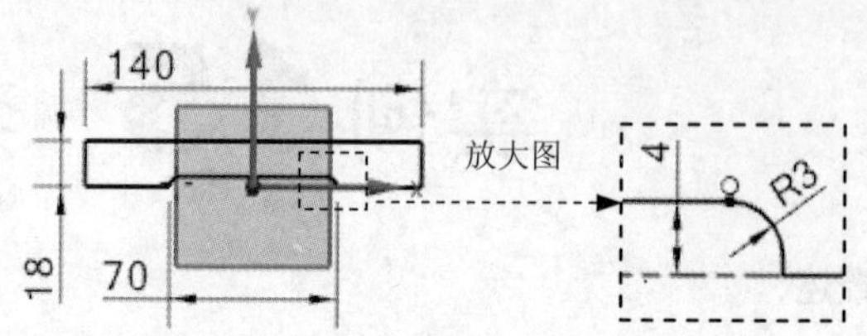

图 15.3 截面草图 1

Step3. 创建图 15.4 所示的基准平面 1。选择下拉菜单 插入(S) → 基准/点(D) → 基准平面(D)... 命令（或单击 按钮），系统弹出“基准平面”对话框；在 类型 区域的下拉列表中选择 自动判断 选项，在绘图区域中选取图 15.4 所示的平面，在 距离 文本框中输入值 55，并单击“反向”按钮，定义 X 基准轴的负方向为参考方向；在“基准平面”对话框中单击 < 确定 > 按钮，完成基准平面 1 的创建。

Step4. 创建图 15.5 所示的拉伸特征 2。选择下拉菜单 插入(S) → 设计特征(E) → 拉伸(E)... 命令（或单击 按钮），系统弹出“拉伸”对话框；单击“拉伸”对话框中的“绘制截面”按钮，系统弹出“创建草图”对话框，取消选中 创建中间基准 CSYS 复选框。单击 按钮，选取基准平面 1 为草图平面，单击 确定 按钮，进入草图环境，绘制图 15.6 所示的截面草图 2，选择下拉菜单 任务(K) → 完成草图(K) 命令（或单击 完成草图 按钮），退出草图环境；在“拉伸”对话框 限制 区域的 开始 下拉列表中选择 值 选项，并在其下的 距离 文本框中输入值-10；在 限制 区域的 结束 下拉列表中选择 值 选项，并在其下的 距离 文本框中输入值 48，其他参数采用系统默认设置；单击 < 确定 > 按钮，完成拉伸特征 2 的创建。

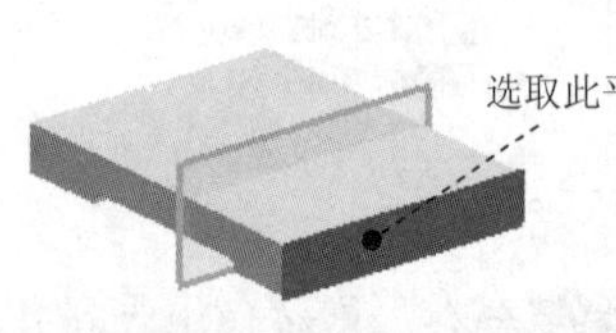

图 15.4 基准平面 1

图 15.5 拉伸特征 2

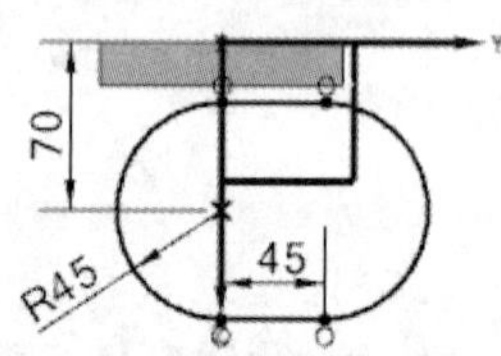

图 15.6 截面草图 2

Step5. 创建图 15.7 所示的拉伸特征 3。选择下拉菜单 插入(S) → 设计特征(E) → 拉伸(E)... 命令（或单击 按钮），系统弹出“拉伸”对话框；单击“拉伸”对话框中的“绘制截面”按钮，系统弹出“创建草图”对话框。单击 按钮，选取图 15.8 所示的平面为草图平面，单击 确定 按钮，进入草图环境，绘制图 15.9 所示的截面草图 3，选择下拉菜单 任务(K) → 完成草图(K) 命令（或单击 完成草图 按钮），退出草图环境；在“拉伸”对话框 限制 区域的 开始 下拉列表中选择 值 选项，并在其下的 距离 文本框中输入值 0；在 限制 区域的 结束 下拉列表中选择 直至延伸部分 选项，在绘图区选取草图平面的对侧面为延伸对象，在 布尔 区域中选择 求和 选项，选取拉伸特征 2 为求和目标体；单击 < 确定 > 按钮，完成拉伸特征 3 的创建。

图 15.7　拉伸特征 3

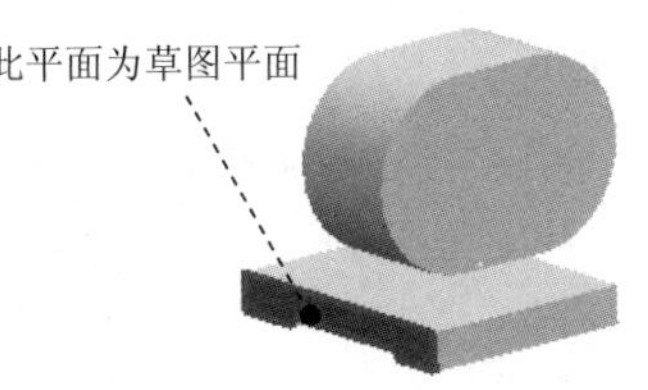

图 15.8　定义草图平面

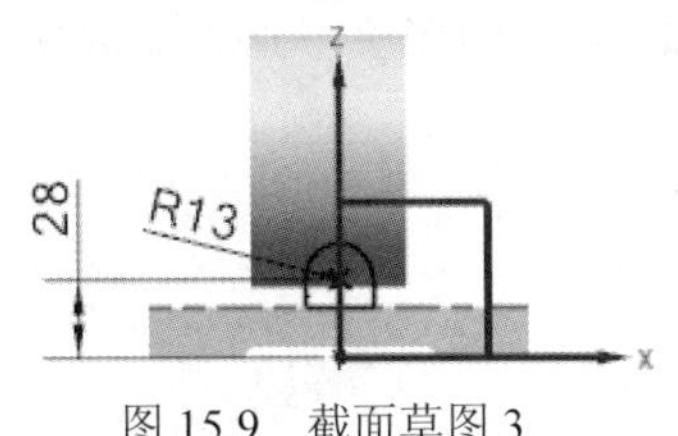

图 15.9　截面草图 3

Step6. 对实体进行求和操作。选择下拉菜单 插入(S) → 组合(B) ▸ → 求和(U)... 命令（或单击 按钮），系统弹出“求和”对话框；选取图 15.10 所示的特征为目标体，选取图 15.11 所示的特征为工具体，单击 < 确定 > 按钮，完成求和操作。

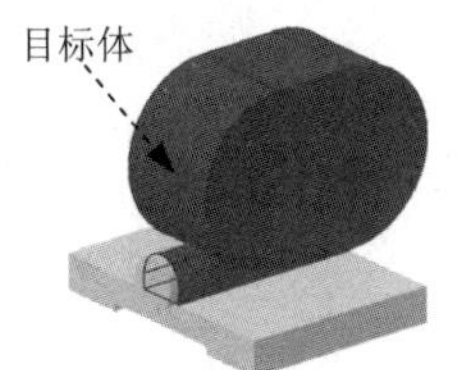

图 15.10　选取目标体

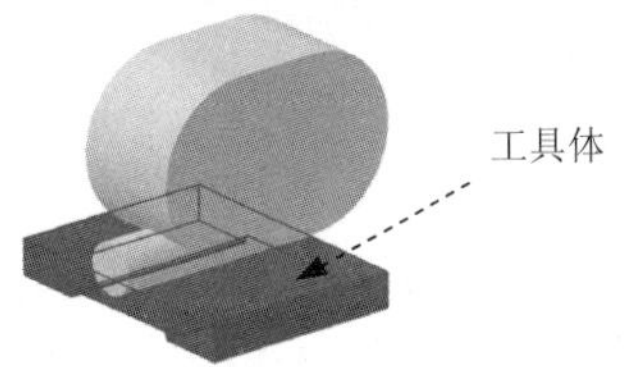

图 15.11　选取工具体

Step7. 创建图 15.12 所示的拉伸特征 4。选择下拉菜单 插入(S) → 设计特征(E) → 拉伸(E)... 命令（或单击 按钮），系统弹出“拉伸”对话框；单击“拉伸”对话框中的“绘制截面”按钮，系统弹出“创建草图”对话框。单击 按钮，选取图 15.13 所示的平面为草图平面，单击 确定 按钮，进入草图环境，绘制图 15.14 所示的截面草图 4，选择下拉菜单 任务(K) → 完成草图(K) 命令（或单击 完成草图 按钮），退出草图环境；在“拉伸”对话框 限制 区域的 开始 下拉列表中选择 值 选项，并在其下的 距离 文本框中输入值 0；在 限制 区域的 结束 下拉列表中选择 值 选项，并在其下的 距离 文本框中输入值 5，在 布尔 区域中选择 求和 选项，采用系统默认的求和对象；单击 < 确定 > 按钮，完成拉伸特征 4 的创建。

图 15.12　拉伸特征 4

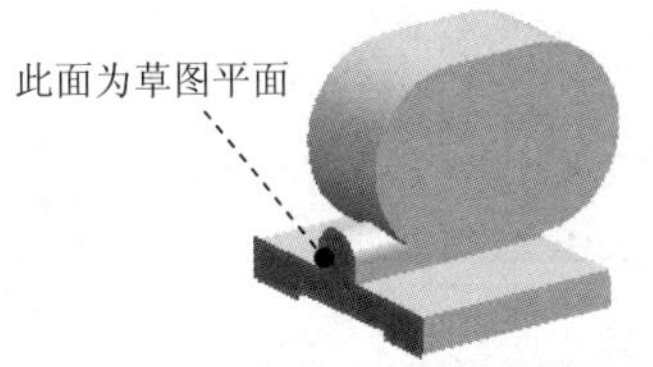

图 15.13　定义草图平面

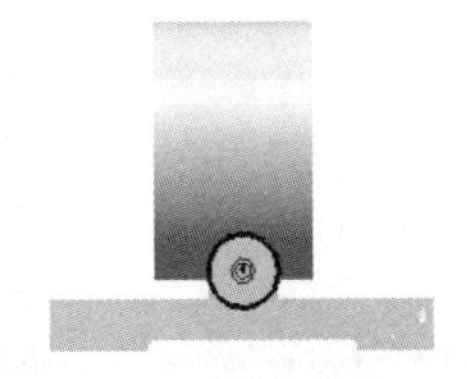
图 15.14　截面草图 4

Step8. 创建图 15.15 所示的孔特征 1。选择下拉菜单 插入(S) → 设计特征(E) → 孔(H)... 命令（或单击 按钮），系统弹出“孔”对话框；在 类型 下拉列表框中选择 常规孔 选项，首先确认“选择条”工具条中的 按钮被按下，在绘图区域中选取图 15.16 所示的圆弧边线来捕捉圆心点；在 成形 下拉列表框中选择 简单 选项，在 直径 文本框中输入值 18，在 深度 文本框中输入值 96，在 顶锥角 文本框中输入值 118，其余参数按系统默认设置，单

击 < 确定 > 按钮，完成孔特征 1 的创建。

图 15.15　孔特征 1

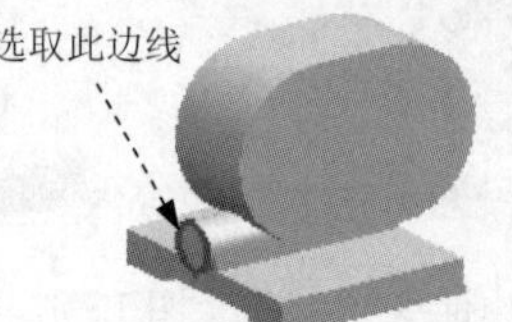

图 15.16　定义孔位置

Step9. 创建图 15.17 所示的螺纹特征 1。选择下拉菜单 插入(S) → 设计特征(E) → 螺纹(T)... 命令，系统弹出“螺纹”对话框；选中 ⊙ 符号 单选项，在绘图区选取 Step8 所创建的孔特征 1；在“螺纹”对话框中选中 ☑ 手工输入 复选框，输入数值如图 15.18 所示；单击 确定 按钮，完成螺纹特征 1 的创建。

Step10. 创建图 15.19b 所示的倒斜角特征 1。选择下拉菜单 插入(S) → 细节特征(L) ▸ → 倒斜角(C)... 命令（或单击按钮），系统弹出“倒斜角”对话框；在“倒斜角”对话框的边区域中单击按钮，选择图 15.19a 所示的边线为倒斜角参照，在偏置区域的横截面下拉列表中选择对称选项；并在距离文本框输入值 1；单击 < 确定 > 按钮，完成倒斜角特征 1 的创建。

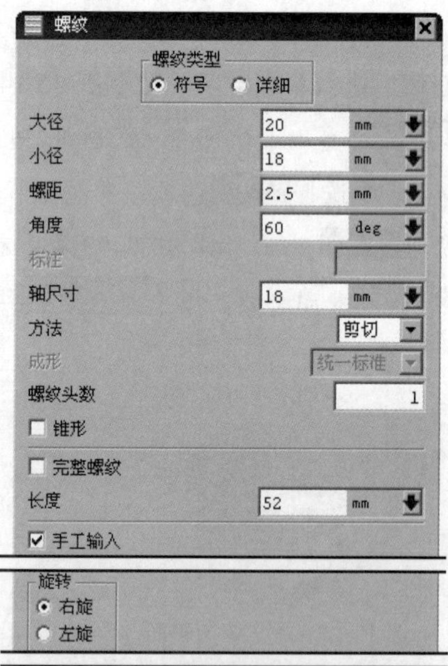

图 15.17　螺纹特征 1　　图 15.18　“螺纹”对话框

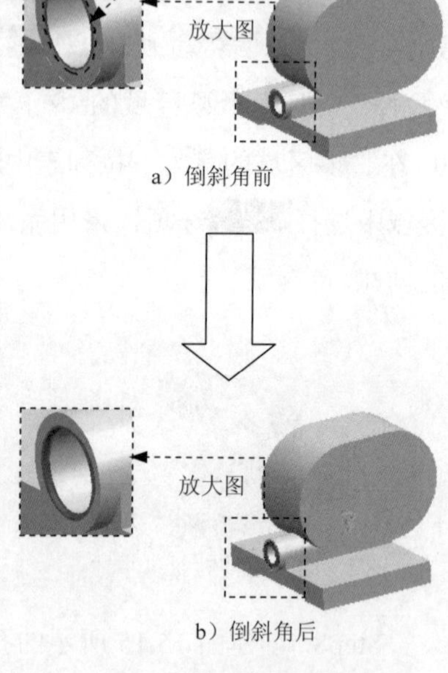

图 15.19　倒斜角特征 1

Step11. 创建图 15.20 所示的拉伸特征 5。选择下拉菜单 插入(S) → 设计特征(E) → 拉伸(E)... 命令（或单击按钮），系统弹出“拉伸”对话框；单击“拉伸”对话框中的“绘制截面”按钮，系统弹出“创建草图”对话框。单击按钮，选取图 15.21 所示的平面为草图平面，单击 确定 按钮，进入草图环境，绘制图 15.22 所示的截面草图 5，选择下拉菜单 任务(K) → 完成草图(K) 命令（或单击 完成草图 按钮），退出草图环境；在“拉伸”对话框 限制 区域的 开始 下拉列表中选择 值 选项，并在其后的 距离 文本框中输入值 0；在 限制 区域的 结束 下拉列表中选择 值 选项，并在其后的 距离 文本框中输入值 9，在 布尔 区域中选择 求和 选项，采用系统默认的求和对象；单击 <确定> 按钮，完成拉伸特征 5 的创建。

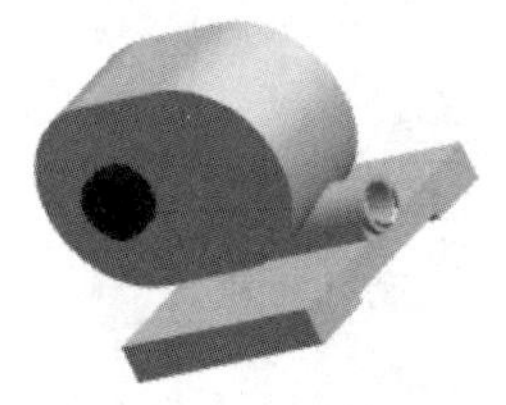
图 15.20 拉伸特征 5

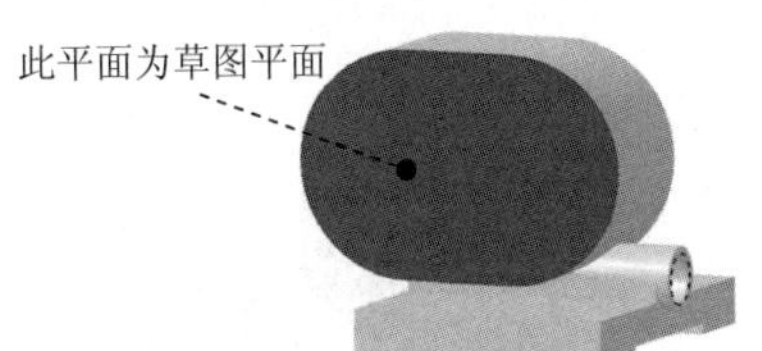

图 15.21 定义草图平面

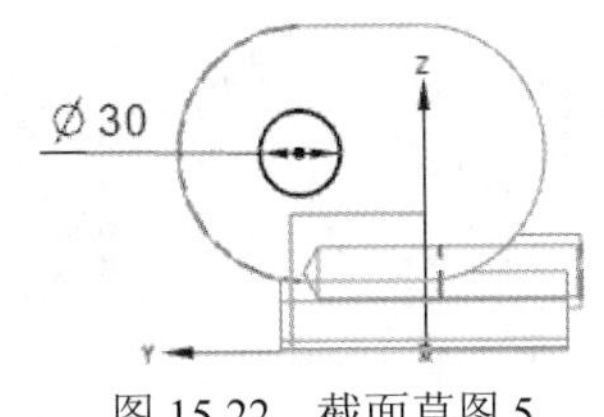

图 15.22 截面草图 5

Step12. 创建图 15.23 所示的拔模特征 1。选择下拉菜单 插入(S) → 细节特征(L) → 拔模(T)... 命令（或单击 按钮，系统弹出“拔模”对话框；在 类型 区域中选择 从平面或曲面 选项，在拔模方向区域中单击 按钮，在绘图区域中选取 XC 基准轴，并单击“反方向”按钮。选择图 15.24 所示的平面为固定平面，选取图 15.25 所示的面为要拔模的面，输入拔模角度值 8；单击“拔模”对话框中的 <确定> 按钮，完成拔模特征 1 的创建。

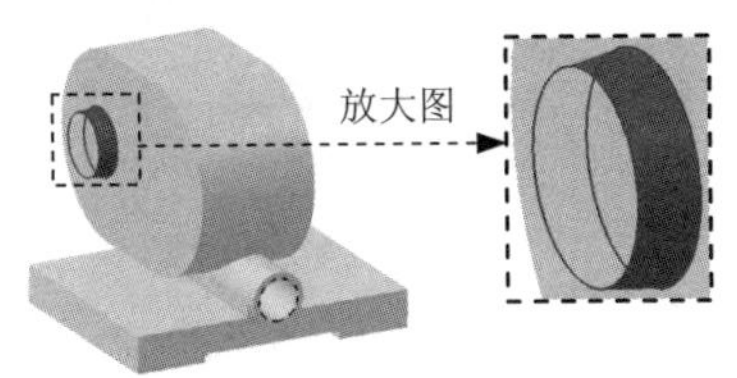

图 15.23 拔模特征 1

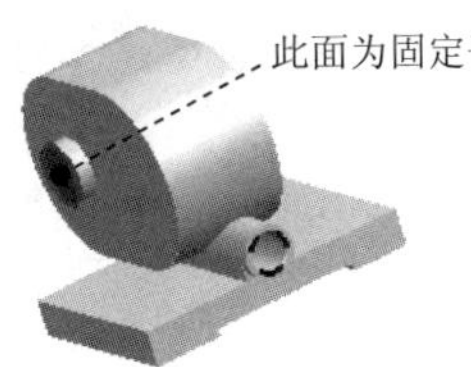

图 15.24 定义固定平面

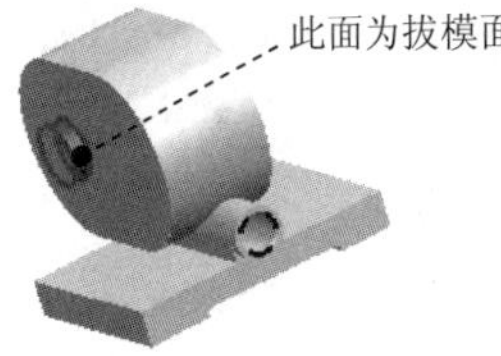

图 15.25 定义拔模面

Step13. 创建图 15.26 所示的拉伸特征 6。选择下拉菜单 插入(S) → 设计特征(E) → 拉伸(E)... 命令（或单击 按钮），系统弹出“拉伸”对话框，选取图 15.27 所示的平面为草图平面，绘制图 15.28 所示的截面草图 6；在“拉伸”对话框 限制 区域中的 开始 下拉列表中选择 值 选项，并在其下的 距离 文本框中输入值 0；在 限制 区域的 结束 下拉列表中选择 值 选项，并在其下的 距离 文本框中输入值 9，在 布尔 区域中选择 求和 选项，采用系统默认的求和对象。

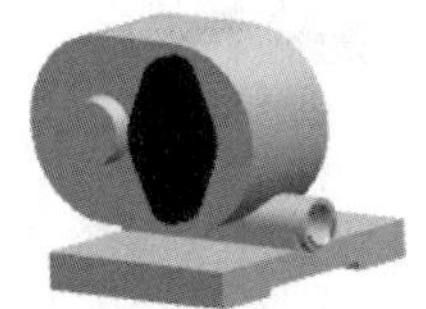
图 15.26 拉伸特征 6

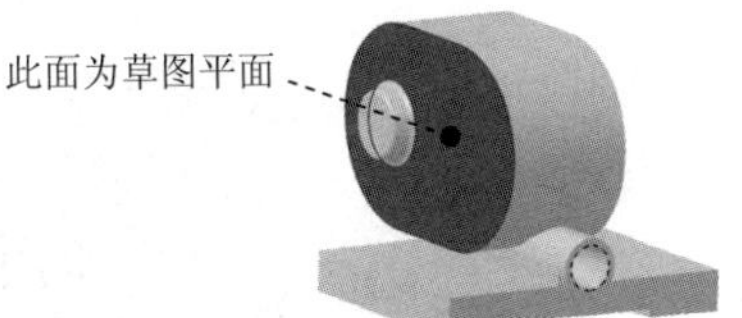

图 15.27 定义草图平面

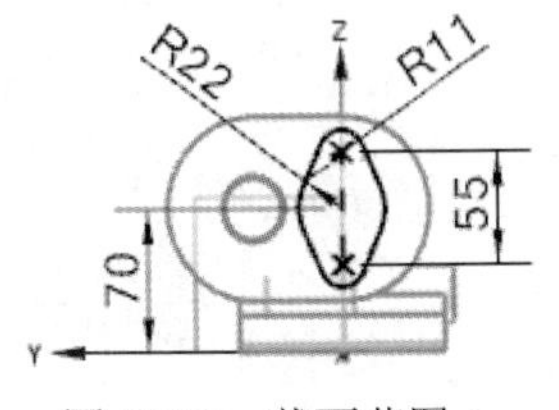

图 15.28 截面草图 6

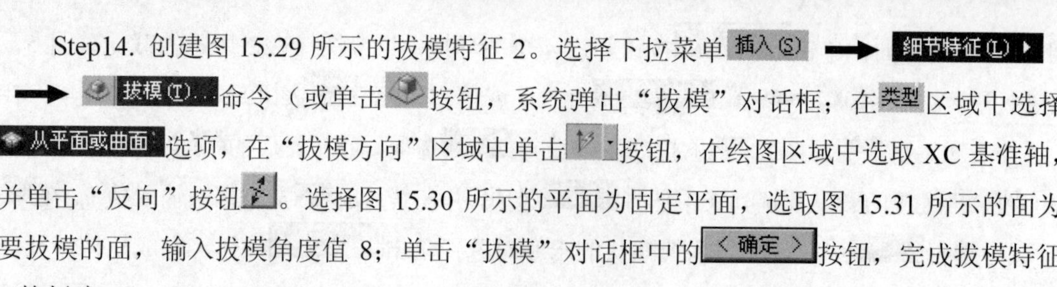

Step14. 创建图 15.29 所示的拔模特征 2。选择下拉菜单 插入(S) → 细节特征(L) ▸ → 拔模(T)... 命令（或单击按钮，系统弹出“拔模”对话框；在类型区域中选择 从平面或曲面 选项，在“拔模方向”区域中单击按钮，在绘图区域中选取 XC 基准轴，并单击“反向”按钮。选择图 15.30 所示的平面为固定平面，选取图 15.31 所示的面为要拔模的面，输入拔模角度值 8；单击“拔模”对话框中的 < 确定 > 按钮，完成拔模特征 2 的创建。

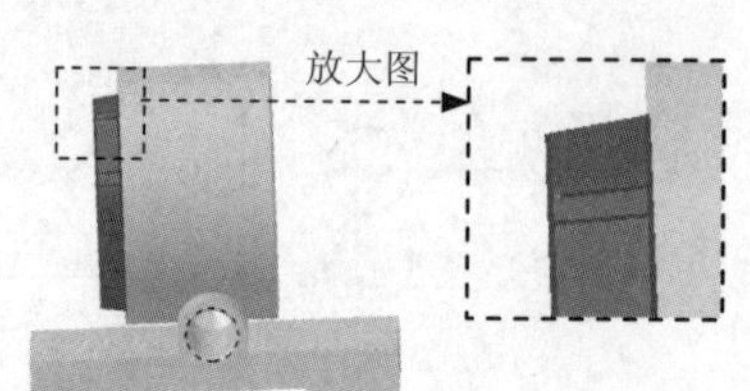

图 15.29　拔模特征 2

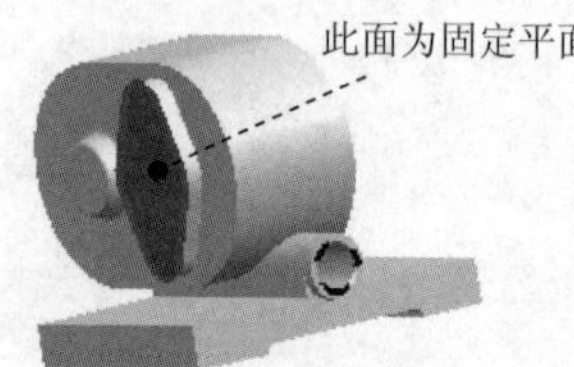

图 15.30　定义固定平面

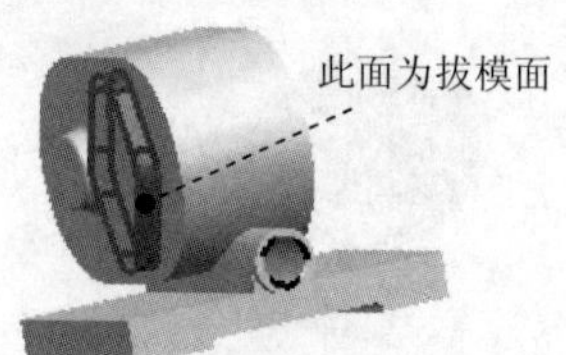

图 15.31　定义拔模面

Step15. 创建图 15.32 所示的拉伸特征 7。选择下拉菜单 插入(S) → 设计特征(E) → 拉伸(E)... 命令，系统弹出“拉伸”对话框，选取图 15.33 所示的平面为草图平面，绘制图 15.34 所示的截面草图 7，在“拉伸”对话框限制区域中的开始下拉列表中选择 值 选项，并在其下的距离文本框中输入值 0；在限制区域的结束下拉列表中选择 值 选项，并在其下的距离文本框中输入值 3，在布尔区域中选择 求和 选项，采用系统默认的求和对象。

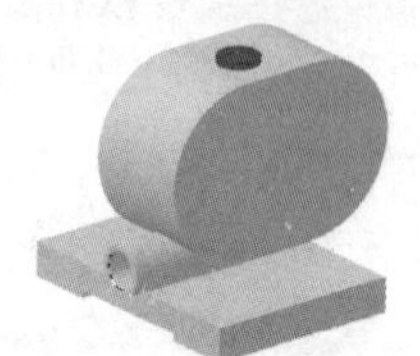

图 15.32　拉伸特征 7

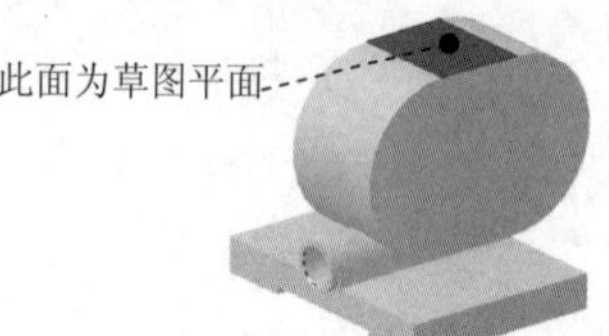

图 15.33　定义草图平面

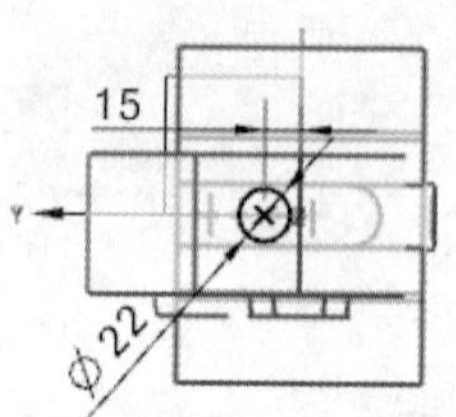

图 15.34　截面草图 7

Step16. 创建拔模特征 3。选择下拉菜单 插入(S) → 细节特征(L) ▸ → 拔模(T)... 命令（或单击按钮），系统弹出“拔模”对话框；在类型区域中选择 从平面或曲面 选项，在 指定矢量 下拉列表中选取 ZC 选项，选择图 15.35 所示的平面为固定平面，选取图 15.36 所示的平面为要拔模的面，输入角度值 8；单击“拔模”对话框中的 < 确定 > 按钮，完成拔模特征 3 的创建。

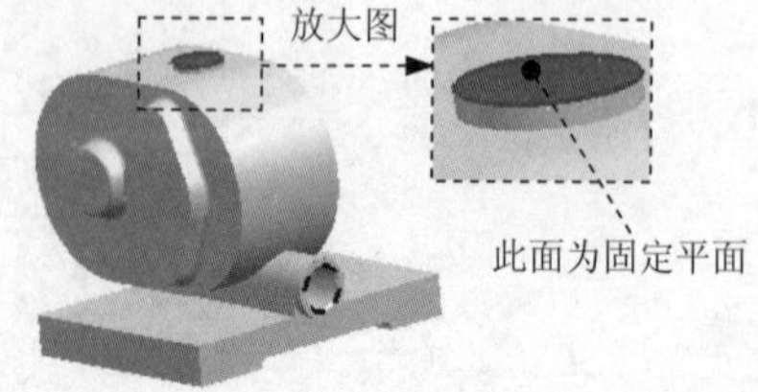

图 15.35　定义固定平面

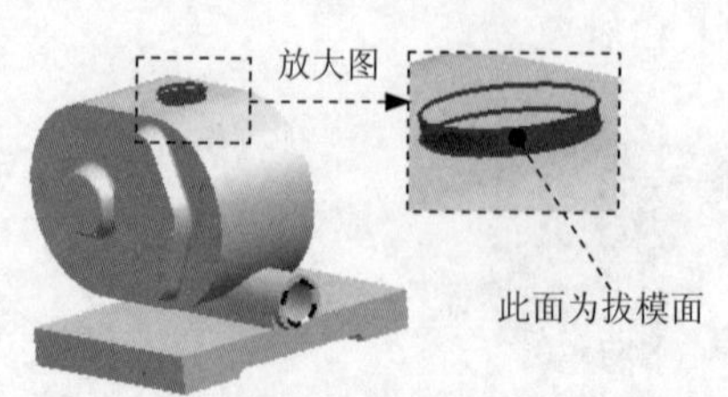

图 15.36　定义拔模面

Step17. 创建图 15.37b 所示的边倒圆特征 1。选择下拉菜单插入(S) → 细节特征(L) → 边倒圆(E)...命令（或单击按钮），系统弹出“边倒圆”对话框；在要倒圆的边区域中单击按钮，选择图 15.37a 所示的边线为边倒圆参照，并在半径 1文本框中输入值 3；单击确定按钮，完成边倒圆特征 1 的创建。

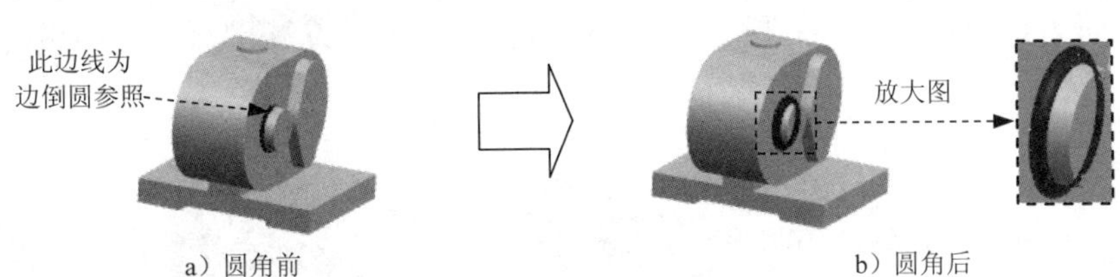

图 15.37 边倒圆特征 1

Step18. 创建边倒圆特征 2。选取图 15.38 所示的边线为边倒圆参照，其圆角半径值为 2。

Step19. 创建边倒圆特征 3。选取图 15.39 所示的边线为边倒圆参照，其圆角半径值为 2。

Step20. 创建边倒圆特征 4。选取图 15.40 所示的边线为边倒圆参照，其圆角半径值为 2。

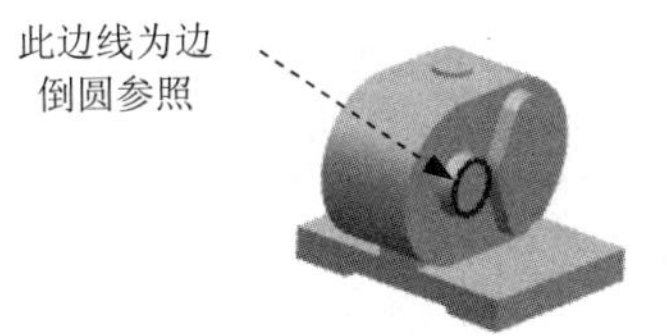

图 15.38 选取边倒圆参照 2

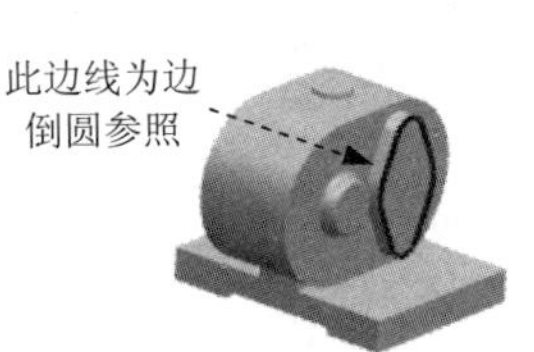

图 15.39 选取边倒圆参照 3

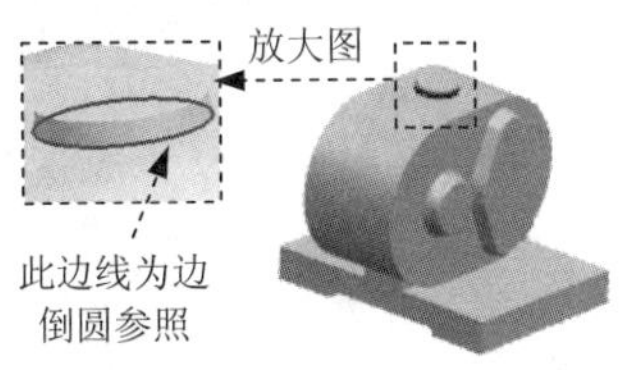

图 15.40 选取边倒圆参照 4

Step21. 创建图 15.41 所示的拉伸特征 8。选择下拉菜单插入(S) → 设计特征(E) → 拉伸(E)...命令，系统弹出“拉伸”对话框，选取图 15.42 所示的平面为草图平面，绘制图 15.43 所示的截面草图 8。在“拉伸”对话框限制区域的开始下拉列表中选择值选项，并在其下的距离文本框中输入值 0；在限制区域的结束下拉列表中选择值选项，并在其下的距离文本框中输入值 43，单击“反向”按钮。在布尔区域的下拉列表中选择求差选项，采用系统默认的求差对象。

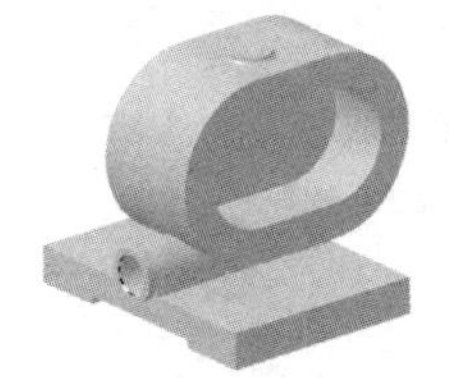

图 15.41 拉伸特征 8

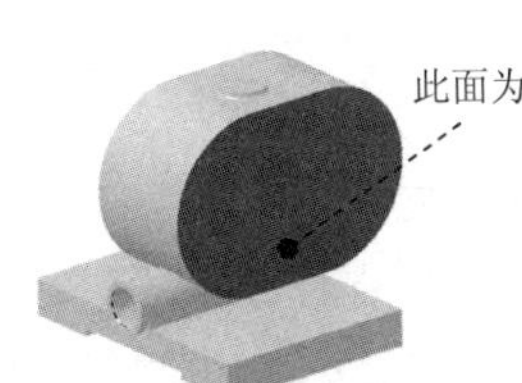

图 15.42 定义草图平面

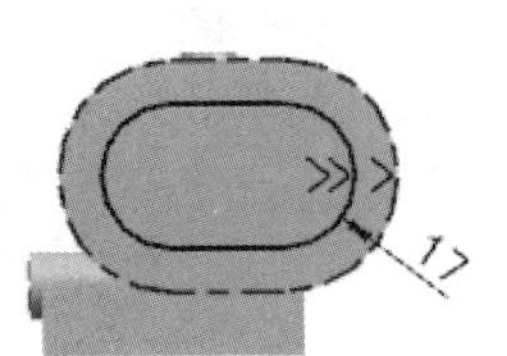

图 15.43 截面草图 8

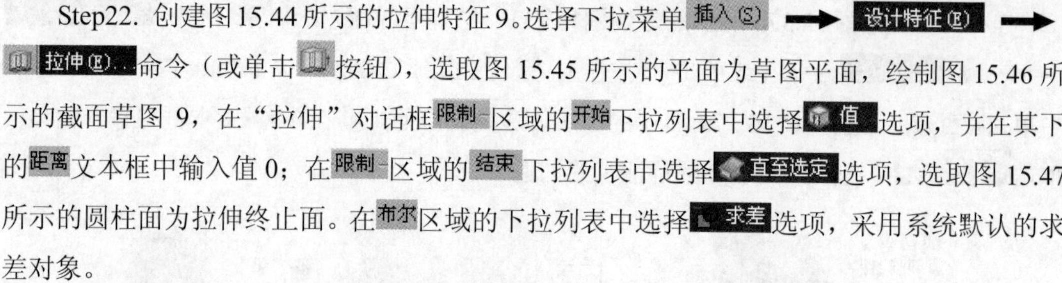

Step22. 创建图 15.44 所示的拉伸特征 9。选择下拉菜单 插入(S) → 设计特征(E) → 拉伸(E)... 命令（或单击 按钮），选取图 15.45 所示的平面为草图平面，绘制图 15.46 所示的截面草图 9，在“拉伸”对话框 限制 区域的 开始 下拉列表中选择 值 选项，并在其下的 距离 文本框中输入值 0；在 限制 区域的 结束 下拉列表中选择 直至选定 选项，选取图 15.47 所示的圆柱面为拉伸终止面。在 布尔 区域的下拉列表中选择 求差 选项，采用系统默认的求差对象。

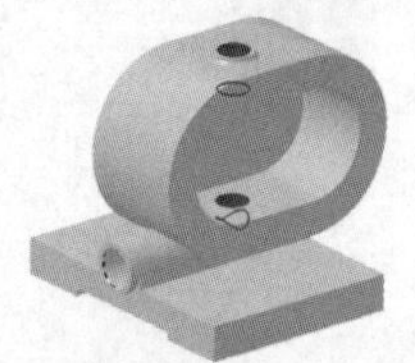

图 15.44 拉伸特征 9

图 15.45 定义草图平面

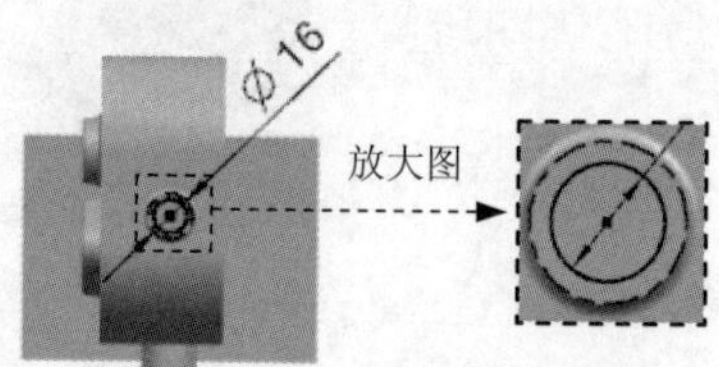

图 15.46 截面草图 9

Step23. 创建图 15.48 所示的螺纹特征 2。选择下拉菜单 插入(S) → 设计特征(E) → 螺纹(T)... 命令（或单击 按钮），系统弹出“螺纹”对话框；选中 ⊙ 符号 单选项，在绘图区选取 Step22 所创建的拉伸特征 9；勾选 ☑ 手工输入 复选框，在“螺纹”对话框中的 大径 文本框中输入值 17；在 小径 文本框中输入值 16；在 螺距 文本框中输入值 1；在 角度 文本框中输入值 60；在 螺纹钻尺寸 文本框中输入值 16；在 长度 文本框中输入值 20，其他参数采用系统默认设置；单击 确定 按钮，完成螺纹特征 2 的创建。

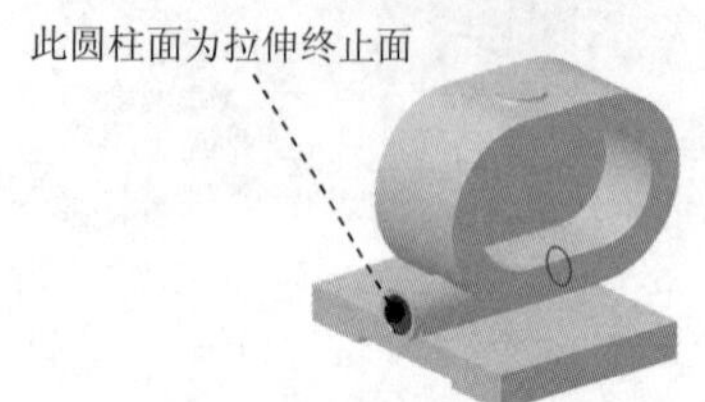

图 15.47 定义拉伸终止面

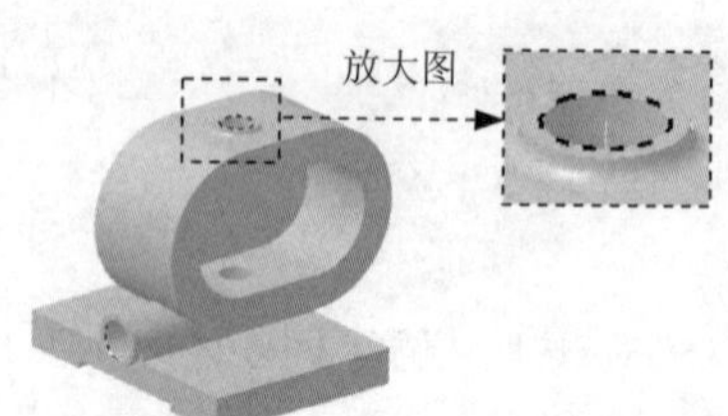

图 15.48 螺纹特征 2

Step24. 创建图 15.49b 所示的倒斜角特征 2。选择下拉菜单 插入(S) → 细节特征(L) → 倒斜角(C)... 命令（或单击 按钮），系统弹出“倒斜角”对话框；在 边 区域中单击 按钮，选择图 15.49a 所示的边线为倒斜角参照，在 偏置 区域的 横截面 下拉列表中选择 对称 选项；并在 距离 文本框中输入值 1；单击 < 确定 > 按钮，完成倒斜角特征 2 的创建。

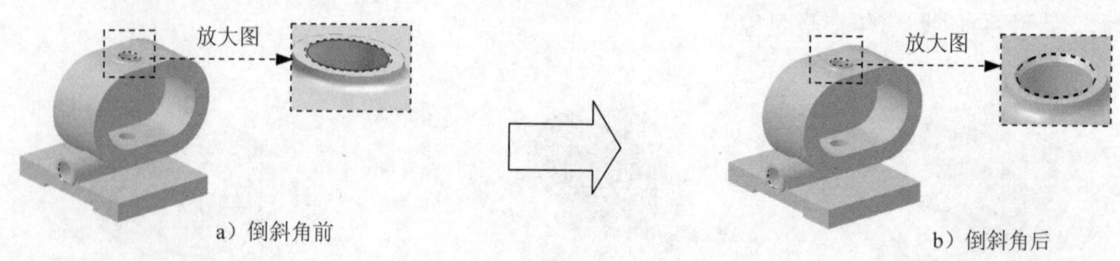

a）倒斜角前　　b）倒斜角后

图 15.49 倒斜角特征 2

Step25. 创建图 15.50 所示的孔特征 2。选择下拉菜单 插入(S) → 设计特征(E) →

孔(H)...命令（或单击按钮），系统弹出“孔”对话框；在类型下拉列表框中选择常规孔选项，确认“选择条”工具条中的按钮被按下，在绘图区域中选取图 15.51 所示的圆弧边线来捕捉圆心点；在成形下拉列表框中选择简单选项，在直径文本框中输入值 20，在深度文本框中输入值 12，在顶锥角文本框中输入值 0，其余参数按系统默认设置。单击< 确定 >按钮，完成孔特征 2 的创建。

图 15.50 孔特征 2

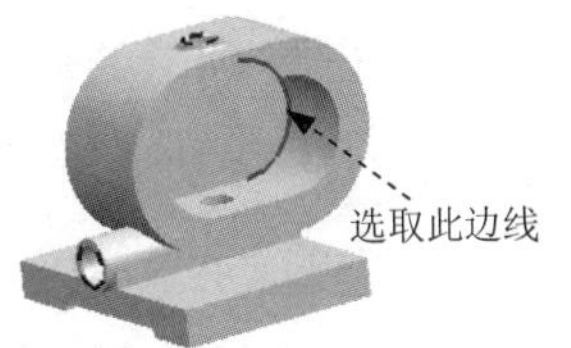

图 15.51 孔定位

Step26. 创建图 15.52 所示的旋转特征。选择下拉菜单插入(S) → 设计特征(E) → 旋转(R)...命令（或单击按钮），系统弹出“旋转”对话框；单击截面区域中的按钮，系统弹出“创建草图”对话框，选取 ZX 基准平面为草图平面，单击确定按钮，进入草图环境，绘制图 15.53 所示的截面草图，选择下拉菜单任务(K) → 完成草图(K)命令（或单击完成草图按钮），退出草图环境；绘图区域中选取图 15.53 所示的边线为旋转轴；在“旋转”对话框限制区域的开始下拉列表中选择值选项，并在其下的角度文本框中输入值 0，在结束下拉列表中选择值选项，并在其下的角度文本框中输入值 360；在布尔区域的下拉列表中选择求差选项，采用系统默认的求差对象；单击< 确定 >按钮，完成旋转特征的创建。

Step27. 创建图 15.54 所示的孔特征 3。选择下拉菜单插入(S) → 设计特征(E) → 孔(H)...命令（或单击按钮），系统弹出“孔”对话框；在类型下拉列表框中选择常规孔选项，单击对话框中的“绘制截面”按钮，在绘图区域中选取图 15.55 所示的孔的放置面，单击确定按钮，进入草图环境；系统弹出“草图点”对话框，确认“选择条”工具条中的按钮被按下，在过滤器中选择整个装配选项，在绘图区域中选取图 15.56 所示的圆弧边线来捕捉圆心点，单击“草图点”对话框中的关闭按钮创建点，单击完成草图按钮，退出草图环境；在成形下拉列表框中选择简单选项，在直径文本框中输入值 22，在深度限制下拉列表框中选择直至选定选项，选取图 15.57 所示的平面，其余参数按系统默认设置。单击< 确定 >按钮，完成孔特征 3 的创建。

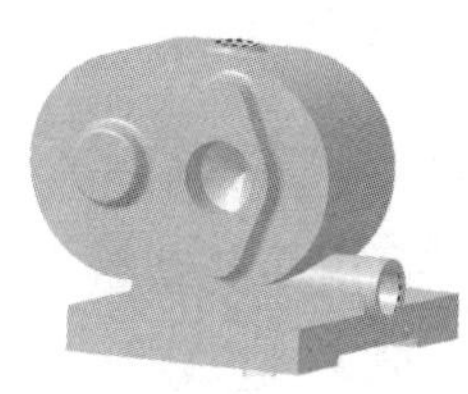
图 15.52 旋转特征

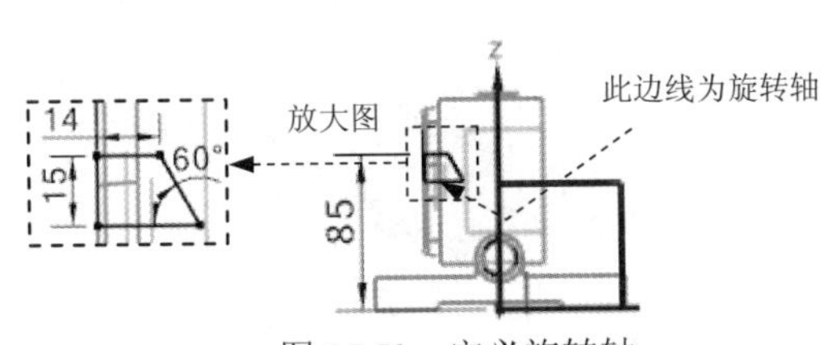

图 15.53 定义旋转轴

图 15.54 孔特征 3

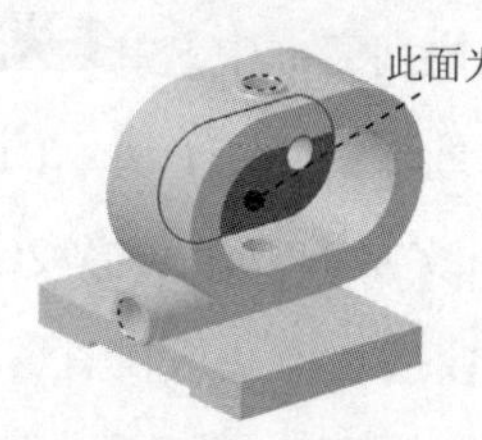

图 15.55　定义孔放置面

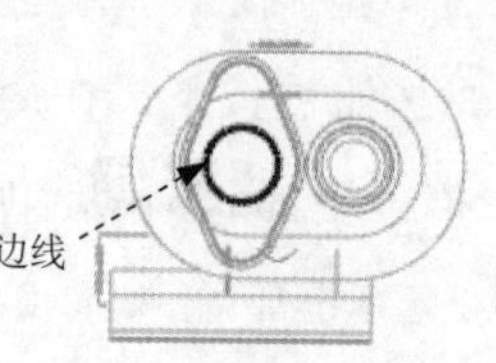

图 15.56　孔定位

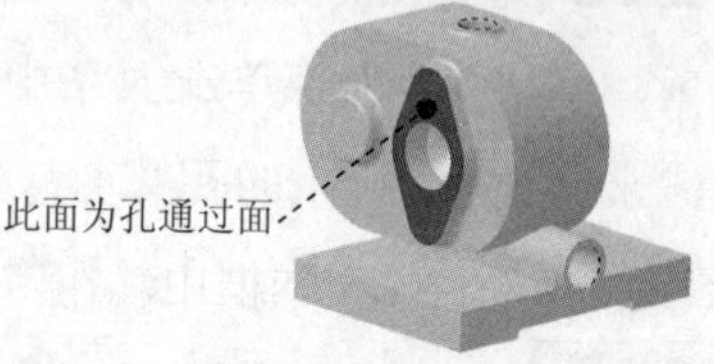

图 15.57　定义孔通过面

Step28. 创建图 15.58 所示的螺纹孔特征。选择下拉菜单 插入(S) → 设计特征(E) → 孔(H)... 命令（或单击按钮），系统弹出“孔”对话框；在类型下拉列表框中选择 螺纹孔 选项，单击位置区域中的“绘制截面”按钮，选取图 15.59 所示的面为孔的放置面，选取图 15.59 所示的边线为水平参考，单击 确定 按钮，进入草图环境；系统自动弹出“草图点”对话框，确认“选择条”工具条中的按钮被按下，选取图 15.60 所示的一条圆弧边线来捕捉圆心点，再选取图 15.60 所示的另一条圆弧边线来捕捉圆心点，单击“草图点”对话框中的 关闭 按钮，创建两个孔中心点，单击 完成草图 按钮，退出草图环境；在大小下拉列表框中选择 M10 x 1.5 选项，在螺纹深度文本框中输入值 10，在深度限制下拉列表框中选择值选项，在深度文本框中输入值 15，其余参数按系统默认设置。单击 < 确定 > 按钮，完成螺纹孔特征的创建。

图 15.58　螺纹孔特征

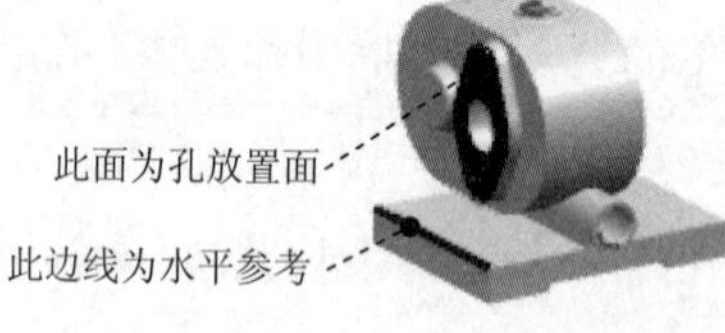

图 15.59　定义孔放置面

图 15.60　孔定位

Step29. 创建图 15.61 所示的孔特征 4。选择下拉菜单 插入(S) → 设计特征(E) → 孔(H)... 命令（或单击按钮），系统弹出“孔”对话框；在“类型”下拉列表框中选择 常规孔 选项，单击“孔”对话框中的“绘制截面”按钮，然后在模型中选取图 15.62 所示的孔的放置面，单击 确定 按钮，进入草图环境；绘制图 15.63 所示的草图，然后单击 完成草图 按钮，退出草图环境；选取创建的草图点，在成形下拉列表框中选择 简单 选项，在直径文本框中输入值 8，在深度文本框中输入值 15，在顶锥角文本框中输入值 118，其余参数采用系统默认设置，单击 < 确定 > 按钮，完成孔特征 4 的创建。

图 15.61　孔特征 4

图 15.62　定义孔放置面

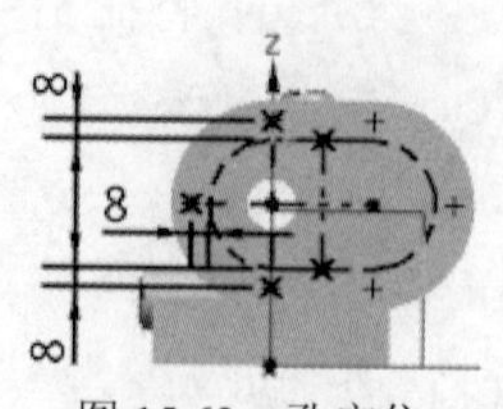

图 15.63　孔定位

Step30. 创建图 15.64 所示的螺纹特征 3。选择下拉菜单 插入(S) → 设计特征(E) → 螺纹(T)... 命令（或单击按钮），系统弹出“螺纹”对话框；选中 详细 单选项，在绘图区选取图 15.64 所示的孔特征为螺纹放置面，系统弹出“螺纹”对话框；在弹出的“螺纹”对话框中的 大径 文本框中输入值 10，在 长度 文本框中输入值 10，在 螺距 文本框中输入值 1.5，在 角度 文本框中输入值 60，其余参数采用系统默认设置，单击 确定 按钮，完成螺纹特征 3 的创建；参考以上步骤，创建其余 5 个孔的详细螺纹。

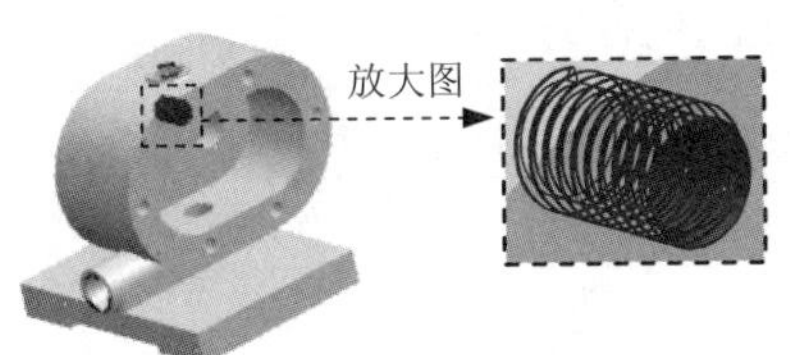

图 15.64 螺纹特征 3

Step31. 创建图 15.65 所示的沉头孔特征 5。选择下拉菜单 插入(S) → 设计特征(E) → 孔(H)... 命令（或单击按钮），系统弹出“孔”对话框；在类型下拉列表框中选择 常规孔 选项，单击“孔”对话框中的“绘制截面”按钮，然后在模型中选取图 15.66 所示的孔的放置面，单击 确定 按钮，进入草图环境。系统弹出“草图点”对话框，在图 15.67 所示的草图中单击一点，然后单击 关闭 按钮，退出“草图点”对话框，标注图 15.67 所示的尺寸，然后单击 完成草图 按钮，退出草图环境；选取创建的草图点，在 成形 下拉列表框中选择 沉头 选项，在 沉头直径 文本框中输入值 19，在 沉头深度 文本框中输入值 2，在 直径 文本框中输入值 11，在 深度限制 下拉列表框中选择 贯通体 选项，其余参数采用系统默认值，单击 < 确定 > 按钮，完成沉头孔特征的创建。

图 15.65 孔特征 5

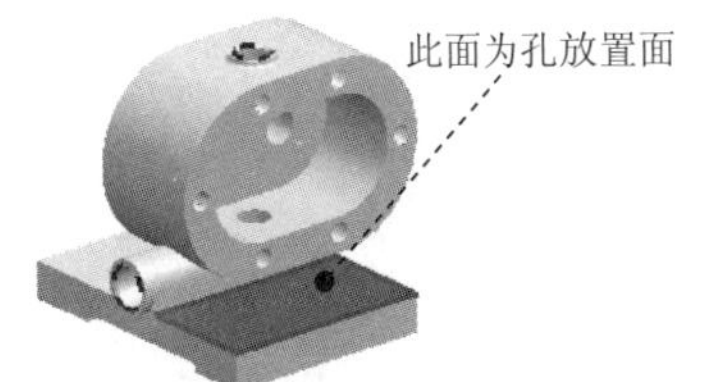

图 15.66 定义孔放置面

Step32. 创建图 15.68 所示的阵列特征。选择下拉菜单 插入(S) → 关联复制(A) → 阵列特征(A)... 命令（或单击按钮），系统弹出“阵列特征”对话框；在绘图区选取 Step31 所创建的沉头孔特征 5；在“阵列特征”对话框 阵列定义 区域的 布局 下拉列表中选择 线性 选项；在 方向 1 区域中激活 * 指定矢量，指定 YC 基准轴为指定矢量；在“阵列特征”对话框的 间距 下拉列表中选择 数量和节距 选项，在 数量 文本框中输入值 2，在 节距 文本框中输入值 77；在 方向 2 区域中选中 使用方向 2 复选框，激活 * 指定矢量，指定-XC 基准轴为指定矢量；在“阵列特征”对话框的 间距 下拉列表中选择 数量和节距 选项，在 数量 文本框中输入值 2，在节距文本框中输入值 112；单击“阵列特征”对话框中的确定按钮，完成阵列特征 2 的创建。

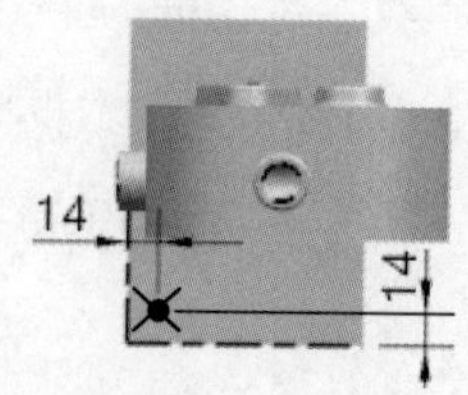

图 15.67　定义孔位置

图 15.68　阵列特征 2

Step33. 后面的详细操作过程请参见随书光盘中 video\ch15\reference\文件下的语音视频讲解文件 pump-r01.avi。

实例 16 杯 盖

实例概述:

本实例介绍了杯盖的设计过程。此例中面倒圆命令的运用是一个亮点，在有些时候直接倒圆角可能会出错或得不到预期的效果，这时就可以尝试其他方法。另外，此例中通过扫掠特征的创建得到产品外形的细节部分也是非常巧妙的。零件模型及相应的模型树如图 16.1 所示。

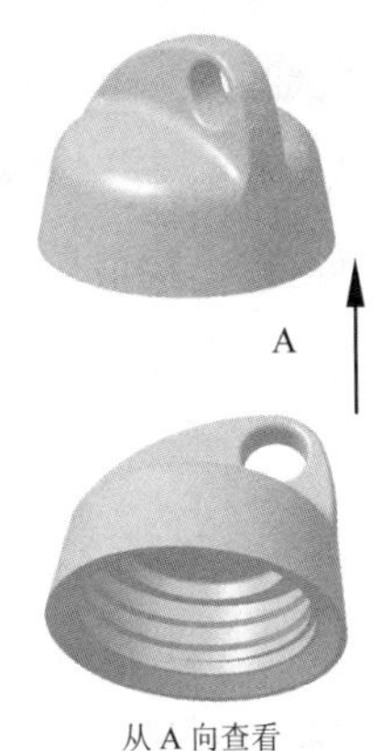

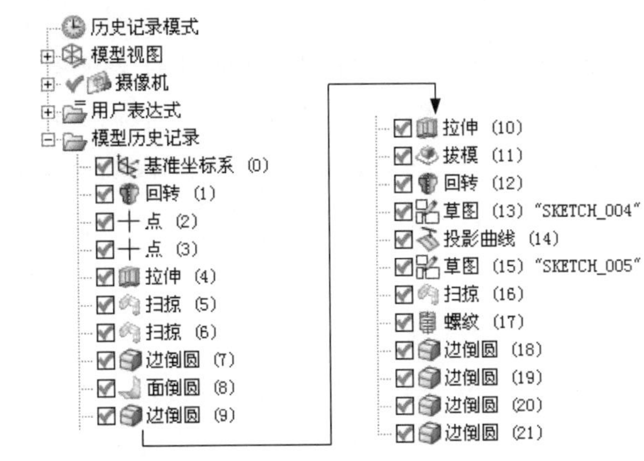

图 16.1 零件模型及模型树

Step1. 新建文件。选择下拉菜单 文件(F) → 新建(N)... 命令，系统弹出“新建”对话框。在 模型 选项卡的 模板 区域中选取模板类型为 模型；在 名称 文本框中输入文件名称 cup_cover，单击 确定 按钮，进入建模环境。

Step2. 创建图 16.2 所示的旋转特征 1。选择下拉菜单 插入(S) → 设计特征(E) → 旋转(R)... 命令（或单击 按钮），系统弹出“旋转”对话框；单击 截面 区域中的 按钮，系统弹出“创建草图”对话框，选取 ZX 基准平面为草图平面，选中 设置 区域的 ☑ 创建中间基准 CSYS 复选框，单击 确定 按钮，进入草图环境，绘制图 16.3 所示的截面草图，选择下拉菜单 任务(K) → 完成草图(K) 命令（或单击 完成草图 按钮），退出草图环境；在绘图区域中选取 ZC 基准轴为旋转轴；在“旋转”对话框 限制 区域的 开始 下拉列表中选择 值 选项，并在其下的 角度 文本框中输入值 0，在 结束 下拉列表中选择 值 选项，并在其下的 角度 文本框中输入值 360；其他参数采用系统默认设置；单击 < 确定 > 按钮，完成旋转特征 1 的创建。

图 16.2 旋转特征 1

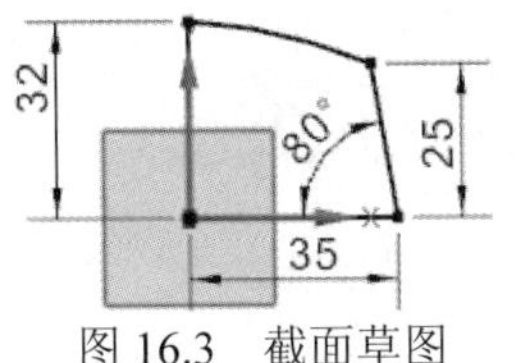

图 16.3 截面草图

Step3. 创建图 16.4 所示的基准点 1。选择下拉菜单 插入(S) → 基准/点(D) → 十 点(P)... 命令，系统弹出“点”对话框；在 类型 区域的下拉列表中选择 交点 选项，在 曲线、曲面或平面 区域中单击 按钮，选取 ZX 基准平面；在 要相交的曲线 区域中单击 按钮，选取图 16.5 所示的边线；在“点”对话框中单击 < 确定 > 按钮，完成基准点 1 的创建。

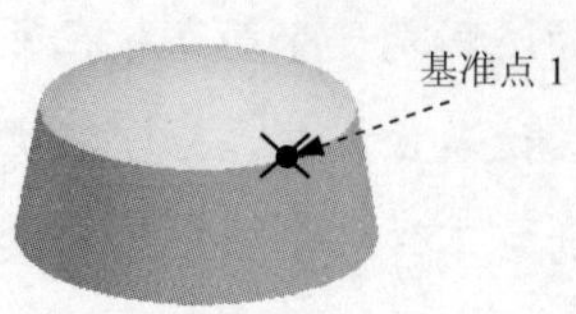

图 16.4 基准点 1

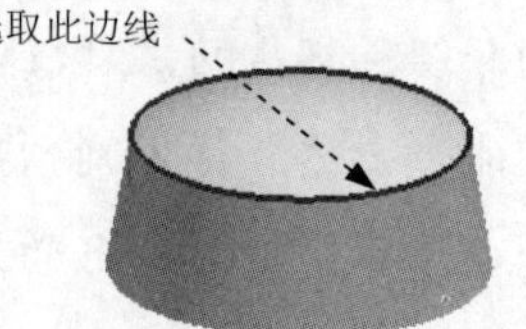

图 16.5 定义基准点

Step4. 创建图 16.6 所示的基准点 2。选择下拉菜单 插入(S) → 基准/点(D) → 十 点(P)... 命令，系统弹出“点”对话框；在 类型 区域的下拉列表中选择 交点 选项，在 曲线、曲面或平面 区域中单击 按钮，选取 ZX 基准平面；在 要相交的曲线 区域中单击 按钮，选取图 16.5 所示的边线；在“点”对话框中单击 < 确定 > 按钮，完成基准点 2 的创建。

说明：

（1）此处点 1 和点 2 的创建是用“交点”命令完成的（并且此处点为“关联点”），当然也可以通过“象限点”命令来创建。此处旨在讲述如何用“交点”命令来得到用户所需的点。

（2）使用“交点”命令创建点 1 后再创建点 2，由于所选取的对象与创建交点 1 所选取的对象相同，所以所创建的点 2 位置也相同，此时可将 输出坐标 区域 X 文本框中的数值改成该数值的相反数。

Step5. 创建图 16.7 所示的拉伸特征 1。选择下拉菜单 插入(S) → 设计特征(E) ▸ → 拉伸(E)... 命令（或单击 按钮），系统弹出“拉伸”对话框；单击“拉伸”对话框中的“绘制截面”按钮，系统弹出“创建草图”对话框。选取 ZX 基准平面为草图平面，取消选中 设置 区域的 □ 创建中间基准 CSYS 复选框，单击 确定 按钮，进入草图环境，绘制图 16.8 所示的截面草图，选择下拉菜单 任务(K) → 完成草图(K) 命令（或单击 完成草图 按钮），退出草图环境；在“拉伸”对话框 限制 区域的 开始 下拉列表中选择 值 选项，在其下的 距离 文本框中输入值-7.5；在 限制 区域的 结束 下拉列表中选择 值 选项，并在其下的 距离 文本框中输入值 7.5；在 布尔 区域的下拉列表中选择 求和 选项，采用系统默认的求和对象；单击 < 确定 > 按钮，完成拉伸特征 1 的创建。

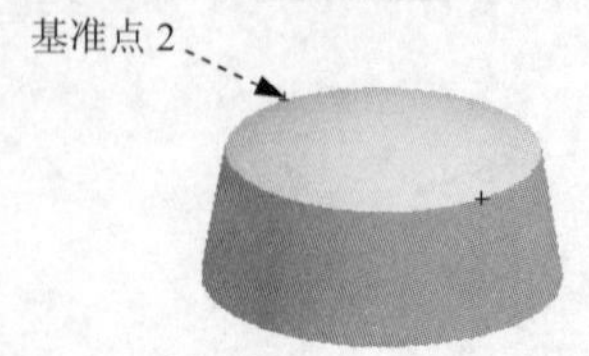

图 16.6 基准点 2

图 16.7 拉伸特征 1

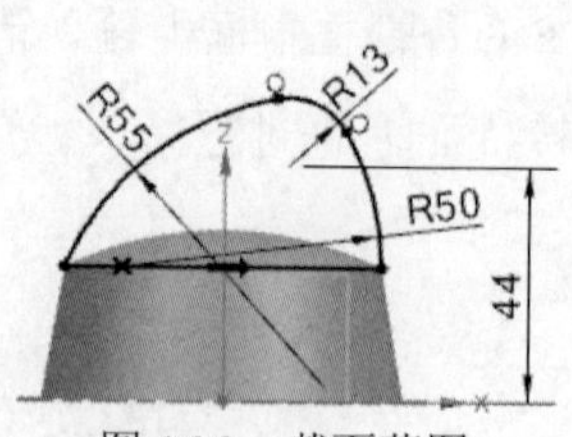

图 16.8 截面草图

Step6. 创建图 16.9 所示的扫掠特征 1。选择下拉菜单 插入(S) → 扫掠(W) → 沿引导线扫掠(G)... 命令，系统弹出“沿引导线扫掠”对话框；在截面区域中单击按钮，在绘图区选取图 16.10 所示的 3 条边线为扫掠的截面曲线串；在引导线区域中单击按钮，在绘图区选取图 16.10 所示的引导线为扫掠的引导线串；采用系统默认的扫掠偏置值，在布尔区域的下拉列表中选择 求差 选项，单击 < 确定 > 按钮，完成扫掠特征 1 的创建。

图 16.9 扫掠特征 1

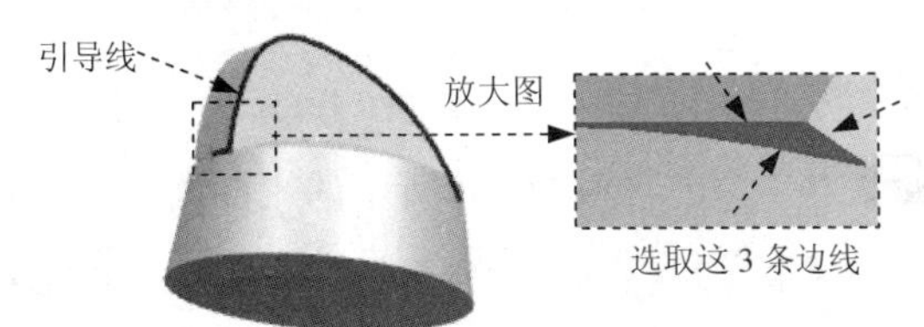

图 16.10 定义扫掠特征

Step7. 创建图 16.11 所示的扫掠特征 2。参考 Step6 的操作步骤，选取图 16.12 所示的 3 条边线为截面曲线串，选取图 16.13 所示的边线为扫掠的引导线串，采用系统默认的扫掠偏置值，在布尔区域的下拉列表中选择 求差 选项，单击 < 确定 > 按钮，完成扫掠特征 2 的创建。

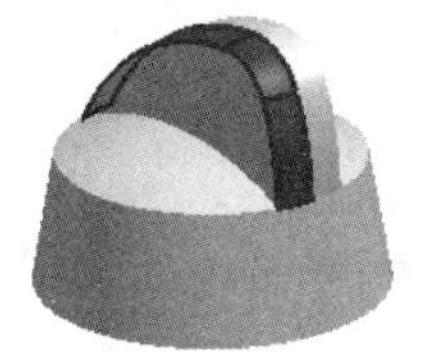
图 16.11 扫掠特征 2

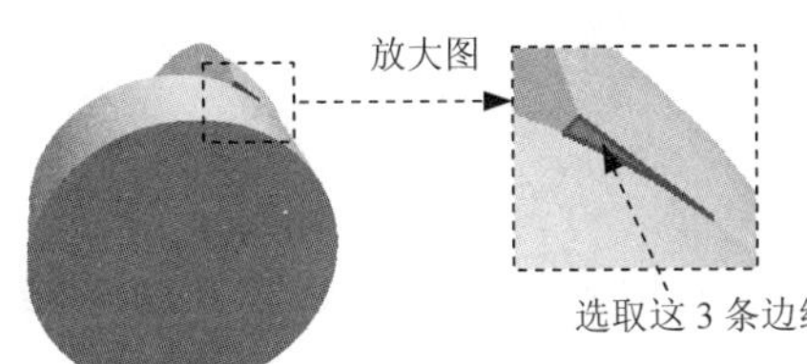

图 16.12 定义截面线串

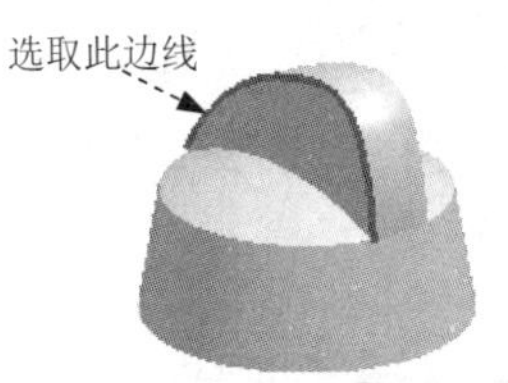

图 16.13 定义引导线串

Step8. 创建图 16.14b 所示的边倒圆特征 1。选择下拉菜单 插入(S) → 细节特征(L) → 边倒圆(E)... 命令（或单击按钮），系统弹出“边倒圆”对话框；在要倒圆的边区域中单击按钮，选取图 16.14a 所示的两条边线为边倒圆参照，并在半径 1 文本框中输入值 10；单击 < 确定 > 按钮，完成边倒圆特征 1 的创建。

Step9. 创建图 16.15 所示的面倒圆特征。选择下拉菜单 插入(S) → 细节特征(L) → 面倒圆(F)... 命令（或单击按钮），系统弹出“面倒圆”对话框；在类型区域的下拉列表中选择 两个定义面链 选项，在绘图区选取图 16.16 所示的面链 1，单击中键确认，选取图 16.17 所示的面链 2，在半径文本框中输入值 20，采用系统默认方向；单击 < 确定 > 按钮，完成面倒圆特征的创建。

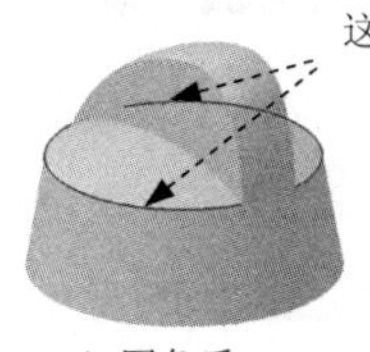

a）圆角后

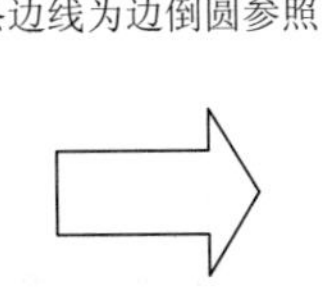

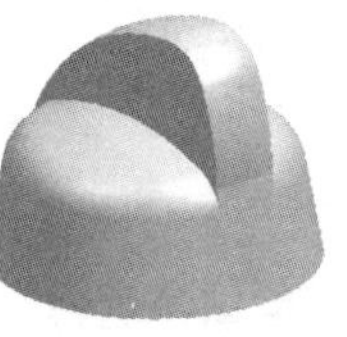
b）圆角前

图 16.14 边倒圆特征 1

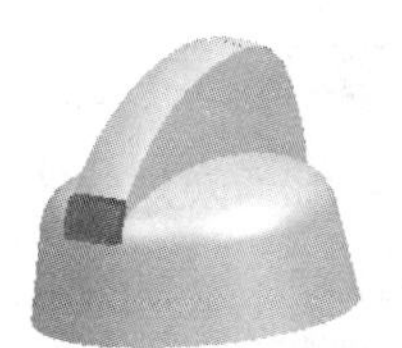
图 16.15 面倒圆特征

Step10. 创建边倒圆特征 2。选取图 16.18 所示的边为边倒圆参照，其圆角半径值为 40。

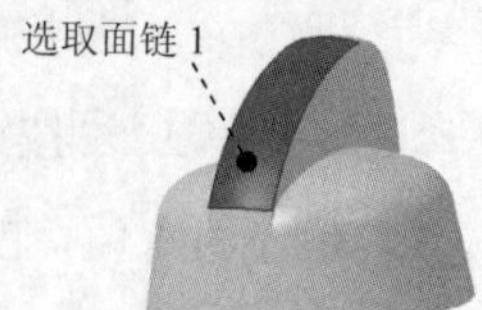

图 16.16　选取面链 1

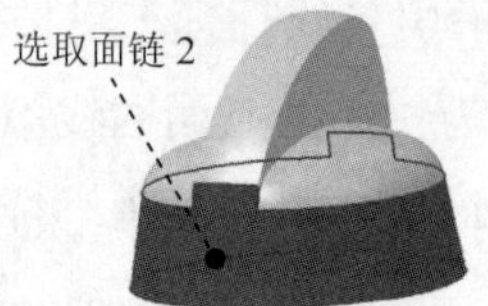

图 16.17　选取面链 2

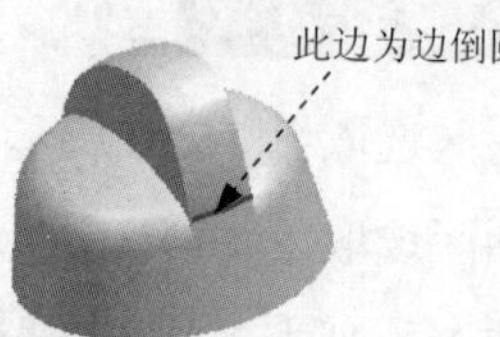

图 16.18　选取边倒圆参照

Step11. 创建图 16.19 所示的拉伸特征 2。选择下拉菜单插入(S) → 设计特征(E) → 拉伸(E)...命令，选取图 16.20 所示的平面为草图平面，绘制图 16.21 所示的截面草图；在“拉伸”对话框限制区域的开始下拉列表中选择值选项，并在其下的距离文本框中输入值 0；在限制区域的结束下拉列表中选择值选项，并在其下的距离文本框中输入值 15，并单击方向区域的“反向”按钮；在布尔区域的下拉列表中选择求差选项，系统将自动与模型中唯一个体进行布尔求差运算，单击< 确定 >按钮，完成拉伸特征 2 的创建。

图 16.19　拉伸特征 2

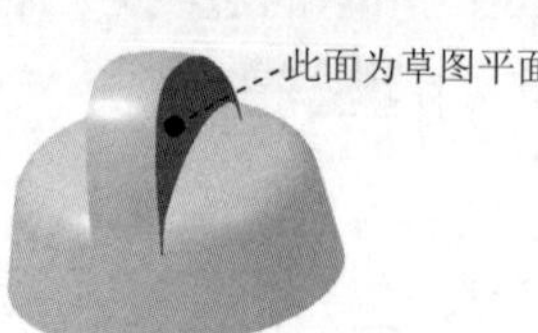

图 16.20　定义草图平面

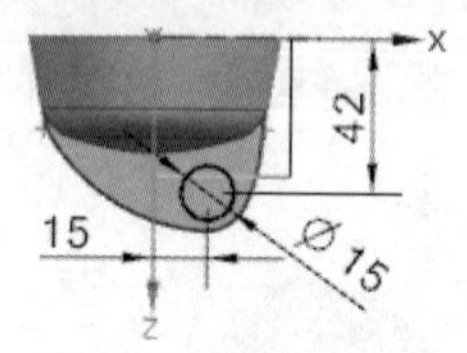

图 16.21　截面草图

Step12. 创建图 16.22b 所示的拔模特征。选择下拉菜单插入(S) → 细节特征(L) → 拔模(T)...命令（或单击按钮），系统弹出“拔模”对话框；在类型区域中选择从平面或曲面选项，在指定矢量的下拉列表中选择ZC选项，以 Z 轴正方向为拔模方向，选取图 16.23 所示的模型表面为固定平面，单击中键确认，选取图 16.24 所示的模型表面为要拔模的面，并输入拔摸角度值 3；单击“拔模”对话框中的< 确定 >按钮，完成拔模特征的创建。

a）拔模前

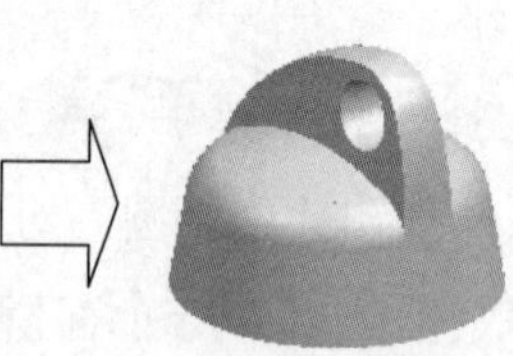

b）拔模后

图 16.22　拔模特征

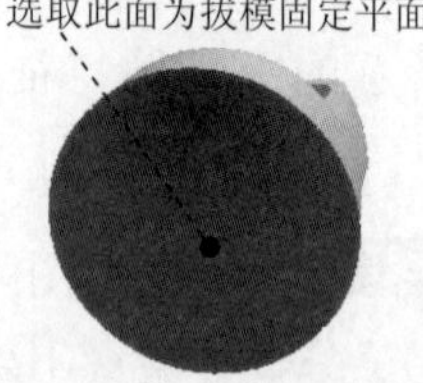

图 16.23　定义拔模固定平面

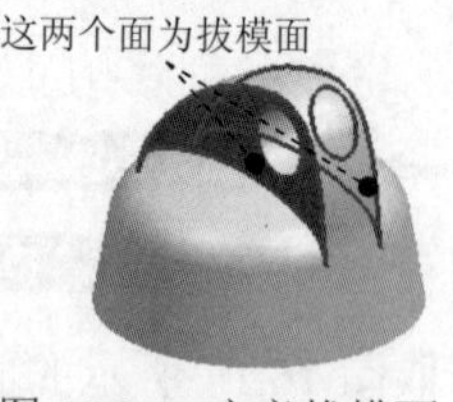

图 16.24　定义拔模面

Step13. 创建图 16.25 所示的旋转特征 2。选择下拉菜单插入(S) → 设计特征(E) → 旋转(R)...命令（或单击按钮），系统弹出“旋转”对话框；单击截面区域中的按钮，系统弹出“创建草图”对话框，选取 ZX 基准平面为草图平面，单击确定按钮，进入草图环境，绘制图 16.26 所示的截面草图，选择下拉菜单任务(K) → 完成草图(K)命令（或单击完成草图按钮），退出草图环境；在绘图区域中选取基准轴 ZC 为旋转轴，选取坐标原点为旋转原点；在“旋转”对话框限制区域的开始下拉列表中选择值选项，并在其下的角度文本框中输入值 0，在结束下拉列表中选择值选项，并在其下的角度文本框中输入值 360；在布尔区域的下拉列表中选择求差选项，采用系统默认的求差对象；单击< 确定 >按钮，完成旋转特征 2 的创建。

图 16.25 旋转特征 2

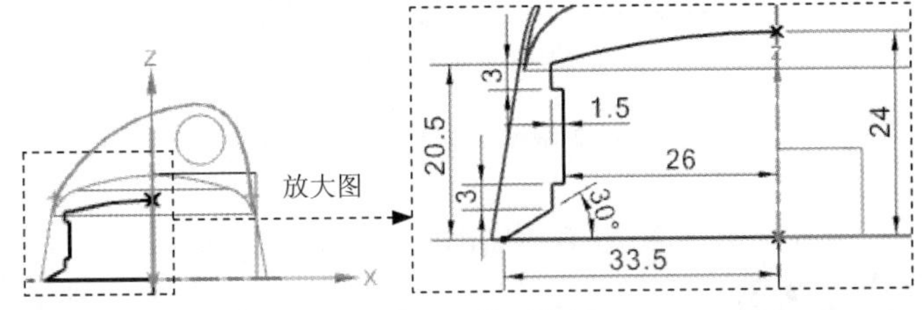

图 16.26 截面草图

Step14. 创建图 16.27 所示的草图 1。选择下拉菜单插入(S) → 在任务环境中绘制草图(V)...命令，系统弹出“创建草图”对话框；选取 XY 基准平面为草图平面，单击“创建草图”对话框中的确定按钮；进入草图环境，绘制图 16.27 所示的草图 1；选择下拉菜单任务(K) → 完成草图(K)命令（或单击完成草图按钮），退出草图环境。

Step15. 创建图 16.28 所示的投影特征。选择下拉菜单插入(S) → 来自曲线集的曲线(F) → 投影(P)...命令，系统弹出“投影曲线”对话框；根据系统选择要投影的曲线或点的提示，在图形区选取 Step14 所创建的草图 1，单击中键确认；在要投影的对象区域中单击按钮，选取图 16.29 所示的曲面作为要投影的对象；在方向下拉列表中选择沿矢量选项，在其后的下拉列表中选择ZC选项；在“投影曲线”对话框中单击< 确定 >按钮，完成投影曲线的创建。

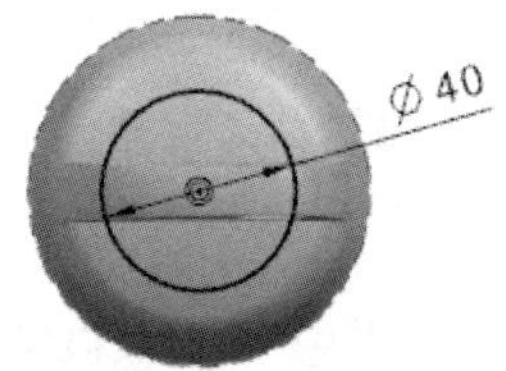

图 16.27 草图 1

图 16.28 投影特征

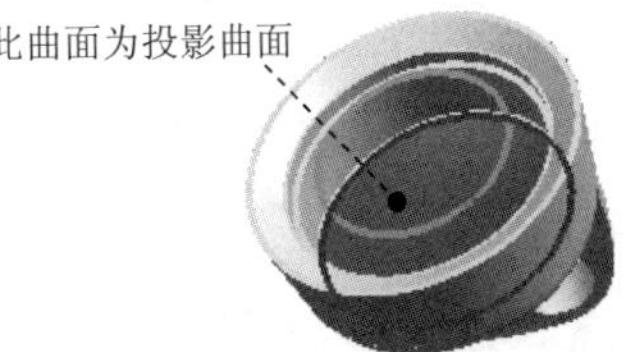

图 16.29 定义投影对象

Step16. 创建图 16.30 所示的草图 2。选择下拉菜单插入(S) → 在任务环境中绘制草图(V)...命令，系统弹出“创建草图”对话框；选取 ZX 基准平面为草图平面，单击“创建草图”对话框中的确定按钮；进入草图环境，绘制图 16.30 所示的草图 2；选择下拉菜单任务(K) → 完成草图(K)命令（或单击完成草图按钮），退出草图环境。

Step17. 创建图 16.31 所示的扫掠特征 3。选择下拉菜单插入(S) → 扫掠(W) → 沿引导线扫掠(G)...命令，系统弹出“沿引导线扫掠”对话框；在截面区域中单击按钮，在绘图区选取 Step16 所创建的草图 2 为扫掠的截面曲线串；在引导线区域中单击按钮，在绘图区选取 Step15 所创建的投影曲线为扫掠的引导线串；其他设置采用系统默认的扫掠偏置值，在布尔区域的下拉列表中选择求和选项，单击< 确定 >按钮，完成扫掠特征 3 的创建。

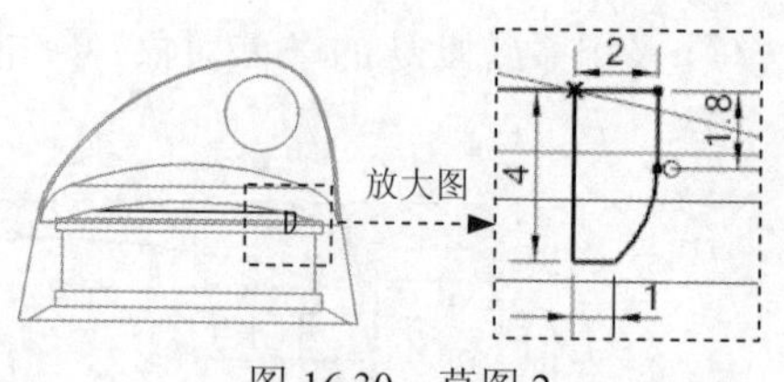

图 16.30 草图 2

图 16.31 扫掠特征 3

Step18. 创建图 16.32 所示的螺纹特征。选择下拉菜单插入(S) → 设计特征(E) → 螺纹(T)...命令，系统弹出“螺纹”对话框；选中⊙详细单选项，在绘图区选取图 16.33 所示的圆柱面，系统自动生成图 16.33 所示的螺纹矢量方向；在弹出的“螺纹”对话框大径文本框中输入值 55，在长度文本框中输入值 11.5，在螺距文本框中输入值 6，在角度文本框中输入值 60，其他参数采用系统默认设置，单击确定按钮，完成螺纹特征的创建。

说明：选取螺纹放置面时，应靠近杯盖开口位置选择，此时系统自动产生的螺纹矢量方位如图 16.33 所示。如果靠近内部选取，则系统自动产生的螺纹矢量方向与此相反，此时需要进行调整，具体步骤请参看光盘操作录像。

图 16.32 螺纹特征

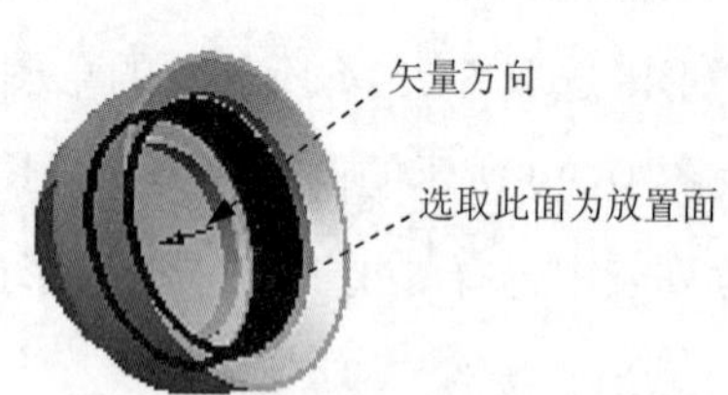

图 16.33 定义螺纹的放置

Step19. 创建边倒圆特征 2。选取图 16.34 所示的两条边线为边倒圆参照，其圆角半径值为 4。

Step20. 创建边倒圆特征 3。选取图 16.35 所示的 4 条边线为边倒圆参照，其圆角半径值为 1.5。

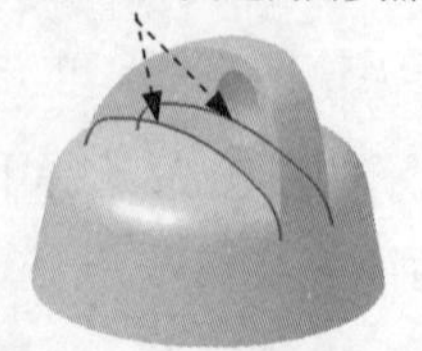

图 16.34 选取边倒圆参照

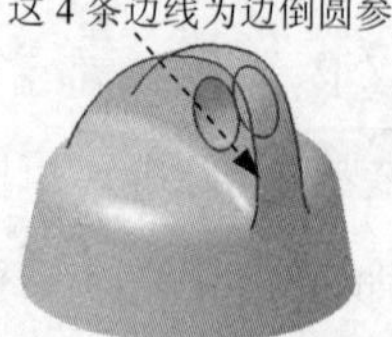

图 16.35 选取边倒圆参照

Step21. 创建边倒圆特征 4。选取图 16.36 所示的两条边线为边倒圆参照，其圆角半径值为 1.5。

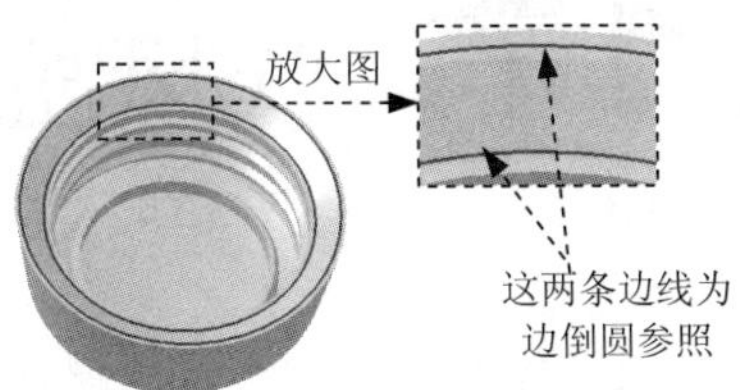

图 16.36 选取边倒圆参照

Step22. 创建边倒圆特征 5。选取图 16.37 所示的两条边线为边倒圆参照，其圆角半径值为 1。

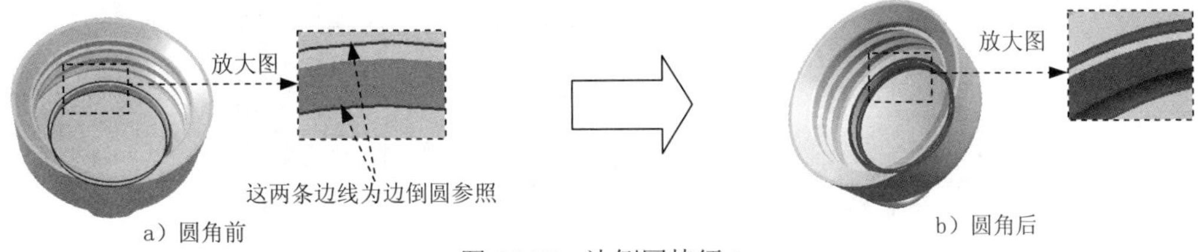

a）圆角前　　b）圆角后

图 16.37 边倒圆特征 5

Step23. 保存零件模型。选择下拉菜单 文件(F) → 保存(S) 命令，即可保存零件模型。

实例 17 吹风机喷嘴

实例概述：

本实例介绍了吹风机喷嘴的设计过程。此例中对模型外观的创建是一个设计亮点，某些特征单独放置的时候显得比较呆板，但组合到一起却能给人耳目一新的感觉，而且还可以避免繁琐的调整步骤。希望通过本例的学习，读者能有更多的收获。零件模型及相应的模型树如图 17.1 所示。

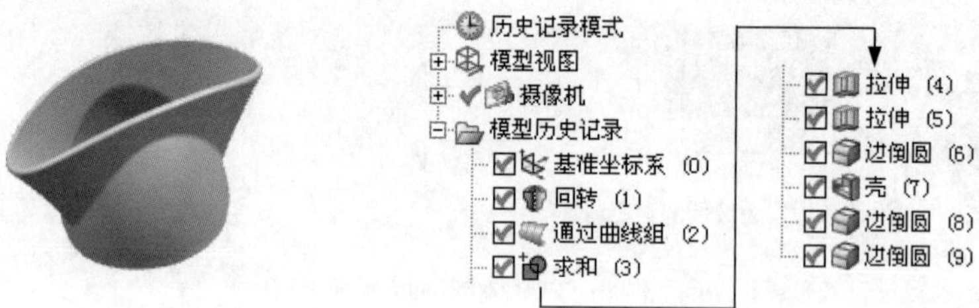

图 17.1 零件模型及模型树

Step1. 新建文件。选择下拉菜单 文件(F) → 新建(N)... 命令，系统弹出“新建”对话框。在 模型 选项卡的 模板 区域中选取模板类型为 模型；在 名称 文本框中输入文件名称 blower_nozzle；单击 确定 按钮，进入建模环境。

Step2. 创建图 17.2 所示的旋转特征。选择下拉菜单 插入(S) → 设计特征(E) → 旋转(R)... 命令（或单击按钮），系统弹出“旋转”对话框；单击对话框中的“绘制截面”按钮，系统弹出“创建草图”对话框，选中 ☑ 创建中间基准 CSYS 复选框。单击按钮，选取 YZ 基准平面为草图平面，单击 确定 按钮，进入草图环境，绘制图 17.3 所示的截面草图，选择下拉菜单 任务(K) → 完成草图(K) 命令（或单击 完成草图 按钮），退出草图环境；在 * 指定矢量 下拉列表中选择 ZC↑ 选项，并定义原点为旋转点；单击 < 确定 > 按钮，完成旋转特征 1 的创建。

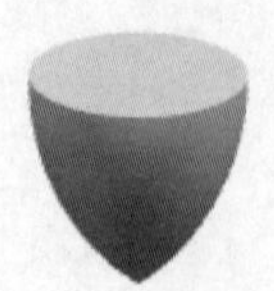

图 17.2 旋转特征

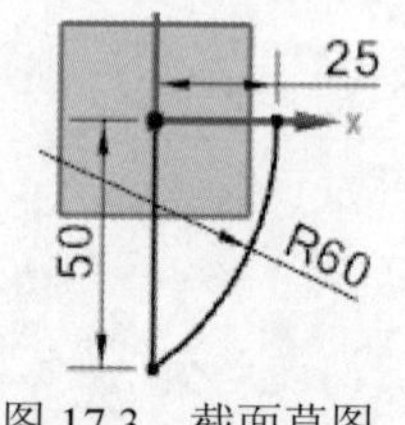

图 17.3 截面草图

Step3. 创建图 17.4 所示的椭圆。选择下拉菜单 插入(S) → 曲线(C) → 椭圆(E)... 命令，系统弹出“点”对话框；通过“点”对话框，选择坐标原点为椭圆中心，单击该对话框中的 确定 按钮；在弹出的“椭圆”对话框中输入图 17.5 所示的参数；单击 确定按钮，完成椭圆的创建；单击“椭圆”对话框中的 返回 按钮，系统返回到“点”对话框，在对话框中的 Z 文本框中输入值-5，单击 确定 按钮，输入图 17.6 所示的参数，单击“椭圆”对话框的 确定 按钮，完成椭圆 2 的创建；单击“椭圆”对话框中的 返回 按钮，系统再次返回到“点”对话框，在对话框中的 Z 文本框中输入值-55，单击 确定 按钮，输入图 17.7 所示的参数，单击“椭圆”对话框的 确定 按钮，完成椭圆 3 的创建。单击 取消 按钮，退出椭圆命令。

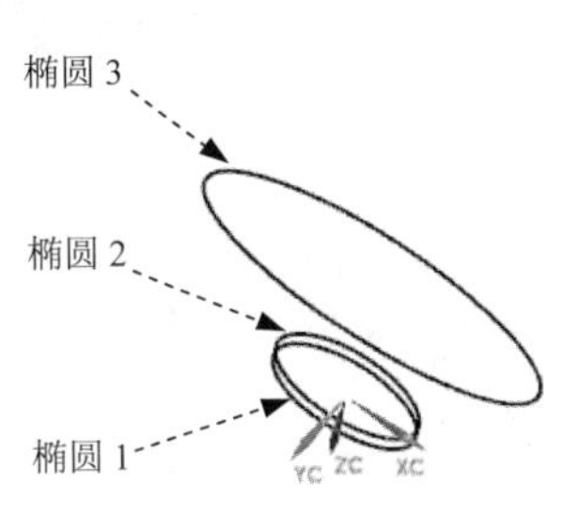

图 17.4 椭圆特征 1

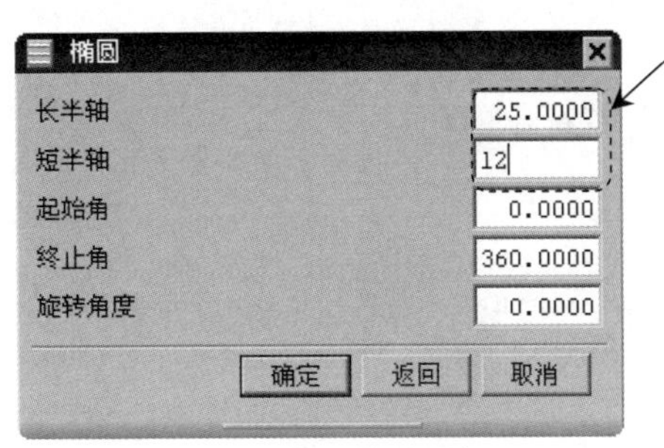

图 17.5 “椭圆”对话框

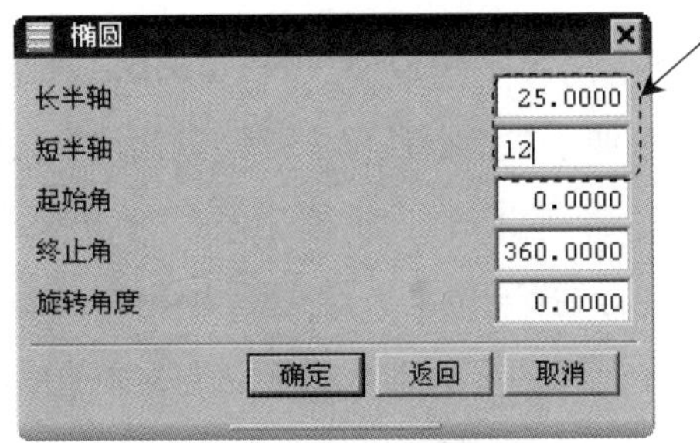

图 17.6 “椭圆”对话框

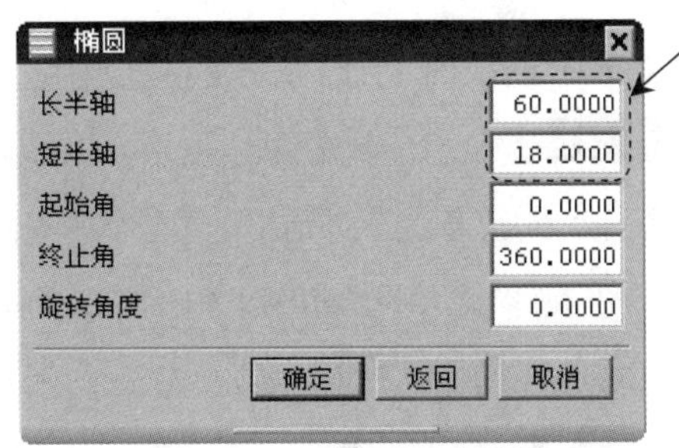

图 17.7 “椭圆”对话框

Step4. 创建图 17.8 所示的曲面特征。选择下拉菜单 插入(S) → 网格曲面(M) → 通过曲线组(T)... 命令，系统弹出“通过曲线组”对话框；依次选取图 17.9 所示的曲线 1、曲线 2 和曲线 3 为截面曲线，并分别单击中键确认；在“通过曲线组”对话框中单击 < 确定 > 按钮，完成曲面特征的创建。

图 17.8 曲面特征

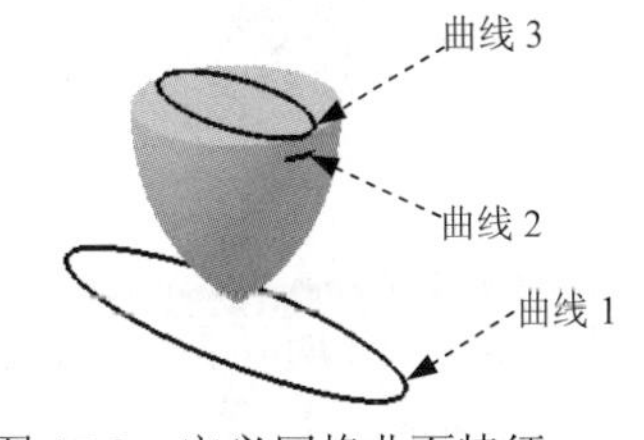

图 17.9 定义网格曲面特征

Step5. 创建求和特征。选择下拉菜单 插入(S) → 组合(B) → 求和(U)... 命令，系统弹出“求和”对话框；选取旋转特征为目标体，选取曲面特征为工具体，单击 < 确定 > 按钮，完成该布尔求和操作。

Step6. 创建图 17.10 所示的拉伸特征 1。选择下拉菜单 插入(S) → 设计特征(E) →

拉伸(E)... 命令（或单击按钮），系统弹出“拉伸”对话框；单击对话框中的“绘制截面”按钮，系统弹出“创建草图”对话框。取消选中 创建中间基准 CSYS 复选框。单击按钮，选取 ZX 基准平面为草图平面，单击 确定 按钮，进入草图环境，绘制图 17.11 所示的截面草图，选择下拉菜单 任务(K) ➡ 完成草图(K) 命令（或单击 完成草图 按钮），退出草图环境；在“拉伸”对话框 限制 区域的 开始 下拉列表中选择 对称值 选项，并在其下的 距离 文本框中输入值 25；在 布尔 区域的下拉列表中选择 求差 选项，系统将自动与模型中唯一个体进行布尔求差运算，其他参数采用系统默认设置；单击对话框中的 < 确定 > 按钮，完成拉伸特征 1 的创建。

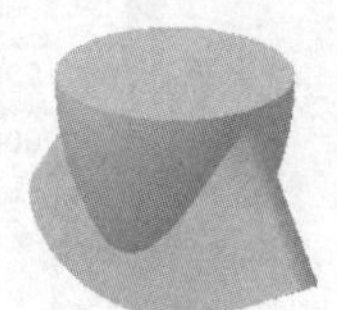
图 17.10　拉伸特征 1

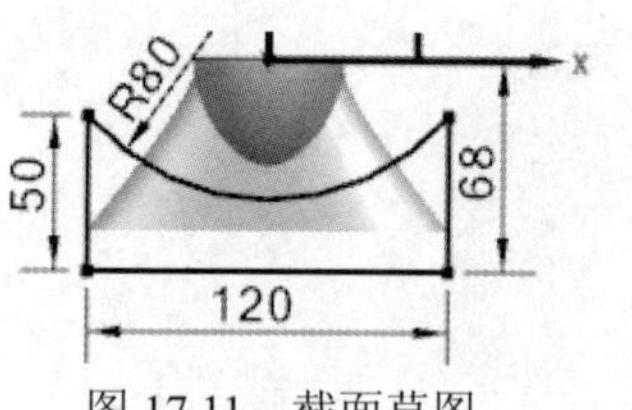

图 17.11　截面草图

Step7. 创建图 17.12 所示的拉伸特征 2。选择下拉菜单 插入(S) ➡ 设计特征(E) ➡ 拉伸(E)... 命令（或单击按钮），系统弹出“拉伸”对话框；单击“绘制截面”按钮，系统弹出“创建草图”对话框。单击按钮，选取 XY 基准平面为草图平面，单击 确定 按钮，进入草图环境，绘制图 17.13 所示的截面草图，选择下拉菜单 任务(K) ➡ 完成草图(K) 命令（或单击 完成草图 按钮），退出草图环境；在“拉伸”对话框 限制 区域的 开始 下拉列表中选择 值 选项，并在其下的 距离 文本框中输入值 0；在 限制 区域的 结束 下拉列表中选择 值 选项，并在其下的 距离 文本框中输入值 4，在 布尔 区域的下拉列表中选择 求和 选项；其他参数采用系统默认设置；单击 < 确定 > 按钮，完成拉伸特征 2 的创建。

图 17.12　拉伸特征 2

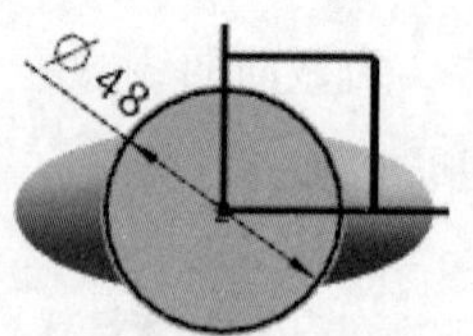

图 17.13　截面草图

Step8. 创建图 17.14 所示的边倒圆特征。选择下拉菜单 插入(S) ➡ 细节特征(L) ➡ 边倒圆(E)... 命令（或单击按钮），系统弹出“边倒圆”对话框；选取图 17.15 所示的边线为边倒圆参照，并在 半径 1 文本框中输入值 2；单击 < 确定 > 按钮，完成边倒圆特征的创建。

Step9. 创建图 17.16 所示的抽壳特征。选择下拉菜单 插入(S) ➡ 偏置/缩放(O) ➡ 抽壳(H)... 命令（或单击按钮），系统弹出“抽壳”对话框；在“抽壳”对话框 类型 区域的下拉列表中选择 移除面，然后抽壳 选项；在“抽壳”对话框的 要穿透的面 区域中单击 按钮，选择图 17.17 所示的面为移除面，并在 厚度 文本框中输入值 2，采用系统默认的抽壳方向；单击 < 确定 > 按钮，完成抽壳特征的创建。

图 17.14 边倒圆特征

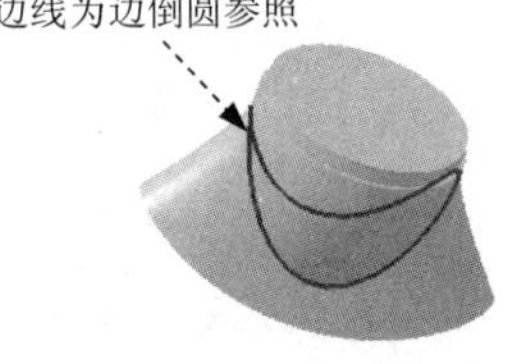

图 17.15 选取边倒圆参照

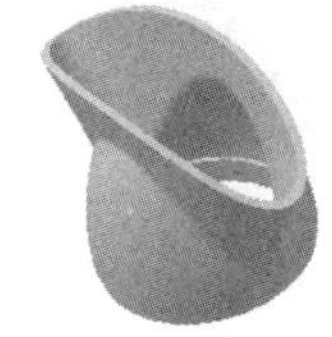
图 17.16 抽壳特征

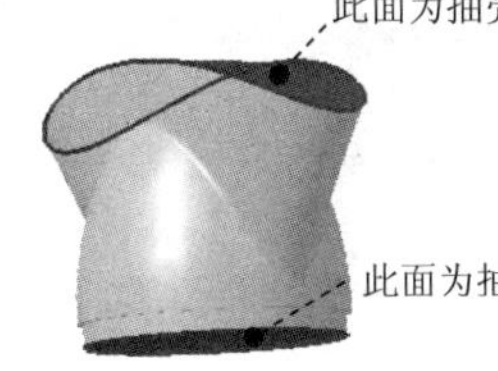

图 17.17 定义抽壳面

Step10. 后面的详细操作过程请参见随书光盘中 video\ch17\reference\文件下的语音视频讲解文件 blower_nozzle-r01.avi。

实例 18 微波炉旋钮

实例概述：

本实例介绍了微波炉旋钮的设计过程。本例模型的细节部分不是通过直接创建得到的，而是先创建其他特征，再通过对所创建的特征进行不同操作而得到的。这也是产品设计中得到模型外观的一种方法。零件模型及相应的模型树如图 18.1 所示。

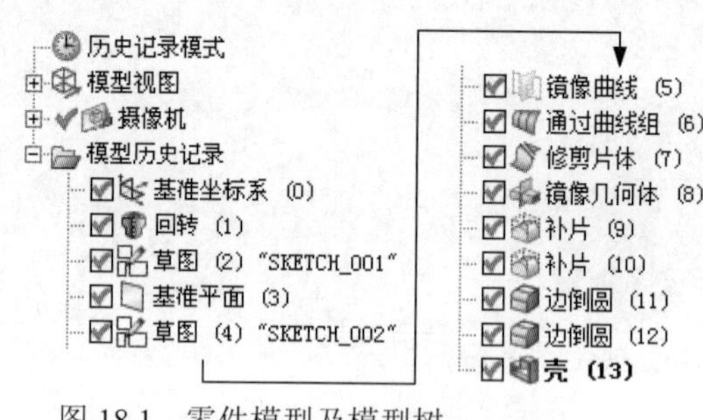

图 18.1 零件模型及模型树

Step1. 新建文件。选择下拉菜单文件(F) → 新建(N)...命令，系统弹出“新建”对话框。在模型选项卡的模板区域中选取模板类型为模型；在名称文本框中输入文件名称 gas_switch；单击确定按钮，进入建模环境。

Step2. 创建图 18.2 所示的旋转特征。选择插入(S) → 设计特征(E) → 旋转(R)...命令（或单击按钮），系统弹出“旋转”对话框；单击对话框中的“绘制截面”按钮，系统弹出“创建草图”对话框。选取 YZ 基准平面为草图平面，选中设置区域的☑创建中间基准 CSYS复选框，单击确定按钮，进入草图环境，绘制图 18.3 所示的截面草图，选择下拉菜单任务(K) → 完成草图(K)命令（或单击完成草图按钮），退出草图环境；选择图 18.3 所示边线为旋转轴，其他参数采用系统默认设置；单击< 确定 >按钮，完成旋转特征的创建。

图 18.2 旋转特征

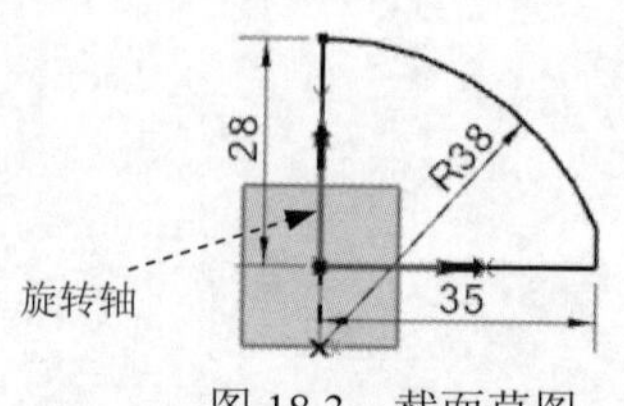

图 18.3 截面草图

Step3. 创建图 18.4 所示的草图 1。选择下拉菜单插入(S) → 在任务环境中绘制草图(V)...命令，系统弹出“创建草图”对话框；单击按钮，选取 YZ 基准平面为草图平面，取消选中设置区域的☐创建中间基准 CSYS复选框，单击确定按钮；进入草图环境，绘制图 18.5

所示的草图 1；选择下拉菜单任务(K) → 完成草图(K)命令（或单击完成草图按钮），退出草图环境。

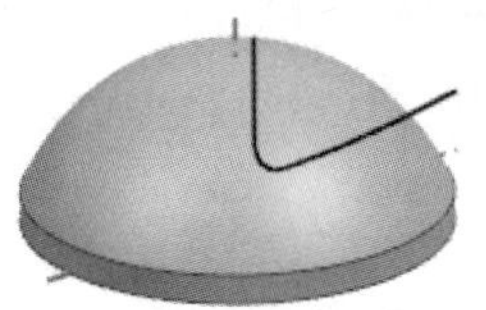
图 18.4 草图 1（建模环境）

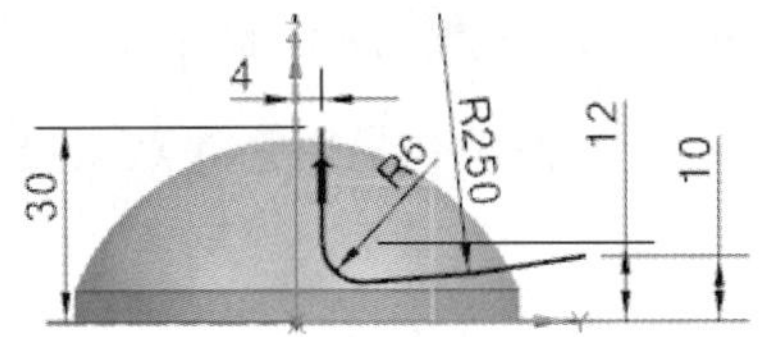

图 18.5 草图 1（草图环境）

Step4. 创建图 18.6 所示的基准平面 1。选择下拉菜单插入(S) → 基准/点(D) → 基准平面(D)...命令，系统弹出“基准平面”对话框；在类型区域的下拉列表中选择按某一距离选项。在平面参考区域中单击按钮，选取 YZ 基准平面为对象平面；在偏置区域的距离文本框中输入值 35，其他参数采用系统默认设置；单击< 确定 >按钮，完成基准平面 1 的创建。

Step5. 创建图 18.7 所示的草图 2。选择下拉菜单插入(S) → 在任务环境中绘制草图(V)...命令，系统弹出“创建草图”对话框。选取基准平面 1 为草图平面，选择 YC 基准轴为水平参考；绘制图 18.7 所示的草图；选择下拉菜单任务(K) → 完成草图(K)命令，退出草图环境。

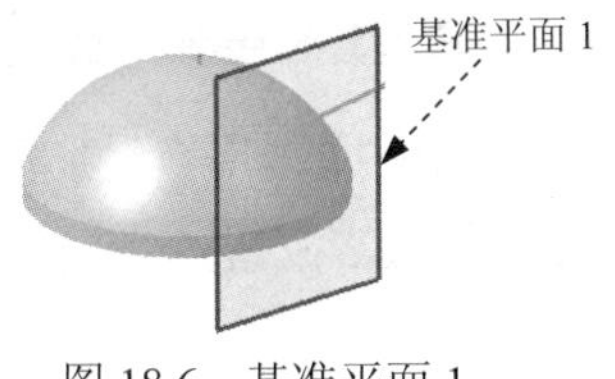

图 18.6 基准平面 1

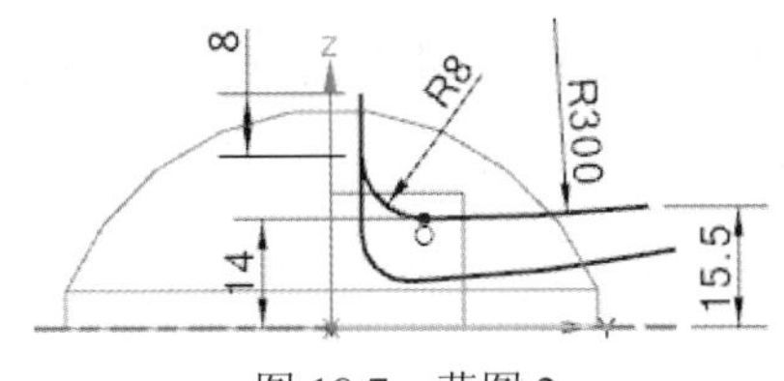

图 18.7 草图 2

Step6. 创建图 18.8 所示的镜像曲线。选择下拉菜单插入(S) → 派生的曲线(U) → 镜像(M)...命令，系统弹出“镜像曲线”对话框；选择 Step5 中所绘制的草图为镜像曲线；在“镜像平面”区域中单击按钮，选取 YZ 基准平面为镜像平面；其他参数采用系统默认设置；单击确定按钮，完成镜像曲线的创建。

Step7. 创建图 18.9 所示的曲面特征。选择下拉菜单插入(S) → 网格曲面(M) → 通过曲线组(T)...命令，系统弹出“通过曲线组”对话框；依次选取图 18.10 所示的曲线 1、曲线 2 和曲线 3 为截面曲线，并分别单击中键确认；单击< 确定 >按钮，完成曲面特征的创建。

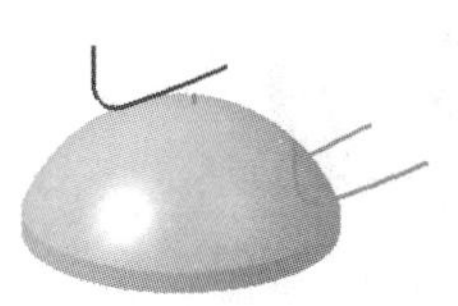
图 18.8 镜像曲线

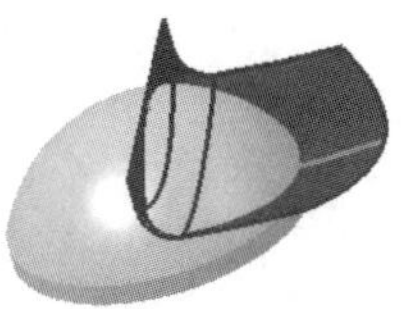
图 18.9 曲面特征

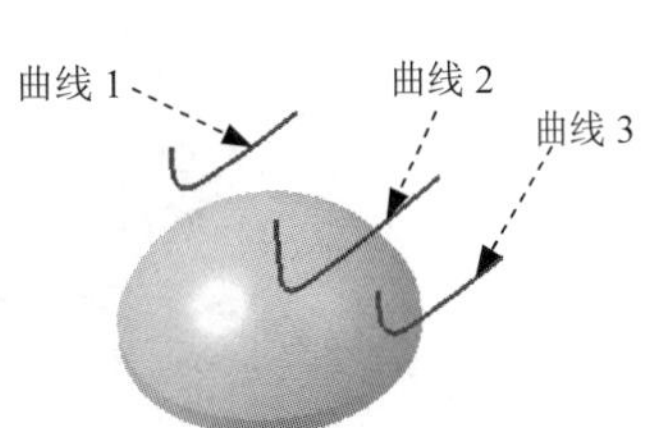

图 18.10 定义截面曲线

Step8. 创建图 18.11 所示的修剪特征。选择下拉菜单插入(S) → 修剪(T) → 修剪片体(R)...命令，系统弹出“修剪片体”对话框；选取曲面特征为目标体，选取图 18.12 所示的边界对象；在边界对象区域中选中☑允许目标边作为工具对象复选框；在区域区域中选中⊙舍弃单选项；其他参数采用系统默认设置；单击< 确定 >按钮，完成曲面的修剪特征的创建。

图 18.11 修剪特征 1

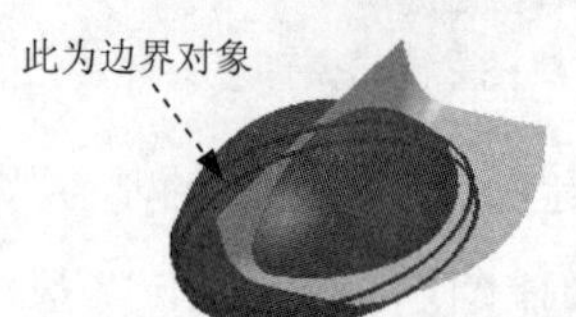

图 18.12 定义边界对象

Step9. 创建图 18.13 所示的镜像几何体特征。选择下拉菜单插入(S) → 关联复制(A)▸ → 镜像几何体(G)...命令，系统弹出“镜像几何体”对话框；选取修剪特征 1 为镜像几何体；选取 ZX 基准平面为镜像平面；其他参数采用系统默认设置；单击< 确定 >按钮，完成镜像几何体特征的创建。

说明：此处为了便于选取修剪特征，可以将实体部分隐藏。

Step10. 创建图 18.14 所示的补片特征。选择下拉菜单插入(S) → 组合(B) → 补片(C)...命令，系统弹出 “补片” 对话框；选取图 18.15 所示的实体为目标体，选取修剪特征为工具片体；其他参数采用系统默认设置；单击确定按钮，完成补片特征的创建。

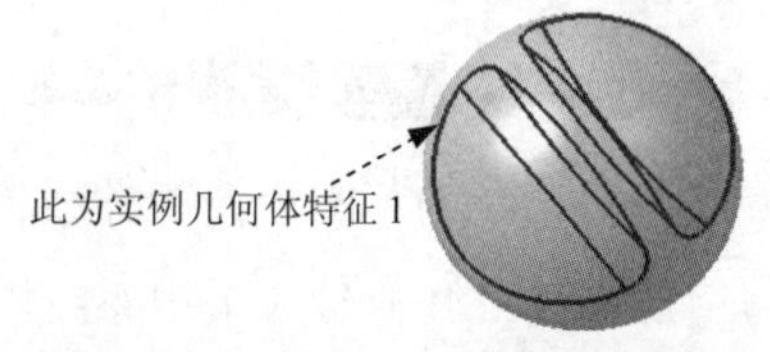

图 18.13 实例几何体特征

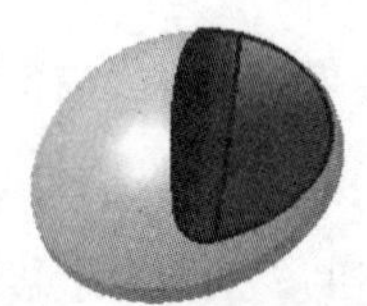
图 18.14 补片特征 1

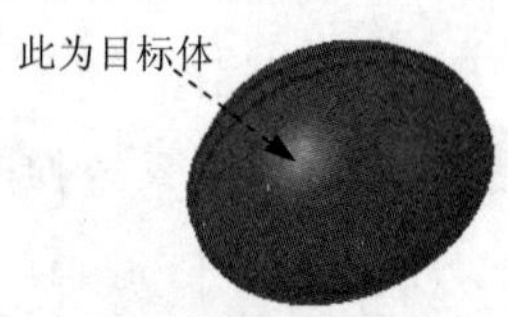

图 18.15 定义目标体

Step11. 创建图 18.16 所示的补片特征 2。选择下拉菜单插入(S) → 组合(B) → 补片(C)...命令，系统弹出 “补片” 对话框；选取图 18.17 所示的实体为目标体，选取镜像特征为工具片体；其他参数采用系统默认设置；单击确定按钮，完成补片特征 2 的创建。

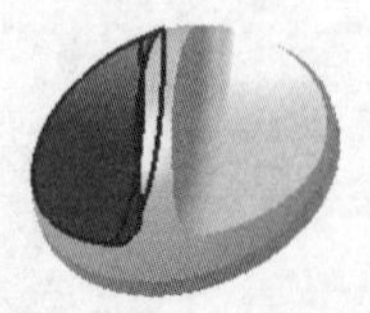
图 18.16 补片特征 2

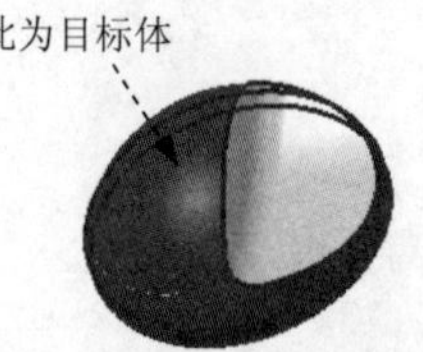

图 18.17 定义目标体

Step12. 创建图 18.18 所示的边倒圆特征 1。选择下拉菜单插入(S) → 细节特征(L)▸

→ 边倒圆(E)...命令（或单击按钮），系统弹出“边倒圆”对话框；选取图 18.19 所示的两条边线为边倒圆参照，并在半径 1文本框中输入值 2；单击< 确定 >按钮，完成边倒圆特征 1 的创建。

图 18.18 边倒圆特征 1

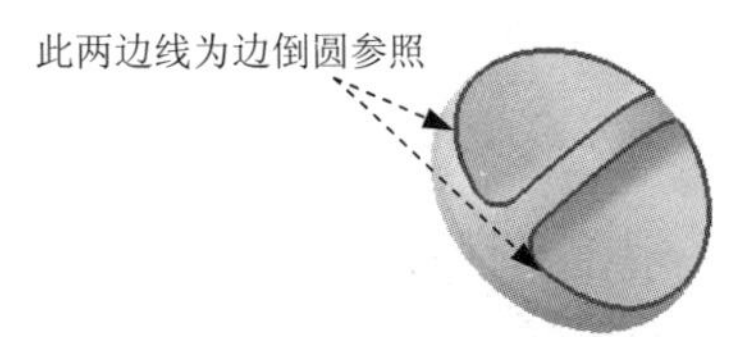

图 18.19 选取边倒圆参照

Step13. 创建图 18.20 所示的边倒圆特征 2。选择下拉菜单插入(S) → 细节特征(L) → 边倒圆(E)...命令（或单击按钮），系统弹出“边倒圆”对话框；选取图 18.21 所示的边线为边倒圆参照，并在半径 1文本框中输入值 5；单击< 确定 >按钮，完成边倒圆特征 2 的创建。

图 18.20 边倒圆特征 2

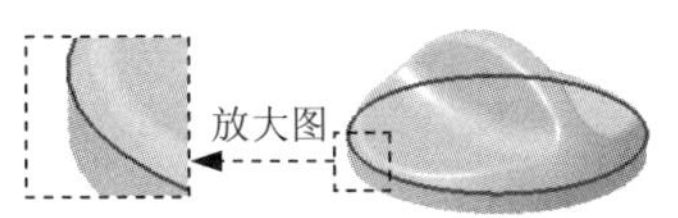

图 18.21 选取边倒圆参照

Step14. 创建图 18.22 的抽壳特征。选择插入(S) → 偏置/缩放(O) → 抽壳(H)...命令(或单击按钮)，系统弹出“抽壳”对话框；在类型区域的下拉列表中选择移除面，然后抽壳选项；选择图 18.23 所示的面为移除面，并在厚度文本框中输入值 1.5，采用系统默认抽壳方向；单击< 确定 >按钮，完成抽壳特征的创建。

图 18.22 抽壳特征

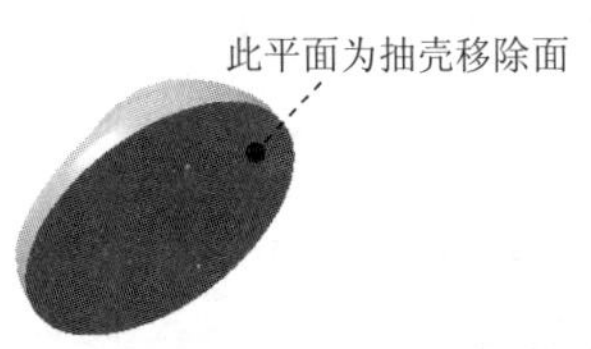

图 18.23 定义抽壳移除面

Step15. 保存零件模型。选择下拉菜单文件(F) → 保存(S)命令，即可保存零件模型。

实例 19 液化气灶旋钮

实例概述：

本实例介绍了液化气灶旋钮的设计过程。通过对本实例的学习，主要使读者对产品的外形设计有更进一步的了解。当然在学习过程中，对曲面扫掠、缝合和倒圆角等特征的应用会有更深入的理解。零件模型及相应的模型树如图 19.1 所示。

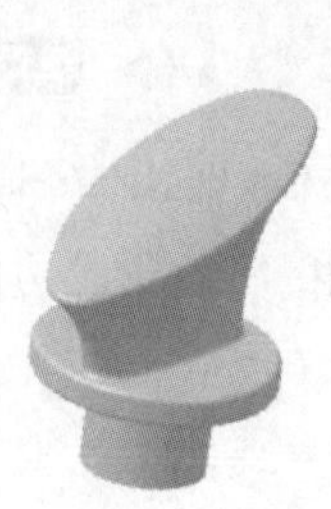

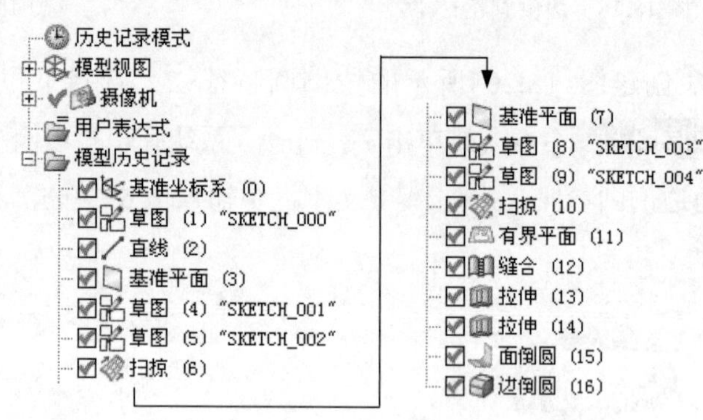

图 19.1 零件模型及模型树

Step1. 新建文件。选择下拉菜单 文件(F) → 新建(N)... 命令，系统弹出“新建”对话框。在 模型 选项卡的 模板 区域中选取模板类型为 模型；在 名称 文本框中输入文件名称 cookstone_knob；单击 确定 按钮，进入建模环境。

Step2. 创建图 19.2 所示的草图 1。选择下拉菜单 插入(S) → 在任务环境中绘制草图(V)... 命令，系统弹出“创建草图”对话框，选中 ☑ 创建中间基准 CSYS 复选框；在“创建草图”对话框中单击 按钮，选取 XY 基准平面为草图平面，单击 确定 按钮；进入草图环境，绘制图 19.3 所示的草图 1；选择下拉菜单 任务(K) → 完成草图(K) 命令（或单击 完成草图 按钮），退出草图环境。

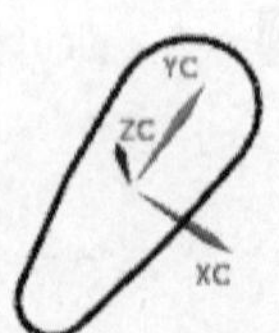

图 19.2 草图 1（建模环境）

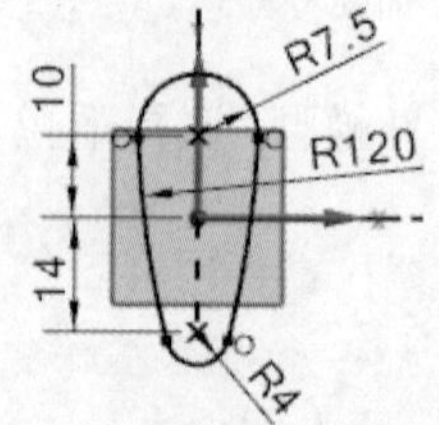

图 19.3 草图 1（草图环境）

Step3. 创建图 19.4 所示的直线。选择下拉菜单 插入(S) → 曲线(C) → 直线(L)... 命令（或单击 按钮），系统弹出“直线”对话框；在“直线”对话框的 起点 区域中单击 按钮，系统弹出“点”对话框；在“点”对话框 坐标 区域的 X 、Y 、Z 文本框中分别输入值 10、0、25，单击 确定 按钮；此时系统返回“直线”对话框。在 终点或方向 区域中单击 按钮，系统弹出“点”对话框。在“点”对话框 坐标 区域的 X 、 Y 、 Z 文本框中分别输入值-10、0、25，单击 确定 按钮。此时系统返回“直线”对话框，单击 < 确定 > 按钮。

Step4. 创建图 19.5 所示的基准平面 1。选择下拉菜单 插入(S) → 基准/点(D) → 基准平面(D)... 命令，系统弹出“基准平面”对话框；在“基准平面”对话框 类型 区域的下拉列表中选择 成一角度 选项。在 平面参考 区域中单击 按钮，选取 XY 基准平面为平面参考；在 通过轴 区域中单击 按钮，选取上一步创建的直线；在 角度 区域中输入角度值 15，其他参数采用系统默认设置；单击 < 确定 > 按钮，完成基准平面 1 的创建。

图 19.4 直线 1　　　　图 19.5 基准平面 1

Step5. 创建图 19.6 所示的草图 2。选择下拉菜单 插入(S) → 在任务环境中绘制草图(V)... 命令，系统弹出“创建草图”对话框，取消选中 创建中间基准 CSYS 复选框；选取图 19.5 所示的基准平面 1 为草图平面；绘制图 19.7 所示的草图 2，选择下拉菜单 任务(K) → 完成草图(K) 命令（或单击 完成草图 按钮），退出草图环境。

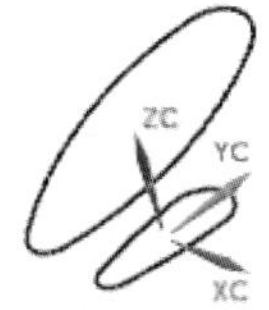

图 19.6 草图 2（建模环境）

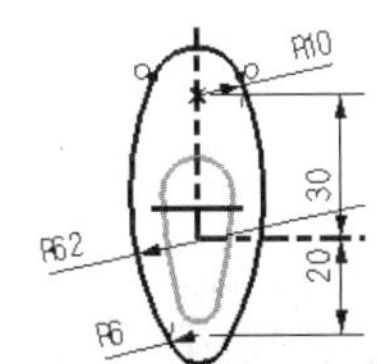

图 19.7 草图 2（草图环境）

Step6. 创建图 19.8 所示的草图 3。选择下拉菜单 插入(S) → 在任务环境中绘制草图(V)... 命令，系统弹出“创建草图”对话框；单击 按钮，选取 YZ 基准平面为草图平面，单击 确定 按钮；进入草图环境，绘制图 19.8 所示的草图 3。选择下拉菜单 插入(S) → 来自曲线集的曲线(F) → 交点(N)... 命令，系统弹出“交点”对话框。在 要相交的曲线 区域中单击 按钮，选取图 19.9 所示的圆弧，单击 < 确定 > 按钮，创建图 19.9 所示的点 2（点 2 为圆弧与 YZ 基准平面的交点）。具体操作步骤参见创建点 1，绘制图 19.9 所示的圆弧（点 1 和点 2 为所绘圆弧端点）；选择下拉菜单 任务(K) → 完成草图(K) 命令（或单击 完成草图 按钮），退出草图环境。

Step7. 创建图 19.10 所示的扫掠特征 1。选择插入(S) → 扫掠(W) → 扫掠(S)...命令，系统弹出“扫掠”对话框；在截面区域中单击按钮，选择图 19.11 所示的曲线为截面曲线，并单击两次中键确认；在引导线区域中单击按钮，选取图 19.12 所示曲线为引导线 1，并单击中键确认；选取图 19.13 所示曲线为引导线 2，并单击中键确认；其他参数采用系统默认设置；单击< 确定 >按钮，完成扫掠特征 1 的创建。

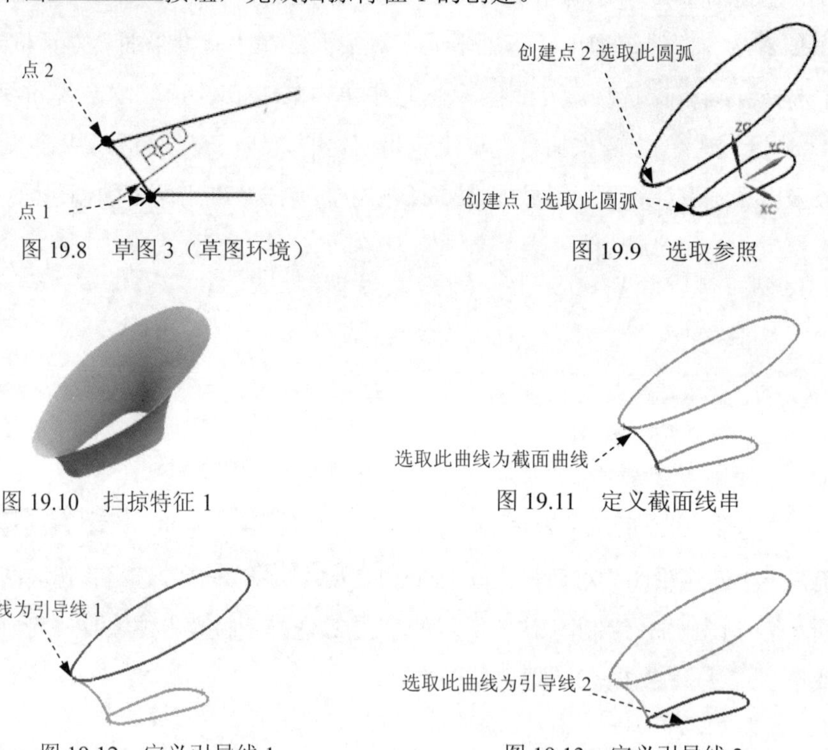

图 19.8　草图 3（草图环境）

图 19.9　选取参照

图 19.10　扫掠特征 1

图 19.11　定义截面线串

图 19.12　定义引导线 1

图 19.13　定义引导线 2

Step8. 创建图 19.14 所示的基准平面 2。选择下拉菜单插入(S) → 基准/点(D) → 基准平面(D)...命令，系统弹出“基准平面”对话框；在类型区域的下拉列表中选择成一角度选项。在平面参考区域单击按钮，选取图 19.15 所示的基准平面 1 为平面参考。在通过轴区域中单击按钮，选取图 19.15 所示的直线 1 为线性对象；在角度区域中输入角度值为 90，其他参数采用系统默认设置；单击< 确定 >按钮，完成基准平面 2 的创建。

图 19.14　基准平面 2

图 19.15　定义基准平面

Step9. 创建图 19.16 所示的草图 4。选择下拉菜单插入(S) → 在任务环境中绘制草图(V)...命令，系统弹出“创建草图”对话框；单击按钮，选取基准平面 2 为草图平面，单击确定按钮；进入草图环境，绘制图 19.16 所示的草图 4。分别创建图 19.17 所示的点 1 和点 2，具体操作步骤参见 Step6，绘制图 19.16 所示的圆弧（图 19.17 所示的点 1 和点 2 为所绘圆弧端点）；选择下拉菜单 任务(K) → 完成草图(K) 命令（或单击 完成草图 按钮），退出草图环境。

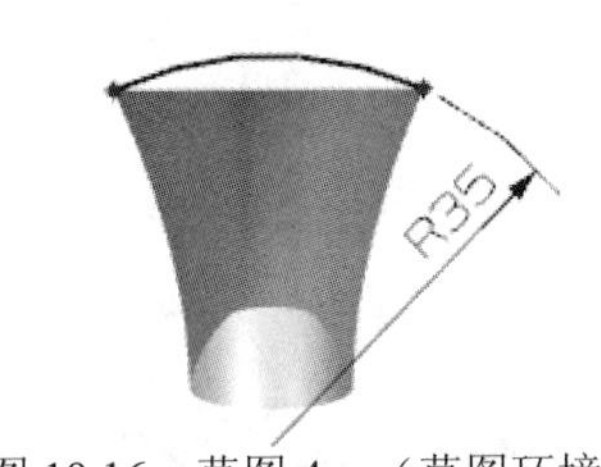

图 19.16 草图 4 （草图环境）

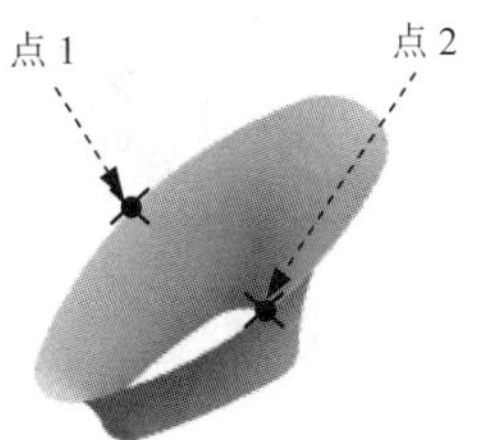

图 19.17 绘制点

Step10. 创建图 19.18 所示的草图 5。选择下拉菜单 插入(S) → 在任务环境中绘制草图(V)... 命令，系统弹出“创建草图”对话框；单击 按钮，选取 YZ 基准平面为草图平面，单击 确定 按钮；进入草图环境，绘制图 19.18 所示的草图 5。分别创建点 1 和点 2，具体操作步骤参见 Step6，绘制图 19.18 所示的圆弧（选取图 19.19 所示的点 1 和点 2 为所绘圆弧端点）；选择下拉菜单 任务(K) → 完成草图(K) 命令（或单击 完成草图 按钮），退出草图环境。

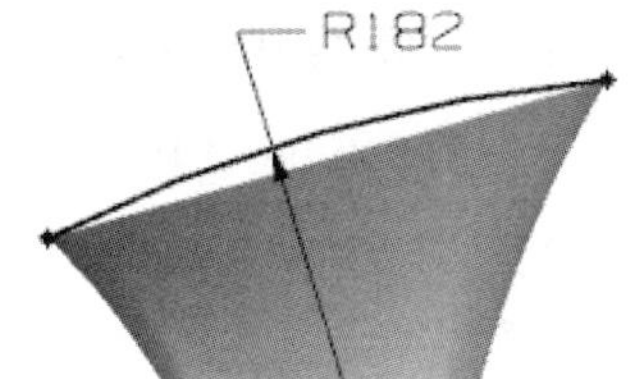

图 19.18 草图 5（草图环境）

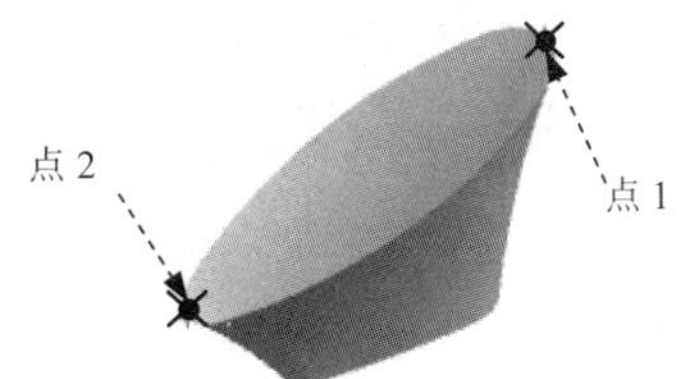

图 19.19 定义点

Step11. 创建图 19.20 所示的扫掠特征 2。选择下拉菜单 插入(S) → 扫掠(W) → 扫掠(S)... 命令，系统弹出“扫掠”对话框；在 截面 区域中单击 按钮，依次选取图 19.21 所示的曲线 1、曲线 2 和曲线 3 为截面曲线，并分别单击中键确认；在 引导线 区域中单击 按钮，依次选取图 19.22 所示曲线 1、曲线 2、曲线 3 为引导线，并分别单击中键确认；其他参数采用系统默认设置；单击 < 确定 > 按钮，完成扫掠特征 2 的创建。

注意：在选取截面线串和引导线串时，在命令栏中单击鼠标右键，勾选 选择条 选项，在命令行中选取 单条曲线 后，再选取截面线串或引导线串。

图 19.20 扫掠特征 2

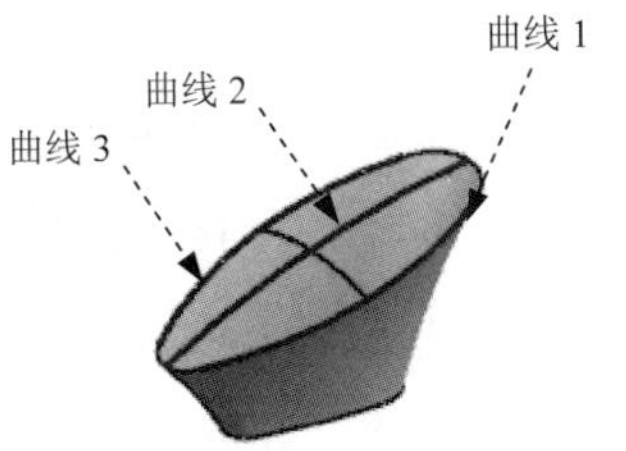

图 19.21 定义截面线串

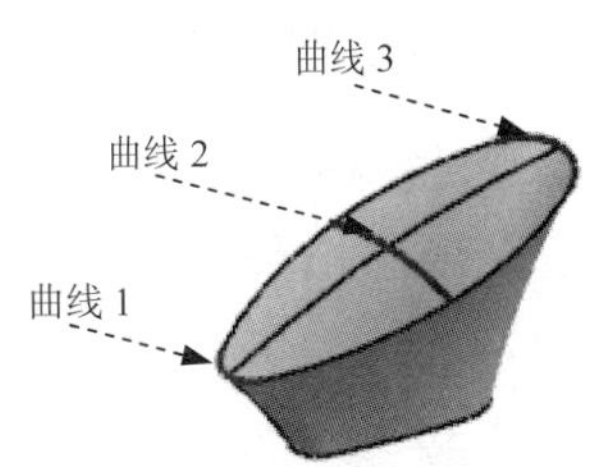

图 19.22 定义引导线串

Step12. 创建图 19.23 所示的有界平面。选择下拉菜单 插入(S) → 曲面(R) → 有界平面(B)... 命令，系统弹出“有界平面”对话框；在 平截面 区域中单击 按钮，选取图 19.24 所示的曲线；单击 〈确定〉 按钮，完成有界平面的创建。

图 19.23 有界平面

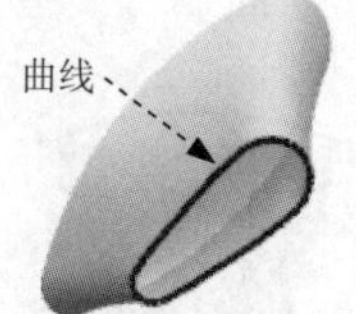

图 19.24 定义有界平面

Step13. 曲面缝合。选择下拉菜单 插入(S) → 组合(B) → 缝合(W)... 命令，系统弹出“缝合”对话框；在 类型 区域的下拉列表中选择 片体 选项；选择扫掠特征 2 为目标体；选择扫掠特征 1 和有界平面为工具体；其他参数采用系统默认设置；单击 确定 按钮，完成缝合曲面的操作。

Step14. 创建图 19.25 所示的拉伸特征 1。选择下拉菜单 插入(S) → 设计特征(E) → 拉伸(E)... 命令（或单击 按钮），系统弹出“拉伸”对话框；单击“绘制截面”按钮 ，系统弹出“创建草图”对话框。单击 按钮，选取 XY 基准平面为草图平面，单击 确定 按钮，进入草图环境，绘制图 19.26 所示的截面草图，选择下拉菜单 任务(K) → 完成草图(K) 命令（或单击 完成草图 按钮），退出草图环境；在 限制 区域的 开始 下拉列表中选择 值 选项，并在其下的 距离 文本框中输入值 0；在 限制 区域的 结束 下拉列表中选择 值 选项，并在其下的 距离 文本框中输入值 5；在 指定矢量 下拉列表中选择 -ZC 选项；在 布尔 区域的下拉列表中选择 求和 选项，其他参数采用系统默认设置；单击 〈确定〉 按钮，完成拉伸特征 1 的创建。

图 19.25 拉伸特征 1

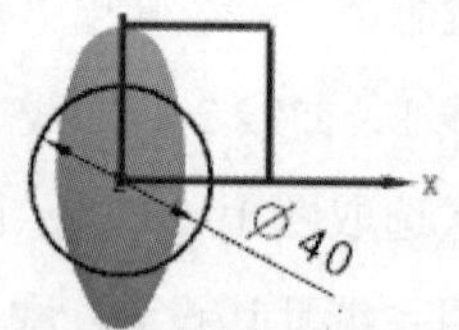

图 19.26 截面草图

Step15. 创建图 19.27 所示的拉伸特征 2。选择下拉菜单 插入(S) → 设计特征(E) → 拉伸(E)... 命令，系统弹出“拉伸”对话框；选取图 19.28 所示的模型表面为草图平面；绘制图 19.29 所示的截面草图；在“拉伸”对话框 限制 区域的 开始 下拉列表中选择 值 选项，并在其下的 距离 文本框中输入值 0；在 限制 区域的 结束 下拉列表中选择 值 选项，并在其下的 距离 文本框中输入值 15，在 指定矢量 下拉列表中选择 ZC 选项；在 布尔 区域的下拉列表中选择 求和 选项，系统将自动与模型中唯一个体进行布尔求和运算；其他参数采用系统默认设置。单击 < 确定 > 按钮，完成拉伸特征 2 的创建。

图 19.27 拉伸特征 2

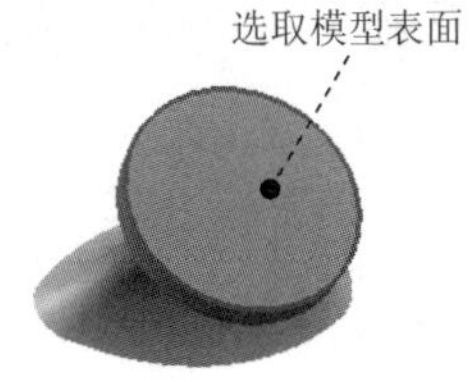

图 19.28 定义草图平面

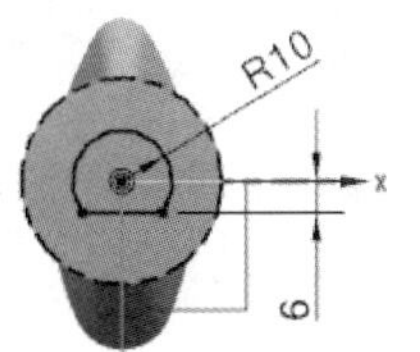

图 19.29 截面草图

Step16. 创建图 19.30 所示的面倒圆特征。选择下拉菜单 插入(S) → 细节特征(L) → 面倒圆(F)... 命令（或单击按钮），系统弹出“面倒圆”对话框；在 类型 区域的下拉列表中选择 两个定义面链 选项；单击 面链 区域中 选择面链 1 后的按钮，选择扫掠特征 1；单击 面链 区域中 选择面链 2 后的按钮，选择扫掠特征 2，如图 19.31 所示；在 横截面 区域的 半径 文本框中输入值 0.5；单击 < 确定 > 按钮，完成面倒圆特征的创建。

图 19.30 面倒圆特征

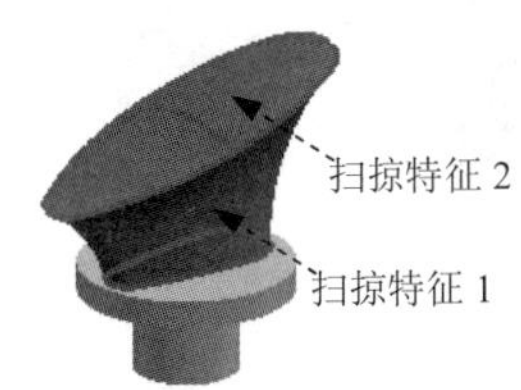

图 19.31 定义面倒圆

Step17. 创建图 19.32b 所示的边倒圆特征。选择下拉菜单 插入(S) → 细节特征(L) → 边倒圆(E)... 命令（或单击按钮），系统弹出“边倒圆”对话框；选取图 19.32a 所示的两条边为边倒圆参照，并在 半径 1 文本框中输入值 1；单击 < 确定 > 按钮，完成边倒圆特征的创建。

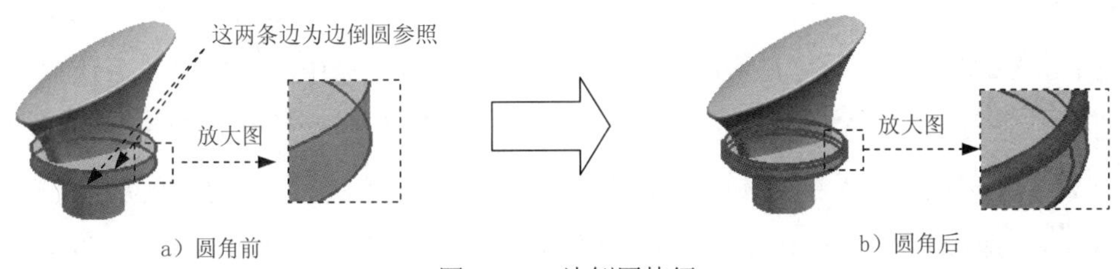

图 19.32 边倒圆特征

Step18. 保存零件模型。选择下拉菜单 文件(F) → 保存(S) 命令，即可保存零件模型。

实例20 涡旋部件

实例概述：

本实例介绍了涡旋部件的设计过程。此模型是对实体建模的综合展现，当然其中也用到了简单曲面的创建方法，本例中扫掠特征的创建是一个亮点，运用此命令巧妙地构建了模型的外形。零件模型及相应的模型树如图 20.1 所示。

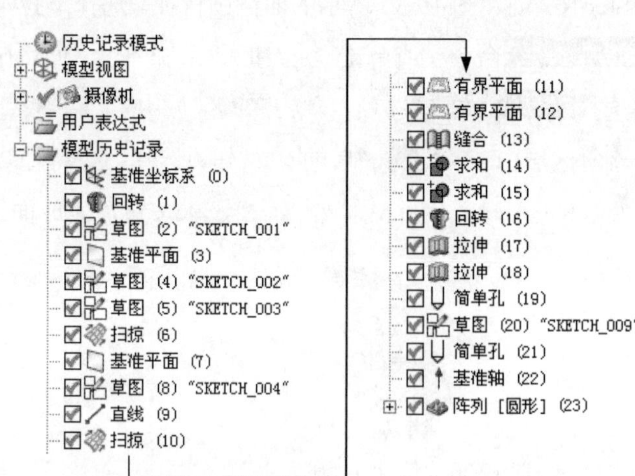

图 20.1 零件模型及模型树

Step1. 新建文件。选择下拉菜单 文件(F) → 新建(N)... 命令，系统弹出“新建”对话框。在 模型 选项卡的 模板 区域中选择模板类型为 模型，在 名称 文本框中输入文件名称 engine_part，单击 确定 按钮，进入建模环境。

Step2. 创建图 20.2 所示的旋转特征 1。选择 插入(S) → 设计特征(E) → 旋转(R)... 命令（或单击按钮），系统弹出“旋转”对话框；单击 截面 区域中的按钮，系统弹出“创建草图”对话框，选取 ZX 基准平面为草图平面，选中 设置 区域的 ☑ 创建中间基准 CSYS 复选框，单击 确定 按钮，进入草图环境，绘制图 20.3 所示的截面草图，选择下拉菜单 任务(K) → 完成草图(K) 命令（或单击 完成草图 按钮），退出草图环境；在绘图区域中选取 ZC 基准轴为旋转轴；在“旋转”对话框 限制 区域的 开始 下拉列表中选择 值 选项，并在其下的 角度 文本框中输入值 0，在 结束 下拉列表中选择 值 选项，并在其下的 角度 文本框中输入值 360，其他参数采用系统默认设置；单击 < 确定 > 按钮，完成旋转特征 1 的创建。

图 20.2 旋转特征 1

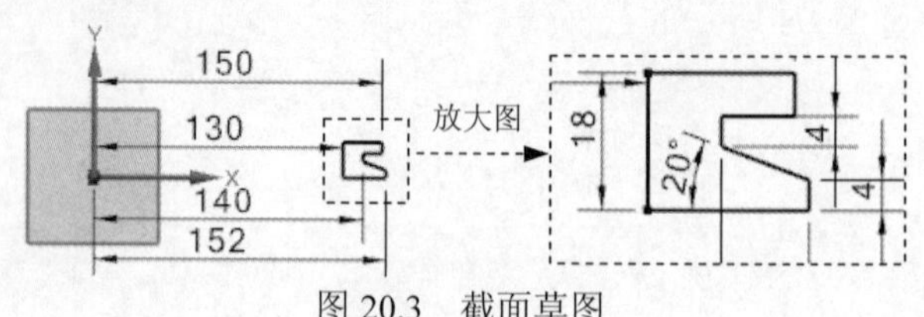

图 20.3 截面草图

Step3. 创建图 20.4 所示的草图 1。选择下拉菜单 插入(S) → 在任务环境中绘制草图(V)... 命令，系统弹出“创建草图”对话框；选取 YZ 基准平面为草图平面，单击“创建草图”对话框中的 确定 按钮；进入草图环境，绘制图 20.4 所示的草图 1；选择下拉菜单 任务(K) → 完成草图(K) 命令（或单击 完成草图 按钮），退出草图环境。

Step4. 创建图 20.5 所示的基准平面 1。选择下拉菜单 插入(S) → 基准/点(D) → 基准平面(D)... 命令（或单击 按钮），系统弹出“基准平面”对话框；在 类型 区域的下拉列表中选择 成一角度 选项，单击 平面参考 区域中的 按钮，选取 YZ 基准平面，单击 通过轴 区域中的 按钮，选取 ZC 基准轴，采用系统默认的方向，在 角度 文本框中输入值 30；在“基准平面”对话框中单击 < 确定 > 按钮，完成基准平面 1 的创建。

Step5. 创建图 20.6 所示的草图 2。选择下拉菜单 插入(S) → 在任务环境中绘制草图(V)... 命令，系统弹出“创建草图”对话框；选取基准平面 1 为草图平面，选取 YC 基准轴为水平方向参考，单击“创建草图”对话框中的 确定 按钮；进入草图环境，绘制图 20.6 所示的草图 2；选择下拉菜单 任务(K) → 完成草图(K) 命令（或单击 完成草图 按钮），退出草图环境。

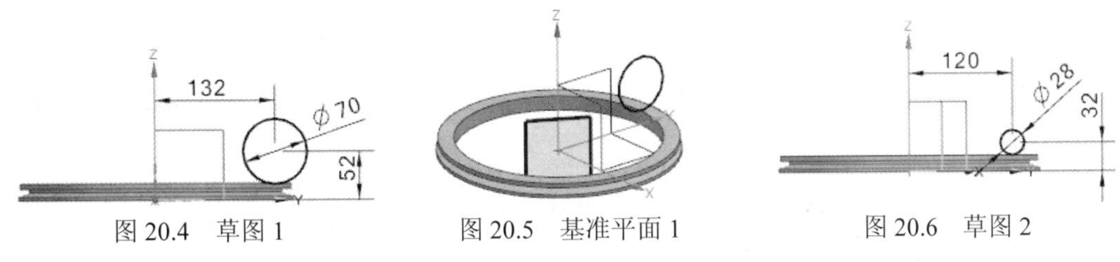

图 20.4 草图 1　　图 20.5 基准平面 1　　图 20.6 草图 2

Step6. 创建图 20.7 所示的草图 3。选择下拉菜单 插入(S) → 在任务环境中绘制草图(V)... 命令，选取图 20.8 所示的平面为草图平面，绘制图 20.7 所示的草图 3。

图 20.7 草图 3　　图 20.8 草图平面

Step7. 创建图 20.9b 所示的扫掠特征 1。选择下拉菜单 插入(S) → 扫掠(W) → 扫掠(S)... 命令，系统弹出“扫掠”对话框；在 截面 区域中单击 按钮，在绘图区域中选取图 20.9a 所示的截面线 1 后，单击鼠标中键，选取图 20.9a 所示的截面线 2，采用系统默认方向；在 引导线 区域中单击 按钮，在绘图区域中选取图 20.9a 所示的引导线，采用系统默认方向；单击“扫掠”对话框中的 < 确定 > 按钮，完成扫掠特征 1 的创建。

注意：*在选取截面线串时，截面线串 1 和截面线串 2 的起始点和方向必须保持一致。*

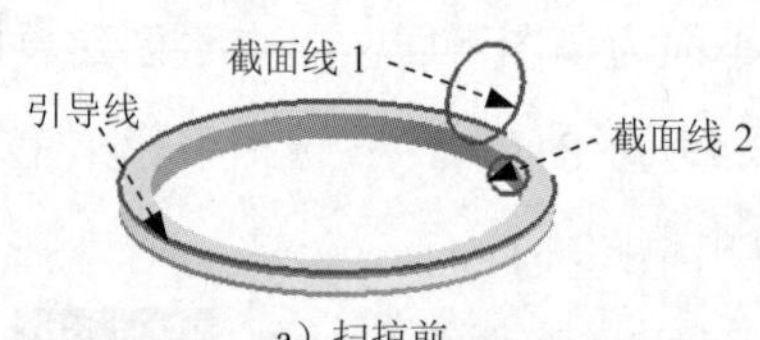

a）扫掠前

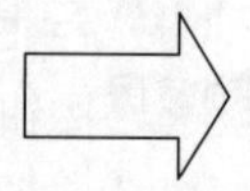

b）扫掠后

图 20.9　扫掠特征 1

Step8. 创建图 20.10 所示的基准平面 2。选择下拉菜单 插入(S) → 基准/点(D) → 基准平面(D)... 命令（或单击按钮），系统弹出“基准平面”对话框；在 类型 区域的下拉列表中选择 按某一距离 选项，单击 平面参考 区域中的按钮，选取图 20.11 所示的平面为参考对象，在 距离 文本框中输入值 150；在“基准平面”对话框中单击 < 确定 > 按钮，完成基准平面 2 的创建。

图 20.10　基准平面 2

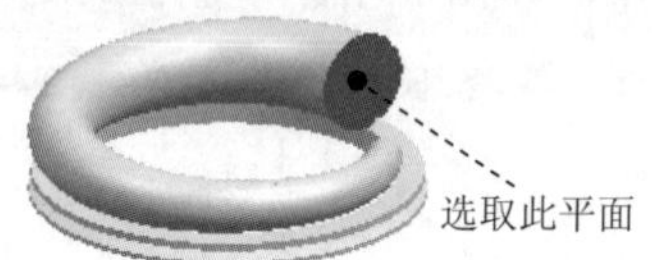

图 20.11　定义基准平面

Step9. 创建图 20.12 所示的草图 4。选择下拉菜单 插入(S) → 在任务环境中绘制草图(V)... 命令，系统弹出“创建草图”对话框；选取 Step8 所创建的基准平面 2 为草图平面，单击“创建草图”对话框中的 确定 按钮；进入草图环境，绘制图 20.12 所示的草图 4；选择下拉菜单 任务(K) → 完成草图(K) 命令（或单击 完成草图 按钮），退出草图环境。

Step10. 创建图 20.13 所示的直线。选择菜单 插入(S) → 曲线(C) → 直线(L)... 命令，系统弹出“直线”对话框；在 起点选项 下拉列表中选取 点 选项，在绘图区域中选取 Step3 所创建的草图 1 的象限点（图 20.14 所示的象限点）。在 终点选项 下拉列表中选择 点 选项，在绘图区域中选取 Step9 所创建的草图 4 的象限点（图 20.14 所示的草图 2）；单击“直线”对话框中的 < 确定 > 按钮（或单击鼠标中键），完成直线的创建。

说明：在命令行中单击鼠标右键，在弹出的命令栏中勾选 选择条 选项，在命令行中选取选项以便捕捉到以上草图的象限点。

图 20.12　草图 4　　图 20.13　直线特征　　图 20.14　定义直线特征

Step11. 创建图 20.15b 所示的扫掠特征 2。选择下拉菜单 插入(S) → 扫掠(W) →

扫掠(S)... 命令，系统弹出“扫掠”对话框；在截面区域中单击按钮，在绘图区域中选取图 20.15a 所示的截面线，采用系统默认方向；在引导线区域中单击按钮，在绘图区域中选取图 20.15a 所示的引导线 1 后，单击鼠标中键，选取图 20.15a 所示的引导线 2，采用系统默认方向；单击“扫掠”对话框中的< 确定 >按钮，完成扫掠特征 2 的创建。

Step12. 创建有界平面特征 1。选择下拉菜单 插入(S) → 曲面(R) → 有界平面(P)... 命令，系统弹出“有界平面”对话框；根据系统选择有界平面的曲线的提示，单击“有界平面”对话框中的按钮，在图形区选取图 20.16 所示的曲线；单击< 确定 >按钮，完成有界平面 1 的创建。

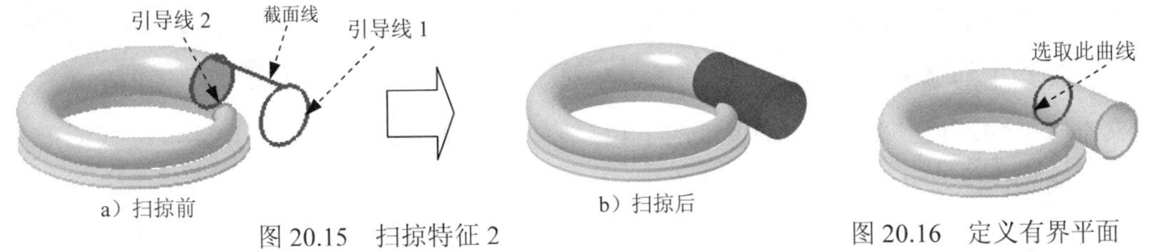

a）扫掠前　　b）扫掠后

图 20.15　扫掠特征 2　　图 20.16　定义有界平面

Step13. 创建图 20.17 所示的有界平面特征 2。选择下拉菜单 插入(S) → 曲面(R) → 有界平面(P)... 命令，系统弹出“有界平面”对话框；根据系统选择有界平面的曲线的提示，单击“有界平面”对话框中的按钮，在图形区选取图 20.18 所示的曲线；单击< 确定 >按钮，完成有界平面 2 的创建。

a）创建前　　b）创建后

图 20.17　有界平面特征 2　　图 20.18　定义有界平面

Step14. 创建曲面缝合特征。选择下拉菜单 插入(S) → 组合(B) → 缝合(W)... 命令，系统弹出“缝合”对话框；在目标区域中单击按钮，选取图 20.19 所示的面为缝合目标体；在刀具区域中单击按钮，选取图 20.20 所示的面为缝合工具体；在“缝合”对话框中单击 确定 按钮，完成缝合特征的创建。

图 20.19　目标体　　图 20.20　工具体

Step15. 创建求和特征 1。选择下拉菜单 插入(S) → 组合(B) → 求和(U)... 命令，系统弹出“求和”对话框；选取扫掠特征 1 为目标体，选取扫掠特征 2 为工具体，单击< 确定 >

按钮，完成求和特征 1 的创建。

Step16. 创建求和特征 2。选择下拉菜单插入(S) → 组合(B) → 求和(U)...命令，系统弹出“求和”对话框；选取 Step15 创建的求和特征为目标体，选取旋转特征 1 为工具体，单击< 确定 >按钮，完成求和特征 2 的创建。

Step17. 创建图 20.21 所示的旋转特征 2。选择插入(S) → 设计特征(E) → 旋转(R)...命令（或单击按钮），系统弹出“旋转”对话框；单击截面区域中的按钮，系统弹出“创建草图”对话框，选取 YZ 基准平面为草图平面，单击确定按钮，进入草图环境，绘制图 20.22 所示的截面草图；选择下拉菜单任务(K) → 完成草图(K)命令，退出草图环境；在绘图区域中选取 ZC 轴为旋转轴；在“旋转”对话框限制区域的开始下拉列表中选择值选项，并在其下的角度文本框中输入值 0，在结束下拉列表中选择值选项，并在其下的角度文本框中输入值 360，在布尔区域的下拉列表中选择求和选项，采用系统默认的求和对象；单击< 确定 >按钮，完成旋转特征 2 的创建。

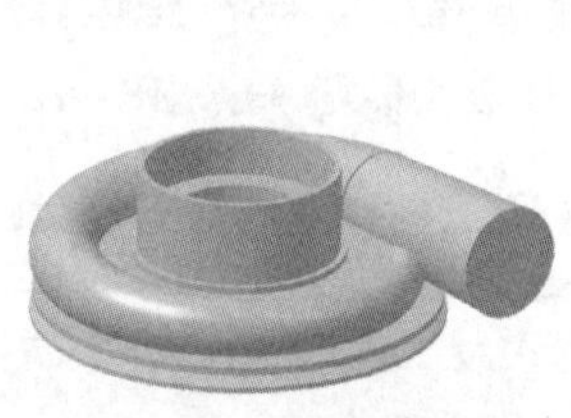
图 20.21 旋转特征 2

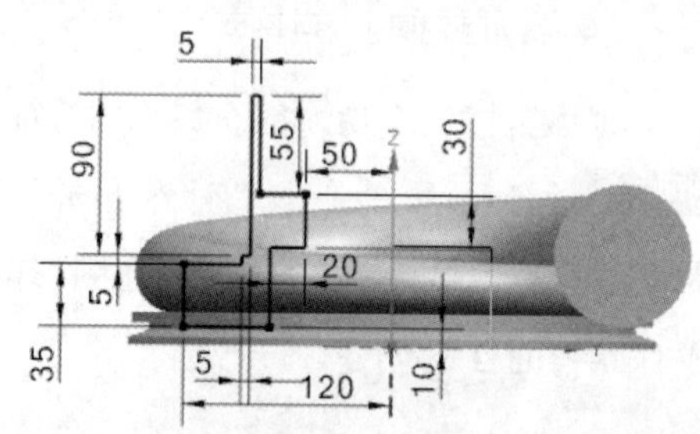

图 20.22 截面草图

Step18. 创建图 20.23 所示的拉伸特征 1。选择下拉菜单插入(S) → 设计特征(E) → 拉伸(E)...命令，选取图 20.24 所示的平面为草图平面，绘制图 20.25 所示的截面草图；在“拉伸”对话框限制区域的开始下拉列表中选择值选项，并在其下的距离文本框中输入值 0；在限制区域的结束下拉列表中选择值选项，并在其下的距离文本框中输入值 40；在布尔区域的下拉列表中选择求和选项，采用系统默认的求和对象，单击< 确定 >按钮，完成拉伸特征 1 的创建。

图 20.23 拉伸特征 1

图 20.24 草图平面

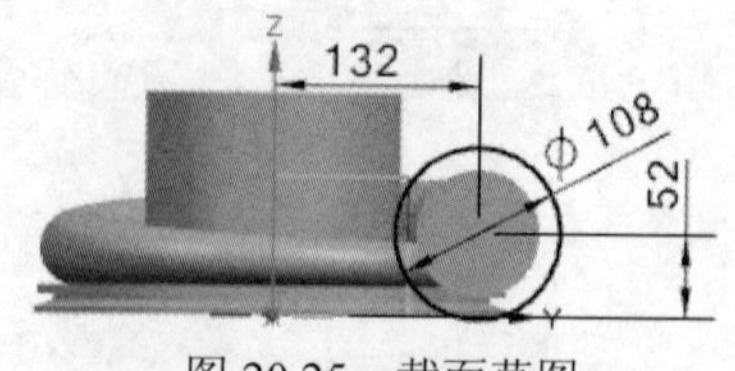

图 20.25 截面草图

Step19. 创建图 20.26 所示的拉伸特征 2。选择下拉菜单插入(S) → 设计特征(E) → 拉伸(E)...命令，选取图 20.27 所示的平面为草图平面，绘制图 20.28 所示的截面草图；在“拉伸”对话框限制区域的开始下拉列表中选择值选项，并在其下的距离文本框中输入值

0；在限制区域的结束下拉列表中选择值选项，并在其下的距离文本框中输入值 20；在布尔区域的下拉列表中选择求和选项，采用系统默认的求和对象，单击< 确定 >按钮，完成拉伸特征 2 的创建。

图 20.26 拉伸特征 2

图 20.27 草图平面

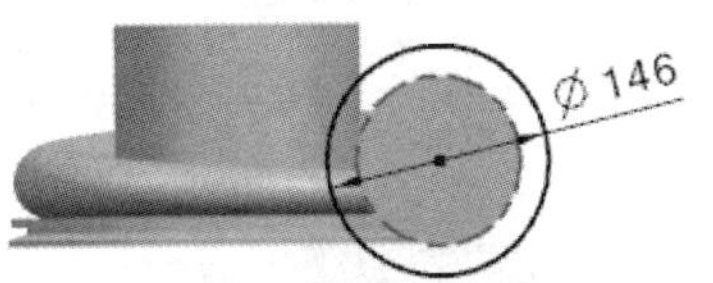

图 20.28 截面草图

Step20. 创建图 20.29 所示的孔特征 1。选择下拉菜单插入(S) → 设计特征(E) → 孔(H)...命令（或单击按钮），系统弹出“孔”对话框；在类型下拉列表中选择常规孔选项，单击“孔”对话框中的“绘制截面”按钮，然后在绘图区域中选取图 20.30 所示的孔的放置面，单击确定按钮，系统自动弹出“草图点”对话框，首先确认“选择条”工具条中的按钮被按下，再单击“草图点”对话框中的按钮，在系统弹出的“点”对话框，在类型下拉列表中选择圆弧中心/椭圆中心/球心选项，选取图 20.31 所示的圆弧为孔的放置参照，单击确定按钮，完成点的创建，单击关闭按钮，关闭“草图点”对话框；单击完成草图按钮，退出草图环境；在成形下拉列表中选择简单选项，在直径文本框中输入值 96，在深度限制下拉列表中选择值选项，在深度文本框中输入值 39，在顶锥角文本框中输入值 0，其余参数采用系统默认设置，完成孔特征 1 的创建。

图 20.29 孔特征 1

图 20.30 定义孔放置面

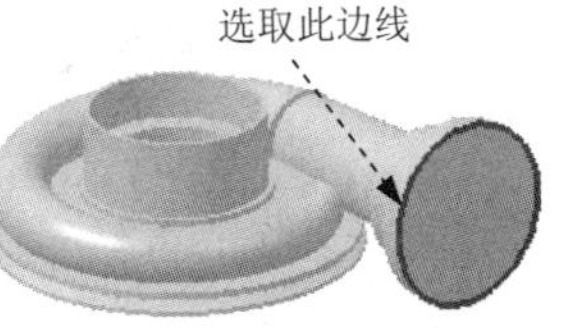

图 20.31 孔定位

Step21. 创建图 20.32 所示的草图 5。选择下拉菜单插入(S) → 在任务环境中绘制草图(V)...命令，系统弹出“创建草图”对话框；选取图 20.33 所示的平面为草图平面，单击“创建草图”对话框中的确定按钮；进入草图环境，绘制图 20.32 所示的草图 5；选择下拉菜单任务(K) → 完成草图(K)命令（或单击完成草图按钮），退出草图环境。

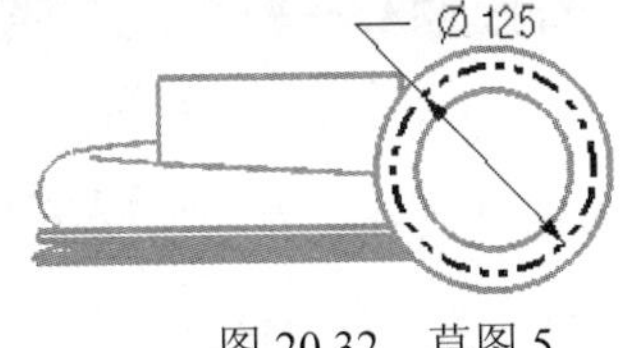

图 20.32 草图 5

图 20.33 定义草图平面

Step22. 创建图 20.34 所示的孔特征 2。选择下拉菜单插入(S) → 设计特征(E) → 孔(H)...命令（或单击按钮），系统弹出“孔”对话框；在类型下拉列表中选择常规孔选项；单击位置区域中的按钮，系统弹出“创建草图”对话框，选取图 20.35 所示的平面为孔的放置平面，单击确定按钮，进入草图环境；在系统弹出的“草图点”对话框中单击按钮，系统弹出“点”对话框，在类型下拉列表中选择点在曲线/边上选项，在绘图区域中选取图 20.36 所示的圆弧边线，在位置下拉列表中选择弧长百分比选项，在弧长百分比文本框中输入值 50，单击确定按钮，完成点的创建。单击完成草图按钮，退出草图环境；在成形下拉列表中选择简单选项，在直径文本框中输入值 12，在深度限制下拉列表中选择直至下一个选项，其余参数采用系统默认设置，完成孔特征 2 的创建。

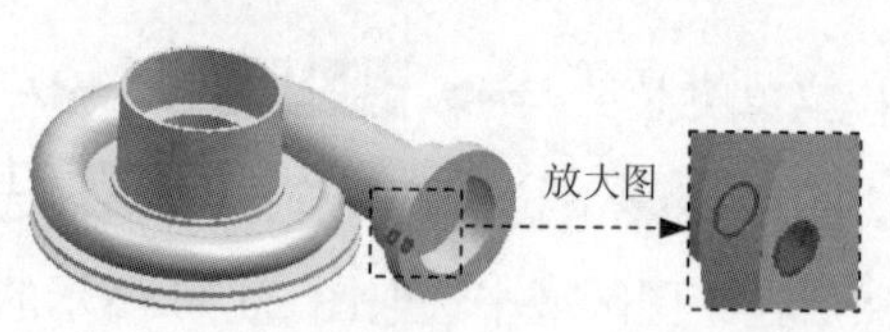

图 20.34　孔特征 2

图 20.35　定义孔放置面

图 20.36　定义孔通过面

Step23. 创建图 20.37 所示的基准轴。选择下拉菜单 插入(S) → 基准/点(D) → 基准轴(A)... 命令，系统弹出“基准轴”对话框；在类型区域中选择曲线/面轴选项，单击按钮后，在绘图区域中选取图 20.38 所示的曲面；单击< 确定 >按钮，完成基准轴的创建。

Step24. 创建图 20.39 所示的阵列特征。选择下拉菜单 插入(S) → 关联复制(A) → 阵列特征(A)... 命令，系统弹出“阵列特征”对话框；在绘图区选取 Step22 所创建的孔特征 2；在“对形成图样的特征”对话框的布局下拉列表中选择圆形选项；在“对形成图样的特征”对话框的旋转轴区域中单击指定矢量命令，选取图 20.37 所示的基准轴为旋转轴，在角度方向区域的间距下拉列表中选择数量和节距选项，在数量文本框中输入值 3，并在角度文本框中输入值 120；单击确定按钮，完成阵列特征的创建。

图 20.37　基准轴

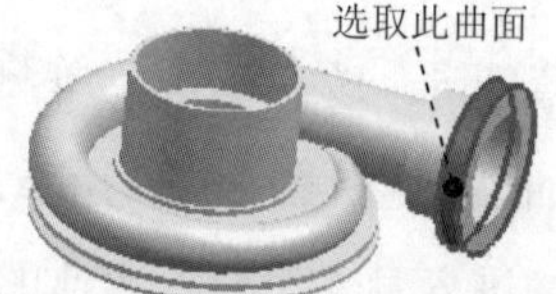

图 20.38　定义基准轴依附面

图 20.39　阵列特征

Step25. 设置隐藏。选择下拉菜单 编辑(E) → 显示和隐藏(H) → 隐藏(H)... 命令（或单击按钮），系统弹出“类选择”对话框；单击“类选择”对话框过滤器区域中的按钮，系统弹出“根据类型选择”对话框，按住 Ctrl 键，选择对话框列表中的曲线、草图、片体和基准选项，单击确定按钮。系统再次弹出“类选择”对话框，单击对话框对象区域中的“全选”按钮；单击对话框中的确定按钮，完成设置对象的隐藏。

Step26. 保存零件模型。选择下拉菜单 文件(F) → 保存(S) 命令，即可保存零件模型。

实例 21 垃圾箱上盖

实例概述:

本实例介绍了垃圾箱上盖的设计过程，本例模型的难点在于模型两侧曲面的创建及模型底部外形的创建。而本例中对于这两点的处理只是运用了非常基础的命令。希望通过对此例的学习，使读者对简单命令有更好的理解。零件模型及相应的模型树如图 21.1 所示。

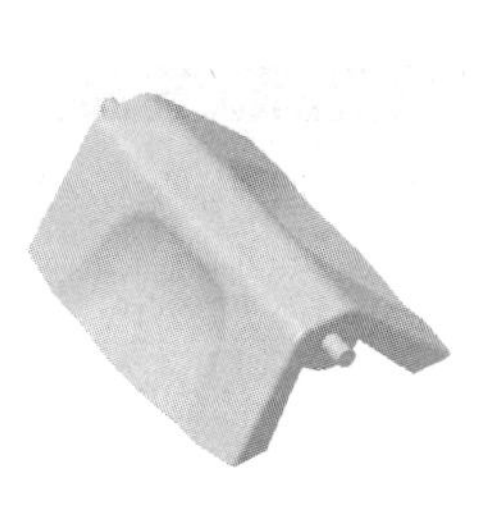

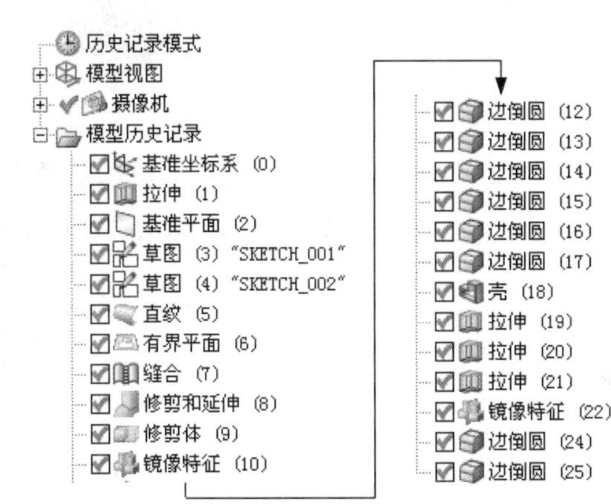

图 21.1 零件模型及模型树

Step1. 新建文件。选择下拉菜单 文件(F) ➡ 新建(N)... 命令，系统弹出“新建”对话框。在 模型 选项卡的 模板 区域中选取模板类型为 模型；在 名称 文本框中输入文件名称 disbin_cover；单击 确定 按钮，进入建模环境。

Step2. 创建图 21.2 所示的拉伸特征 1。选择下拉菜单 插入(S) ➡ 设计特征(E) ➡ 拉伸(E)... 命令（或单击按钮），系统弹出“拉伸”对话框；单击“拉伸”对话框中的“绘制截面”按钮，系统弹出“创建草图”对话框，选中 ☑ 创建中间基准 CSYS 复选框。选取 ZX 基准平面为草图平面，单击 确定 按钮，进入草图环境，绘制图 21.3 所示的截面草图，选择下拉菜单 任务(K) ➡ 完成草图(K) 命令（或单击 完成草图 按钮），退出草图环境；在“拉伸”对话框 限制 区域的 开始 下拉列表中选择 值 选项，并在其下的 距离 文本框中输入值-100；在 限制 区域的 结束 下拉列表中选择 值 选项，并在其下的 距离 文本框中输入值 100，其他参数采用系统默认设置；单击 <确定> 按钮，完成拉伸特征 1 的创建。

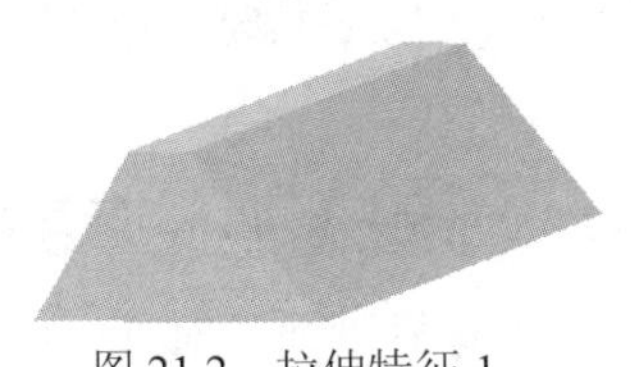

图 21.2 拉伸特征 1

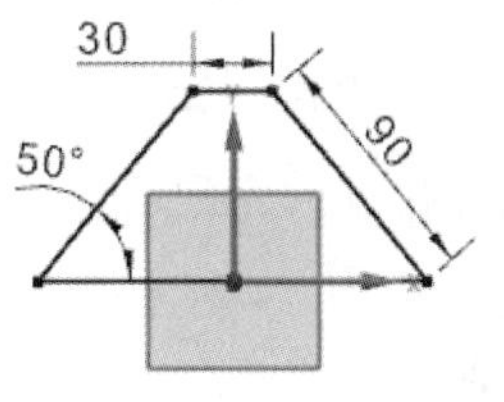

图 21.3 截面草图

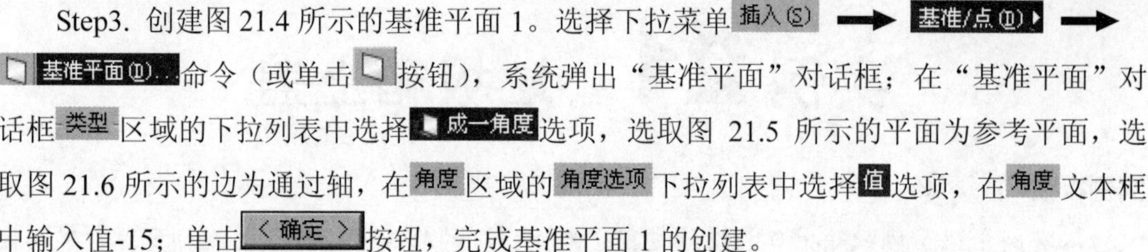

Step3. 创建图 21.4 所示的基准平面 1。选择下拉菜单 插入(S) → 基准/点(D) → 基准平面(D)... 命令（或单击 按钮），系统弹出“基准平面”对话框；在“基准平面”对话框 类型 区域的下拉列表中选择 成一角度 选项，选取图 21.5 所示的平面为参考平面，选取图 21.6 所示的边为通过轴，在 角度 区域的 角度选项 下拉列表中选择 值 选项，在 角度 文本框中输入值-15；单击 <确定> 按钮，完成基准平面 1 的创建。

图 21.4　创建基准平面 1

图 21.5　选择参考平面

图 21.6　选择通过轴

Step4. 创建图 21.7 所示的草图 1。选择下拉菜单 插入(S) → 在任务环境中绘制草图(V)... 命令，系统弹出“创建草图”对话框，取消选中 创建中间基准 CSYS 复选框；单击 按钮，选取基准平面 1 为草图平面，单击 确定 按钮；进入草图环境，绘制图 21.8 所示的草图 1；选择下拉菜单 任务(K) → 完成草图(K) 命令（或单击 完成草图 按钮），退出草图环境。

图 21.7　草图 1（建模环境）

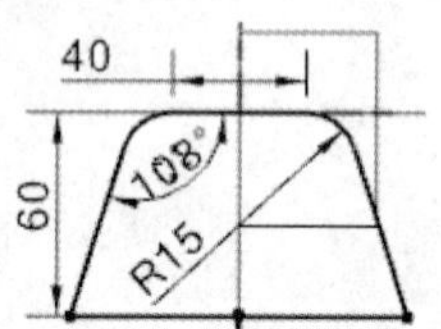

图 21.8　草图 1（草图环境）

Step5. 创建图 21.9 所示的草图 2。选择下拉菜单 插入(S) → 在任务环境中绘制草图(V)... 命令，系统弹出“创建草图”对话框。选取图 21.10 所示的草图平面；绘制图 21.11 所示的草图；选择下拉菜单 任务(K) → 完成草图(K) 命令，退出草图环境。

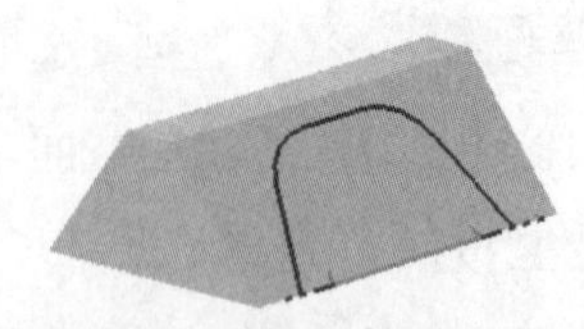

图 21.9　草图 2（建模环境）

图 21.10　选取草图平面

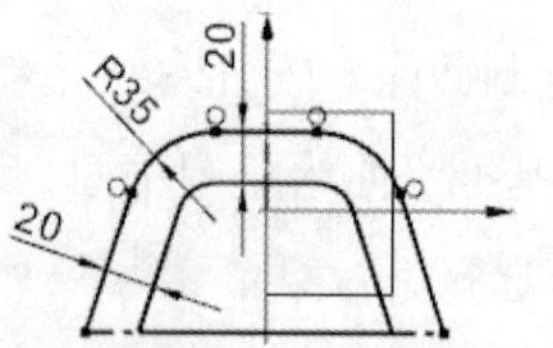

图 21.11　草图 2（草图环境）

Step6. 创建图 21.12 所示的直纹面特征。选择下拉菜单 插入(S) → 网格曲面(M) → 直纹(R)... 命令，系统弹出“直纹”对话框；依次选取图 21.13 所示的曲线 1 和曲线 2 为截面曲线，并分别单击中键确认，将 对齐 区域的对齐方式设置为 根据点；单击 <确定> 按钮，完成直纹面特征的创建。

Step7. 创建图 21.14 所示的有界平面特征。选择下拉菜单 插入(S) → 曲面(R) → 有界平面(B)... 命令，系统弹出“有界曲面”对话框；在“有界平面”对话框中单击 按钮，选取图 21.13 所示的曲线；单击< 确定 >按钮，完成有界平面特征的创建。

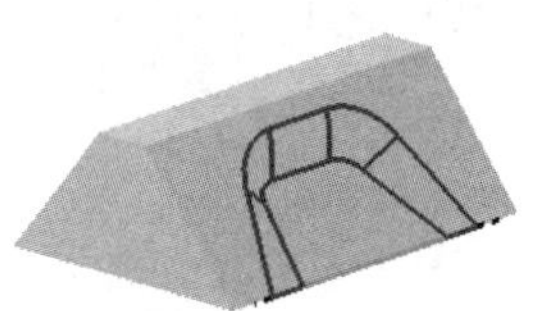
图 21.12 直纹面特征

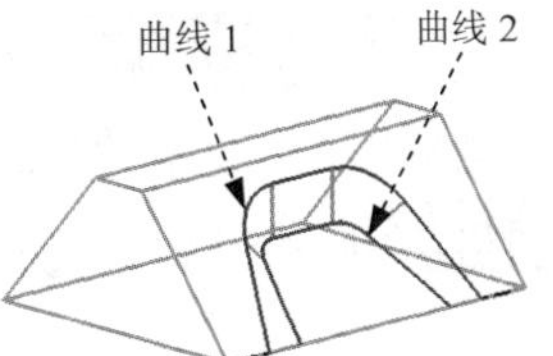

图 21.13 选择截面曲线

Step8. 曲面缝合。选择下拉菜单插入(S) → 组合(B) → 缝合(W)...命令，系统弹出“缝合”对话框；在类型区域的下拉列表中选择片体选项；选择图 21.12 所示的曲面为目标体；选择图 21.14 所示的有界平面特征为工具体；其他参数采用系统默认设置；单击确定按钮，完成缝合曲面的操作。

Step9. 创建图 21.15 所示的曲面修剪和延伸特征。选择下拉菜单插入(S) → 修剪(T) → 修剪与延伸(N)...命令，系统弹出“修剪和延伸”对话框；在类型区域的下拉列表中选择按距离选项。在要移动的边区域中单击按钮，选取图 21.16 所示的边，在延伸区域的距离文本框中输入值 10，在设置区域的延伸方法下拉列表框中选择自然曲率选项，其他参数采用系统默认设置；单击< 确定 >按钮，完成曲面修剪和延伸操作。

说明： 此处为了便于选取延伸边，可以将实体、草图及基准特征隐藏。

图 21.14 有界平面特征

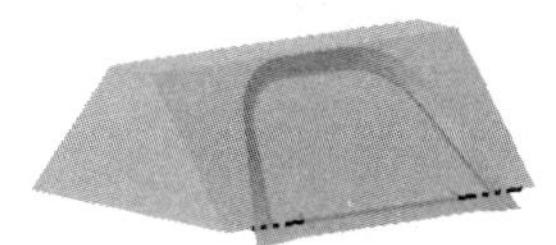
图 21.15 修剪和延伸特征

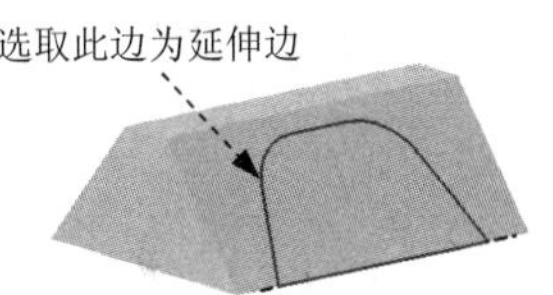

图 21.16 定义修剪和延伸边

Step10. 创建图 21.17 所示的实体修剪特征。选择下拉菜单插入(S) → 修剪(T) → 修剪体(T)...命令，系统弹出“修剪体”对话框；选择图 21.18 所示的实体为目标体；选择图 21.19 所示的曲面为工具体；单击“反向”按钮，使修剪结果如图 21.17 所示；其他参数采用系统默认设置；单击< 确定 >按钮，完成实体修剪特征的操作。

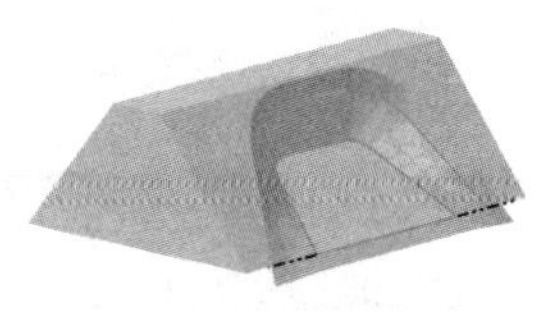
图 21.17 实体修剪特征

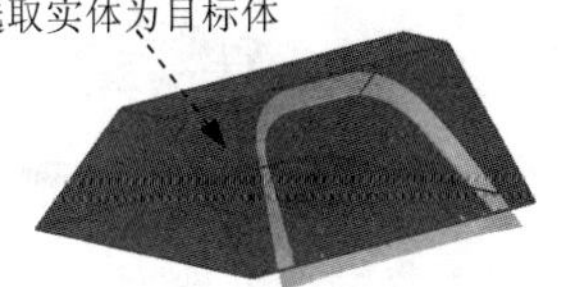

图 21.18 定义目标体

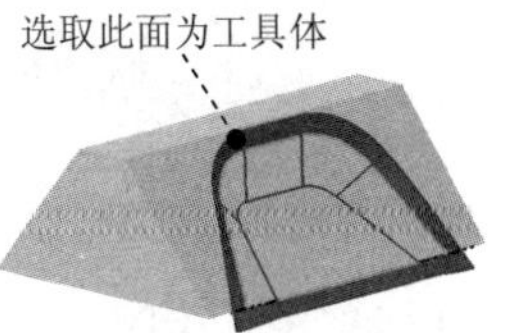

图 21.19 定义工具体

Step11. 创建图 21.20 所示的镜像特征 1。选择下拉菜单插入(S) → 关联复制(A) → 镜像特征(M)...命令，系统弹出“镜像特征”对话框；选取图 21.17 所示的实体修剪特征为镜像特征，并单击中键确认；选取 YZ 基准平面为镜像平面；单击确定按钮，完成镜像特征 1 的创建。

Step12. 创建图 21.21 所示的边倒圆特征 1（隐藏片体）。选择下拉菜单 插入(S) → 细节特征(L) → 边倒圆(E)... 命令(或单击按钮)，系统弹出“边倒圆”对话框；在 要倒圆的边 区域中单击按钮，选取图 21.22 所示的边线为边倒圆参照，并在 半径 1 文本框中输入值 40；单击 < 确定 > 按钮，完成边倒圆特征 1 的创建。

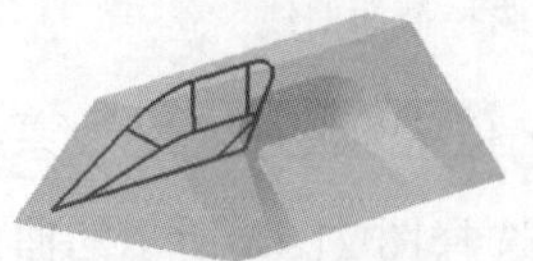

图 21.20 镜像特征 1

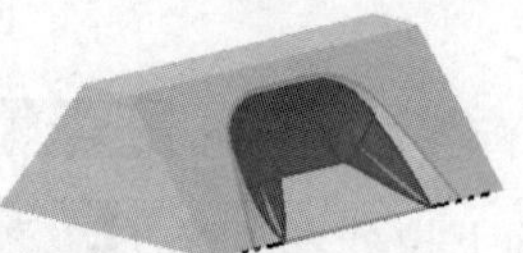

图 21.21 边倒圆特征 1

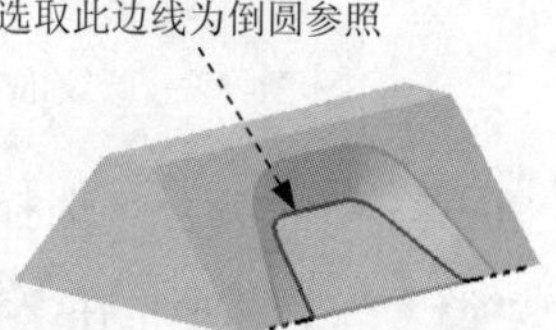

图 21.22 选取边倒圆参照

Step13. 创建边倒圆特征 2。参照 Step12 创建模型另一侧边倒圆特征，结果如图 21.23 所示。

Step14. 创建图 21.24 所示的边倒圆特征 3。选择下拉菜单 插入(S) → 细节特征(L) → 边倒圆(E)... 命令，选取图 21.25 所示的边线为边倒圆参照，并在 半径 1 文本框中输入值 10；单击 < 确定 > 按钮，完成边倒圆特征 3 的创建。

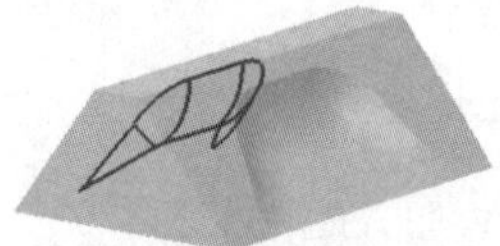

图 21.23 边倒圆特征 2

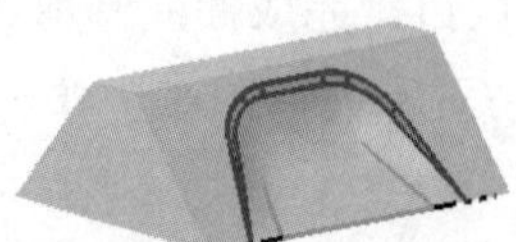

图 21.24 边倒圆特征 3

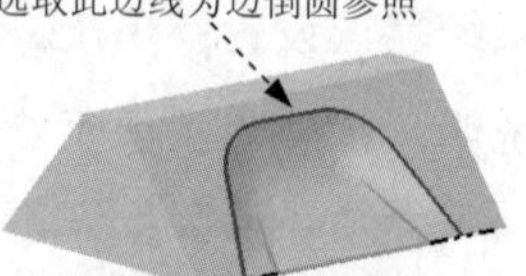

图 21.25 选取边倒圆参照

Step15. 创建边倒圆特征 4。参照 Step14 创建模型另一侧边倒圆特征，结果如图 21.26 所示。

Step16. 创建图 21.27 所示的边倒圆特征 5。选择下拉菜单 插入(S) → 细节特征(L) → 边倒圆(E)... 命令（或单击按钮），系统弹出“边倒圆”对话框；在 要倒圆的边 区域中单击按钮，选取图 21.28 所示的边线为边倒圆参照，并在 半径 1 文本框中输入值 10；单击 < 确定 > 按钮，完成边倒圆特征 5 的创建。

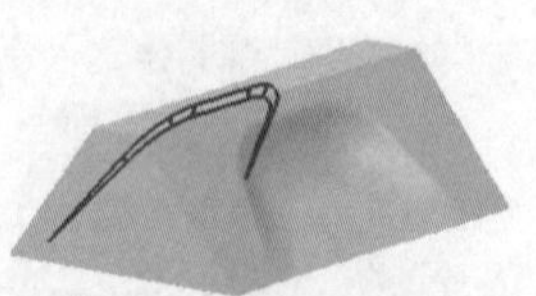

图 21.26 边倒圆特征 4

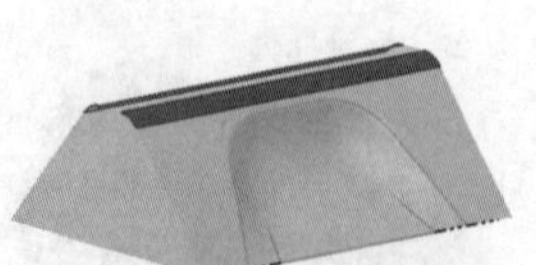

图 21.27 边倒圆特征 5

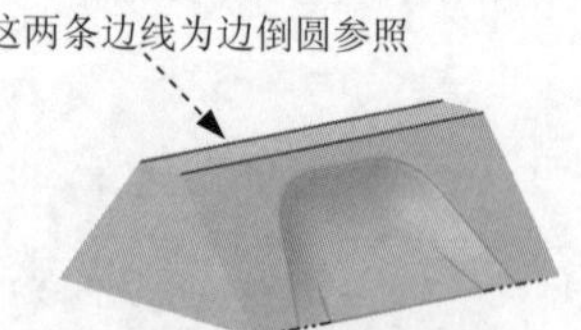

图 21.28 选取边倒圆参照

Step17. 创建图 21.29 所示的边倒圆特征 6。选择下拉菜单 插入(S) → 细节特征(L) → 边倒圆(E)... 命令（或单击按钮），系统弹出“边倒圆”对话框；在 要倒圆的边 区域中单击按钮，选取图 21.30 所示的边线为边倒圆参照，并在 半径 1 文本框中输入值 4；单击 < 确定 > 按钮，完成边倒圆特征 6 的创建。

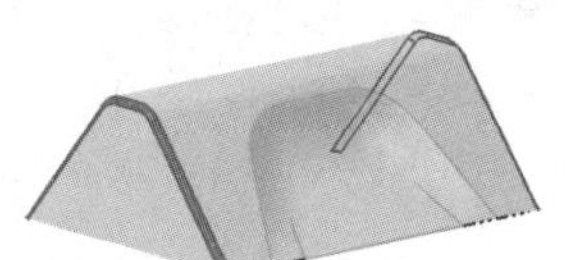

图 21.29 边倒圆特征 6

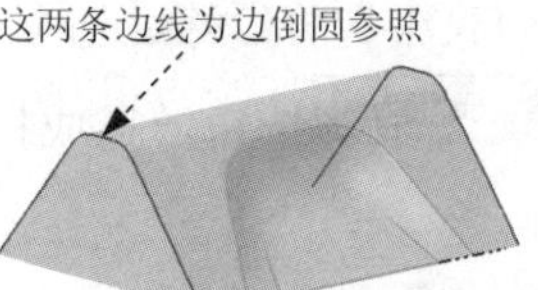

图 21.30 选取边倒圆参照

Step18. 创建图 21.31 所示的抽壳特征。选择下拉菜单插入(S) → 偏置/缩放(O) → 抽壳(H)... 命令（或单击按钮），系统弹出“抽壳”对话框；在类型区域的下拉列表中选择移除面，然后抽壳选项；在要穿透的面区域中单击按钮，选取图 21.32 所示的面为移除面，并在厚度文本框中输入值 1.5，采用系统默认抽壳方向；单击< 确定 >按钮，完成抽壳特征的创建。

图 21.31 抽壳特征

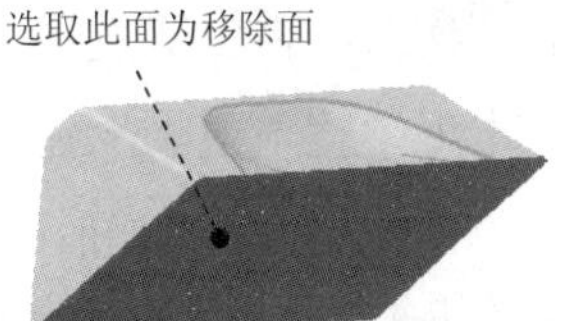

图 21.32 定义移除面

Step19. 创建图 21.33 所示的拉伸特征 2。选择下拉菜单插入(S) → 设计特征(E) → 拉伸(E)...命令（或单击按钮），系统弹出“拉伸”对话框；单击“拉伸”对话框中的“绘制截面”按钮，系统弹出“创建草图”对话框。单击按钮，选取 YZ 平面为草图平面，单击确定按钮，进入草图环境，绘制图 21.34 所示的截面草图，选择下拉菜单任务(K) → 完成草图(K)命令（或单击完成草图按钮），退出草图环境；在“拉伸”对话框限制区域的开始下拉列表中选择值选项，并在其下的距离文本框中输入值-100，在限制区域的结束下拉列表中选择值选项，并在其下的距离文本框中输入值 100；在布尔区域的下拉菜单中选择求差选项，其他参数采用系统默认设置；单击< 确定 >按钮，完成拉伸特征 2 的创建。

图 21.33 拉伸特征 2

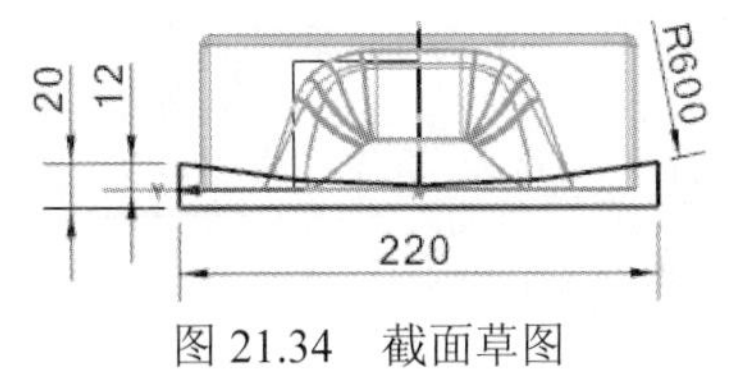

图 21.34 截面草图

Step20. 创建图 21.35 所示的拉伸特征 3。选择下拉菜单插入(S) → 设计特征(E) → 拉伸(E)...命令（或单击按钮），选取图 21.36 所示的平面为草图平面，进入草图环境，绘制图 21.37 所示的截面草图；在“拉伸”对话框的方向区域中单击“反向”按钮，在限制区域的开始下拉列表中选择值选项，并在其下的距离文本框中输入值 0，在限制区域的

结束下拉列表中选择贯通选项；在布尔区域中选择求差选项；其他参数采用系统默认设置；单击< 确定 >按钮，完成拉伸特征 3 的创建。

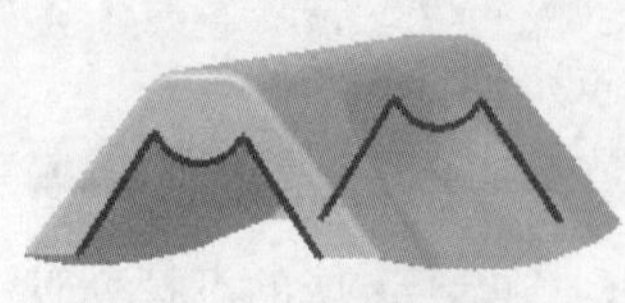
图 21.35　拉伸特征 3

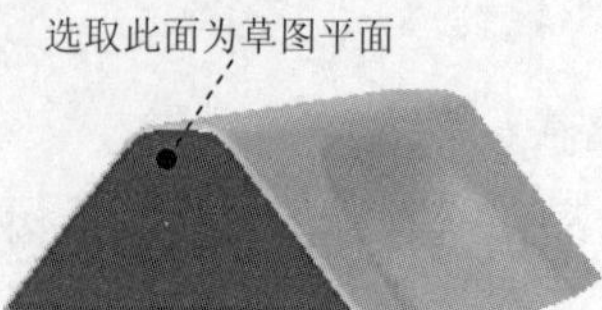

图 21.36　定义草图平面

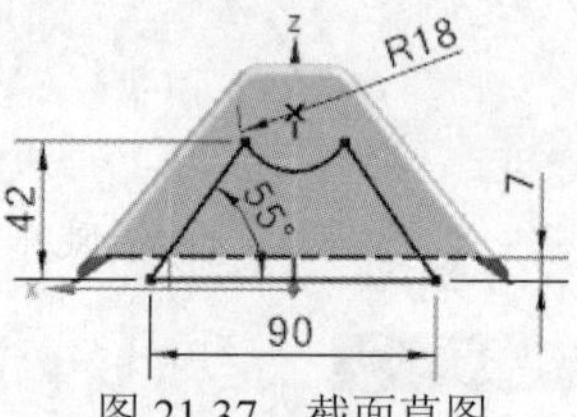

图 21.37　截面草图

Step21. 创建图 21.38 所示的拉伸特征 4。选择下拉菜单插入(S) → 设计特征(E) → 拉伸(E)...命令（或单击按钮），选取图 21.39 所示平面为草图平面，进入草图环境，绘制图 21.40 所示的截面草图；在“拉伸”对话框限制区域的开始下拉列表中选择值选项，并在其下的距离文本框中输入值 0；在限制区域的结束下拉列表中选择值选项，并在其下的距离文本框中输入值 15；在布尔区域的下拉列表中选择求和选项；其他参数采用系统默认设置；单击< 确定 >按钮，完成拉伸特征 4 的创建。

Step22. 创建图 21.41 所示的镜像特征 2。选择下拉菜单插入(S) → 关联复制(A) → 镜像特征(M)...命令，系统弹出“镜像特征”对话框；选取图 21.38 所示的拉伸特征 4 为镜像特征，并单击中键确认；选取 ZX 基准平面为镜像平面；单击确定按钮，完成镜像特征 2 的创建。

图 21.38　拉伸特征 4

图 21.39　定义草图平面

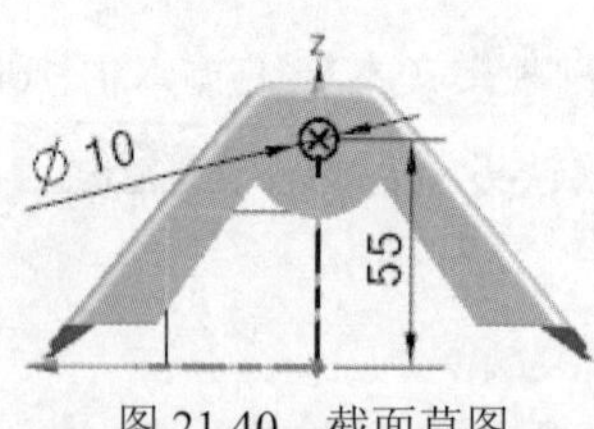

图 21.40　截面草图

图 21.41　镜像特征 2

Step23. 后面的详细操作过程请参见随书光盘中 video\ch21\reference\文件下的语音视频讲解文件 disbin_cover-r01.avi。

实例 22 电风扇底座

实例概述:

本实例介绍了电风扇底座的设计过程。此模型的外形设计是本例的一个亮点，另外对一些装饰特征的创建也不容小觑，更重要的是，在这些设计过程中相应命令的运用是非常巧妙的。零件模型及相应的模型树如图 22.1 所示。

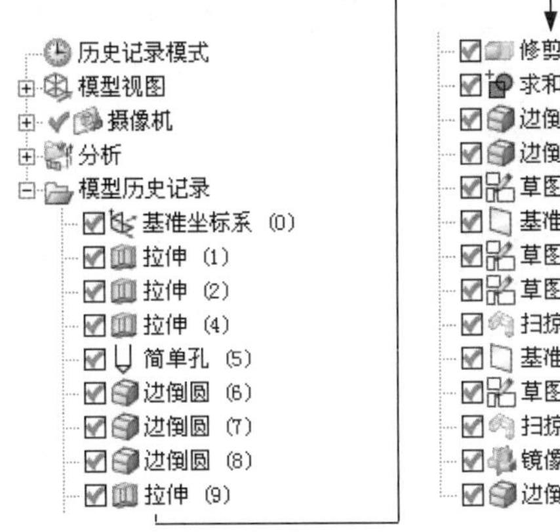

图 22.1 零件模型及模型树

Step1. 新建文件。选择下拉菜单文件(F) → 新建(N)... 命令，系统弹出“新建”对话框。在模型选项卡的模板区域中选择模板类型为模型；在名称文本框中输入文件名称 fan_base；单击确定按钮，进入建模环境。

Step2. 创建图 22.2 所示的拉伸特征 1。选择下拉菜单插入(S) → 设计特征(E) → 拉伸(E)... 命令（或单击按钮），系统弹出“拉伸”对话框；单击对话框中的“绘制截面”按钮，系统弹出“创建草图”对话框。单击按钮，选取 XY 基准平面为草图平面，选中设置区域的☑ 创建中间基准 CSYS 复选框，单击确定按钮，进入草图环境，绘制图 22.3 所示的截面草图，选择下拉菜单任务(K) → 完成草图(K) 命令（或单击完成草图按钮），退出草图环境；在“拉伸”对话框限制区域的开始下拉列表中选择值选项，并在其下的距离文本框中输入值 0；在限制区域的结束下拉列表中选择值选项，并在其下的距离文本框中输入值 50，其他参数采用系统默认设置；单击对话框中的< 确定 >按钮，完成拉伸特征 1 的创建。

图 22.2 拉伸特征 1

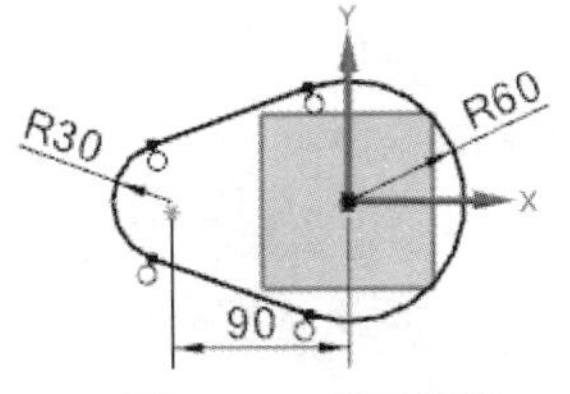

图 22.3 截面草图

Step3. 创建图 22.4 所示的拉伸特征 2。选择下拉菜单插入(S) → 设计特征(E) → 拉伸(E)...命令（或单击按钮），系统弹出“拉伸”对话框；单击对话框中的“绘制截面”按钮，系统弹出“创建草图”对话框。单击按钮，选取 ZX 基准平面为草图平面，取消选中设置区域的□ 创建中间基准 CSYS 复选框，单击确定按钮，进入草图环境，绘制图 22.5 所示的截面草图，选择下拉菜单任务(K) → 完成草图(K)命令（或单击完成草图按钮），退出草图环境；在“拉伸”对话框限制区域的开始下拉列表中选择对称值选项，并在其下的距离文本框中输入值 12.5，在布尔区域的下拉列表中选择无选项；其他参数采用系统默认设置；单击对话框中的< 确定 >按钮，完成拉伸特征 2 的创建。

图 22.4 拉伸特征 2

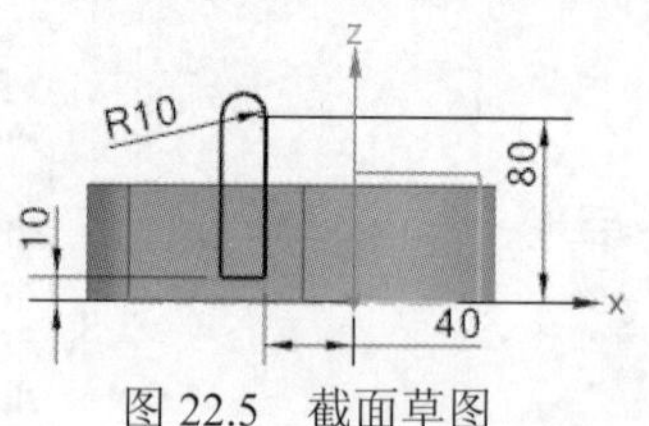

图 22.5 截面草图

Step4. 创建图 22.6 所示的拉伸特征 3。选择下拉菜单插入(S) → 设计特征(E) → 拉伸(E)...命令，系统弹出“拉伸”对话框；选取图 22.7 所示的模型表面为草图平面，绘制图 22.8 所示的截面草图；在“拉伸”对话框中单击方向区域的“反向”按钮，调整拉伸方向；在限制区域的开始下拉列表中选择值选项，并在其下的距离文本框中输入值 0；在限制区域的结束下拉列表中选择值选项，并在其下的距离文本框中输入值 15；在布尔区域的下拉列表中选择求差选项，选择拉伸特征 2 作为布尔求差运算的对象；其他参数采用系统默认设置；单击< 确定 >按钮，完成拉伸特征 3 的创建。

图 22.6 拉伸特征 3

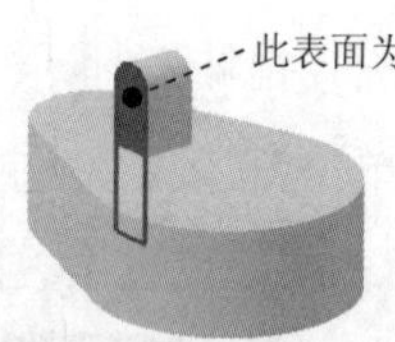

图 22.7 定义草图平面

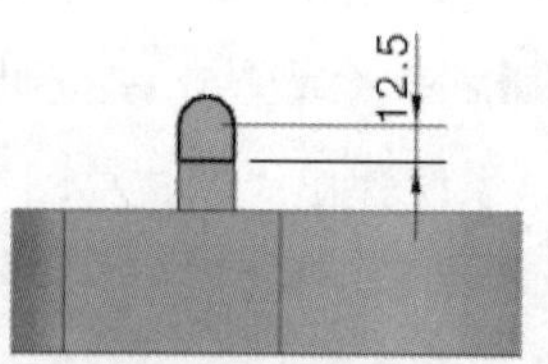

图 22.8 截面草图

Step5. 创建图 22.9 所示的孔特征。选择下拉菜单插入(S) → 设计特征(E) → 孔(H)...命令，系统弹出“孔”对话框；在类型下拉列表框中选择常规孔选项，单击“孔”对话框中的“绘制截面”按钮，然后在绘图区域中选取图 22.10 所示的孔的放置面，单击确定按钮，系统自动弹出“草图点”对话框，在“草图点”对话框中单击按钮，在系统弹出的“点”对话框的类型下拉列表中选择圆弧中心/椭圆中心/球心选项，选取图 22.11 所示的圆弧为孔的放置参照，单击确定按钮，完成点的创建；单击关闭按钮，关闭“草图点”对话框，然后单击完成草图按钮，退出草图环境；在成形下拉列表框中选择简单选项，在直径文本框中输入值 9，在深度限制下拉列表中选择贯通体选项，其余参数采用系统默认设置，完成孔特征的创建。

图 22.9 孔特征

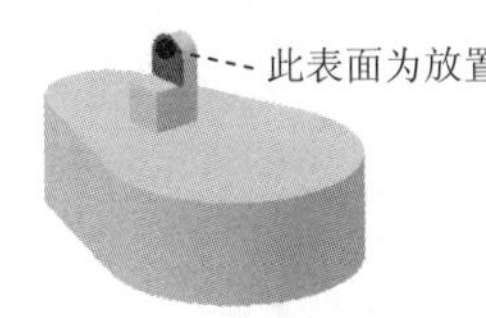

图 22.10 定义孔位置参照

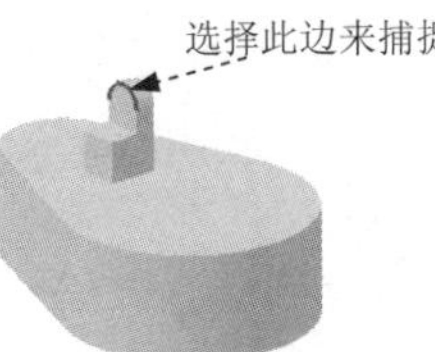

图 22.11 定义孔中心

Step6. 创建图 22.12 所示的边倒圆特征 1。选择下拉菜单插入(S) → 细节特征(L) → 边倒圆(E)...命令（或单击按钮），系统弹出“边倒圆”对话框；选取图 22.13 所示的两条边线为边倒圆参照，并在半径 1文本框中输入值 10；单击< 确定 >按钮，完成边倒圆特征 1 的创建。

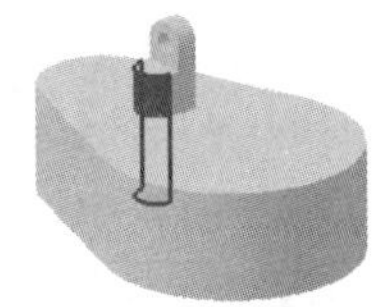

图 22.12 边倒圆特征 1

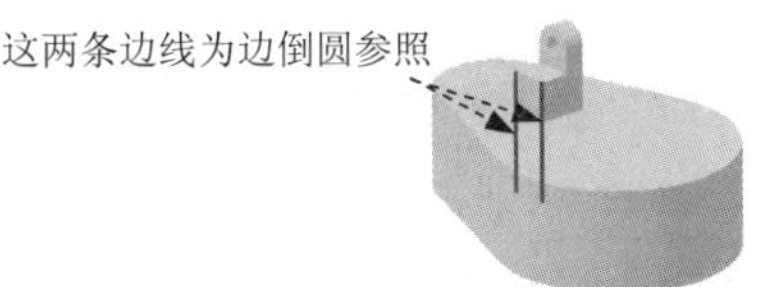

图 22.13 选取边倒圆参照

Step7. 创建图 22.14 所示的边倒圆特征 2。选择下拉菜单插入(S) → 细节特征(L) → 边倒圆(E)...命令，系统弹出“边倒圆”对话框；选取图 22.15 所示的边线为边倒圆参照，并在半径 1文本框中输入值 5；单击< 确定 >按钮，完成边倒圆特征 2 的创建。

图 22.14 边倒圆特征 2

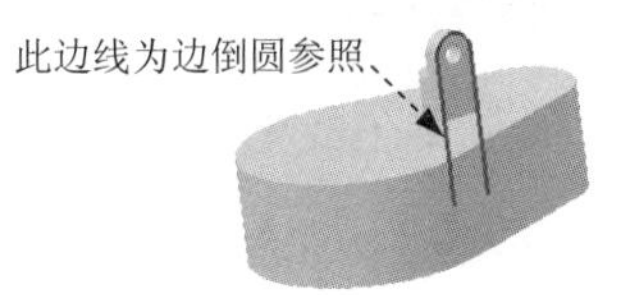

图 22.15 选取边倒圆参照

Step8. 创建图 22.16 所示的边倒圆特征 3。选择下拉菜单插入(S) → 细节特征(L) → 边倒圆(E)...命令，系统弹出“边倒圆”对话框；选择图 22.17 所示的边线为边倒圆参照；在可变半径点区域中单击按钮，系统弹出“点”对话框；选择图 22.18 所示点 1，单击“点”对话框中的确定按钮。在“边倒圆”对话框可变半径点区域的V 半径文本框中输入值 0，在位置下拉列表框中选择弧长百分比选项，在弧长百分比文本框中输入值 0，在可变半径点区域中再次单击按钮，进入第 2 个变半径点的创建；系统弹出“点”对话框，选择图 22.18 所示点 2，单击“点”对话框中的确定按钮。在“边倒圆”对话框可变半径点区域的V 半径 2文本框中输入值 5，在位置下拉列表框中选择弧长百分比选项，在弧长百分比文本框中输入值 50，在可变半径点区域中再次单击按钮，进入第 3 个变半径点的创建；参考以上的方法，选择图 22.18 所示的点 3，完成第 3 个变半径点的定义，其半径值为 0；单击< 确定 >按钮，完成变半径边倒圆特征 3 的创建。

注意：设定半径值时，也可以在系统弹出的动态输入框中输入。

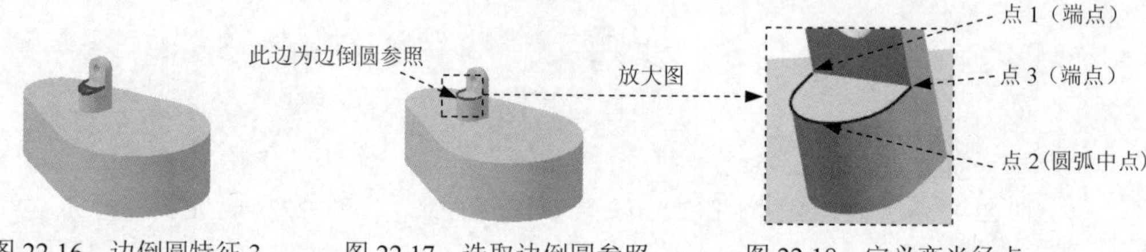

图 22.16　边倒圆特征 3　　图 22.17　选取边倒圆参照　　图 22.18　定义变半径点

Step9. 创建图 22.19 所示的拉伸特征 3。选择下拉菜单插入(S) → 设计特征(E) → 拉伸(E)...命令（或单击按钮），系统弹出“拉伸”对话框；单击对话框中的“绘制截面”按钮，系统弹出“创建草图”对话框。单击按钮，选取 ZX 基准平面为草图平面，单击确定按钮；进入草图环境，绘制图 22.20 所示的截面草图。选择下拉菜单插入(S) → 曲线(C) → 艺术样条(D)...命令（或者在草图工具栏中单击“艺术样条”按钮），系统弹出“艺术样条”对话框，在“艺术样条”对话框类型区域的下拉列表中选择根据极点选项，绘制图 22.20 所示的截面草图，在“艺术样条”对话框中单击< 确定 >按钮；双击图 22.20 所示的截面草图，选择下拉菜单分析(L) → 曲线(C) → 显示曲率梳(C)命令，在图形区显示草图曲线的曲率梳，拖动样条曲线控制点，使其曲率梳呈现图 22.21 所示的光滑的形状。选择下拉菜单分析(L) → 曲线(C) → 显示曲率梳(C)命令，取消曲率梳的显示，在“艺术样条”对话框中单击< 确定 >按钮，选择下拉菜单任务(K) → 完成草图(K)命令（或单击完成草图按钮），退出草图环境；在“拉伸”对话框限制区域的开始下拉列表中选择对称值选项，并在其下的距离文本框中输入值 75，在布尔区域的下拉列表中选择无选项，其他参数采用系统默认设置；单击对话框中的< 确定 >按钮，完成拉伸特征 3 的创建。

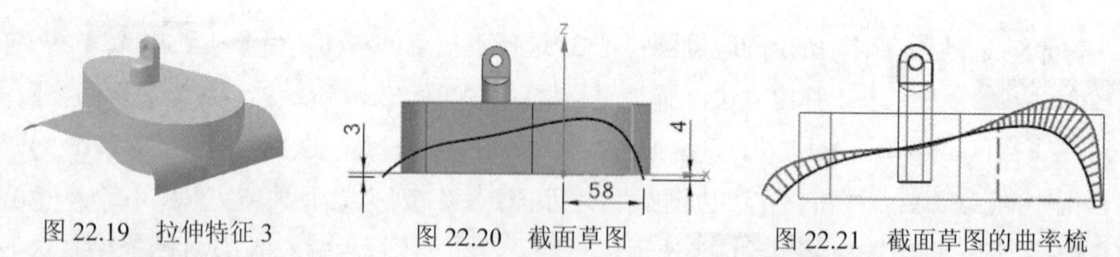

图 22.19　拉伸特征 3　　图 22.20　截面草图　　图 22.21　截面草图的曲率梳

Step10. 创建图 22.22 所示的修剪体特征。选择下拉菜单插入(S) → 修剪(T) → 修剪体(T)...命令（或单击按钮），系统弹出“修剪体”对话框；选取拉伸特征 1 为目标体；选取拉伸特征 3 为工具体（图 22.23）；可在工具区域中单击按钮，调整修剪方向；单击< 确定 >按钮，完成修剪体特征的创建。

Step11. 创建求和特征。选择下拉菜单插入(S) → 组合(B) → 求和(U)...命令，系统弹出“求和”对话框；选取图 22.24 所示的目标体和工具体；单击〈确定〉按钮，完成布尔求和特征的创建。

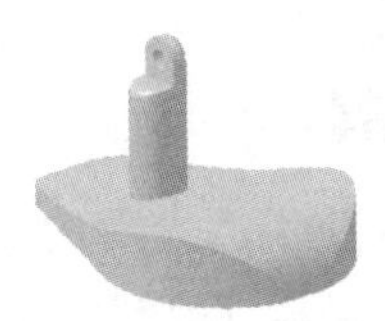

图 22.22 修剪体特征

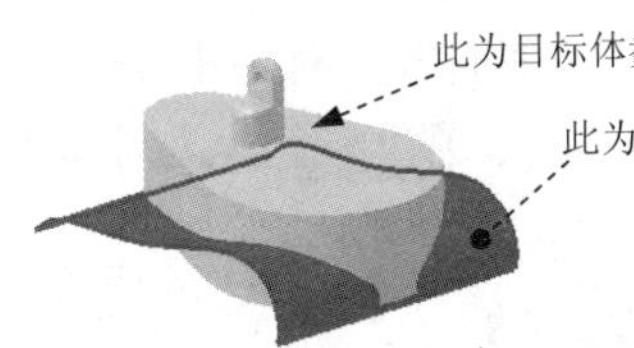

图 22.23 定义目标体和工具体

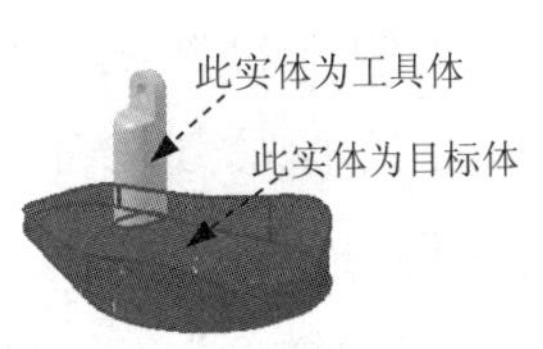

图 22.24 创建求和特征

Step12. 创建图 22.25 所示的边倒圆特征 4。选择下拉菜单插入(S) → 细节特征(L) → 边倒圆(E)...命令，系统弹出“边倒圆”对话框；选取图 22.26 所示的边线为边倒圆参照；在可变半径点区域中单击按钮，系统弹出“点”对话框，选取图 22.27 所示的 6 个点；系统重新弹出“边倒圆”对话框，分别定义此 6 个点的参数：变半径点 1 的圆角半径值为 10，弧长百分比值为 100；变半径点 2 的圆角半径值为 15，弧长百分比值为 0；变半径点 3 的圆角半径值为 8，弧长百分比值为 0；变半径点 4 的圆角半径值为 8，弧长百分比值为 0；变半径点 5 的圆角半径值为 15，弧长百分比值为 0；变半径点 6 的圆角半径值为 10，弧长百分比值为 0（具体操作步骤参照 Step8）；单击〈确定〉按钮，完成边倒圆特征 4 的创建。

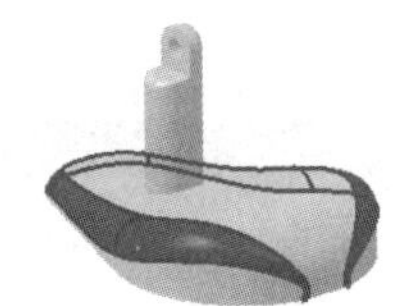
图 22.25 边倒圆特征 4

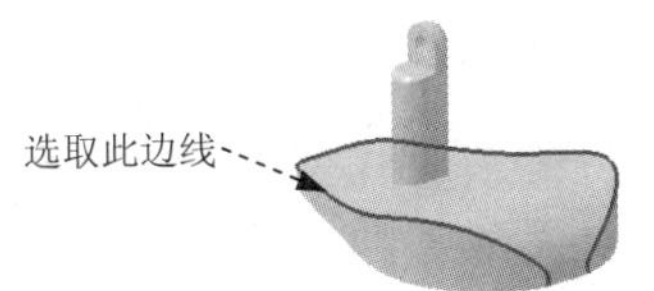

图 22.26 选取边倒圆参照

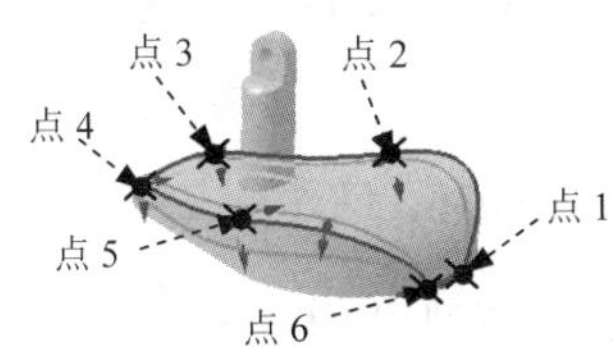

图 22.27 定义变半径点

Step13. 创建图 22.28b 所示的边倒圆特征 5。选择下拉菜单插入(S) → 细节特征(L) → 边倒圆(E)...命令（或单击按钮），系统弹出“边倒圆”对话框；选择图 22.28a 所示的边为边倒圆参照，并在半径 1文本框中输入值 20；单击〈确定〉按钮，完成边倒圆特征 5 的创建。

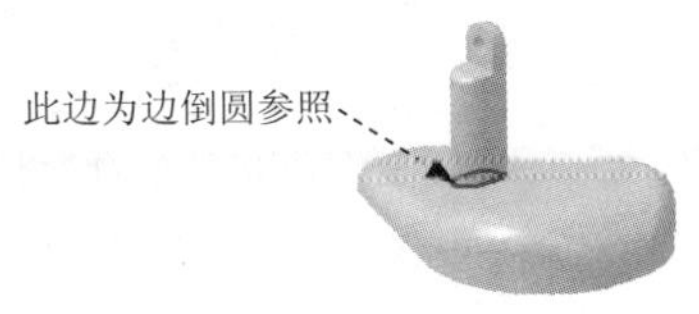

a）倒圆角前

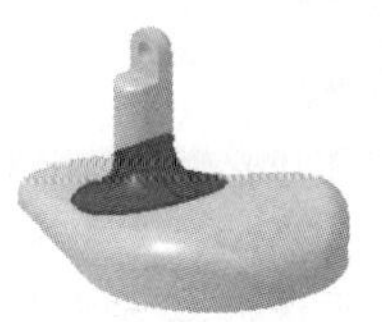
b）倒圆角后

图 22.28 边倒圆特征 5

Step14. 创建图 22.29 所示的草图 1。选择下拉菜单插入(S) → 在任务环境中绘制草图(V)...命令，系统弹出“创建草图”对话框；单击按钮，选取 ZX 基准平面为草图平面，单击确定按钮；进入草图环境，创建图 22.29 所示的草图 1。选择下拉菜单插入(S) →

曲线(C) → 艺术样条(D)...命令（或者在草图工具栏中单击“艺术样条”按钮），系统弹出“艺术样条”对话框，在“艺术样条”对话框类型区域的下拉列表中选择根据极点选项，绘制图 22.29 所示的草图 1，在“艺术样条”对话框中单击确定按钮；双击图 22.29 所示的草图 1，选择下拉菜单分析(L) → 曲线(C) → 显示曲率梳(C)命令，在图形区显示草图曲线的曲率梳，拖动草图曲线控制点，使其曲率梳呈现图 22.30 所示的光滑的形状，在“艺术样条”对话框中单击确定按钮，选择下拉菜单分析(L) → 曲线(C) → 显示曲率梳(C)命令，取消曲率梳的显示；选择下拉菜单任务(K) → 完成草图(K)命令（或单击完成草图按钮），退出草图环境。

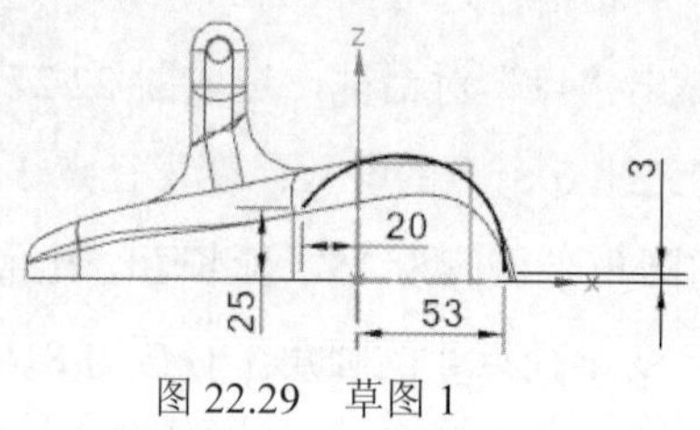

图 22.29　草图 1

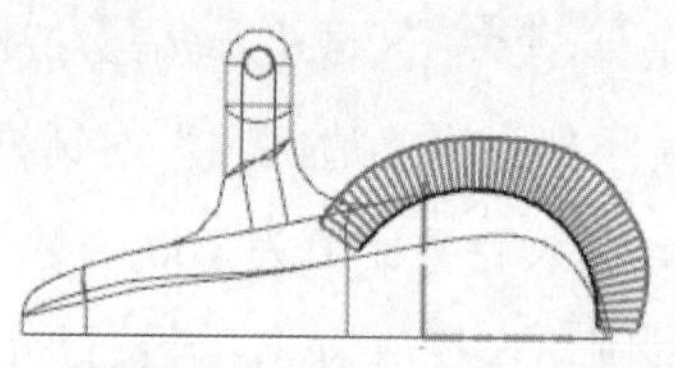
图 22.30　草图 1 的曲率梳

说明：可根据需要调整图 22.29 中的尺寸值。

Step15. 创建图 22.31 所示的基准平面 1。选择下拉菜单插入(S) → 基准/点(D) → 基准平面(D)...命令，系统弹出“基准平面”对话框；单击< 确定 >按钮，完成基准平面 1 的创建（注：具体参数和操作参见随书光盘）。

Step16. 创建图 22.32 所示的草图 2。选择下拉菜单插入(S) → 在任务环境中绘制草图(V)...命令，系统弹出“创建草图”对话框；选取基准平面 1 为草图平面；创建图 22.32 所示的草图 2，并调整草图 2 的曲线，使其曲率梳呈现图 22.33 所示的光滑的形状（具体操作步骤参照 Step14）；选择下拉菜单任务(K) → 完成草图(K)命令（或单击完成草图按钮），退出草图环境。

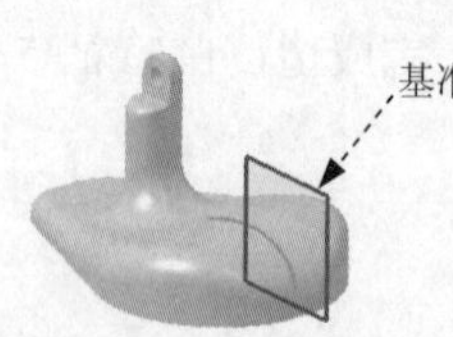

图 22.31　定义基准平面 1

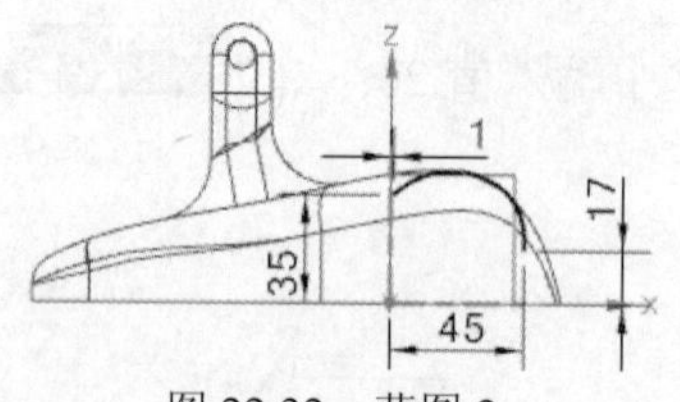

图 22.32　草图 2

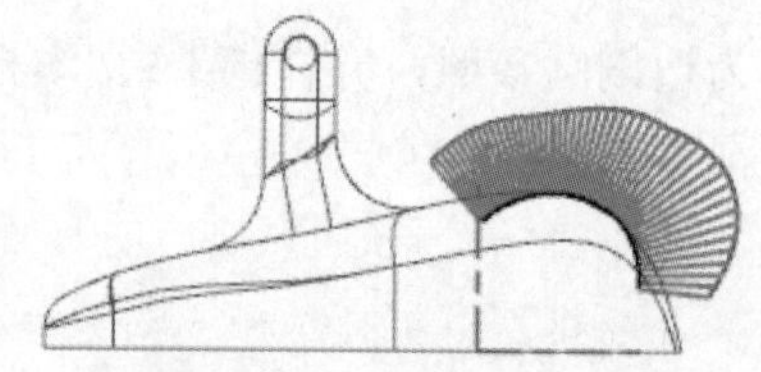
图 22.33　草图 2 的曲率梳

说明：可根据需要调整图 22.32 中的尺寸值。

Step17. 创建图 22.34 所示的草图 3。选择下拉菜单插入(S) → 在任务环境中绘制草图(V)...命令，系统弹出“创建草图”对话框；选取 XY 平面为草绘平面；绘制图 22.35 所示的草图 3（圆心与草图 1 进行“点在曲线上”约束）；选择下拉菜单任务(K) → 完成草图(K)命令（或单击完成草图按钮），退出草图环境。

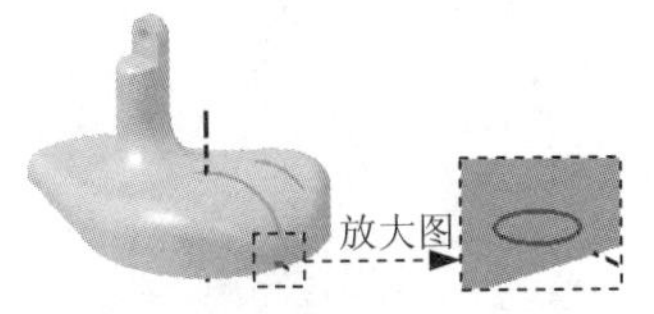

图 22.34 草图 3（建模环境）

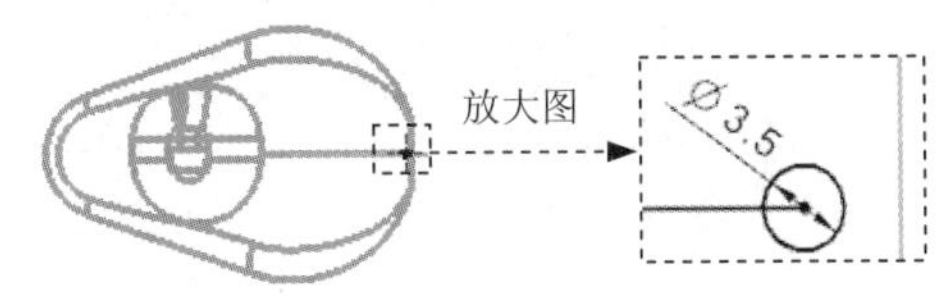

图 22.35 草图 3（草绘环境）

Step18. 创建图 22.36 所示的扫掠特征 1。选择下拉菜单 插入(S) → 扫掠(W) → 沿引导线扫掠(G)... 命令，系统弹出“沿引导线扫掠”对话框；在截面区域中单击按钮，选取草图 3 为截面线串；在引导线区域中单击按钮，选取图 22.37 所示的曲线为引导线串（此曲线为草图 1 所绘曲线）；采用系统默认的扫掠偏置值，在布尔区域的下拉列表中选择 求和 选项，单击 < 确定 > 按钮，完成扫掠特征 1 的创建。

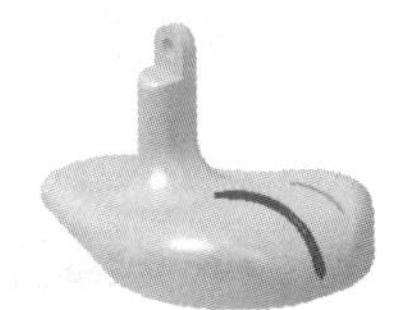

图 22.36 扫掠特征 1

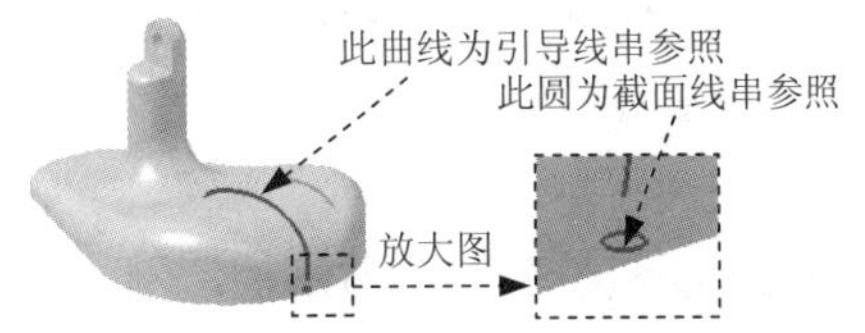

图 22.37 定义剖面线串和引导线串

Step19. 创建图 22.38 所示的基准平面 2。选择下拉菜单 插入(S) → 基准/点(D) → 基准平面(D)... 命令，系统弹出“基准平面”对话框；在类型区域的下拉列表中选择 点和方向 选项。选取图 22.39 所示的点为通过点（该点为草图 2 曲线的端点），其他参数采用系统默认设置；单击 < 确定 > 按钮，完成基准平面 2 的创建。

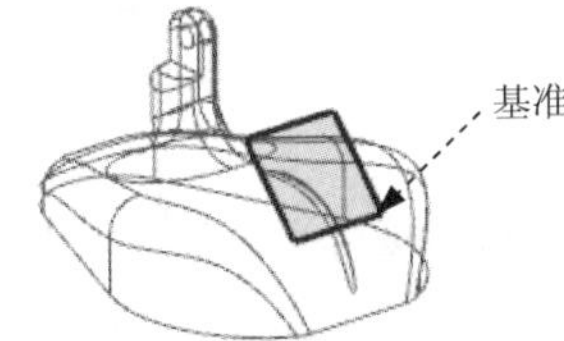

图 22.38 基准平面 2

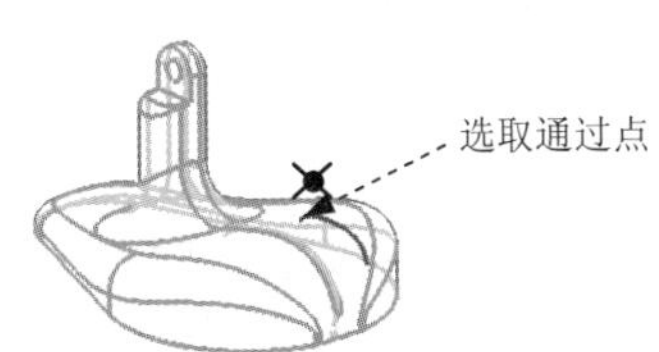

图 22.39 定义通过点

Step20. 创建图 22.40 所示的草图 4。选择下拉菜单 插入(S) → 在任务环境中绘制草图(V)... 命令，系统弹出“创建草图”对话框；选取基准平面 2 为草绘平面；绘制图 22.40 所示的草图 4（圆心在草图 2 曲线的端点上）；选择下拉菜单 任务(K) → 完成草图(K) 命令（或单击 完成草图 按钮），退出草图环境。

Step21. 创建图 22.41 所示的扫掠特征 2。选择下拉菜单 插入(S) → 扫掠(W) → 沿引导线扫掠(G)... 命令，系统弹出“沿引导线扫掠”对话框。选择草图 4 为截面线串；选择图 22.42 所示的曲线作为引导线串（此曲线为草图 2 所绘曲线）；偏置采用系统默认设置值；在布尔区域的下拉列表中选择 求和 选项，单击 < 确定 > 按钮，完成扫掠特征 2 的创建。

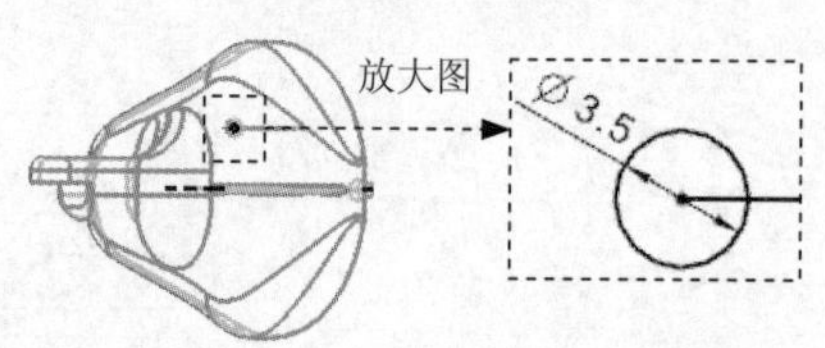

图 22.40 草图 4

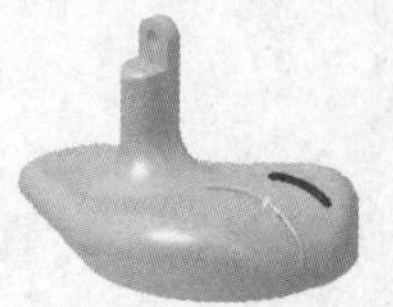

图 22.41 扫掠特征 2

Step22. 创建图 22.43 所示的镜像特征。选择下拉菜单插入(S) → 关联复制(A) → 镜像特征(M)...命令，系统弹出“镜像特征”对话框；选取扫掠特征 2 为镜像特征对象；选取 ZX 基准平面为镜像平面；单击 < 确定 > 按钮，完成镜像特征的创建。

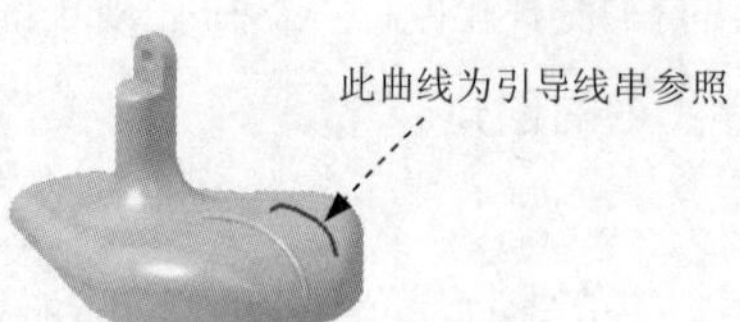

图 22.42 定义引导线串

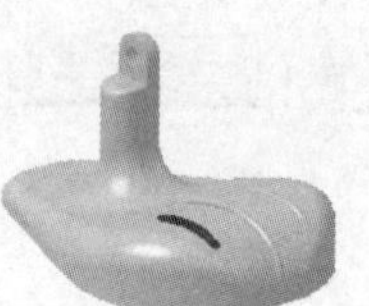

图 22.43 镜像特征

Step23. 创建图 22.44b 所示的边倒圆特征 6。选择下拉菜单插入(S) → 细节特征(L) → 边倒圆(E)...命令，系统弹出“边倒圆”对话框；选取图 22.44a 所示的三条边线为边倒圆参照，并在半径 1文本框中输入值 2，单击 < 确定 > 按钮，完成边倒圆特征 6 的创建。

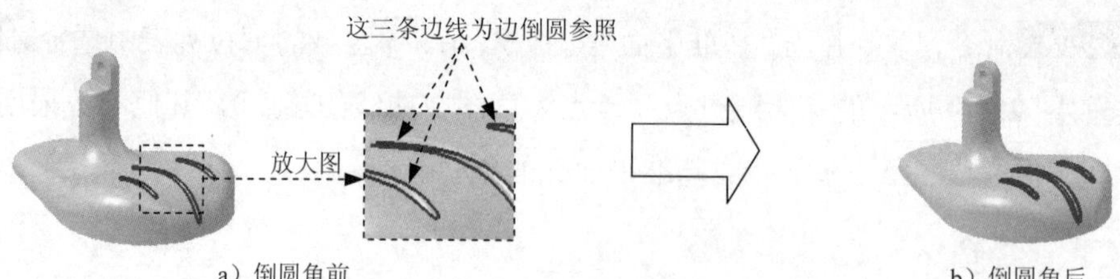

图 22.44 边倒圆特征 6

Step24. 保存零件模型。选择下拉菜单文件(F) → 保存(S)命令，即可保存零件模型。

实例23 杯 子

实例概述:

本实例介绍了杯子的设计过程。零件模型及相应的模型树如图 23.1 所示。

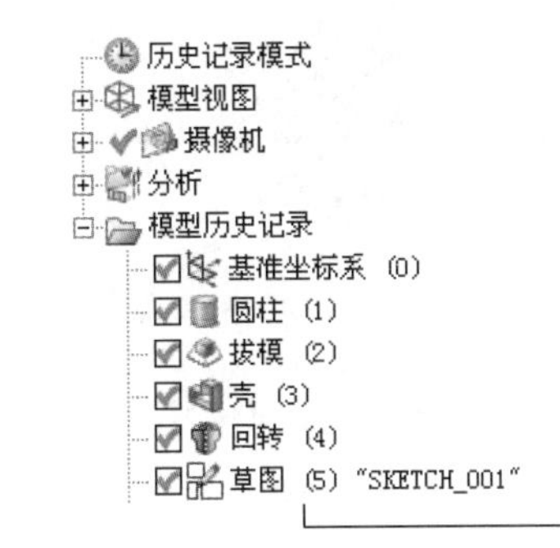

图 23.1 零件模型及模型树

Step1. 新建文件。选择下拉菜单 文件(F) → 新建(N)... 命令，系统弹出“新建”对话框。在 模型 选项卡的 模板 区域中选取模板类型为 模型；在 名称 文本框中输入文件名称 cup；单击 确定 按钮，进入建模环境。

Step2. 创建图 23.2 所示的圆柱特征。选择下拉菜单 插入(S) → 设计特征(E) → 圆柱体(C)... 命令，系统弹出“圆柱”对话框；在“圆柱”对话框 类型 区域的下拉列表中选择 轴、直径和高度 选项；在“轴”区域的 指定矢量 下拉列表中选择 ZC↑ 选项，并选取原点为参考对象；在 直径 文本框中输入值 90，在 高度 文本框中输入值 100，其他参数采用系统默认设置；单击 确定 按钮，完成圆柱特征的创建。

Step3. 创建图 23.3 所示的拔模特征。选择下拉菜单 插入(S) → 细节特征(L) → 拔模(T)... 命令（或单击 按钮），系统弹出“拔模”对话框；在“草图”对话框 类型 区域的下拉列表中选择 从平面或曲面 选项，在 脱模方向 区域的 指定矢量 下拉列表中选择 -ZC↓ 选项，选取图 23.4 所示的平面为拔模固定面，在 要拔模的面 区域中单击 按钮，选取图 23.5 所示的曲面为拔模面，在 角度 1 文本框中输入值 10；单击 < 确定 > 按钮，完成拔模特征的创建。

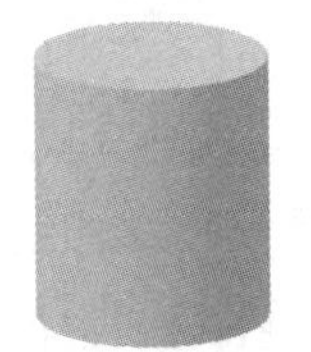

图 23.2 圆柱特征

图 23.3 拔模特征

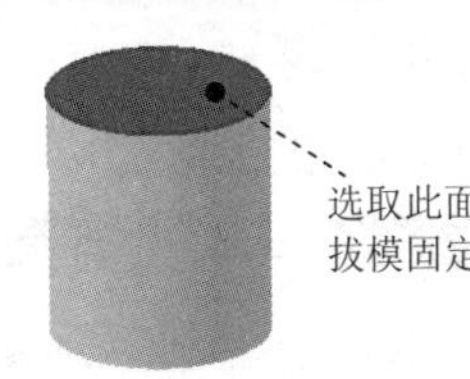

图 23.4 选取拔模固定面

图 23.5 选取拔模面

Step4. 创建图 23.6 所示的抽壳特征。选择下拉菜单 插入(S) →  偏置/缩放(O) →

抽壳(H)... 命令（或单击按钮），系统弹出“抽壳”对话框；在“抽壳”对话框类型区域的下拉列表中选择移除面，然后抽壳选项；在要穿透的面区域中单击按钮，选取图 23.7 所示的面为移除面，在厚度文本框中输入值 4，在备选厚度区域中单击按钮，选取图 23.8 所示的平面为备选厚度参照面，在厚度 1文本框中输入值 8，采用系统默认抽壳方向；单击< 确定 >按钮，完成抽壳特征的创建。

图 23.6　抽壳特征

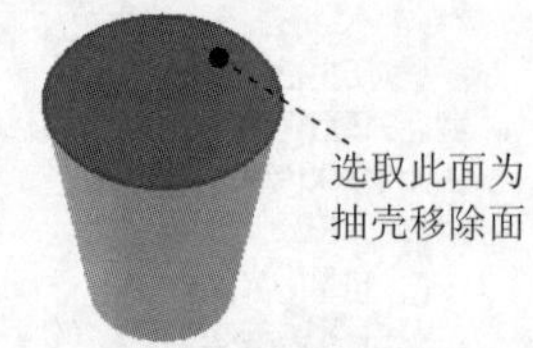

图 23.7　选取抽壳移除面

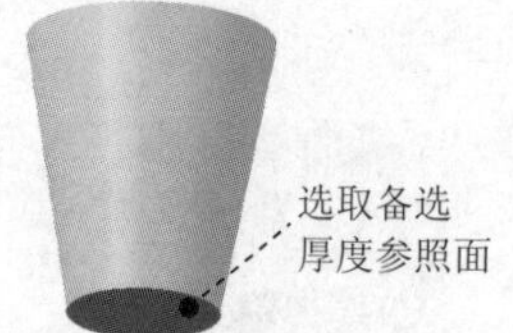

图 23.8　选取备选厚度参照面

Step5. 创建图 23.9 所示的旋转特征。选择插入(S) → 设计特征(E) → 旋转(R)...命令（或单击按钮），系统弹出“旋转”对话框；单击对话框中的“绘制截面”按钮，系统弹出“创建草图”对话框，选中☑ 创建中间基准 CSYS复选框。单击按钮，选取 ZX 基准平面为草图平面，单击确定按钮，进入草图环境，绘制图 23.10 所示的截面草图，选择下拉菜单任务(K) → 完成草图(K)命令（或单击完成草图按钮），退出草图环境；在指定矢量下拉列表中选择ZC↑选项，选取原点为旋转点；在布尔区域的下拉列表中选择求差选项，采用系统默认的求差对象；单击< 确定 >按钮，完成旋转特征的创建。

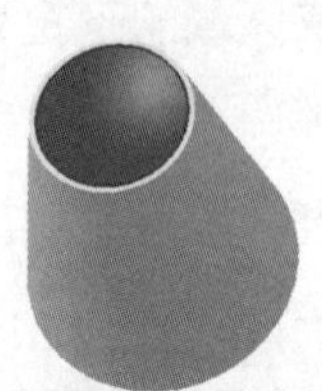

图 23.9　旋转特征

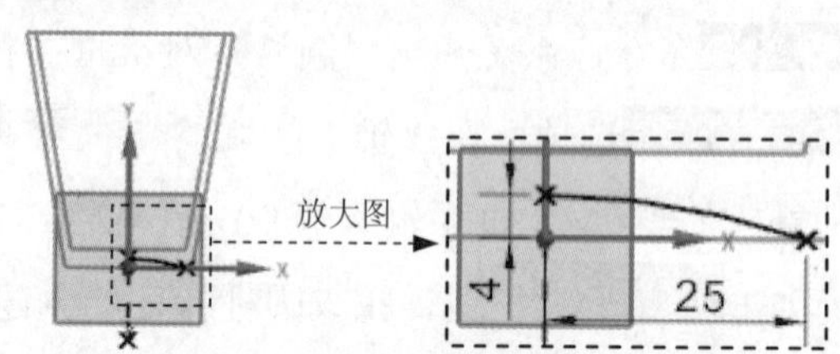

图 23.10　截面草图

Step6. 创建图 23.11 所示的草图 1。选择下拉菜单插入(S) → 在任务环境中绘制草图(V)...命令，系统弹出“创建草图”对话框，取消选中☐ 创建中间基准 CSYS复选框；单击按钮，选取 ZX 基准平面为草图平面，单击确定按钮；选择下拉菜单插入(S) → 曲线(C) → 艺术样条(D)...命令（或者在工具栏中单击“艺术样条”按钮），系统弹出“艺术样条”对话框，在“艺术样条”对话框的类型区域中选择通过点选项，绘制图 23.12 所示的草图 1，在“艺术样条”对话框中单击< 确定 >按钮；双击图 23.12 所示的草图 1 中的曲线 1，选择下拉菜单分析(L) → 曲线(C) → 显示曲率梳(C)命令，在图形区显示草绘曲线的曲率梳，拖动草绘曲线控制点，使其曲率梳呈现图 23.13a 所示的光滑形状。在“艺术样条”对话框中单击< 确定 >按钮，选中图 23.12 所示的草图 1 中的曲线 1。选择下拉菜单分析(L) → 曲线(C) → 显示曲率梳(C)命令，取消曲率梳的显示，用相同方法对曲线 2

进行编辑，其曲率梳图如图 23.13b 所示；选择下拉菜单任务(K) → 完成草图(K)命令（或单击完成草图按钮），退出草图环境。

图 23.11　草图 1（建模环境）

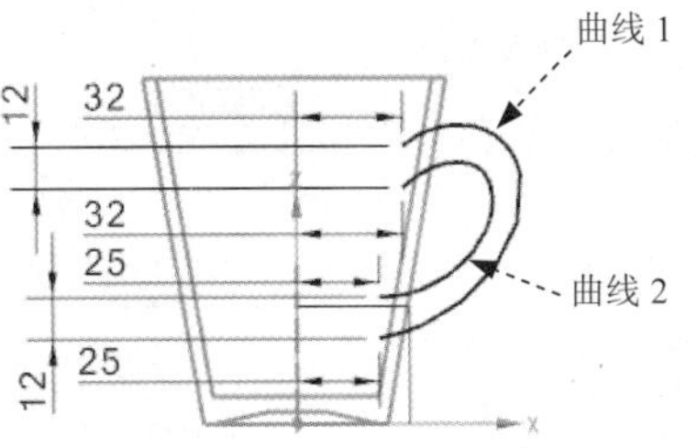

图 23.12　草图 1（草图环境）

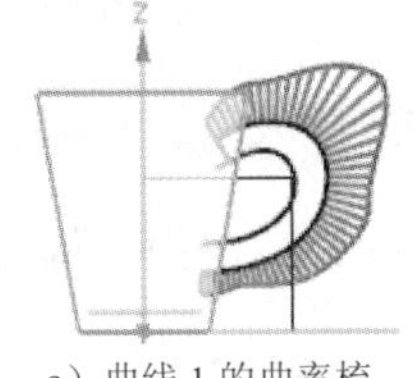

a）曲线 1 的曲率梳

b）曲线 2 的曲率梳

图 23.13　草图 1 的曲率梳

Step7. 创建图 23.14 所示的基准平面。选择下拉菜单插入(S) → 基准/点(D) → 基准平面(D)...命令，系统弹出“基准平面”对话框；在类型区域的下拉列表中选择曲线上选项，在曲线区域中单击按钮，选取图 23.12 所示的草图 1 中的曲线 1 为参照曲线；在弧长对话框中输入值 0，其他参数采用系统默认设置；单击< 确定 >按钮，完成基准平面的创建。

Step8. 创建图 23.15 所示的草图 2。选择下拉菜单插入(S) → 在任务环境中绘制草图(V)...命令，系统弹出“创建草图”对话框；单击按钮，选取基准平面 1 为草图平面，单击确定按钮；进入草图环境，绘制图 23.16 所示的草图 2（经过草图 1 中曲线 1 的端点，并且和曲线 2 相交的圆）；选择下拉菜单任务(K) → 完成草图(K)命令（或单击完成草图按钮），退出草图环境。

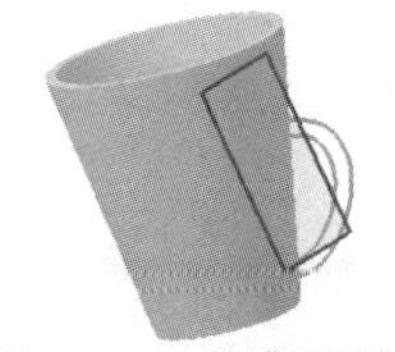

图 23.14　基准平面

图 23.15　草图 2（建模环境）

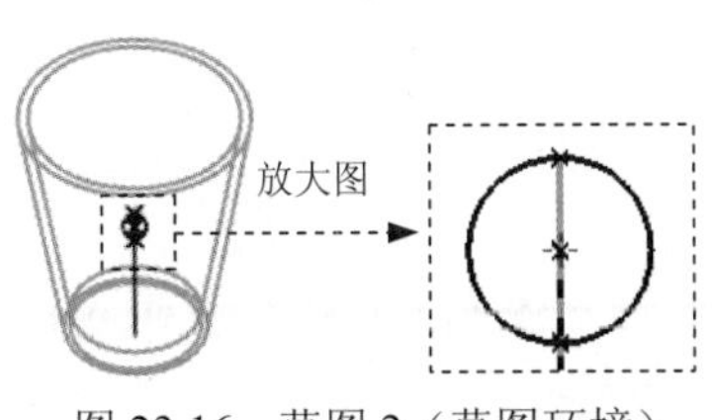

图 23.16　草图 2（草图环境）

Step9. 创建图 23.17 所示的扫掠特征。选择菜单插入(S) → 扫掠(W) → 扫掠(S)...命令，系统弹出“扫掠”对话框；在截面区域中单击按钮，选取草图 2 为截面曲线，并单击中键确认；在引导线区域中单击按钮，分别选取草图 1 的两条曲线为引导线串，并分别单击中键确认，其他参数采用系统默认设置。

Step10. 创建图 23.18 所示的修剪体特征。选择下拉菜单插入(S) → 修剪(T) → 修剪体(T)...命令，系统弹出“修剪体”对话框；选取图 23.17 所示的扫掠特征为目标体；选取图 23.19 所示的曲面为工具体（注意面选择过滤器中应该调整为单个面）；其他参数采用系统默认设置；单击< 确定 >按钮，完成修剪体特征的创建。

图 23.17　扫掠特征

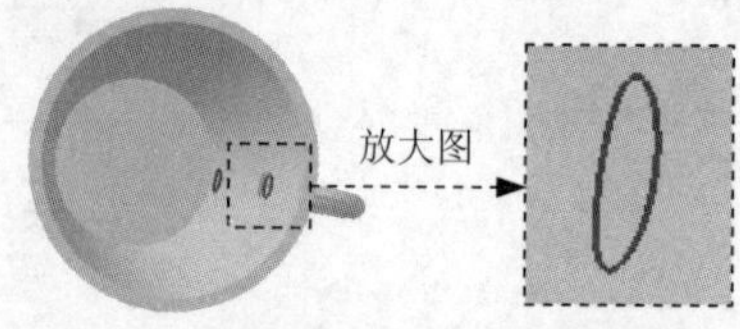

图 23.18　修剪体特征

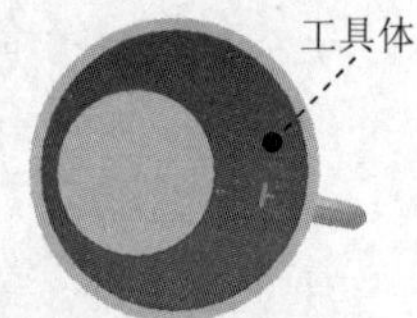

图 23.19　选取工具体

Step11. 布尔求和。选择下拉菜单插入(S) → 组合(B) ▸ → 求和(U)...命令（或单击按钮），系统弹出“求和”对话框；选取图 23.20 所示的实体为目标体，选取图 23.21 所示的曲面为刀具体，单击< 确定 >按钮，完成该布尔求和操作。

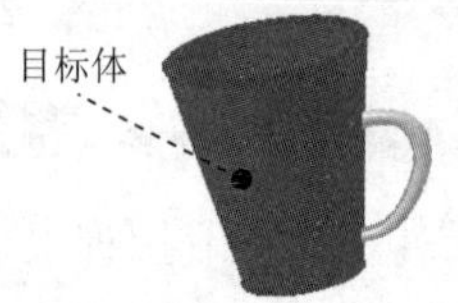

图 23.20　选取目标体

图 23.21　选取刀具体

Step12. 后面的详细操作过程请参见随书光盘中 video\ch23\reference\文件下的语音视频讲解文件 cup-r01.avi。

实例 24 饮水机开关

实例概述:

本实例介绍了饮水机开关的设计过程。通过对曲面的修剪得到产品的外形是本例设计的最大亮点。通过对本实例的学习，读者能够熟练地掌握拉伸、边倒圆、扫掠、修剪片体、有界平面、缝合和镜像等特征的应用。零件模型及相应的模型树如图 24.1 所示。

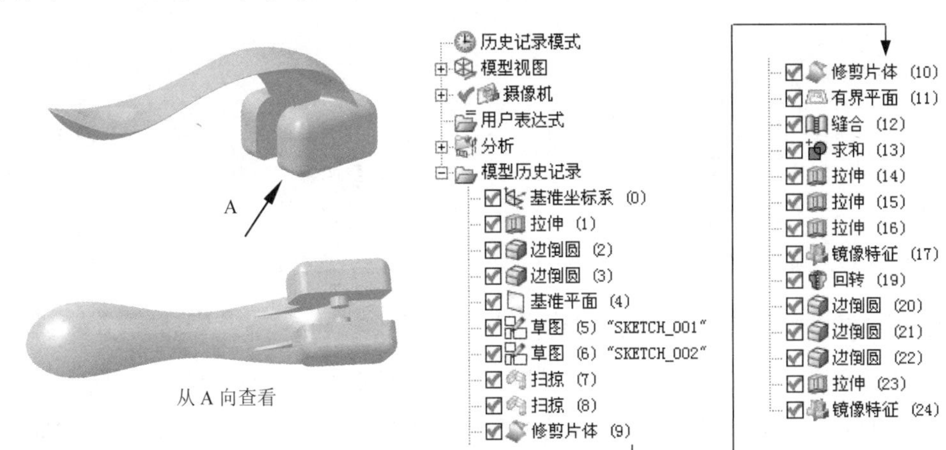

图 24.1 零件模型及模型树

说明：本应用前面的详细操作过程请参见随书光盘中 video\ch24\reference\文件下的语音视频讲解文件 handle-r01.avi。

Step1. 打开文件 D:\ugnx90.5\work\ch24\handle_ex.prt。

Step2. 创建图 24.2 所示的基准平面。选择下拉菜单 插入(S) → 基准/点(D) ▸ → 基准平面(D)... 命令，系统弹出“基准平面”对话框；在 类型 区域的下拉列表中选择 按某一距离 选项。在 平面参考 区域中单击 ⊕ 按钮，选取 XY 基准平面为对象平面；在 偏置 区域的 距离 文本框中输入值为 8，其他参数采用系统默认设置；单击 < 确定 > 按钮，完成基准平面的创建。

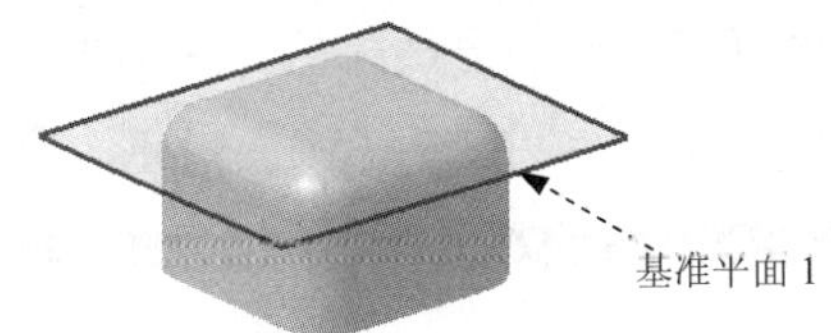

图 24.2 基准平面

Step3. 创建图 24.3 所示的草图 1。选择下拉菜单 插入(S) → 在任务环境中绘制草图(V)... 命令，系统弹出“创建草图”对话框；单击 ⊕ 按钮，选取 YZ 基准平面为草图平面，取消选中 设置 区域的 □ 创建中间基准 CSYS 复选框，单击 确定 按钮；进入草图环境，创建图 24.3 所示的草图 1。选择下拉菜单 插入(S) → 曲线(C) ▸ → 艺术样条(D)... 命令（或者在草图

工具栏中单击“艺术样条”按钮），系统弹出“艺术样条”对话框，在“艺术样条”对话框中类型区域的下拉列表中选择根据极点选项，绘制图 24.3 所示的草图 1，在“艺术样条”对话框中单击确定按钮；双击图 24.3 所示的草图 1，选择下拉菜单分析(L) → 曲线(C) → 显示曲率梳(C)命令，在图形区显示草图曲线的曲率梳，拖动草图曲线控制点，使其曲率梳呈现图 24.4 和图 24.5 所示的光滑的形状。选择下拉菜单分析(L) → 曲线(C) → 显示曲率梳(C)命令，取消曲率梳的显示，在“艺术样条”对话框中单击确定按钮；选择下拉菜单任务(K) → 完成草图(K)命令（或单击完成草图按钮），退出草图环境。

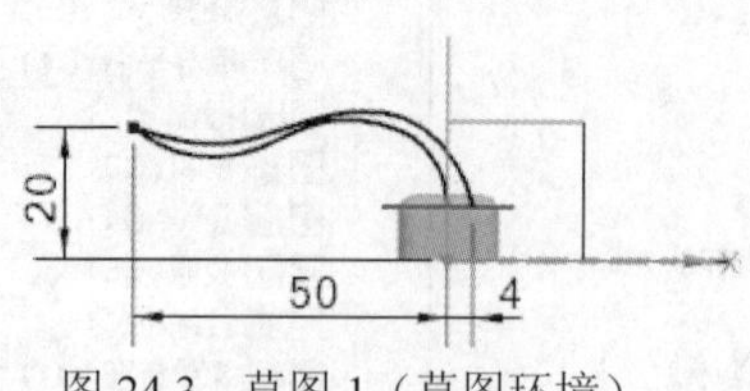

图 24.3　草图 1（草图环境）

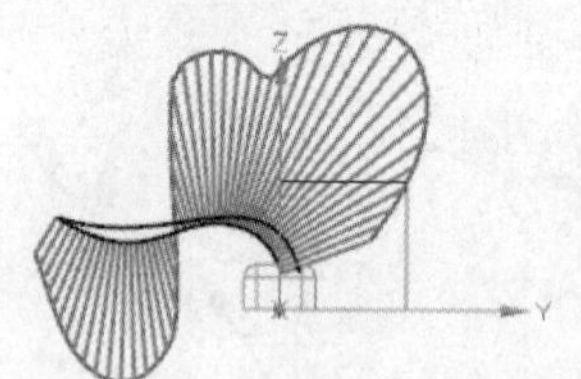

图 24.4　草图 1 中曲线 1 的曲率梳

Step4. 创建图 24.6 所示的草图 2。选择下拉菜单插入(S) → 在任务环境中绘制草图(V)...命令，系统弹出“创建草图”对话框；选取基准平面 1 为草图平面；创建图 24.6 所示的草图 2（草图 2 中的圆弧分别与草图 1 中的曲线 1 和曲线 2 的端点重合，并且原点与 Y 基准轴重合）；选择下拉菜单任务(K) → 完成草图(K)命令（或单击完成草图按钮），退出草图环境。

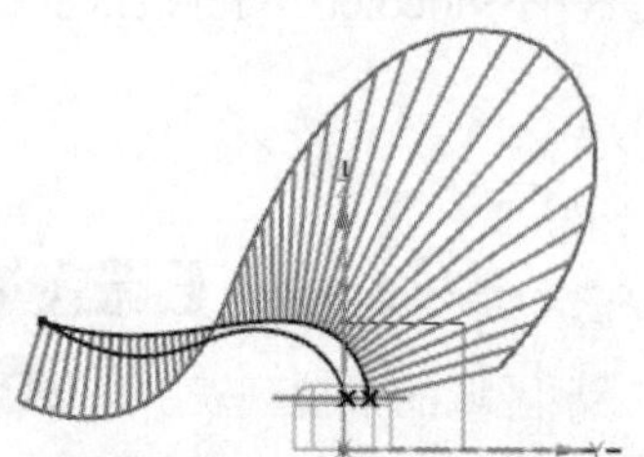

图 24.5　草图 1 曲线 2 的曲率梳

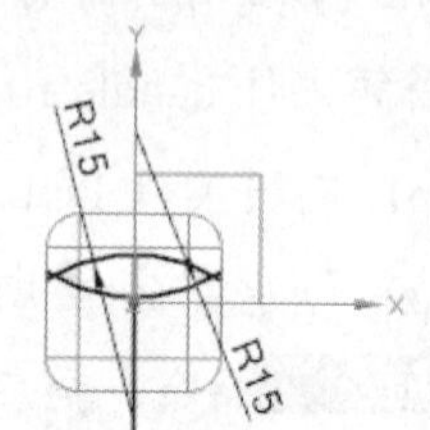

图 24.6　草图 2

Step5. 创建图 24.7 所示的扫掠特征 1。选择下拉菜单插入(S) → 扫掠(W) → 沿引导线扫掠(G)...命令，系统弹出“沿引导线扫掠”对话框；在截面区域中单击按钮，选取图 24.8 所示的截面线串参照；在引导线区域中单击按钮，选取图 24.8 所示的引导线串参照；将偏置区域中的第一偏置和第二偏置都设为 0，其余参数采用系统默认设置，单击< 确定 >按钮，完成扫掠特征 1 的创建。

图 24.7　扫掠特征 1

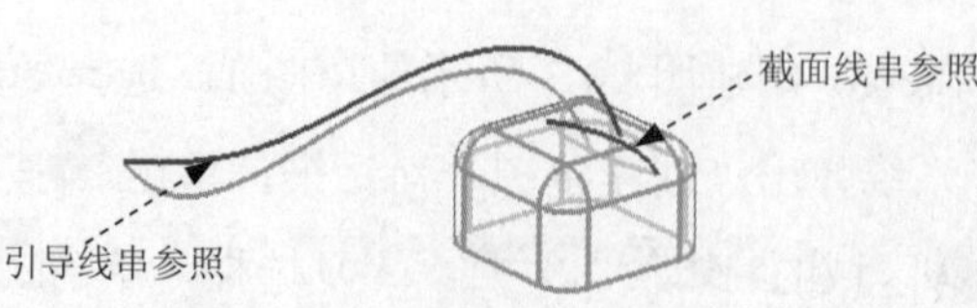

图 24.8　定义截面线串和引导线串参照

Step6. 创建图 24.9 所示的扫掠特征 2。选择下拉菜单 插入(S) → 扫掠(W) → 沿引导线扫掠(G)... 命令，系统弹出“沿引导线扫掠”对话框；选取图 24.10 所示的截面线串参照；选取图 24.10 所示的引导线串参照；其余参数采用系统默认设置；单击 < 确定 > 按钮，完成扫掠特征 2 的创建。

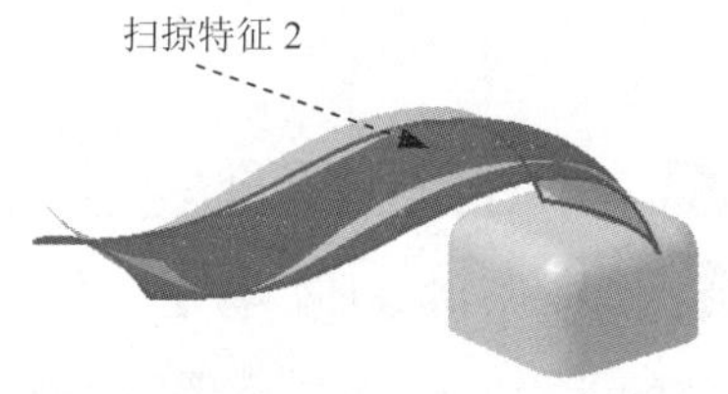

图 24.9 扫掠特征 2

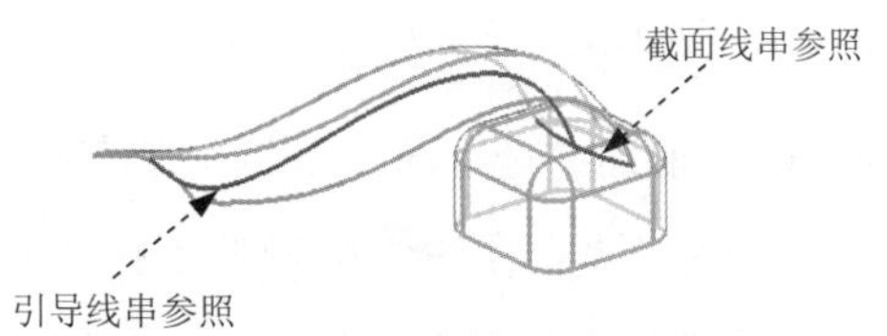

图 24.10 定义截面线串和引导线串参照

Step7. 创建图 24.11 所示的修剪特征 1。选择下拉菜单 插入(S) → 修剪(T) → 修剪片体(R)... 命令，系统弹出“修剪片体”对话框；选取图 24.12 所示的 Step8 中创建的扫掠特征 1 为目标体。Step9 创建的扫掠特征 2 为边界对象；在 区域 区域中选中 ⊙ 保留 单选项；其他参数采用系统默认设置；单击 < 确定 > 按钮，完成曲面修剪特征 1 的创建。

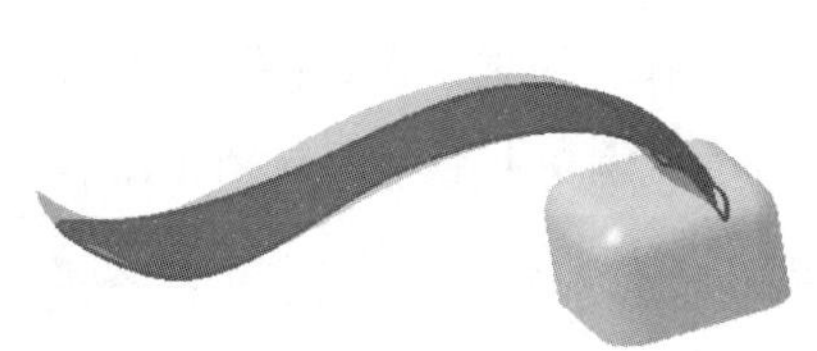
图 24.11 修剪特征 1

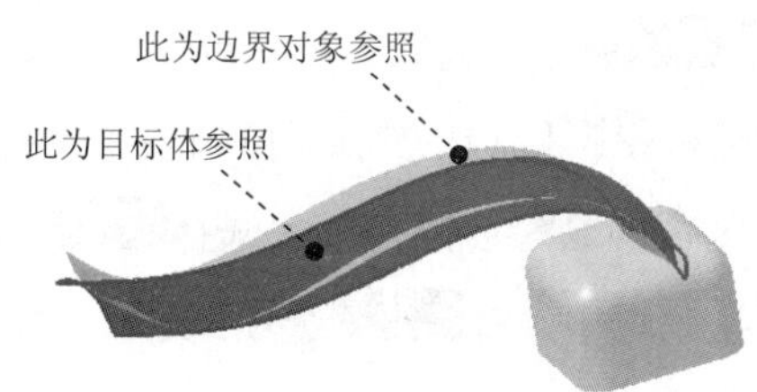

图 24.12 定义目标体和边界对象

Step8. 创建图 24.13 所示的修剪特征 2。选择下拉菜单 插入(S) → 修剪(T) → 修剪片体(R)... 命令，系统弹出“修剪片体”对话框；选取图 24.14 所示的目标体和边界对象；在 区域 区域中选中 ⊙ 保留 单选项；其他参数采用系统默认设置；单击 < 确定 > 按钮，完成曲面修剪特征 2 的创建。

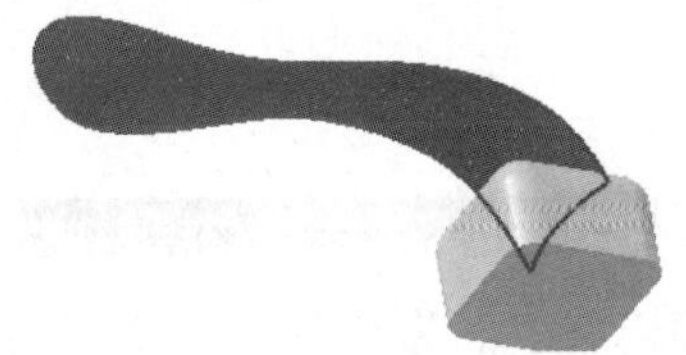
图 24.13 修剪特征 2

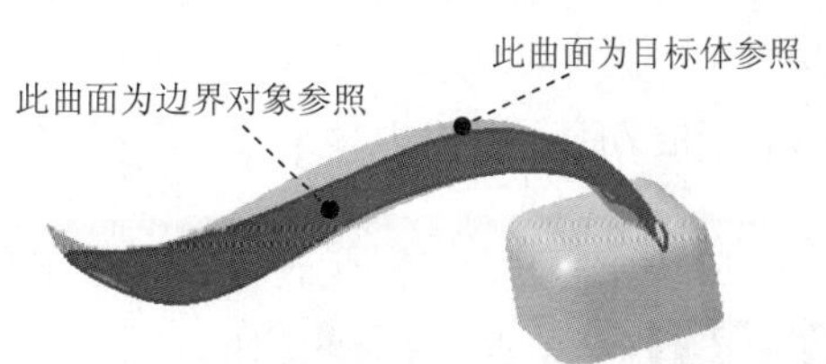

图 24.14 定义目标体和边界对象

Step9. 创建图 24.15 所示的有界平面（图中隐藏了实体部分）。选择下拉菜单 插入(S) → 曲面(R) → 有界平面(P)... 命令，系统弹出“有界平面”对话框；选取图 24.16 所示的曲线串为边界；单击 < 确定 > 按钮，完成有界平面的创建。

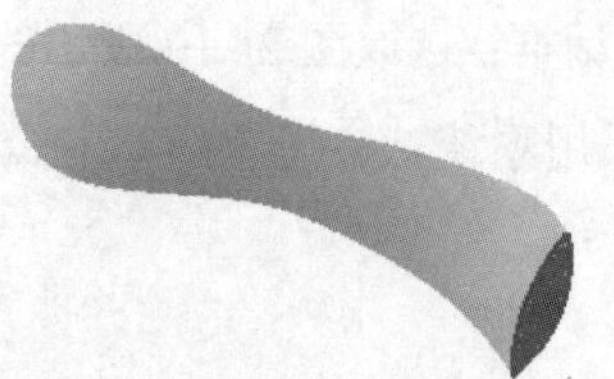

图 24.15　有界平面

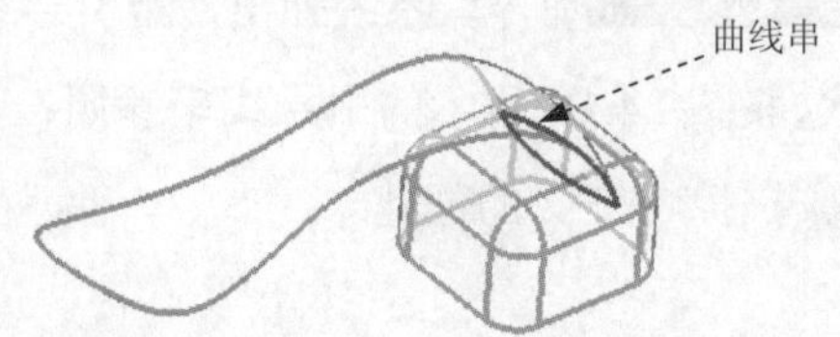

图 24.16　定义有界平面边界

Step10. 曲面缝合。选择下拉菜单插入(S) → 组合(B) → 缝合(W)...命令，系统弹出“缝合”对话框；在类型区域的下拉列表中选择片体选项；选取修剪特征 2 为目标体；选取修剪特征 1 和有界平面为工具体；其他参数采用系统默认设置；单击确定按钮，完成曲面缝合的操作。

Step11. 创建求和特征。选择下拉菜单插入(S) → 组合(B) → 求和(U)...命令，弹出“求和”对话框；选取图 24.17 所示的实体 1 为目标体，曲面 1 为工具体；单击确定按钮，完成布尔求和特征的创建。

Step12. 创建图 24.18 所示的拉伸特征 1。选择下拉菜单插入(S) → 设计特征(E) → 拉伸(E)...命令；选取 XY 基准平面为草图平面；绘制图 24.19 所示的截面草图；在“拉伸”对话框限制区域的开始下拉列表中选择值选项，并在其下的距离文本框中输入值 0；在限制区域的结束下拉列表中选择值选项，并在其下的距离文本框中输入值 10，在布尔区域的下拉列表中选择求差选项；其他参数采用系统默认设置；单击对话框中的< 确定 >按钮，完成拉伸特征 1 的创建。

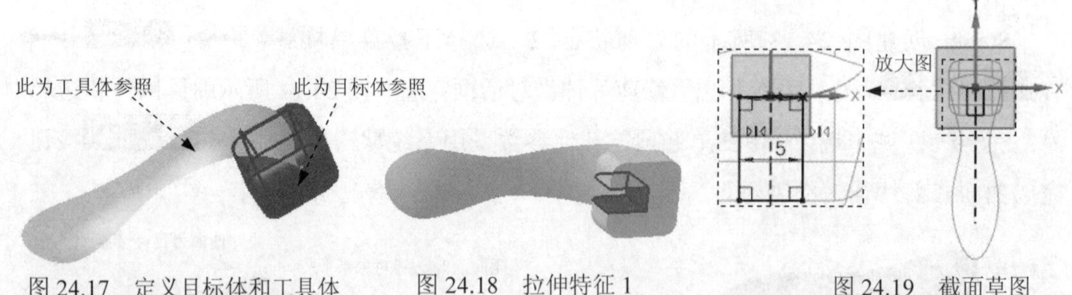

图 24.17　定义目标体和工具体　　图 24.18　拉伸特征 1　　图 24.19　截面草图

Step13. 创建图 24.20 所示的拉伸特征 2。选择下拉菜单插入(S) → 设计特征(E) → 拉伸(E)...命令(或单击按钮)；选取图 24.21 所示的模型表面为草图平面；绘制图 24.22 所示的截面草图；在“拉伸”对话框限制区域的开始下拉列表中选择值选项，并在其下的距离文本框中输入值 0；在限制区域的结束下拉列表中选择贯通选项，并在方向区域单击按钮；在布尔区域的下拉列表中选择求差选项，系统将自动与模型中唯一个体进行布尔求差运算；其他参数采用系统默认设置；单击< 确定 >按钮，完成拉伸特征 2 的创建。

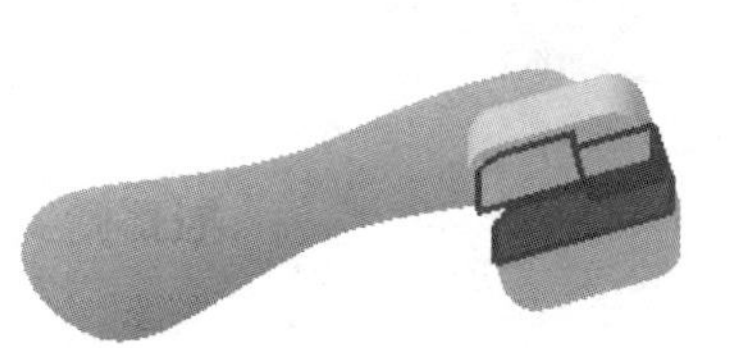
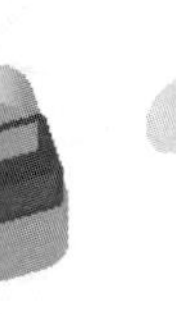

图 24.20 拉伸特征 2

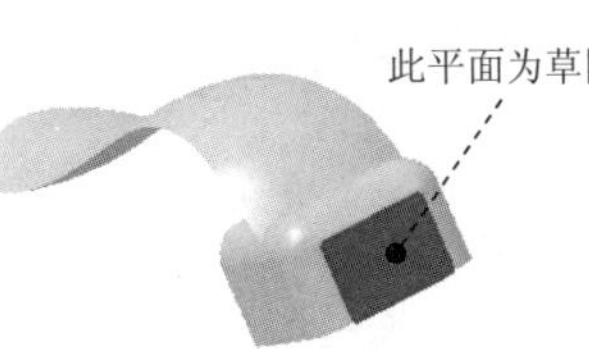

图 24.21 定义草图平面

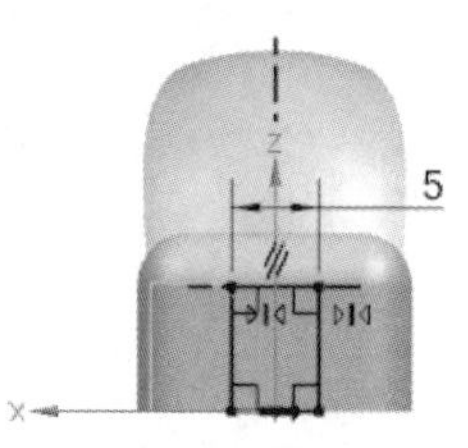

图 24.22 截面草图

Step14. 创建图 24.23 所示的拉伸特征 3。选择下拉菜单插入(S) → 设计特征(E) → 拉伸(E)...命令(或单击按钮);选取图 24.24 所示的模型表面为草图平面;绘制图 24.25 所示的截面草图;在“拉伸”对话框限制区域的开始下拉列表中选择值选项,并在其下的距离文本框中输入值 0;在限制区域的结束下拉列表中选择值选项,并在其下的距离文本框中输入值 0.5,在方向区域单击按钮;在布尔区域的下拉列表中选择求和选项,系统将自动与模型中唯一个体进行布尔求和运算;其他参数采用系统默认设置;单击< 确定 >按钮,完成拉伸特征 3 的创建。

图 24.23 拉伸特征 3

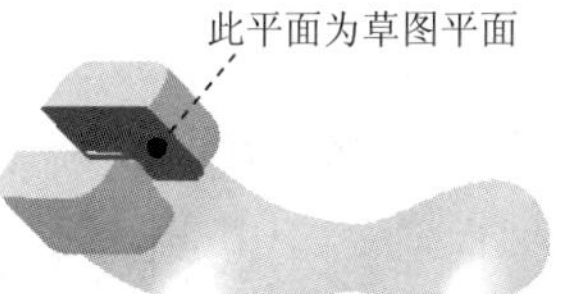

图 24.24 定义草图平面

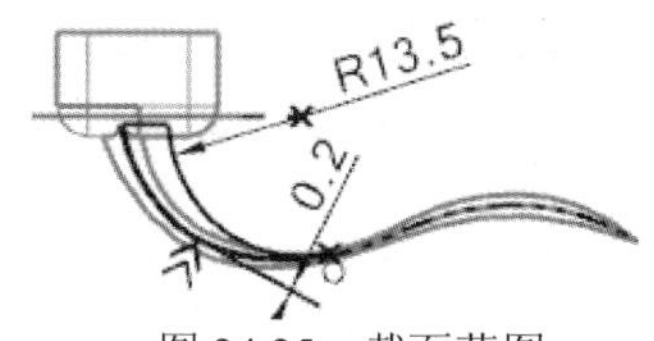

图 24.25 截面草图

Step15. 创建图 24.26 所示的镜像特征 1。选择下拉菜单插入(S) → 关联复制(A) → 镜像特征(M)...命令,系统弹出 “镜像特征”对话框;选取拉伸特征 4 为镜像特征对象;选取 XZ 基准平面为镜像平面;单击< 确定 >按钮,完成镜像特征 1 的创建。

Step16. 创建图 24.27 所示的旋转特征。选择下拉菜单插入(S) → 设计特征(E) → 旋转(R)...命令;单击对话框中的“绘制截面”按钮,系统弹出“创建草图”对话框。单击按钮,选取 XZ 基准平面为草图平面,单击确定按钮,进入草图环境,绘制图 24.28 所示的截面草图,选择下拉菜单任务(K) → 完成草图(K)命令(或单击完成草图按钮),退出草图环境;在“旋转”对话框的下拉列表中选择选项,在图形区选取图 24.29 所示的边为旋转轴;在布尔区域的下拉列表中选择求差选项,其他参数采用系统默认设置;单击< 确定 >按钮,完成旋转特征的创建。

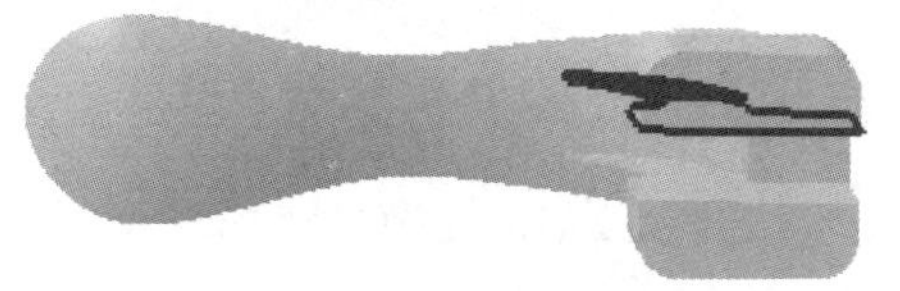

图 24.26 镜像特征

图 24.27 旋转特征

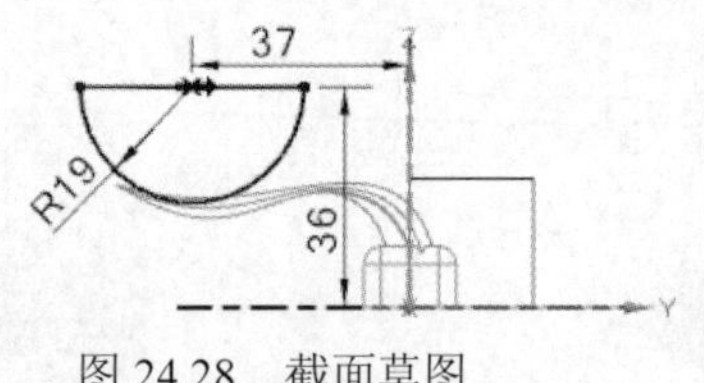

图 24.28 截面草图

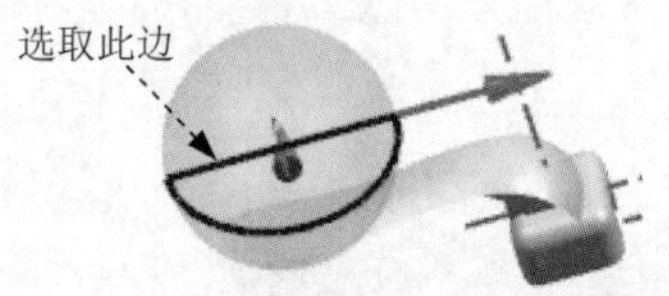

图 24.29 定义旋转轴

Step17. 创建边倒圆特征 1。选择图 24.30 所示的边线为边倒圆参照，其圆角半径值为 0.2。

Step18. 创建边倒圆特征 2。选择图 24.31 所示的边线为边倒圆参照，其圆角半径值为 2。

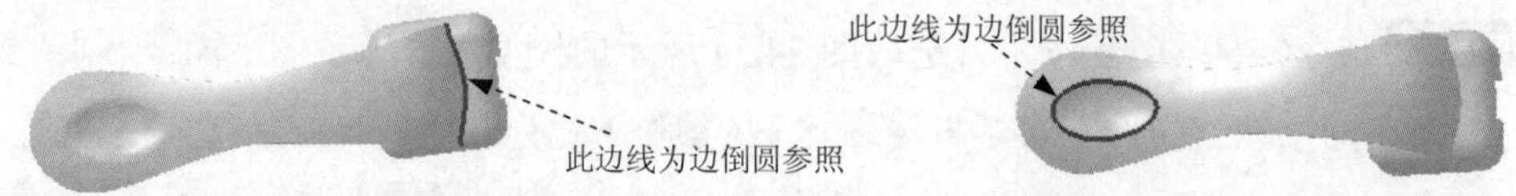

图 24.30 选取边倒圆参照　　图 24.31 选取边倒圆参照

Step19. 创建边倒圆特征 3。选择图 24.32 所示的边线为边倒圆角参照，其圆角半径值为 0.1。

Step20. 创建图 24.33 所示的拉伸特征 4。选择下拉菜单插入(S) → 设计特征(E) → 拉伸(E)... 命令（或单击按钮）；选取图 24.34 所示的模型表面为草图平面，绘制图 24.35 所示的截面草图；在“拉伸”对话框限制区域的开始下拉列表中选择值选项，并在其下的距离文本框中输入值 0；在限制区域的结束下拉列表中选择值选项，并在其下的距离文本框中输入值 1.5；在布尔区域的下拉列表中选择求和选项，系统将自动与模型中唯一一个体进行布尔求和运算，其他参数采用系统默认设置；单击< 确定 >按钮，完成拉伸特征 4 的创建。

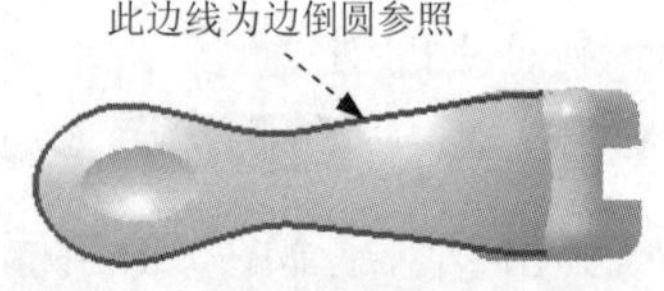

图 24.32 定义边倒圆参照

图 24.33 拉伸特征 4

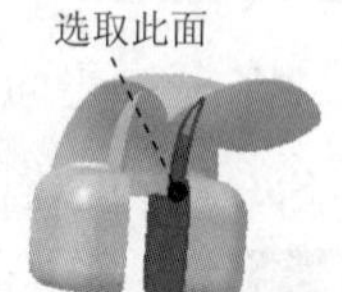

图 24.34 定义草图平面

Step21. 创建图 24.36 所示的镜像特征 2。选择下拉菜单插入(S) → 关联复制(A) → 镜像特征(M)... 命令，弹出“镜像特征”对话框；选取拉伸特征 4 为镜像对象；选取 XZ 基准平面为镜像平面；单击< 确定 >按钮，完成镜像特征 2 的创建。

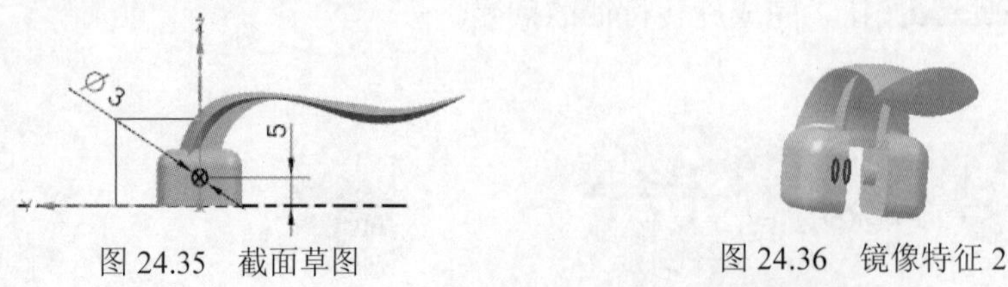

图 24.35 截面草图　　图 24.36 镜像特征 2

Step22. 保存零件模型。选择下拉菜单文件(F) → 保存(S)命令，即可保存零件模型。

实例 25 笔 帽

实例概述:

本实例介绍了笔帽的设计过程。通过练习本例，读者可以掌握旋转、拉伸、阵列及拔模等特征的应用，其中引用几何体是本实例的一个亮点。此实例在设计过程中，巧妙地使用了引用几何体和求和特征命令。零件模型及相应的模型树如图 25.1 所示。

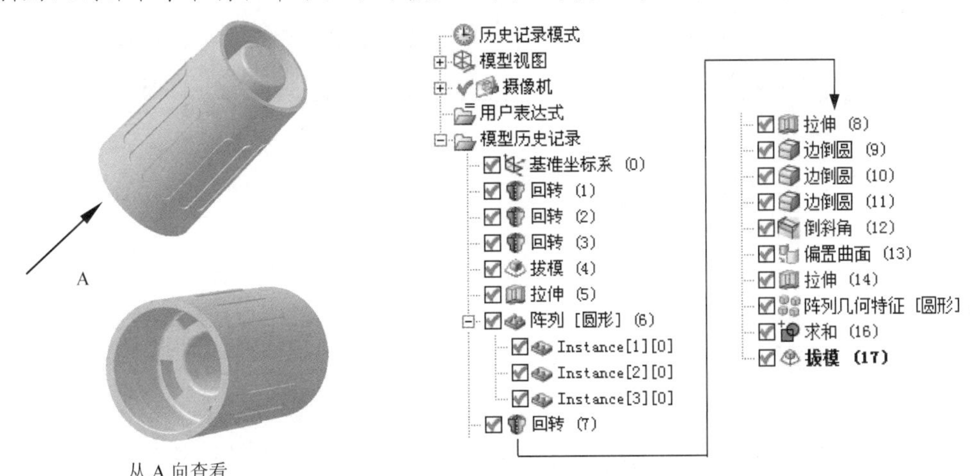

图 25.1 零件模型及模型树

Step1. 新建文件。选择下拉菜单文件(F) → 新建(N)...命令，系统弹出“新建”对话框。在模型选项卡的模板区域中选取模板类型为模型，在名称文本框中输入文件名称 pen_cap，单击确定按钮，进入建模环境。

Step2. 创建图 25.2 所示的旋转特征 1。选择插入(S) → 设计特征(E) → 旋转(R)...命令（或单击按钮），系统弹出“旋转”对话框；单击截面区域中的按钮，系统弹出“创建草图”对话框，选中☑创建中间基准 CSYS复选框，选取 ZX 基准平面为草图平面，单击确定按钮，进入草图环境，绘制图 25.3 所示的截面草图，选择下拉菜单任务(K) → 完成草图(K)命令（或单击完成草图按钮），退出草图环境；在绘图区域中选取 ZC 基准轴为旋转轴；在“旋转”对话框限制区域的开始下拉列表中选择值选项，并在其下的角度文本框中输入值 0，在结束下拉列表中选择值选项，并在其下的角度文本框中输入值 360，其他参数采用系统默认设置；单击< 确定 >按钮，完成旋转特征 1 的创建。

Step3. 创建图 25.4 所示的旋转特征 2。选择插入(S) → 设计特征(E) → 旋转(R)...命令（或单击按钮），系统弹出“旋转”对话框；单击截面区域中的按钮，系统弹出“创建草图”对话框，取消选中☐创建中间基准 CSYS复选框，选取 ZX 基准平面为草图平面，单击确定按钮，进入草图环境，绘制图 25.5 所示的截面草图，选择下拉菜单任务(K)

→ 完成草图(K)命令（或单击完成草图按钮），退出草图环境；在绘图区域中选取基准轴 ZC 为旋转轴；在“旋转”对话框限制区域的开始下拉列表中选择值选项，并在其下的角度文本框中输入值 0；在结束下拉列表中选择值选项，并在其下的角度文本框中输入值 360，在布尔区域的下拉列表中选择求差选项，采用系统默认的求差对象；单击< 确定 >按钮，完成旋转特征 2 的创建。

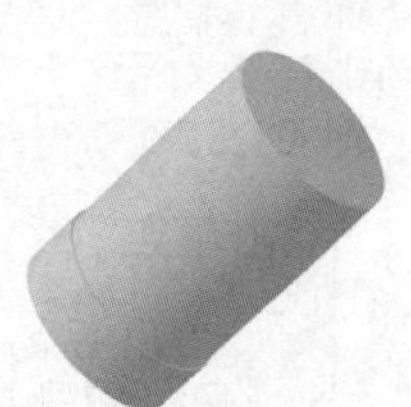
图 25.2　旋转特征 1

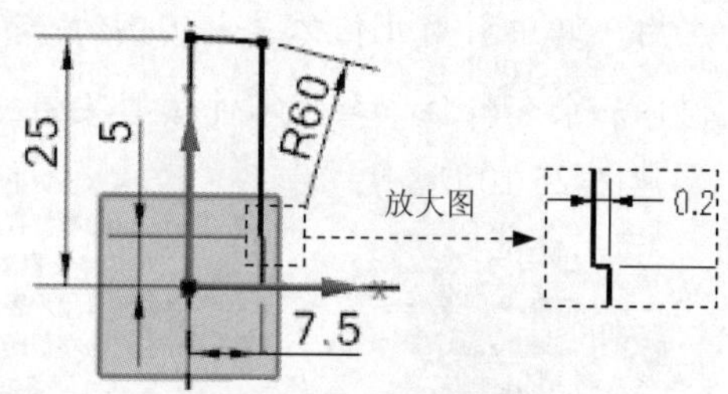

图 25.3　截面草图

图 25.4　旋转特征 2

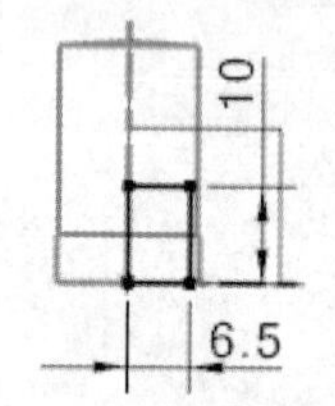

图 25.5　截面草图

Step4. 创建图 25.6 所示的旋转特征 3。选择下拉菜单插入(S) → 设计特征(E) → 旋转(R)...命令，系统弹出“旋转”对话框；选取 ZX 基准平面为草图平面，绘制图 25.7 所示的截面草图；在绘图区域中选取基准轴 ZC 为旋转轴，选取坐标原点为旋转点。在“旋转”对话框限制区域的开始下拉列表中选择值选项，并在其下的角度文本框中输入值 0；在结束下拉列表中选择值选项，并在其下的角度文本框中输入值 360，在布尔区域的下拉列表中选择求差选项，采用系统默认的求差对象，单击< 确定 >按钮，完成旋转特征 3 的创建。

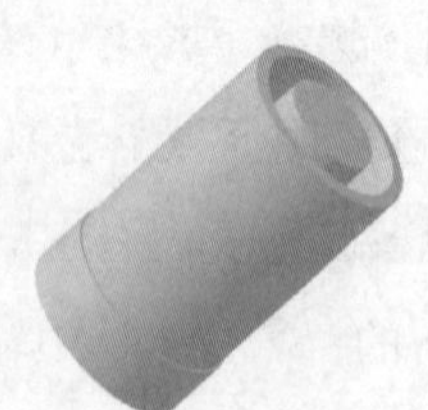
图 25.6　旋转特征 3

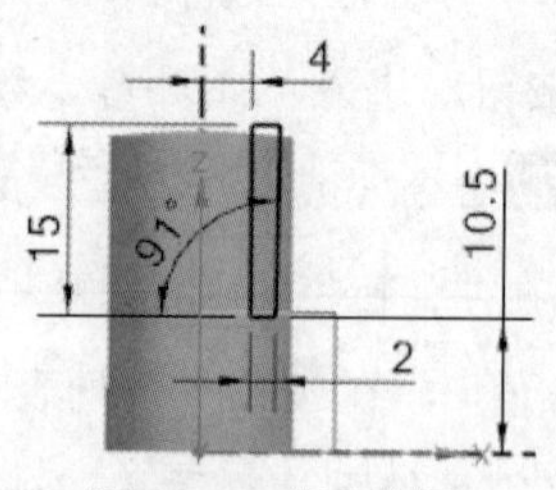

图 25.7　截面草图

Step5. 创建拔模特征。选择下拉菜单插入(S) → 细节特征(L) ▸ → 拔模(T)...命令（或单击按钮），系统弹出“拔模”对话框；在类型区域中选择从平面或曲面选项，在“拔模方向”区域中单击按钮，在其下拉菜单中选择 ZC 选项，定义 ZC 轴正方向为拔模方向，选择图 25.8 所示的模型表面为拔模固定平面，选择图 25.9 所示的模型表面为要拔模的面，在角度 1文本框中输入值 2；单击“拔模”对话框中的< 确定 >按钮，完成拔模特征的创建。

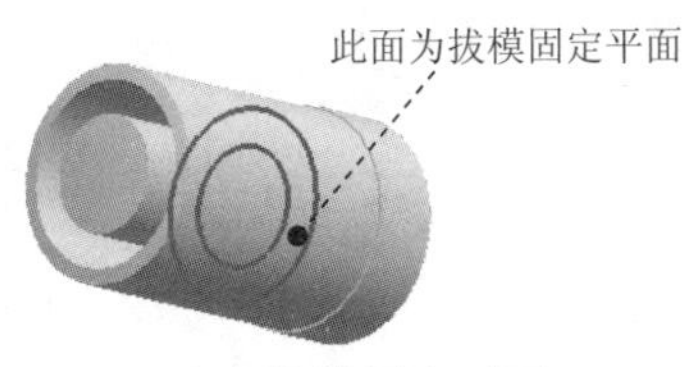

图 25.8 定义拔模固定平面

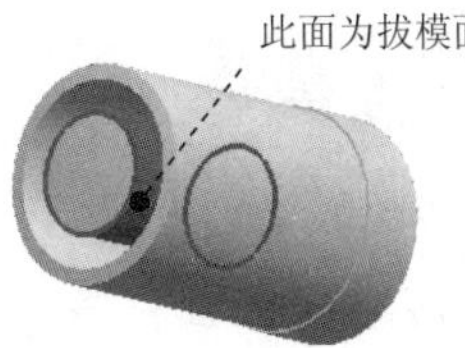

图 25.9 定义拔模面

Step6. 创建图 25.10 所示的拉伸特征 1。选择下拉菜单插入(S) ➡ 设计特征(E) ➡ 拉伸(E)...命令（或单击按钮），系统弹出“拉伸”对话框；单击“拉伸”对话框中的“绘制截面”按钮，系统弹出“创建草图”对话框。单击按钮，选取图 25.11 所示的平面为草图平面，单击确定按钮，进入草图环境，绘制图 25.12 所示的截面草图，选择下拉菜单任务(K) ➡ 完成草图(K)命令（或单击完成草图按钮），退出草图环境；在“拉伸”对话框限制区域的开始下拉列表中选择值选项，并在其下的距离文本框中输入值 0；在限制区域的结束下拉列表中选择贯通选项；在布尔区域的下拉列表中选择求差选项，采用系统默认的求差对象；单击< 确定 >按钮，完成拉伸特征 1 的创建。

图 25.10 拉伸特征 1

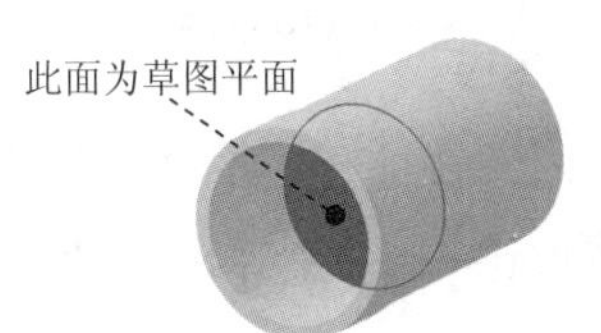

图 25.11 定义草图平面

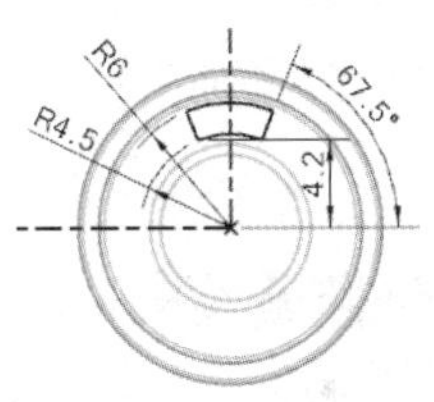

图 25.12 截面草图

Step7. 创建图 25.13 所示的阵列特征。选择下拉菜单插入(S) ➡ 关联复制(A) ➡ 阵列特征(A)...命令（或单击按钮），系统弹出“阵列特征”对话框；在模型树中选取 Step6 所创建的拉伸特征 1；在“阵列特征”对话框阵列定义区域的布局下拉列表中选择圆形选项；在方向 1区域中激活指定矢量，在绘图区选取 ZC 基准轴；在“阵列特征”对话框的间距下拉列表中选择数量和节距选项，在数量文本框中输入值 4，在节距角文本框中输入值 90；单击“阵列特征”对话框中的确定按钮，完成阵列特征的创建。

Step8. 创建图 25.14 所示的旋转特征 4。选择下拉菜单插入(S) ➡ 设计特征(E) ➡ 旋转(R)...命令，选取 ZX 基准平面为草图平面，绘制图 25.15 所示的截面草图；在绘图区域中选取 ZC 基准轴为旋转轴，在“旋转”对话框限制区域的开始下拉列表中选择值选项，并在其下的角度文本框中输入值 0；在结束下拉列表中选择值选项，并在其下的角度文本框中输入值 360，在布尔区域的下拉列表中选择求和选项，采用系统默认的求和对象，单击< 确定 >按钮，完成旋转特征 4 的创建。

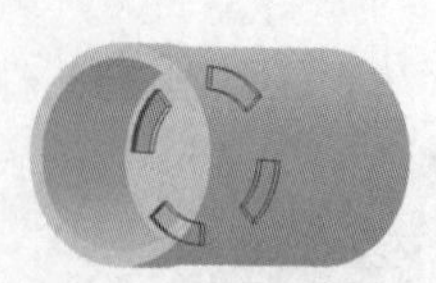
图 25.13　阵列特征

图 25.14　旋转特征 4

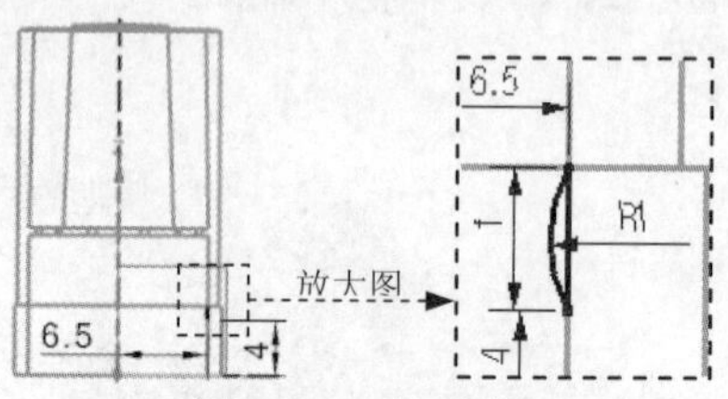

图 25.15　截面草图

Step9. 创建图 25.16 所示的拉伸特征 2。选择下拉菜单插入(S) → 设计特征(E) → 拉伸(E)...命令，选取图 25.17 所示的平面为草图平面；绘制图 25.18 所示的截面草图；在“拉伸”对话框限制区域的开始下拉列表中选择值选项，在其下的距离文本框中输入值 0；在极限区域的结束下拉列表中选择值选项，并在其下的距离文本框中输入值 14，定义 ZC 基准轴正方向为拉伸方向；在布尔区域的下拉列表中选择求差选项，选取实体模型为求差对象，单击< 确定 >按钮，完成拉伸特征 2 的创建。

图 25.16　拉伸特征 2

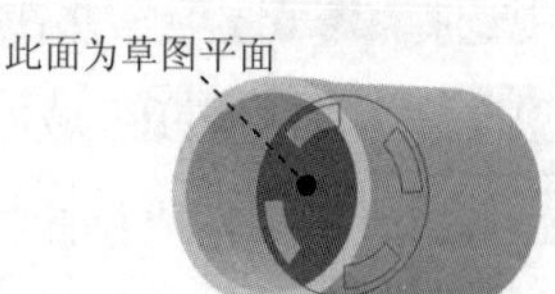

图 25.17　定义草图平面

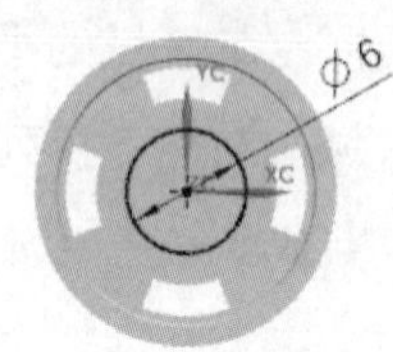

图 25.18　截面草图

Step10. 创建图 25.19b 所示的边倒圆特征 1。选择下拉菜单插入(S) → 细节特征(L) → 边倒圆(E)...命令（或单击按钮），系统弹出“边倒圆”对话框；在要倒圆的边区域中单击按钮，选取图 25.19a 所示的边线为边倒圆参照，并在半径 1文本框中输入值 0.2；单击< 确定 >按钮，完成边倒圆特征 1 的创建。

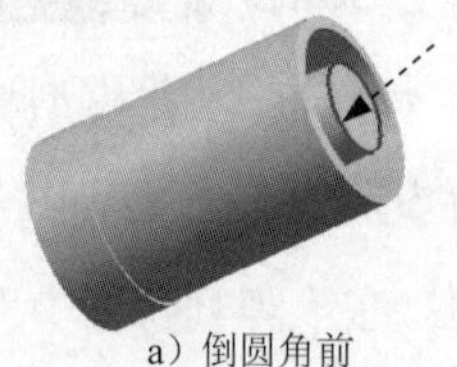

a）倒圆角前

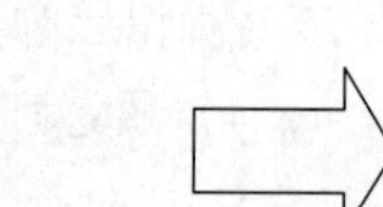

b）倒圆角后

图 25.19　边倒圆特征 1

Step11. 创建边倒圆特征 2。选取图 25.20 所示的边线为边倒圆参照，其圆角半径值为 0.2。

Step12. 创建边倒圆特征 3。选取图 25.21 所示的两条边线为边倒圆参照，其圆角半径为 0.5。

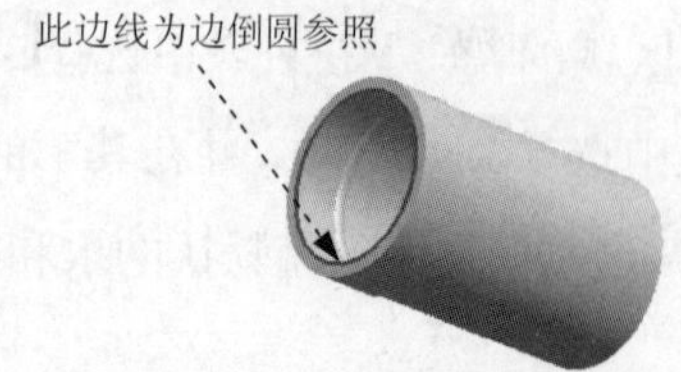

图 25.20　选取边倒圆参照

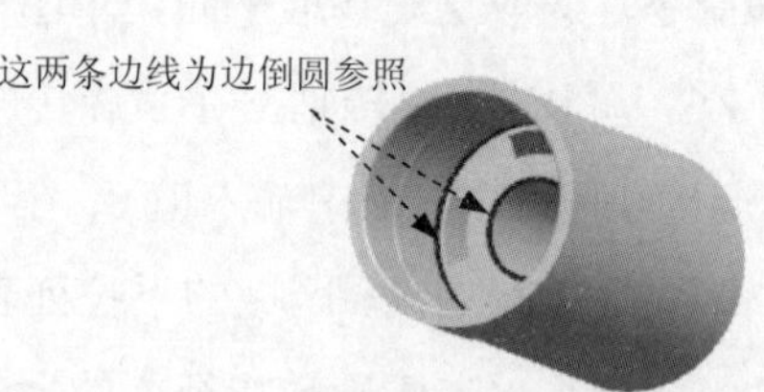

图 25.21　选取边倒圆参照

Step13. 创建图 25.22b 所示的倒斜角特征。选择下拉菜单 插入(S) → 细节特征(L) ▸ → 倒斜角(C)... 命令（或单击按钮），系统弹出“倒斜角”对话框；在边区域中单击按钮，选择图 25.22a 所示的边线为倒斜角参照，在偏置区域的横截面下拉列表中选择对称选项；并在距离文本框中输入值 1；单击 < 确定 > 按钮，完成倒斜角特征的创建。

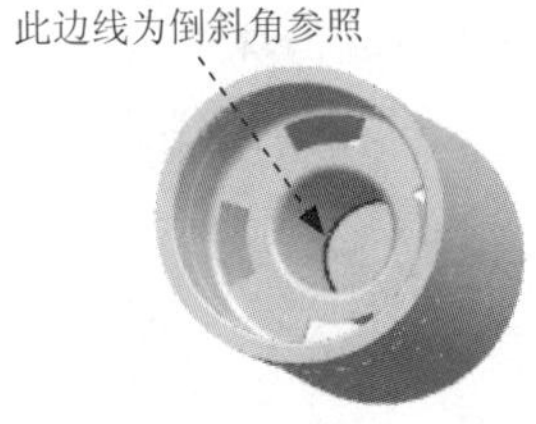

a）倒斜角前

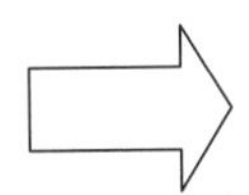

b）倒斜角后

图 25.22 倒斜角特征

Step14. 创建偏置曲面特征。选择下拉菜单 插入(S) → 偏置/缩放(O) → 偏置曲面(O)... 命令（或单击按钮），系统弹出“偏置曲面”对话框；在偏置 1 文本框中输入值 0.2，在绘图区域选取图 25.23 所示的曲面，采用系统默认的偏置方向；单击“偏置曲面”对话框中的 < 确定 > 按钮，完成偏置曲面特征的创建。

Step15. 创建图 25.24 所示的拉伸特征 3。选择下拉菜单 插入(S) → 设计特征(E) → 拉伸(E)... 命令（或单击按钮），系统弹出“拉伸”对话框；单击“拉伸”对话框中的“绘制截面”按钮，系统弹出“创建草图”对话框。单击按钮，选取 ZX 基准平面为草图平面，单击 确定 按钮，进入草图环境，绘制图 25.25 所示的截面草图，选择下拉菜单 任务(K) → 完成草图(K) 命令（或单击 完成草图 按钮），退出草图环境；在“拉伸”对话框限制区域的开始下拉列表中选择 直至选定 选项，选取图 25.26 所示的面为拉伸开始面；在限制区域的结束下拉列表中选择 直至选定 选项，选取 Step14 所创建的偏置曲面为拉伸终止面；在布尔区域的下拉列表中选择 无 选项，其他参数采用系统默认设置。单击 < 确定 > 按钮，完成拉伸特征 3 的创建。

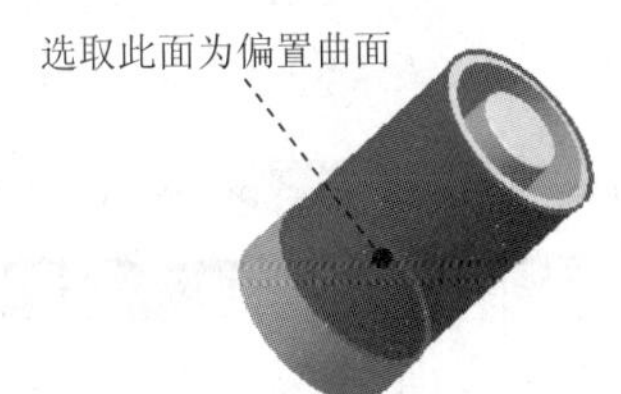

图 25.23 定义偏置曲面

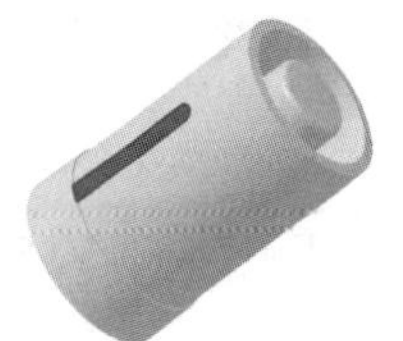

图 25.24 拉伸特征 3

Step16. 创建图 25.27b 所示的阵列几何体特征 1。选择下拉菜单 插入(S) → 关联复制(A) ▸ → 阵列几何特征(T)... 命令，系统弹出“阵列几何特征”对话框；在对话框的布局下拉列表中选择 圆形 选项，选取 Step15 所创建的拉伸特征 3，在对话框的旋转轴区域中

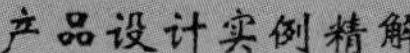

单击 * 指定矢量 后面的按钮，选择 ZC 轴为旋转轴；单击 * 指定点 后面的按钮，选取默认的原点为中心点；在对话框 角度方向 区域的 间距 下拉列表中选择 数量和节距 选项，然后在 数量 文本框中输入阵列数量为 15，在 节距角 文本框中输入阵列角度值为 24。完成阵列几何特征的操作。

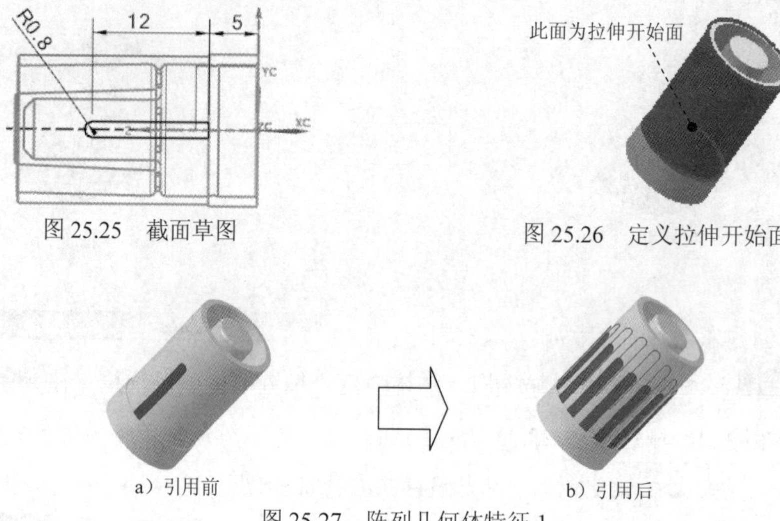

图 25.25　截面草图

图 25.26　定义拉伸开始面

图 25.27　阵列几何体特征 1

Step17. 对实体进行求和操作。选择下拉菜单 插入(S) → 组合(B) ▸ → 求和(U)... 命令（或单击按钮），系统弹出“求和”对话框；选取图 25.28 所示的特征为目标体，依次选取图 25.29 所示的特征（即 Step15 所创建的拉伸特征 3 和 Step16 所创建的陈列几何体特征 1）为刀具体，单击 < 确定 > 按钮，完成该布尔操作。

图 25.28　定义目标体

图 25.29　定义刀具体

Step18. 创建拔模特征。选择下拉菜单 插入(S) → 细节特征(L) ▸ → 拔模(T)... 命令（或单击按钮），系统弹出“拔模”对话框；在 类型 区域中选择 从平面或曲面 选项，激活 指定矢量，指定 ZC 基准轴的正方向为拔模方向，选择图 25.30 所示的模型表面为拔模固定平面，选择图 25.31 所示的模型表面为要拔模的面，在 角度 1 文本框中输入值 1；单击“拔模”对话框中的 < 确定 > 按钮，完成拔模特征的创建。

Step19. 设置隐藏。选择下拉菜单 编辑(E) → 显示和隐藏(H) → 隐藏(H)... 命令（或单击按钮），系统弹出“类选择”对话框；单击“类选择”对话框 过滤器 区域中的按钮，系统弹出“根据类型选择”对话框，按住 Ctrl 键，选择对话框列表中的片体和基准选项，单击确定按钮。系统再次弹出“类选择”对话框，单击对话框对象区域中的“全选”按钮；单击对话框中的确定按钮，完成对设置对象的隐藏。

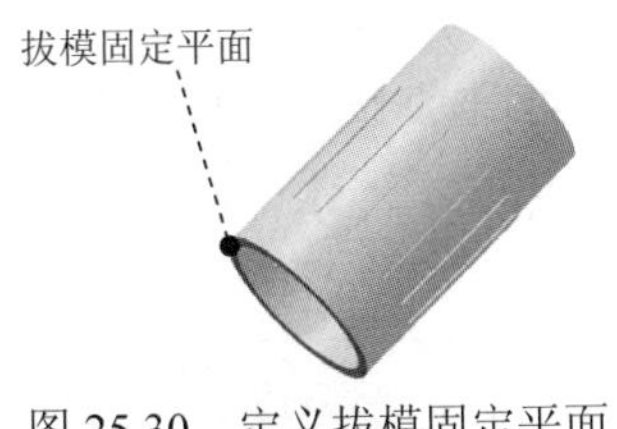

图 25.30 定义拔模固定平面

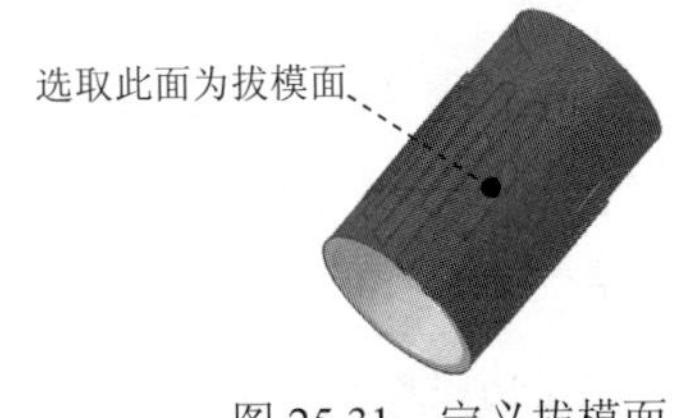

图 25.31 定义拔模面

Step20. 保存零件模型。选择下拉菜单文件(F) ➡ 保存(S)命令，即可保存零件模型。

实例 26　插　接　器

实例概述：

本实例介绍了插接器的设计过程。主要运用了实体建模与曲面建模相结合的方法，设计过程中主要运用了拉伸、旋转、有界平面、缝合和阵列等命令。零件模型及相应的模型树如图 26.1 所示。

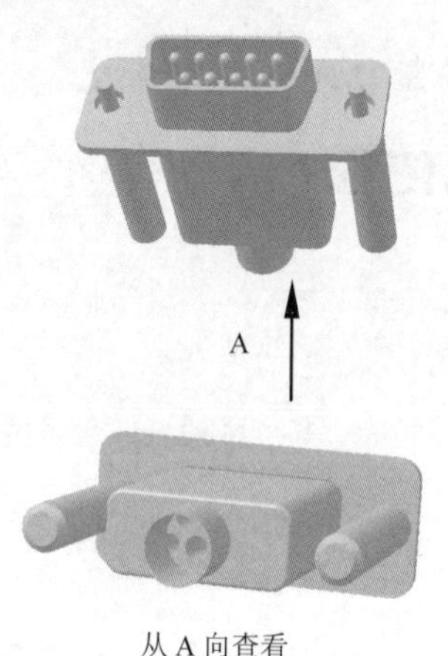

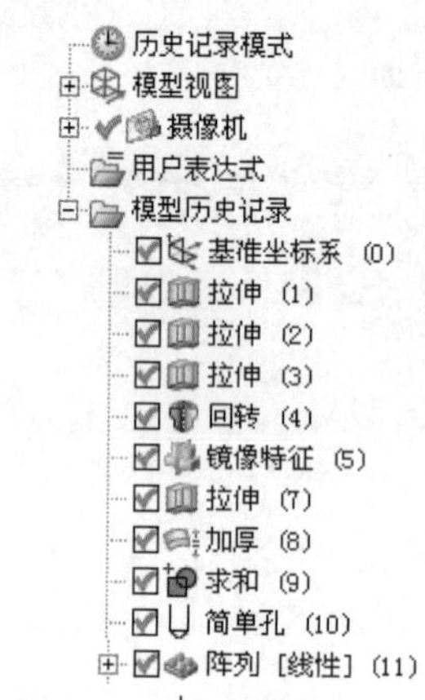

图 26.1　零件模型及模型树

Step1. 新建文件。选择下拉菜单 文件(F) → 新建(N)... 命令，系统弹出“新建”对话框。在 模型 选项卡的 模板 区域中选择模板类型为 模型，在 名称 文本框中输入文件名称 plug，单击 确定 按钮，进入建模环境。

Step2. 创建图 26.2 所示的拉伸特征 1。选择下拉菜单 插入(S) → 设计特征(E) → 拉伸(E)... 命令（或单击 按钮），系统弹出“拉伸”对话框；单击“拉伸”对话框中的“绘制截面”按钮，系统弹出“创建草图”对话框。单击 按钮，选取 ZX 基准平面为草图平面，选中 设置 区域的 创建中间基准 CSYS 复选框，单击 确定 按钮，进入草图环境，绘制图 26.3 所示的截面草图，选择下拉菜单 任务(K) → 完成草图(K) 命令（或单击 完成草图 按钮），退出草图环境；在“拉伸”对话框 限制 区域的 开始 下拉列表中选择 值 选项，并在其下的 距离 文本框中输入值 0；在 限制 区域的 结束 下拉列表中选择 值 选项，并在其下的 距离 文本框中输入值 11.5，并单击 方向 区域的“反向”按钮，定义 YC 基准轴正方向为拉伸方向，其他参数采用系统默认设置；单击 < 确定 > 按钮，完成拉伸特征 1 的创建。

图 26.2　拉伸特征 1

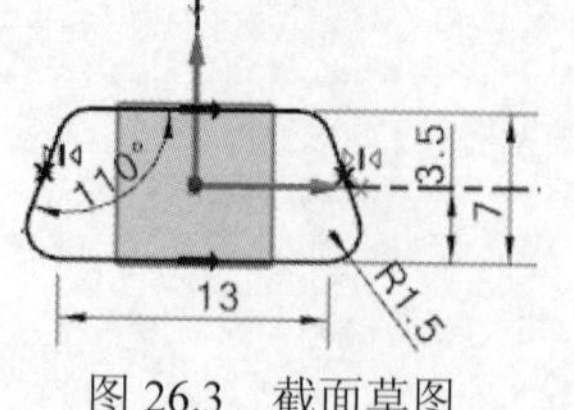

图 26.3　截面草图

Step3. 创建图 26.4 所示的拉伸特征 2。选择下拉菜单插入(S) → 设计特征(E) → 拉伸(E)...命令，选取 ZX 基准平面为草图平面，取消选中设置区域的□ 创建中间基准 CSYS复选框；绘制图 26.5 所示的截面草图；在“拉伸”对话框限制区域的开始下拉列表中选择值选项，并在其下的距离文本框中输入值 0；在限制区域的结束下拉列表中选择值选项，并在其下的距离文本框中输入值 1，定义 YC 基准轴负方向为拉伸方向，在布尔区域的下拉列表中选择求和选项，系统将自动与模型中唯一一个体进行布尔求和运算，单击< 确定 >按钮，完成拉伸特征 2 的创建。

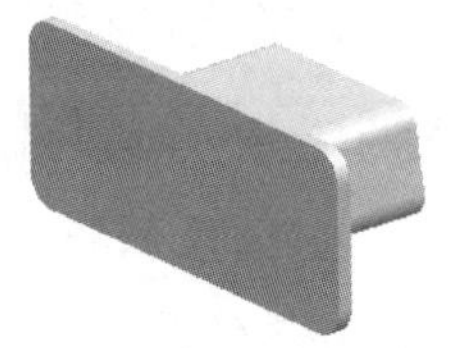

图 26.4 拉伸特征 2

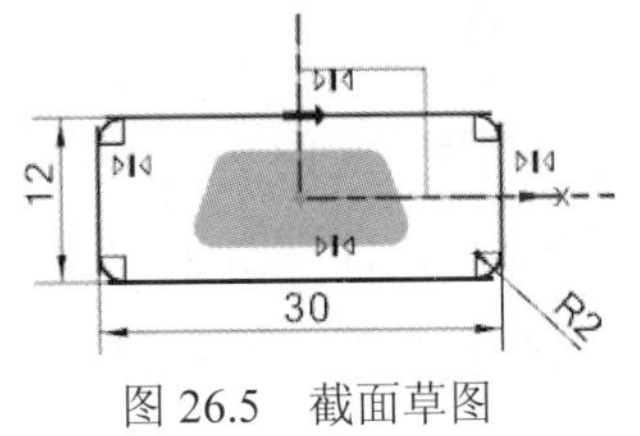

图 26.5 截面草图

Step4. 创建图 26.6 所示的拉伸特征 3。选择下拉菜单插入(S) → 设计特征(E) → 拉伸(E)...命令，选取图 26.7 所示的平面为草图平面；绘制图 26.8 所示的截面草图；在“拉伸”对话框限制区域的开始下拉列表中选择值选项，并在其下的距离文本框中输入值 0；在限制区域的结束下拉列表中选择贯通选项，并单击方向区域的“反向”按钮；在布尔区域的下拉列表中选择求差选项，系统将自动与模型中唯一一个体进行布尔求差运算，单击< 确定 >按钮，完成拉伸特征 3 的创建。

图 26.6 拉伸特征 3

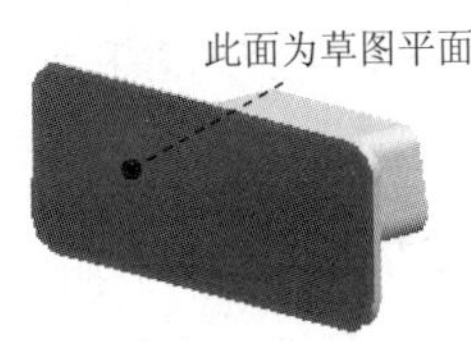

图 26.7 定义草图平面

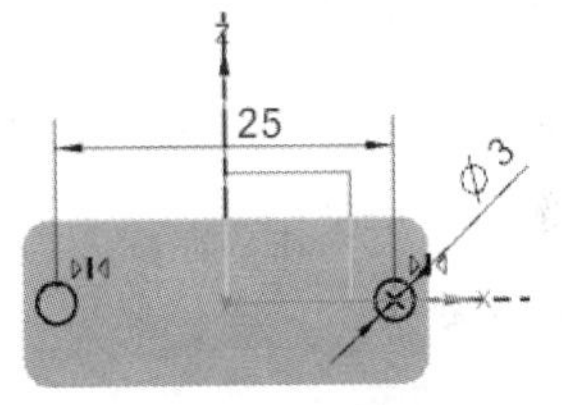

图 26.8 截面草图

Step5. 创建图 26.9 所示的旋转特征 1。选择插入(S) → 设计特征(E) → 旋转(R)...命令（或单击按钮），系统弹出“旋转”对话框；单击截面区域中的按钮，系统弹出“创建草图”对话框，选取 XY 基准平面为草图平面，单击确定按钮，进入草图环境，绘制图 26.10 所示的截面草图，选择下拉菜单任务(K) → 完成草图(K)命令（或单击完成草图按钮），退出草图环境；选取图 26.10 所示的直线为旋转轴；在“旋转”对话框限制区域的开始下拉列表中选择值选项，并在其下的角度文本框中输入值 0，在结束下拉列表中选择值选项，并在其下的角度文本框中输入值 360，在布尔区域的下拉列表中选择求和选项，采用系统默认的求和对象；单击< 确定 >按钮，完成旋转特征 1 的创建。

Step6. 创建图 26.11 所示的镜像特征。选择下拉菜单插入(S) → 关联复制(A) →

镜像特征(M)... 命令，系统弹出“镜像特征”对话框；在“镜像平面”区域中单击按钮，选取 YZ 基准平面为镜像平面；在模型树中选取 Step5 创建的旋转特征 1 为镜像特征；单击 < 确定 > 按钮，完成镜像特征的创建。

图 26.9 旋转特征 1

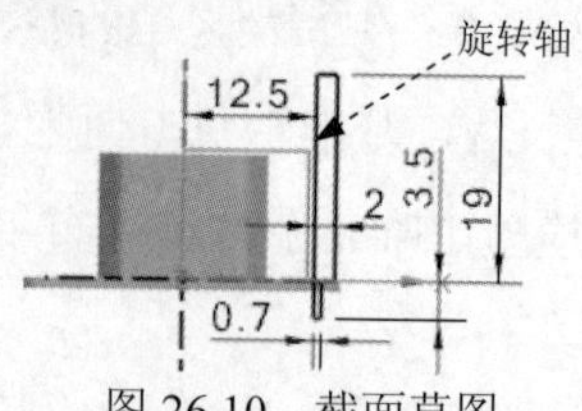

图 26.10 截面草图

图 26.11 镜像特征

Step7. 创建图 26.12 所示的拉伸特征 4。选择下拉菜单 插入(S) → 设计特征(E) → 拉伸(E)... 命令，选取图 26.13 所示的平面为草图平面；绘制图 26.14 所示的截面草图；在“拉伸”对话框 限制 区域的 开始 下拉列表中选择 值 选项，并在其下的 距离 文本框中输入值 0；在 限制 区域的 结束 下拉列表中选择 值 选项，并在其下的 距离 文本框中输入值 5.5；在 布尔 区域的下拉列表中选择 无 选项；在 体类型 下拉列表中选择 片体 选项，其他参数采用系统默认设置；单击 < 确定 > 按钮，完成拉伸特征 4 的创建。

图 26.12 拉伸特征 4

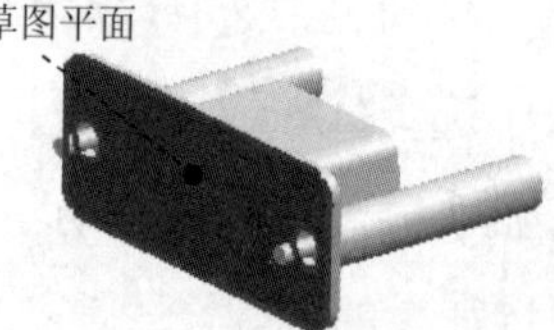

图 26.13 定义草图平面

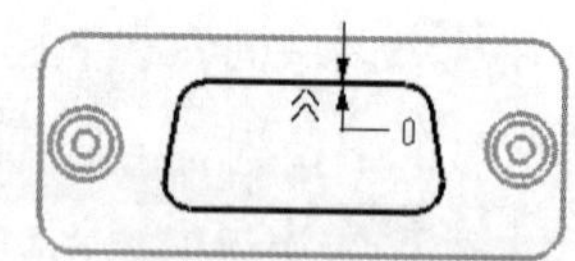

图 26.14 截面草图

Step8. 创建片体加厚特征。选择下拉菜单 插入(S) → 偏置/缩放(O) → 加厚(T)... 命令，系统弹出“加厚”对话框；在 面 区域中单击按钮，选择 Step7 所创建的拉伸特征 4；在 偏置 1 文本框中输入值 0.5，在 偏置 2 文本框中输入值 0，采用系统默认的加厚方向；单击 < 确定 > 按钮，完成加厚特征的创建。

Step9. 对实体进行求和操作。选择下拉菜单 插入(S) → 组合(B) → 求和(U)... 命令（或单击按钮），系统弹出“求和”对话框；选取图 26.15 所示的特征为目标体，选取图 26.16 所示的特征为工具体，单击 < 确定 > 按钮，完成该布尔求和操作。

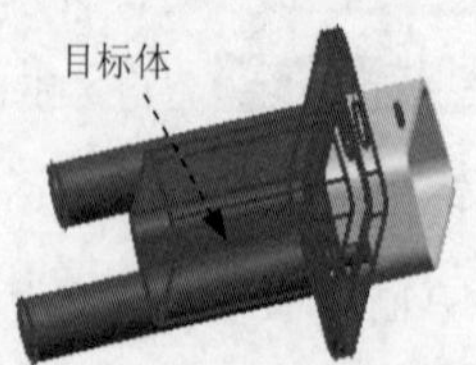

图 26.15 定义目标体

图 26.16 定义工具体

Step10. 创建图 26.17 所示的孔特征。选择下拉菜单 插入(S) → 设计特征(E) → 孔(H)... 命令（或单击按钮），系统弹出“孔”对话框；在 类型 下拉列表中选择 常规孔 选项，单击“孔”对话框中的“绘制截面”按钮，然后在绘图区域中选取图 26.18 所示的孔的放置面，单击确定按钮，进入草图环境；系统自动弹出“草图点”对话框，在“草图点”对话框中的下拉列表中选择选项，然后在图 26.18 所示的孔的放置面上单击，单击关闭按钮，退出“草图点”对话框；标注图 26.19 所示的尺寸；单击完成草图按钮，退出草图环境；在成形下拉列表中选择简单选项，在直径文本框中输入值 2，在深度限制下拉列表中选择值选项，在深度文本框中输入值 50，在顶锥角文本框中输入值 118，其余参数采用系统默认设置，单击< 确定 >按钮完成孔特征的创建。

图 26.17 孔特征

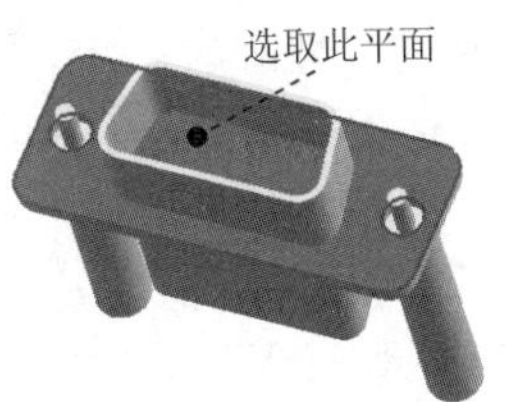

图 26.18 定义孔放置面

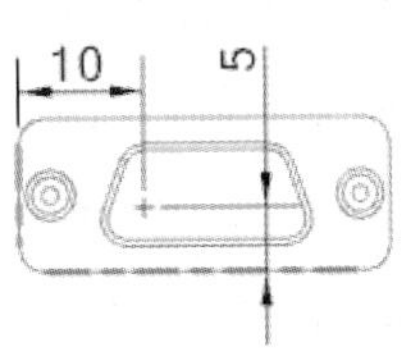

图 26.19 定义孔位置

Step11. 创建图 26.20 所示的阵列特征 1。选择下拉菜单插入(S) → 关联复制(A) → 阵列特征(A)...命令，系统弹出“阵列特征”对话框 ；在绘图区选取 Step10 所创建的孔特征 1；在“阵列特征”对话框的布局下拉列表中选择线性选项；在“阵列特征”对话框方向 1区域的指定矢量下拉列表中选择XC选项，在间距下拉列表中选择数量和节距选项，在数量文本框中输入值 5，并在节距文本框中输入值 2.5；单击确定按钮，完成阵列特征 1 的创建。

Step12. 创建图 26.21 所示的孔特征 2。参考 Step10 中孔特征的创建步骤，孔的定义尺寸如图 26.21b 所示，完成孔特征 2 的创建。

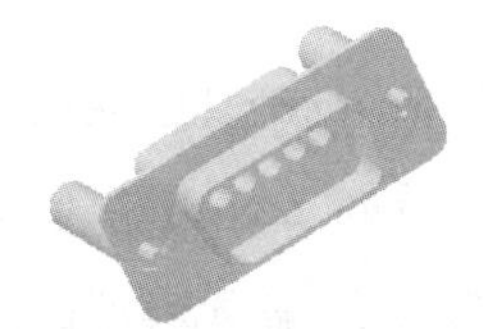

图 26.20 阵列特征 1

a）

11.5

7.5

b）

图 26.21 孔特征 2 及定位尺寸

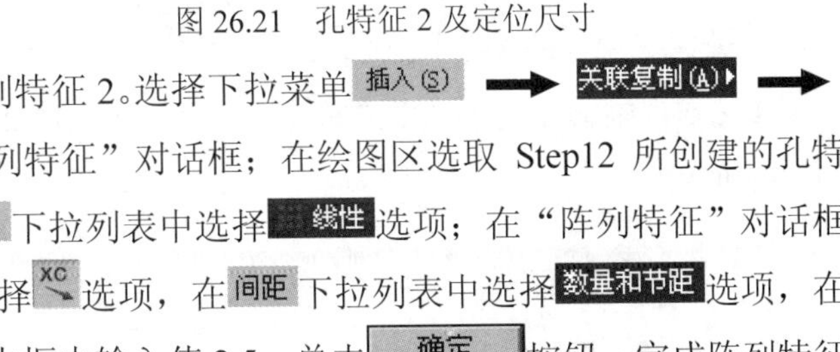

Step13. 创建图 26.22 所示的阵列特征 2。选择下拉菜单插入(S) → 关联复制(A) → 阵列特征(A)...命令，系统弹出“阵列特征”对话框；在绘图区选取 Step12 所创建的孔特征 2；在“阵列特征”对话框的布局下拉列表中选择线性选项；在“阵列特征”对话框方向 1区域的指定矢量下拉列表中选择XC选项，在间距下拉列表中选择数量和节距选项，在数量文本框中输入值 4，并在节距文本框中输入值 2.5；单击确定按钮，完成阵列特征 2 的创建。

Step14. 创建图 26.23 所示的基准平面 1。选择下拉菜单插入(S) → 基准/点(D) → 基准平面(D)...命令（或单击按钮），系统弹出“基准平面”对话框；在类型区域的下拉列表中选择按某一距离选项，在绘图区选取 YZ 基准平面，在偏置区域的距离文本框中输入值

5，并单击“反向”按钮；在“基准平面”对话框中单击< 确定 >按钮，完成基准平面1的创建。

图 26.22　阵列特征 2

图 26.23　基准平面 1

Step15. 创建图 26.24 所示的旋转特征 2。选择插入(S) → 设计特征(E) → 旋转(R)...命令（或单击按钮），系统弹出“旋转”对话框；单击截面区域中的按钮，系统弹出“创建草图”对话框，选取基准平面 1 为草图平面，单击确定按钮，进入草图环境，绘制图 26.25 所示的截面草图，选择下拉菜单任务(K) → 完成草图(K)命令（或单击完成草图按钮），退出草图环境；选取图 26.25 所示的直线为旋转轴；在“旋转”对话框限制区域的开始下拉列表中选择值选项，并在其下的角度文本框中输入值 0，在结束下拉列表中选择值选项，并在其下的角度文本框中输入值 360；在布尔区域中选择求和选项，采用系统默认的求和对象；单击< 确定 >按钮，完成旋转特征 2 的创建。

图 26.24　旋转特征 2

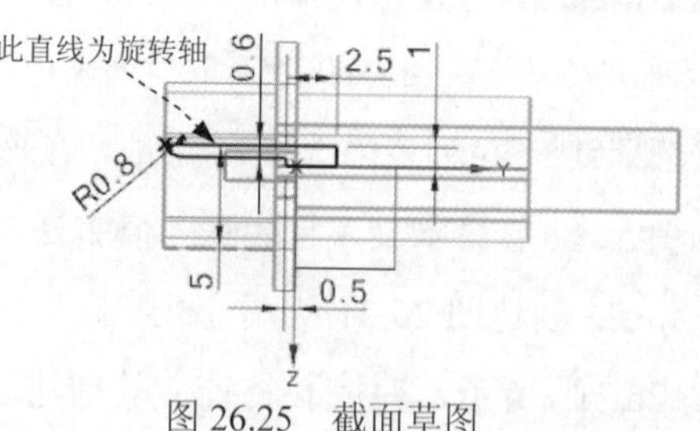

图 26.25　截面草图

Step16. 创建图 26.26 所示的阵列特征 3。选择下拉菜单插入(S) → 关联复制(A) → 阵列特征(A)...命令，系统弹出“阵列特征”对话框；在绘图区选取 Step15 所创建的旋转特征 2；在“阵列特征”对话框的布局下拉列表中选择线性选项；在“阵列特征”对话框方向 1区域的指定矢量下拉列表中选择XC选项，在间距下拉列表中选择数量和节距选项，在数量文本框中输入值 5，并在节距文本框中输入值 2.5；单击确定按钮，完成阵列特征 3 的创建。

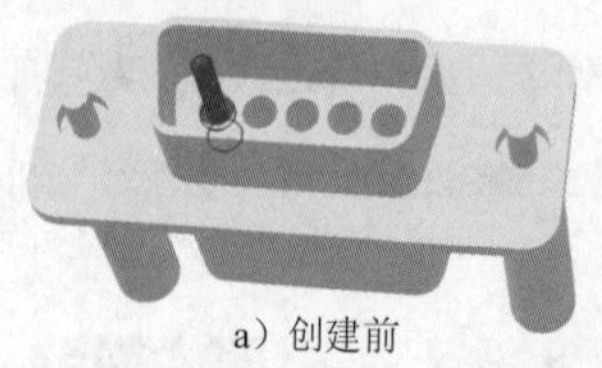

a）创建前

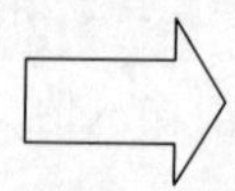

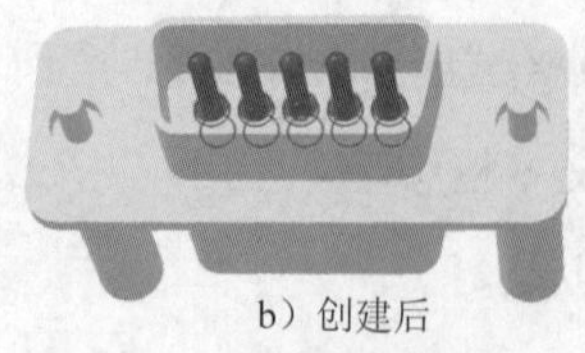

b）创建后

图 26.26　阵列特征 3

Step17. 创建图 26.27 所示的基准平面 2。选择下拉菜单插入(S) → 基准/点(D) → 基准平面(D)...命令（或单击按钮），系统弹出“基准平面”对话框；在类型区域的下拉列表选择按某一距离选项，选取 Step14 所创建的基准平面 1，在偏置区域的距离文本框中输入值 1.5，并单击“反向”按钮；在“基准平面”对话框中单击< 确定 >按钮，完成基准平面 2 的创建。

Step18. 创建图 26.28 所示的旋转特征 3。选择下拉菜单插入(S) → 设计特征(E) → 旋转(R)...命令，系统弹出“旋转”对话框。选取基准平面 2 为草图平面，绘制图 26.29 所示的截面草图；在绘图区域中选取图 26.29 所示的直线为旋转轴，在“旋转”对话框限制区域的开始下拉列表中选择值选项，并在其下的角度文本框中输入值 0；在结束下拉列表中选择值选项，并在其下的角度文本框中输入值 360，在布尔区域的下拉列表中选择求和选项，单击< 确定 >按钮，完成旋转特征 3 的创建。

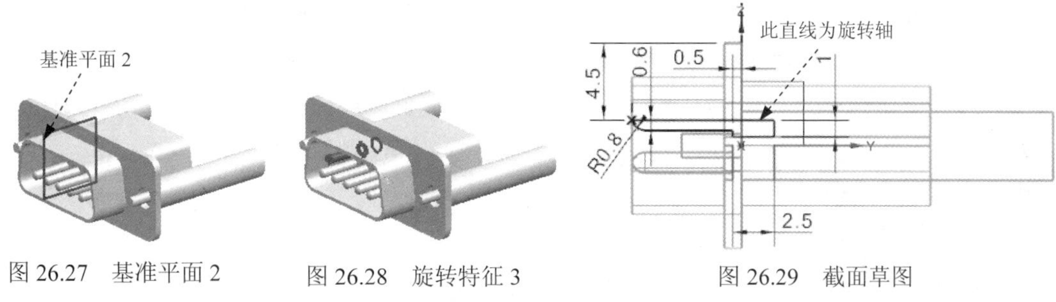

图 26.27 基准平面 2　　图 26.28 旋转特征 3　　图 26.29 截面草图

Step19. 创建图 26.30 所示的阵列特征 4。选择下拉菜单插入(S) → 关联复制(A) → 阵列特征(A)...命令，系统弹出“阵列特征”对话框；在绘图区选取 Step18 所创建的旋转特征 3；在“阵列特征”对话框的布局下拉列表中选择线性选项；在“阵列特征”对话框方向 1的区域指定矢量下拉列表中选择XC选项，在间距下拉列表中选择数量和节距选项，在数量文本框中输入值 4，并在节距文本框中输入值 2.5；单击确定按钮，完成阵列特征 4 的创建。

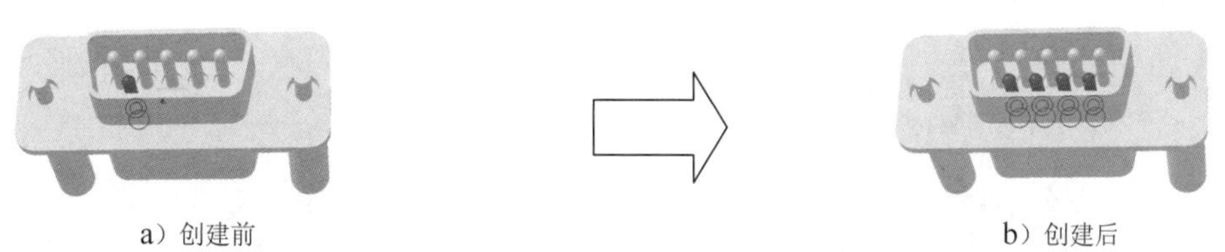

a）创建前　　b）创建后

图 26.30 阵列特征 4

Step20. 创建图 26.31 所示的拉伸特征 5。选择下拉菜单插入(S) → 设计特征(E) → 拉伸(E)...命令，系统弹出“拉伸”对话框。选取图 26.32 所示的平面为草图平面；绘制图 26.33 所示的截面草图；在“拉伸”对话框限制区域的开始下拉列表中选择值选项，并在其下的距离文本框中输入值 0；在限制区域的结束下拉列表中选择值选项，并在其下的距离文本框中输入值 16.5；在布尔区域的下拉列表中选择无选项；在体类型下拉列表中选择片体选项，其他参数采用系统默认设置。单击< 确定 >按钮，完成拉伸特征 5 的创建。

图 26.31　拉伸特征 5

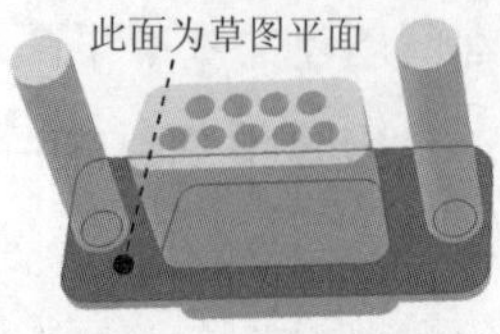

图 26.32　定义草图平面

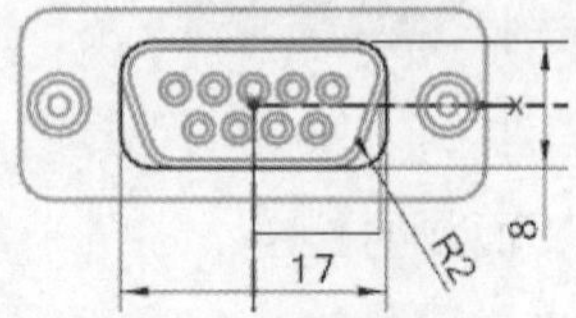

图 26.33　截面草图

Step21. 创建图 26.34 所示的基准平面 3。选择下拉菜单 插入(S) → 基准/点(D) → 基准平面(D)... 命令（或单击按钮），系统弹出“基准平面”对话框；在 类型 区域的下拉列表中选择 按某一距离 选项，在绘图区选取 ZX 基准平面，在 偏置 区域的 距离 文本框中输入值 16.5；在“基准平面”对话框中单击 < 确定 > 按钮，完成基准平面 3 的创建。

Step22. 创建图 26.35 所示的拉伸特征 6。选择下拉菜单 插入(S) → 设计特征(E) → 拉伸(E)... 命令，选取基准平面 3 为草图平面；绘制图 26.36 所示的截面草图；在“拉伸”对话框 限制 区域的 开始 下拉列表中选择 值 选项，并在其下的 距离 文本框中输入值 0；在 限制 区域的 结束 下拉列表中选择 值 选项，并在其下的 距离 文本框中输入值 5，在 布尔 区域的下拉列表中选择 无 选项；在 体类型 下拉列表中选择 片体 选项，其他参数采用系统默认设置。单击 < 确定 > 按钮，完成拉伸特征 6 的创建。

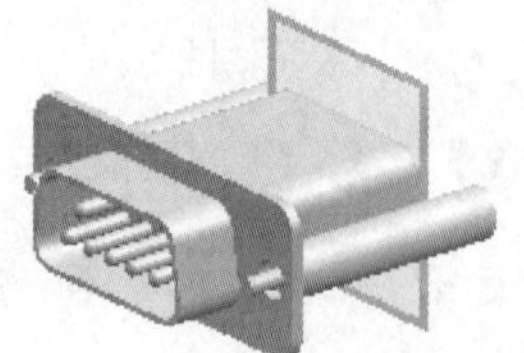
图 26.34　基准平面 3

图 26.35　拉伸特征 6

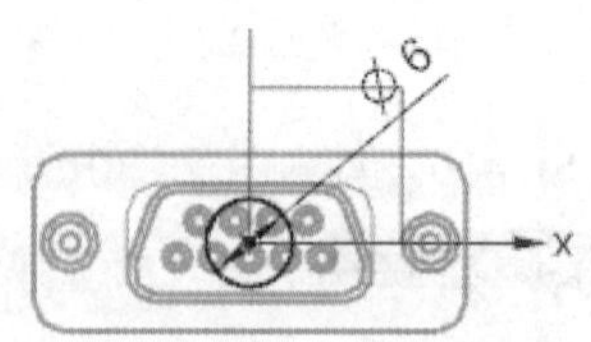

图 26.36　截面草图

Step23. 创建图 26.37b 所示的有界平面特征。选择下拉菜单 插入(S) → 曲面(R) → 有界平面(P)... 命令，系统弹出“有界平面”对话框；根据系统 选择有界平面的曲线 的提示，选取图 26.37a 中所示边线；单击 < 确定 > 按钮，完成有界平面的创建。

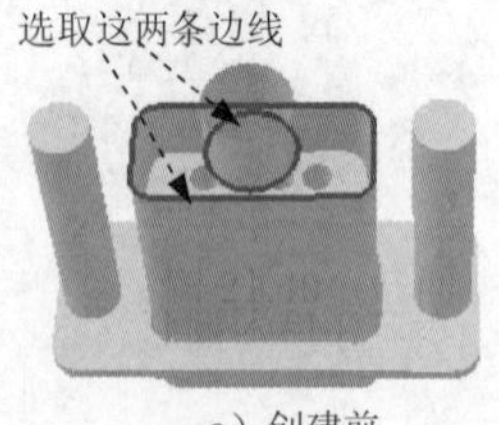

a）创建前

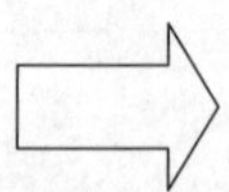

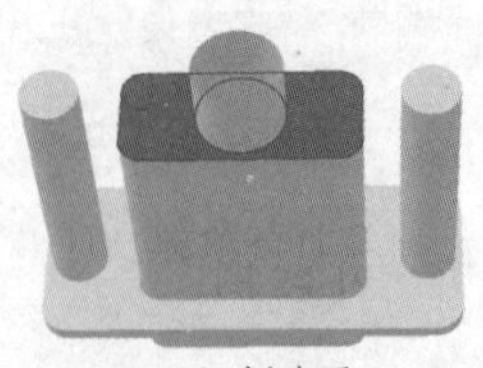
b）创建后

图 26.37　有界平面特征

Step24. 创建曲面缝合特征。选择下拉菜单 插入(S) → 组合(B) → 缝合(W)... 命令，系统弹出“缝合”对话框；在 目标 区域中单击按钮，选取图 26.38 所示的面为缝合目标体；在 刀具 区域中单击按钮，选取图 26.39 所示的面为缝合工具体；在“缝合”对话框中单击 确定 按钮，完成缝合特征的创建。

Step25. 创建图 26.40b 所示的边倒圆特征。选择下拉菜单 插入(S) → 细节特征(L) ▸

→ 边倒圆(E)... 命令（或单击按钮），系统弹出“边倒圆”对话框；在要倒圆的边区域中单击按钮，选取图 26.40a 所示的边线为边倒圆参照，并在半径 1文本框中输入值 0.4；单击< 确定 >按钮，完成边倒圆特征的创建。

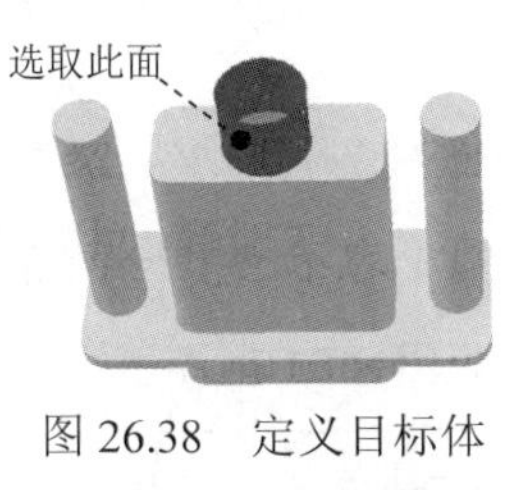

图 26.38　定义目标体

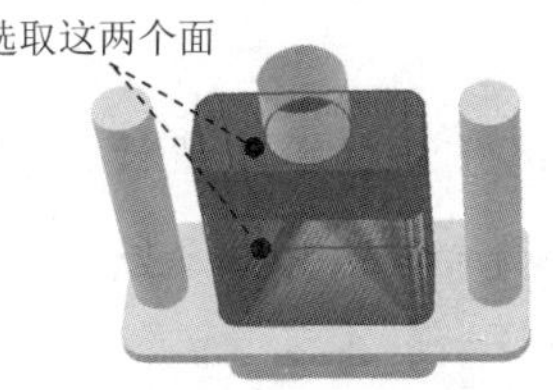

图 26.39　定义工具体

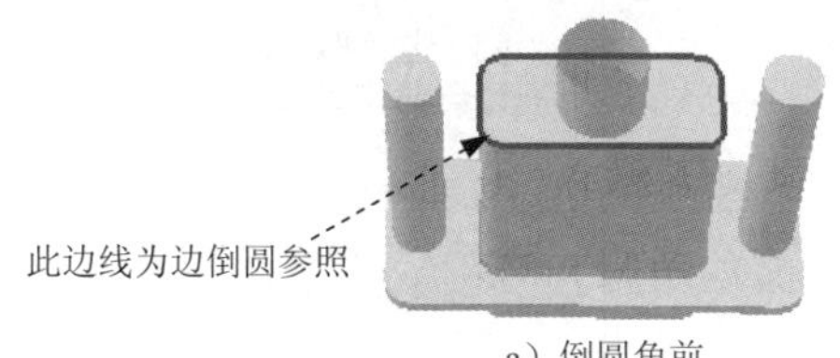

a）倒圆角前

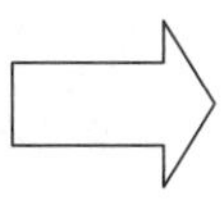

b）倒圆角后

图 26.40　边倒圆特征

Step26. 创建图 26.41b 所示的片体加厚特征。选择下拉菜单插入(S) → 偏置/缩放(O) → 加厚(T)... 命令，系统弹出“加厚”对话框；在面区域中单击按钮，选取图 26.41a 所示的曲面特征；在偏置 1文本框中输入值 0.3，在偏置 2文本框中输入值 0，采用系统默认的加厚方向；单击< 确定 >按钮，完成加厚特征的创建。

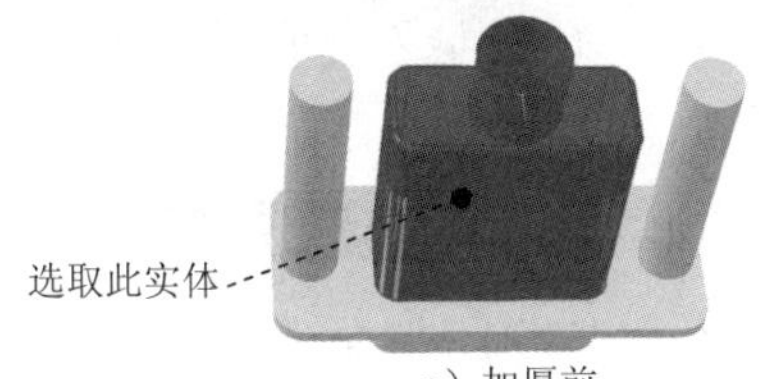

a）加厚前

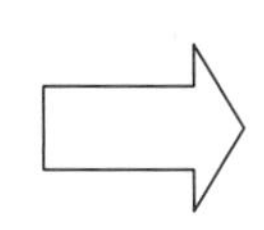

b）加厚后

图 26.41　片体加厚特征

Step27. 创建图 26.42b 所示的倒斜角特征。选择下拉菜单插入(S) → 细节特征(L) ▸ → 倒斜角(C)... 命令，系统弹出“倒斜角”对话框；在边区域中单击按钮，选取图 26.42a 所示的两条边线为倒斜角参照，在偏置区域的横截面下拉列表中选择对称选项；并在距离文本框中输入值 0.6；单击< 确定 >按钮，完成倒斜角特征的创建。

a）倒斜角前

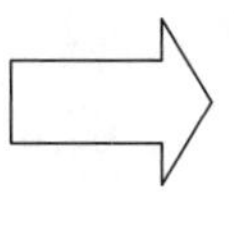

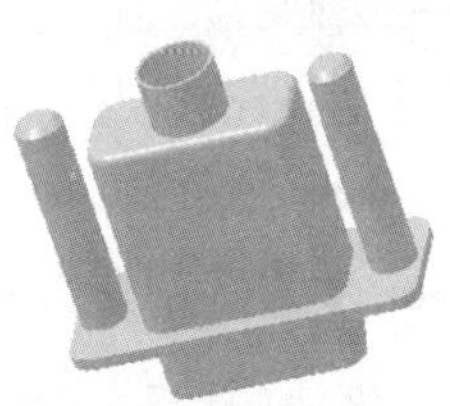

b）倒斜角后

图 26.42　倒斜角特征

Step28. 保存零件模型。选择下拉菜单文件(F) → 保存(S) 命令，即可保存零件模型。

实例27 座　椅

实例概述：

本实例介绍了座椅的设计过程。整个模型的主要设计思路是构建特性曲线，通过曲线得到模型整体曲面；曲线的质量直接影响整个模型面的质量，在本例中对样条曲线的调整是一个难点，同时也是关键点。零件模型及相应的模型树如图 27.1 所示。

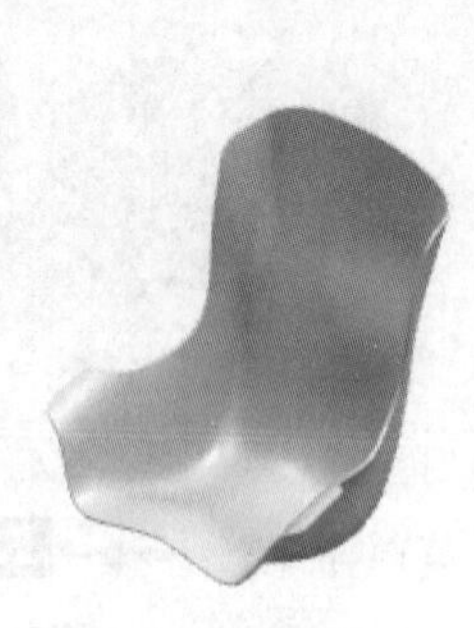

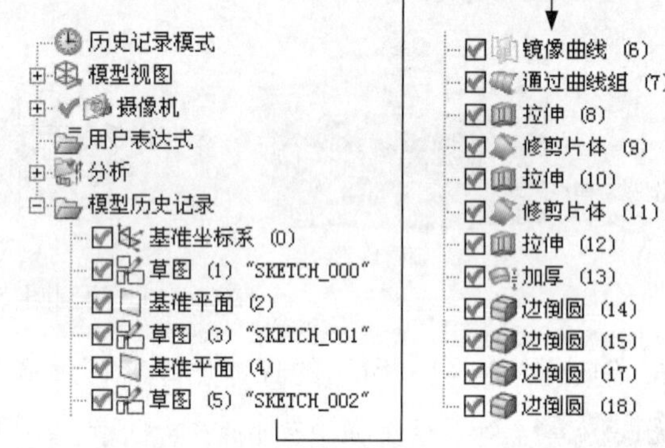

图 27.1　零件模型及模型树

Step1. 新建文件。选择下拉菜单 文件(F) → 新建(N)... 命令，系统弹出“新建”对话框。在 模型 选项卡的 模板 区域中选取模板类型为 模型；在 名称 文本框中输入文件名称 chair，单击 确定 按钮，进入建模环境。

Step2. 创建图 27.2 所示的草图 1。选择下拉菜单 插入(S) → 在任务环境中绘制草图(V)... 命令，系统弹出“创建草图”对话框；选取 YZ 基准平面为草图平面，选中 设置 区域的 ☑ 创建中间基准 CSYS 复选框，单击 确定 按钮；进入草图环境，创建图 27.2 所示的草图 1。选择下拉菜单 插入(S) → 曲线(C) → 艺术样条(D)... 命令（或在草图工具栏中单击“艺术样条”按钮），系统弹出“艺术样条”对话框，在“艺术样条”对话框中 类型 区域的下拉列表中选择 根据极点 选项，绘制图 27.2 所示的草图 1，在“艺术样条”对话框中单击 确定 按钮；双击图 27.2 所示的草图 1，选择下拉菜单 分析(L) → 曲线(C) → 显示曲率梳(C) 命令，在图形区显示草图曲线的曲率梳，拖动草图曲线控制点，使其曲率梳呈现图 27.3 所示的光滑的形状。在“艺术样条”对话框中单击 < 确定 > 按钮，选择下拉菜单 分析(L) → 曲线(C) → 显示曲率梳(C) 命令，取消曲率梳的显示；选择下拉菜单 任务(K) → 完成草图(K) 命令（或单击 完成草图 按钮），退出草图环境。

Step3. 创建图 27.4 所示的基准平面 1。选择下拉菜单 插入(S) → 基准/点(D) → 基准平面(D)... 命令，系统弹出“基准平面”对话框；在 类型 区域的下拉列表中选择 按某一距离 选项。在 平面参考 区域单击 按钮，选取 YZ 基准平面为对象平面；在 偏置 区域的 距离 文本框中输入值 160，单击按钮，定义 XC 基准轴的反方向为参考方向，其他参数采用系统默认设置；单击〈确定〉按钮，完成基准平面 1 的创建。

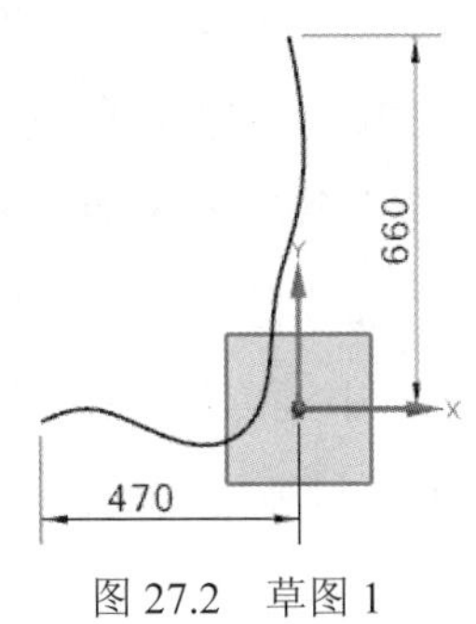

图 27.2 草图 1

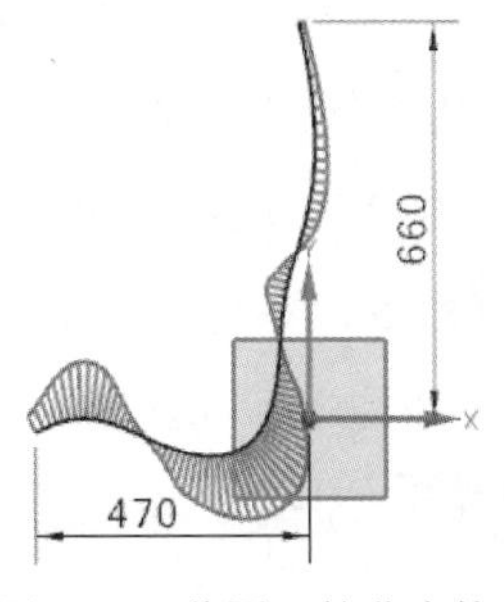

图 27.3 草图 1 的曲率梳

Step4. 创建图 27.5 所示的草图 2。选择下拉菜单插入(S) → 在任务环境中绘制草图(V)...命令，系统弹出“创建草图”对话框；单击按钮，选取基准平面 1 为草图平面，选取 Z 轴为竖直方向参照，单击确定按钮；进入草图环境，绘制图 27.5 所示的草图 2；选择下拉菜单任务(K) → 完成草图(K)命令（或单击完成草图按钮），退出草图环境。

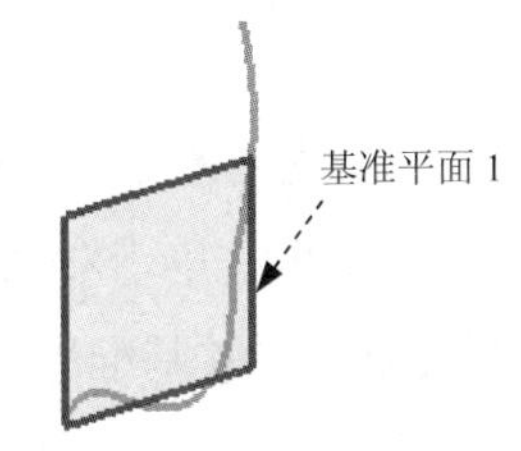

图 27.4 基准平面 1

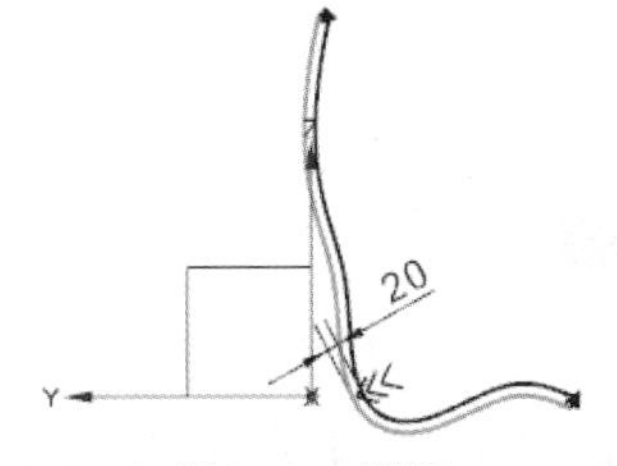

图 27.5 草图 2

Step5. 创建图 27.6 所示的基准平面 2。选择下拉菜单插入(S) → 基准/点(D) → 基准平面(D)...命令，系统弹出“基准平面”对话框；在类型区域的下拉列表中选择按某一距离选项，选取 YZ 基准平面为对象平面；在偏置区域的距离文本框中输入值 270，单击按钮，定义 XC 基准轴的反方向为参考方向，其他参数采用系统默认设置；单击〈确定〉按钮，完成基准平面 2 的创建。

Step6. 创建图 27.7 所示的草图 3。选择下拉菜单插入(S) → 在任务环境中绘制草图(V)...命令，系统弹出“创建草图”对话框；选取基准平面 2 为草图平面；选取 Z 轴为竖直方向参照，绘制图 27.8 所示的草图 3 的曲率梳（参照 Step2 中调整曲率梳的方法），选择下拉菜单任务(K) → 完成草图(K)命令，退出草图环境。

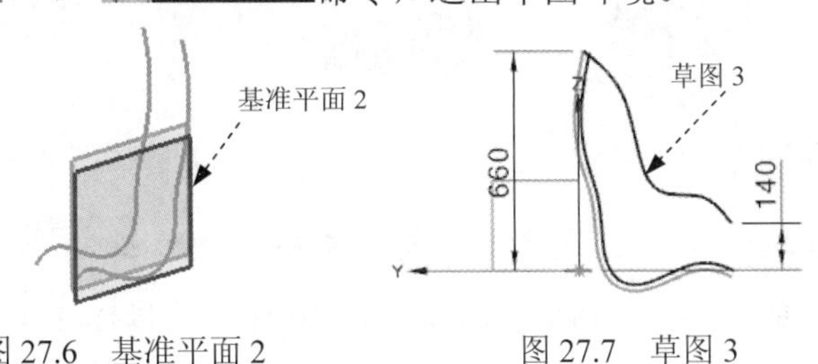

图 27.6 基准平面 2　　图 27.7 草图 3

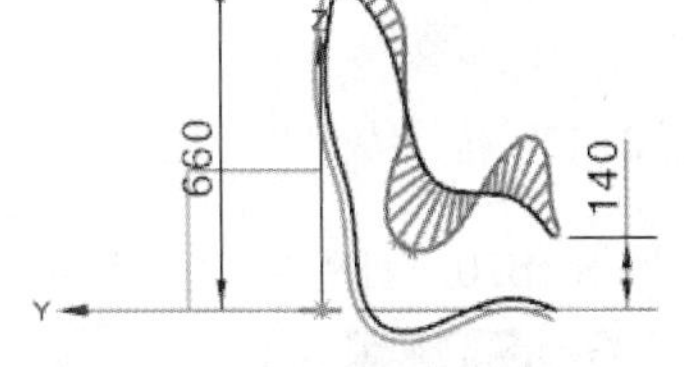

图 27.8 草图 3 的曲率梳

Step7. 创建图 27.9 所示的镜像曲线。选择下拉菜单插入(S) → 派生的曲线(U) → 镜像命令，系统弹出“镜像曲线”对话框；选择 Step4 和 Step6 中所绘制的曲线为镜像曲线；在平面下拉列表框中选择现有平面选项，并单击按钮，选取 YZ 基准平面为镜像平面；其他参数采用系统默认设置；单击确定按钮，完成镜像曲线的创建。

Step8. 创建图 27.10 所示的曲面特征。选择下拉菜单插入(S) → 网格曲面(M) → 通过曲线组(T)...命令，系统弹出“通过曲线组”对话框；依次选取图 27.11 所示的曲线 1、曲线 2、曲线 3、曲线 4 和曲线 5 为截面曲线，并分别单击中键确认；在输出曲面选项区域中选中☑ 垂直于终止截面复选框；单击< 确定 >按钮，完成曲面特征的创建。

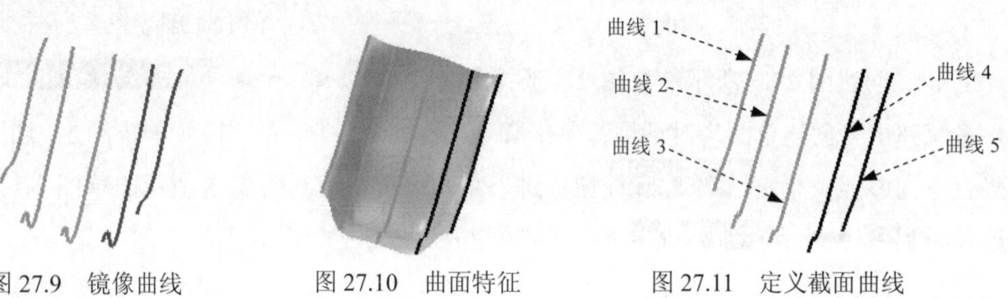

图 27.9 镜像曲线　　图 27.10 曲面特征　　图 27.11 定义截面曲线

Step9. 创建图 27.12 所示的拉伸特征 1。选择下拉菜单插入(S) → 设计特征(E) → 拉伸(E)...命令（或单击按钮），系统弹出“拉伸”对话框；单击对话框中的“绘制截面”按钮，系统弹出“创建草图”对话框。单击按钮，选取基准平面 2 为草图平面，单击确定按钮，进入草图环境，绘制图 27.13 所示的截面草图（参照 Step2 中调整曲率梳的方法，使其曲率梳呈现图 27.14 所示的光滑的形状），选择下拉菜单任务(K) → 完成草图(K)命令（或单击完成草图按钮），退出草图环境；在“拉伸”对话框方向区域的指定矢量下拉列表中选择选项，在限制区域的开始下拉列表中选择值选项，并在其下的距离文本框中输入值-50；在限制区域的结束下拉列表中选择值选项，并在其下的距离文本框中输入值 600，在布尔区域的下拉列表中选择无选项，其他参数采用系统默认设置；单击< 确定 >按钮，完成拉伸特征 1 的创建。

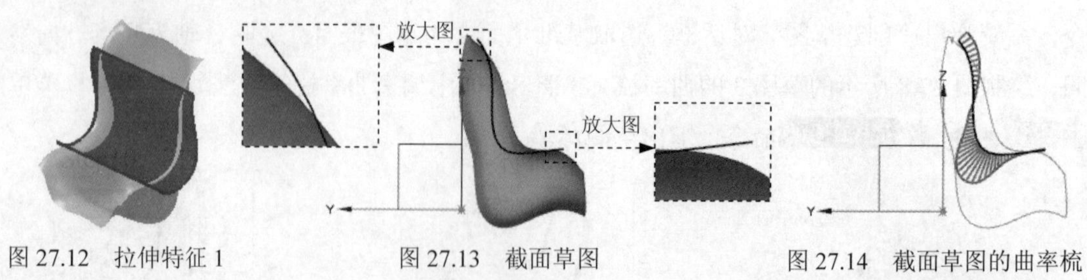

图 27.12 拉伸特征 1　　图 27.13 截面草图　　图 27.14 截面草图的曲率梳

Step10. 创建图 27.15 所示的修剪特征 1。选择下拉菜单插入(S) → 修剪(T) → 修剪片体(R)...命令，系统弹出“修剪片体”对话框；选择图 27.16 所示的目标体和边界对象；在区域区域中选中保留单选项；其他参数采用系统默认设置；单击确定按钮，完成修剪特征 1 的创建。

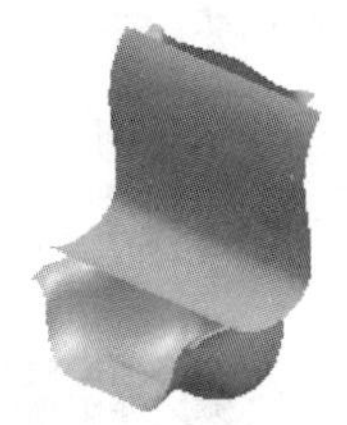

图 27.15 修剪特征 1

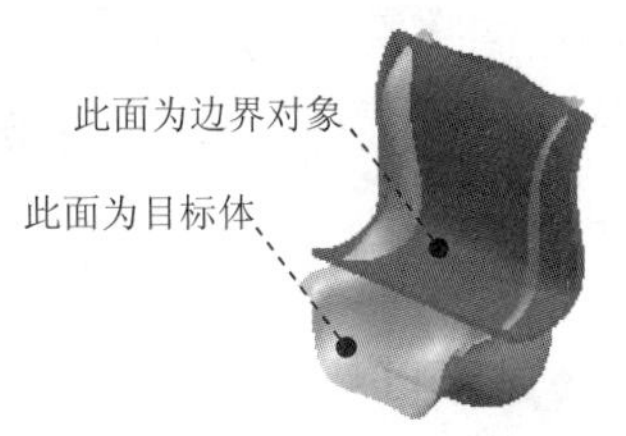

图 27.16 定义目标体和边界对象

Step11. 创建图 27.17 所示的拉伸特征 2。选择下拉菜单插入(S) → 设计特征(E) → 拉伸(E)...命令，系统弹出“拉伸”对话框；选取 XZ 基准平面为草图平面；绘制图 27.18 所示的截面草图；选择下拉菜单任务(K) → 完成草图(K)命令（或单击完成草图按钮），退出草图环境；在“拉伸”对话框限制区域的开始下拉列表中选择值选项，并在其下的距离文本框中输入值-50；在限制区域的结束下拉列表中选择值选项，并在其下的距离文本框中输入值 300，在布尔区域的下拉列表中选择无选项，其他参数采用系统默认设置；单击< 确定 >按钮，完成拉伸特征 2 的创建。

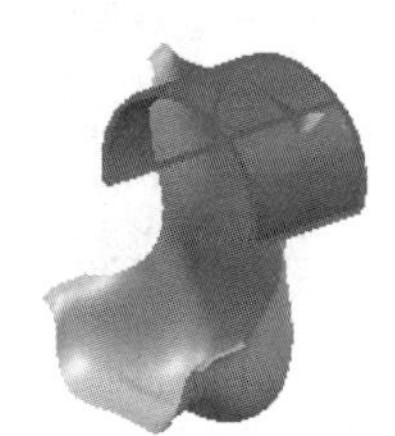

图 27.17 拉伸特征 2

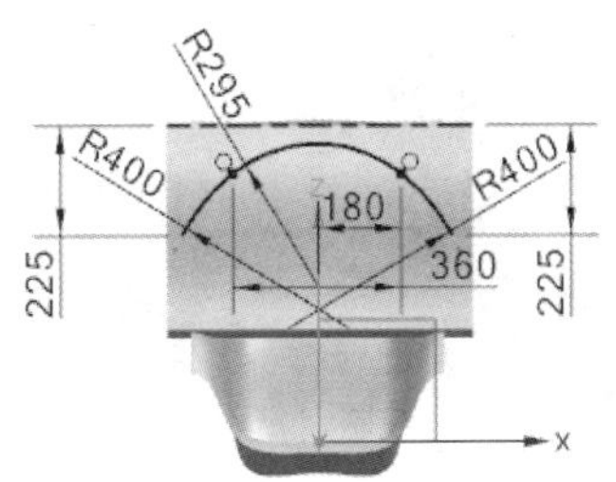

图 27.18 截面草图

Step12. 创建图 27.19 所示的修剪特征 2。选择下拉菜单插入(S) → 修剪(T) → 修剪片体(R)...命令，系统弹出“修剪片体”对话框；选取图 27.20 所示的目标体和边界对象；在区域区域中选中保留单选项；其他参数采用系统默认设置；单击确定按钮，完成修剪特征 2 的创建。

图 27.19 修剪特征 2

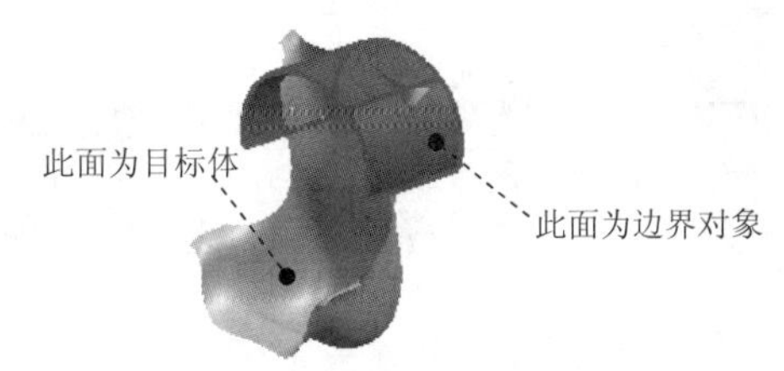

图 27.20 定义目标体和边界对象

Step13. 创建图 27.21 所示的拉伸特征 3。选择下拉菜单插入(S) → 设计特征(E) → 拉伸(E)...命令，系统弹出“拉伸”对话框；选取 XY 基准平面为草图平面；绘制图 27.22

所示的截面草图；选择下拉菜单任务(K) → 完成草图(K)命令（或单击完成草图按钮），退出草图环境；在“拉伸”对话框限制区域的开始下拉列表中选择值选项，并在其下的距离文本框中输入值-60；在限制区域的结束下拉列表中选择值选项，在其下的距离文本框中输入值 60；在布尔区域的下拉列表中选择求差选项；其他参数采用系统默认设置；单击< 确定 >按钮，完成拉伸特征 3 的创建。

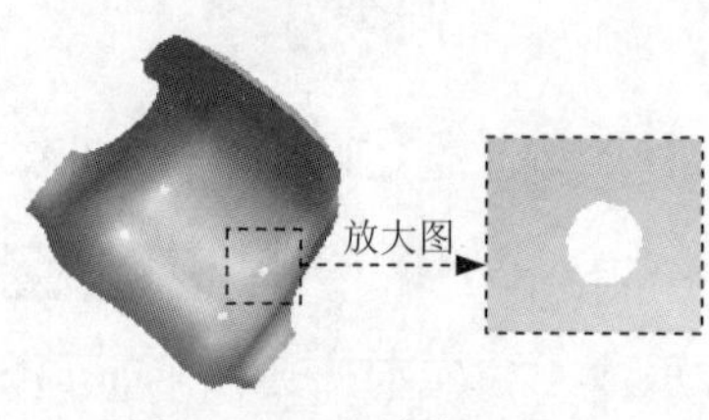

图 27.21 拉伸特征 3

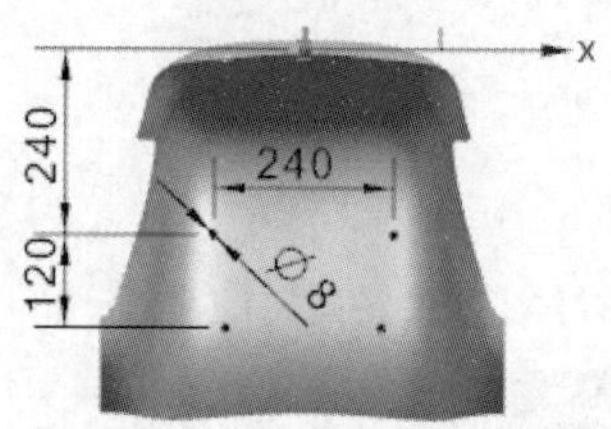

图 27.22 截面草图

Step14. 创建图 27.23 所示的加厚特征。选择下拉菜单插入(S) → 偏置/缩放(O) → 加厚(T)...命令，系统弹出“加厚”对话框；选取图 27.24 所示的曲面为加厚对象；在厚度区域的偏置 1 文本框中输入值 7，其他参数采用系统默认设置；单击< 确定 >按钮，完成片体加厚特征的创建。

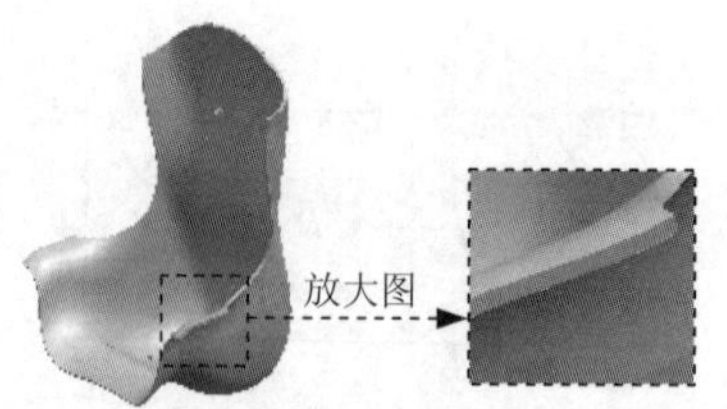

图 27.23 加厚特征 1

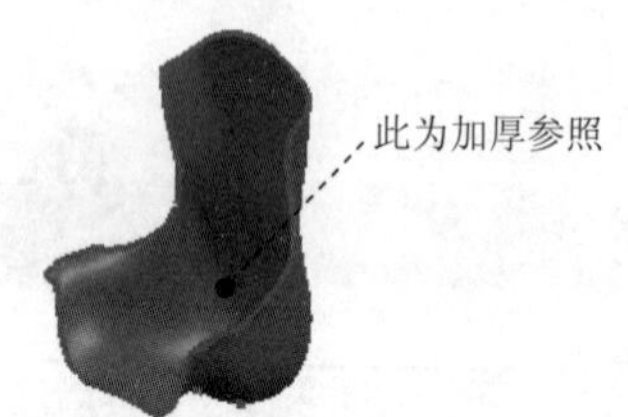

图 27.24 定义加厚对象

Step15. 创建图 27.25 所示的边倒圆特征 1。选择下拉菜单插入(S) → 细节特征(L) → 边倒圆(E)...命令（或单击按钮），系统弹出“边倒圆”对话框；选取图 27.26 所示的两条边为边倒圆参照，并在半径 1 文本框中输入值 30；单击< 确定 >按钮，完成边倒圆特征 1 的创建。

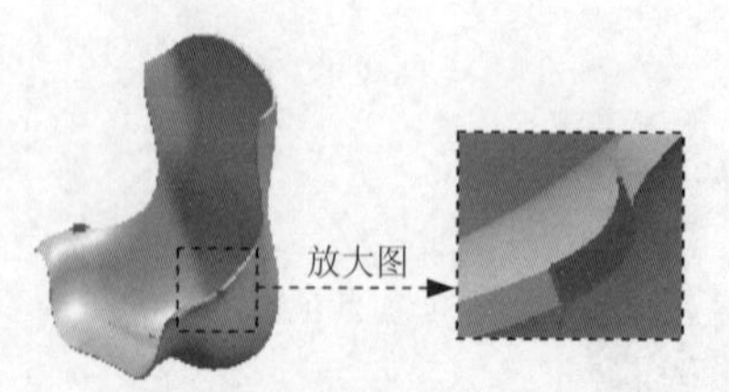

图 27.25 边倒圆特征 1

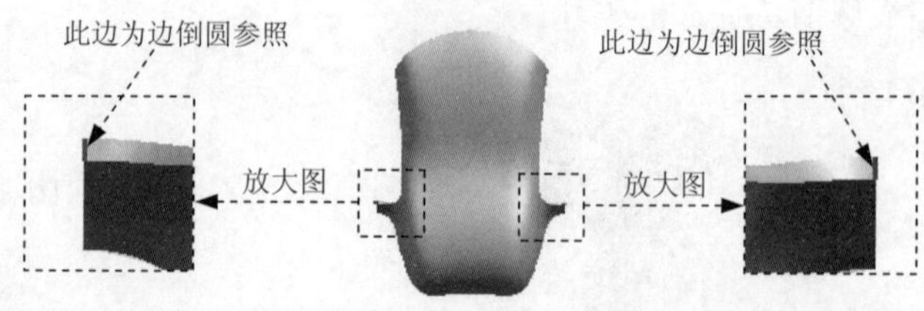

图 27.26 边倒圆参照

Step16. 创建图 27.27 所示的边倒圆特征 2。选择下拉菜单插入(S) → 细节特征(L) → 边倒圆(E)...命令，系统弹出“边倒圆”对话框；选取图 27.28 所示的两条边为边倒圆参照圆参照，并在半径 1文本框中输入值 20；单击< 确定 >按钮，完成边倒圆特征 2 的创建。

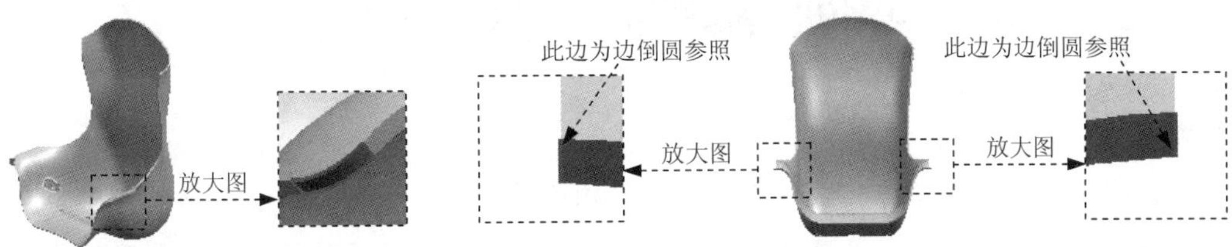

图 27.27 边倒圆特征 2

图 27.28 边倒圆参照

Step17. 创建图 27.29 所示的边倒圆特征 3。选择下拉菜单插入(S) ➡ 细节特征(L) ➡ 边倒圆(E)...命令，系统弹出“边倒圆”对话框；在半径 1文本框中输入值 30，选取图 27.30 所示的两条边为边倒圆参照，单击< 确定 >按钮，完成边倒圆特征 3 的创建。

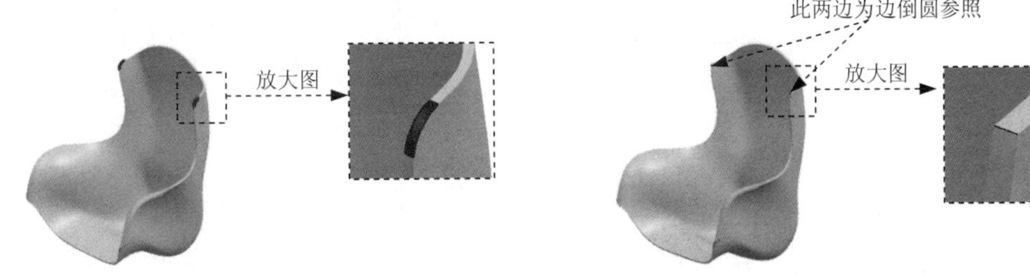

图 27.29 边倒圆特征 3

图 27.30 边倒圆参照

Step18. 创建图 27.31 所示的边倒圆特征 4。选择下拉菜单插入(S) ➡ 细节特征(L) ➡ 边倒圆(E)...命令，系统弹出“边倒圆”对话框；在半径 1文本框中输入值 2，选取图 27.32 所示的两条边为边倒圆参照，单击< 确定 >按钮，完成边倒圆特征 4 的创建。

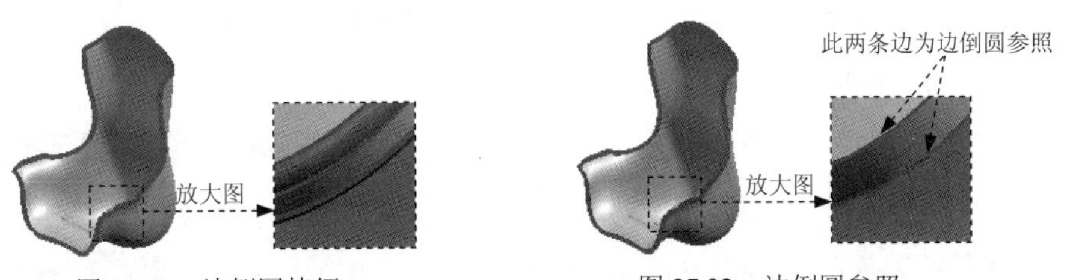

图 27.31 边倒圆特征 4

图 27.32 边倒圆参照

Step19. 设置隐藏。选择下拉菜单编辑(E) ➡ 显示和隐藏(H) ➡ 隐藏(H)...命令（或单击按钮），系统弹出“类选择”对话框；单击“类选择”对话框过滤器区域的按钮，系统弹出“根据类型选择”对话框，按住 Ctrl 键，选择对话框列表中的草图、片体、曲线和基准选项，单击确定按钮。系统再次弹出“类选择”对话框，单击对象区域中的“全选”按钮；单击对话框中的确定按钮，完成对设置对象的隐藏。

Step20. 保存零件模型。选择下拉菜单文件(F) ➡ 保存(S)命令，即可保存零件模型。

实例 28 面 板

实例概述：

本实例介绍了一款面板的设计过程。本例模型外形比较规则，所以在设计过程中只绘制相应的特性曲线就可以对产品的外形有很充分的控制。要注意的是，本例利用镜像方法得到模型整体，这就对特征曲线的绘制提出比较高的要求，因为镜像后不能有很生硬的过渡。在模型的设计过程中对此有比较好的处理方法。当然这种方法不只是在此例中才适用，更不是唯一的。零件模型及相应的模型树如图 28.1 所示。

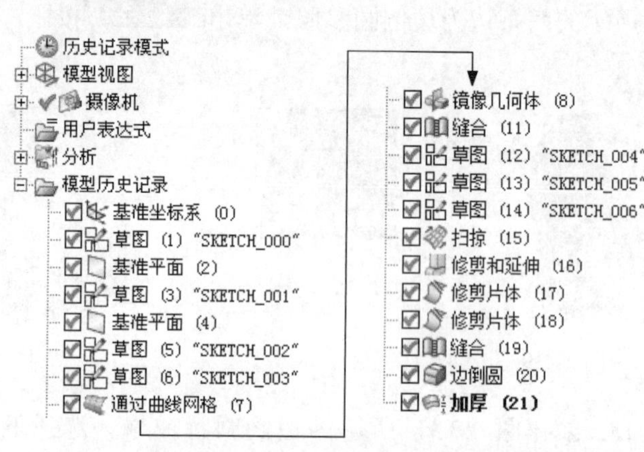

图 28.1 零件模型及模型树

Step1. 新建文件。选择下拉菜单 文件(F) → 新建(N)... 命令，系统弹出“新建”对话框。在 模型 选项卡的 模板 区域中选取模板类型为 模型；在 名称 文本框中输入文件名称 face_cover；单击 确定 按钮，进入建模环境。

Step2. 创建图 28.2 所示的草图 1。选择下拉菜单 插入(S) → 在任务环境中绘制草图(V)... 命令，系统弹出“创建草图”对话框；单击 按钮，选取 XY 基准平面为草图平面，选中 设置 区域的 ☑ 创建中间基准 CSYS 复选框，单击 确定 按钮；选择下拉菜单 插入(S) → 曲线(C) → 艺术样条(D)... 命令（或者在草图工具栏中单击“艺术样条”按钮），系统弹出“艺术样条”对话框，在“艺术样条”对话框 类型 区域的下拉列表中选择 根据极点 选项，单击“指定极点”按钮，绘制图 28.3 所示的草图 1，在“艺术样条”对话框中单击 确定 按钮；双击图 28.3 所示的草图 1，选择下拉菜单 分析(L) → 曲线(C) → 显示曲率梳(C) 命令，在图形区显示草图曲线的曲率梳，拖动草图曲线控制点，使其曲率梳呈现图 28.4 所示的光滑的形状，在“艺术样条”对话框中单击 < 确定 > 按钮，选择下拉菜单 分析(L) → 曲线(C) → 显示曲率梳(C) 命令，取消曲率梳的显示；选择下拉菜单 任务(K) → 完成草图(K) 命令（或单击 完成草图 按钮），退出草图环境。

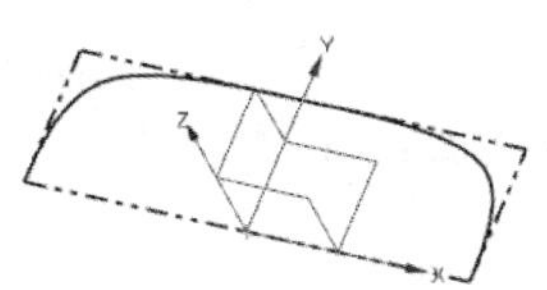

图 28.2 草图 1（建模环境）

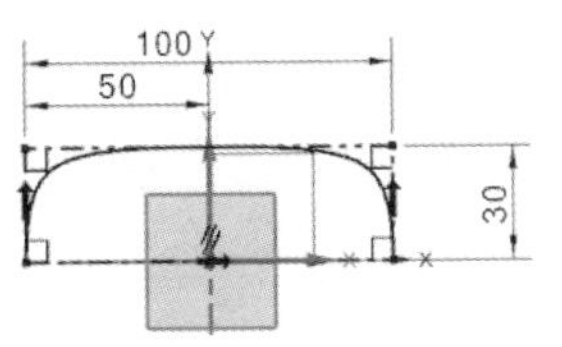

图 28.3 草图 1（草图环境）

Step3. 创建图 28.5 所示的基准平面 1。选择下拉菜单 插入(S) ➡ 基准/点(D) ➡ 基准平面(D)... 命令，系统弹出“基准平面”对话框；单击 < 确定 > 按钮，完成基准平面 1 的创建（注：具体参数和操作参见随书光盘）。

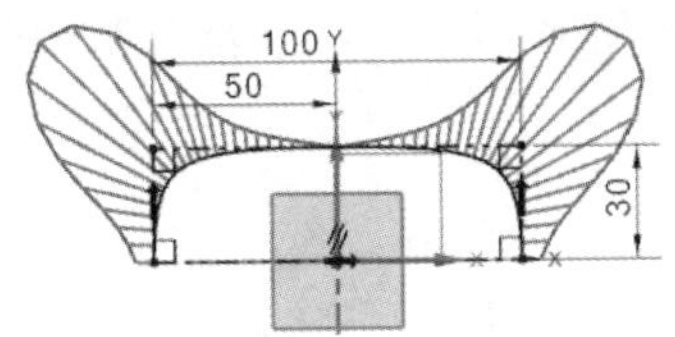

图 28.4 草图 1 的曲率梳

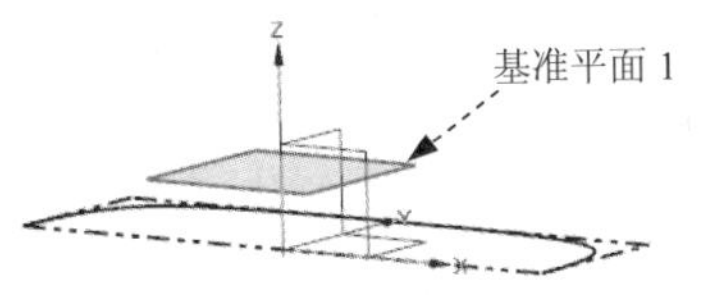

图 28.5 基准平面 1

Step4. 创建图 28.6 所示的草图 2。选择下拉菜单 插入(S) ➡ 在任务环境中绘制草图(V)... 命令，系统弹出“创建草图”对话框；单击⊕按钮，选取图 28.5 所示基准平面 1 为草图平面，取消选中 设置 区域的 □ 创建中间基准 CSYS 复选框，单击 确定 按钮；进入草图环境，绘制图 28.7 所示的草图 2；选择下拉菜单 插入(S) ➡ 曲线(C) ➡ 艺术样条(D)... 命令，或者在草图工具栏中单击“艺术样条”按钮，系统弹出“艺术样条”对话框，在“艺术样条”对话框 类型 区域的下拉列表中选择 根据极点 选项，绘制草图 2，在“艺术样条”对话框中单击 < 确定 > 按钮；双击图 28.7 所示的草图 2，选择下拉菜单 分析(L) ➡ 曲线(C) ➡ 显示曲率梳(C) 命令，在图形区显示草图曲线的曲率梳，拖动草图曲线控制点，使其曲率梳呈现图 28.8 所示的光滑的形状。在“艺术样条”对话框中单击 < 确定 > 按钮，选择下拉菜单 分析(L) ➡ 曲线(C) ➡ 显示曲率梳(C) 命令，取消曲率梳的显示；选择下拉菜单 任务(K) ➡ 完成草图(K) 命令（或单击 完成草图 按钮），退出草图环境。

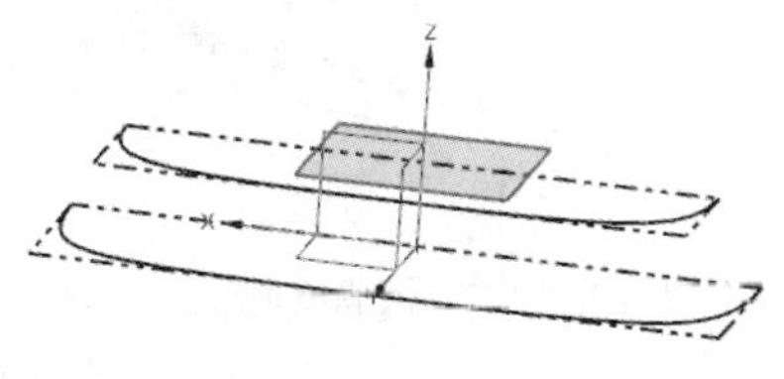

图 28.6 草图 2（建模环境）

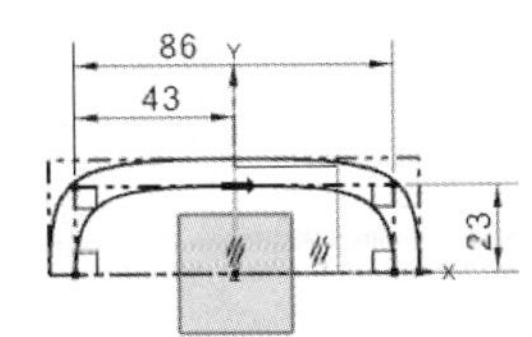

图 28.7 草图 2（草图环境）

Step5. 创建图 28.9 所示的基准平面 2。选择下拉菜单 插入(S) ➡ 基准/点(D) ➡ 基准平面(D)... 命令，系统弹出“基准平面”对话框；在 类型 区域的下拉列表中选择 按某一距离 选项。在 平面参考 区域中单击⊕按钮，选取 XY 基准平面为对象平面；在 偏置 区域的 距离 文本框中输入值为 5，其他参数采用系统默认设置；单击 < 确定 > 按钮，完成基准平面 2 的创建。

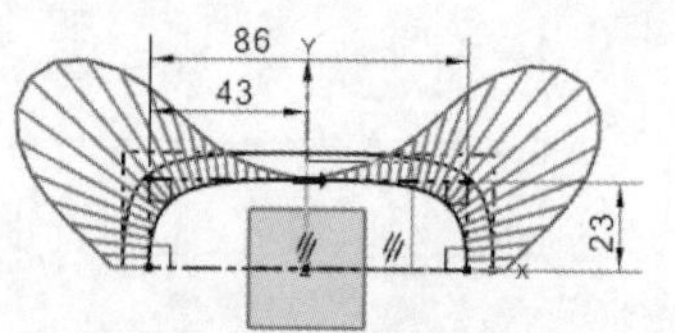

图 28.8　草图 2 的曲率梳

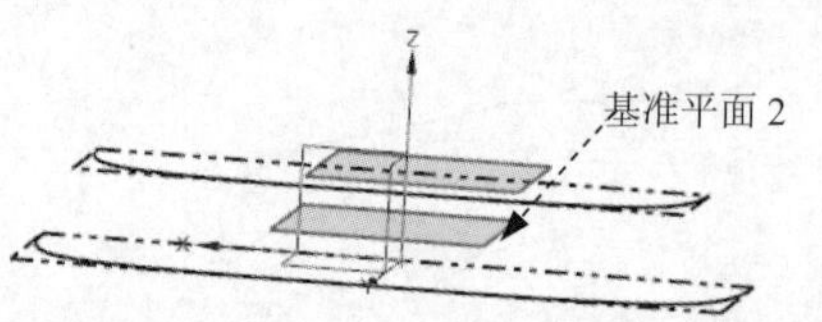

图 28.9　基准平面 2

Step6. 创建图 28.10 所示的草图 3。选择下拉菜单 插入(S) → 在任务环境中绘制草图(V)... 命令，系统弹出“创建草图”对话框；选取图 28.9 所示基准平面 2 为草图平面；绘制图 28.11 所示的草图 3，选取下拉菜单 分析(L) → 曲线(C) → 显示曲率梳(C) 命令，参照 Step2 调整曲率梳，使其曲率梳呈现图 28.12 所示的光滑的形状；选择下拉菜单 任务(K) → 完成草图(K) 命令，退出草图环境。

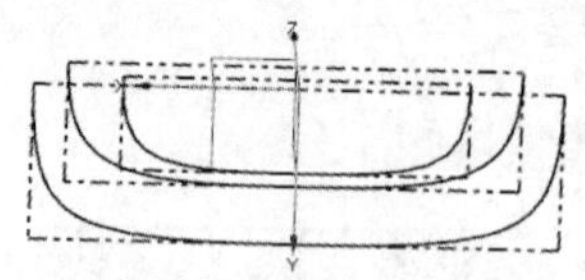
图 28.10　草图 3（建模环境）

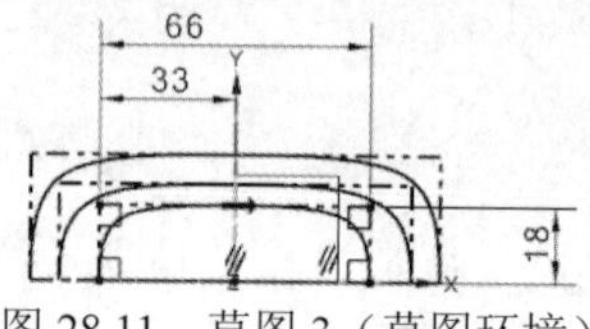

图 28.11　草图 3（草图环境）

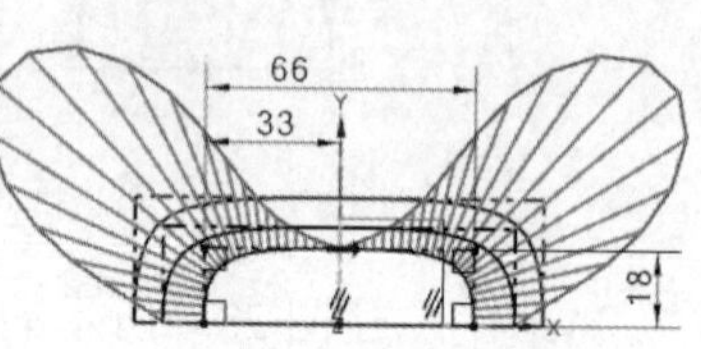

图 28.12　草图 3 的曲率梳

Step7. 创建图 28.13 所示的草图 4。选择下拉菜单 插入(S) → 在任务环境中绘制草图(V)... 命令，系统弹出“创建草图”对话框；选取 ZX 基准平面为草图平面；绘制图 28.13 所示的草图 4（草图左右对称，圆弧端点为草图 1、草图 2 和草图 3 三条曲线的端点）；选择下拉菜单 任务(K) → 完成草图(K) 命令，退出草图环境。

Step8. 创建图 28.14 所示的曲面特征。选择下拉菜单 插入(S) → 网格曲面(M) → 通过曲线网格(M)... 命令，系统弹出“通过曲线网格”对话框；依次选取图 28.15 所示的曲线 1、曲线 2 和曲线 3 为主曲线，并分别单击中键确认，选取曲线 4 和曲线 5 为交叉线串，并分别单击中键确认；单击 < 确定 > 按钮，完成曲面特征的创建。

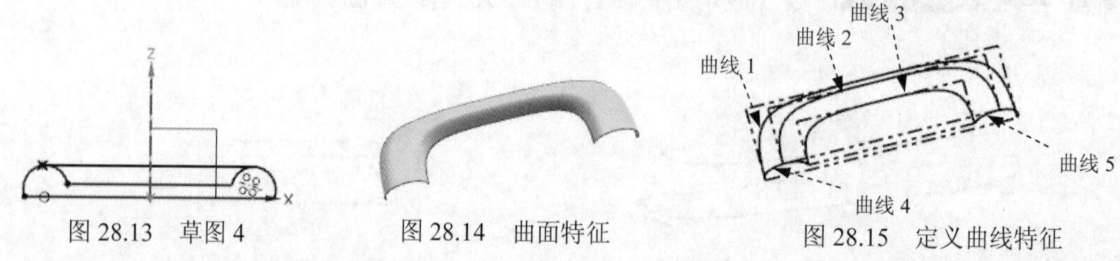

图 28.13　草图 4　　图 28.14　曲面特征　　图 28.15　定义曲线特征

Step9. 创建图 28.16 所示的镜像几何体特征。选择下拉菜单 插入(S) → 关联复制(A) → 镜像几何体(G)... 命令，系统弹出“镜像几何体”对话框；选取 Step8 创建的网格曲面特征为镜像体，并单击中键确认；选取 ZX 基准平面为镜像平面；单击 确定 按钮，完成镜像几何体特征的创建。

Step10. 曲面缝合。选择下拉菜单 插入(S) → 组合(B) → 缝合(W)... 命令，系统弹出“缝合”对话框；在 类型 区域的下拉列表中选择 片体 选项；选择曲面特征为目标体；选择镜像几何体特征为刀具体；其他参数采用系统默认设置；单击 确定 按钮，完成缝合曲面的操作。

Step11. 创建图 28.17 所示的草图 5。选择下拉菜单 插入(S) → 在任务环境中绘制草图(V)... 命令，系统弹出“创建草图”对话框；选取基准平面 1 为草图平面，选择草图水平方向参考为 XC 轴，单击 确定 按钮，进入草图环境；绘制图 28.18 所示的草图 5；选择下拉菜单 任务(K) → 完成草图(K) 命令，退出草图环境。

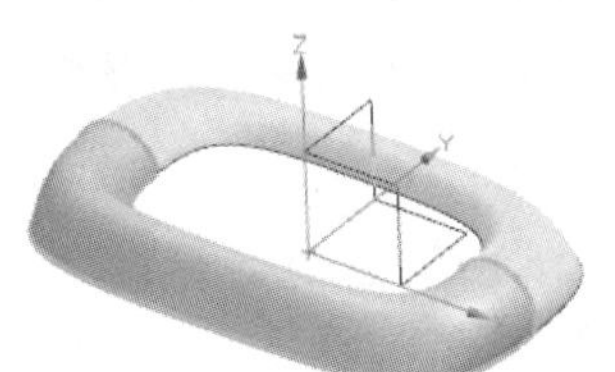

图 28.16 镜像几何体特征

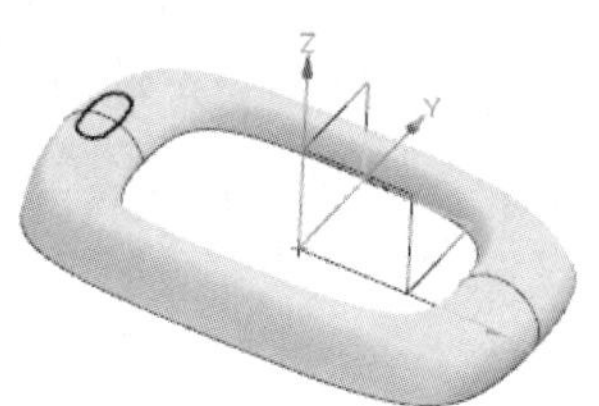

图 28.17 草图 5（建模环境）

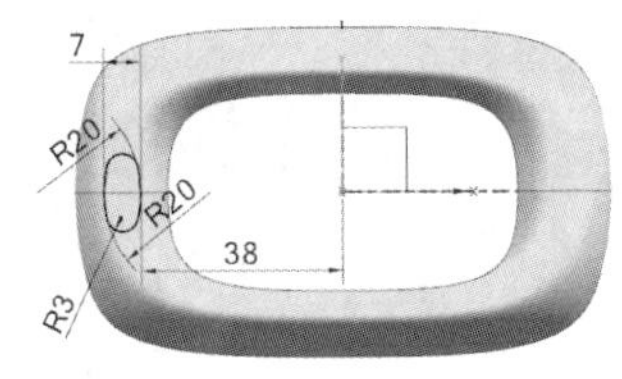

图 28.18 草图 5（草图环境）

Step12. 创建图 28.19 所示的草图 6。选择下拉菜单 插入(S) → 在任务环境中绘制草图(V)... 命令，系统弹出“创建草图”对话框；选取基准平面 2 为草图平面，选择草图水平方向参考为 X 轴，单击 确定 按钮，进入草图环境；绘制图 28.19 所示的草图 6（草图 6 是由草图 5 偏移得到的曲线）；选择下拉菜单 任务(K) → 完成草图(K) 命令，退出草图环境。

Step13. 创建图 28.20 所示的草图 7。选择下拉菜单 插入(S) → 在任务环境中绘制草图(V)... 命令，系统弹出“创建草图”对话框；选取 ZX 基准平面为草图平面；绘制图 28.20 所示的草图 7，选取下拉菜单 分析(L) → 曲线(C) → 显示曲率梳(C) 命令，参照 Step2 调整曲率梳，使其曲率梳呈现图 28.21 所示的光滑的形状（样条曲线的两个端点约束在草图 6 和草图 7 的曲线上；绘制前在模型树中隐藏缝合特征、草图 1、草图 2、草图 3 和草图 4）；选择下拉菜单 任务(K) → 完成草图(K) 命令，退出草图环境。

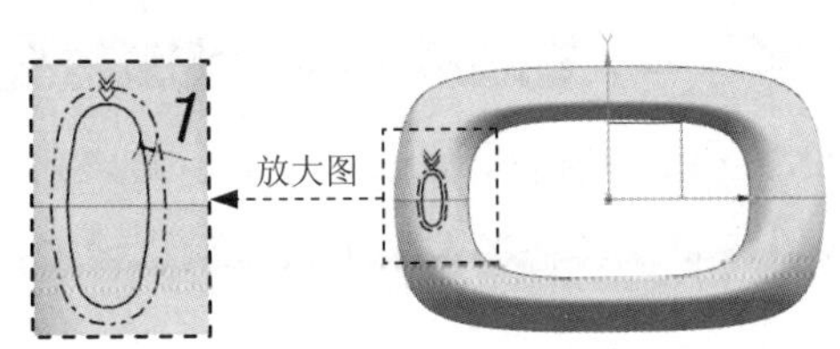

图 28.19 草图 6

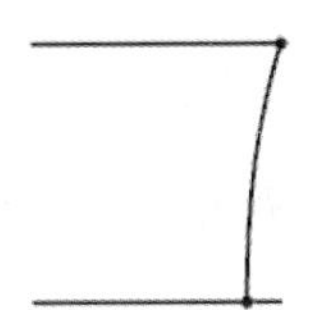

图 28.20 草图 7

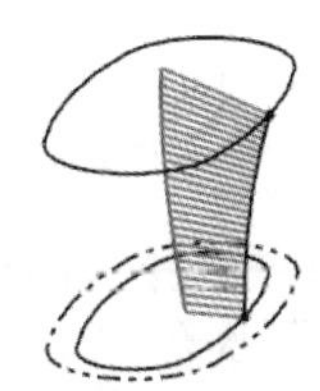

图 28.21 草图 7 的曲率梳

Step14. 创建图 28.22 所示的扫掠特征。选择下拉菜单 插入(S) → 扫掠(W) → 扫掠(S)... 命令，系统弹出“扫掠”对话框；在 截面 区域中单击 按钮，选择图 28.23 所示曲线 2 为截面曲线，并单击中键确认；在 引导线 区域中单击 按钮，选取图 28.23 所示曲线 1 为引导线 1，并单击中键确认；选取图 28.23 所示曲线 3 为引导线 2，并单击中键确认；

其他参数采用系统默认设置；单击 确定 按钮，完成扫掠特征的创建。

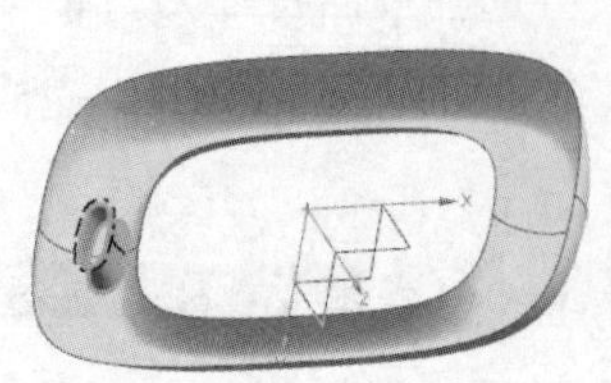

图 28.22 扫掠特征 1

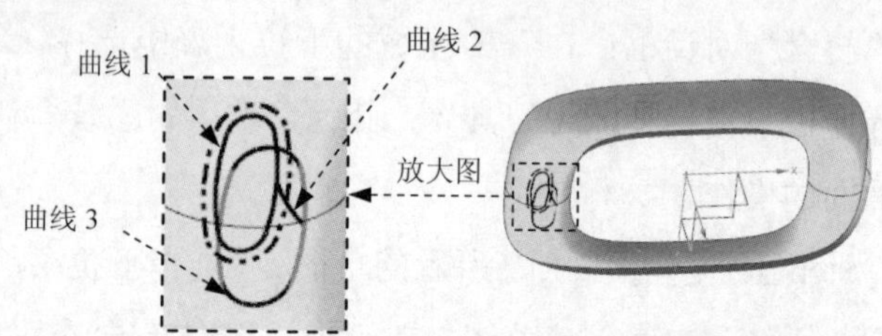

图 28.23 定义截面线串和引导线串

Step15. 创建图 28.24 所示的延伸特征。选择下拉菜单 插入(S) → 修剪(T) → 修剪与延伸(N)... 命令，系统弹出"修剪和延伸"对话框；在 类型 区域的下拉列表中选择 按距离 选项。选取图 28.25 所示边；在 延伸 区域的 距离 文本框中输入值 2；其他参数采用系统默认设置；单击 确定 按钮，完成曲面延伸特征的创建。

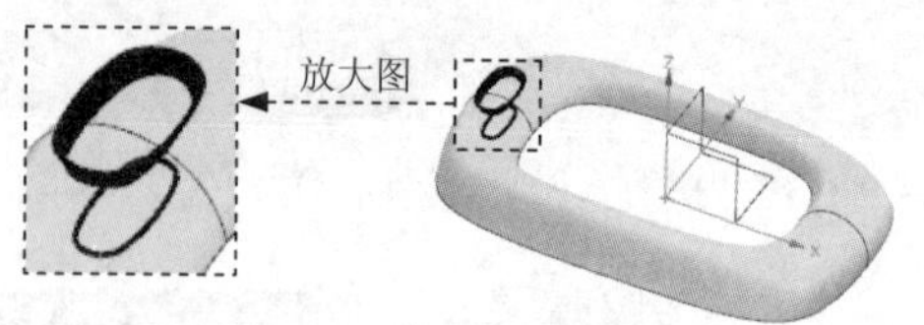

图 28.24 延伸特征

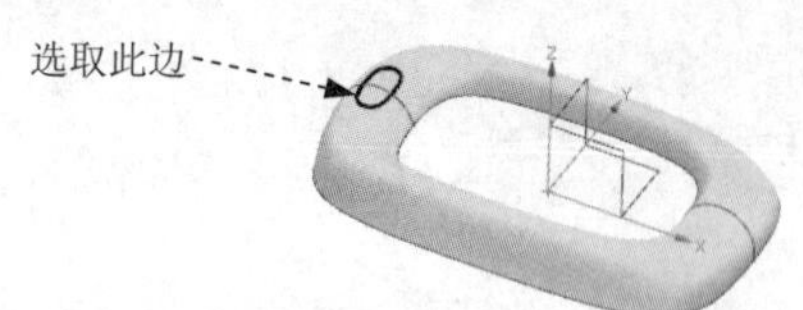

图 28.25 定义修剪和延伸边

Step16. 创建图 28.26 所示的修剪特征 1。选择下拉菜单 插入(S) → 修剪(T) → 修剪片体(R)... 命令，系统弹出"修剪片体"对话框；选择图 28.27 所示的目标体和边界对象；在 区域 区域中选中 保留 单选项；投影方向为沿矢量，其他参数采用系统默认设置；单击 确定 按钮，完成修剪特征 1 的创建。

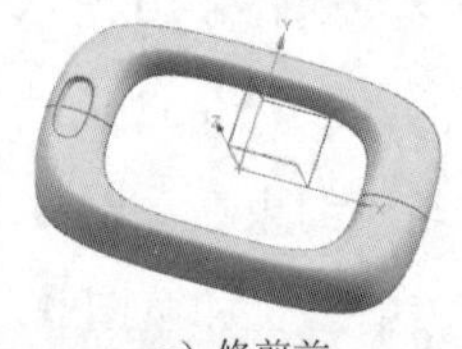

a）修剪前

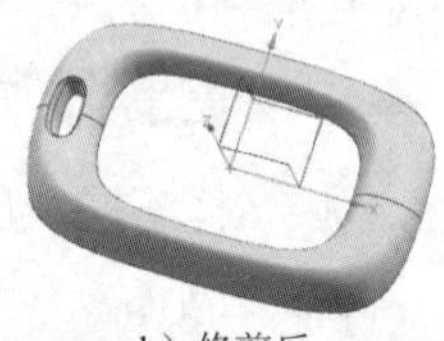

b）修剪后

图 28.26 修剪特征 1

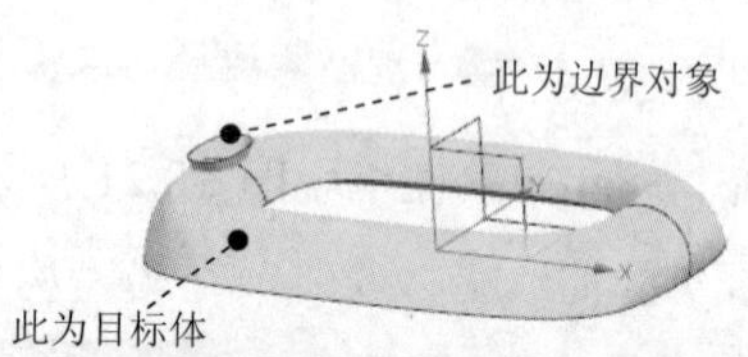

图 28.27 定义目标体和边界对象

Step17. 创建图 28.28 修剪特征 2。选择菜单 插入(S) → 修剪(T) → 修剪片体(R)... 命令，系统弹出"修剪片体"对话框。选择图 28.29 所示的目标体，图 28.30 所示的边界对象；在 区域 区域中选中 保留 单选项；投影方向为沿矢量，其他参数采用系统默认设置；单击 确定 按钮，完成修剪特征 2 的创建。

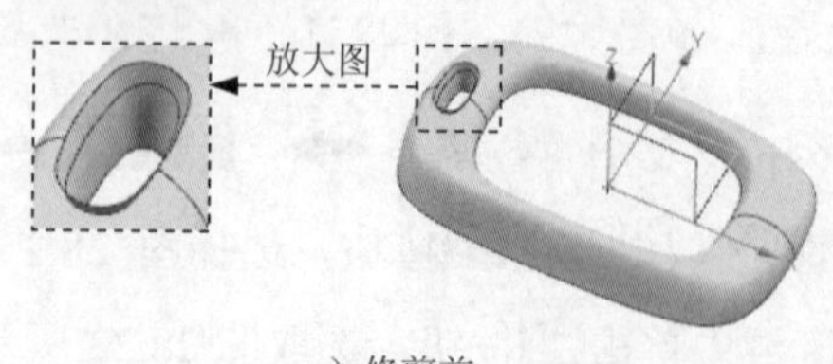

a）修剪前

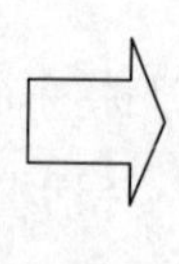

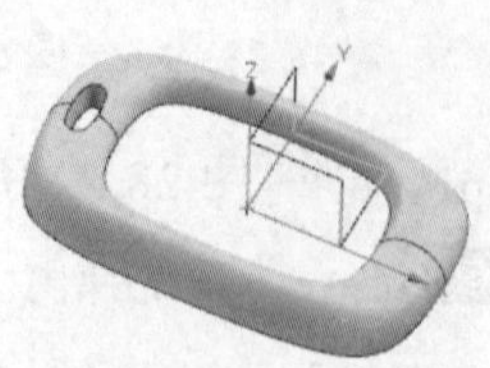

b）修剪后

图 28.28 修剪特征 2

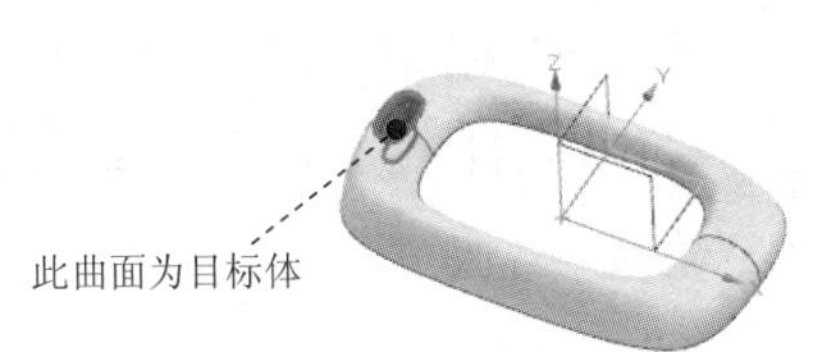

图 28.29 定义目标体

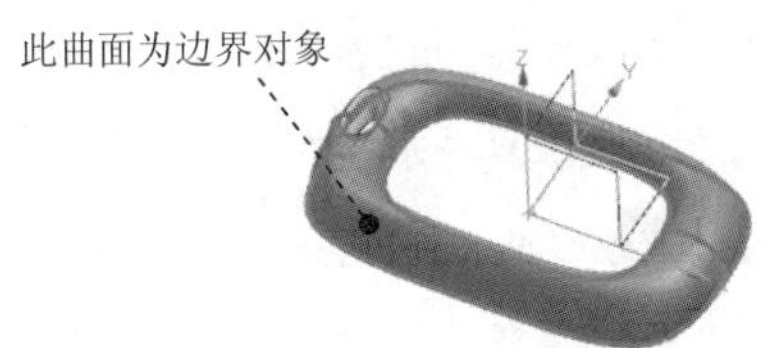

图 28.30 定义边界对象

Step18. 曲面缝合。选择下拉菜单 插入(S) → 组合(B) → 缝合(W)... 命令，系统弹出“缝合”对话框；在 类型 区域的下拉列表中选择 片体 选项；选择图 28.31 所示曲面为目标体，选择图 28.32 所示曲面为工具体；其他参数采用系统默认设置；单击 确定 按钮，完成缝合曲面的操作。

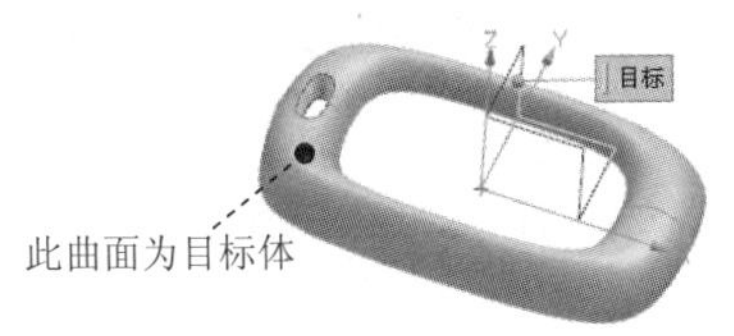

图 28.31 定义目标体

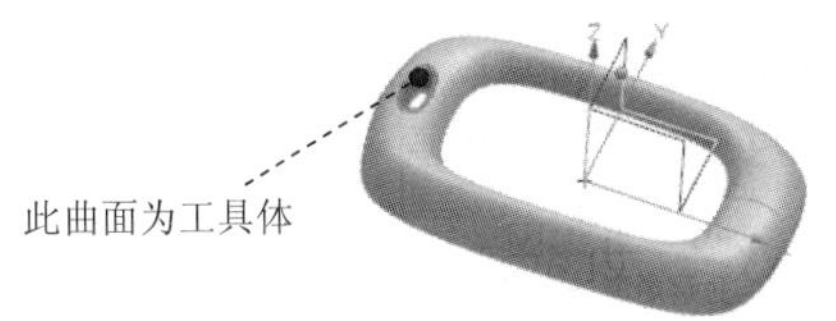

图 28.32 定义工具体

Step19. 创建图 28.33 所示的边倒圆特征。选择下拉菜单 插入(S) → 细节特征(L) → 边倒圆(E)... 命令，系统弹出“边倒圆”对话框；选择图 28.34 所示的边为边倒圆参照，并在 半径 1 文本框中输入值 1；单击 < 确定 > 按钮，完成边倒圆特征的创建。

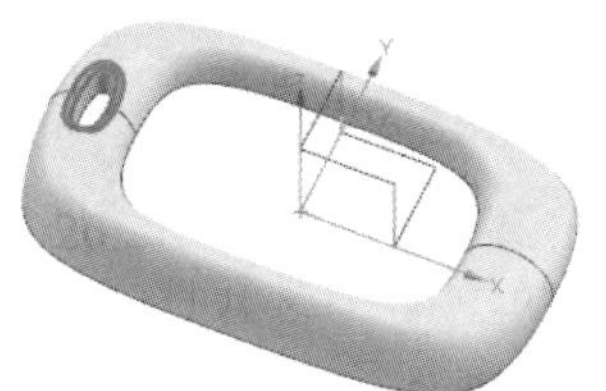

图 28.33 边倒圆特征

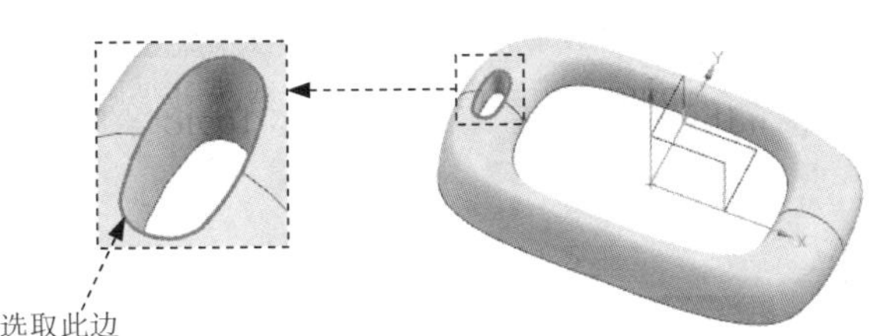

图 28.34 定义边倒圆参照

Step20. 创建图 28.35 所示的片体加厚特征。选择下拉菜单 插入(S) → 偏置/缩放(O) → 加厚(T)... 命令，系统弹出“加厚”对话框；选取图 28.36 所示的曲面为加厚对象；在 厚度 区域的 偏置 1 文本框中输入值 1，其他参数采用系统默认设置；单击 < 确定 > 按钮，完成片体加厚特征的创建。

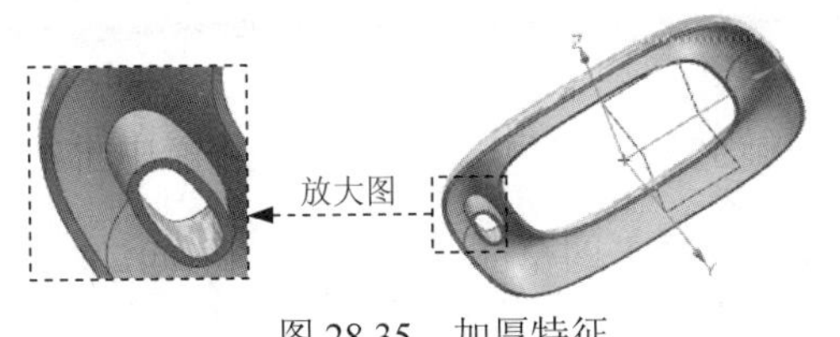

图 28.35 加厚特征

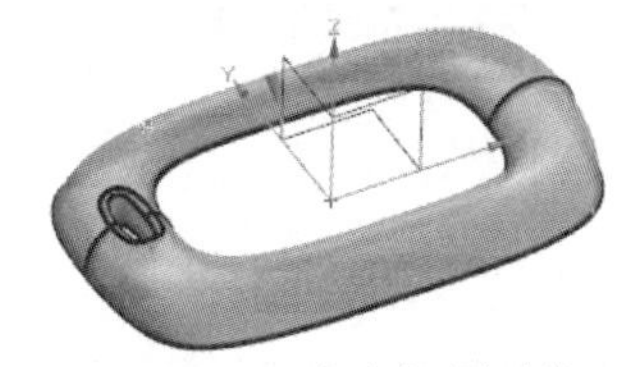

图 28.36 定义加厚对象

Step21. 设置隐藏。选择下拉菜单 编辑(E) → 显示和隐藏(H) → 隐藏(H)... 命令

（或单击按钮），系统弹出“类选择”对话框；单击“类选择”对话框过滤器区域中的“类型过滤器”按钮，系统弹出“根据类型选择”对话框，选择对话框列表中的点、草图、片体和基准选项，单击确定按钮。系统返回到“类选择”对话框，单击对象区域中的“全选”按钮；单击对话框中的确定按钮，完成对设置对象的隐藏。

Step22. 保存零件模型。选择下拉菜单文件(F) ➡ 保存(S)命令，即可保存零件模型。

实例 29　矿 泉 水 瓶

实例概述:

本实例介绍了矿泉水瓶的设计过程。通过对本实例的学习，读者能熟练地掌握边倒圆、通过曲线组、扫掠、修剪体、实例几何体、求和、求差和抽壳等特征的应用。零件模型及模型树如图 29.1 所示。

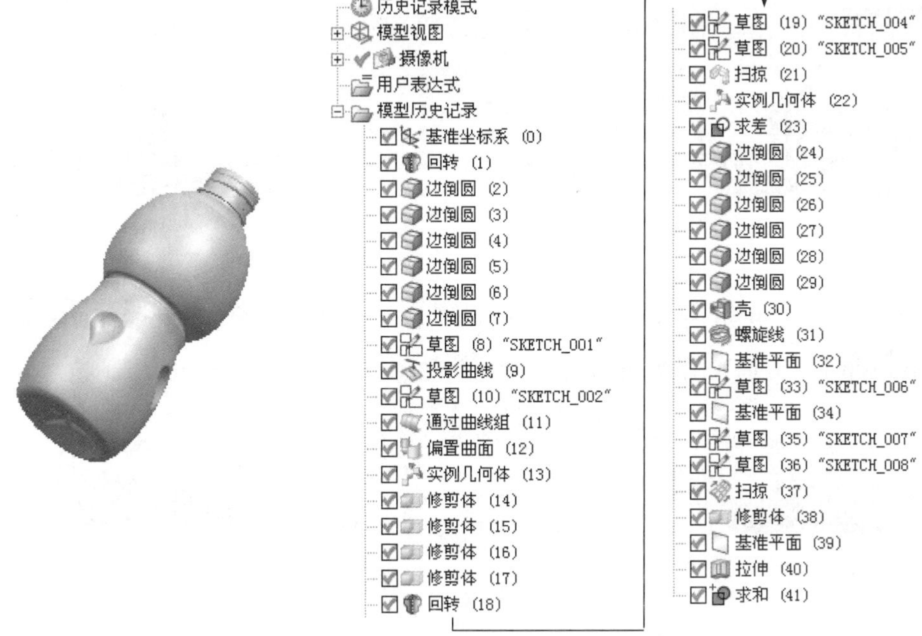

图 29.1　零件模型及模型树

说明：本应用前面的详细操作过程请参见随书光盘中 video\ch29\reference\文件下的语音视频讲解文件 bottle-r01.avi。

Step1. 打开文件 D:\ugnx90.5\work\ch29\bottle_ex.prt。

Step2. 创建图 29.2b 所示的边倒圆特征 1。选择下拉菜单 插入(S) → 细节特征(L) → 边倒圆(E)... 命令（或单击 按钮），系统弹出“边倒圆”对话框；选取图 29.2a 所示的边线为边倒圆参照，并在 半径 1 文本框中输入值 5；在“边倒圆”对话框中单击 < 确定 > 按钮，完成边倒圆特征 1 的创建。

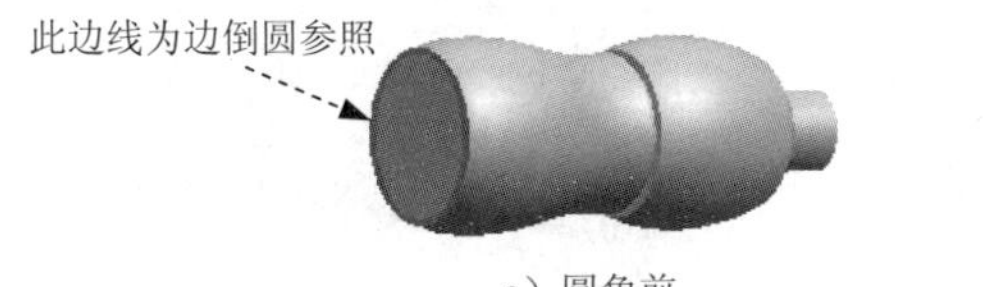

a）圆角前

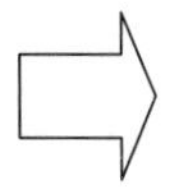

b）圆角后

图 29.2　边倒圆特征 1

Step3. 创建图 29.3b 所示的边倒圆特征 2。选择下拉菜单 插入(S) → 细节特征(L) → 边倒圆(E)... 命令；选取图 29.3a 所示的两条边线为边倒圆参照，其半径值为 2。

a）圆角前 b）圆角后

图 29.3 边倒圆特征 2

Step4. 创建图 29.4b 所示的边倒圆特征 3。选择下拉菜单 插入(S) → 细节特征(L) → 边倒圆(E)... 命令；选取图 29.4a 所示的两条边线为边倒圆参照，其半径值为 2。

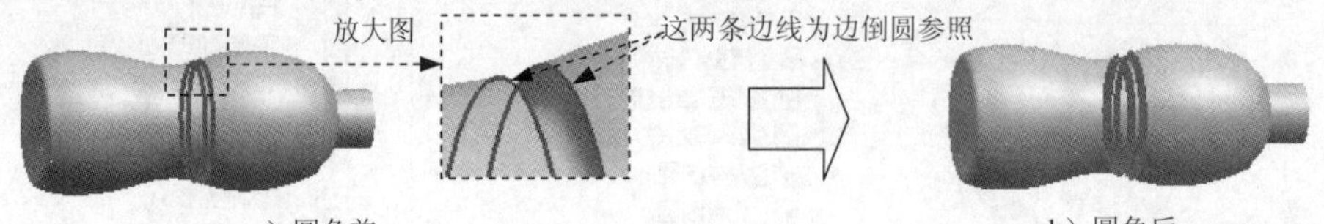

a）圆角前 b）圆角后

图 29.4 边倒圆特征 3

Step5. 创建图 29.5b 所示的边倒圆特征 4。选择下拉菜单 插入(S) → 细节特征(L) → 边倒圆(E)... 命令；选取图 29.5a 所示的边线为边倒圆参照，其半径值为 2。

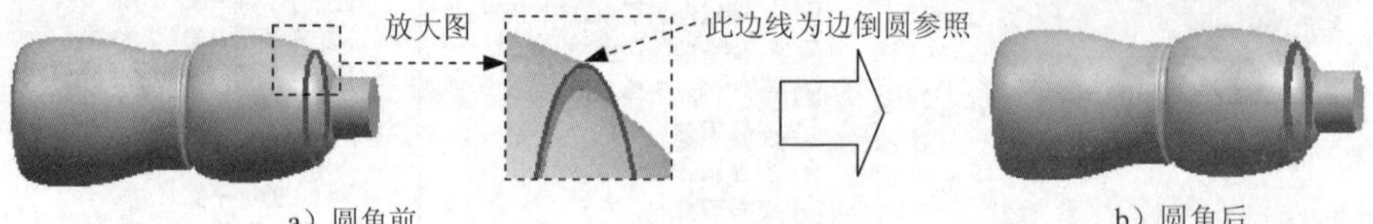

a）圆角前 b）圆角后

图 29.5 边倒圆特征 4

Step6. 创建图 29.6b 所示的边倒圆特征 5。选择下拉菜单 插入(S) → 细节特征(L) → 边倒圆(E)... 命令；选取图 29.6a 所示的边线为边倒圆参照，其半径值为 2。

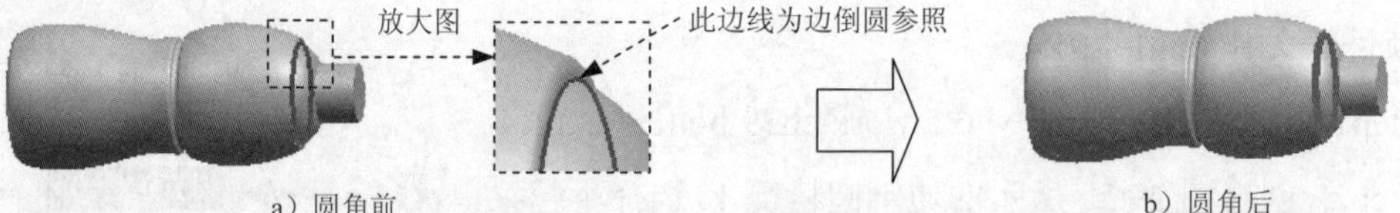

a）圆角前 b）圆角后

图 29.6 边倒圆特征 5

Step7. 创建图 29.7b 所示的边倒圆特征 6。选择下拉菜单 插入(S) → 细节特征(L) → 边倒圆(E)... 命令；选取图 29.7a 所示的边线为边倒圆参照，其半径值为 3。

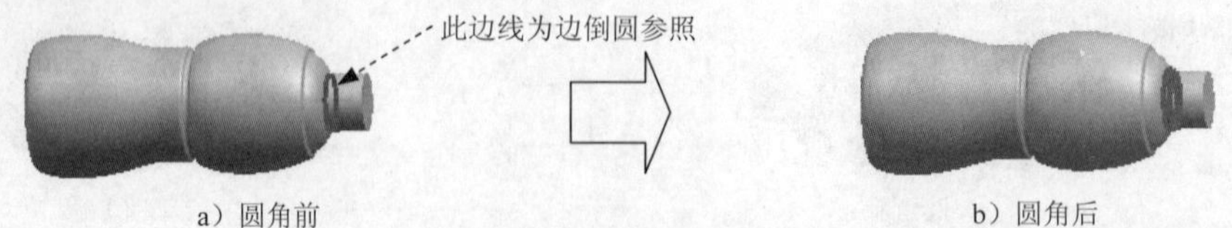

a）圆角前 b）圆角后

图 29.7 边倒圆特征 6

Step8. 创建图 29.8 所示的草图 1。选择下拉菜单插入(S) ➡ 在任务环境中绘制草图(V)...命令，系统弹出“创建草图”对话框；选取 YZ 基准平面为草图平面，取消选中设置区域的□ 创建中间基准 CSYS复选框，单击确定按钮；进入草图环境，绘制图 29.8 所示的草图 1；选择下拉菜单任务(K) ➡ 完成草图(K)命令（或单击完成草图按钮），退出草图环境。

说明：绘制草图时使用“通过点”模式的艺术样条曲线。

Step9. 创建图29.9所示的投影曲线。选择下拉菜单插入(S) ➡ 来自曲线集的曲线(F) ➡ 投影(P)...命令，系统弹出“投影曲线”对话框；选择草图 1 为投影曲线；选择图 29.10 所示的曲面为投影对象；在投影方向区域的方向下拉列表中选择沿矢量选项，在* 指定矢量 (0)下拉列表中选择XC选项。其他参数采用系统默认设置；在“投影曲线”对话框中单击< 确定 >按钮，完成投影曲线的创建。

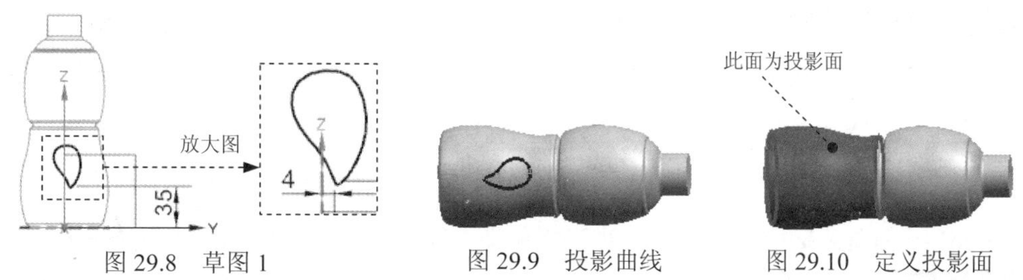

图 29.8 草图 1　　图 29.9 投影曲线　　图 29.10 定义投影面

Step10. 创建图29.11所示的草图2。选择下拉菜单插入(S) ➡ 在任务环境中绘制草图(V)...命令；选取 XZ 基准平面为草图平面；绘制图 29.11 所示的草图 2：先创建点 1，选择下拉菜单插入(S) ➡ 来自曲线集的曲线(F) ➡ 交点(N)...命令，系统弹出“交点”对话框。在要相交的曲线区域中单击按钮，选取图 29.9 所示的投影曲线，单击“循环解”按钮，切换到图 29.11 所示的点 1 的位置，单击确定按钮，完成点 1 的创建；用同样的方法创建点 2。绘制草图中的圆弧，并将圆弧的两个端点约束在点 1 和点 2 上。

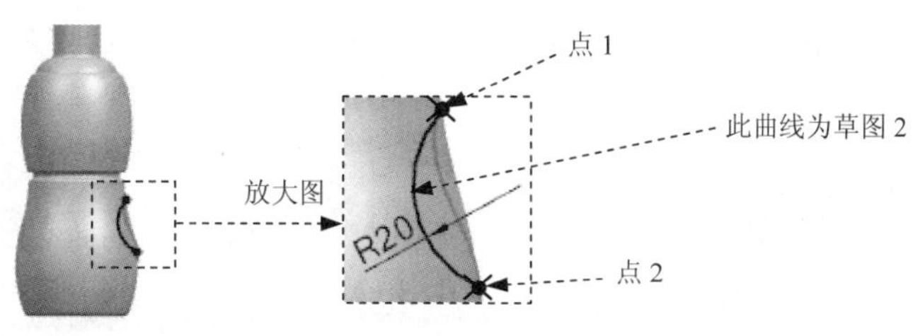

图 29.11 草图 2

Step11. 创建图 29.12 所示的曲面特征（瓶体已隐藏）。选择下拉菜单插入(S) ➡ 网格曲面(M) ➡ 通过曲线组(T)...命令，系统弹出“通过曲线组”对话框；依次选取图 29.13 所示的曲线 1、草图 2 和曲线 2（曲线 1 和曲线 2 为投影曲线的部分曲线，单击“选择条”工具条中的按钮后可选取曲线 1 和曲线 2）为截面曲线，并分别单击中键确认；在“通过曲线组”对话框输出曲面选项区域的补片类型下拉列表中选择单个选项，单击< 确定 >按钮，

完成曲面特征的创建。

Step12. 创建图 29.14 所示的偏置曲面（创建偏置曲面 1 之前隐藏瓶体）。选择下拉菜单插入(S) ➡ 偏置/缩放(O) ➡ 偏置曲面(O)...命令，系统弹出“偏置曲面”对话框；选择曲面特征 1 为偏置曲面；在要偏置的面区域的偏置 1文本框中输入值 1；其他参数采用系统默认设置；单击< 确定 >按钮，完成偏置曲面的创建。

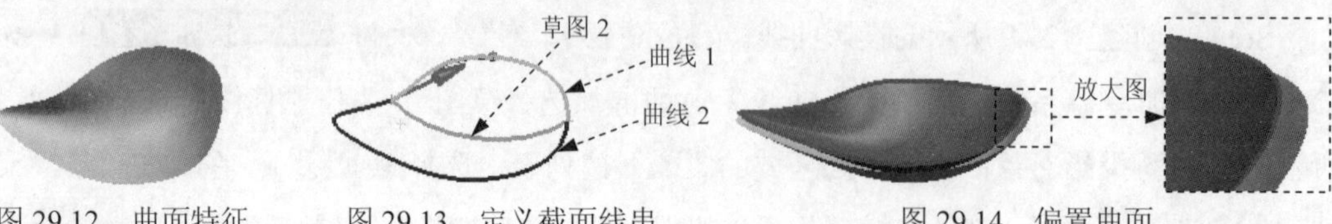

图 29.12　曲面特征　　图 29.13　定义截面线串　　图 29.14　偏置曲面

Step13. 创建实例几何体特征 1。选择下拉菜单插入(S) ➡ 关联复制(A) ➡ 生成实例几何特征(G)...命令，系统弹出“实例几何体”对话框；在类型下拉列表中选取旋转选项，在绘图区选取 Step12 所创建的偏置曲面，在指定矢量下拉列表中选择ZC选项；选取坐标原点为旋转点；在角度文本框中输入值 90，在距离文本框中输入值 0，在副本数文本框中输入值 3；单击< 确定 >按钮，完成实例几何体特征 1 的创建。

Step14. 创建图 29.15 所示的修剪体特征 1。选择下拉菜单插入(S) ➡ 修剪(T) ➡ 修剪体(T)...命令，系统弹出“修剪体”对话框；选取图 29.16 所示的实体为目标体和工具体（偏置曲面）；在“修剪体”对话框中单击< 确定 >按钮，完成修剪体特征 1 的创建。

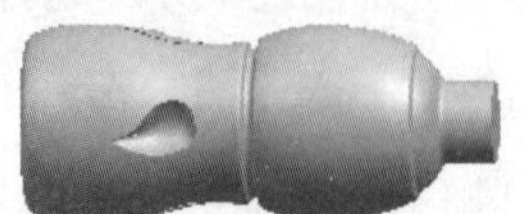

图 29.15　修剪体特征 1

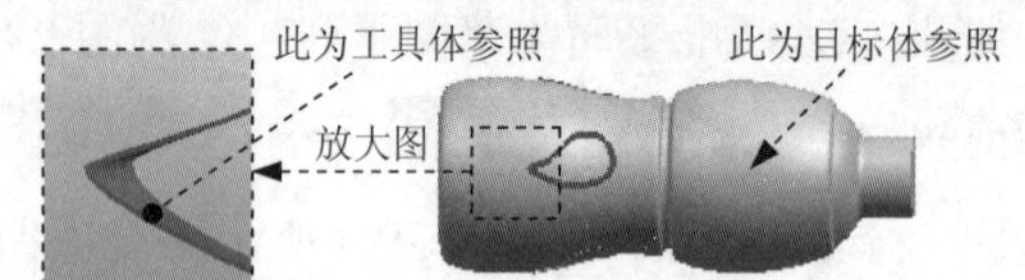

图 29.16　定义目标体和工具体

Step15. 创建图 29.17 所示的修剪体特征 2。参考 Step14 的操作步骤和图 29.17、图 29.18 所示，选取实例几何体特征 1 中的第 1 个曲面作为工具体，完成修剪体特征 2 的创建。

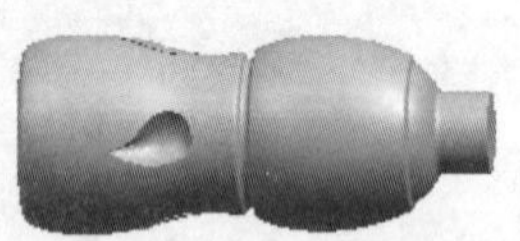

图 29.17　修剪体特征 2

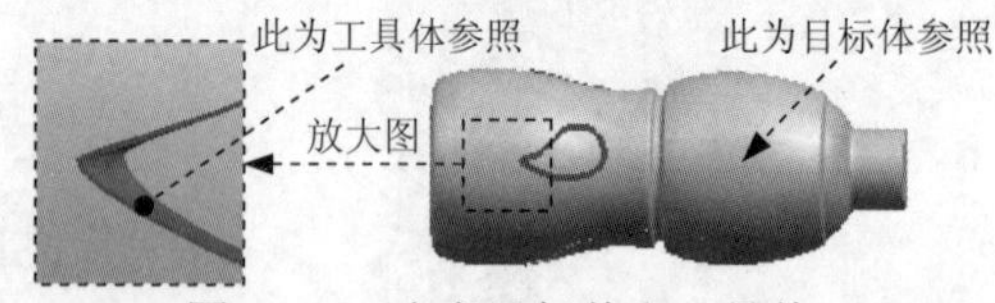

图 29.18　定义目标体和工具体

Step16. 创建图 29.19 所示的修剪体特征 3。参考 Step14 的操作步骤和图 29.19、图 29.20 所示，选取实例几何体特征 1 中的第 2 个曲面作为工具体，完成修剪体特征 3 的创建。

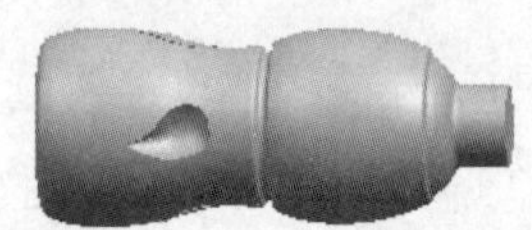

图 29.19　修剪体特征 3

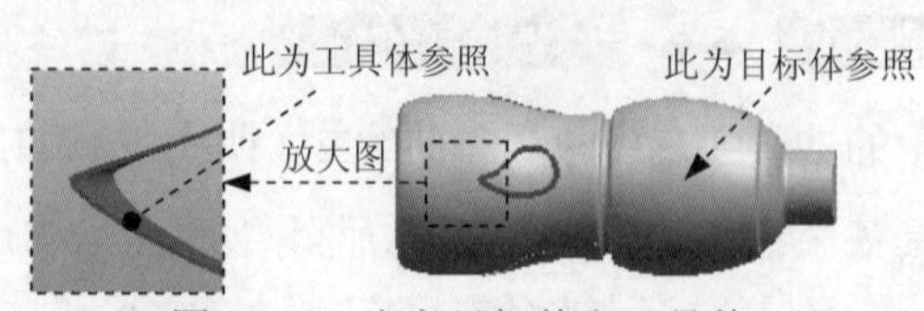

图 29.20　定义目标体和工具体

Step17. 创建图 29.21 所示的修剪体特征 4。参考 Step14 的操作步骤和图 29.21、图 29.22 所示，选取实例几何体特征 1 中的第 3 个曲面作为工具体，完成修剪体特征 4 的创建。

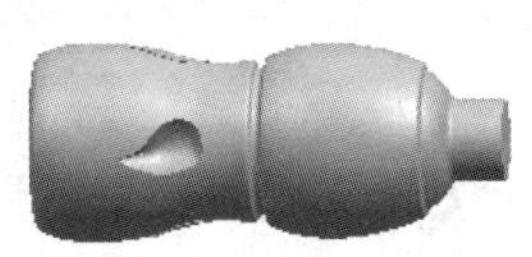
图 29.21 修剪体特征 4

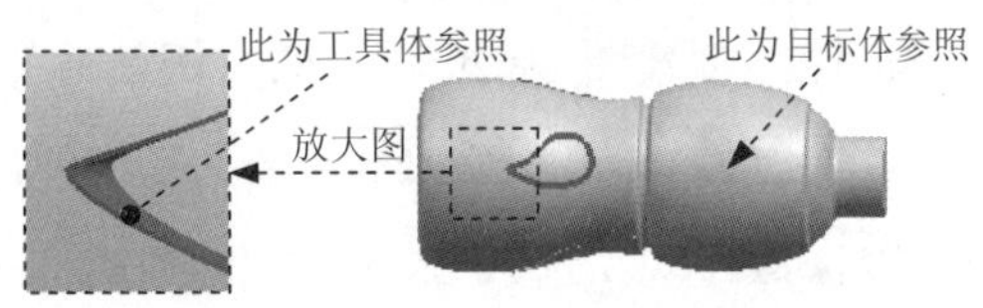

图 29.22 定义目标体和工具体

Step18. 创建图 29.23 所示的旋转特征。选择下拉菜单 插入(S) → 设计特征(E) → 旋转(R)... 命令（或单击按钮），系统弹出“旋转”对话框；单击对话框中的“绘制截面”按钮，系统弹出“创建草图”对话框。选取 YZ 基准平面为草图平面，单击 确定 按钮，进入草图环境，绘制图 29.24 所示的截面草图（圆弧中心约束到 Z 轴上），选择下拉菜单 任务(K) → 完成草图(K) 命令（或单击 完成草图 按钮），退出草图环境；在 轴 区域的 指定矢量 下拉列表中选择 ZC 选项，并定义原点为旋转点；在 布尔 区域的 布尔 下拉列表中选择 求差 选项，选取图 29.25 所示的实体为求差对象；单击 <确定> 按钮，完成旋转特征的创建。

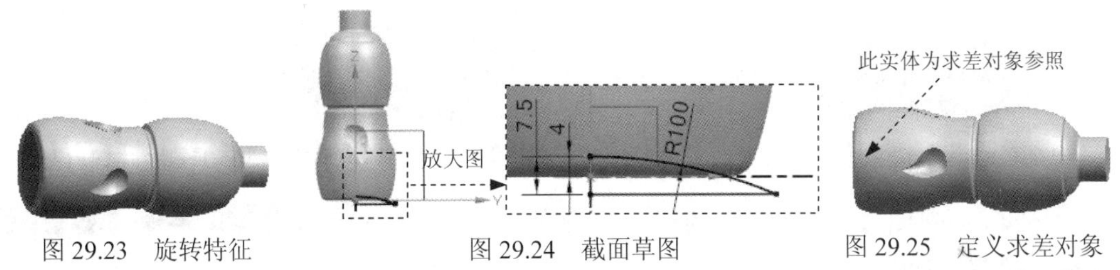

图 29.23 旋转特征　　图 29.24 截面草图　　图 29.25 定义求差对象

Step19. 创建图 29.26 所示的草图 3。选择下拉菜单 插入(S) → 在任务环境中绘制草图(V)... 命令；选取 ZX 基准平面为草图平面；绘制图 29.26 所示的草图 3。

Step20. 创建图 29.27 所示的草图 4。选择下拉菜单 插入(S) → 在任务环境中绘制草图(V)... 命令；选取 YZ 基准平面为草图平面；绘制图 29.27 所示的草图 4（草图 4 所绘的椭圆圆心约束在草图 3 圆弧端点上）。

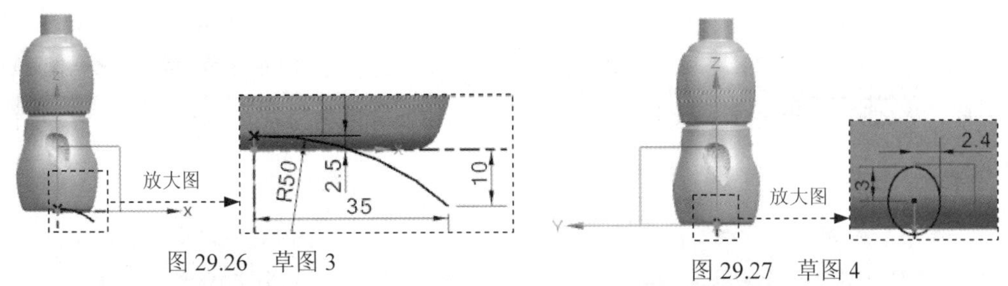

图 29.26 草图 3　　图 29.27 草图 4

Step21. 创建图 29.28 所示的扫掠特征 1。选择下拉菜单 插入(S) → 扫掠(W) → 沿引导线扫掠(G)... 命令，系统弹出“沿引导线扫掠”对话框；选择草图 4 为截面线串；选

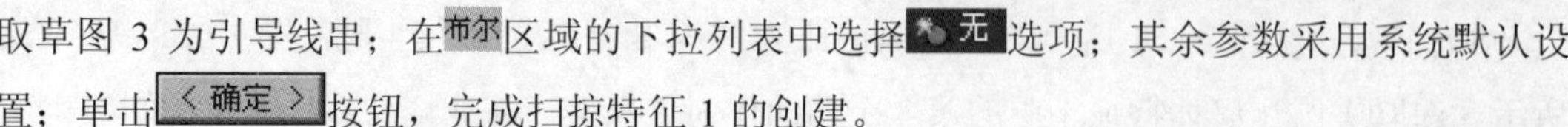

取草图 3 为引导线串；在布尔区域的下拉列表中选择无选项；其余参数采用系统默认设置；单击< 确定 >按钮，完成扫掠特征 1 的创建。

Step22. 创建图 29.29 所示的实例几何体特征 2。选择下拉菜单插入(S) → 关联复制(A) → 生成实例几何特征(G)...命令，系统弹出“实例几何体”对话框；在类型下拉列表中选取旋转选项，选取 Step21 所创建的扫掠特征 1，在指定矢量下拉列表中选择ZC选项；选取坐标原点为旋转点；在角度文本框中输入值 72，在距离文本框中输入值 0，在副本数文本框中输入值 4；单击< 确定 >按钮，完成实例几何体特征 2 的创建。

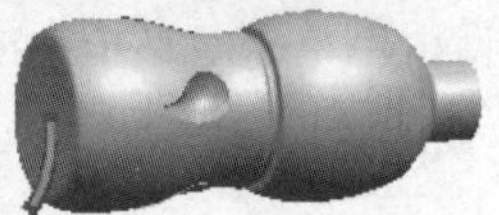

图 29.28 扫掠特征 1

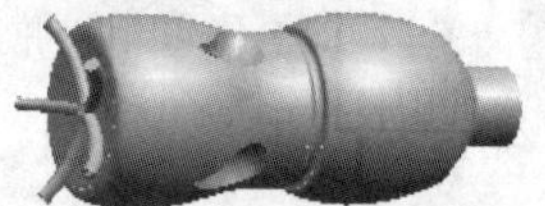

图 29.29 实例几何体特征 2

Step23. 创建图 29.30 所示的求差特征。选择下拉菜单插入(S) → 组合(B) → 求差(S)...命令，系统弹出“求差”对话框；选取图 29.31 所示的目标体和工具体；在“求差”对话框中单击< 确定 >按钮，完成布尔求差特征的创建。

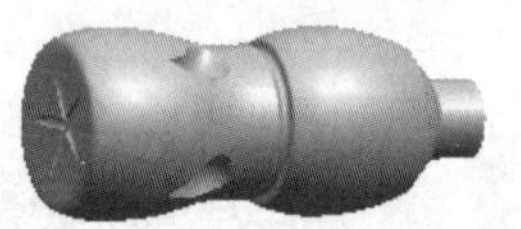

图 29.30 求差特征

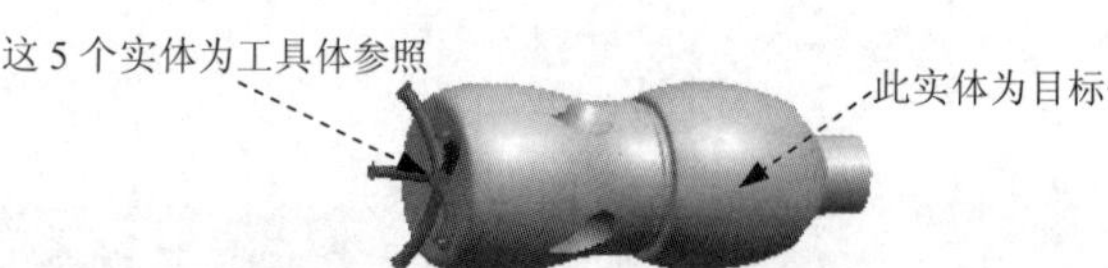

图 29.31 定义目标体和工具体

Step24. 创建图 29.32b 所示的边倒圆特征 7。选择下拉菜单插入(S) → 细节特征(L) → 边倒圆(E)...命令；选取图 29.32a 所示的边线（修剪特征 1 的边线）为边倒圆参照，其半径值为 2。

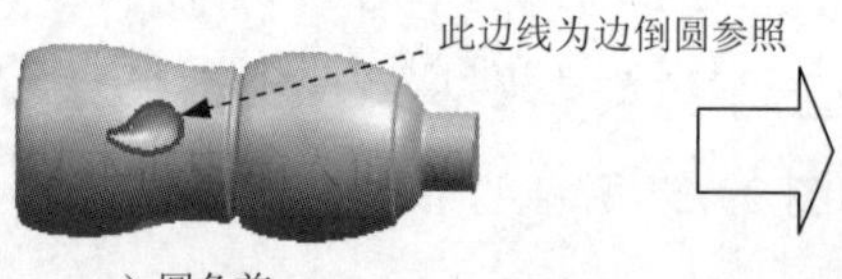

a）圆角前

b）圆角后

图 29.32 边倒圆特征 7

Step25. 创建图 29.33b 所示的边倒圆特征 8。选择下拉菜单插入(S) → 细节特征(L) → 边倒圆(E)...命令；选取图 29.33a 所示的边线（修剪特征 2 的边线）为边倒圆参照，其半径值为 2。

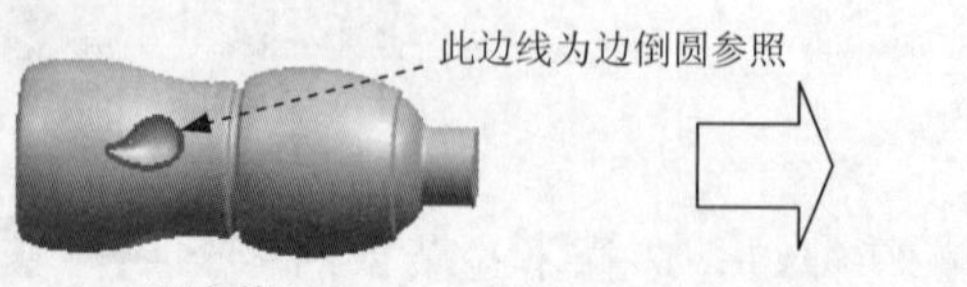

a）圆角前

b）圆角后

图 29.33 边倒圆特征 8

Step26. 创建图 29.34b 所示的边倒圆特征 9。选择下拉菜单 插入(S) → 细节特征(L) → 边倒圆(E)... 命令；选取图 29.34a 所示的边线（修剪特征 3 的边线）为边倒圆参照，其半径值为 2。

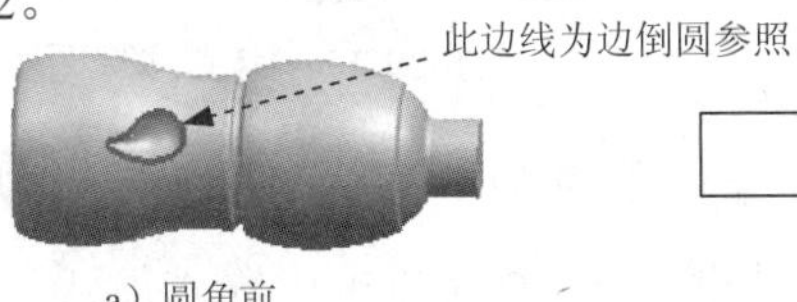

a）圆角前　　b）圆角后

图 29.34　边倒圆特征 9

Step27. 创建图 29.35b 所示的边倒圆特征 10。选择下拉菜单 插入(S) → 细节特征(L) → 边倒圆(E)... 命令；选取图 29.35a 所示的边线（修剪特征 4 的边线）为边倒圆参照，其半径值为 2。

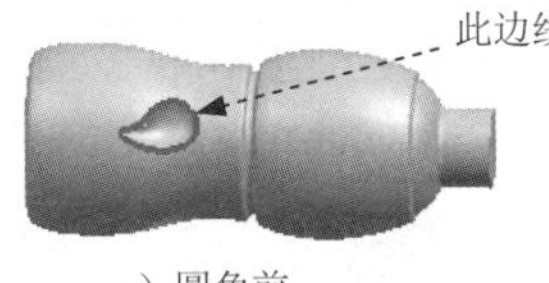

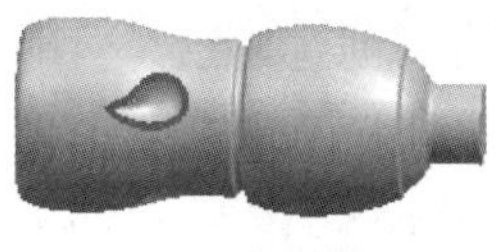

a）圆角前　　b）圆角后

图 29.35　边倒圆特征 10

Step28. 创建图 29.36b 所示的边倒圆特征 11。选择下拉菜单 插入(S) → 细节特征(L) → 边倒圆(E)... 命令；选取图 29.36a 所示的 5 条边线为边倒圆参照，其半径值为 5。

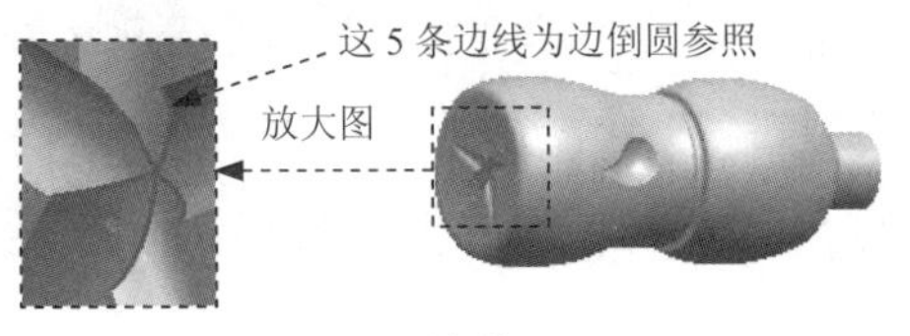

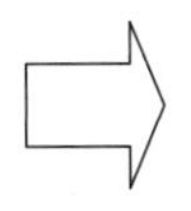

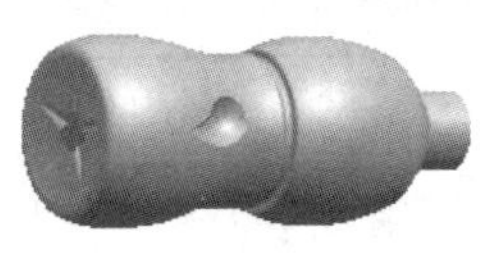

a）圆角前　　b）圆角后

图 29.36　边倒圆特征 11

Step29. 创建图 29.37b 所示的边倒圆特征 12。选择下拉菜单 插入(S) → 细节特征(L) → 边倒圆(E)... 命令；选取图 29.37a 所示的 5 条边线为边倒圆参照，其半径值为 5。

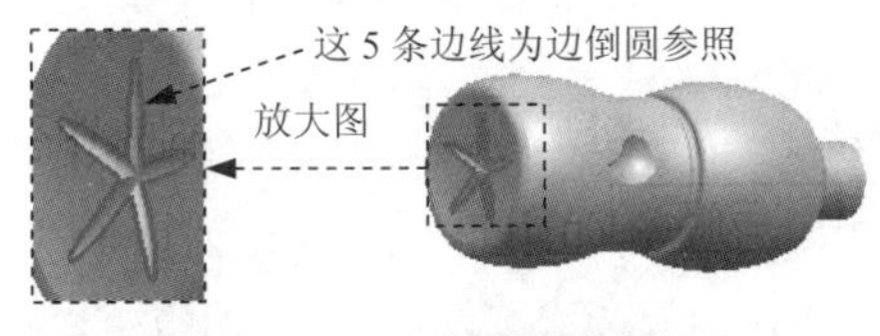

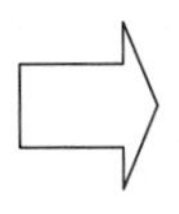

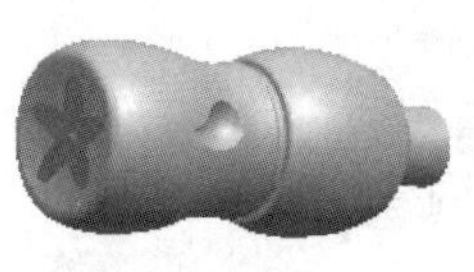

a）圆角前　　b）圆角后

图 29.37　边倒圆特征 12

Step30. 创建图 29.38 所示的抽壳特征。选择下拉菜单 插入(S) → 偏置/缩放(O) → 抽壳(H)... 命令（或单击按钮），系统弹出“抽壳”对话框；在“抽壳”对话框 类型 区域的下拉列表中选择 移除面，然后抽壳 选项；选择图 29.39 所示的面为移除面，并在 厚度 文本框中输入值 0.5；其他参数采用系统默认设置值；在“抽壳”对话框中单击 < 确定 > 按钮，完成抽壳特征的创建。

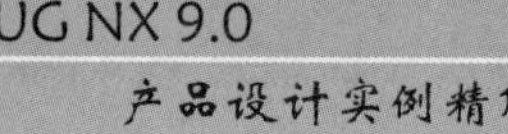

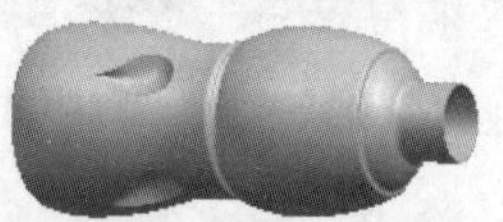

图 29.38　抽壳特征

图 29.39　定义移除面

Step31. 创建图 29.40 所示的螺旋线。选择下拉菜单插入(S) → 曲线(C) → 螺旋线(X)... 命令，系统弹出“螺旋线”对话框；在圈数文本框中输入值 4，在螺距文本框中输入值 5，在半径方法区域选中 ⊙ 输入半径单选项，在半径文本框中输入值 13，在旋转方向区域选中 ⊙ 右旋单选项，单击点构造器按钮，系统弹出“点”对话框；在“点”对话框的类型下拉列表框选择圆弧中心/椭圆中心/球心选项，选取图 29.41 所示的圆弧，系统重新弹出“螺旋线”对话框；在“螺旋线”对话框中单击确定按钮，完成螺旋线的创建。

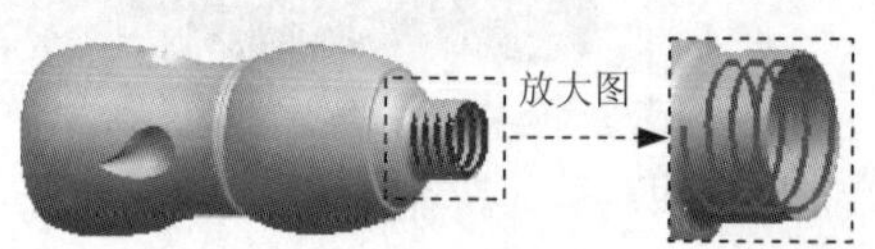

图 29.40　螺旋线

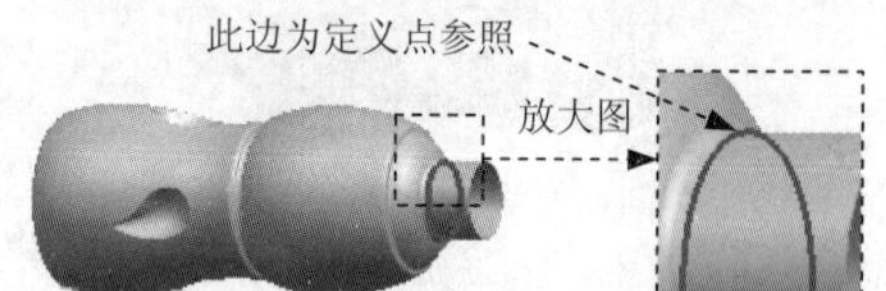

图 29.41　定义螺旋线起点

Step32. 创建图 29.42 所示的基准平面 1。选择下拉菜单插入(S) → 基准/点(D) → 基准平面(D)...命令，系统弹出“基准平面”对话框；在“基准平面”对话框类型区域的下拉列表中选择点和方向选项；选取图 29.43 所示的螺旋线的上端点（点 1）；在指定矢量下拉列表中选择 YC 选项；其他参数采用系统默认设置；在“基准平面”对话框中单击< 确定 >按钮，完成基准平面 1 的创建。

Step33. 创建图 29.44 所示的草图 5。选择下拉菜单插入(S) → 在任务环境中绘制草图(V)...命令；选取基准平面 1 为草图平面；绘制图 29.44 所示的草图 5（草图 5 所绘圆的圆心约束在螺旋曲线上）。

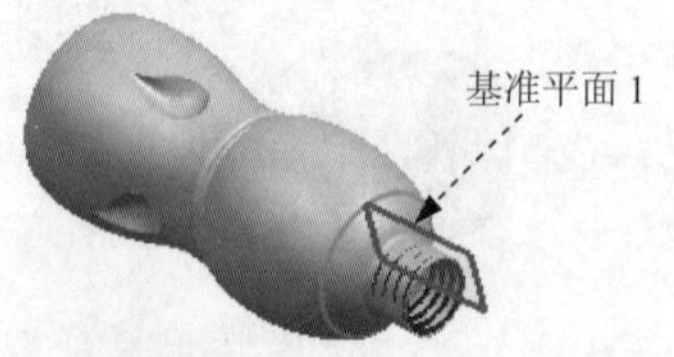

图 29.42　基准平面 1

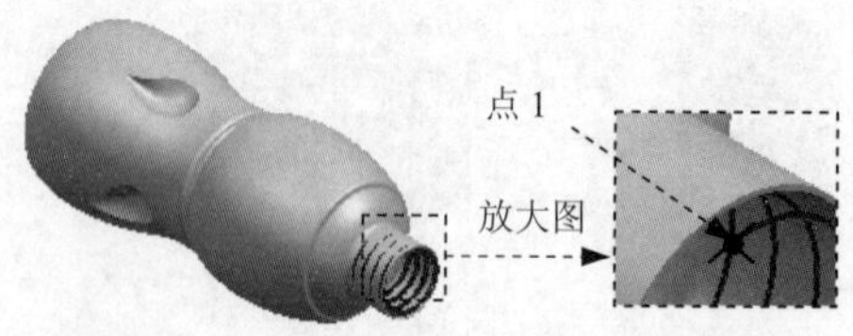

图 29.43　定义点

Step34. 创建图 29.45 所示的基准平面 2。选择下拉菜单插入(S) → 基准/点(D) → 基准平面(D)...命令，系统弹出“基准平面”对话框；在“基准平面”对话框类型区域的下拉列表中选择点和方向选项；选取螺旋线的下端点（螺旋线的另一个端点）；其他参数采用系统默认设置；在“基准平面”对话框中单击< 确定 >按钮，完成基准平面 2 的创建。

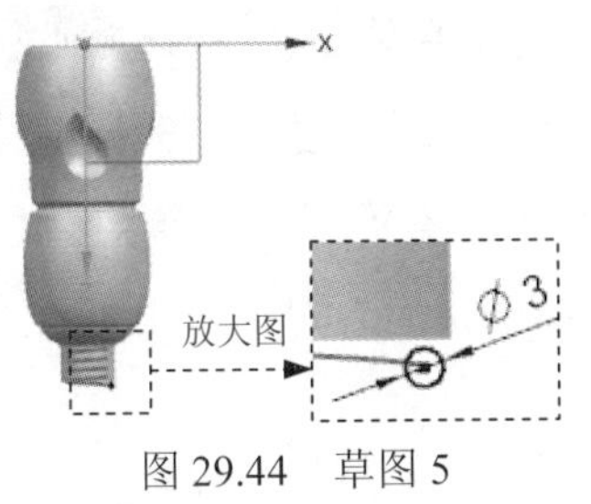

图 29.44　草图 5

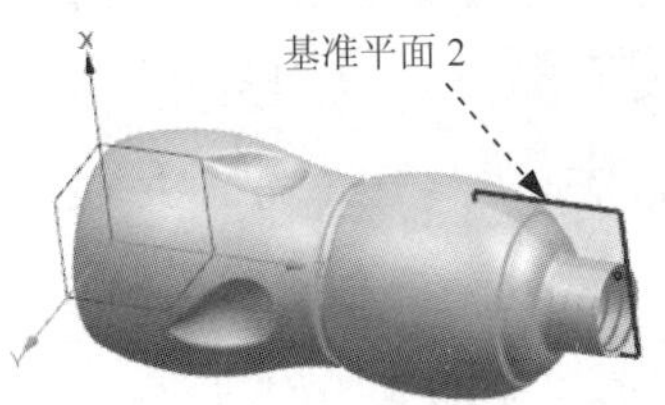

图 29.45　基准平面 2

Step35. 创建图 29.46 所示的草图 6。选择下拉菜单插入(S) → 在任务环境中绘制草图(V)... 命令；选取基准平面 2 为草图平面；绘制图 29.46 所示的草图 6（草图 6 中竖直线的中点约束在图 29.46 所示的螺旋线的相应位置上）。

Step36. 创建图 29.47 所示的草图 7。选择下拉菜单插入(S) → 在任务环境中绘制草图(V)... 命令；选取基准平面 2 为草图平面；绘制图 29.47 所示的草图 7（草图 7 所绘圆的圆心约束在螺旋曲线的端点上。

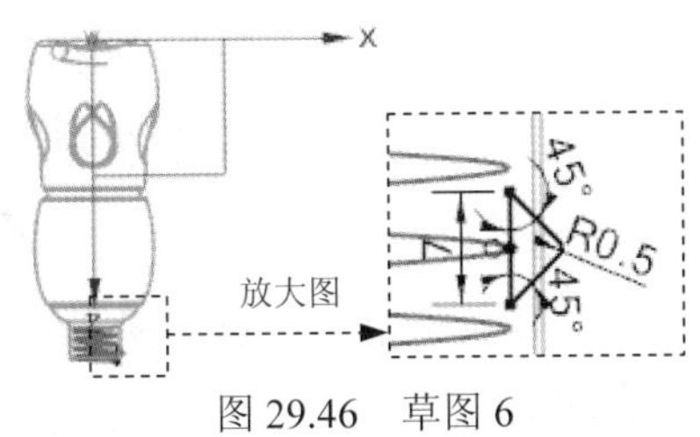

图 29.46　草图 6

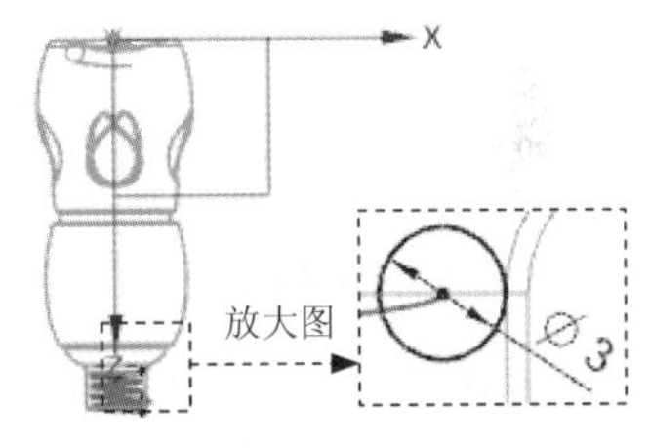

图 29.47　草图 7

Step37. 创建图 29.48 所示的扫掠特征 2。选择下拉菜单插入(S) → 扫掠(W) → 扫掠(S)... 命令，系统弹出“扫掠”对话框；依次选取草图 7 所绘的曲线、草图 6 所绘的曲线和草图 5 所绘的曲线为截面曲线，并分别单击中键确认，再单击中键确定；选取螺旋线为引导线 1，并单击中键确认；其他参数采用系统默认设置；在“扫掠”对话框中单击 < 确定 > 按钮，完成扫掠特征 2 的创建。

说明：选取截面曲线时，系统自动产生矢量方向应为同向，否则不是图 29.48 所示的扫掠特征 2。

Step38. 创建图 29.49 所示的修剪体特征 5。选择下拉菜单插入(S) → 修剪(T) → 修剪体(T)... 命令；选取 Step37 创建的扫掠特征 2 为目标体，选取图 29.50 所示的曲面（瓶口外表面）为工具体；在工具区域中单击按钮调整修剪方向为向内；单击 < 确定 > 按钮，完成修剪体特征 5 的创建。

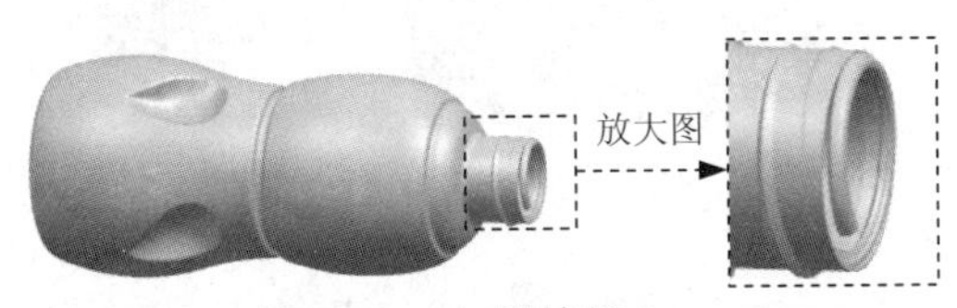

图 29.48　扫掠特征 2

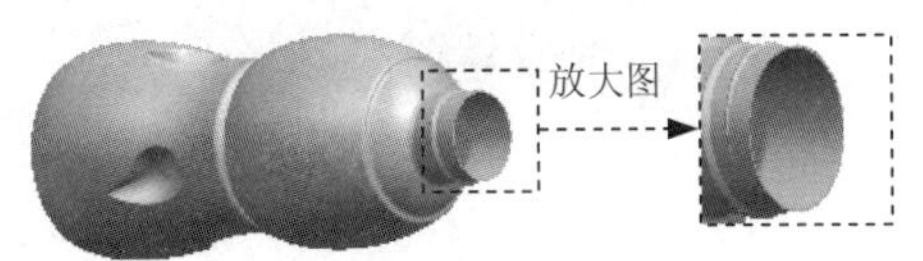

图 29.49　修剪体特征 5

Step39. 创建图 29.51 所示的基准平面 3。选择下拉菜单 插入(S) → 基准/点(D) → 基准平面(D)... 命令，系统弹出“基准平面”对话框；在 类型 区域的下拉列表中选择 按某一距离 选项。在 平面参考 区域单击 按钮，选取 XY 基准平面为对象平面；在 偏置 区域的 距离 文本框中输入值 162；其他参数采用系统默认设置；在“基准平面”对话框中单击 < 确定 > 按钮，完成基准平面 3 的创建。

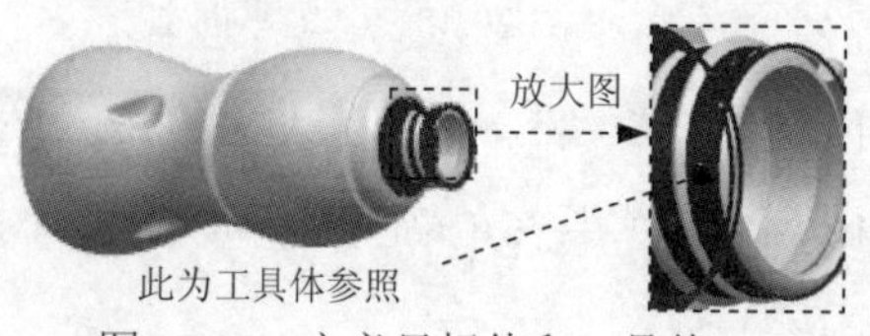

图 29.50　定义目标体和工具体

图 29.51　基准平面 3

Step40. 创建图 29.52 所示的拉伸特征。选择下拉菜单 插入(S) → 设计特征(E) → 拉伸(E)... 命令（或单击 按钮），系统弹出“拉伸”对话框；单击对话框中的“绘制截面”按钮，系统弹出“创建草图”对话框。选取基准平面 3 为草图平面，单击 确定 按钮，进入草图环境，绘制图 29.53 所示的截面草图，选择下拉菜单 任务(K) → 完成草图(K) 命令（或单击 完成草图 按钮），退出草图环境；在“拉伸”对话框 限制 区域的 开始 下拉列表中选择 值 选项，并在其下的 距离 文本框中输入值 0；在 限制 区域的 结束 下拉列表中选择 值 选项，并在其下的 距离 文本框中输入值 1.5，在 方向 区域的 * 指定矢量 (0) 下拉列表中选择 ZC 选项；在 布尔 区域的下拉列表中选择 求和 选项，选取图 29.54 所示的实体为求和对象；其他参数采用系统默认设置；单击对话框中的 < 确定 > 按钮，完成拉伸特征 1 的创建。

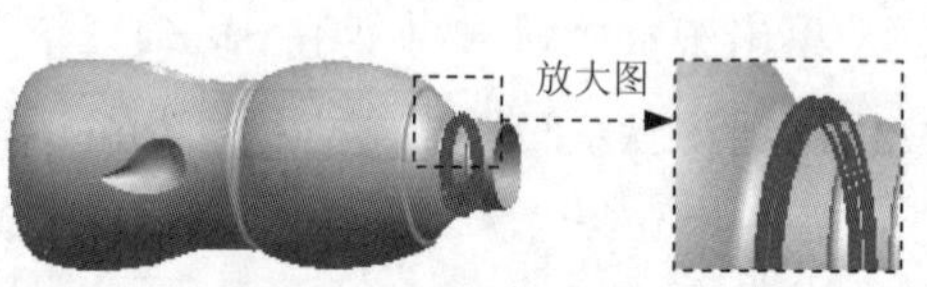

图 29.52　拉伸特征

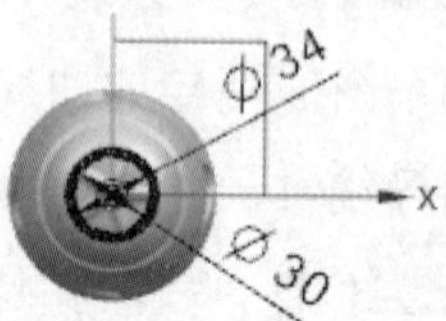

图 29.53　截面草图

Step41. 创建求和特征。选择下拉菜单 插入(S) → 组合(B) → 求和(U)... 命令，系统弹出“求和”对话框；选取图 29.55 所示的为目标体和工具体；在“求和”对话框中单击 < 确定 > 按钮，完成布尔求和特征的创建。

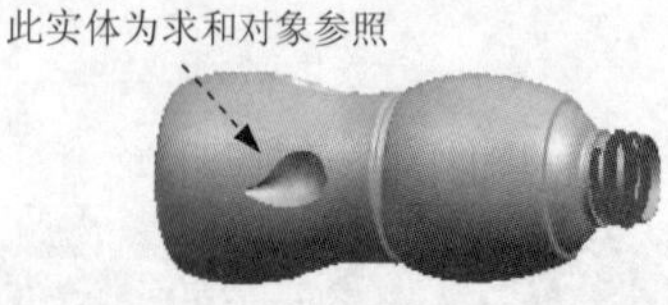

此实体为求和对象参照

图 29.54　定义求和对象

此实体为目标体参照　此实体为工具体参照　放大图

图 29.55　定义目标体和工具体

Step42. 保存零件模型。选择下拉菜单 文件(F) → 保存(S) 命令，即可保存零件模型。

实例 30 轴承的设计

实例概述:

本实例详细讲解了轴承的创建和装配过程：首先是创建轴承的内环、保持架及钢球，它们分别生成各自的模型文件，然后装配模型，并在装配体中创建零件模型。其中，在创建外环时运用了“在装配体中创建零件模型”方法。装配组件模型如图 30.1 所示。

Stage1. 创建零件模型——轴承内环

下面将介绍轴承内环的设计过程，如图 30.2 所示。

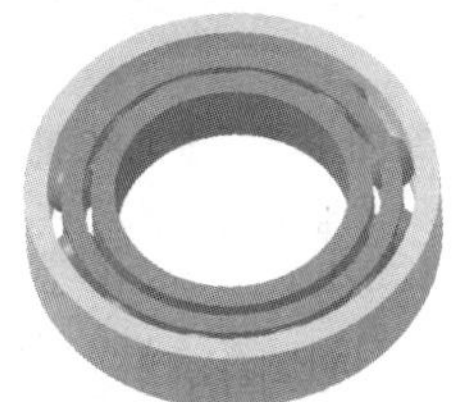

图 30.1 轴承设计

图 30.2 轴承内环

Step1. 新建文件。选择下拉菜单 文件(F) → 新建(N)... 命令，系统弹出“新建”对话框。在 模型 选项卡的 模板 区域中选取模板类型为 模型，在 名称 文本框中输入文件名称 bearing_in，单击 确定 按钮，进入建模环境。

Step2. 创建图 30.3 所示的旋转特征 1。选择 插入(S) → 设计特征(E) → 旋转(R)... 命令（或单击按钮），系统弹出“旋转”对话框；单击 截面 区域中的按钮，系统弹出“创建草图”对话框，选中 ☑ 创建中间基准 CSYS 复选框，选取 XY 基准平面为草图平面，单击 确定 按钮，进入草图环境，绘制图 30.4 所示的截面草图，选择下拉菜单 任务(K) → 完成草图(K) 命令（或单击 完成草图 按钮），退出草图环境；在绘图区中选取 YC 基准轴为旋转轴；在“旋转”对话框 限制 区域的 开始 下拉列表中选择 值 选项，在其下的 角度 文本框中输入值 0，在 结束 下拉列表中选择 值 选项，在其下的 角度 文本框中输入值 360，其他参数采用系统默认设置；单击 < 确定 > 按钮，完成旋转特征 1 的创建。

图 30.3 旋转特征 1

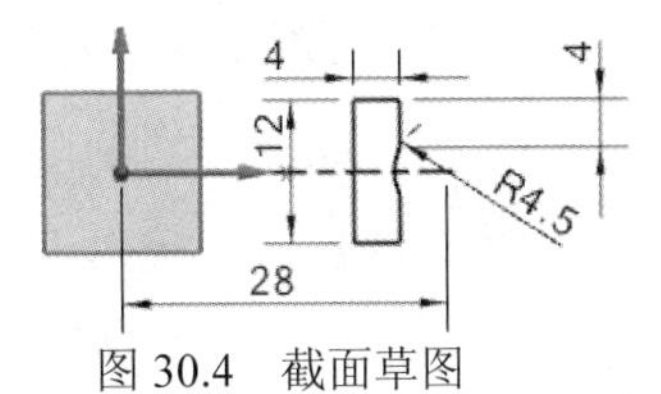

图 30.4 截面草图

Step3. 将对象移动至图层并隐藏。选择下拉菜单 编辑(E) → 显示和隐藏(H) →

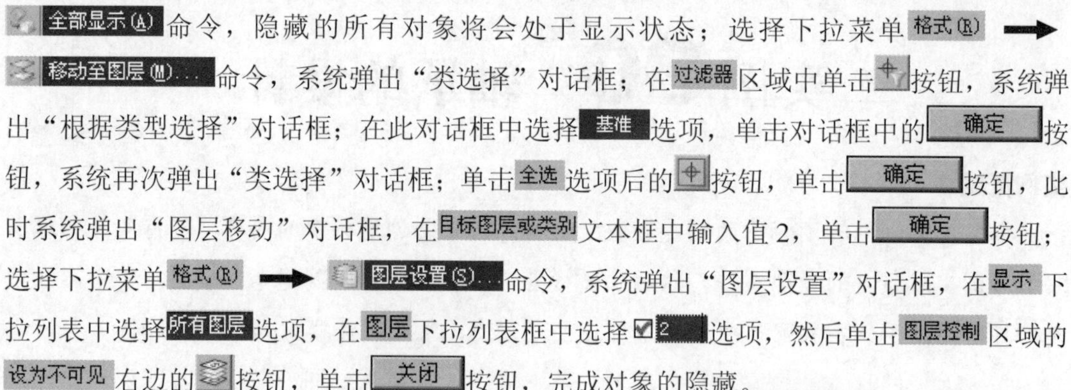

全部显示(A)命令，隐藏的所有对象将会处于显示状态；选择下拉菜单格式(R) → 移动至图层(M)...命令，系统弹出“类选择”对话框；在过滤器区域中单击按钮，系统弹出“根据类型选择”对话框；在此对话框中选择基准选项，单击对话框中的确定按钮，系统再次弹出“类选择”对话框；单击全选选项后的按钮，单击确定按钮，此时系统弹出“图层移动”对话框，在目标图层或类别文本框中输入值 2，单击确定按钮；选择下拉菜单格式(R) → 图层设置(S)...命令，系统弹出“图层设置”对话框，在显示下拉列表中选择所有图层选项，在图层下拉列表框中选择☑2选项，然后单击图层控制区域的设为不可见右边的按钮，单击关闭按钮，完成对象的隐藏。

Step4. 编辑对象的显示。选择下拉菜单编辑(E) → 对象显示(J)...命令，系统弹出“类选择”对话框；单击 Step2 所创建的旋转特征 1，单击确定按钮，系统弹出“编辑对象显示”对话框；单击颜色后的选项，系统弹出“颜色”对话框，调节颜色 ID 为 168，然后按 Enter 键，单击确定按钮，完成颜色选择；在线型下拉列表框中选择虚线，在宽度下拉列表框中选择粗线宽度；单击确定按钮，完成编辑对象显示。

Step5. 保存零件模型。选择下拉菜单文件(F) → 保存(S)命令，即可保存零件模型。

Stage2. 创建零件模型——轴承保持架

下面介绍轴承保持架的设计过程，模型零件及相应的模型树如图 30.5 所示。

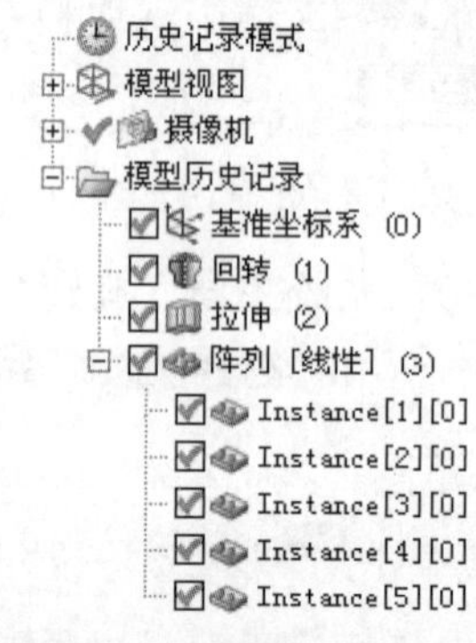

图 30.5　零件模型及模型树

Step1. 新建文件。选择下拉菜单文件(F) → 新建(N)...命令，系统弹出“新建”对话框。在模型选项卡的模板区域中选取模板类型为模型，在名称文本框中输入文件名称 bearing_ring，单击确定按钮，进入建模环境。

Step2. 创建图 30.6 所示的旋转特征 2。选择插入(S) → 设计特征(E) → 旋转(R)...命令（或单击按钮），系统弹出“旋转”对话框；单击截面区域中的按钮，系统弹出“创建草图”对话框，选中☑ 创建中间基准 CSYS复选框，选取 XY 基准平面为草图平面，单击确定按钮，进入草图环境，绘制图 30.7 所示的截面草图，选择下拉菜单任务(K) → 完成草图(K)命令（或单击完成草图按钮），退出草图环境；在绘图区中选取 YC 基准轴为旋转轴；在“旋转”对话框限制区域的开始下拉列表中选择值选项，并在其下的角度文本框中输入值 0，在结束下拉列表中选择值选项，并在其下的角度文本框中输入值 360，其他参数采用系统默认设置；单击< 确定 >按钮，完成旋转特征 2 的创建。

图 30.6 旋转特征 2

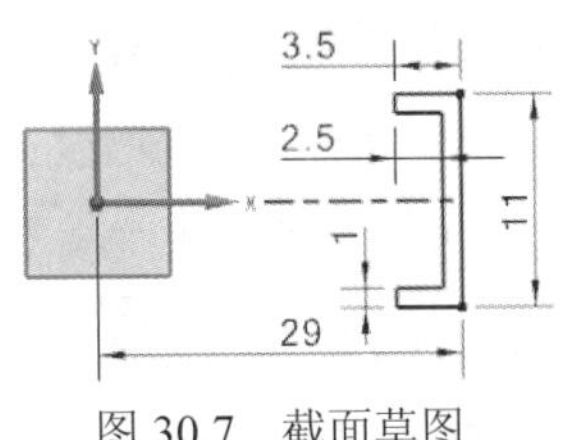

图 30.7 截面草图

Step3. 创建图 30.8 所示的拉伸特征。选择下拉菜单插入(S) → 设计特征(E) → 拉伸(E)...命令（或单击按钮），系统弹出“拉伸”对话框；单击“拉伸”对话框中的“绘制截面”按钮，系统弹出“创建草图”对话框，取消选中□ 创建中间基准 CSYS复选框。单击按钮，选取 XY 基准平面为草图平面，单击确定按钮，进入草图环境，绘制图 30.9 所示的截面草图，选择下拉菜单任务(K) → 完成草图(K)命令（或单击完成草图按钮），退出草图环境；在“拉伸”对话框限制区域的开始下拉列表中选择值选项，并在其下的距离文本框中输入值 0；在限制区域的结束下拉列表中选择贯通选项，采用系统默认方向；在布尔区域中选择求差选项，采用系统默认的求差对象；单击< 确定 >按钮，完成拉伸特征的创建。

Step4. 创建图 30.10 所示的阵列特征 1。选择下拉菜单插入(S) → 关联复制(A) → 阵列特征(A)...命令（或单击按钮），系统弹出“阵列特征”对话框；在模型树中选取 Step3 所创建的拉伸特征；在“阵列特征”对话框阵列定义区域的布局下拉列表中选择圆形选项；在指定矢量区域的下拉列表中选择 YC 选项；在“阵列特征”对话框的间距下拉列表中选择数量和节距选项，在数量文本框中输入值 12，在节距角文本框中输入值 30；单击“阵列特征”对话框中的确定按钮，完成阵列特征 1 的创建。

图 30.8 拉伸特征

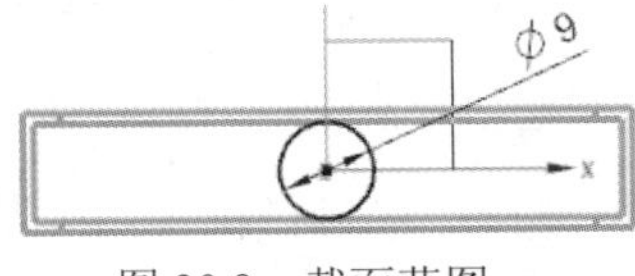

图 30.9 截面草图

图 30.10 阵列特征 1

Step5. 将对象移动至图层并隐藏。选择下拉菜单编辑(E) → 显示和隐藏(H) → 全部显示(A)命令，隐藏的所有对象将会处于显示状态；选择下拉菜单格式(R) → 移动至图层(M)...命令，系统弹出“类选择”对话框；在过滤器区域中单击按钮，系统弹出“根据类型选择”对话框；在此对话框中选择基准选项，单击对话框中的确定按钮，系统弹出“类选择”对话框；单击全选选项后的按钮，单击确定按钮，此时系统弹出“图层移动”对话框，在目标图层或类别文本框中输入值 2，单击确定按钮；选择

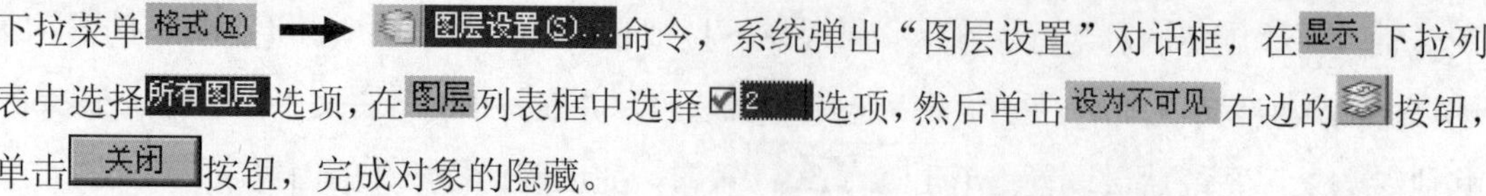

下拉菜单 格式(R) → 图层设置(S)... 命令，系统弹出“图层设置”对话框，在 显示 下拉列表中选择 所有图层 选项，在 图层 列表框中选择 ☑2 选项，然后单击 设为不可见 右边的 按钮，单击 关闭 按钮，完成对象的隐藏。

Step6. 编辑对象的显示。选择下拉菜单 编辑(E) → 对象显示(J)... 命令，系统弹出“类选择”对话框；单击 Step2 所创建的旋转特征 2，单击 确定 按钮，系统弹出“编辑对象显示”对话框；单击 颜色 后的 选项，系统弹出“颜色”对话框，调节颜色 ID 为 138，然后按 Enter 键，单击 确定 按钮，完成颜色选择；在 线型 下拉列表框中选择虚线，在 宽度 下拉列表框中选择粗线宽度；单击 确定 按钮，完成编辑对象显示。

Step7. 保存零件模型。选择下拉菜单 文件(F) → 保存(S) 命令，即可保存零件模型。

Stage3. 创建零件模型——钢球

Step1. 新建文件。选择下拉菜单 文件(F) → 新建(N)... 命令，系统弹出“新建”对话框。在 模型 选项卡的 模板 区域中选取模板类型为 模型，在 名称 文本框中输入文件名称 ball，单击 确定 按钮，进入建模环境。

Step2. 创建图 30.11 所示的球特征。选择 插入(S) → 设计特征(E) → 球(S)... 命令（或单击 按钮），系统弹出“球”对话框；在 类型 下拉列表框中选择 中心点和直径 选项；接受系统默认的坐标原点（0,0,0）为中心点；在 直径 文本框中输入值 9；其他参数采用系统默认设置；单击 确定 按钮，完成球特征的创建。

图 30.11 球特征

Step3. 编辑对象的显示。选择下拉菜单 编辑(E) → 对象显示(J)... 命令，系统弹出“类选择”对话框；单击 Step2 所创建的球特征，单击 确定 按钮，系统弹出“编辑对象显示”对话框；单击 颜色 后的 选项，系统弹出“颜色”对话框，调节颜色 ID 为 138，然后按 Enter 键，单击 确定 按钮，完成颜色选择；在 线型 下拉列表框中选择虚线，在 宽度 下拉列表框中选择粗线宽度；单击 确定 按钮，完成编辑对象显示。

Step4. 保存零件模型。选择下拉菜单 文件(F) → 保存(S) 命令，即可保存零件模型。

Stage4. 装配模型

Step1. 新建文件。选择下拉菜单 文件(F) → 新建(N)... 命令，系统弹出“新建”对话框。在 模型 选项卡的 模板 区域中选取模板类型为 装配，在 名称 文本框中输入文件名称 bearing_asm，单击 确定 按钮，进入装配环境。

Step2. 添加图 30.12 所示的轴承内环。在“添加组件”对话框的打开区域中单击按钮，在弹出的“部件名”对话框中选择文件 bearing_in.prt，单击 OK 按钮，系统返回到“添加组件”对话框；在放置区域的定位下拉列表中选择绝对原点选项，单击确定按钮，此时轴承内环已被添加到装配文件中。

Step3. 添加图 30.13 所示的轴承保持架并定位。选择下拉菜单 装配(A) → 组件(C) → 添加组件(A)... 命令，系统弹出“添加组件”对话框；在“添加组件”对话框的打开区域中单击按钮，在弹出的“部件名”对话框中选择文件 bearing_ring.prt，单击 OK 按钮，系统返回到“添加组件”对话框；在放置区域的定位下拉列表中选择绝对原点选项，单击确定按钮，此时轴承保持架已被添加到装配文件中。

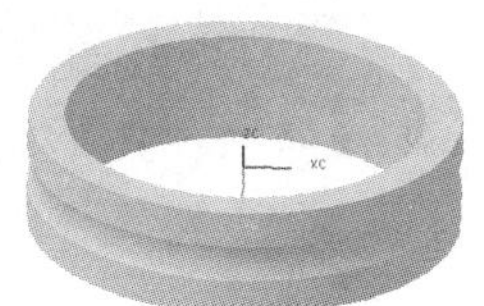

图 30.12 添加轴承内环

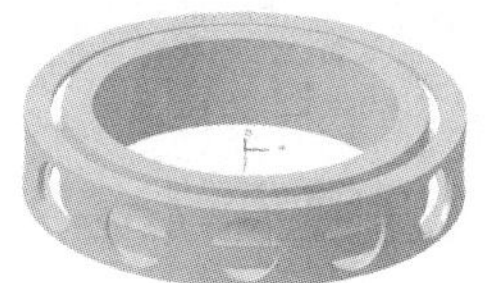

图 30.13 添加轴承保持架

Step4. 添加图 30.14 所示的钢球并定位。选择下拉菜单 装配(A) → 组件(C) → 添加组件(A)... 命令，系统弹出“添加组件”对话框；在“添加组件”对话框的打开区域中单击按钮，在弹出的“部件名”对话框中选择文件 ball.prt，单击 OK 按钮，系统返回到“添加组件”对话框；在放置区域的定位下拉列表中选择选择原点选项，单击确定按钮，系统弹出“点”对话框。在 X 文本框中输入值 0，在 Y 文本框中输入值 0，在 Z 文本框中输入值 28，单击确定按钮，此时钢球已被添加到装配文件中。

Step5. 创建图 30.15 所示的阵列特征 2。选择下拉菜单 装配(A) → 组件(C) → 阵列组件(P)... 命令，系统弹出“类选择”对话框；在绘图区选取 Step4 所添加的钢球，单击确定按钮，系统弹出“创建组件阵列”对话框；在弹出的“创建组件阵列”对话框的阵列定义选项组中选择 ⊙ 圆形 单选项，单击确定按钮，在系统弹出的“创建圆形阵列”对话框中选择 ⊙ 圆柱面 单选项，在绘图区选取图 30.16 所示的圆柱面，在对话框的总数文本框中输入值 12，在角度文本框中输入值 30，单击确定按钮，完成阵列特征 2 的创建。

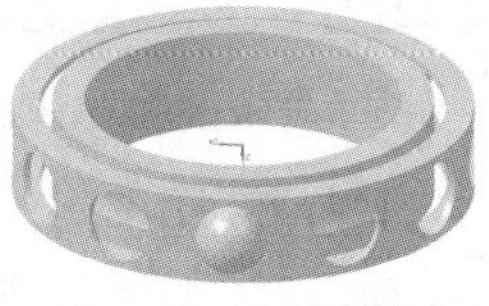

图 30.14 添加钢球

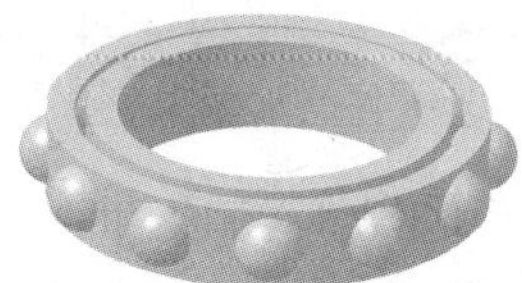

图 30.15 阵列特征 2

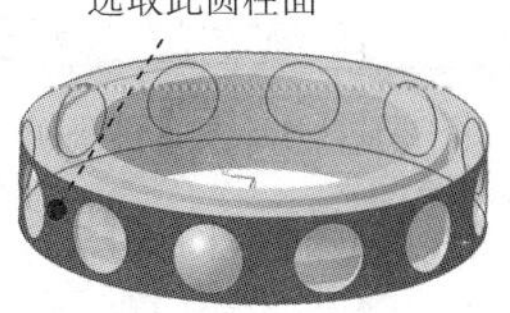

图 30.16 选取圆柱面

Stage5. 在装配体中创建轴承外环

下面介绍轴承外环的创建过程，模型零件及相应的模型树，如图 30.17 所示。

图 30.17 零件模型及模型树

Step1. 添加部件。选择下拉菜单 装配(A) → 组件(C) → 新建组件(C)... 命令，系统弹出“新组件文件”对话框，选取模板类型为 模型，输入文件名称 bearing_out，单击 确定 按钮，系统弹出“新建组件”对话框。采用系统的默认设置，单击对话框中的 确定 按钮。

Step2. 单击左边资源工具条中的“装配导航器”按钮，右击装配导航器中的 bearing out 选项，在弹出的快捷菜单中选择 设为工作部件 选项；然后选择下拉菜单 开始 → 所有应用模块 → 建模(M)... 命令，进入建模环境。

Step3. 创建图 30.18 所示的求交曲线特征。选择下拉菜单 插入(S) → 来自体的曲线(U) → 求交(I)... 命令，系统弹出“相交曲线”对话框；在绘图区选取图 30.19 所示的面（所选球面要与 XY 基准面垂直），单击中键后选取 XY 基准平面；单击 < 确定 > 按钮，完成求交曲线特征的创建。

注意：选取球时，需要在 选择条 工具条中的“选择范围”下拉列表选择 整个装配 选项。

说明：创建此曲线的目的是为了方便下一步绘制旋转剖面草图时添加有效的约束。

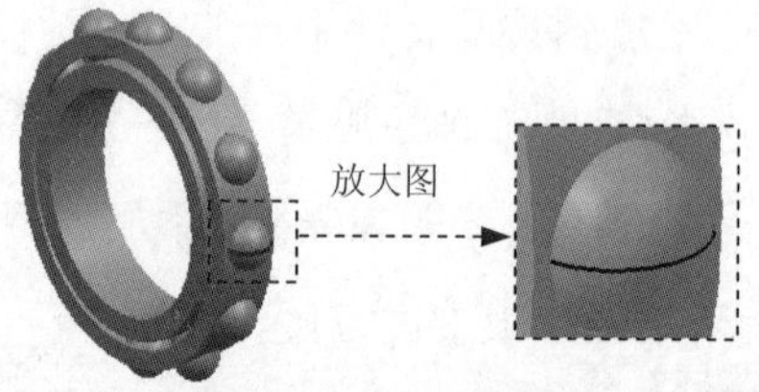

图 30.18 求交曲线特征

图 30.19 定义相交平面

Step4. 创建图 30.20 所示的旋转特征 3。选择 插入(S) → 设计特征(E) → 旋转(R)... 命令（或单击按钮），系统弹出“旋转”对话框；单击 截面 区域中的按钮，系统弹出“创建草图”对话框，选取 XY 基准平面为草图平面，单击 确定 按钮，进入草图环境，绘制图 30.21 所示的截面草图，选择下拉菜单 任务(K) → 完成草图(K) 命令（或单击 完成草图 按钮），退出草图环境；在绘图区域中选取 YC 基准轴为旋转轴，选取坐标原点为旋转点；在“旋转”对话框 限制 区域的 开始 下拉列表中选择 值 选项，并在其下的 角度 文本框中输入值 0，在 结束 下拉列表中选择 值 选项，并在其下的 角度 文本框中输入值 360，在 布尔 区域的下拉列表中选择 无 选项；其他参数采用系统默认设置；单击 < 确定 > 按钮，完成旋转特征 3 的创建。

图 30.20 旋转特征 3

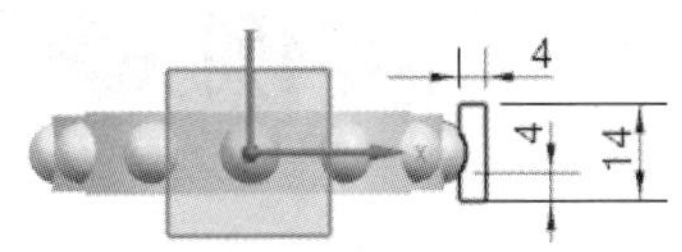

图 30.21 截面草图

Step5. 编辑对象的显示。选择下拉菜单 编辑(E) → 对象显示(J)... 命令，系统弹出“类选择”对话框；在绘图区选取 Step4 所创建的旋转特征 3，单击 确定 按钮，系统弹出“编辑对象显示”对话框；单击 颜色 后的 选项，系统弹出“颜色”对话框，调节颜色 ID 为 83，然后按 Enter 键，单击 确定 按钮，完成颜色选择；在 线型 下拉列表框中选择虚线，在 宽度 下拉列表框中选择粗线宽度；单击 确定 按钮，完成编辑对象显示。

Step6. 转换成工作部件。单击右边资源工具条中的“装配导航器”按钮，在装配导航器中的 bearing_asm 部件上右击，在弹出的快捷菜单中选择 设为工作部件 命令，将其设置为工作部件。

Step7. 替换引用集。选中 bearing_out 组件并右击，在弹出的快捷菜单里选中 替换引用集 → MODEL 选项。此时设计的模型显示出来。

Step8. 保存零件模型。选择下拉菜单 文件(F) → 保存(S) 命令，即可保存零件模型。

实例 31 台灯的设计

31.1 概 述

下面通过介绍图 31.1.1 所示的台灯的设计，学习和掌握产品装配的一般过程，熟悉装配的操作流程。本实例先通过设计每个零部件，然后再到装配，循序渐进、由浅入深地展示一个完整模型的设计过程。

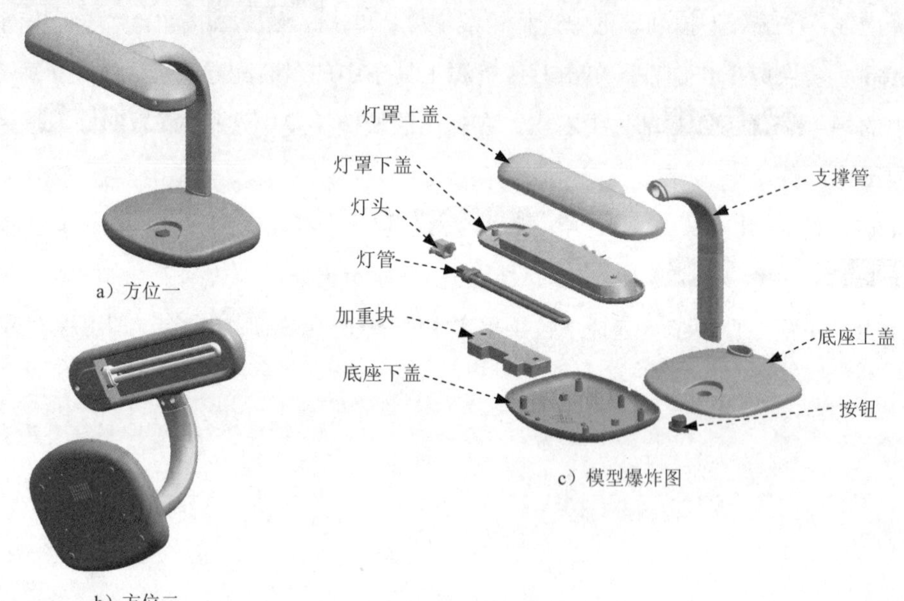

图 31.1.1 台灯的设计

31.2 加 重 块

本节将重点介绍加重块的设计过程。读者通过对该零件进行设计，可以进一步加深对拔模特征、拉伸特征、孔特征和圆角特征的学习，设计过程中应注意创建倒角的先后顺序。零件模型及相应的模型树如图 31.2.1 所示。

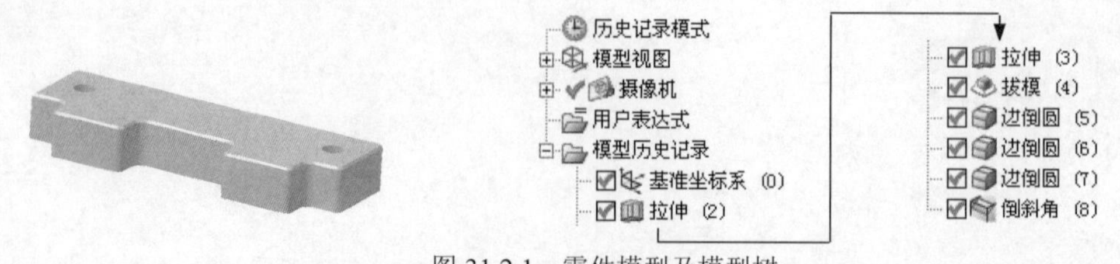

图 31.2.1 零件模型及模型树

Step1. 新建文件。选择下拉菜单文件(F) → 新建(N)...命令，系统弹出“新建”对话框。在模型选项卡的模板区域中选取模板类型为模型，在名称文本框中输入文件名称 aggravate_block，单击确定按钮，进入建模环境。

Step2. 创建图 31.2.2 所示的拉伸特征 1。选择下拉菜单插入(S) → 设计特征(E) → 拉伸(E)...命令（或单击按钮），系统弹出“拉伸”对话框；单击“拉伸”对话框中的“绘制截面”按钮，系统弹出“创建草图”对话框。单击按钮，选取 XY 基准平面为草图平面，选中设置区域的☑ 创建中间基准 CSYS 复选框，单击确定按钮，进入草图环境，绘制图 31.2.3 所示的截面草图，选择下拉菜单任务(K) → 完成草图(K)命令(或单击完成草图按钮)，退出草图环境；在“拉伸”对话框限制区域的开始下拉列表中选择值选项，并在其下的距离文本框中输入值 0；在限制区域的结束下拉列表中选择值选项，并在其下的距离文本框中输入值 20；采用系统默认的拉伸方向；单击< 确定 >按钮，完成拉伸特征 1 的创建。

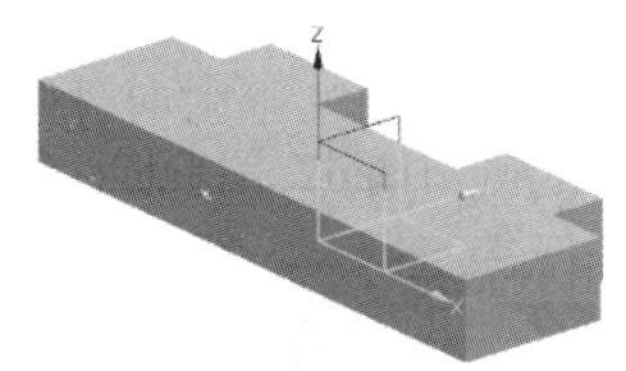
图 31.2.2 拉伸特征 1

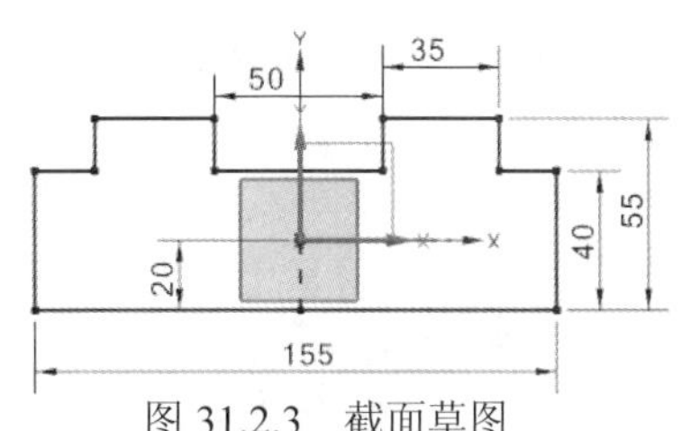

图 31.2.3 截面草图

Step3. 创建图 31.2.4 所示的拉伸特征 2。选择下拉菜单插入(S) → 设计特征(E) → 拉伸(E)...命令（或单击按钮），系统弹出“拉伸”对话框；单击“拉伸”对话框中的“绘制截面”按钮，系统弹出“创建草图”对话框。单击按钮，选取图 31.2.5 所示的模型表面为草图平面，取消选中设置区域的☐ 创建中间基准 CSYS 复选框，单击确定按钮，进入草图环境，绘制图 31.2.6 所示的截面草图，选择下拉菜单任务(K) → 完成草图(K)命令（或单击完成草图按钮），退出草图环境；在“拉伸”对话框限制区域的开始下拉列表中选择值选项，并在其下的距离文本框中输入值 0；在限制区域的结束下拉列表中选择贯通选项，并单击“反向”按钮；在布尔区域中选择求差选项，采用系统默认的求差对象；单击< 确定 >按钮，完成拉伸特征 2 的创建。

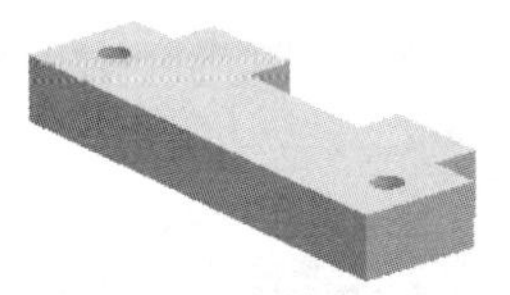
图 31.2.4 拉伸特征 2

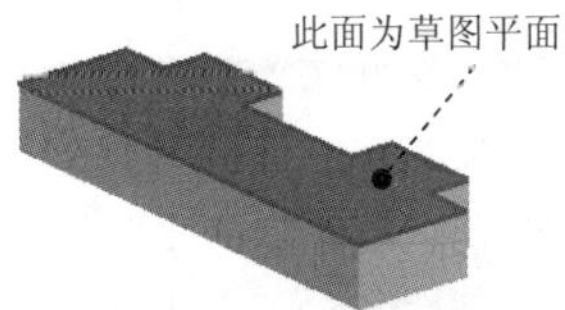

图 31.2.5 定义草图平面

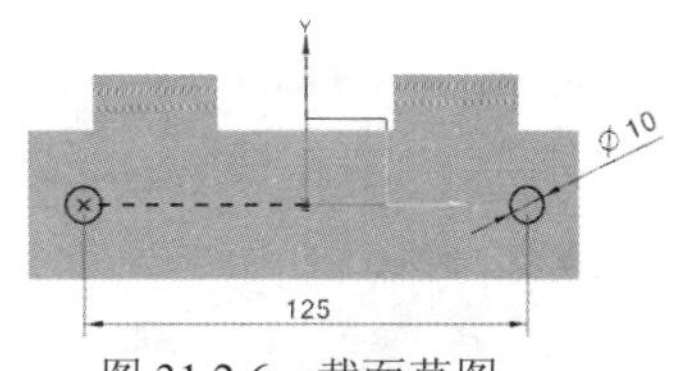

图 31.2.6 截面草图

Step4. 创建拔模特征。选择下拉菜单插入(S) → 细节特征(L) → 拔模(T)...命令（或单击按钮），系统弹出“拔模”对话框；在类型区域中选择从平面或曲面选项，在指定矢量下拉列表中选取ZC选项，以ZC轴的正方向为脱模方向。选择图31.2.7所示的平面为固定平面，单击中键确认，选取图31.2.8所示的面为要拔模的面，在角度文本框中输入值5；单击“拔模”对话框中的< 确定 >按钮，完成拔模特征的创建。

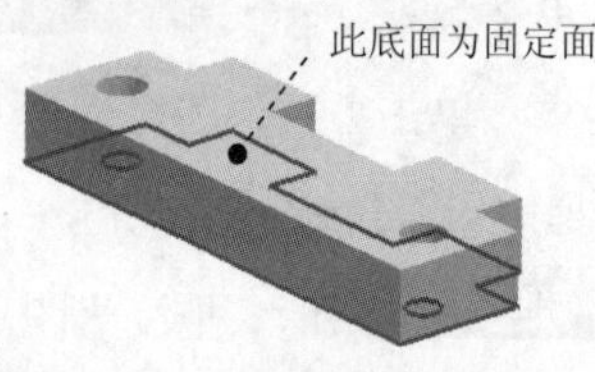

图31.2.7　定义拔模固定面

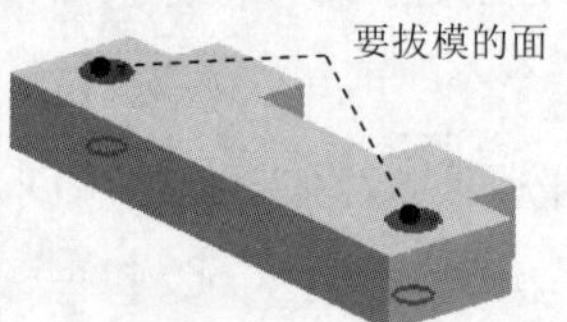

图31.2.8　定义拔模面

Step5. 创建图31.2.9b所示的边倒圆特征1。选择下拉菜单插入(S) ➡ 细节特征(L) ▸ ➡ 边倒圆(E)...命令（或单击按钮），系统弹出“边倒圆”对话框；在要倒圆的边区域中单击按钮，选择图31.2.9a所示的两条边线为边倒圆参照，并在半径 1文本框中输入值3；单击< 确定 >按钮，完成边倒圆特征1的创建。

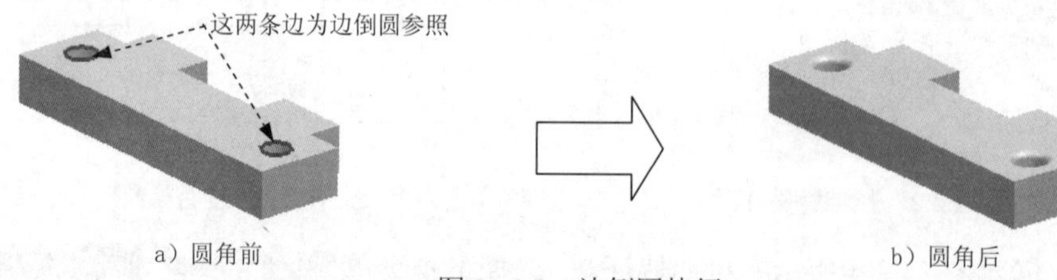

图31.2.9　边倒圆特征1

Step6. 创建边倒圆特征2。选取图31.2.10所示的4条边线为边倒圆参照，其圆角半径值为5。

Step7. 创建边倒圆特征3。选取图31.2.11所示的8条边线为边倒圆参照，其圆角半径值为3。

Step8. 创建倒斜角特征。选择下拉菜单插入(S) ➡ 细节特征(L) ▸ ➡ 倒斜角(C)...命令（或单击按钮），系统弹出“倒斜角”对话框；在边区域中单击按钮，选取图31.2.12所示的边线为倒斜角参照，在偏置区域的横截面下拉列表框中选择对称选项；并在距离文本框输入值1；单击< 确定 >按钮，完成倒斜角特征的创建。

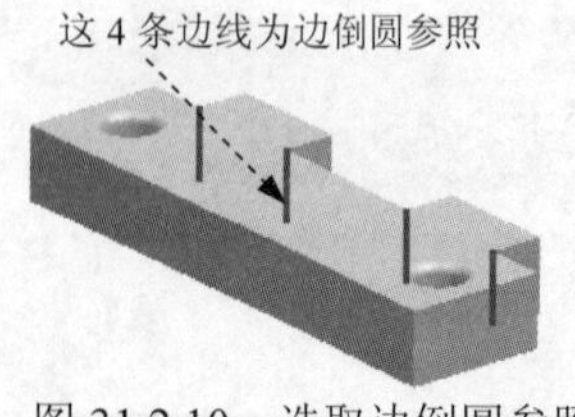

图31.2.10　选取边倒圆参照

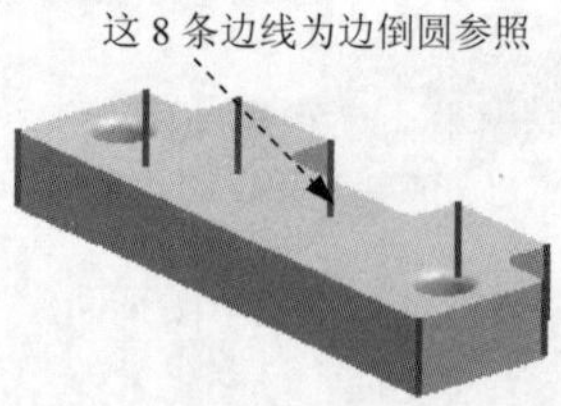

这8条边线为边倒圆参照

图31.2.11　选取边倒圆参照

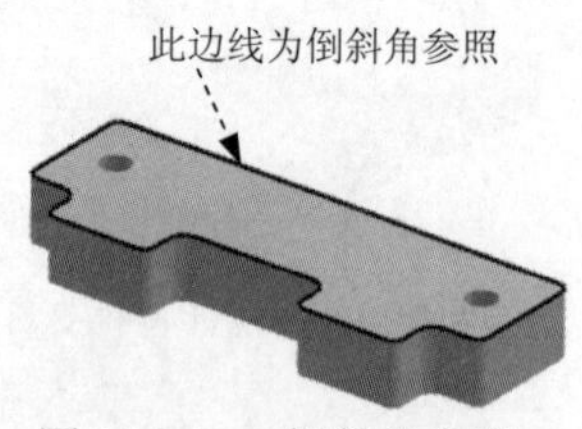

图31.2.12　倒斜角参照

Step9. 将对象移动至图层并隐藏。选择下拉菜单编辑(E) ➡ 显示和隐藏(H) ➡

全部显示(A)命令，隐藏的所有对象将会处于显示状态；选择下拉菜单格式(R) → 移动至图层(M)...命令，系统弹出“类选择”对话框；在过滤器区域中单击按钮，系统弹出“根据类型选择”对话框；在此对话框中选择基准选项，单击对话框中的确定按钮，系统返回到“类选择”对话框；单击“全选”按钮，单击确定按钮，此时系统弹出“图层移动”对话框，在目标图层或类别文本框中输入值 2，单击确定按钮；选择下拉菜单格式(R) → 图层设置(S)...命令，系统弹出“图层设置”对话框，在显示下拉列表中选择所有图层选项，在图层列表框中选择☑2选项，单击图层控制区域的设为不可见右边的按钮，单击关闭按钮，完成对象的隐藏。

Step10. 保存零件模型。选择下拉菜单文件(F) → 保存(S)命令，即可保存零件模型。

31.3 按 钮

本节介绍按钮的设计过程。通过练习本例，读者可以练习拔模特征、拉伸特征、圆角特征以及孔特征的运用。零件模型及相应的模型树如图 31.3.1 所示。

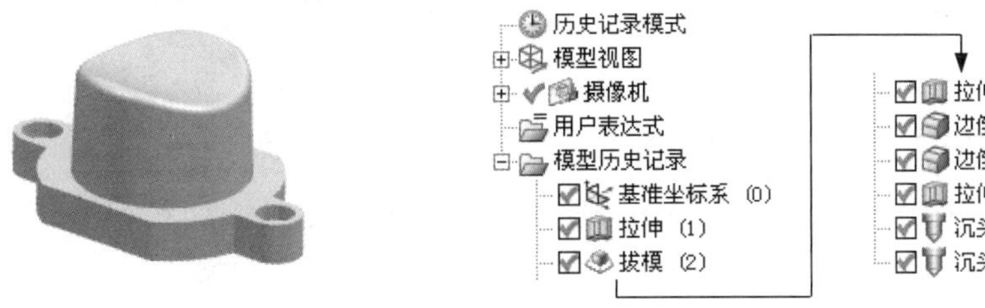

图 31.3.1 零件模型及模型树

Step1. 新建文件。选择下拉菜单文件(F) → 新建(N)...命令，系统弹出“新建”对话框。在模型选项卡的模板区域中选取模板类型为模型，在名称文本框中输入文件名称 button，单击确定按钮，进入建模环境。

Step2. 创建图 31.3.2 所示的拉伸特征 1。选择下拉菜单插入(S) → 设计特征(E) → 拉伸(E)...命令（或单击按钮），系统弹出“拉伸”对话框；单击“拉伸”对话框中的“绘制截面”按钮，系统弹出“创建草图”对话框。单击按钮，选取 XY 基准平面为草图平面，选中设置区域的☑创建中间基准 CSYS复选框，单击确定按钮，进入草图环境，绘制图 31.3.3 所示的截面草图，选择下拉菜单任务(K) → 完成草图(K)命令（或单击完成草图按钮），退出草图环境；在“拉伸”对话框限制区域的开始下拉列表中选择值选项，并在其下的距离文本框中输入值 0；在限制区域的结束下拉列表中选择值选项，并在其下的距离文本框中输入值 14；其他参数采用系统默认设置；单击<确定>按钮，完成拉伸特征 1 的创建。

图 31.3.2　拉伸特征 1

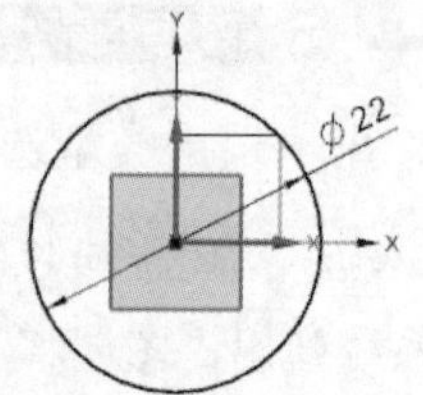

图 31.3.3　截面草图

Step3. 创建拔模特征。选择下拉菜单 插入(S) → 细节特征(L) ▸ → 拔模(T)... 命令（或单击按钮），系统弹出“拔模”对话框；在类型区域中选择 从平面或曲面 选项，在 指定矢量 下拉列表中选取 ZC 选项；选择图 31.3.4 所示的模型表面为固定平面，单击鼠标中键，选取图 31.3.5 所示的面为要拔模的面，在 角度 1 文本框中输入值 2；单击“拔模”对话框中的 < 确定 > 按钮，完成拔模特征的创建。

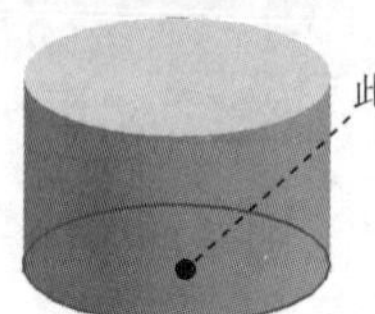

图 31.3.4　定义拔模固定平面

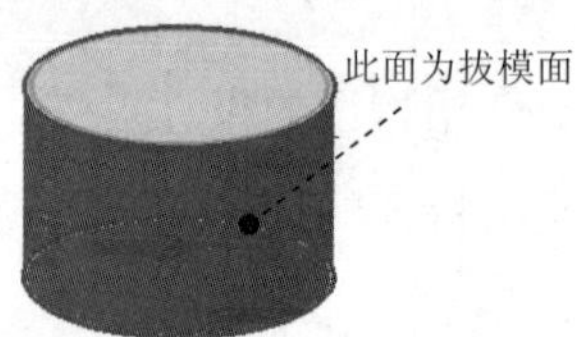

图 31.3.5　定义拔模面

Step4. 创建图 31.3.6 所示的拉伸特征 2。选择下拉菜单 插入(S) → 设计特征(E) ▸ → 拉伸(E)... 命令，选取 YZ 基准平面为草图平面，取消选中设置区域的 □ 创建中间基准 CSYS 复选框；绘制图 31.3.7 所示的截面草图；在“拉伸”对话框限制区域的开始下拉列表中选择贯通选项，在限制区域的结束下拉列表中选择贯通选项；在布尔区域中选择 求差 选项，采用系统默认的求差对象，单击 < 确定 > 按钮，完成拉伸特征 2 的创建。

图 31.3.6　拉伸特征 2

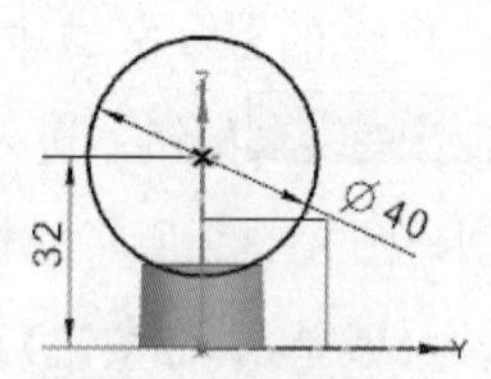

图 31.3.7　截面草图

Step5. 创建边倒圆特征 1。选择下拉菜单 插入(S) → 细节特征(L) ▸ → 边倒圆(E)... 命令（或单击按钮），系统弹出“边倒圆”对话框；在要倒圆的边区域中单击按钮，选取图 31.3.8 所示的两条边线为边倒圆参照，并在 半径 1 文本框中输入值 2；单击 < 确定 > 按钮，完成边倒圆特征 1 的创建。

Step6. 创建边倒圆特征 2。选取图 31.3.9 所示的边线为边倒圆参照，其圆角半径值为 1。

Step7. 创建图 31.3.10 所示的拉伸特征 3。选择下拉菜单 插入(S) → 设计特征(E) ▸ →

拉伸(E)...命令，选取 XY 基准平面为草图平面；绘制图 31.3.11 所示的截面草图；在“拉伸”对话框限制区域的开始下拉列表中选择值选项，并在其下的距离文本框中输入值 0；在限制区域的结束下拉列表中选择值选项，并在其下的距离文本框中输入值 5，在布尔区域的下拉列表中选择求和选项，采用系统默认的求和对象，单击< 确定 >按钮，完成拉伸特征 3 的创建。

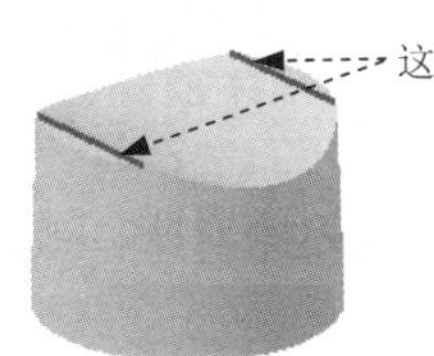

图 31.3.8　选取边倒圆参照

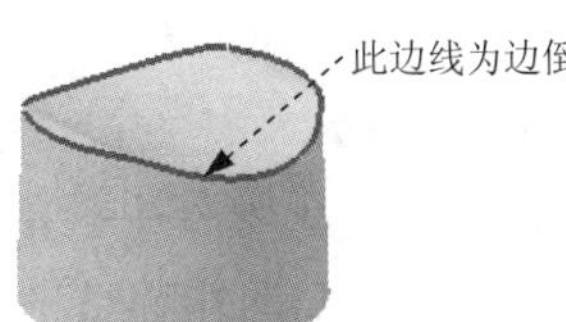

图 31.3.9　选取边倒圆参照

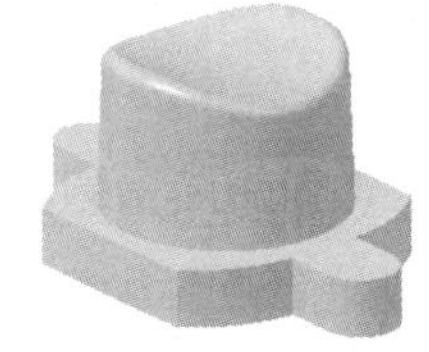

图 31.3.10　拉伸特征 3

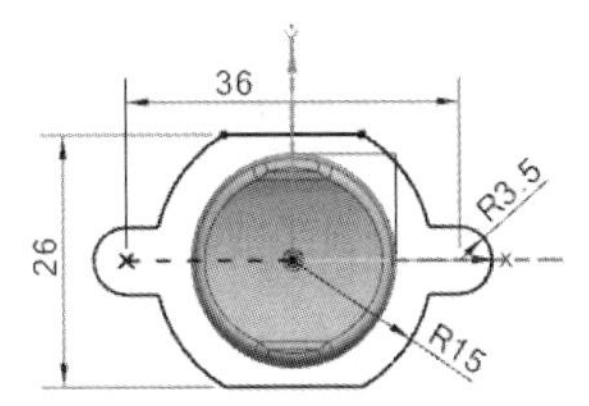

图 31.3.11　截面草图

Step8. 创建图 31.3.12 所示的孔特征 1。选择下拉菜单插入(S) → 设计特征(E) → 孔(H)...命令（或单击按钮），系统弹出“孔”对话框；在类型下拉列表中选择常规孔选项，单击*指定点 (0)右方的按钮，确认“选择条”工具条中的按钮被按下，选择图 31.3.13 所示的圆弧边线，完成孔中心点的指定；在成形下拉列表中选择沉头选项，在沉头直径文本框中输入值 5，在沉头深度文本框中输入值 2，在直径文本框中输入值 3，在深度限制下拉列表中选择贯通体选项，其余参数采用系统默认设置，单击< 确定 >按钮，完成孔特征 1 的创建。

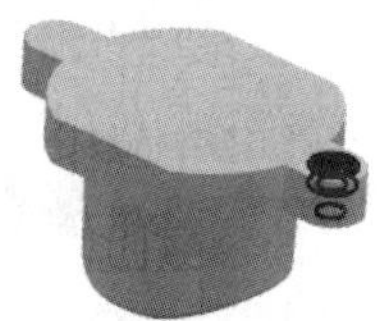

图 31.3.12　孔特征 1

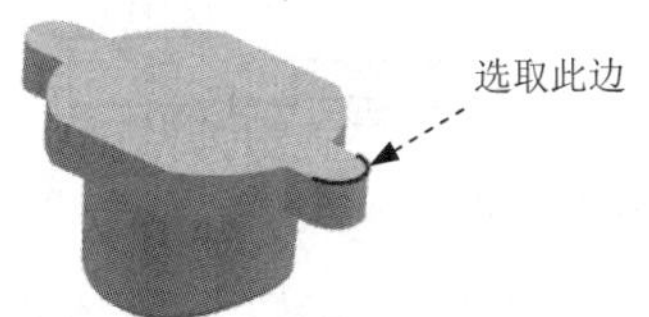

图 31.3.13　定义孔位置

Step9. 创建图 31.3.14 所示的孔特征 2。参照 Step8 的操作步骤，选取图 31.3.15 所示的圆弧边线，其余参数设置同孔特征 1，完成孔特征 2 的创建。

图 31.3.14　孔特征 2

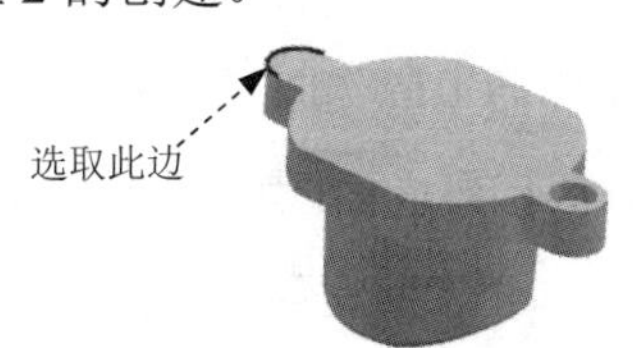

图 31.3.15　定义孔位置

Step10. 将对象移动至图层并隐藏。选择下拉菜单 编辑(E) → 显示和隐藏(H) → 全部显示(A) 命令，隐藏的所有对象将会处于显示状态；选择下拉菜单 格式(R) → 移动至图层(M)... 命令，系统弹出“类选择”对话框；在 过滤器 区域中单击按钮，系统弹出“根据类型选择”对话框；在此对话框中选择 基准 选项，单击对话框中的 确定 按钮，系统再次弹出“类选择”对话框；单击 全选 选项后的按钮，单击 确定 按钮，此时系统弹出“图层移动”对话框，在 目标图层或类别 文本框中输入值 2，单击 确定 按钮；选择下拉菜单 格式(R) → 图层设置(S)... 命令，弹出“图层设置”对话框，在 显示 下拉列表中选择 所有图层 选项，在 图层 列表框中选择 ☑2 选项，然后单击 设为不可见 右边的按钮，单击 关闭 按钮，完成对象的隐藏。

Step11. 保存零件模型。选择下拉菜单 文件(F) → 保存(S) 命令，即可保存零件模型。

31.4 灯 头

本节将介绍灯头的设计过程。通过练习本例，读者可以练习拉伸特征、边倒圆特征、倒斜角特征以及孔特征的运用。零件模型及相应的模型树如图 31.4.1 所示。

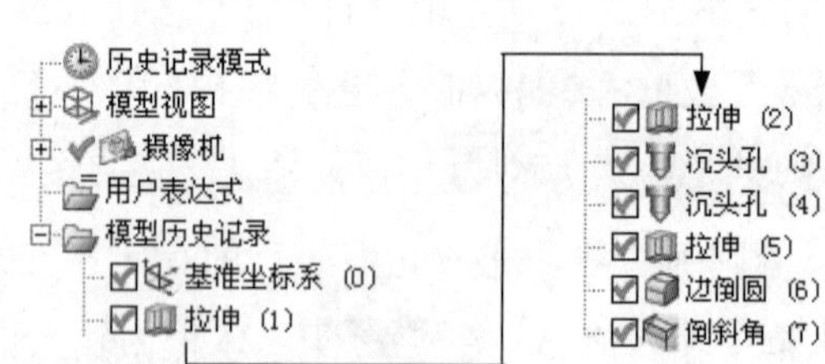

图 31.4.1 零件模型及模型树

Step1. 新建文件。选择下拉菜单 文件(F) → 新建(N)... 命令，系统弹出“新建”对话框。在 模型 选项卡的 模板 区域中选取模板类型为 模型，在 名称 文本框中输入文件名称 light_socket，单击 确定 按钮，进入建模环境。

Step2. 创建图 31.4.2 所示的拉伸特征 1。选择下拉菜单 插入(S) → 设计特征(E) → 拉伸(E)... 命令（或单击按钮），系统弹出“拉伸”对话框；单击“拉伸”对话框中的“绘制截面”按钮，系统弹出“创建草图”对话框。单击按钮，选取 XY 基准平面为草图平面，选中 设置 区域的 ☑ 创建中间基准 CSYS 复选框，单击 确定 按钮，进入草图环境，绘制图 31.4.3 所示的截面草图，选择下拉菜单 任务(K) → 完成草图(K) 命令（或单击 完成草图 按钮），退出草图环境；选取 ZC 轴作为拉伸方向，在“拉伸”对话框 限制 区域的 开始 下拉列表中选择 值 选项，并在其下的 距离 文本框中输入值 0；在 限制 区域的 结束 下拉列表中选择 值 选项，并在其下的 距离 文本框中输入值 22；其他参数采用系统默认设置；单击 < 确定 > 按钮，完成拉伸特征 1 的创建。

图 31.4.2　拉伸特征 1

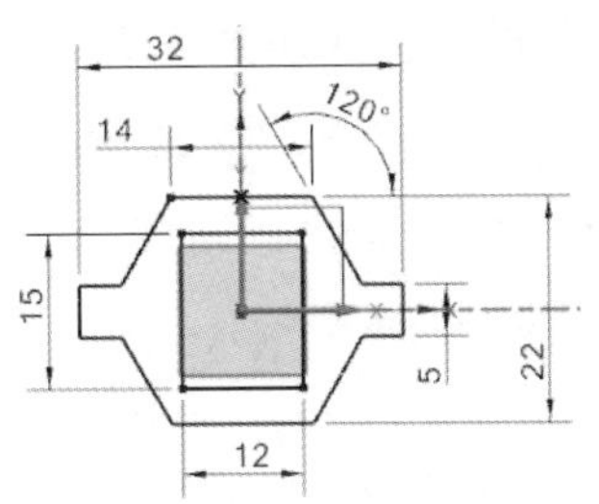

图 31.4.3　截面草图

Step3. 创建图 31.4.4 所示的拉伸特征 2。选择下拉菜单 插入(S) → 设计特征(E) → 拉伸(E)... 命令，选取 ZX 基准平面为草图平面，取消选中 设置 区域的 □ 创建中间基准 CSYS 复选框；绘制图 31.4.5 所示的截面草图；在“拉伸”对话框 限制 区域的 开始 下拉列表中选择 对称值 选项，并在其下的 距离 文本框中输入值 2.5；在 布尔 区域的下拉列表中选择 求和 选项，采用系统默认的求和对象，单击 < 确定 > 按钮，完成拉伸特征 2 的创建。

图 31.4.4　拉伸特征 2

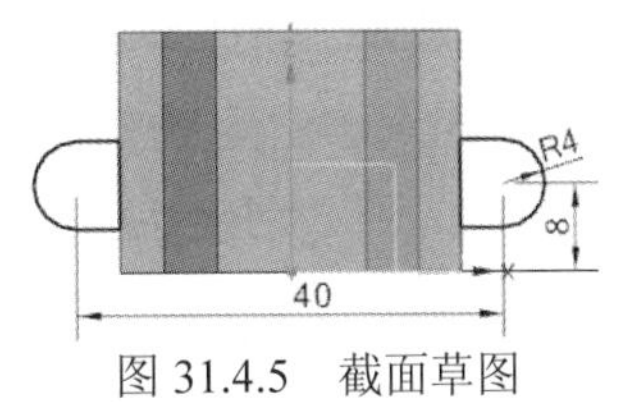

图 31.4.5　截面草图

Step4. 创建图 31.4.6 所示的孔特征 1。选择下拉菜单 插入(S) → 设计特征(E) → 孔(H)... 命令（或单击 按钮），系统弹出“孔”对话框；在 类型 下拉列表中选择 常规孔 选项；单击 * 指定点 (0) 右方的 按钮，确认“选择条”工具条中的 ⊙ 按钮被按下，选择图 31.4.7 所示的圆弧边线，完成孔中心点的指定；在 成形 下拉列表中选择 沉头 选项，在 沉头直径 文本框中输入值 5，在 沉头深度 文本框中输入值 3，在 直径 文本框中输入值 3，在 深度限制 下拉列表中选择 贯通体 选项，其余参数采用系统默认设置，单击 < 确定 > 按钮，完成孔特征 1 的创建。

图 31.4.6　孔特征 1

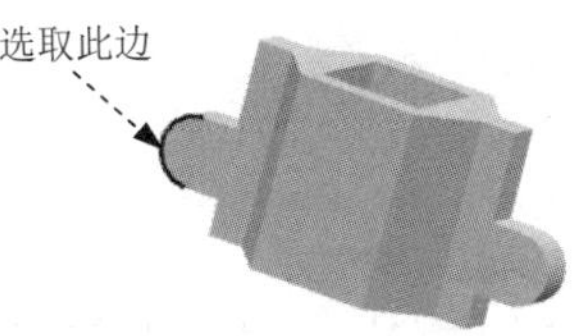

图 31.4.7　定义孔位置

Step5. 创建图 31.4.8 所示的孔特征 2。参照 Step4 的操作步骤，选取图 31.4.9 所示的圆弧边线，其余参数设置同孔特征 1，完成孔特征 2 的创建。

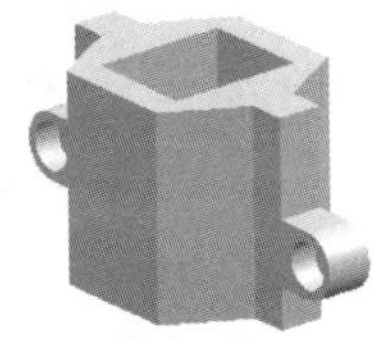

图 31.4.8　孔特征 2

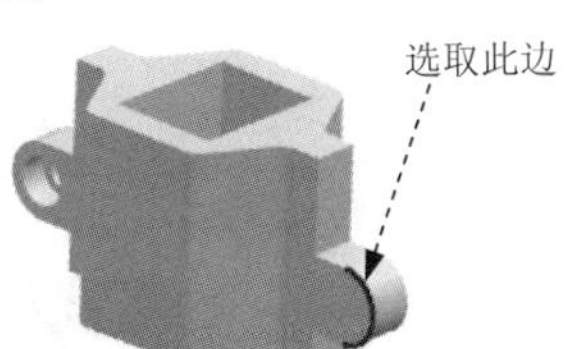

图 31.4.9　定义孔位置

Step6. 创建图 31.4.10 所示的拉伸特征 3。选择下拉菜单插入(S) → 设计特征(E) → 拉伸(E)...命令，选取图 31.4.11 所示的模型表面为草图平面；绘制图 31.4.12 所示的截面草图；选取 ZC 轴为拉伸方向，在“拉伸”对话框限制区域的开始下拉列表中选择值选项，并在其下的距离文本框中输入值 0；在限制区域的结束下拉列表中选择值选项，并在其下的距离文本框中输入值 15；在布尔区域的下拉列表中选择求差选项，采用系统默认的求差对象，单击< 确定 >按钮，完成拉伸特征 3 的创建。

图 31.4.10 拉伸特征 3

图 31.4.11 定义草图平面

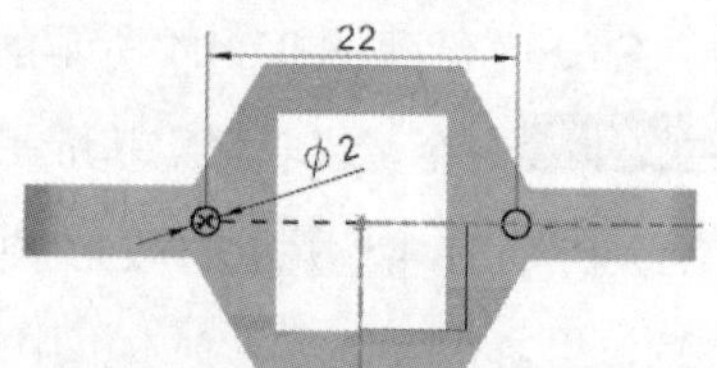

图 31.4.12 截面草图

Step7. 创建边倒圆特征。选择下拉菜单插入(S) → 细节特征(L) → 边倒圆(E)...命令（或单击按钮），系统弹出“边倒圆”对话框；在要倒圆的边区域中单击按钮，选取图 31.4.13 所示的 8 条边线为边倒圆参照，并在半径 1文本框中输入值 2；单击< 确定 >按钮，完成边倒圆特征的创建。

Step8. 创建倒斜角特征。选择下拉菜单插入(S) → 细节特征(L) → 倒斜角(C)...命令（或单击按钮），系统弹出“倒斜角”对话框；在边域中单击按钮，选取图 31.4.14 所示的边线为倒斜角参照，在偏置区域的横截面下拉列表框中选择对称选项；并在距离文本框中输入值 0.5；单击< 确定 >按钮，完成倒斜角特征的创建。

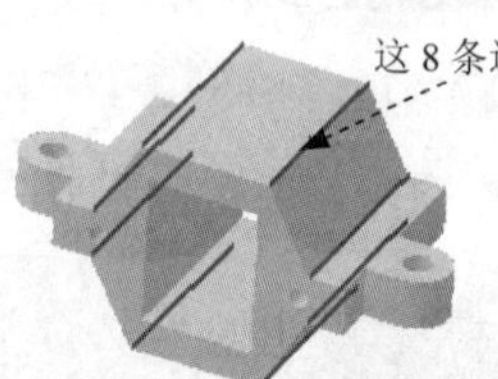

图 31.4.13 选取边倒圆参照

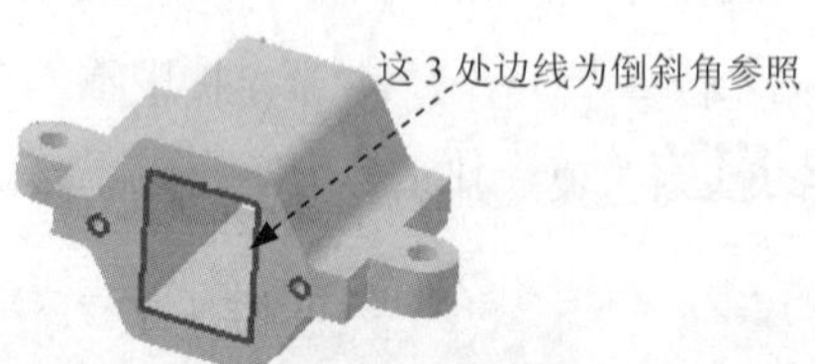

图 31.4.14 选取倒斜角参照

Step9. 将对象移动至图层并隐藏。选择下拉菜单编辑(E) → 显示和隐藏(H) → 全部显示(A)命令，隐藏的所有对象将会处于显示状态；选择下拉菜单格式(R) → 移动至图层(M)...命令，系统弹出“类选择”对话框；在过滤器区域中单击按钮，系统弹出“根据类型选择”对话框；在此对话框中选择基准选项，单击对话框中的确定按钮，系统再次弹出“类选择”对话框；单击全选选项后的按钮，单击确定按钮，此时系统弹出“图层移动”对话框，在目标图层或类别文本框中输入值 2，单击确定按钮；选择下拉菜单格式(R) → 图层设置(S)...命令，弹出“图层设置”对话框，在显示下拉列表中选择所有图层选项，在图层列表框中选择☑2选项，然后单击设为不可见右边的按钮，

单击 关闭 按钮，完成对象的隐藏。

Step10. 保存零件模型。选择下拉菜单 文件(F) → 保存(S) 命令，即可保存零件模型。

31.5 灯 管

本节将介绍灯管的设计过程。通过设计该零件，读者可以熟悉对拉伸特征、圆角特征和扫掠特征的运用。零件模型及相应的模型树如图31.5.1所示。

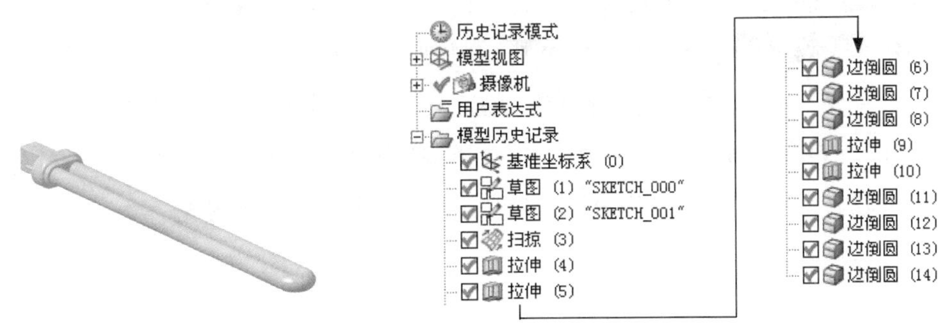

图31.5.1 零件模型及模型树

Step1. 新建文件。选择下拉菜单 文件(F) → 新建(N)... 命令，系统弹出“新建”对话框。在 模型 选项卡的 模板 区域中选取模板类型为 模型，在 名称 文本框中输入文件名称 light，单击 确定 按钮，进入建模环境。

Step2. 创建图31.5.2所示的草图1。选择下拉菜单 插入(S) → 在任务环境中绘制草图(V)... 命令，系统弹出“创建草图”对话框；选取XY基准平面为草图平面，选中 设置 区域的 ☑ 创建中间基准 CSYS 复选框，单击 确定 按钮；进入草图环境，绘制图31.5.2所示的草图1；选择下拉菜单 任务(K) → 完成草图(K) 命令（或单击 完成草图 按钮），退出草图环境。

Step3. 创建图31.5.3所示的草图2。选择下拉菜单 插入(S) → 在任务环境中绘制草图(V)... 命令，选取YZ基准平面为草图平面，取消选中 设置 区域的 ☐ 创建中间基准 CSYS 复选框，绘制图31.5.3所示的草图2。

说明：草图2中的圆心与Step2所创建的草图1的端点重合。

图31.5.2 草图1

图31.5.3 草图2

Step4. 创建图31.5.4所示的扫掠特征。选择下拉菜单 插入(S) → 扫掠(W) →

扫掠(S)…命令（或单击工具栏中的按钮），系统弹出“扫掠”对话框；在截面区域中单击按钮，在绘图区域中选取 Step3 所创建的草图 2，采用系统默认方向；在引导线（最多 3 根）区域中单击按钮，在绘图区域中选取 Step2 所创建的草图 1，采用系统默认方向；单击“扫掠”对话框中的< 确定 >按钮，完成扫掠特征的创建。

Step5. 创建图 31.5.5 所示的拉伸特征 1。选择下拉菜单插入(S) → 设计特征(E) → 拉伸(E)...命令（或单击按钮），系统弹出“拉伸”对话框；单击“拉伸”对话框中的“绘制截面”按钮，系统弹出“创建草图”对话框，单击按钮，选取 YZ 基准平面为草图平面，单击确定按钮，进入草图环境，绘制图 31.5.6 所示的截面草图，选择下拉菜单任务(K) → 完成草图(K)命令（或单击完成草图按钮），退出草图环境；选取-XC 方向为拉伸方向，在“拉伸”对话框限制区域的开始下拉列表中选择值选项，并在其下的距离文本框中输入值 0；在限制区域的结束下拉列表中选择值选项，并在其下的距离文本框中输入值 3，在布尔区域的下拉列表中选择求和选项，采用系统默认的求和对象；单击< 确定 >按钮，完成拉伸特征 1 的创建。

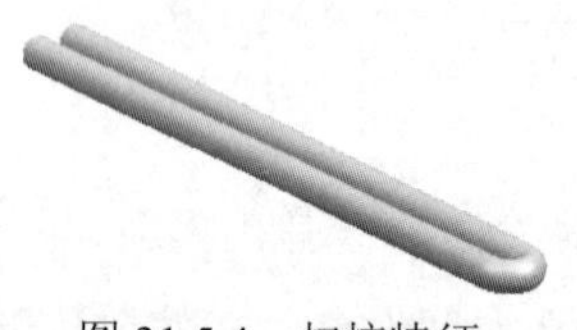
图 31.5.4　扫掠特征

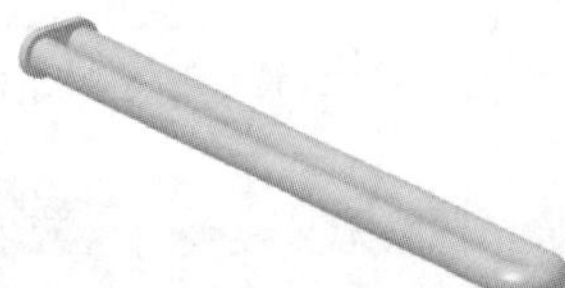
图 31.5.5　拉伸特征 1

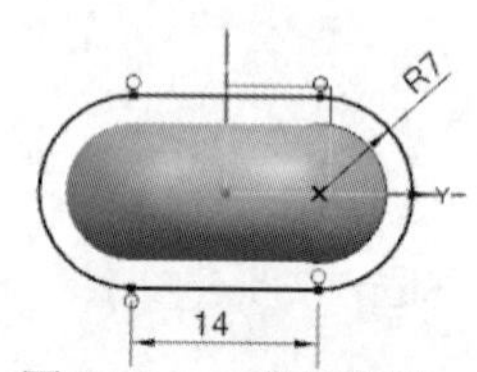

图 31.5.6　截面草图

Step6. 创建图 31.5.7 所示的拉伸特征 2。选择下拉菜单插入(S) → 设计特征(E) → 拉伸(E)...命令，选取图 31.5.8 所示的模型表面为草图平面，绘制图 31.5.9 所示的截面草图；在“拉伸”对话框限制区域的开始下拉列表中选择值选项，并在其下的距离文本框中输入值 0；在限制区域的结束下拉列表中选择值选项，并在其下的距离文本框中输入值 10，采用系统默认的拉伸方向；在布尔区域的下拉列表中选择求和选项，采用系统默认的求和对象，单击< 确定 >按钮，完成拉伸特征 2 的创建。

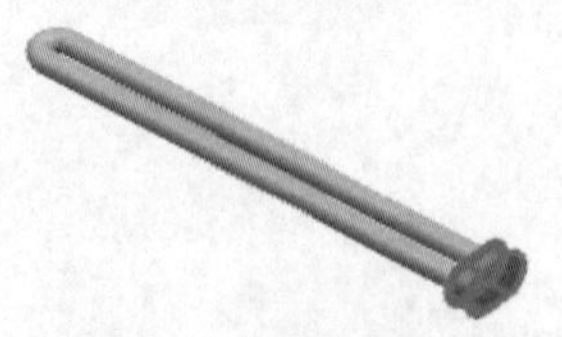
图 31.5.7　拉伸特征 2

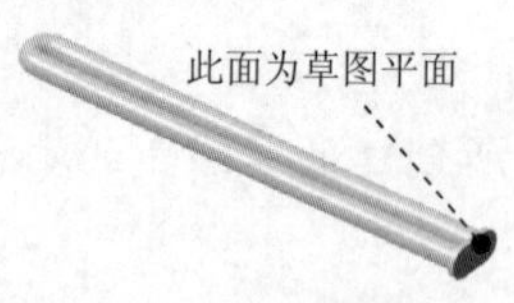

图 31.5.8　定义草图平面

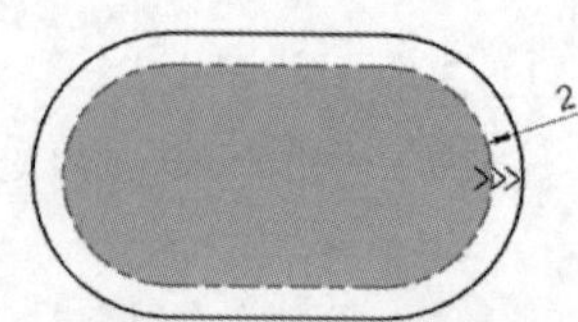

图 31.5.9　截面草图

Step7. 创建边倒圆特征 1。选择下拉菜单插入(S) → 细节特征(L) → 边倒圆(E)...命令（或单击按钮），系统弹出“边倒圆”对话框；在要倒圆的边区域中单击按钮，选取图 31.5.10 所示的边线为边倒圆参照，并在半径 1文本框中输入值 1；单击< 确定 >按钮，完成边倒圆特征 1 的创建。

Step8. 创建边倒圆特征 2。选取图 31.5.11 所示边线为边倒圆参照，其圆角半径值为 2。

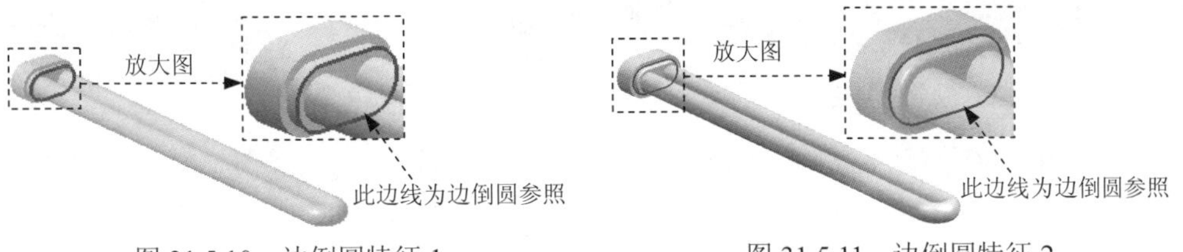

图 31.5.10 边倒圆特征 1

图 31.5.11 边倒圆特征 2

Step9. 创建边倒圆特征 3。选取图 31.5.12 所示边线为边倒圆参照，其圆角半径值为 1。

Step10. 创建图 31.5.13 所示的拉伸特征 3。选择下拉菜单 插入(S) → 设计特征(E) → 拉伸(E)... 命令，选取图 31.5.14 所示的模型表面为草图平面，绘制图 31.5.15 所示的截面草图；在“拉伸”对话框限制区域的开始下拉列表中选择值选项，并在其下的距离文本框中输入值 0；在限制区域的结束下拉列表中选择值选项，并在其下的距离文本框中输入值 22，采用系统默认的拉伸方向；在布尔区域的下拉列表中选择求和选项，采用系统默认的求和对象，单击 < 确定 > 按钮，完成拉伸特征 3 的创建。

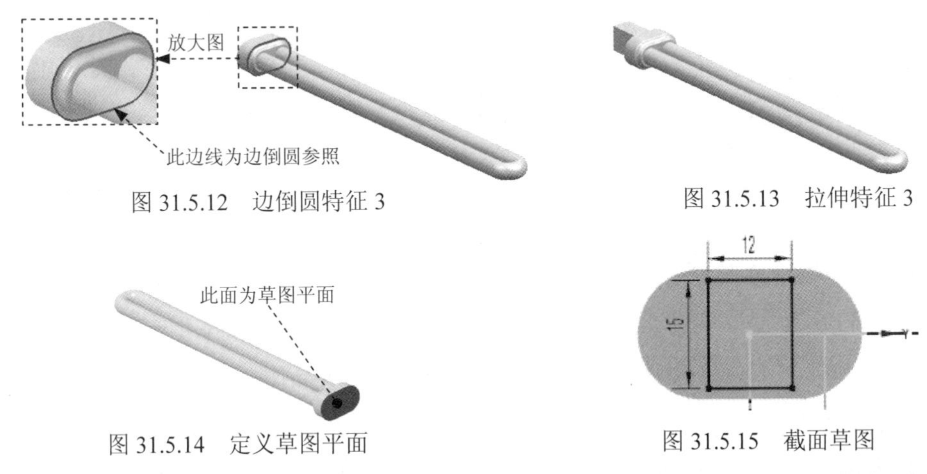

图 31.5.12 边倒圆特征 3

图 31.5.13 拉伸特征 3

图 31.5.14 定义草图平面

图 31.5.15 截面草图

Step11. 创建图 31.5.16 所示的拉伸特征 4。选择下拉菜单 插入(S) → 设计特征(E) → 拉伸(E)... 命令，选取图 31.5.17 所示的模型表面为草图平面，绘制图 31.5.18 所示的截面草图；在“拉伸”对话框限制区域的开始下拉列表中选择值选项，并在其下的距离文本框中输入值 0；在限制区域的结束下拉列表中选择值选项，并在其下的距离文本框中输入值 22，采用系统默认的拉伸方向；在布尔区域的下拉列表中选择求和选项，采用系统默认的求和对象，单击 < 确定 > 按钮，完成拉伸特征 4 的创建。

Step12. 创建边倒圆特征 4。选取图 31.5.19a 所示的两条边线为边倒圆参照，其圆角半径值为 0.8。

Step13. 创建边倒圆特征 5。选取图 31.5.19b 所示的 4 条边线为边倒圆参照，其圆角半径值为 1。

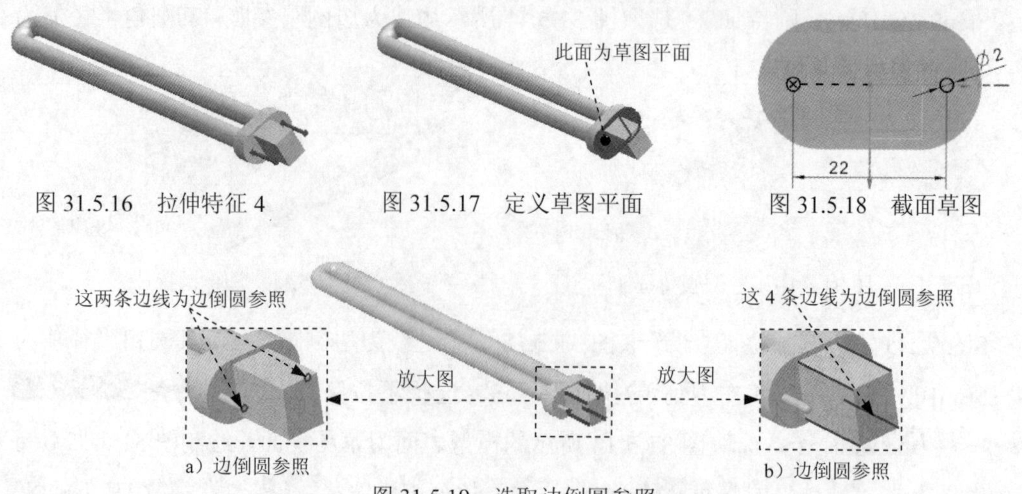

图 31.5.16　拉伸特征 4

图 31.5.17　定义草图平面

图 31.5.18　截面草图

a）边倒圆参照

b）边倒圆参照

图 31.5.19　选取边倒圆参照

Step14. 创建边倒圆特征 6。选取图 31.5.20a 所示的边线为边倒圆参照，其圆角半径值为 1。

Step15. 创建边倒圆特征 7。选取图 31.5.20b 所示的边线为边倒圆参照，其圆角半径值为 1。

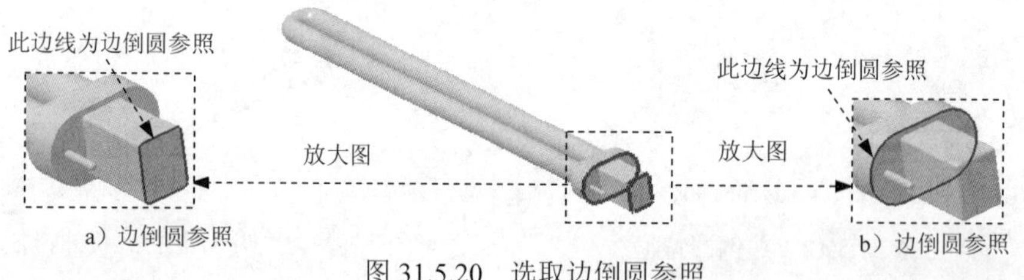

a）边倒圆参照

b）边倒圆参照

图 31.5.20　选取边倒圆参照

Step16. 将对象移动至图层并隐藏。选择下拉菜单 编辑(E) → 显示和隐藏(H) → 全部显示(A) 命令，隐藏的所有对象将会处于显示状态；选择下拉菜单 格式(R) → 移动至图层(M)... 命令，系统弹出“类选择”对话框；在 过滤器 区域中单击按钮，系统弹出“根据类型选择”对话框；在此对话框中选择 草图 和 基准 选项，单击对话框中的 确定 按钮，系统弹出“类选择”话框；单击 全选 选项后的按钮，单击 确定 按钮，此时系统弹出“图层移动”对话框，在 目标图层或类别 文本框中输入值 2，单击 确定 按钮；选择下拉菜单 格式(R) → 图层设置(S)... 命令，弹出“图层设置”对话框，在 显示 下拉列表中选择 所有图层 选项，在 图层 列表框中选择 ☑2 选项，然后单击 设为不可见 右边的按钮，单击 关闭 按钮，完成对象的隐藏。

Step17. 保存零件模型。选择下拉菜单 文件(F) → 保存(S) 命令，即可保存零件模型。

31.6　支　撑　管

本节将介绍支撑管的设计过程。通过设计该零件，读者可以进一步加深对拉伸特征和圆角特征的运用。零件模型及相应的模型树如图 31.6.1 所示。

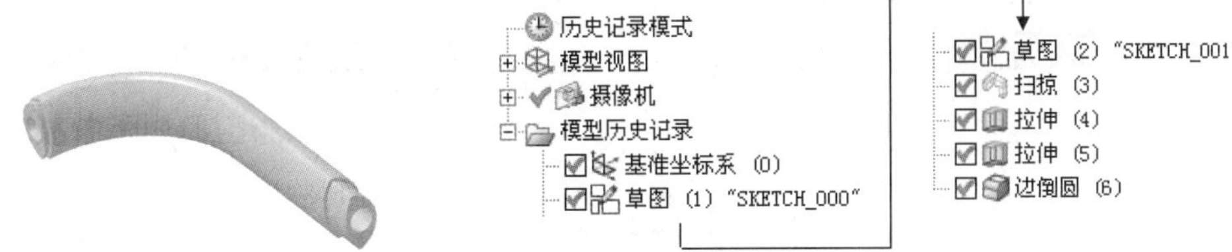

图 31.6.1 零件模型及模型树

Step1. 新建文件。选择下拉菜单文件(F) → 新建(N)...命令，系统弹出“新建”对话框。在模型选项卡的模板区域中选取模板类型为模型，在名称文本框中输入文件名称 brace_pipe，单击确定按钮，进入建模环境。

Step2. 创建图 31.6.2 所示的草图 1。选择下拉菜单插入(S) → 在任务环境中绘制草图(V)...命令，系统弹出“创建草图”对话框；选取 XY 基准平面为草图平面，选中设置区域的☑ 创建中间基准 CSYS 复选框，单击确定按钮；进入草图环境，绘制图 31.6.2 所示的草图 1；选择下拉菜单任务(K) → 完成草图(K)命令（或单击完成草图按钮），退出草图环境。

Step3. 创建图 31.6.3 所示的草图 2。选择下拉菜单插入(S) → 在任务环境中绘制草图(V)...命令，选取 YZ 基准平面为草图平面，取消选中设置区域的☐ 创建中间基准 CSYS 复选框，绘制图 31.6.3 所示的草图 2。

Step4. 创建图 31.6.4 所示的扫掠特征。选择下拉菜单插入(S) → 扫掠(W) → 沿引导线扫掠(G)...命令，系统弹出“沿引导线扫掠”对话框；在截面区域中单击按钮，选取 Step2 所创建的草图 1 为扫掠的截面线串，并单击中键确认；在引导线区域中单击按钮，选取 Step3 所创建的草图 2 为扫掠的引导线串；其他采用系统默认设置，单击< 确定 >按钮，完成扫掠特征的创建。

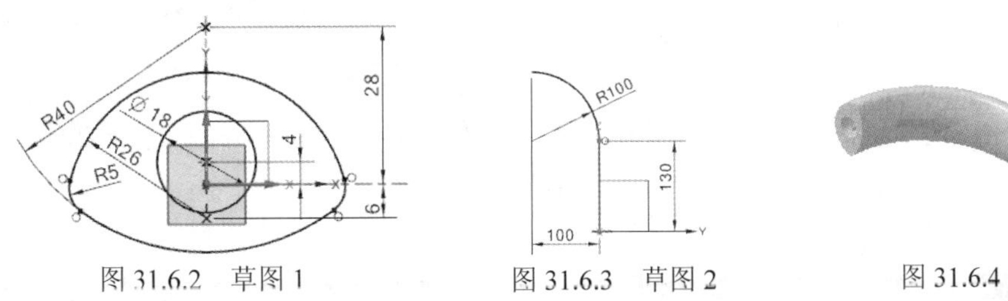

图 31.6.2 草图 1　　图 31.6.3 草图 2　　图 31.6.4 扫掠特征

Step5. 创建图 31.6.5 所示的拉伸特征 1。选择下拉菜单插入(S) → 设计特征(E) → 拉伸(E)...命令（或单击按钮），系统弹出“拉伸”对话框；单击“拉伸”对话框中的“绘制截面”按钮，系统弹出“创建草图”对话框。单击按钮，选取图 31.6.6 所示的模型表面为草图平面，单击确定按钮，进入草图环境，绘制图 31.6.7 所示的截面草图，选择下拉菜单任务(K) → 完成草图(K)命令（或单击完成草图按钮），退出草图环境；在“拉伸”

对话框限制区域的开始下拉列表中选择值选项，并在其下的距离文本框中输入值 0；在限制区域的结束下拉列表中选择值选项，并在其下的距离文本框中输入值 25；在布尔区域的下拉列表中选择求和选项，采用系统默认的求和对象；单击< 确定 >按钮，完成拉伸特征 1 的创建。

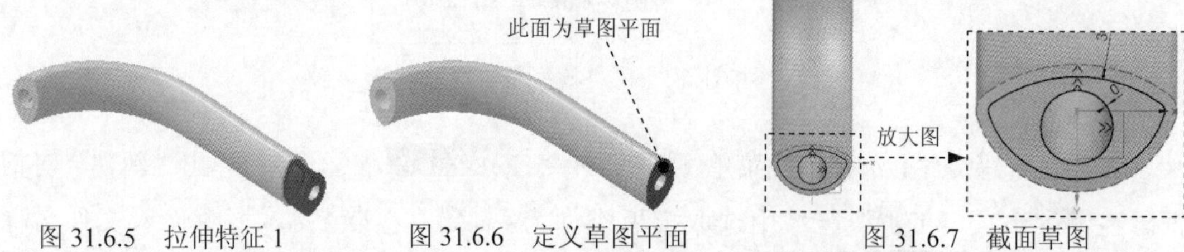

图 31.6.5　拉伸特征 1　　图 31.6.6　定义草图平面　　图 31.6.7　截面草图

Step6. 创建图 31.6.8 所示的拉伸特征 2。选择下拉菜单插入(S) ➡ 设计特征(E) ➡ 拉伸(E)...命令，选取图 31.6.9 所示的面为草图平面，绘制图 31.6.10 所示的截面草图；在“拉伸”对话框限制区域的开始下拉列表中选择值选项，并在其下的距离文本框中输入值 0；在限制区域的结束下拉列表中选择值选项，并在其下的距离文本框中输入值 5；在布尔区域的下拉列表中选择求和选项，采用系统默认的求和对象，单击< 确定 >按钮，完成拉伸特征 2 的创建。

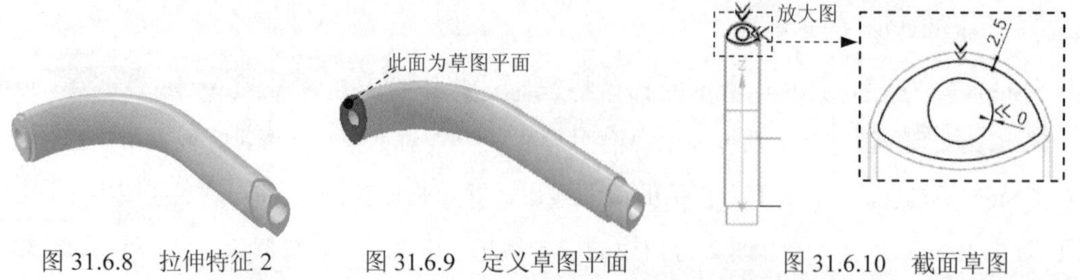

图 31.6.8　拉伸特征 2　　图 31.6.9　定义草图平面　　图 31.6.10　截面草图

Step7. 创建边倒圆特征。选择下拉菜单插入(S) ➡ 细节特征(L) ➡ 边倒圆(E)...命令（或单击按钮），系统弹出“边倒圆”对话框；在要倒圆的边区域中单击按钮，选择图 31.6.11 所示的边线为边倒圆参照，并在半径 1文本框中输入值 1；单击< 确定 >按钮，完成边倒圆特征的创建。

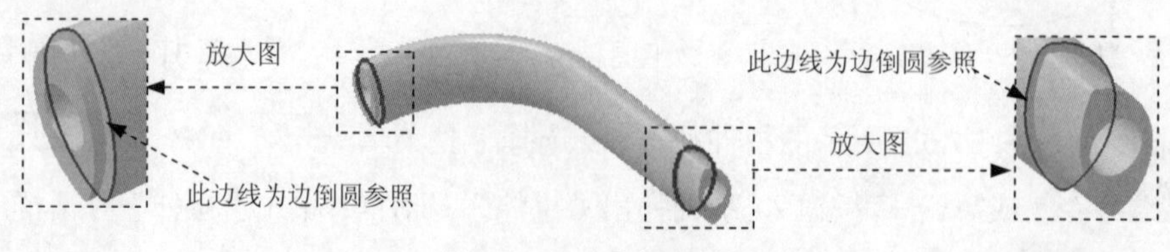

图 31.6.11　边倒圆特征

Step8. 将对象移动至图层并隐藏。选择下拉菜单编辑(E) ➡ 显示和隐藏(H) ➡ 全部显示(A)命令，隐藏的所有对象将会处于显示状态；选择下拉菜单格式(R) ➡

移动至图层(M)...命令，系统弹出“类选择”对话框；在过滤器区域中单击按钮，系统弹出“根据类型选择”对话框；在此对话框中选择草图和基准选项，单击对话框中的确定按钮，系统弹出“类选择”对话框；单击全选选项后的按钮，单击确定按钮，此时系统弹出“图层移动”对话框，在目标图层或类别文本框中输入值 2，单击确定按钮；选择下拉菜单格式(R) → 图层设置(S)...命令，弹出“图层设置”对话框，在显示下拉列表中选择所有图层选项，在图层列表框中选择☑2选项，然后单击设为不可见右边的按钮，单击关闭按钮，完成对象的隐藏。

Step9. 保存零件模型。选择下拉菜单文件(F) → 保存(S)命令，即可保存零件模型。

31.7 底座下盖

本节将介绍底座下盖的设计过程。读者通过该零件的设计，可以进一步掌握实体拉伸、抽壳、拔模、孔和阵列等命令的应用。零件模型及相应的模型树如图 31.7.1 所示。

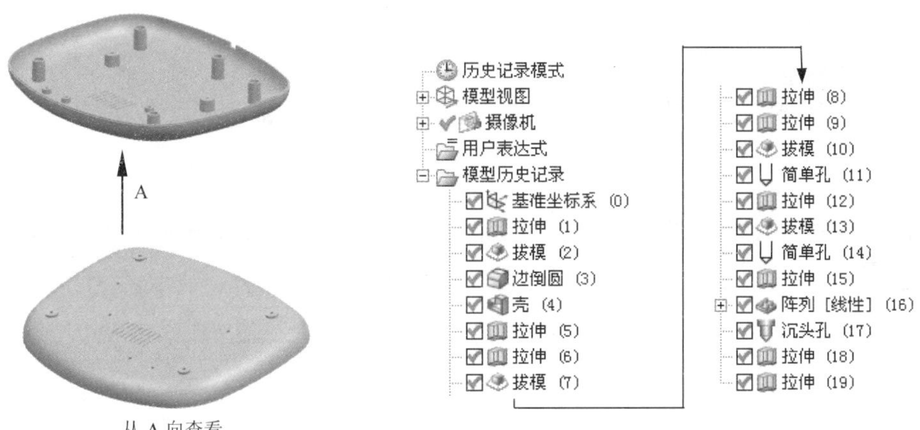

图 31.7.1　零件模型及模型树

Step1. 新建文件。选择下拉菜单文件(F) → 新建(N)...命令，系统弹出“新建”对话框。在模型选项卡的模板区域中选取模板类型为模型；在名称文本框中输入文件名称 base_down_cover；单击确定按钮，进入建模环境。

Step2. 创建图 31.7.2 所示的拉伸特征 1。选择下拉菜单插入(S) → 设计特征(E) → 拉伸(E)...命令（或单击按钮），系统弹出“拉伸”对话框；单击对话框中的“绘制截面”按钮，系统弹出“创建草图”对话框。单击按钮，选取 XY 基准平面为草图平面，选中设置区域的☑ 创建中间基准 CSYS 复选框，单击确定按钮，进入草图环境，绘制图 31.7.3 所示的截面草图，选择下拉菜单任务(K) → 完成草图(K)命令（或单击完成草图按钮），退出草图环境；单击< 确定 >按钮，完成拉伸特征 1 的创建（注：具体参数和操作参见随书光盘）。

图 31.7.2 拉伸特征 1

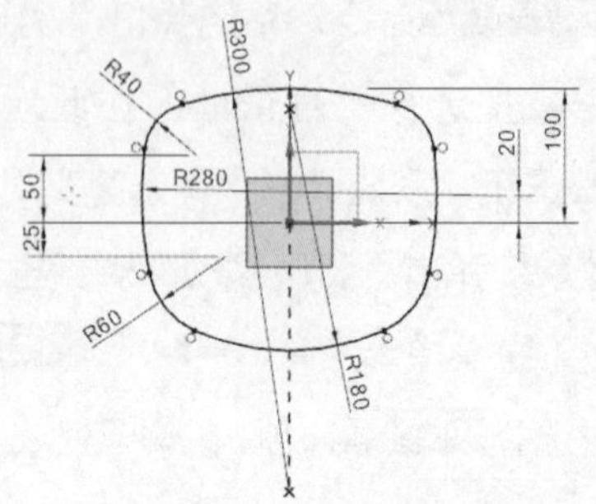

图 31.7.3 截面草图

Step3. 创建拔模特征 1。选择下拉菜单插入(S) ➡ 细节特征(L) ➡ 拔模(T)...命令，系统弹出"拔模"对话框；在类型区域中选择从平面或曲面选项；在脱模方向区域的指定矢量下拉列表中选取-ZC选项；选择图 31.7.4 所示的平面为固定平面，单击中键确认；选取图 31.7.5 所示的面为要拔模的面，在角度 1文本框中输入值 5；单击"拔模"对话框中的< 确定 >按钮，完成拔模特征 1 的创建。

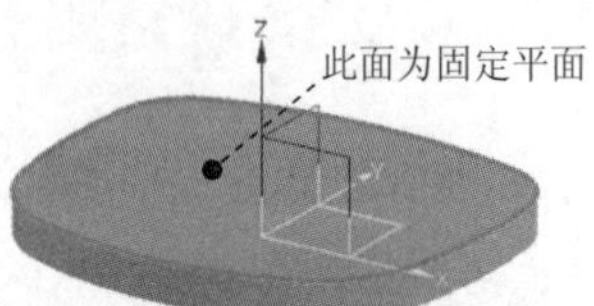

图 31.7.4 定义固定平面

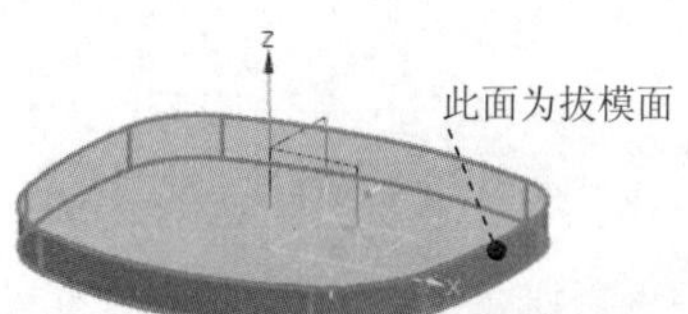

图 31.7.5 定义拔模面

Step4. 创建图 31.7.6b 所示的边倒圆特征。选择下拉菜单插入(S) ➡ 细节特征(L) ➡ 边倒圆(E)...命令（或单击按钮），系统弹出"边倒圆"对话框；选取图 31.7.6a 所示的边为边倒圆参照，并在半径 1文本框中输入值 18；单击< 确定 >按钮，完成边倒圆特征的创建。

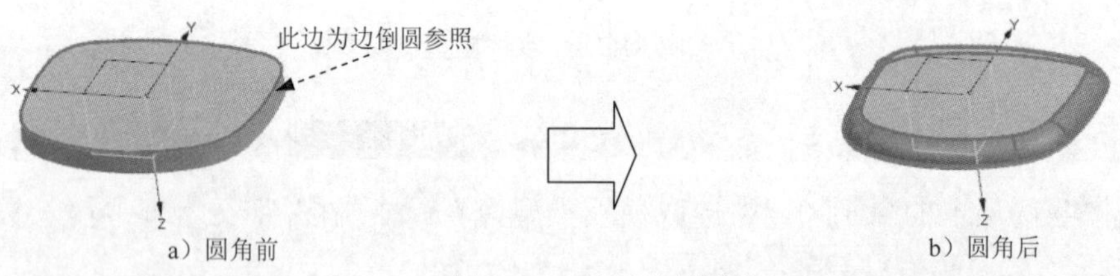

图 31.7.6 边倒圆特征

Step5. 创建图 31.7.7 的抽壳特征。选择下拉菜单插入(S) ➡ 偏置/缩放(O) ➡ 抽壳(H)... 命令（或单击按钮），系统弹出"抽壳"对话框；在"抽壳"对话框类型区域的下拉列表中选择移除面，然后抽壳选项；选择图 31.7.8 所示的面为移除面，在厚度文本框中输入值 2，且方向朝内，其他参数采用系统默认设置；单击< 确定 >按钮，完成抽壳特征的创建。

图 31.7.7 抽壳特征

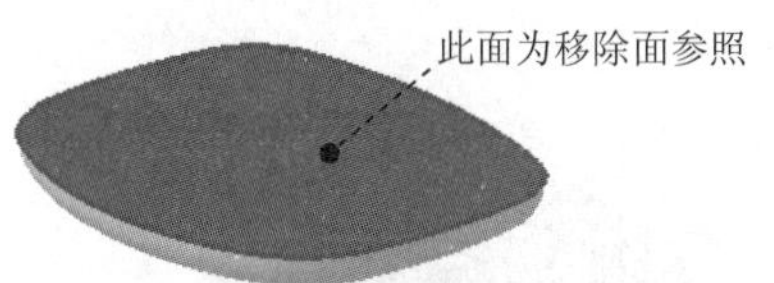

图 31.7.8 定义移除面

Step6. 创建图 31.7.9 所示的拉伸特征 2。选择下拉菜单 插入(S) → 设计特征(E) → 拉伸(E)... 命令，选取 XY 基准平面为草图平面，取消选中 设置 区域的 □ 创建中间基准 CSYS 复选框，进入草绘环境；绘制图 31.7.10 所示的截面草图；在“拉伸”对话框 限制 区域的 开始 下拉列表中选择 值 选项，并在其下的 距离 文本框中输入值-2；在 限制 区域的 结束 下拉列表中选择 值 选项，并在其下的 距离 文本框中输入值 20；采用系统默认的拉伸方向；在 布尔 区域的下拉列表中选择 求和 选项，采用系统默认的求和对象；其他参数采用系统默认设置；单击 < 确定 > 按钮，完成拉伸特征 2 的创建。

图 31.7.9 拉伸特征 2

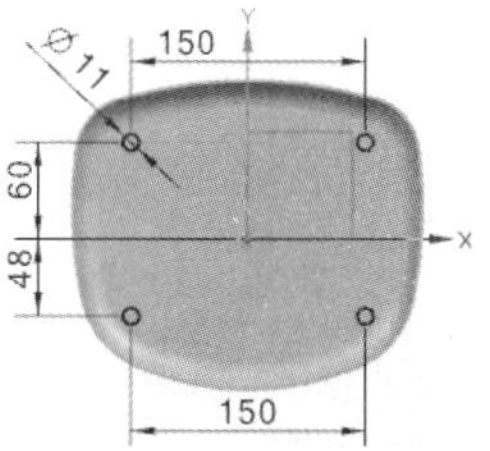

图 31.7.10 截面草图

Step7. 创建图 31.7.11 所示的拉伸特征 3。选择下拉菜单 插入(S) → 设计特征(E) → 拉伸(E)... 命令，选取 XY 基准平面为草图平面，绘制图 31.7.12 所示的截面草图；在“拉伸”对话框 限制 区域的 开始 下拉列表中选择 值 选项，并在其下的 距离 文本框中输入值 0；在 限制 区域的 结束 下拉列表中选择 值 选项，并在其下的 距离 文本框中输入值 21；采用系统默认的拉伸方向；在 布尔 区域的下拉列表中选择 求和 选项，采用系统默认的求和对象；其他参数采用系统默认设置；单击对话框中的 < 确定 > 按钮，完成拉伸特征 3 的创建。

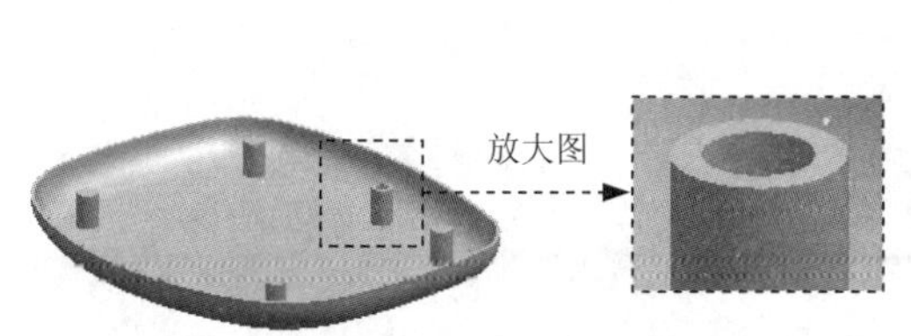

图 31.7.11 拉伸特征 3

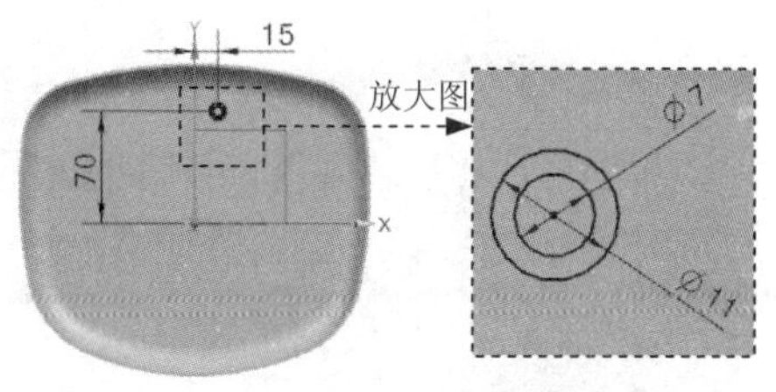

图 31.7.12 截面草图

Step8. 创建拔模特征 2。选择下拉菜单 插入(S) → 细节特征(L) → 拔模(T)... 命令；在 脱模方向 区域的 * 指定矢量 下拉列表中选择 ZC↑ 选项；选取图 31.7.13 所示的面为固定平面；选取图 31.7.14 所示的面为拔模面；在 角度 1 文本框中输入值 1；其他参数采用系统默认设置；单击 < 确定 > 按钮，完成拔模特征 2 的创建。

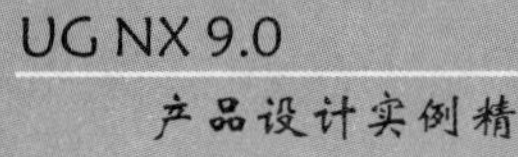

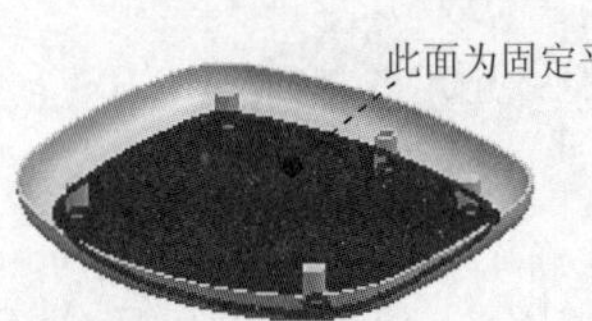

图 31.7.13　定义固定平面

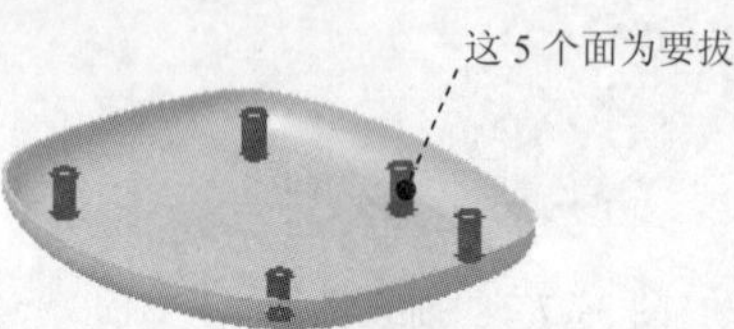

图 31.7.14　定义拔模面

Step9. 创建图 31.7.15 所示的拉伸特征 4。选择下拉菜单 插入(S) → 设计特征(E) → 拉伸(E)... 命令，选取图 31.7.16 所示的模型表面为草图平面，绘制图 31.7.17 所示的截面草图；在“拉伸”对话框 限制 区域的 开始 下拉列表中选择 值 选项，并在其下的 距离 文本框中输入值 0；在 限制 区域的 结束 下拉列表中选择 值 选项，并在其下的 距离 文本框中输入值 2，在 方向 区域中单击 按钮；在 布尔 区域的下拉列表中选择 求差 选项，采用系统默认的求差对象；其他参数采用系统默认设置；单击对话框中的 < 确定 > 按钮，完成拉伸特征 4 的创建。

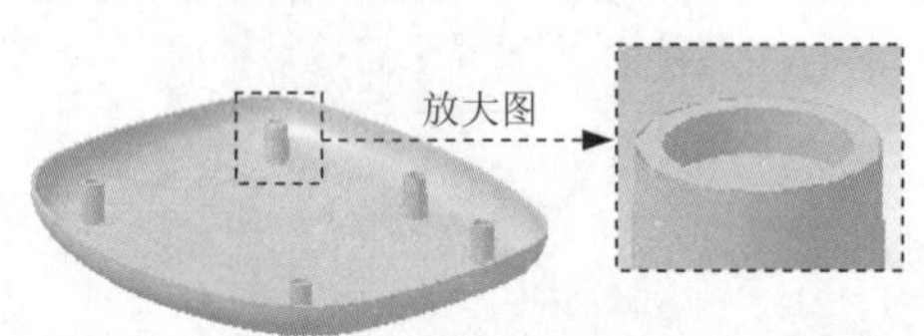

图 31.7.15　拉伸特征 4

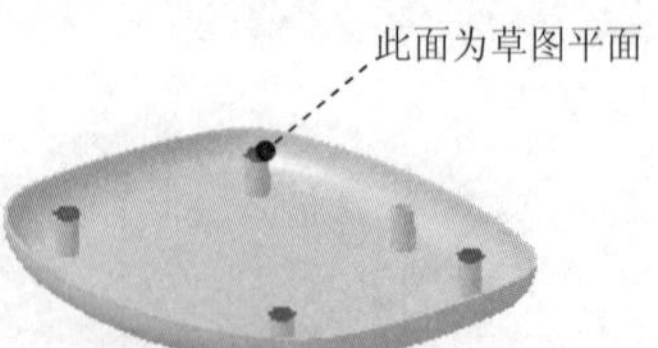

图 31.7.16　定义草图平面

Step10. 创建图 31.7.18 所示的拉伸特征 5。选择下拉菜单 插入(S) → 设计特征(E) → 拉伸(E)... 命令，选取 XY 基准平面为草图平面，绘制图 31.7.19 所示的截面草图；在“拉伸”对话框 限制 区域的 开始 下拉列表中选择 值 选项，并在其下的 距离 文本框中输入值 0；在 限制 区域的 结束 下拉列表中选择 值 选项，并在其下的 距离 文本框中输入值 12，采用系统默认的拉伸方向；在 布尔 区域的下拉列表中选择 求和 选项，采用系统默认的求和对象；其他参数采用系统默认设置；单击对话框中的 < 确定 > 按钮，完成拉伸特征 5 的创建。

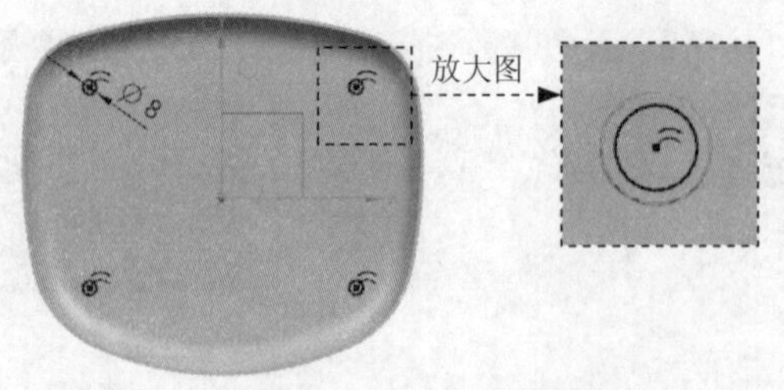

图 31.7.17　截面草图

图 31.7.18　拉伸特征 5

Step11. 创建拔模特征 3。选择下拉菜单 插入(S) → 细节特征(L) → 拔模(T)... 命令；在 脱模方向 区域的 指定矢量 下拉列表中选择 ZC 选项；选取图 31.7.20 所示的面为固定平面；选取图 31.7.21 所示的面为拔模面；在 角度 1 文本框中输入值 5；其他参数采用系统默认设置；单击< 确定 >按钮，完成拔模特征 3 的创建。

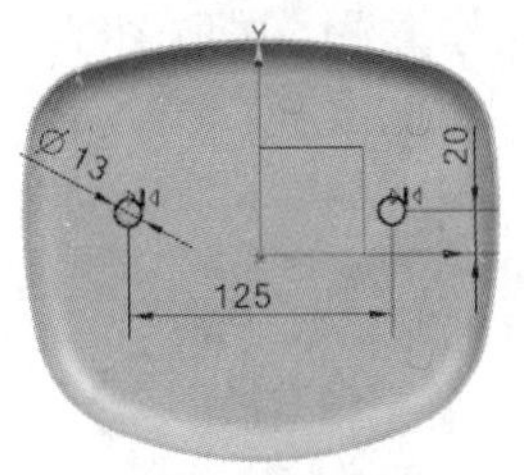

图 31.7.19 截面草图

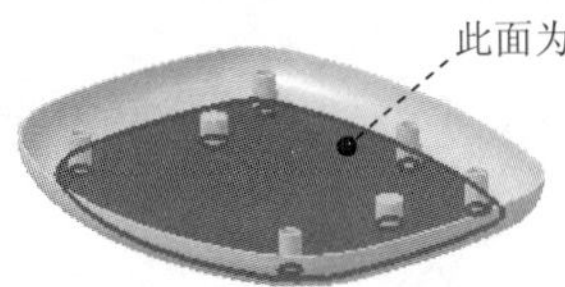

图 31.7.20 定义固定平面

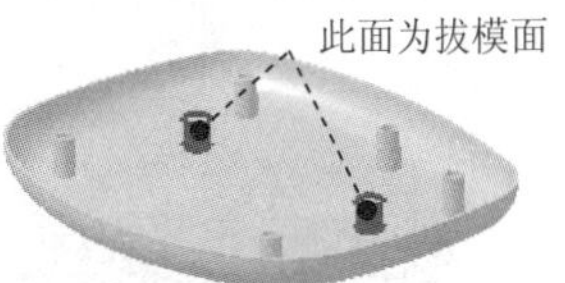

图 31.7.21 定义拔模面

Step12. 创建图 31.7.22 所示的简单孔特征 1。选择下拉菜单插入(S) → 设计特征(E) → 孔(H)...命令（或在“成形特征”工具条中单击按钮），系统弹出“孔”对话框；在类型下拉列表中选择常规孔选项；单击* 指定点 (0)右方的按钮，确认“选择条”工具条中的按钮被按下，选择图 31.7.23 所示的两条圆弧边线，完成孔中心点的指定；在成形下拉列表中选择简单选项，在直径文本框中输入值 3，在深度限制下拉列表中选择贯通体选项，其余参数采用系统默认设置，单击< 确定 >按钮，完成简单孔特征 1 的创建。

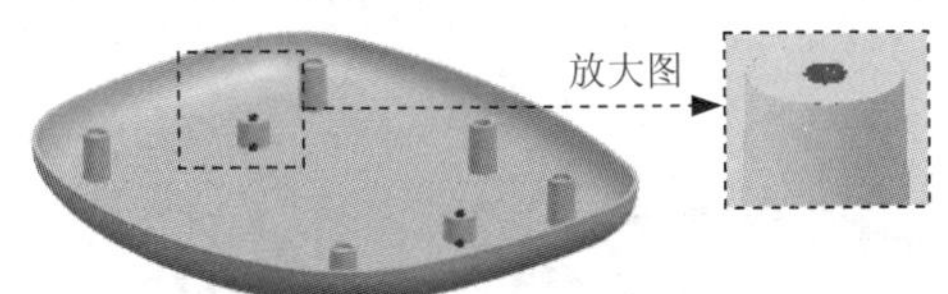

图 31.7.22 简单孔特征 1

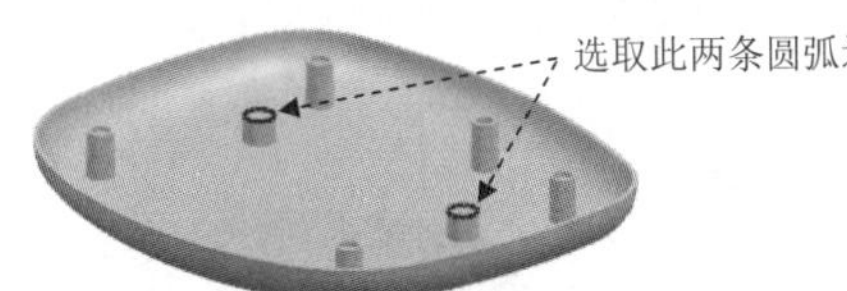

图 31.7.23 定义孔位置

Step13. 创建图 31.7.24 所示的拉伸特征 6。选择下拉菜单插入(S) → 设计特征(E) → 拉伸(E)...命令，选取 XY 基准平面为草图平面，绘制图 31.7.25 所示的截面草图；在“拉伸”对话框限制区域的开始下拉列表中选择值选项，并在其下的距离文本框中输入值 0；在限制区域的结束下拉列表中选择值选项，并在其下的距离文本框中输入值 6，采用系统默认的拉伸方向；在布尔区域的下拉列表中选择求和选项，采用系统默认的求和对象；其他参数采用系统默认设置；单击对话框中的< 确定 >按钮，完成拉伸特征 6 的创建。

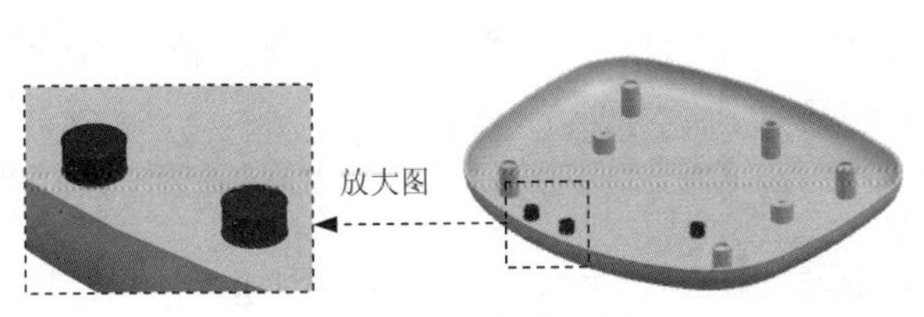

图 31.7.24 拉伸特征 6

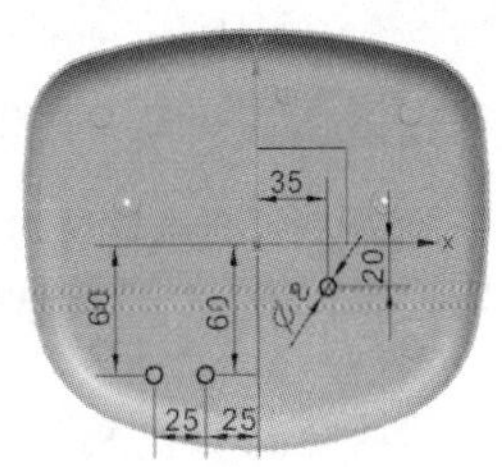

图 31.7.25 截面草图

Step14. 创建拔模特征 4。选择下拉菜单插入(S) → 细节特征(L) → 拔模(T)...命令；在* 指定矢量下拉列表中选择ZC选项；选取图 31.7.26 所示的面为固定平面；选取 Step13 创建的拉伸特征 6 的圆柱侧面为拔模面；在角度 1文本框中输入值 1；其他参数采用系统默认设置；单击 < 确定 > 按钮，完成拔模特征 4 的创建。

Step15. 创建图 31.7.27 所示的简单孔特征 2。参照 Step12 的操作方法，选取图 31.7.27 所示的圆弧边作为定位点，创建相同参数的简单孔。

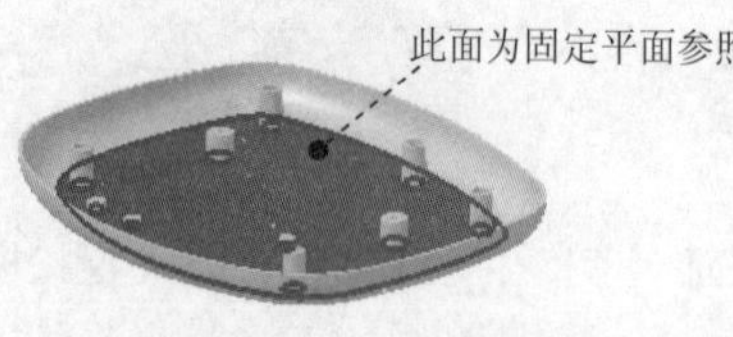

图 31.7.26 定义固定平面

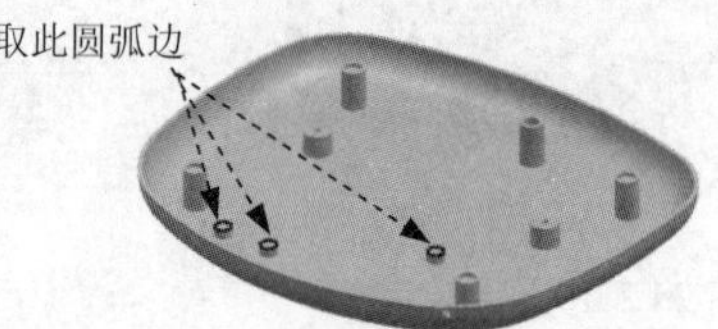

图 31.7.27 定义孔位置

Step16. 创建图 31.7.28 所示的拉伸特征 7。选择下拉菜单 插入(S) → 设计特征(E) → 拉伸(E)... 命令，选取 XY 基准平面为草图平面，绘制图 31.7.29 所示的截面草图；在“拉伸”对话框 限制 区域的 开始 下拉列表中选择 值 选项，并在其下的 距离 文本框中输入值 0；在 限制 区域的 结束 下拉列表中选择 值 选项，并在其下的 距离 文本框中输入值 6；采用系统默认的拉伸方向；在 布尔 区域的下拉列表中选择 求差 选项，采用系统默认的求差对象；其他参数采用系统默认设置；单击对话框中的 < 确定 > 按钮，完成拉伸特征 7 的创建。

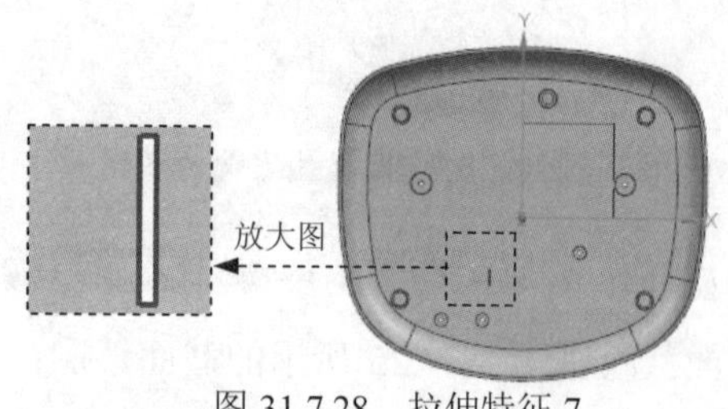

图 31.7.28 拉伸特征 7

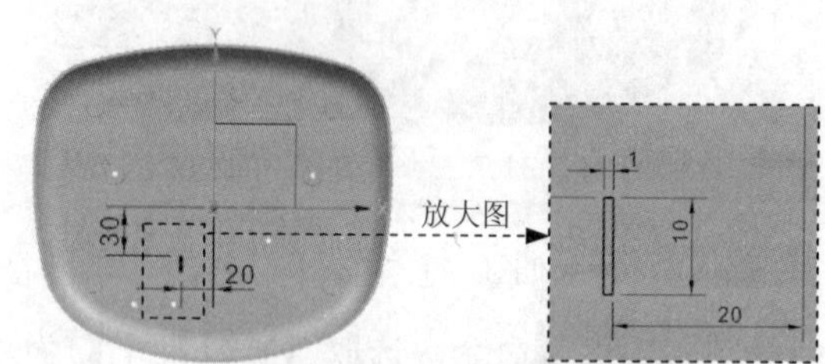

图 31.7.29 截面草图

Step17. 创建图 31.7.30 所示的阵列特征。选择下拉菜单 插入(S) → 关联复制(A) → 阵列特征(A)... 命令（或单击 按钮），系统弹出“阵列特征”对话框；在绘图区选取 Step10 所创建的拉伸特征 5；在“阵列特征”对话框 阵列定义 区域的 布局 下拉列表中选择 线性 选项；在 方向 1 区域中激活 * 指定矢量，选取 XC 基准轴定义方向 1；在 方向 1 区域的 间距 下拉列表中选择 数量和节距 选项，在 数量 文本框中输入值 11，在 节距 文本框中输入值 4；在 方向 2 区域中选中 ☑ 使用方向 2 复选项，激活 * 指定矢量 后选取 YC 基准轴定义方向 2；在 方向 2 区域的 间距 下拉列表中选择 数量和节距 选项，在 数量 文本框中输入值 2，在 节距 文本框中输入值 12；单击“阵列特征”对话框中的 确定 按钮，完成阵列特征的创建。

Step18. 创建图 31.7.31 所示的沉头孔特征。选择下拉菜单 插入(S) → 设计特征(E) → 孔(H)... 命令（或在工具条中单击 按钮），系统弹出“孔”对话框；在 类型 下拉列表中选择 常规孔 选项；单击 * 指定点 (0) 右方的 按钮，确认“选择条”工具条中的 按钮被按下，选择图 31.7.32 所示的 4 条圆弧边线，完成孔中心点的指定；在 成形 下拉列表中

选择 沉头 选项，在 沉头直径 文本框中输入值 6，在 沉头深度 文本框中输入值 17，在 直径 文本框中输入值 3，在 深度限制 下拉列表中选择 贯通体 选项，其余参数采用系统默认设置，单击 确定 按钮，完成沉头孔特征 1 的创建。

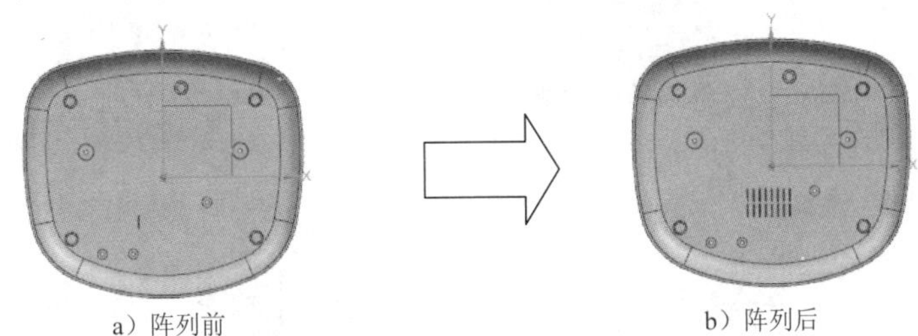

图 31.7.30 阵列特征

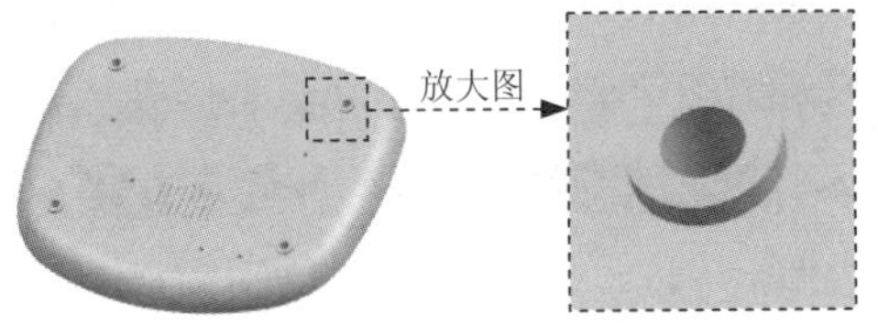

图 31.7.31 沉头孔特征

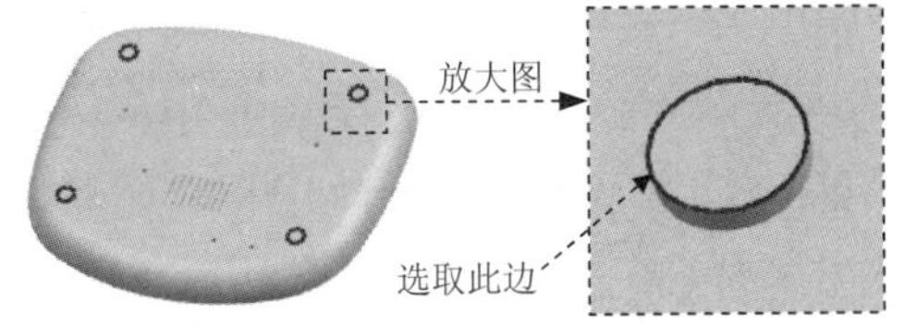

图 31.7.32 定义孔位置

Step19. 创建图 31.7.33 所示的拉伸特征 8。选择下拉菜单 插入(S) → 设计特征(E) → 拉伸(E)... 命令，选取图 31.7.34 所示的面为草图平面，绘制图 31.7.35 所示的截面草图；在“拉伸”对话框 限制 区域的 开始 下拉列表中选择 值 选项，并在其下的 距离 文本框中输入值 0；在 限制 区域的 结束 下拉列表中选择 值 选项，并在其下的 距离 文本框中输入值 1；在 方向 区域中单击 按钮；在 布尔 区域的下拉列表中选择 求差 选项，采用系统默认的求差对象；其他参数采用系统默认设置；单击对话框中的 < 确定 > 按钮，完成拉伸特征 8 的创建。

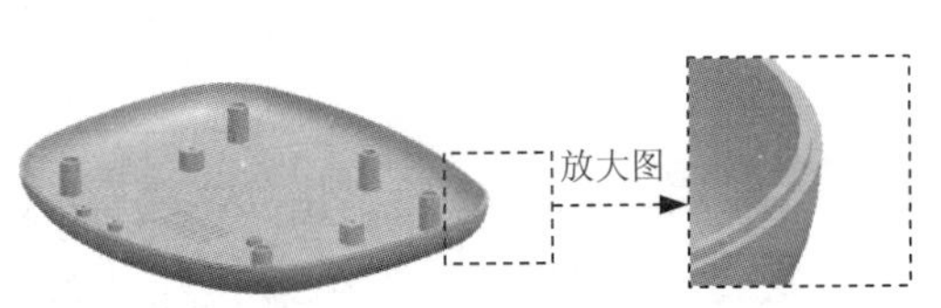

图 31.7.33 拉伸特征 8

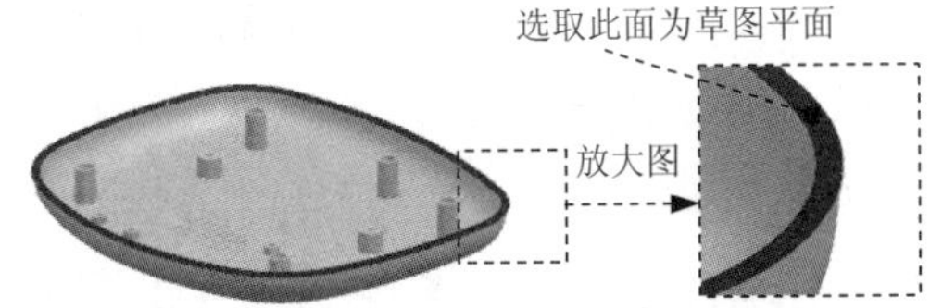

图 31.7.34 定义草图平面

Step20. 创建图 31.7.36 所示的拉伸特征 9。选择下拉菜单 插入(S) → 设计特征(E) → 拉伸(E)... 命令，选取 ZX 基准平面为草图平面，绘制图 31.7.37 所示的截面草图；选取 YC 方向为拉伸方向，在“拉伸”对话框 限制 区域的 开始 下拉列表中选择 值 选项，并在其下的 距离 文本框中输入值 0；在 限制 区域的 结束 下拉列表中选择 值 选项，并在其下的 距离 文本框中输入值 122；在 布尔 区域的下拉列表中选择 求差 选项，采用系统默认的求差对象；其他参数采用系统默认设置；单击对话框中的 < 确定 > 按钮，完成拉伸特征 9 的创建。

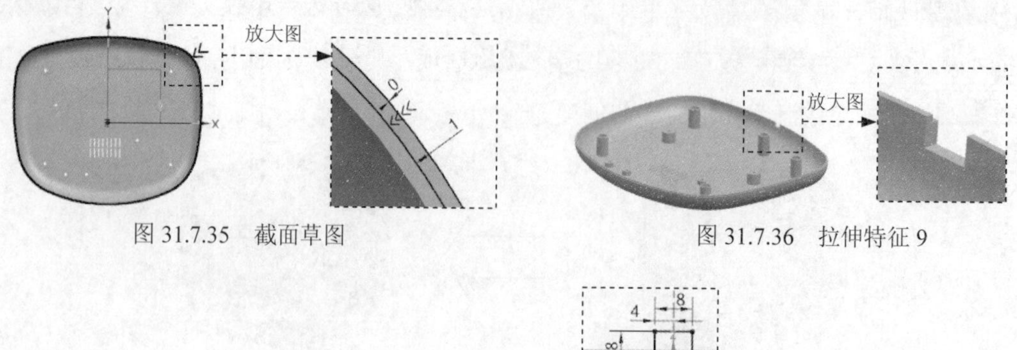

图 31.7.35　截面草图　　　　图 31.7.36　拉伸特征 9

图 31.7.37　截面草图

Step21. 设置隐藏。选择下拉菜单 编辑(E) ➡ 显示和隐藏(H) ➡ 隐藏(H)... 命令（或单击按钮），系统弹出“类选择”对话框；单击“类选择”对话框中的按钮，系统弹出“根据类型选择”对话框，选择对话框列表中的 草图 和 基准 选项，单击 确定 按钮。系统返回到“类选择”对话框，单击对话框中的按钮；单击对话框中的 确定 按钮，完成对设置对象的隐藏。

Step22. 保存零件模型。选择下拉菜单 文件(F) ➡ 保存(S) 命令，即可保存零件模型。

31.8　底 座 上 盖

本节将介绍底座上盖的设计过程。在该零件设计过程中运用了拉伸特征、片体的修剪特征、缝合特征、拔模特征、孔特征、加厚片体特征和扫掠特征等。零件模型及相应的模型树如图 31.8.1 所示。

Step1. 新建文件。选择下拉菜单 文件(F) ➡ 新建(N)... 命令，系统弹出“新建”对话框。在 模型 选项卡的 模板 区域中选取模板类型为 模型，在 名称 文本框中输入文件名称 base_top_cover，单击 确定 按钮，进入建模环境。

Step2. 创建图 31.8.2 所示的拉伸特征 1。选择下拉菜单 插入(S) ➡ 设计特征(E) ➡ 拉伸(E)... 命令（或单击按钮），系统弹出“拉伸”对话框；单击“拉伸”对话框中的“绘制截面”按钮，系统弹出“创建草图”对话框。单击按钮，选取 XY 基准平面为草图平面，选中 设置 区域的 ☑ 创建中间基准 CSYS 复选框，单击 确定 按钮，进入草图环境，绘制图 31.8.3 所示的截面草图；选择下拉菜单 任务(K) ➡ 完成草图(K) 命令（或单击 完成草图 按钮），退出草图环境；在“拉伸”对话框 限制 区域的 开始 下拉列表中选择 值 选项，并在其下的距离文本框中输入值 0；在限制区域的结束下拉列表中选择值选项，并在其下的距离文本框中输入值 25；在设置区域的体类型下拉列表中选择片体选项，其他参数采用系统默认设置；单击< 确定 >按钮，完成拉伸特征 1 的创建。

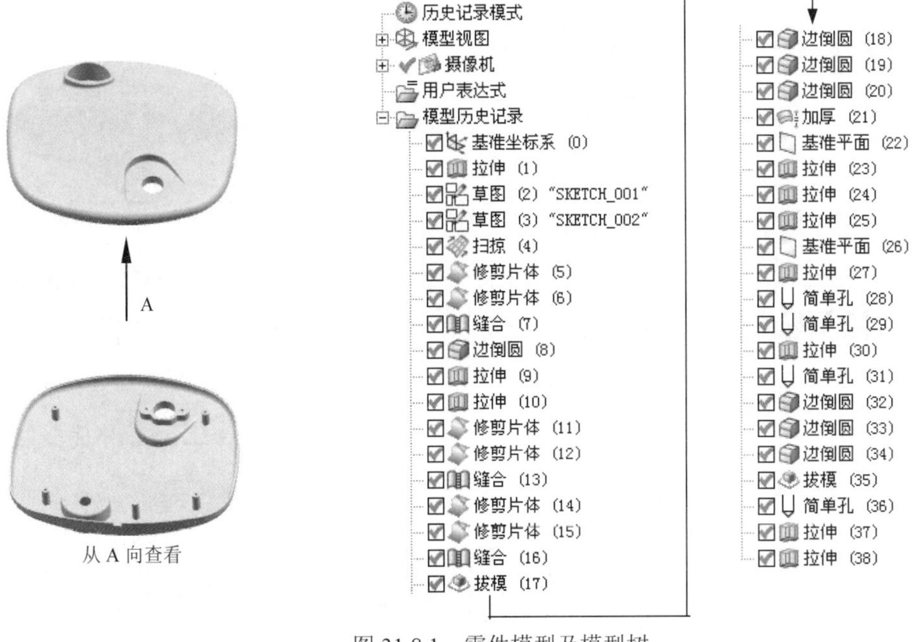

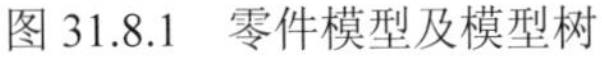
图 31.8.1 零件模型及模型树

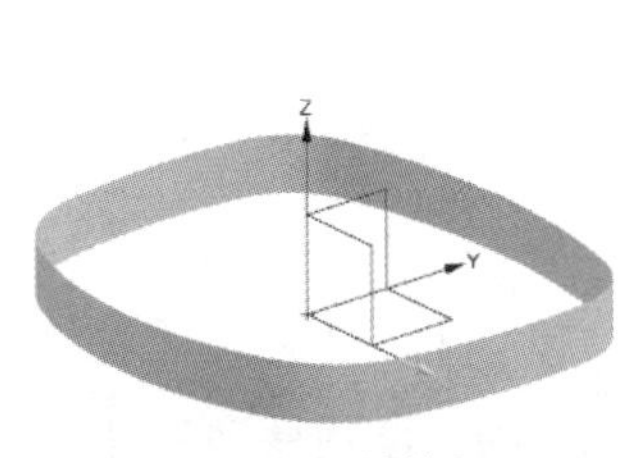

图 31.8.2 拉伸特征 1

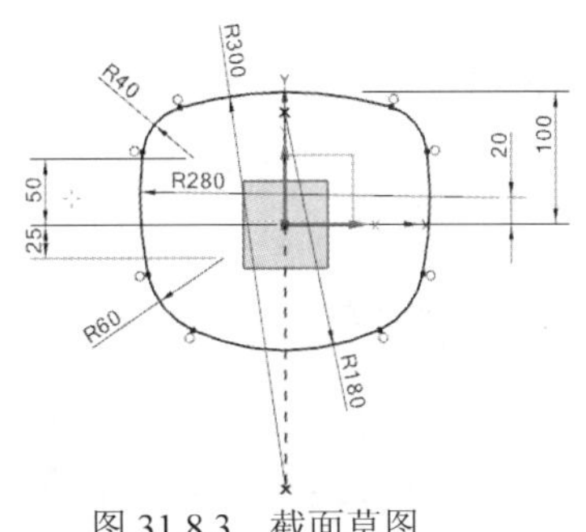

图 31.8.3 截面草图

Step3. 创建图 31.8.4 所示的草图 1。选择下拉菜单插入(S) → 在任务环境中绘制草图(V)...命令，系统弹出“创建草图”对话框；选取 ZX 基准平面为草图平面，取消选中设置区域的□ 创建中间基准 CSYS复选框；单击确定按钮；进入草图环境，绘制图 31.8.4 所示的草图 1；选择下拉菜单任务(K) → 完成草图(K)命令（或单击完成草图按钮），退出草图环境。

Step4. 创建图 31.8.5 所示的草图 2。选择下拉菜单插入(S) → 在任务环境中绘制草图(V)...命令，选取 YZ 基准平面为草图平面，绘制图 31.8.5 所示的草图 2。

Step5. 创建图 31.8.6 所示的扫掠特征。选择下拉菜单插入(S) → 扫掠(W) → 扫掠(S)...命令，系统弹出“扫掠”对话框；在截面区域中单击按钮，在绘图区中选取

Step4 所创建的草图 2，并单击中键确认；在引导线（最多 3 根）区域中单击按钮，在绘图区中选取 Step3 所创建的草图 1，并单击中键确认；单击“扫掠”对话框中的< 确定 >按钮，完成扫掠特征的创建。

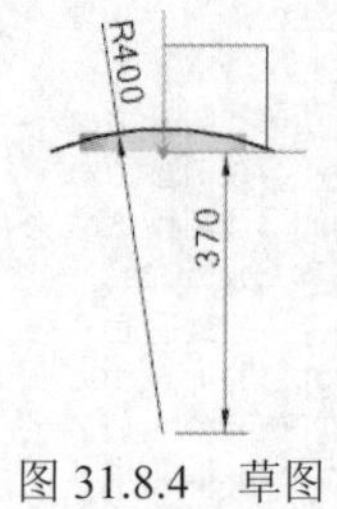

图 31.8.4　草图 1

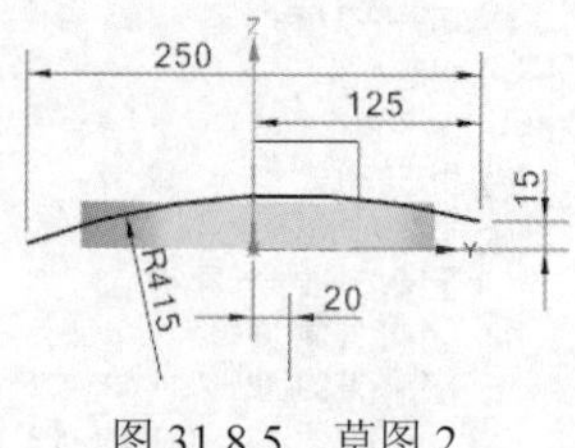

图 31.8.5　草图 2

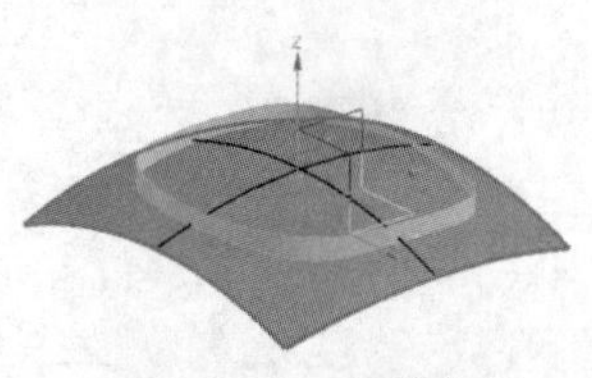

图 31.8.6　扫掠特征

Step6. 创建图 31.8.7 所示的修剪片体特征 1。选择下拉菜单 插入(S) → 修剪(T) → 修剪片体(R)... 命令（或单击按钮），系统弹出“修剪片体”对话框；选取图 31.8.8 所示的面为修剪的目标体，并单击中键确认，选取图 31.8.9 所示的面为边界对象；调整 选择区域 下面的 ⊙ 保留 单选项或者 ⊙ 舍弃 单选项（参看说明）；单击 确定 按钮，完成修剪片体特征 1 的创建。

图 31.8.7　修剪片体特征 1

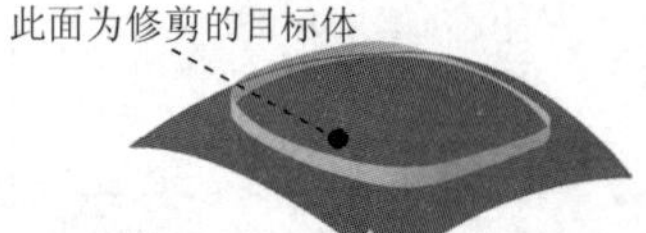

图 31.8.8　定义修剪的目标体

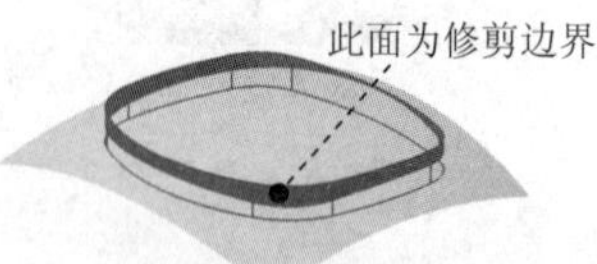

图 31.8.9　定义修剪边界

说明：创建“修剪片体”特征时，在 区域 区域中选择 ⊙ 保留 单选项还是选择 ⊙ 舍弃 单选项，根据鼠标所单击的目标片体的部位不同而不同，可根据需要调整。

Step7. 创建图 31.8.10 所示的修剪片体特征 2。选择下拉菜单 插入(S) → 修剪(T) → 修剪片体(R)... 命令（或单击按钮），系统弹出“修剪片体”对话框；选取图 31.8.11 所示面为修剪的目标片体，并单击中键确认，选取图 31.8.12 所示的面为边界对象；调整 选择区域 下面的 ⊙ 保留 单选项或者 ⊙ 舍弃 单选项；单击 确定 按钮，完成修剪片体特征 2 的创建。

图 31.8.10　修剪片体特征 2

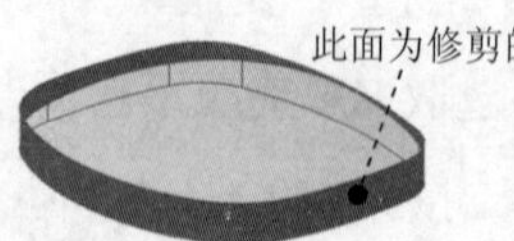

图 31.8.11　定义修剪目标体

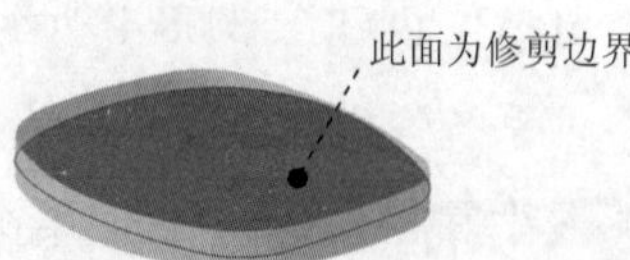

图 31.8.12　定义修剪边界

Step8. 创建曲面缝合特征 1。选择下拉菜单 插入(S) → 组合(B) → 缝合(W)... 命令，系统弹出“缝合”对话框；在 目标 区域中单击按钮，选取图 31.8.13 所示的面为缝合的目标片体；在 工具 区域中单击按钮，选取图 31.8.14 所示的面为缝合工具片体；在“缝合”对话框中单击 确定 按钮，完成缝合特征 1 的创建。

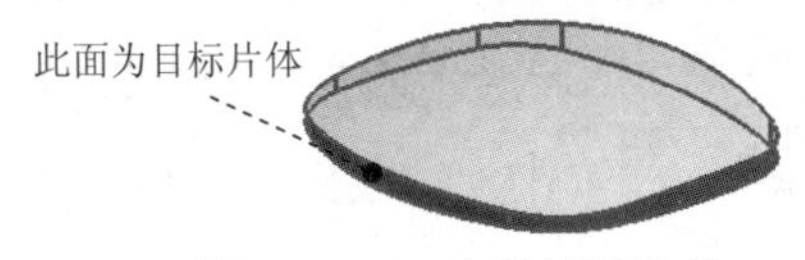

图 31.8.13 定义目标片体

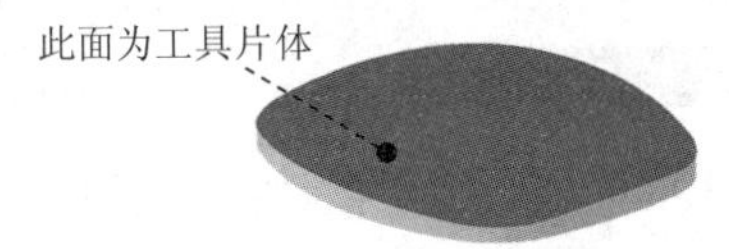

图 31.8.14 定义工具片体

Step9. 创建图 31.8.15b 所示的边倒圆特征 1。选择下拉菜单 插入(S) → 细节特征(L) → 边倒圆(E)... 命令（或单击按钮），系统弹出“边倒圆”对话框；在要倒圆的边区域中单击按钮，选取图 31.8.15a 所示的边线为边倒圆参照，并在半径 1文本框中输入值 8；单击< 确定 >按钮，完成边倒圆特征 1 的创建。

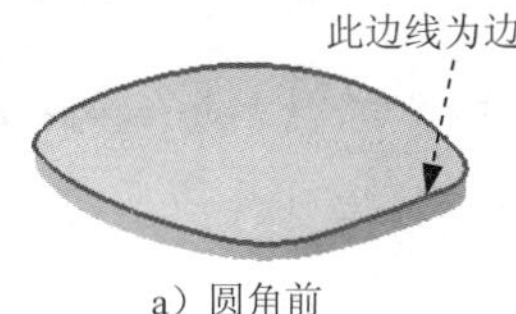

a）圆角前

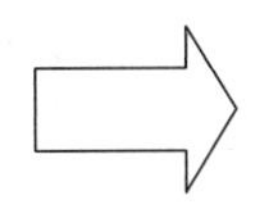

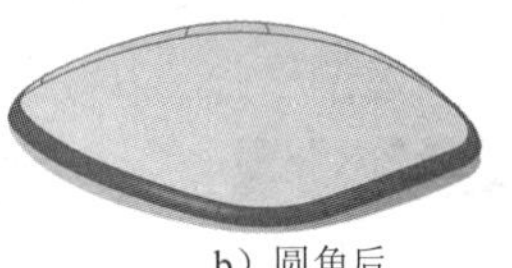
b）圆角后

图 31.8.15 边倒圆特征 1

Step10. 创建图 31.8.16 所示的拉伸特征 2。选择下拉菜单 插入(S) → 设计特征(E) → 拉伸(E)... 命令，选取 XZ 基准平面为草图平面，绘制图 31.8.17 所示的截面草图；在“拉伸”对话框限制区域的开始下拉列表中选择值选项，并在其下的距离文本框中输入值 0；在限制区域的结束下拉列表中选择值选项，并在其下的距离文本框中输入值 100；其他参数采用系统默认设置。单击< 确定 >按钮，完成拉伸特征 2 的创建。

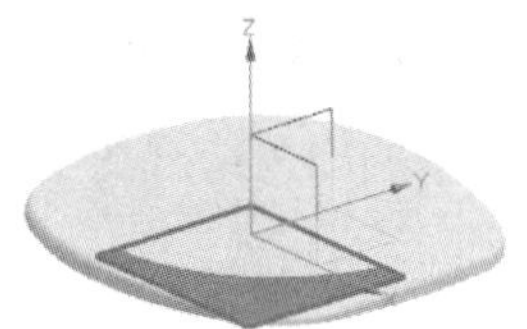
图 31.8.16 拉伸特征 2

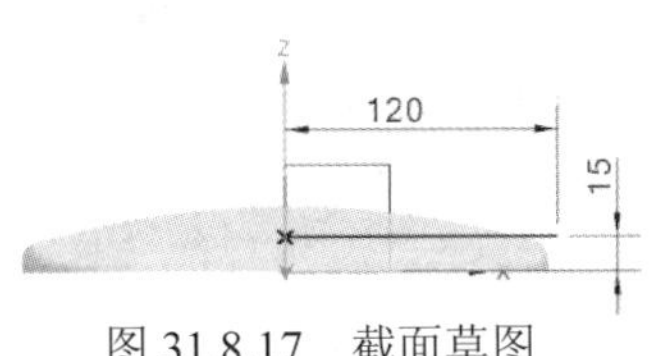

图 31.8.17 截面草图

Step11. 创建图 31.8.18 所示的拉伸特征 3。选择下拉菜单 插入(S) → 设计特征(E) → 拉伸(E)... 命令，选取 XY 基准平面为草图平面，绘制图 31.8.19 所示的截面草图；在“拉伸”对话框限制区域的开始下拉列表中选择值选项，并在其下的距离文本框中输入值 0；在限制区域的结束下拉列表中选择值选项，并在其下的距离文本框中输入值 50；其他参数采用系统默认设置。单击< 确定 >按钮，完成拉伸特征 3 的创建。

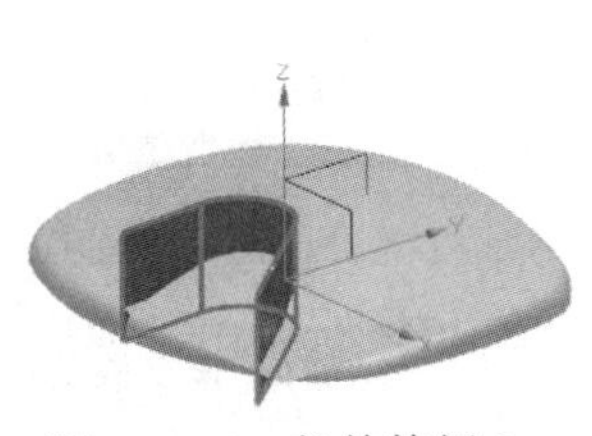
图 31.8.18 拉伸特征 3

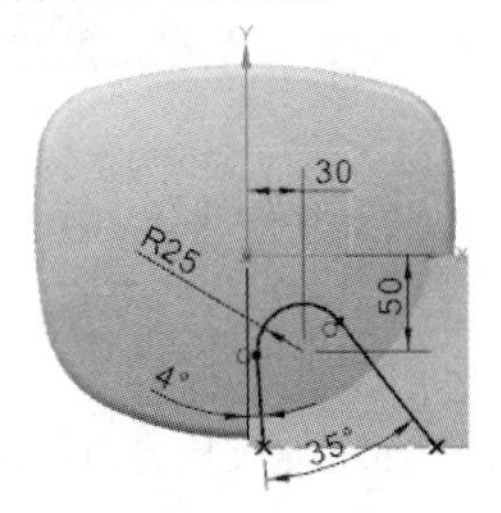

图 31.8.19 截面草图

Step12. 创建图 31.8.20b 所示的修剪片体特征 3。选择下拉菜单 插入(S) → 修剪(T) → 修剪片体(R)... 命令（或单击按钮），选取图 31.8.20a 所示面为修剪的目标片体，选取图 31.8.21 所示的面为修剪的边界对象；单击 确定 按钮，完成修剪片体特征 3 的创建。

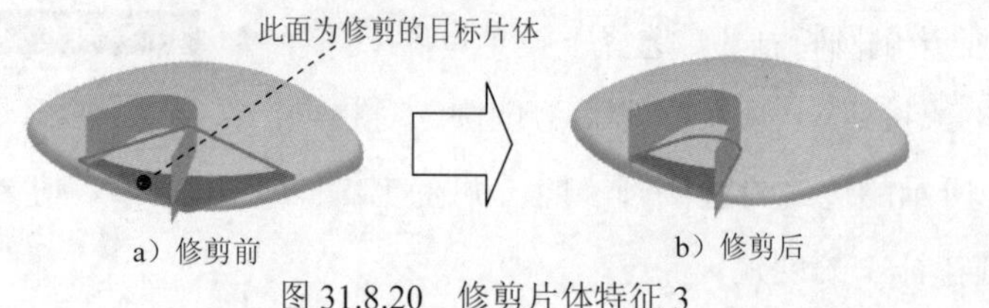

图 31.8.20 修剪片体特征 3

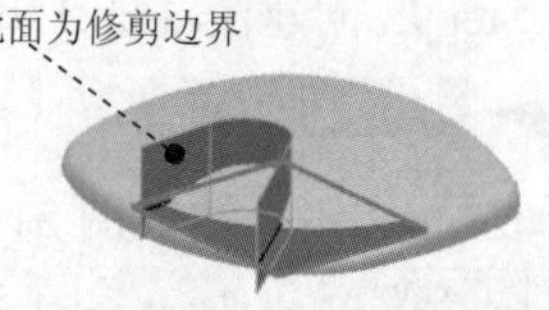

图 31.8.21 定义修剪边界

Step13. 创建图 31.8.22b 所示的修剪片体特征 4。选择下拉菜单 插入(S) → 修剪(T) → 修剪片体(R)... 命令，选取图 31.8.22a 所示面为修剪的目标片体，选取图 31.8.23 所示的面为修剪的边界对象；单击 确定 按钮，完成修剪片体特征 4 的创建。

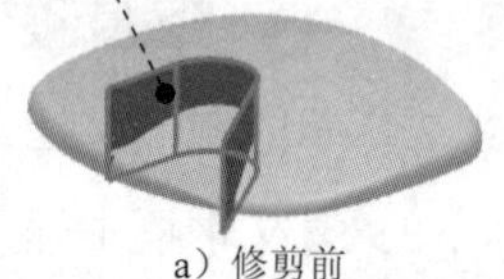

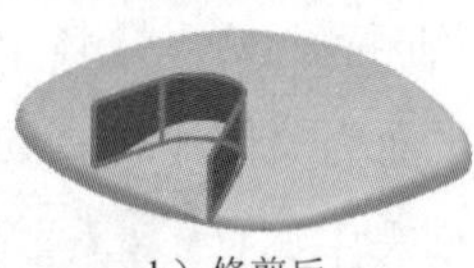

图 31.8.22 修剪片体特征 4

此面为修剪边界

图 31.8.23 定义修剪边界

Step14. 创建曲面缝合特征 2。选择下拉菜单 插入(S) → 组合(B) → 缝合(W)... 命令，系统弹出“缝合”对话框；在 目标 区域中单击按钮，选取图 31.8.24 所示的面为缝合的目标片体；在 工具 区域中单击按钮，选取图 31.8.25 所示的面为缝合的工具片体；在“缝合”对话框中单击 确定 按钮，完成缝合特征 2 的创建。

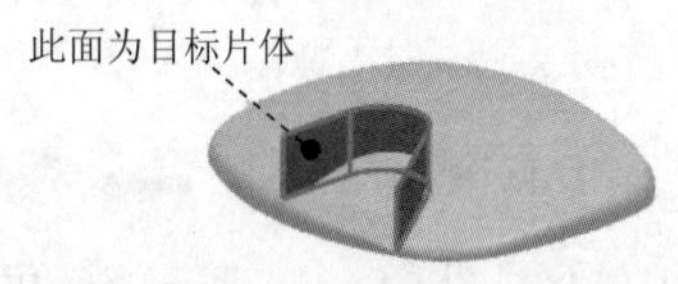

图 31.8.24 定义目标片体

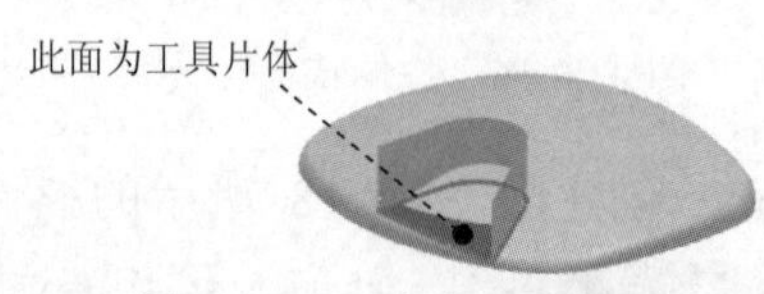

图 31.8.25 定义工具片体

Step15. 创建修剪片体特征 5。选择下拉菜单 插入(S) → 修剪(T) → 修剪片体(R)... 命令，选取图 31.8.26 所示面为修剪的目标片体，选取图 31.8.27 所示的面为修剪的边界对象；单击 确定 按钮，完成修剪片体特征 5 的创建。

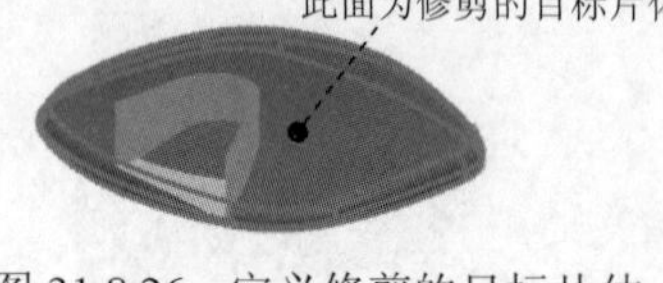

图 31.8.26 定义修剪的目标片体

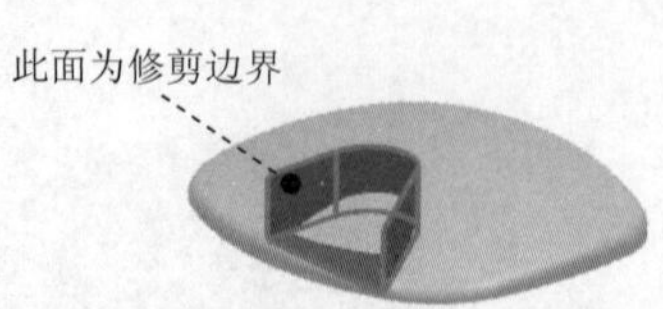

图 31.8.27 定义修剪边界

Step16. 创建图 31.8.28 所示的修剪片体特征 6。选择下拉菜单 插入(S) → 修剪(T) → 修剪片体(R)... 命令，选取图 31.8.29 所示面为修剪的目标片体，在绘图区域中单击鼠标中键，选取图 31.8.30 所示的面为修剪的边界对象；单击 确定 按钮，完成修剪片体特征 6 的创建。

图 31.8.28 修剪特征 6

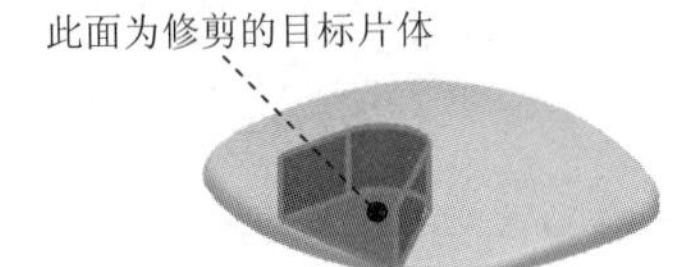

图 31.8.29 定义修剪的目标片体

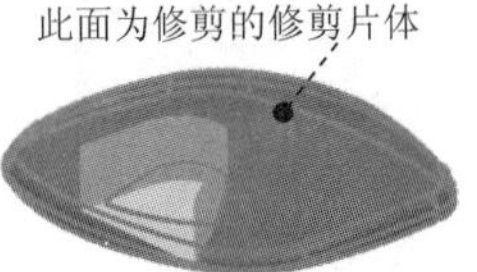

图 31.8.30 定义修剪边界

Step17. 创建曲面缝合特征 3。选择下拉菜单 插入(S) → 组合(B) → 缝合(W)... 命令，系统弹出“缝合”对话框；在 目标 区域中单击按钮，选取图 31.8.31 所示的面为缝合的目标片体；在 工具 区域中单击按钮，选取图 31.8.32 所示的面为缝合工具片体；单击 确定 按钮，完成缝合特征 3 的创建。

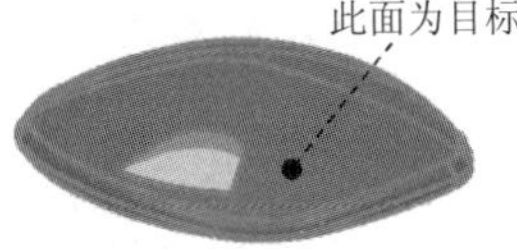

图 31.8.31 定义目标片体

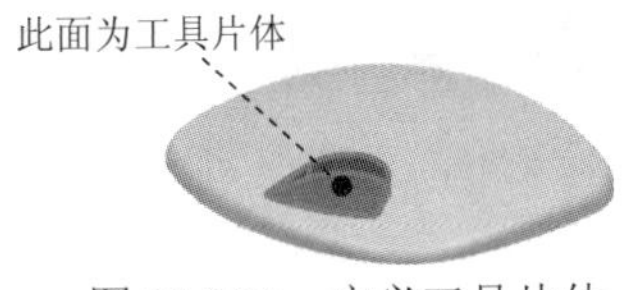

图 31.8.32 定义工具片体

Step18. 创建拔模特征 1。选择下拉菜单 插入(S) → 细节特征(L) → 拔模(T)... 命令（或单击按钮），系统弹出“拔模”对话框；在 类型 区域中选择 从平面或曲面 选项，在 指定矢量 下拉列表中选取 ZC 选项，定义 ZC 基准轴的正方向为拔模方向；选择图 31.8.33 所示的面为拔模固定平面，然后单击鼠标中键，选择图 31.8.34 所示的面为要拔模的面，在 角度 1 文本框中输入值 1；单击 < 确定 > 按钮，完成拔模特征 1 的创建。

Step19. 创建边倒圆特征 2。选取图 31.8.35 所示的边线为边倒圆参照，其圆角半径值为 2。

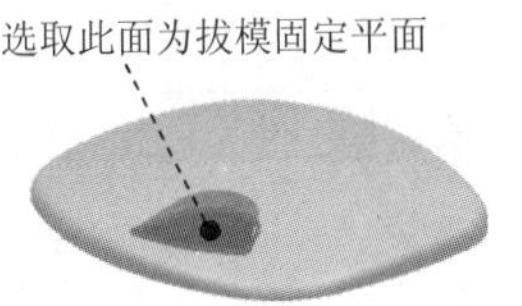

图 31.8.33 定义拔模固定平面

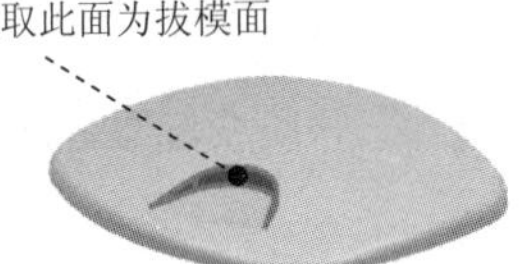

图 31.8.34 定义拔模的面

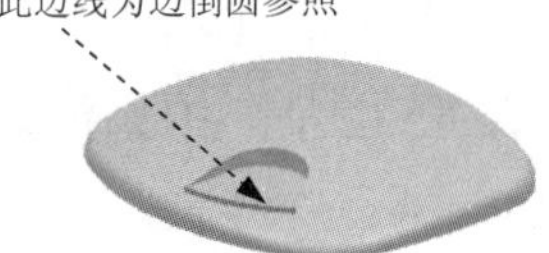

图 31.8.35 选取边倒圆参照

Step20. 创建边倒圆特征 3。选取图 31.8.36a 所示的边线为边倒圆参照，其圆角半径值为 2。

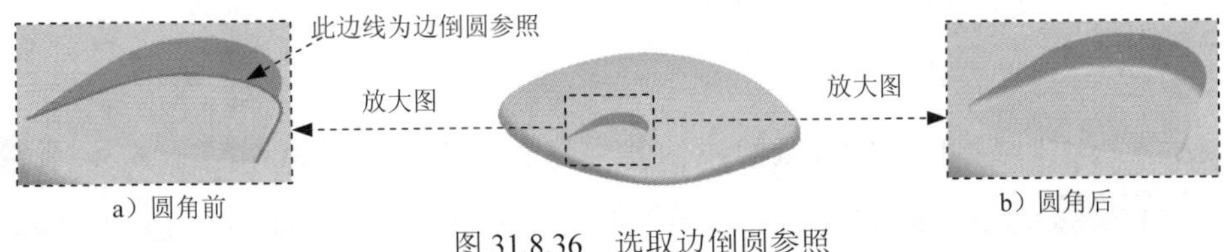

a）圆角前　　b）圆角后

图 31.8.36 选取边倒圆参照

Step21. 创建边倒圆特征 4。选取图 31.8.37a 所示的边线为边倒圆参照，其圆角半径值为 3。

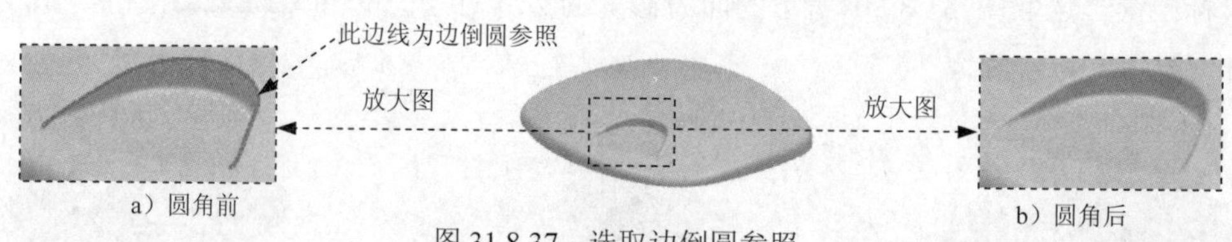

a）圆角前　　b）圆角后

图 31.8.37　选取边倒圆参照

Step22. 创建片体加厚特征。选择下拉菜单 插入(S) → 偏置/缩放(O) → 加厚(T)... 命令，系统弹出“加厚”对话框；在 面 区域中单击按钮，选取图 31.8.38 所示的曲面；在 偏置 1 文本框中输入值 2，在 偏置 2 文本框中输入值 0，并单击“反方向”按钮；单击 < 确定 > 按钮，完成加厚特征的创建。

Step23. 创建图 31.8.39 所示的基准平面 1（隐藏片体）。选择下拉菜单 插入(S) → 基准/点(D) → 基准平面(D)... 命令（或单击按钮），在“基准平面”对话框中单击 < 确定 > 按钮，完成基准平面 1 的创建（注：具体参数和操作参见随书光盘）。

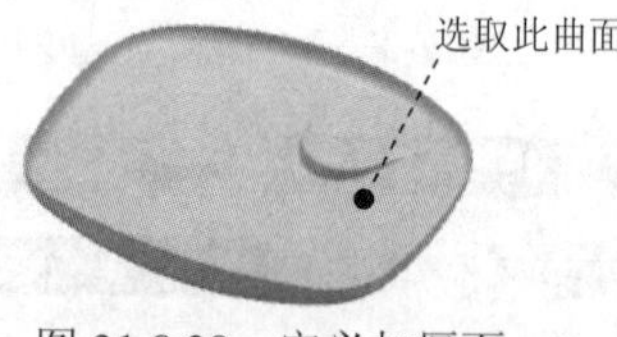

图 31.8.38　定义加厚面

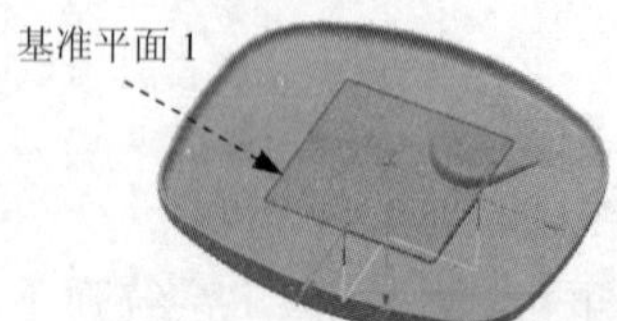

图 31.8.39　基准平面 1

Step24. 创建图 31.8.40 所示的拉伸特征 4。选择下拉菜单 插入(S) → 设计特征(E) → 拉伸(E)... 命令，选取基准平面 1 为草图平面，绘制图 31.8.41 所示的截面草图；在“拉伸”对话框 限制 区域的 开始 下拉列表中选择 值 选项，并在其下的 距离 文本框中输入值 0；在 限制 区域的 结束 下拉列表中选择 值 选项，并在其下的 距离 文本框中输入值 27，在 布尔 区域的下拉列表中选择 求和 选项，采用系统默认的求和对象，单击 < 确定 > 按钮，完成拉伸特征 4 的创建。

图 31.8.40　拉伸特征 4

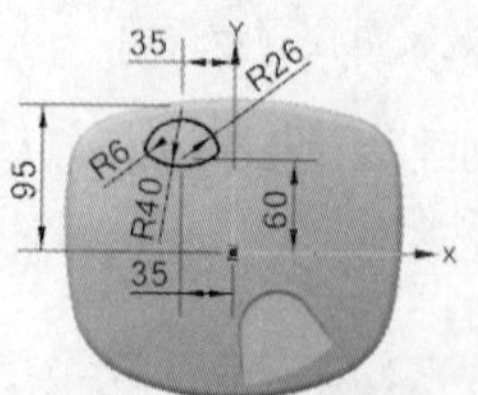

图 31.8.41　截面草图

Step25. 创建图 31.8.42 所示的拉伸特征 5。选择下拉菜单 插入(S) → 设计特征(E) → 拉伸(E)... 命令，选取图 31.8.43 所示的模型表面为草图平面，绘制图 31.8.44 所示的截面草图；在“拉伸”对话框中单击“反向”按钮；在限制区域的开始下拉列表中选择值选项，并在其下的距离文本框中输入值 0；在限制区域的结束下拉列表中选择值选项，并在其下的距离文本框中输入值 25；在布尔区域的下拉列表中选择求差选项，采用系统默认的求差对象，单击< 确定 >按钮，完成拉伸特征 5 的创建。

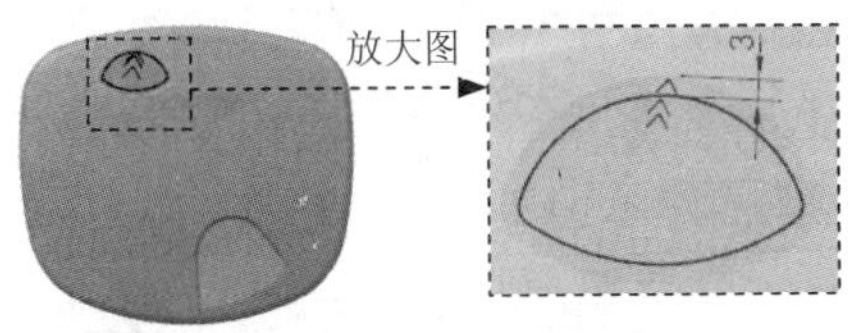

图 31.8.42 拉伸特征 5　　图 31.8.43 定义草图平面　　图 31.8.44 截面草图

Step26. 创建图 31.8.45 所示的拉伸特征 6。选择下拉菜单插入(S) → 设计特征(E) → 拉伸(E)...命令，选取 XY 基准平面为草图平面，绘制图 31.8.46 所示的截面草图；在“拉伸”对话框限制区域的开始下拉列表中选择值选项，并在其下的距离文本框中输入值-1；在限制区域的结束下拉列表中选择直至下一个选项，在布尔区域的下拉列表中选择求和选项，采用系统默认的求和对象，单击< 确定 >按钮，完成拉伸特征 6 的创建。

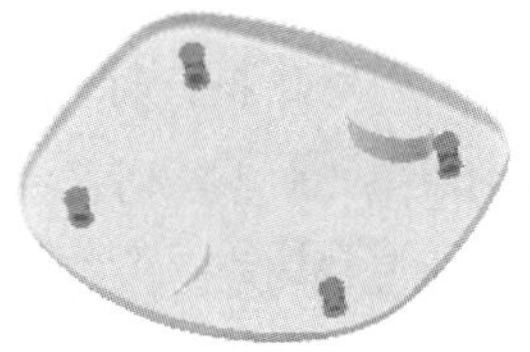

图 31.8.45 拉伸特征 6

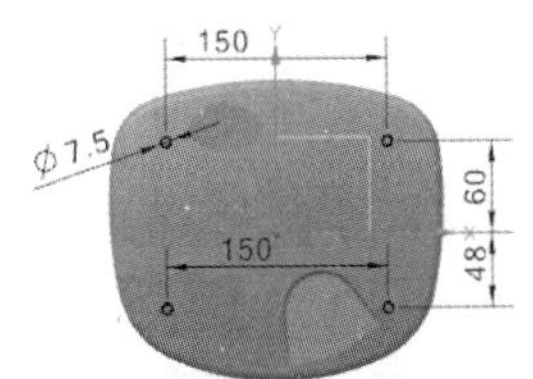

图 31.8.46 截面草图

Step27. 创建图 31.8.47 所示的基准平面 2。选择下拉菜单插入(S) → 基准/点(D) → 基准平面(D)...命令（或单击按钮），系统弹出“基准平面”对话框；在“基准平面”对话框中单击< 确定 >按钮，完成基准平面 2 的创建（注：具体参数和操作参见随书光盘）。

Step28. 创建图 31.8.48 所示的拉伸特征 7。选择下拉菜单插入(S) → 设计特征(E) → 拉伸(E)...命令，选取基准平面 2 为草图平面，绘制图 31.8.49 所示的截面草图；在“拉伸”对话框限制区域的开始下拉列表中选择值选项，并在其下的距离文本框中输入值 0；在限制区域的结束下拉列表中选择直至下一个选项，在布尔区域的下拉列表中选择求和选项，采用系统默认的求和对象，单击< 确定 >按钮，完成拉伸特征 7 的创建。

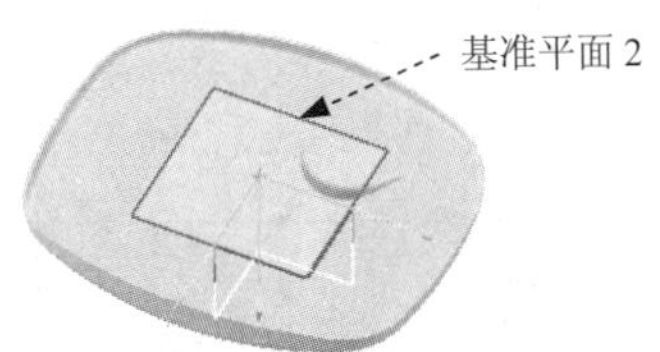

图 31.8.47 基准平面 2

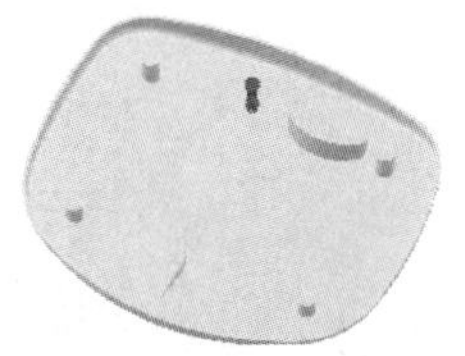

图 31.8.48 拉伸特征 7

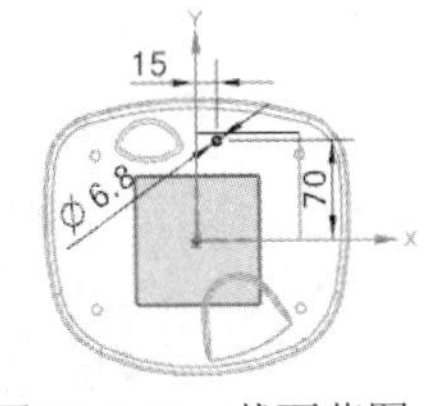

图 31.8.49 截面草图

Step29. 创建图 31.8.50 所示的简单孔特征 1。选择下拉菜单插入(S) → 设计特征(E)▸ → 孔(H)...命令（或单击按钮），系统弹出“孔”对话框；在类型下拉列表中选择常规孔选项；单击*指定点 (0)右方的按钮，确认“选择条”工具条中的按钮被按下，选择图 31.8.51 所示的 4 条圆弧边线，完成孔中心点的指定；在成形下拉列表中选择简单选项，在直径文本框中输入值 3，在深度限制下拉列表中选择值选项，在深度文本框中输入值 10，在顶锥角文本框中输入值 0，其余参数采用系统默认设置，单击< 确定 >按钮，完成简单孔特征 1 的创建。

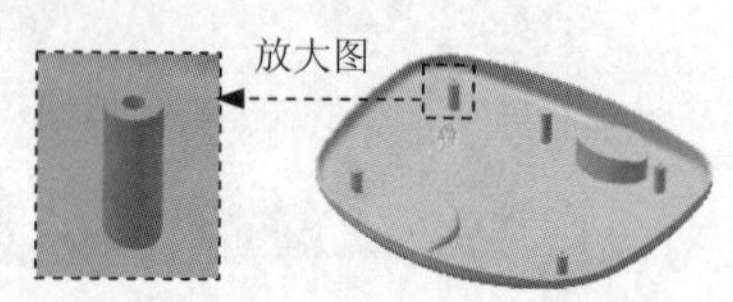

图 31.8.50 简单孔特征 1

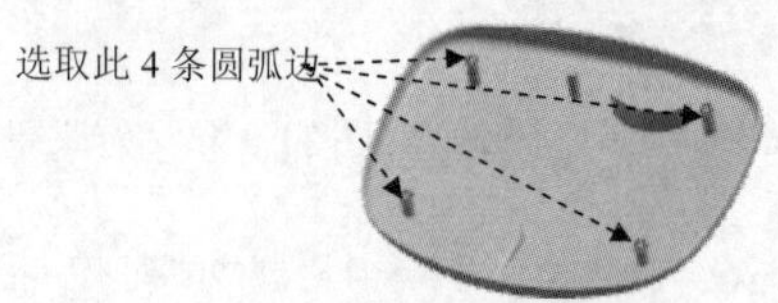

图 31.8.51 定义孔位置

Step30. 创建图 31.8.52 所示的简单孔特征 2。选择下拉菜单插入(S) → 设计特征(E)▸ → 孔(H)...命令（或单击按钮），系统弹出“孔”对话框；在类型下拉列表中选择常规孔选项，单击“孔”对话框中的“绘制截面”按钮，然后在模型中选取图 31.8.53 所示的孔的放置面，单击确定按钮，进入草图环境；系统自动弹出“草图点”对话框，在草图中单击一点，然后单击关闭按钮，退出“草图点”对话框；标注图 31.8.54 所示的尺寸；单击完成草图按钮，退出草图环境；选取草图点，在成形下拉列表中选择简单选项，在直径文本框中输入值 12，在深度限制下拉列表中选择贯通体选项，其余参数采用系统默认设置，单击< 确定 >按钮，完成简单孔特征 2 的创建。

图 31.8.52 简单孔特征 2

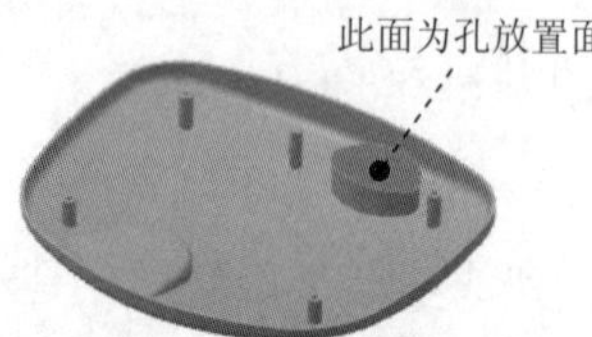

图 31.8.53 定义孔放置面

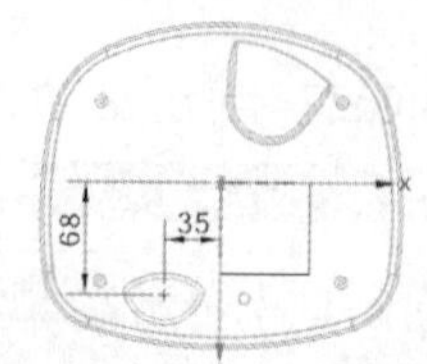

图 31.8.54 定义孔位置

Step31. 创建图 31.8.55 所示的拉伸特征 8。选择下拉菜单插入(S) → 设计特征(E)▸ → 拉伸(E)...命令，选取 Step23 所创建的基准平面 1 为草图平面，绘制图 31.8.56 所示的截面草图；在“拉伸”对话框限制区域的开始下拉列表中选择值选项，并在其下的距离文本框中输入值 0；在限制区域的结束下拉列表中选择直至下一个选项，在布尔区域的下拉列表中选择求和选项；单击< 确定 >按钮，完成拉伸特征 8 的创建。

图 31.8.55 拉伸特征 8

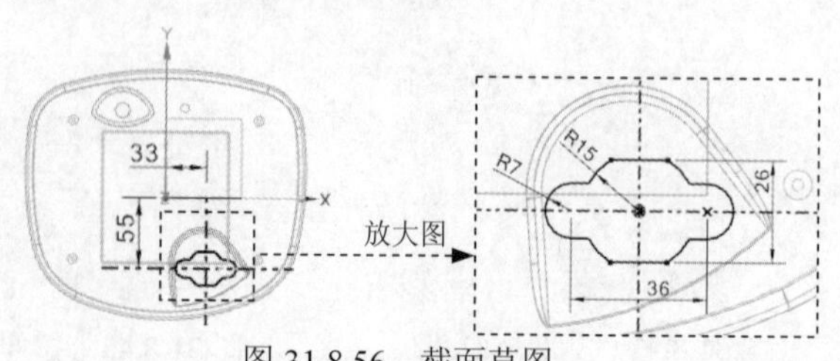

图 31.8.56 截面草图

Step32. 创建图 31.8.57 所示的简单孔特征 3。选择下拉菜单 插入(S) → 设计特征(E) → 孔(H)... 命令（或单击按钮），系统弹出“孔”对话框；在类型下拉列表中选择常规孔选项，单击“孔”对话框中的“绘制截面”按钮，然后在模型中选取图 31.8.58 所示的孔的放置面，单击 确定 按钮，进入草图环境；系统自动弹出“草图点”对话框，在草图中单击一点，然后单击 关闭 按钮，退出“草图点”对话框。约束该点和图 31.8.59 所示圆弧边线的圆心点重合，然后单击 完成草图 按钮，退出草图环境；在成形下拉列表中选择 简单 选项，在 直径 文本框中输入值 22，在 深度限制 下拉列表中选择 值 选项，在 深度 文本框中输入值 20，在 顶锥角 文本框中输入值 0，其余参数采用系统默认设置，单击 < 确定 > 按钮，完成简单孔特征 3 的创建。

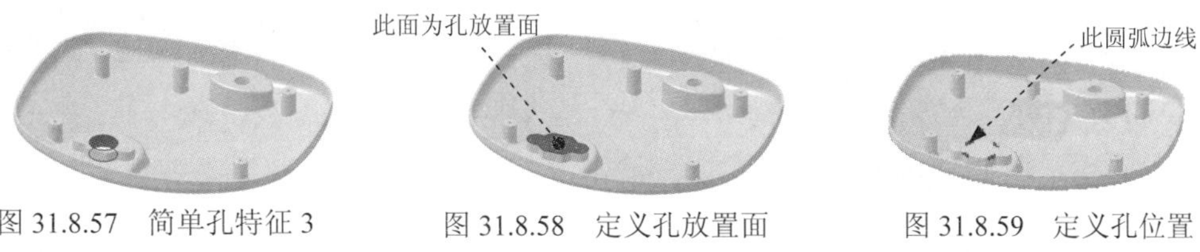

图 31.8.57 简单孔特征 3　　图 31.8.58 定义孔放置面　　图 31.8.59 定义孔位置

Step33. 创建边倒圆特征 5。选取图 31.8.60a 所示的边线为边倒圆参照，其圆角半径值为 3。

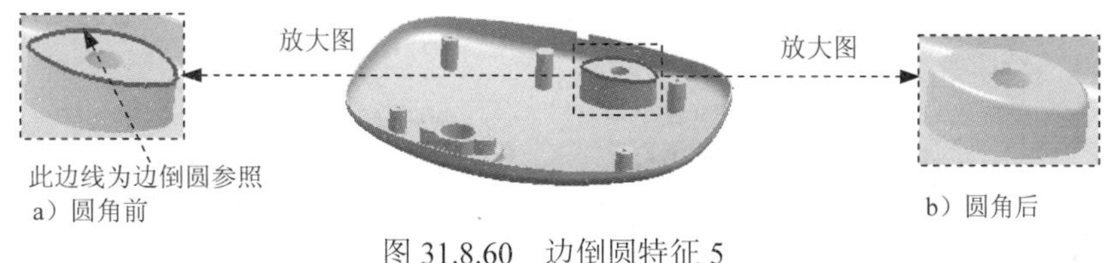

图 31.8.60 边倒圆特征 5

Step34. 创建边倒圆特征 6。选取图 31.8.61a 所示的边线为边倒圆参照，其圆角半径值为 2。

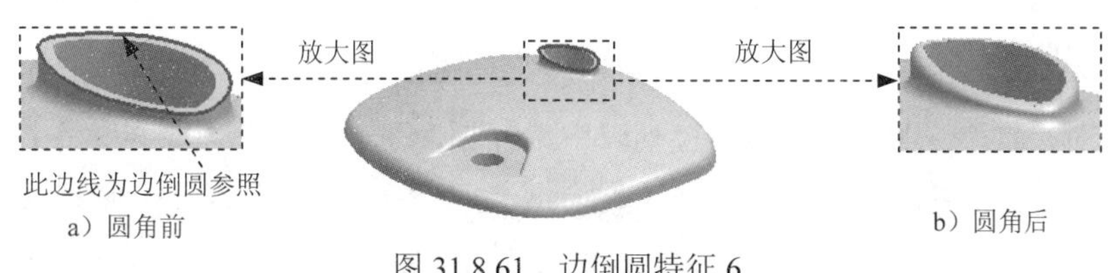

图 31.8.61 边倒圆特征 6

Step35. 创建边倒圆特征 7。选取图 31.8.62a 所示的边线为边倒圆参照，其圆角半径值为 3。

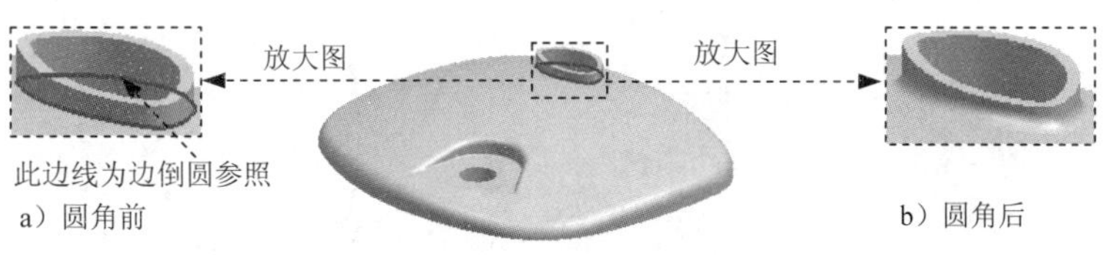

图 31.8.62 边倒圆特征 7

Step36. 创建拔模特征 2。选择下拉菜单 插入(S) → 细节特征(L) ▸ → 拔模(T)... 命令（或单击按钮），系统弹出“拔模”对话框；在类型区域中选择从平面或曲面选项，在指定矢量下拉列表中选取 -ZC 选项，定义 ZC 基准轴的反方向为拔模方向。选择图 31.8.63 所示的平面为固定平面，选取图 31.8.64 所示的面为要拔模的面，在角度 1 文本框中输入值 1；单击“拔模”对话框中的 < 确定 > 按钮，完成拔模特征 2 的创建。

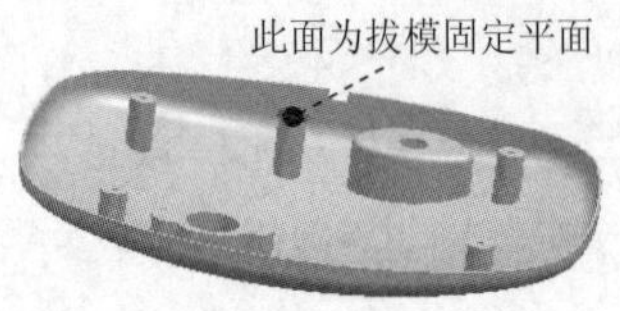

图 31.8.63　定义拔模固定平面

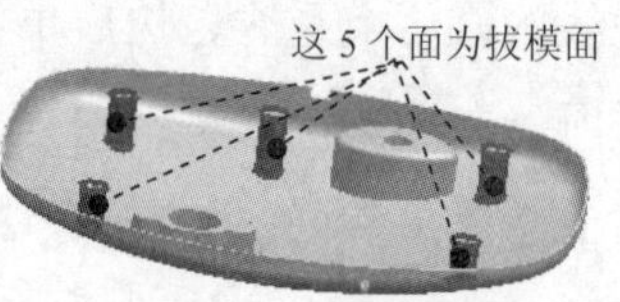

图 31.8.64　定义拔模面

Step37. 创建图 31.8.65 所示的简单孔特征 4。选择下拉菜单 插入(S) → 设计特征(E) ▸ → 孔(H)... 命令（或单击按钮），系统弹出“孔”对话框；在类型下拉列表中选择常规孔选项；单击指定点 (0) 区域右方的按钮，确认“选择条”工具条中的按钮被按下，选择图 31.8.66 所示的两条圆弧边线，完成孔中心点位置的指定；在成形下拉列表中选择简单选项，在直径文本框中输入值 3，在深度限制下拉列表中选择值选项，在深度文本框中输入值 8，在顶锥角文本框中输入值 0，其余参数采用系统默认设置，单击 < 确定 > 按钮完成简单孔特征 4 的创建。

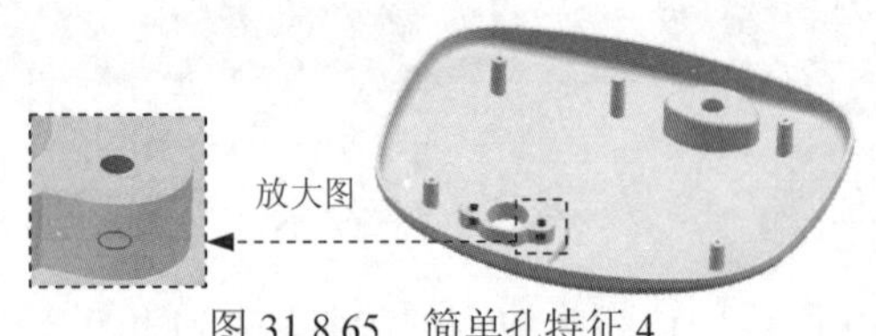

图 31.8.65　简单孔特征 4

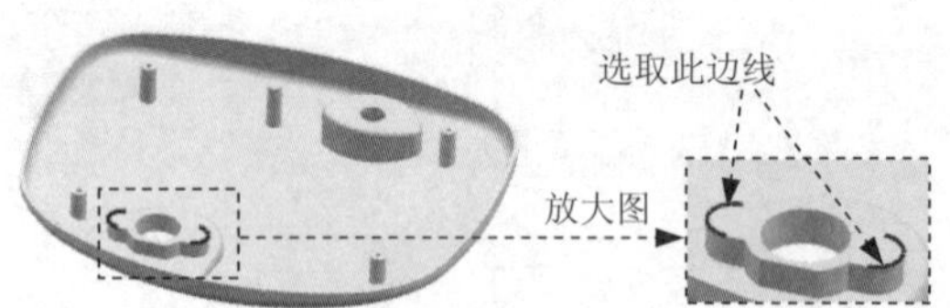

图 31.8.66　定义孔位置

Step38. 创建图 31.8.67 所示的拉伸特征 9。选择下拉菜单 插入(S) → 设计特征(E) ▸ → 拉伸(E)... 命令，选取 XY 基准平面为草图平面，绘制图 31.8.68 所示的截面草图；在“拉伸”对话框限制区域的开始下拉列表中选择值选项，并在其下的距离文本框中输入值 0；在限制区域的结束下拉列表中选择值选项，并在其下的距离文本框中输入值 1；采用系统默认的拉伸方向；在布尔区域的下拉列表中选择求差选项，采用系统默认的求差对象；其他参数采用系统默认设置；单击对话框中的 < 确定 > 按钮，完成拉伸特征 9 的创建。

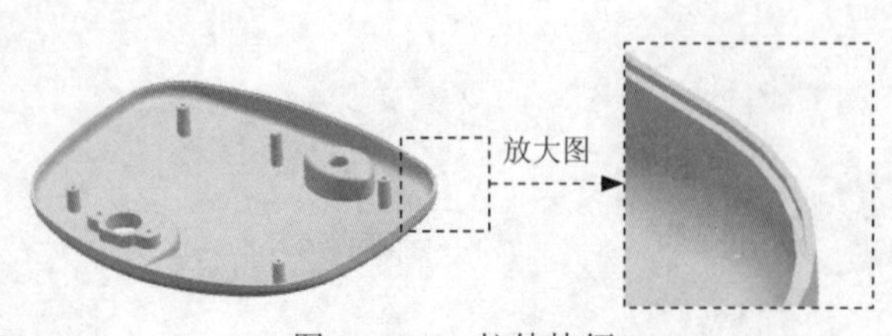

图 31.8.67　拉伸特征 9

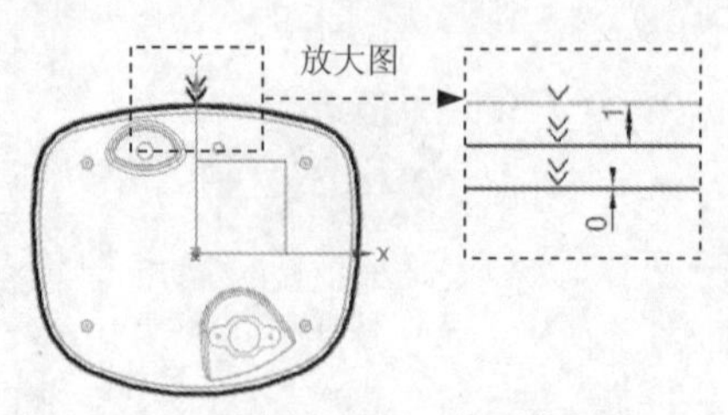

图 31.8.68　截面草图

Step39. 创建图 31.8.69 所示的拉伸特征 10。选择下拉菜单插入(S) ➡ 设计特征(E)▸ ➡ 拉伸(E)...命令，选取 XZ 基准平面为草图平面，绘制图 31.8.70 所示的截面草图；在“拉伸”对话框限制区域的开始下拉列表中选择值选项，并在其下的距离文本框中输入值 0；在限制区域的结束下拉列表中选择贯通选项；并在方向区域的* 指定矢量 (0)下拉列表中选择YC选项；在布尔区域的下拉列表中选择求差选项，采用系统默认的求差对象；其他参数采用系统默认设置；单击对话框中的< 确定 >按钮，完成拉伸特征 10 的创建。

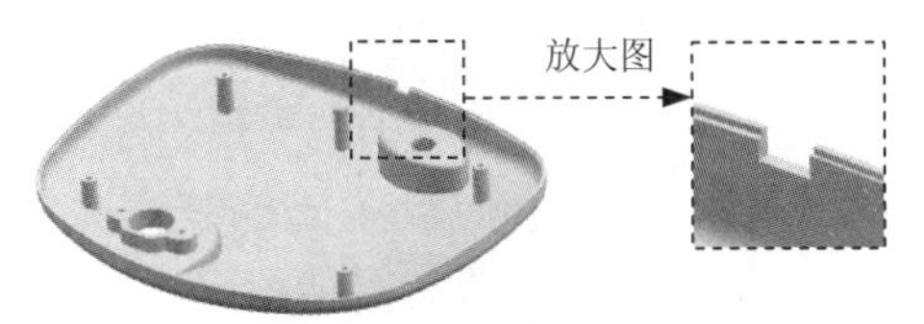

图 31.8.69 拉伸特征 10

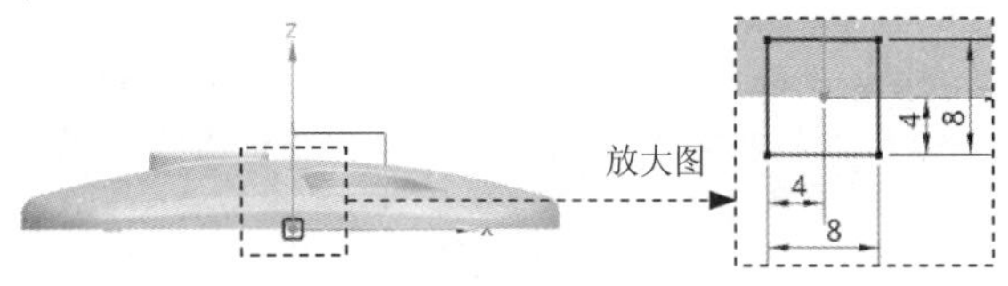

图 31.8.70 截面草图

Step40. 将对象移动至图层并隐藏。选择下拉菜单编辑(E) ➡ 显示和隐藏(H) ➡ 全部显示(A)命令，隐藏的所有对象将会处于显示状态；选择下拉菜单格式(R) ➡ 移动至图层(M)...命令，系统弹出“类选择”对话框；在过滤器区域中单击按钮，系统弹出“根据类型选择”对话框；在此对话框中选择草图选项，并按住 Ctrl 键，依次选取片体和基准选项，单击对话框中的确定按钮，系统返回到“类选择”对话框；单击“全选”按钮，单击确定按钮，此时系统弹出“图层移动”对话框，在目标图层或类别文本框中输入值 2，单击确定按钮；选择下拉菜单格式(R) ➡ 图层设置(S)...命令，弹出“图层设置”对话框，在显示下拉列表中选择所有图层选项，在图层列表框中选择☑2选项，然后单击设为不可见右边的按钮，单击关闭按钮，完成对象的隐藏。

Step41. 保存零件模型。选择下拉菜单文件(F) ➡ 保存(S)命令，即可保存零件模型。

31.9 灯 罩 下 盖

本节将介绍灯罩下盖的设计过程。该零件设计过程中运用了拉伸特征、修剪片体、缝合、孔、片体加厚和扫掠等特征命令。所建的零件模型及相应的模型树如图 31.9.1 所示。

Step1. 新建文件。选择下拉菜单文件(F) ➡ 新建(N)...命令，系统弹出“新建”对话框。在模型选项卡的模板区域中选取模板类型为模型；在名称文本框中输入文件名称 Lamp_chimney_down_cover；单击确定按钮，进入建模环境。

Step2. 创建图 31.9.2 所示的拉伸特征 1。选择下拉菜单插入(S) ➡ 设计特征(E)▸ ➡ 拉伸(E)...命令（或单击按钮），系统弹出“拉伸”对话框；单击对话框中的“绘制截面”按钮，系统弹出“创建草图”对话框。单击按钮，选取 XY 基准平面为草图平面，选中设置区域的☑创建中间基准 CSYS复选框，单击确定按钮，进入草图环境，绘制图 31.9.3 所示的截面草图，选择下拉菜单任务(K) ➡ 完成草图(K)命令（或单击完成草图按钮），退出草图环境；在“拉伸”对话框限制区域的开始下拉列表中选择值选项，并在其下的距离文本框中输入值 0；在限制区域的结束下拉列表中选择值选项，并在其下的距离文本框中输入值 12；其他参数采用系统默认设置；单击对话框中的< 确定 >按钮，完成拉伸特征 1 的创建。

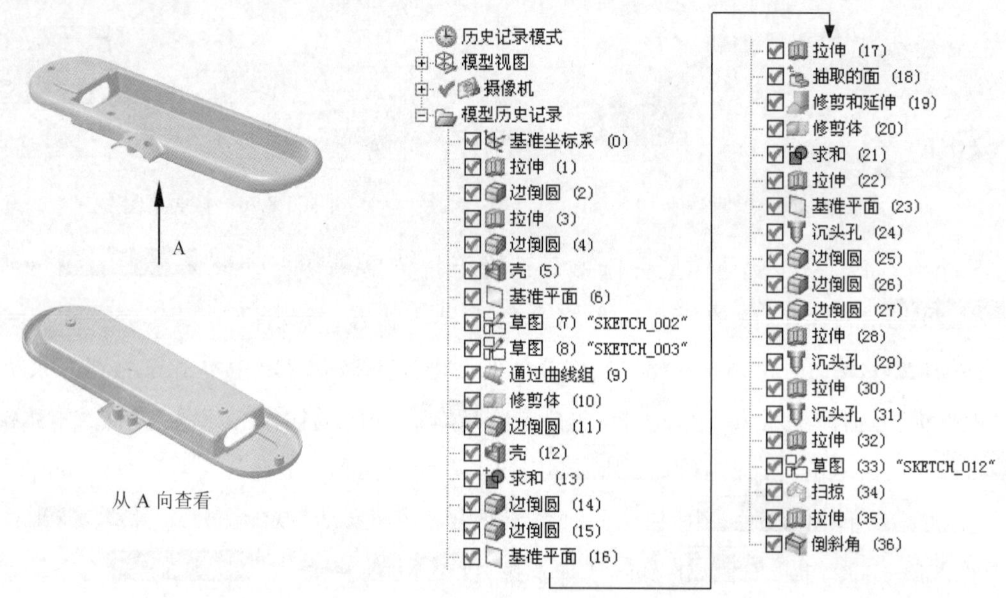

图 31.9.1　零件模型及模型树

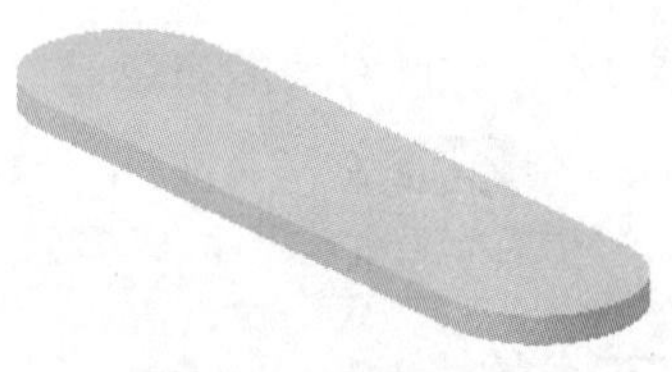

图 31.9.2　拉伸特征 1

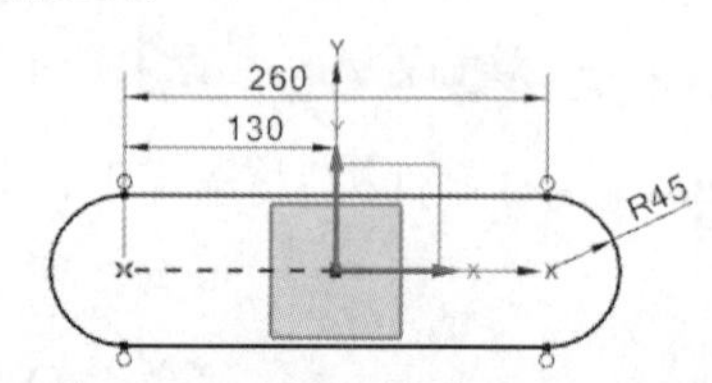

图 31.9.3　截面草图

Step3. 创建图 31.9.4b 所示的边倒圆特征 1。选择下拉菜单插入(S) ➡ 细节特征(L)▸ ➡ 边倒圆(E)...命令（或单击按钮），系统弹出“边倒圆”对话框；选取图 31.9.4a 所示的边线为倒圆角参照，并在半径 1文本框中输入值 8；单击确定按钮，完成边倒圆特征 1 的创建。

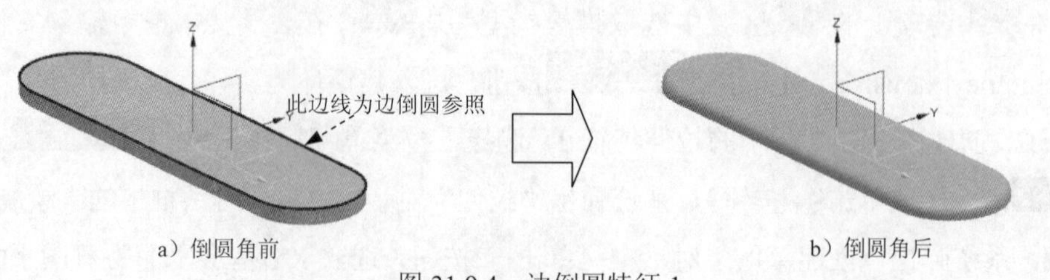

a）倒圆角前　　b）倒圆角后

图 31.9.4　边倒圆特征 1

Step4. 创建图 31.9.5 所示的拉伸特征 2。选择下拉菜单 插入(S) → 设计特征(E) → 拉伸(E)... 命令（或单击按钮），选取图 31.9.6 所示的模型表面为草图平面，取消选中设置区域的 创建中间基准 CSYS 复选框；绘制图 31.9.7 所示的截面草图；在“拉伸”对话框限制区域的开始下拉列表中选择 值 选项，并在其下的距离文本框中输入值 0；在限制区域的结束下拉列表中选择 值 选项，并在其下的距离文本框中输入值 3；在布尔区域的下拉列表中选择 求和 选项，采用系统默认的求和对象；其他参数采用系统默认设置；单击对话框中的 <确定> 按钮，完成拉伸特征 2 的创建。

图 31.9.5 拉伸特征 2

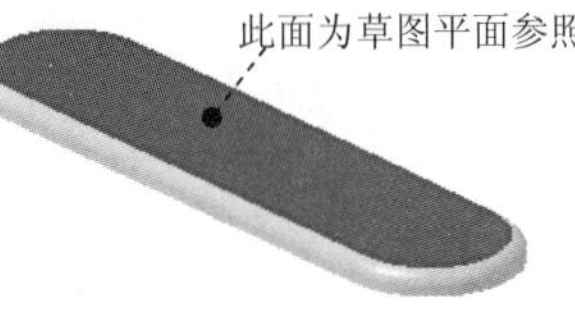

图 31.9.6 定义草图平面

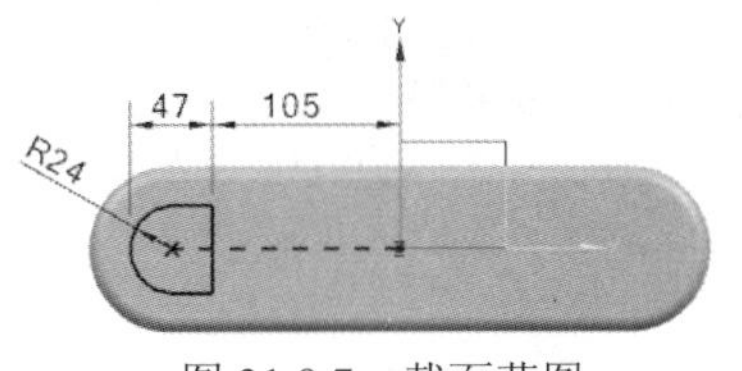

图 31.9.7 截面草图

Step5. 创建图 31.9.8b 所示的边倒圆特征 2。选择下拉菜单 插入(S) → 细节特征(L) → 边倒圆(E)... 命令，选取图 31.9.8a 所示的拉伸特征 2 的上端面边缘为倒圆角参照，并在 半径 1 文本框中输入值 2；单击 确定 按钮，完成边倒圆特征 2 的创建。

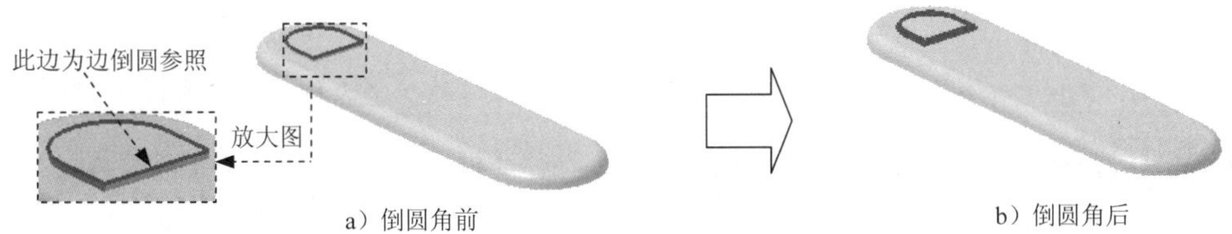

图 31.9.8 边倒圆特征 2

Step6. 创建图 31.9.9 的抽壳特征 1。选择下拉菜单 插入(S) → 偏置/缩放(O) → 抽壳(H)... 命令（或单击按钮），系统弹出“抽壳”对话框；在“抽壳”对话框类型区域的下拉列表中选择 移除面，然后抽壳 选项；选取图 31.9.10 所示的面为移除面，并在厚度文本框中输入值 2；其他参数采用系统默认设置；单击 <确定> 按钮，完成抽壳特征 1 的创建。

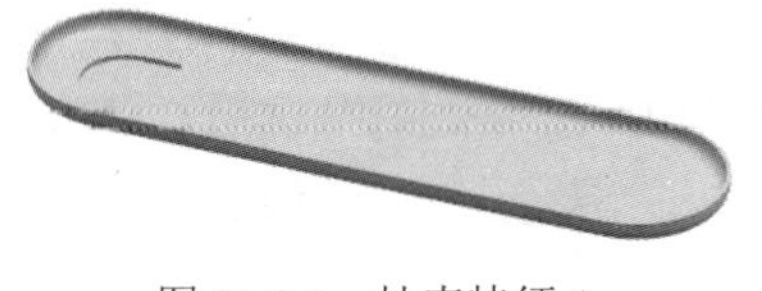
图 31.9.9 抽壳特征 1

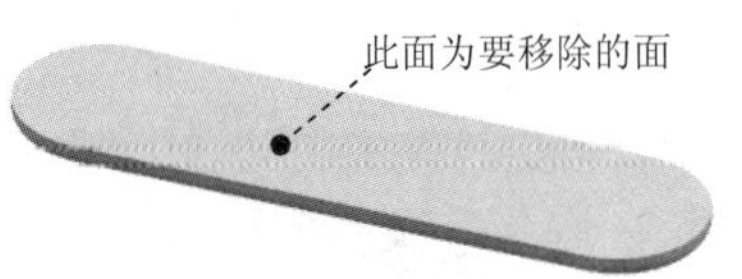

图 31.9.10 定义移除面

Step7. 创建图 31.9.11 所示的基准平面 1。选择下拉菜单 插入(S) → 基准/点(D) → 基准平面(D)... 命令，系统弹出“基准平面”对话框；其他参数采用系统默认设置；单击 <确定> 按钮，完成基准平面 1 的创建（注：具体参数和操作参见随书光盘）。

Step8. 创建图 31.9.12 所示的草图 1。选择下拉菜单插入(S) → 在任务环境中绘制草图(V)... 命令，系统弹出“创建草图”对话框；单击按钮，选取基准平面 1 为草图平面，取消选中设置区域的 创建中间基准 CSYS 复选框，单击确定按钮；进入草图环境，绘制图 31.9.12 所示的草图 1；选择下拉菜单任务(K) → 完成草图(K)命令（或单击完成草图按钮），退出草图环境。

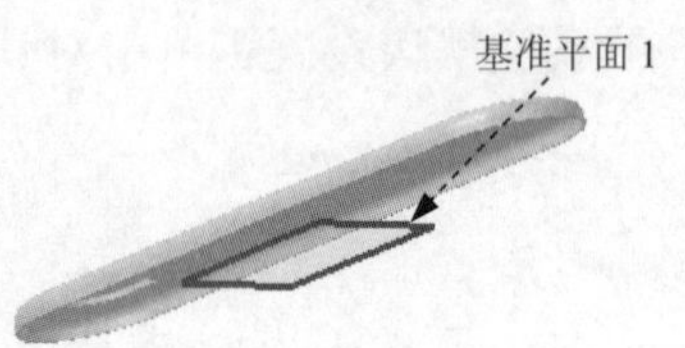

图 31.9.11　基准平面 1

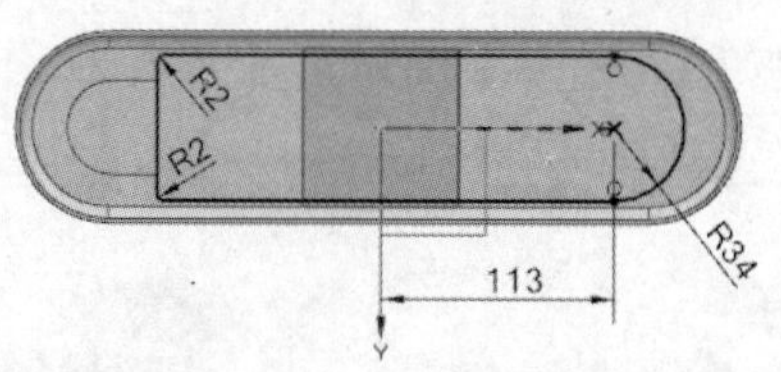

图 31.9.12　草图 1

Step9. 创建图 31.9.13 所示的草图 2。选择下拉菜单插入(S) → 在任务环境中绘制草图(V)... 命令，选取图 31.9.14 所示的模型表面为草图平面；绘制图 31.9.13 所示的草图 2。

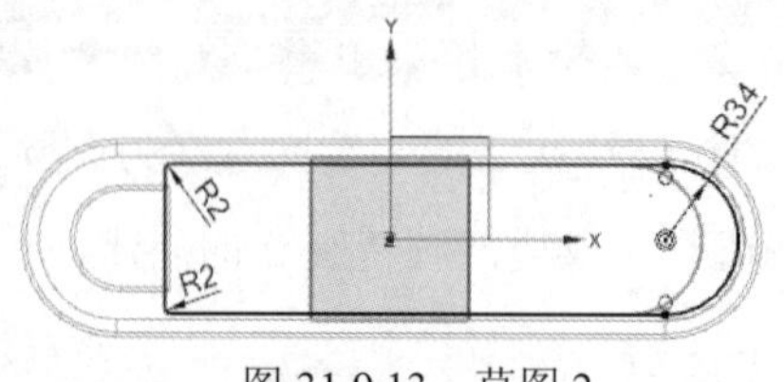

图 31.9.13　草图 2

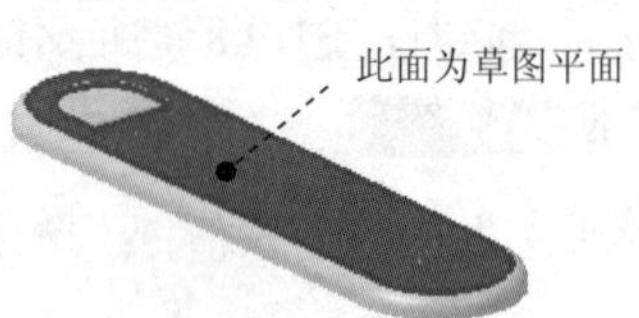

图 31.9.14　定义草图平面

Step10. 创建图 31.9.15 所示的曲面 1。选择下拉菜单插入(S) → 网格曲面(M) → 通过曲线组(T)...命令，系统弹出“通过曲线组”对话框；依次选取草图 1 和草图 2 为截面曲线，并分别单击中键确认；其他参数采用系统默认设置，单击< 确定 >按钮，完成曲面 1 的创建。

Step11. 创建图 31.9.16 所示的修剪体特征 1（曲面 1 已被隐藏）。选择下拉菜单插入(S) → 修剪(T) → 修剪体(T)...命令，系统弹出“修剪体”对话框；选取抽壳特征 1 为目标体，选取曲面 1 为工具体，单击工具区域中的“反向”按钮调整修剪方向；单击< 确定 >按钮，完成修剪体特征 1 的创建。

注意：选取曲面 1 时，需要在选择条的“面规则”下拉列表中选择体的面选项。

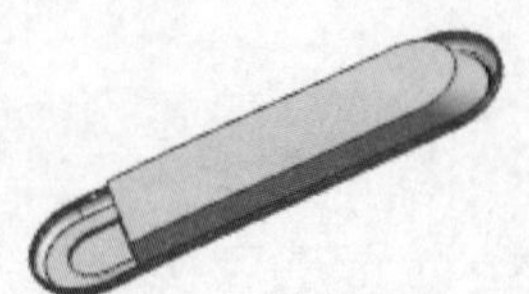

图 31.9.15　曲面 1

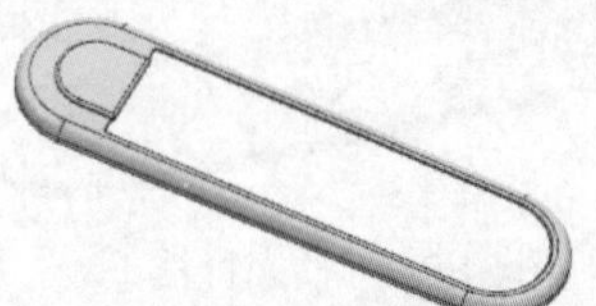

图 31.9.16　修剪体特征 1

Step12. 创建图 31.9.17b 所示的边倒圆特征 3。选择下拉菜单插入(S) → 细节特征(L) → 边倒圆(E)...命令；选择图 31.9.17a 所示的边线为倒圆角参照，并在半径 1文本框中输入值 2；单击 确定 按钮，完成边倒圆特征 3 的创建。

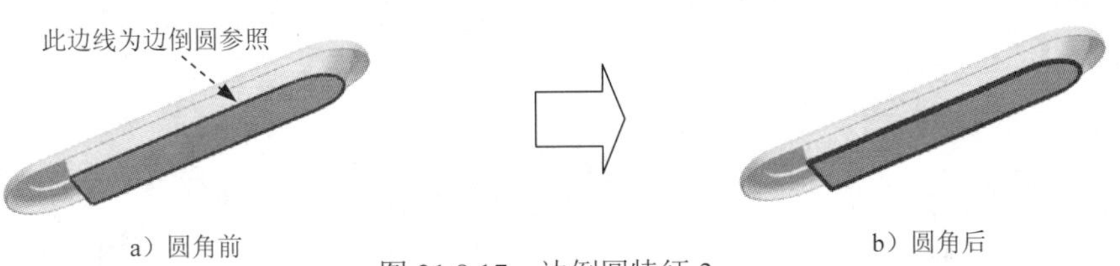

图 31.9.17 边倒圆特征 3

Step13. 创建图 31.9.18 的抽壳特征 2。选择下拉菜单 插入(S) → 偏置/缩放(O) → 抽壳(H)... 命令；在“抽壳”对话框类型区域的下拉列表中选择 移除面，然后抽壳 选项；选择图 31.9.19 所示的面为移除面，并在厚度文本框中输入值 2；调整抽壳方向为向内；其他参数采用系统默认设置；单击 < 确定 > 按钮，完成抽壳特征 2 的创建。

Step14. 创建求和特征 1。选择下拉菜单 插入(S) → 组合(B) → 求和(U)... 命令，系统弹出“求和”对话框；选取图 31.9.20 所示的目标体和工具体；单击 确定 按钮，完成布尔求和特征 1 的创建。

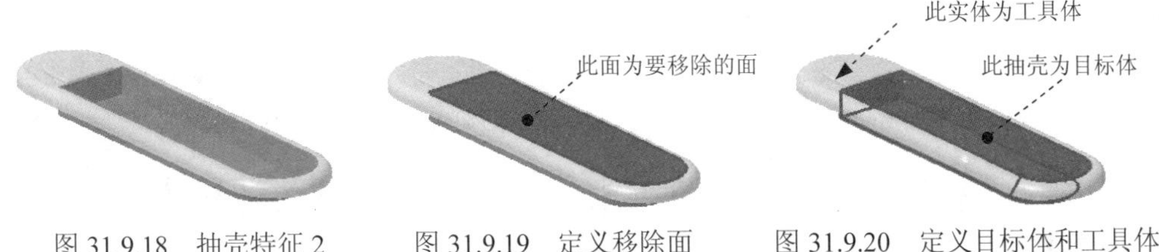

图 31.9.18 抽壳特征 2　　图 31.9.19 定义移除面　　图 31.9.20 定义目标体和工具体

Step15. 创建图 31.9.21b 所示的边倒圆特征 4。选择下拉菜单 插入(S) → 细节特征(L) → 边倒圆(E)... 命令；选择图 31.9.21a 所示的边线为倒圆角参照，并在 半径 1 文本框中输入值 2；单击 < 确定 > 按钮，完成边倒圆特征 4 的创建。

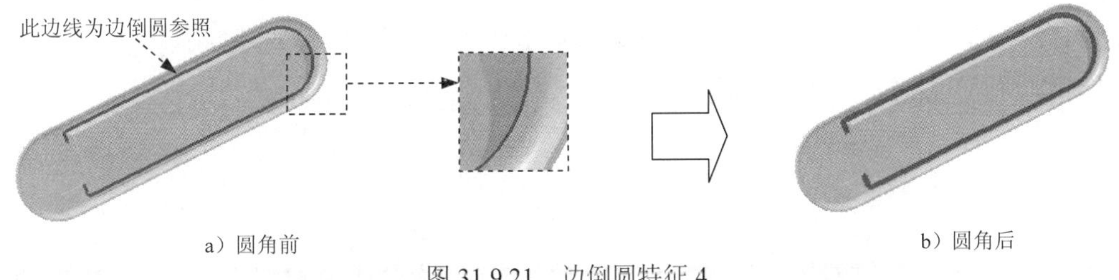

图 31.9.21 边倒圆特征 4

Step16. 创建图 31.9.22b 所示的边倒圆特征 5。选择下拉菜单 插入(S) → 细节特征(L) → 边倒圆(E)... 命令；选择图 31.9.22a 所示的边线为边倒圆参照，并在 半径 1 文本框中输入值 4；单击 确定 按钮，完成边倒圆特征 5 的创建。

Step17. 创建图 31.9.23 所示的基准平面 2。选择下拉菜单 插入(S) → 基准/点(D) → 基准平面(D)... 命令；在类型区域的下拉列表中选择 按某一距离 选项。在 平面参考 区域单击按钮，选取 XZ 基准平面为对象平面；在偏置区域的距离文本框中输入值为 65，并单击“反向”按钮；其他参数采用系统默认设置；单击< 确定 >按钮，完成基准平面 2 的创建。

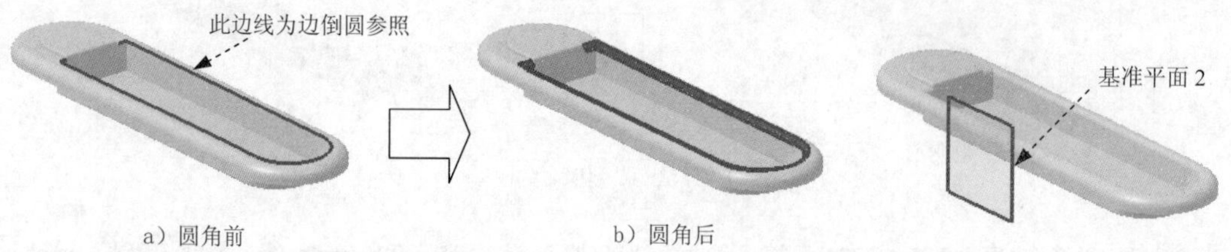

图 31.9.22　边倒圆特征 5

图 31.9.23　基准平面 2

Step18. 创建图 31.9.24 所示的拉伸特征 3。选择下拉菜单插入(S) → 设计特征(E) → 拉伸(E)...命令，选取基准平面 2 为草图平面；绘制图 31.9.25 所示的截面草图；在“拉伸”对话框方向区域的指定矢量 (0)下拉列表中选择YC选项；在限制区域的开始下拉列表中选择值选项，并在其下的距离文本框中输入值 0；在限制区域的结束下拉列表中选择直至下一个选项；在布尔区域的下拉列表中选择无选项；其他参数采用系统默认设置；单击对话框中的< 确定 >按钮，完成拉伸特征 3 的创建。

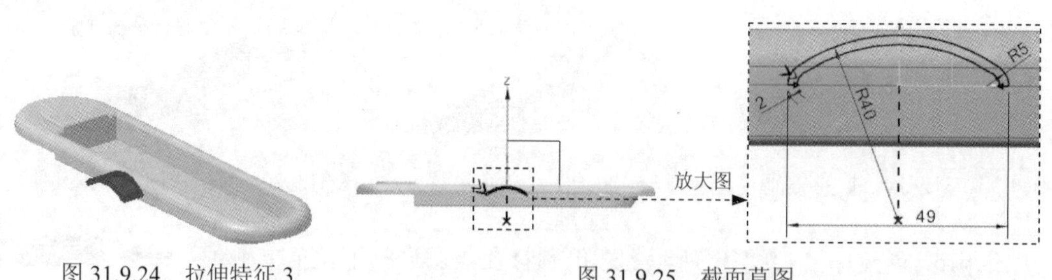

图 31.9.24　拉伸特征 3

图 31.9.25　截面草图

Step19. 创建抽取特征。选择下拉菜单插入(S) → 关联复制(A) → 抽取几何体(E)...命令，系统弹出“抽取几何体”对话框；在类型区域的下拉列表中选择面选项；选取图 31.9.26 所示的 3 个面为要复制的面；在设置区域中选中固定于当前时间戳记复选项；其他参数采用系统默认设置；单击确定按钮，完成抽取特征的创建。

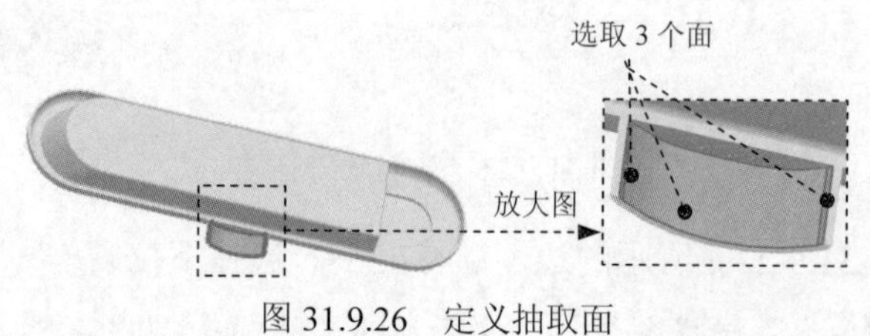

图 31.9.26　定义抽取面

Step20. 创建图 31.9.27 延伸特征。选择下拉菜单插入(S) → 修剪(T) → 修剪与延伸(N)...命令，系统弹出“修剪和延伸”对话框；在类型区域的下拉列表中选择按距离选项。选取图 31.9.28 所示的边；在延伸区域中的距离文本框中输入值 4；其他参数采用系统默认设置；单击< 确定 >按钮，完成延伸特征的创建。

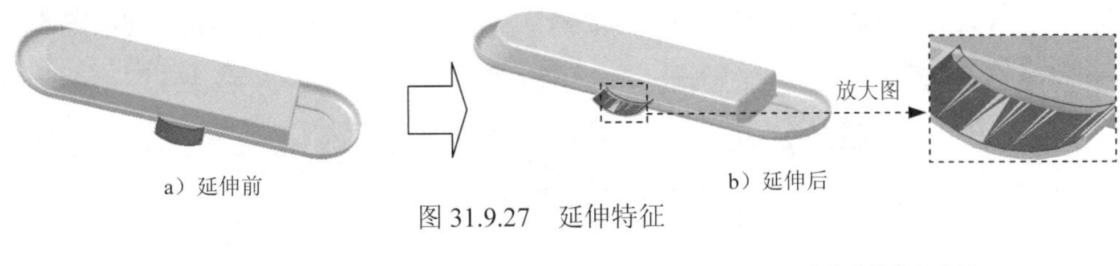

a）延伸前　　b）延伸后

图 31.9.27　延伸特征

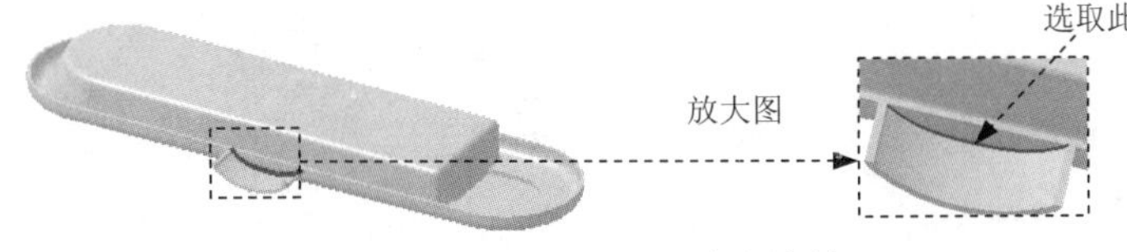

图 31.9.28　选取边线

Step21. 创建图 31.9.29 所示的修剪体特征 2。选择下拉菜单插入(S) → 修剪(T) → 修剪体(T)...命令，系统弹出“修剪体”对话框；选取图 31.9.30 所示的实体为目标体，选取图 31.9.31 所示的曲面 1 为工具体；单击< 确定 >按钮，完成修剪体特征 2 的创建。

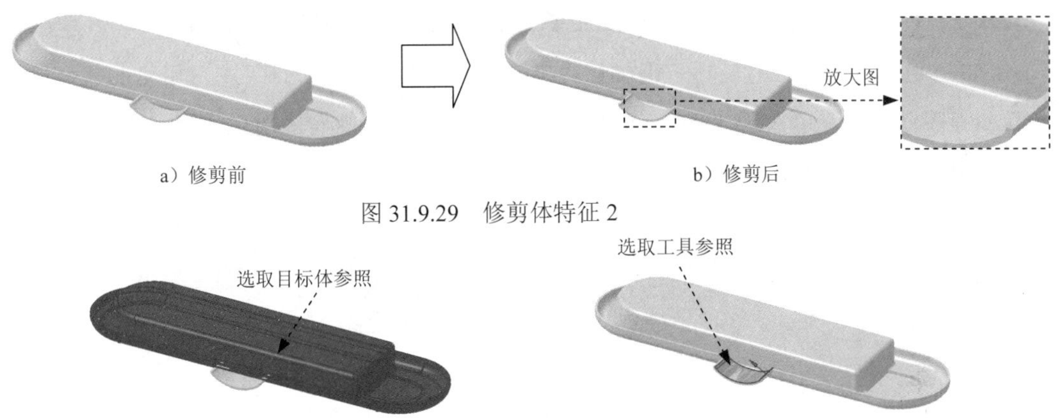

a）修剪前　　b）修剪后

图 31.9.29　修剪体特征 2

图 31.9.30　定义目标体　　图 31.9.31　定义工具体

Step22. 创建求和特征 2。选择下拉菜单插入(S) → 组合(B) → 求和(U)...命令，系统弹出“求和”对话框；选取图 31.9.32 所示的目标体，选取图 31.9.33 所示的工具体；单击< 确定 >按钮，完成布尔求和特征 2 的创建。

图 31.9.32　定义目标体　　图 31.9.33　定义工具体

Step23. 创建图 31.9.34 所示的拉伸特征 4。选择下拉菜单插入(S) → 设计特征(E) → 拉伸(E)...命令，选取 XY 基准平面为草图平面；取消选中设置区域的

□ 创建中间基准 CSYS 复选框，绘制图 31.9.35 所示的截面草图；在“拉伸”对话框限制区域的开始下拉列表中选择值选项，并在其下的距离文本框中输入值-4；在限制区域的结束下拉列表中选择直至下一个选项；并在方向区域的*指定矢量 (0)下拉列表中选择ZC↑选项；在布尔区域的下拉列表中选择求和选项，系统将自动与模型中唯一个体进行布尔求和运算；其他参数采用系统默认设置；单击对话框中的< 确定 >按钮，完成拉伸特征 4 的创建。

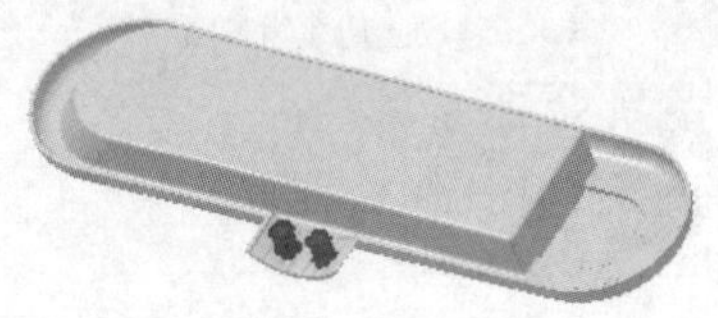

图 31.9.34 拉伸特征 4

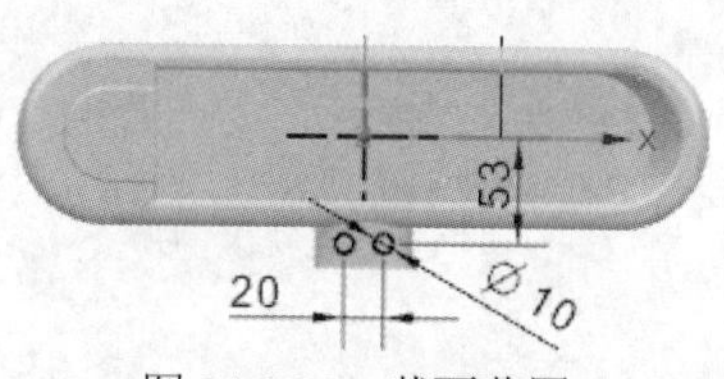

图 31.9.35 截面草图

Step24. 创建图 31.9.36 所示的基准平面 3。选择下拉菜单插入(S) → 基准/点(D) → 基准平面(D)...命令，系统弹出“基准平面”对话框；在类型区域的下拉列表中选择相切选项；在子类型下拉列表中选择通过点选项；选取图 31.9.37 所示的曲面为对象平面；单击按钮，系统弹出“点”对话框，在类型区域的下拉列表中选择交点选项，选取 YZ 基准平面为平面对象，单击鼠标中键确认，再选取图 31.9.38 所示的曲线为相交曲线，单击确定按钮；系统重新弹出“基准平面”对话框，其他参数采用系统默认设置；单击< 确定 >按钮，完成基准平面 3 的创建。

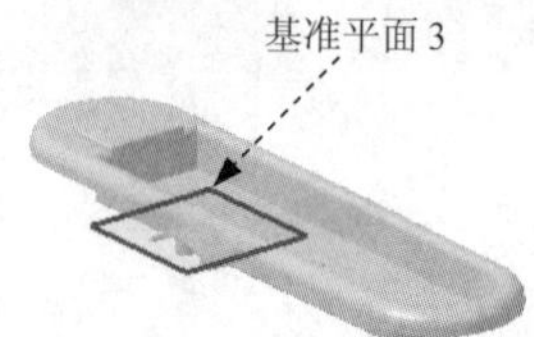

图 31.9.36 基准平面 3

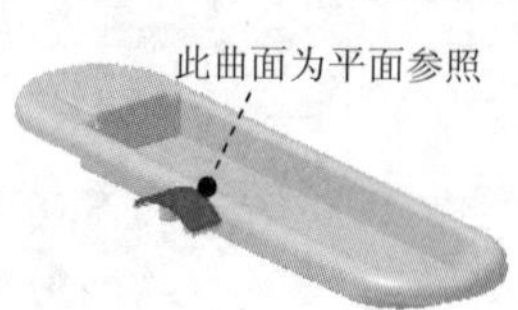

图 31.9.37 定义对象平面

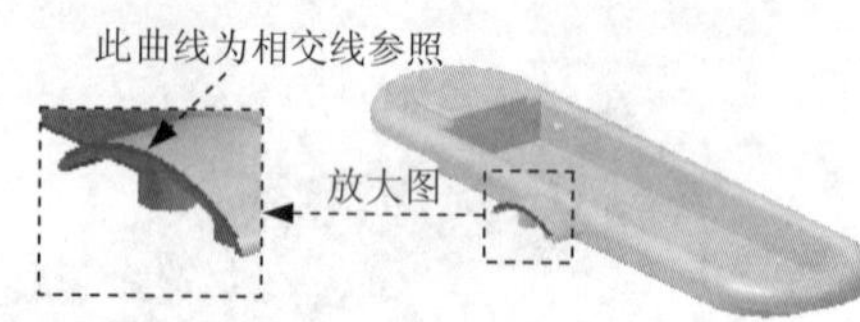

图 31.9.38 定义相交曲线

Step25. 创建图 31.9.39a 所示的孔特征 1。选择下拉菜单插入(S) → 设计特征(E) → 孔(H)...命令，系统弹出“孔”对话框；在类型下拉列表中选择常规孔选项，单击“孔”对话框中的“绘制截面”按钮，然后选取 Step24 中创建的基准平面 3 为的孔的放置面，单击确定按钮，进入草图环境；系统自动弹出“草图点”对话框，在草图中单击两点，单击关闭按钮，退出“草图点”对话框；添加约束使这两个点分别与图 31.9.39 所示的两个圆弧边线的圆心点重合；单击完成草图按钮，退出草图环境；在方向区域的孔方向下拉列表中选择沿矢量选项，在指定矢量右侧的下拉列表中选择-ZC选项；在成形下拉列表中选择沉头选项，在沉头直径文本框中输入值 8，在沉头深度文本框中输入值 8，在直径文本框中输入值 3，在深度限制下拉列表中选择贯通体选项，其余参数采用系统默认设置，单击< 确定 >按钮，完成孔特征 1 的创建。

Step26.创建图 31.9.40b 所示的边倒圆特征 6。选择下拉菜单插入(S) → 细节特征(L)

➡ 边倒圆(E)... 命令，选取图 31.9.40a 所示的边为边倒圆参照，并在半径 1文本框中输入值 4；单击< 确定 >按钮，完成边倒圆特征 6 的创建。

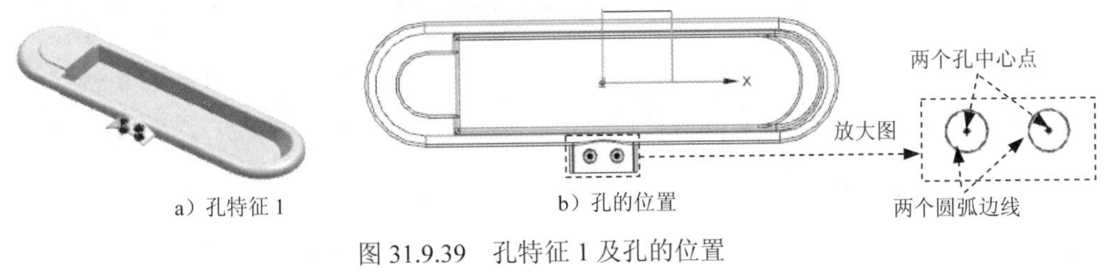

图 31.9.39　孔特征 1 及孔的位置

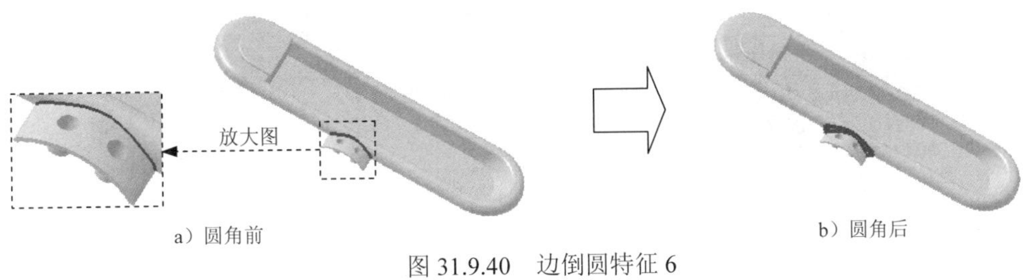

图 31.9.40　边倒圆特征 6

Step27. 创建图 31.9.41b 所示的边倒圆特征 7。选取图 31.9.41a 所示的边为边倒圆参照，其圆角半径值为 6。

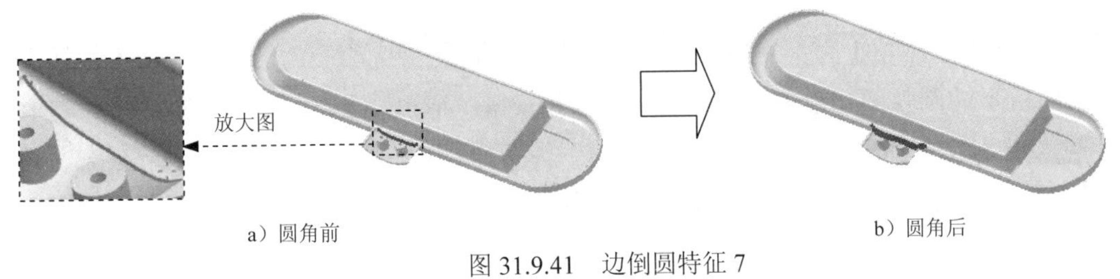

图 31.9.41　边倒圆特征 7

Step28. 创建图 31.9.42b 所示的边倒圆特征 8。选择图 31.9.42a 所示的边为边倒圆参照，其圆角半径值为 2。

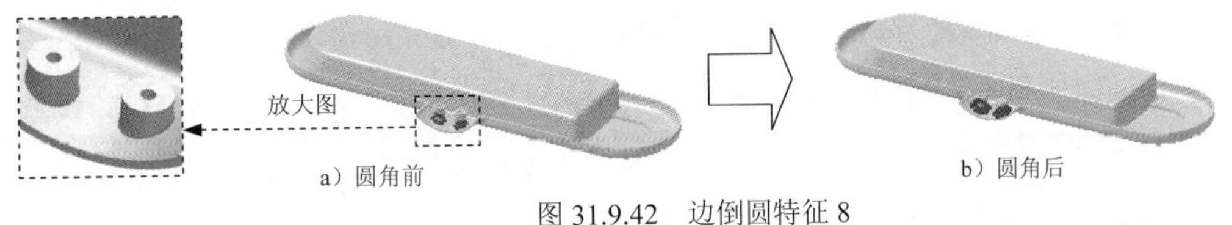

图 31.9.42　边倒圆特征 8

Step29. 创建图 31.9.43 所示的拉伸特征 5。选择下拉菜单插入(S) ➡ 设计特征(E)▸ ➡ 拉伸(E)... 命令，选取图 31.9.44 所示的面为草图平面，选取 X 基准轴为水平方向参照；绘制图 31.9.45 所示的截面草图；在“拉伸”对话框中方向区域的* 指定矢量 (0)下拉列表选择-ZC选项；在限制区域的开始下拉列表中选择值选项，并在其下的距离文本框中输入值 0；在限制区域的结束下拉列表中选择值选项，并在其下的距离文本框中输入值 12；在布尔区域的下拉列表中选择求和选项，系统将自动与模型中唯一一个体进行布尔求和运算；其他参数采用系统默认设置；单击对话框中的< 确定 >按钮，完成拉伸特征 5 的创建。

图 31.9.43 拉伸特征 5

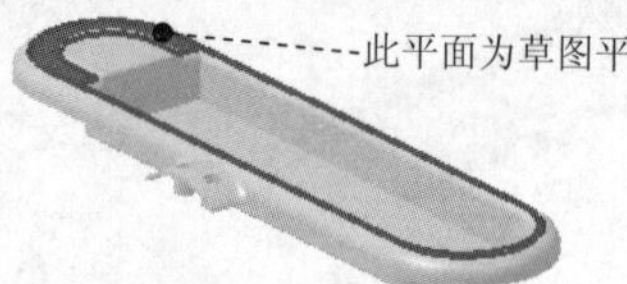

图 31.9.44 定义草图平面

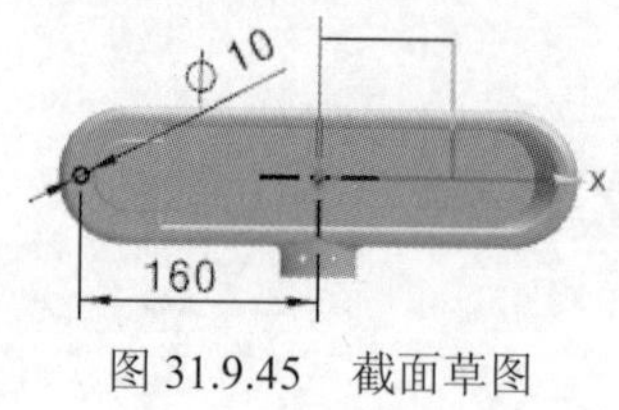

图 31.9.45 截面草图

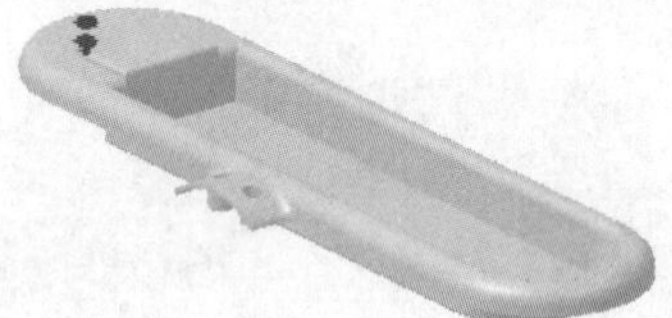

图 31.9.46 孔特征 2

Step30. 创建图 31.9.46 所示的孔特征 2。选择下拉菜单插入(S) → 设计特征(E) → 孔(H)...命令（或单击按钮），系统弹出“孔”对话框；在类型下拉列表中选择常规孔选项，单击“孔”对话框中的“绘制截面”按钮，然后在绘图区域中选取图 31.9.44 所示面为孔的放置面，单击确定按钮，进入草图环境；系统自动弹出“草图点”对话框，在草图中单击一点，单击关闭按钮，退出“草图点”对话框；添加约束使这个点与图 31.9.45 所示的圆弧圆心点重合；单击完成草图按钮，退出草图环境；在成形下拉列表中选择沉头选项，在沉头直径文本框中输入值 8，在沉头深度文本框中输入值 8，在直径文本框中输入值 3，在深度限制下拉列表中选择贯通体选项，其余参数采用系统默认设置，单击< 确定 >按钮，完成孔特征 2 的创建。

Step31. 创建图 31.9.47 所示的拉伸特征 6。选择下拉菜单插入(S) → 设计特征(E) → 拉伸(E)...命令，选取图 31.9.48 所示的面为草图平面；绘制图 31.9.49 所示的截面草图；在“拉伸”对话框限制区域的开始下拉列表中选择值选项，并在其下的距离文本框中输入值 0；在限制区域的结束下拉列表中选择值选项，并在其下的距离文本框中输入值 4；在方向区域的* 指定矢量 (0)下拉列表中选择-ZC选项；在布尔区域的下拉列表中选择求和选项，系统将自动与模型中唯一一个体进行布尔求和运算；其他参数采用系统默认设置；单击对话框中的< 确定 >按钮，完成拉伸特征 6 的创建。

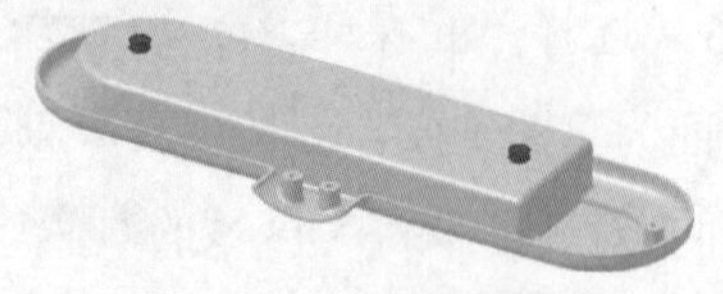

图 31.9.47 拉伸特征 6

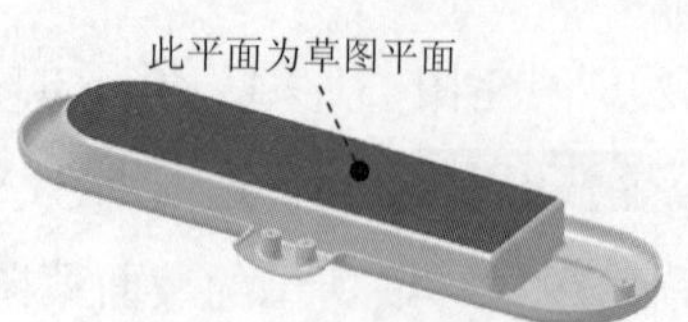

图 31.9.48 定义草图平面

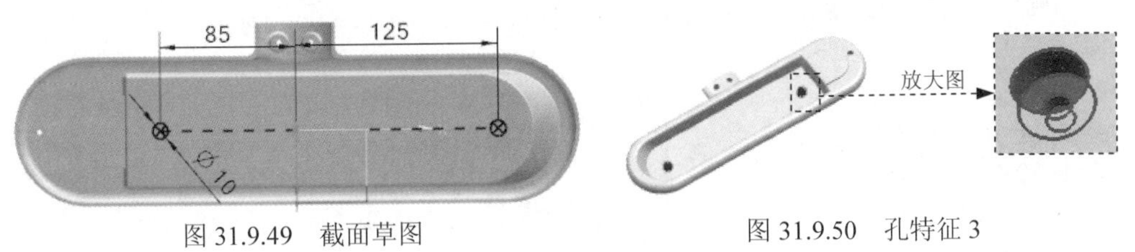

图 31.9.49　截面草图　　　图 31.9.50　孔特征 3

Step32. 创建图 31.9.50 所示的孔特征 3。选择下拉菜单插入(S) → 设计特征(E) → 孔(H)...命令（或单击按钮），系统弹出“孔”对话框；在类型下拉列表中选择常规孔选项，单击“孔”对话框中的“绘制截面”按钮，然后在绘图区域中选取图 31.9.51 所示面为孔的放置面，单击确定按钮，进入草图环境；系统自动弹出“草图点”对话框，在草图中单击两点，单击关闭按钮，退出“草图点”对话框；添加约束使这两个点分别与图 31.9.52 所示的两个圆弧边（即拉伸特征 6 的圆柱边）的圆心点重合；单击完成草图按钮，退出草图环境；在成形下拉列表中选择沉头选项，在沉头直径文本框中输入值 8，在沉头深度文本框中输入值 4，在直径文本框中输入值 3，在深度限制下拉列表中选择贯通体选项，其余参数采用系统默认设置，单击< 确定 >按钮，完成孔特征 3 的创建。

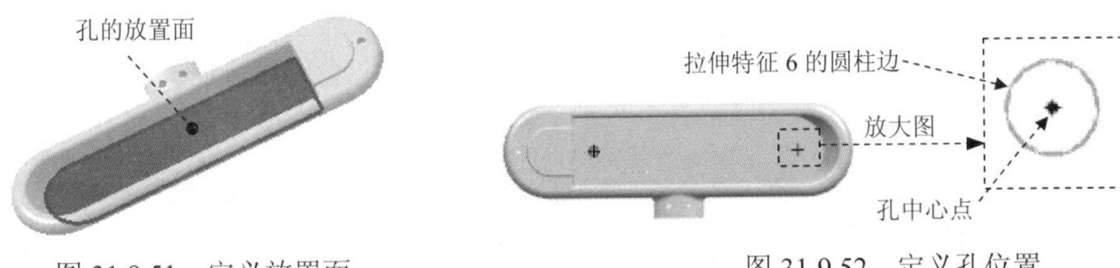

图 31.9.51　定义放置面　　　图 31.9.52　定义孔位置

Step33. 创建图 31.9.53 所示的拉伸特征 7。选择下拉菜单插入(S) → 设计特征(E) → 拉伸(E)...命令，选取图 31.9.54 所示的面为草图平面；绘制图 31.9.55 所示的截面草图；在“拉伸”对话框限制区域的开始下拉列表中选择直至选定对象选项，选取图 31.9.54 所示的面为选定对象；在限制区域的结束下拉列表中选择值选项，并在其下的距离文本框中输入值 12；在方向区域的* 指定矢量 (0)下拉列表中选择XC选项；在布尔区域的下拉列表中选择求差选项，系统将自动与模型中唯一个体进行布尔求差运算；其他参数采用系统默认设置；单击对话框中的< 确定 >按钮，完成拉伸特征 7 的创建。

图 31.9.53　拉伸特征 7

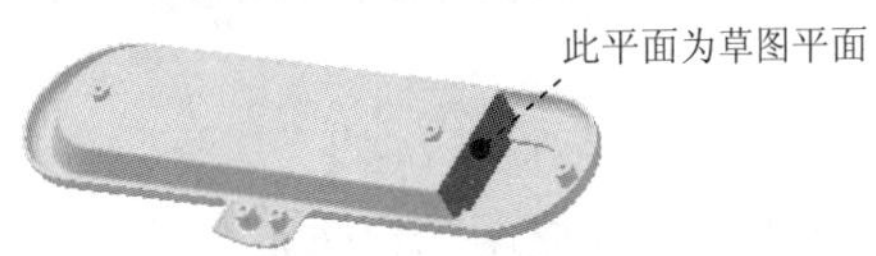

图 31.9.54　定义草图平面

Step34. 创建图 31.9.56 所示的草图 3。选择下拉菜单插入(S) → 在任务环境中绘制草图(V)...命令；选取基准平面 2 为草图平面；绘制图 31.9.56 所示的草图 3；选择下拉菜单

任务(K) ➡ 完成草图(K)命令（或单击完成草图按钮），退出草图环境。

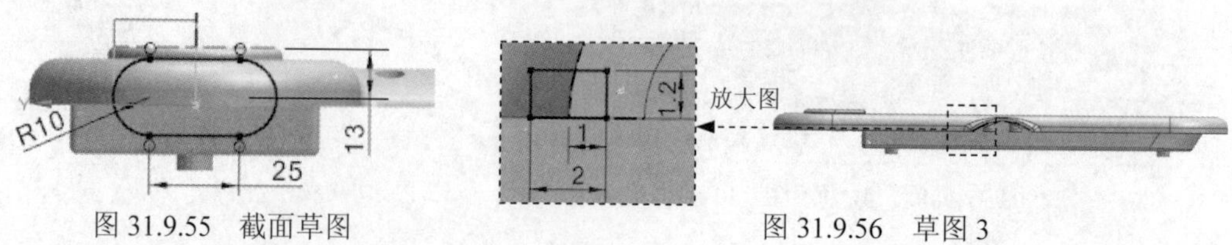

图 31.9.55 截面草图　　图 31.9.56 草图 3

Step35. 创建图 31.9.57b 所示的扫掠特征。选择下拉菜单插入(S) ➡ 扫掠(W) ➡ 沿引导线扫掠(G)...命令，系统弹出“沿引导线扫掠”对话框；在截面区域中单击按钮，选择草图 3 为截面线串；在引导线区域中单击按钮，选择图 31.9.57a 所示的曲线为引导线串；偏置采用系统默认设置；在布尔区域的下拉列表中选择求差选项；单击< 确定 >按钮，完成扫掠特征的创建。

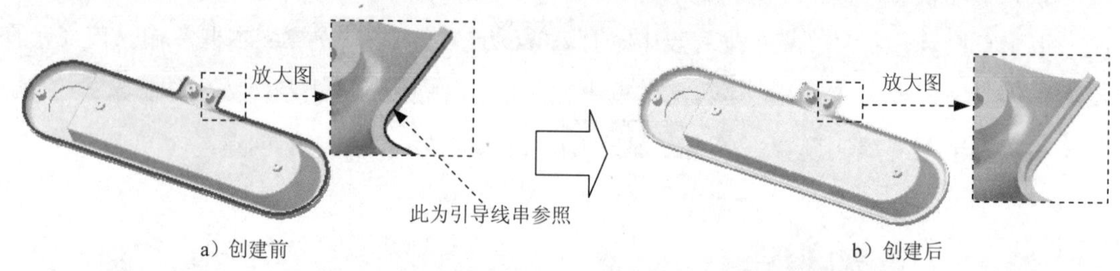

a）创建前　　b）创建后

图 31.9.57 扫掠特征

Step36. 创建图 31.9.58 所示的拉伸特征 8。选择下拉菜单插入(S) ➡ 设计特征(E) ➡ 拉伸(E)...命令，选取基准平面 2 为草图平面；绘制图 31.9.59 所示的截面草图；在“拉伸”对话框限制区域的开始下拉列表中选择值选项，并在其下的距离文本框中输入值 0；在限制区域的结束下拉列表中选择值选项，并在其下的距离文本框中输入值 2；在方向区域的* 指定矢量 (0)下拉列表中选择-YC选项；在布尔区域的下拉列表中选择求和选项，系统将自动与模型中唯一一个体进行布尔求和运算；其他参数采用系统默认设置；单击对话框中的< 确定 >按钮，完成拉伸特征 8 的创建。

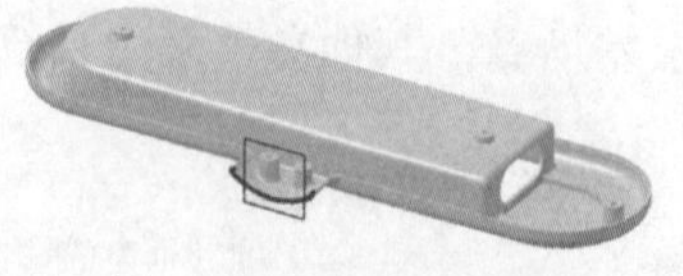

图 31.9.58 拉伸特征 8

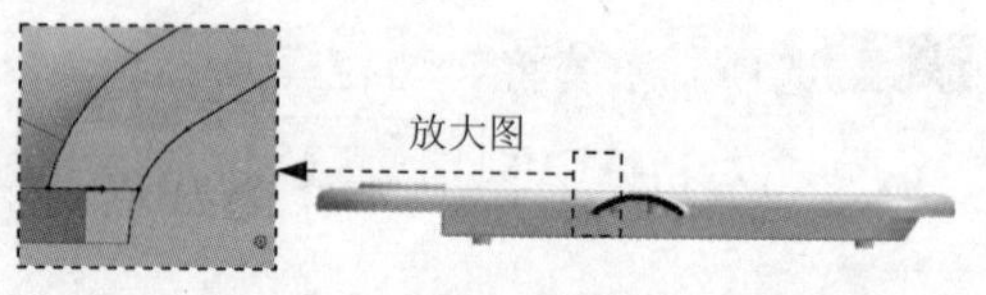

图 31.9.59 截面草图

Step37. 创建图 31.9.60b 所示的倒斜角特征。选择下拉菜单插入(S) ➡ 细节特征(L) ➡ 倒斜角(C)...命令，系统弹出“倒斜角”对话框；选取图 31.9.60a 所示的边线为倒斜角参照，在偏置区域的横截面下拉列表中选择对称选项，在距离文本框中输入值 1；在设置区域的偏置方法下拉列表中选择偏置面并修剪选项；单击< 确定 >按钮，完成倒斜角特征的创建。

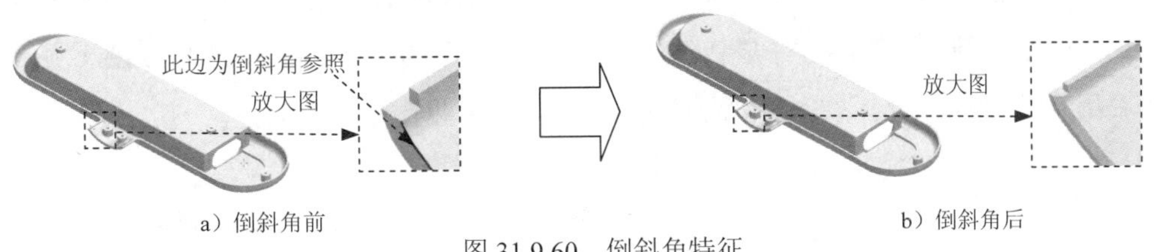

a）倒斜角前　　b）倒斜角后

图 31.9.60　倒斜角特征

Step38. 将对象移动至图层并隐藏。选择下拉菜单 编辑(E) → 显示和隐藏(H) → 全部显示(A) 命令，所有对象将会处于显示状态；选择下拉菜单 格式(R) → 移动至图层(M)... 命令，系统弹出“类选择”对话框；在“类选择”对话框的 过滤器 区域中单击 按钮，系统弹出“根据类型选择”对话框；在此对话框中选择 曲线 选项，并按住 Ctrl 键，依次选取 草图 、 片体 和 基准 选项，单击对话框中的 确定 按钮，系统再次弹出“类选择”对话框；单击“类选择”对话框 对象 区域中的 按钮，单击 确定 按钮，此时系统弹出“图层移动”对话框，在 目标图层或类别 文本框中输入值 2，单击 确定 按钮；选择下拉菜单 格式(R) → 图层设置(S)... 命令，弹出“图层设置”对话框，在 显示 下拉列表中选择 所有图层 选项，在 图层 列表框中选择 ☑2 选项，然后单击 设为不可见 右边的 按钮，单击 关闭 按钮，完成对象的隐藏。

Step39. 保存零件模型。选择下拉菜单 文件(F) → 保存(S) 命令，即可保存零件模型。

31.10 灯 罩 上 盖

本节将介绍灯罩上盖的设计过程。该零件的设计过程中运用了拉伸特征、片体的修剪特征、缝合特征、拔模特征、孔特征、加厚特征和扫掠特征等。所建的零件模型及相应的模型树如图 31.10.1 所示。

Step1. 新建文件。选择下拉菜单 文件(F) → 新建(N)... 命令，系统弹出“新建”对话框。在 模型 选项卡的 模板 区域中选取模板类型为 模型，在 名称 文本框中输入文件名称 lamp_chimney_top_cover，单击 确定 按钮，进入建模环境。

Step2. 创建图 31.10.2 所示的拉伸特征 1。选择下拉菜单 插入(S) → 设计特征(E) → 拉伸(E)... 命令（或单击 按钮），系统弹出“拉伸”对话框；单击“拉伸”对话框中的“绘制截面”按钮，系统弹出“创建草图”对话框。选取 XY 基准平面为草图平面，选中 设置 区域的 ☑ 创建中间基准 CSYS 复选框，单击 确定 按钮，进入草图环境，绘制图 31.10.3 所示的截面草图，选择下拉菜单 任务(K) → 完成草图(K) 命令（或单击 完成草图 按钮），退出草图环境；在“拉伸”对话框 限制 区域的 开始 下拉列表中选择 值 选项，并在其下的 距离文本框中输入值 0；在限制区域的结束下拉列表中选择值选项，并在其下的距离文本框中输入值 10；在指定矢量下拉列表中选择ZC选项；在体类型下拉列表中选择片体选项，其他参数采用系统默认设置；单击< 确定 >按钮，完成拉伸特征 1 的创建。

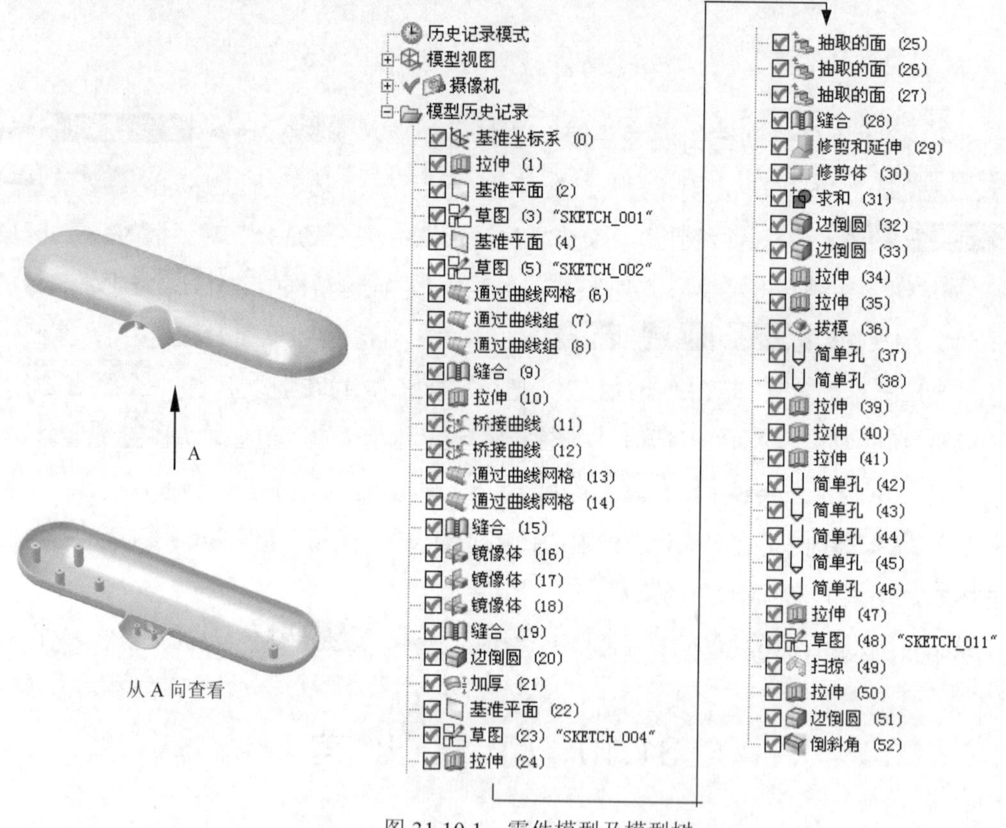

图 31.10.1 零件模型及模型树

Step3. 创建图 31.10.4 所示的基准平面 1。选择下拉菜单插入(S) → 基准/点(D) → 基准平面(D)...命令（或单击按钮），系统弹出“基准平面”对话框；在“基准平面”对话框中单击< 确定 >按钮，完成基准平面 1 的创建（注：具体参数和操作参见随书光盘）。

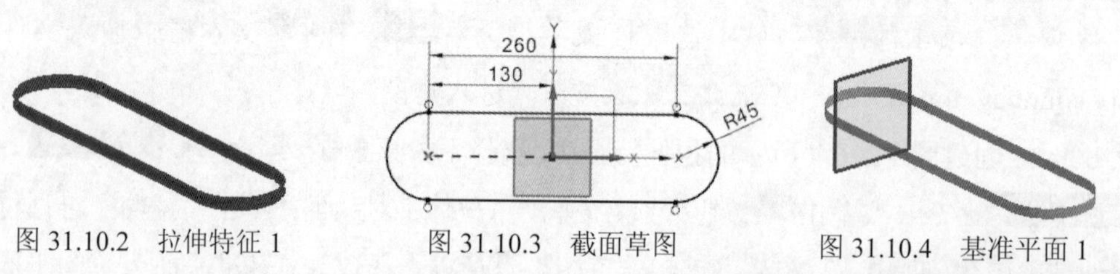

图 31.10.2 拉伸特征 1 图 31.10.3 截面草图 图 31.10.4 基准平面 1

Step4. 创建图 31.10.5 所示的草图 1。选择下拉菜单插入(S) → 在任务环境中绘制草图(V)...命令，系统弹出“创建草图”对话框；选取基准平面 1 为草图平面，取消选中设置区域的创建中间基准 CSYS复选框，单击确定按钮；进入草图环境，绘制图 31.10.5 所示的草图 1；选择下拉菜单任务(K) → 完成草图(K)命令（或单击完成草图按钮），退出草图环境。

Step5. 创建图 31.10.6 所示的基准平面 2。选择下拉菜单 插入(S) → 基准/点(D) → 基准平面(D)... 命令（或单击按钮），单击 < 确定 > 按钮，完成基准平面 2 的创建（注：具体参数和操作参见随书光盘）。

Step6. 创建图 31.10.7 所示的草图 2。选择下拉菜单 插入(S) → 在任务环境中绘制草图(V)... 命令（或单击按钮），选取 Step5 所创建的基准平面 2 为草图平面，单击 确定 按钮，绘制图 31.10.7 所示的草图 2。选择下拉菜单 任务(K) → 完成草图(K) 命令（或单击 完成草图 按钮），退出草图环境。

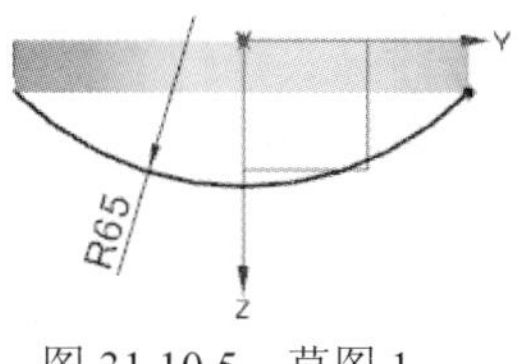

图 31.10.5 草图 1

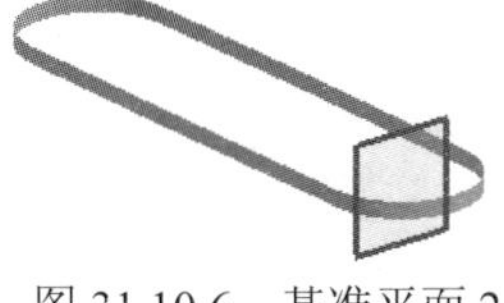

图 31.10.6 基准平面 2

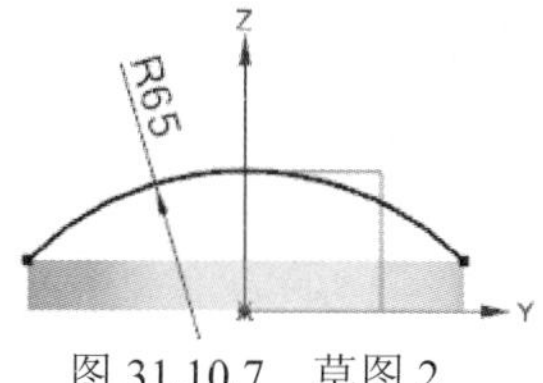

图 31.10.7 草图 2

Step7. 创建图 31.10.8b 所示的网格曲面特征 1。选择下拉菜单 插入(S) → 网格曲面(M) → 通过曲线网格(M)... 命令，系统弹出“通过曲线网格”对话框；选取图 31.10.8a 所示的曲线 1 和曲线 2 为主曲线，并分别单击中键确认，选取图 31.10.8a 所示的曲线 3 和曲线 4 为交叉曲线，并分别单击中键确认；单击 < 确定 > 按钮，完成网格曲面特征 1 的创建。

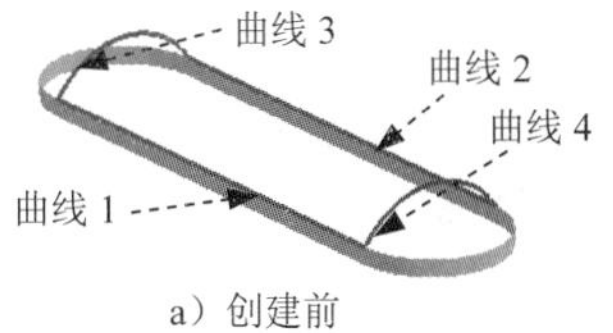

a）创建前

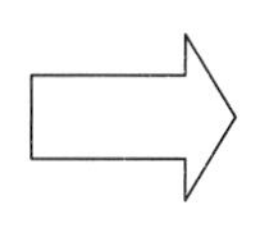

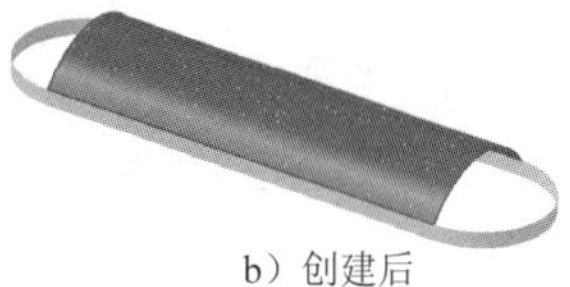

b）创建后

图 31.10.8 网格曲面特征 1

注意： 选取曲线串后，图形区显示的箭头矢量应该处于截面线串的同侧，否则生成的片体将被扭曲。

Step8. 创建图 31.10.9b 所示网格曲面特征 2。选择下拉菜单 插入(S) → 网格曲面(M) → 通过曲线组(T)... 命令，系统弹出“通过曲线网格”对话框；选取图 31.10.9a 所示的曲线 1，单击鼠标中键后选取曲线 2，取消选中 输出曲面选项 区域的 □ 垂直于终止截面 复选框，在 连续性 区域中的 第一截面 下拉列表中选择 G1（相切）选项，并单击按钮，选取 Step7 所创建的网格曲面特征 1；注意要在 设置 区域中勾选 ☑ 保留形状 复选框，其他参数采用系统默认设置，单击 < 确定 > 按钮，完成网格曲面特征 2 的创建。

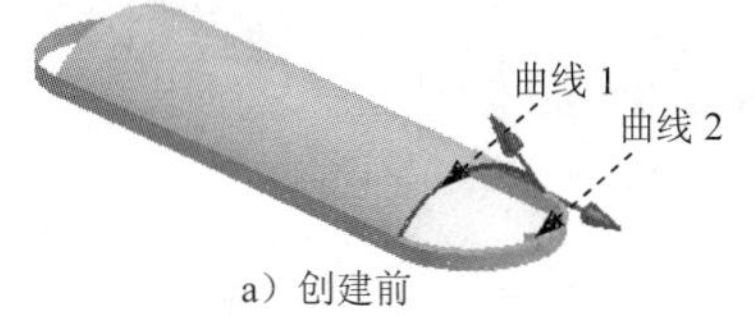

a）创建前

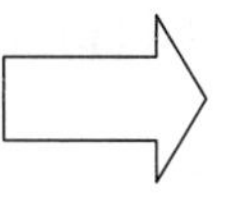

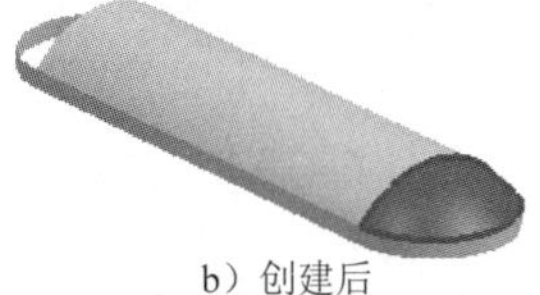

b）创建后

图 31.10.9 网格曲面特征 2

注意：在定义网格曲面特征时，应注意曲线的方向，如图 31.10.9a 所示。

Step9. 创建图 31.10.10b 所示网格曲面特征 3。选择下拉菜单 插入(S) → 网格曲面(M) → 通过曲线组(T)... 命令，系统弹出"通过曲线网格"对话框；选择图 31.10.10a 所示的曲线 1，单击鼠标中键后选取曲线 2，在 连续性 区域的 第一截面 下拉列表中选择 G1(相切) 选项，并单击按钮，选取 Step7 所创建的网格曲面特征 1；注意要在 设置 区域中勾选 ☑ 保留形状 复选框，其他参数采用系统默认设置，单击 < 确定 > 按钮，完成网格曲面特征 3 的创建。

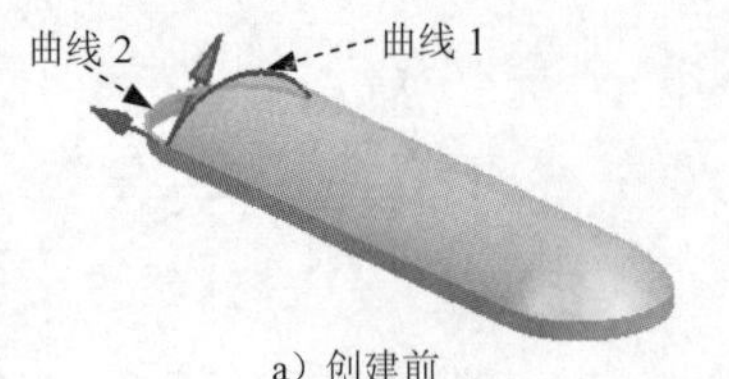

a）创建前

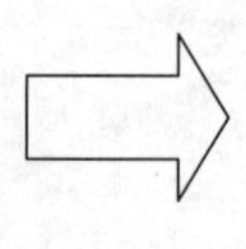

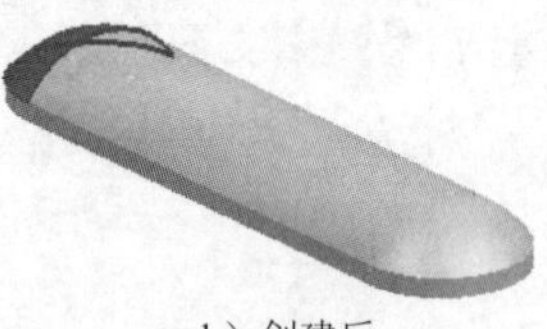
b）创建后

图 31.10.10　网格曲面特征 3

注意：在定义网格曲面特征时，注意调整各曲线的方向，如图 31.10.10 所示。

Step10. 创建曲面缝合特征 1。选择下拉菜单 插入(S) → 组合(B) → 缝合(W)... 命令，系统弹出"缝合"对话框；在 目标 区域中单击按钮，选取图 31.10.11 所示的面为缝合的目标片体；在 刀具 区域中单击按钮，选取图 31.10.12 所示的三个面为缝合工具片体；单击 确定 按钮，完成缝合特征 1 的创建。

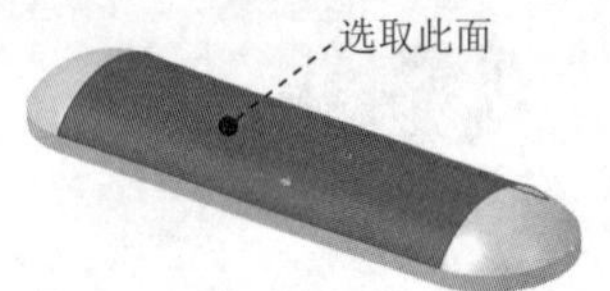

图 31.10.11　定义目标片体

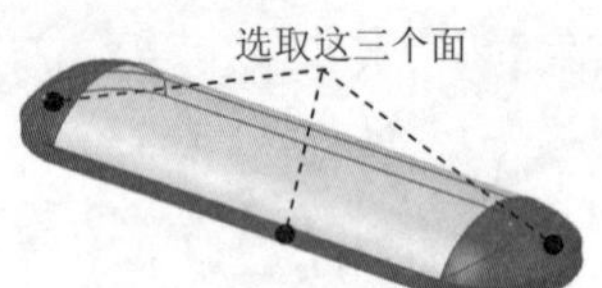

图 31.10.12　定义工具片体

Step11. 创建图 31.10.13 所示的拉伸特征 2。选择下拉菜单 插入(S) → 设计特征(E) → 拉伸(E)... 命令，选取 XY 基准平面为草图平面，绘制图 31.10.14 所示的截面草图；在"拉伸"对话框 限制 区域的 开始 下拉列表中选择 值 选项，并在其下的 距离 文本框中输入值 0；在 限制 区域的 结束 下拉列表中选择 贯通 选项；在 布尔 区域的下拉列表中选择 求差 选项，系统将自动与模型中唯一一个体进行布尔求差运算，单击 < 确定 > 按钮，完成拉伸特征 2 的创建。

图 31.10.13　拉伸特征 2

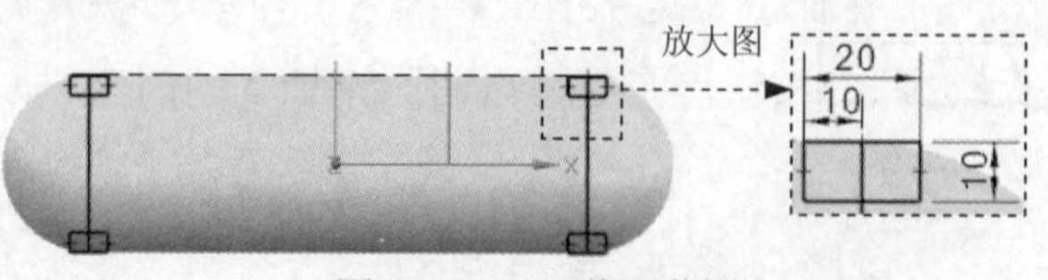

图 31.10.14　截面草图

Step12. 创建图 31.10.15 所示的桥接曲线特征 1。选择下拉菜单 插入(S) →

来自曲线集的曲线(F) → 桥接(B)... 命令，系统弹出“桥接曲线”对话框；选取图 31.10.16 所示的曲线 1 为起始对象，选取图 31.10.16 所示的曲线 2 为终止对象，在“桥接曲线”对话框 形状控制 区域的 方法 下拉列表中选择 相切幅值 选项，在 开始 和 结束 文本框中分别输入值 1，其他参数采用系统默认设置；单击 < 确定 > 按钮，完成桥接曲线特征 1 的创建。

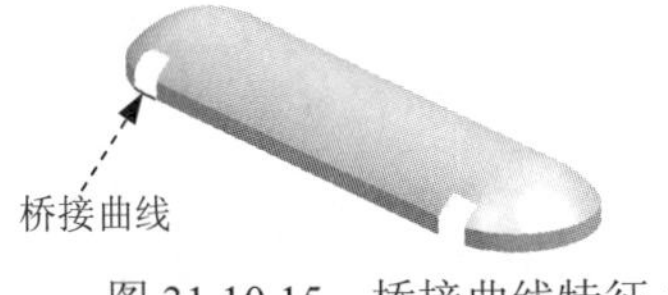

图 31.10.15　桥接曲线特征 1

曲线 1
曲线 2
图 31.10.16　定义桥接曲线

Step13. 创建图 31.10.17 所示的桥接曲线特征 2。选择下拉菜单 插入(S) → 来自曲线集的曲线(F) → 桥接(B)... 命令（或单击 按钮），系统弹出“桥接曲线”对话框；选取图 31.10.18 所示的曲线 1 为起始对象，选取图 31.10.18 所示的曲线 2 为终止对象，在“桥接曲线”对话框 形状控制 区域的 方法 下拉列表中选择 相切幅值 选项，在 开始 和 结束 文本框中分别输入值 1，其他参数采用系统默认设置；单击 < 确定 > 按钮，完成桥接曲线特征 2 的创建。

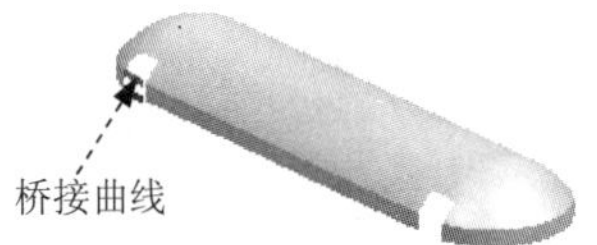

图 31.10.17　桥接曲线特征 2

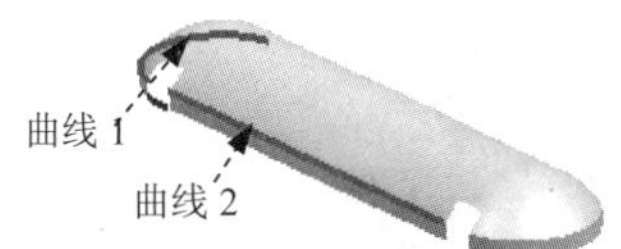

图 31.10.18　定义桥接曲线

Step14. 创建图 31.10.19 所示的网格曲面特征 4。选择下拉菜单 插入(S) → 网格曲面(M) → 通过曲线网格(M)... 命令，系统弹出“通过曲线网格”对话框；选择图 31.10.20 所示的曲线 1 和曲线 2 为主曲线，并分别单击中键确认；在 交叉曲线 区域中单击 按钮，选择图 31.10.20 所示的曲线 3 和曲线 4 为交叉曲线，并分别单击中键确认；单击 < 确定 > 按钮，完成网格曲面特征 4 的创建。

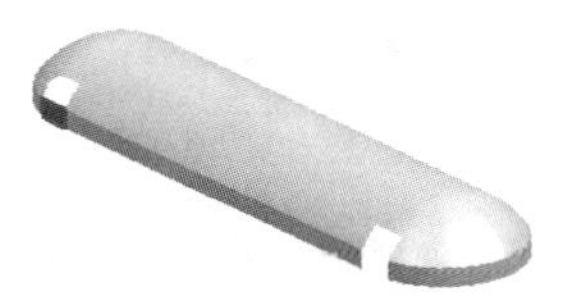
图 31.10.19　网格曲面特征 4

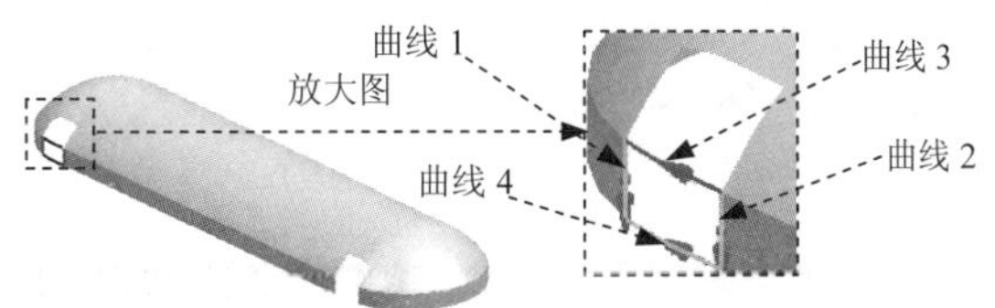

图 31.10.20　定义网格曲面特征 4

注意：在定义网格曲面特征时，注意调整各曲线的方向，如图 31.10.20 所示。

Step15. 创建图 31.10.21b 所示网格曲面特征 5。选择下拉菜单 插入(S) → 网格曲面(M) → 通过曲线网格(M)... 命令，系统弹出“通过曲线网格”对话框；选取图 31.10.22 所示的曲线 1 和曲线 2，并分别单击中键确认；在 交叉曲线 区域中单击 按钮，选取图 31.10.22

所示的曲线 3 和曲线 4，并分别单击中键确认；在连续性区域的第一主线串下拉列表中选择G1（相切）选项，并单击按钮，选取图 31.10.23 所示的曲面，在第一交叉线串下拉列表中选择G1（相切）选项，并单击按钮，选取图 31.10.23 所示的曲面，其他参数采用系统默认设置；单击< 确定 >按钮，完成网格曲面特征 5 的创建。

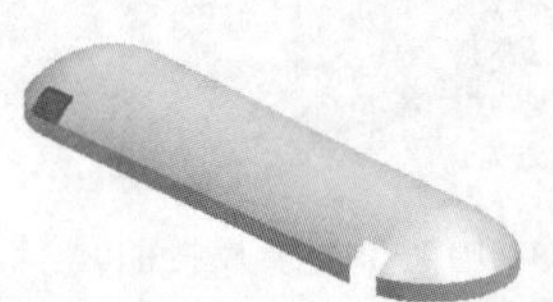
图 31.10.21　网格曲面特征 5

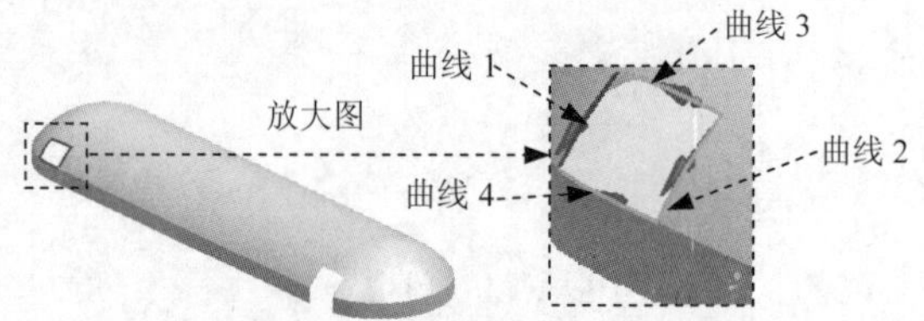

图 31.10.22　定义网格曲面特征 5

注意：*在定义网格曲面特征时，注意调整各曲线的方向，如图 31.10.23 所示。*

Step16. 创建曲面缝合特征 2。选择下拉菜单插入(S) → 组合(B) → 缝合(W)...命令，系统弹出“缝合”对话框；在目标区域中单击按钮，选取图 31.10.24 所示的面为缝合的目标片体；在刀具区域中单击按钮，选取图 31.10.25 所示的面为缝合工具片体；单击< 确定 >按钮，完成缝合特征 2 的创建。

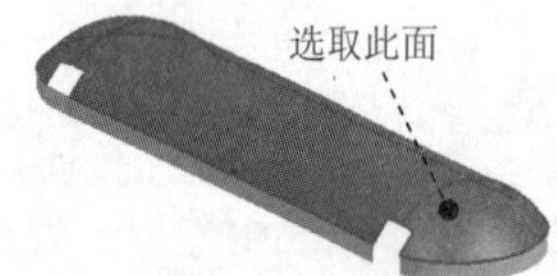

图 31.10.23　定义网格曲面特征 5

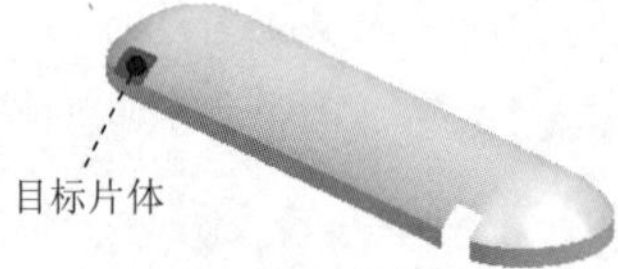

图 31.10.24　定义目标片体

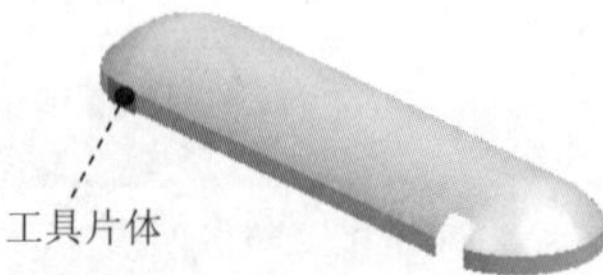

图 31.10.25　定义工具片体

Step17. 创建图 31.10.26b 所示的镜像几何体特征 1。选择下拉菜单插入(S) → 关联复制(A) → 镜像几何体(G)...命令，系统弹出“镜像几何体”对话框；选取图 31.10.26a 所示的曲面为镜像几何体；选取 YZ 基准平面为镜像平面，其他参数采用系统默认设置；单击< 确定 >按钮，完成镜像几何体特征 1 的创建。

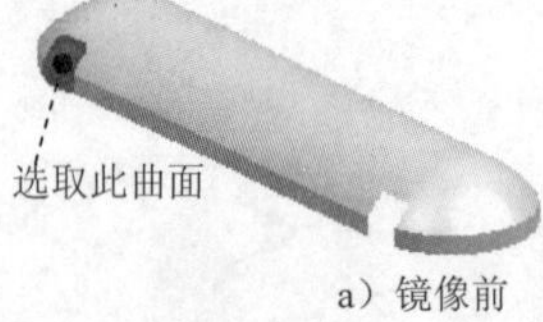

a）镜像前

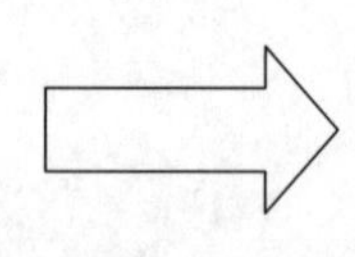

b）镜像后

图 31.10.26　镜像几何体特征 1

Step18. 创建图 31.10.27b 所示的镜像几何体特征 2。选择下拉菜单插入(S) → 关联复制(A) → 镜像几何体(G)...命令，系统弹出“镜像几何体”对话框；选取图 31.10.27a 所示的两个曲面；选取 ZX 基准平面；单击确定按钮，完成镜像几何体特征 2 的创建。

Step19. 创建曲面缝合特征 3。选择下拉菜单插入(S) → 组合(B) → 缝合(W)...命令，在目标区域中单击按钮，选取图 31.10.28 所示的面为缝合的目标片体；在刀具区域中单击按钮，选取图 31.10.29 所示的面为缝合工具片体，单击确定按钮，完成缝合特征 3 的创建。

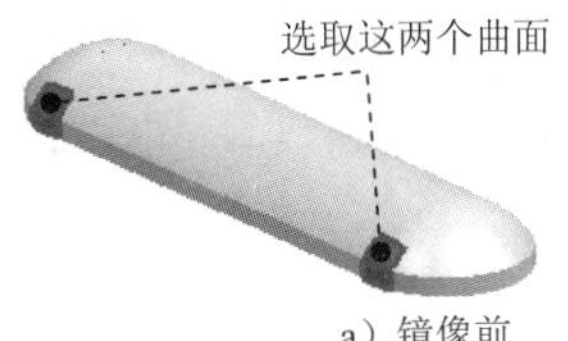

a）镜像前

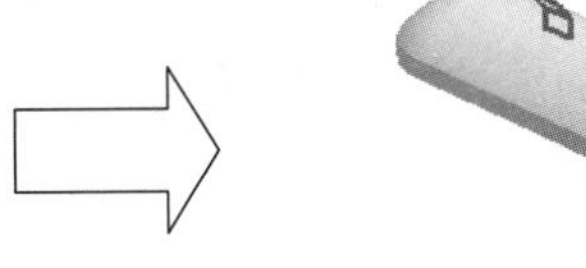
b）镜像后

图 31.10.27 镜像几何体特征 2

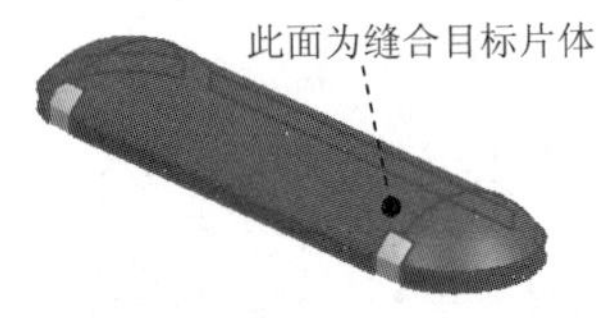

图 31.10.28 定义缝合目标片体

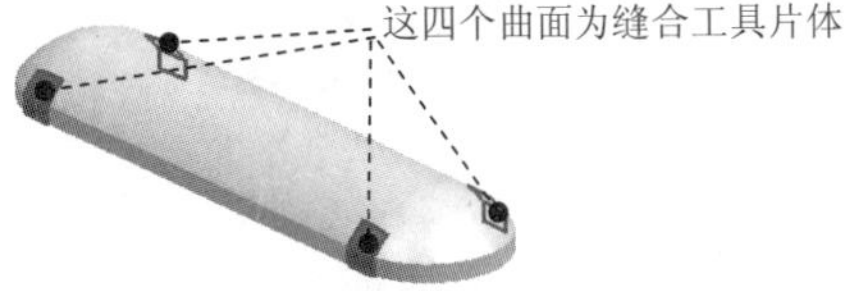

图 31.10.29 定义缝合工具片体

Step20. 创建图 31.10.30 所示的边倒圆特征 1。选择下拉菜单插入(S) ➡ 细节特征(L) ➡ 边倒圆(E)...命令（或单击按钮），系统弹出“边倒圆”对话框；在要倒圆的边区域中单击按钮，选取图 31.10.30a 所示的边线为边倒圆参照，并在半径 1文本框中输入值 8；单击< 确定 >按钮，完成边倒圆特征 1 的创建。

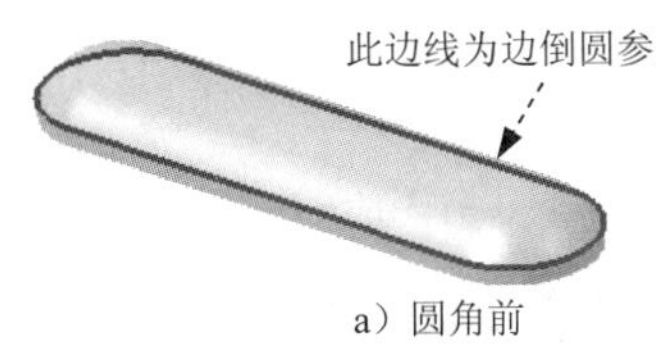

a）圆角前

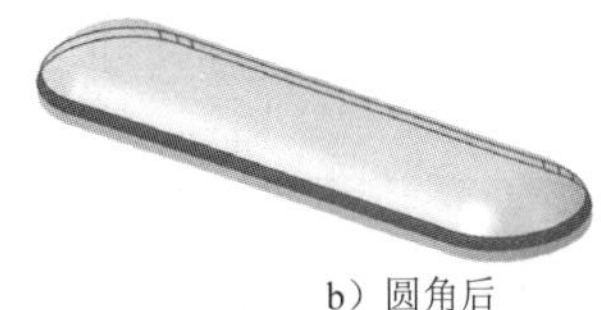
b）圆角后

图 31.10.30 边倒圆特征 1

Step21. 创建图 31.10.31 所示的加厚特征。选择下拉菜单插入(S) ➡ 偏置/缩放(O) ➡ 加厚(T)...命令，系统弹出“加厚”对话框；在面区域中单击按钮，选取图 31.10.32 所示的曲面；在偏置 1文本框中输入值 2，在偏置 2文本框中输入值 0，并单击“反向”按钮，使其方向朝内；单击< 确定 >按钮，完成加厚特征的创建。

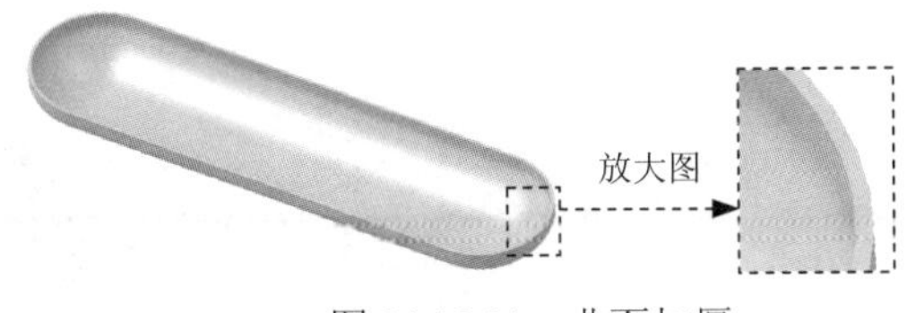

图 31.10.31 曲面加厚

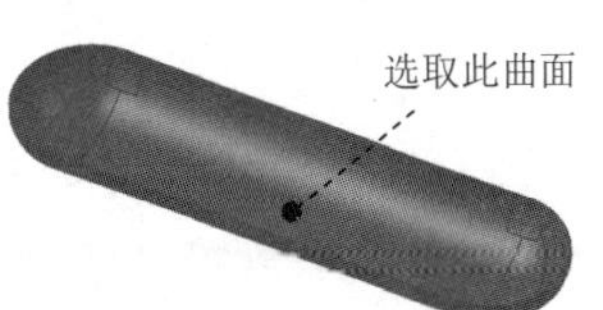

图 31.10.32 定义加厚特征

Step22. 创建图 31.10.33 所示的基准平面 3。选择下拉菜单插入(S) ➡ 基准/点(D) ➡ 基准平面(D)...命令（或单击按钮），在“基准平面”对话框中单击< 确定 >按钮，完成基准平面 3 的创建（注：具体参数和操作参见随书光盘）。

Step23. 创建图 31.10.34 所示的拉伸特征 3。选择下拉菜单插入(S) ➡ 设计特征(E)▸

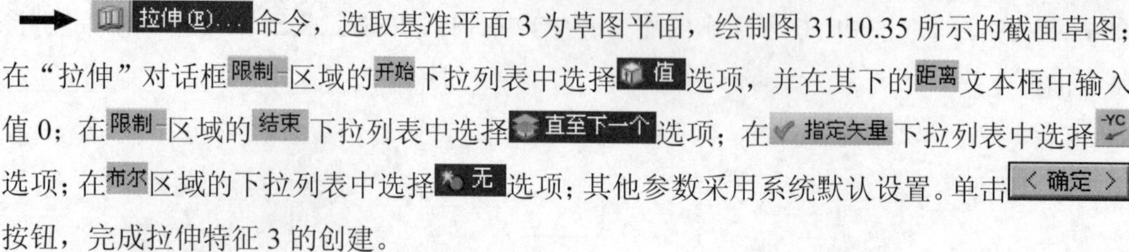

→ 拉伸(E)... 命令，选取基准平面 3 为草图平面，绘制图 31.10.35 所示的截面草图；在“拉伸”对话框限制区域的开始下拉列表中选择值选项，并在其下的距离文本框中输入值 0；在限制区域的结束下拉列表中选择直至下一个选项；在指定矢量下拉列表中选择 -YC 选项；在布尔区域的下拉列表中选择无选项；其他参数采用系统默认设置。单击 < 确定 > 按钮，完成拉伸特征 3 的创建。

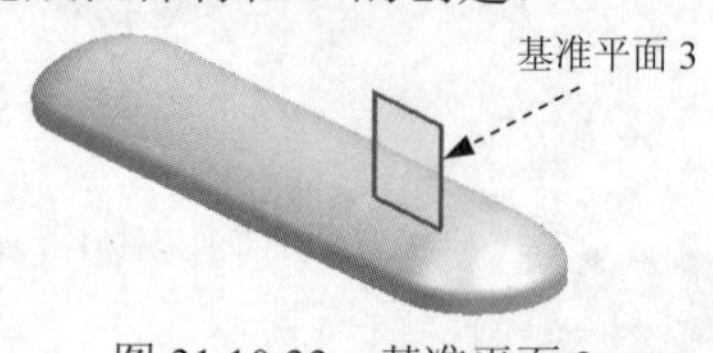

图 31.10.33　基准平面 3

图 31.10.34　拉伸特征 3

Step24. 创建抽取特征 1。选择菜单插入(S) → 关联复制(A) → 抽取几何体(E)... 命令，系统弹出“抽取几何体”对话框；在类型区域中选择面选项，在面区域的面选项下拉列表中选择单个面选项，选取图 31.10.36 所示的面为要抽取的对象，取消选中设置区域的所有复选框；单击确定按钮，完成抽取特征 1 的创建。

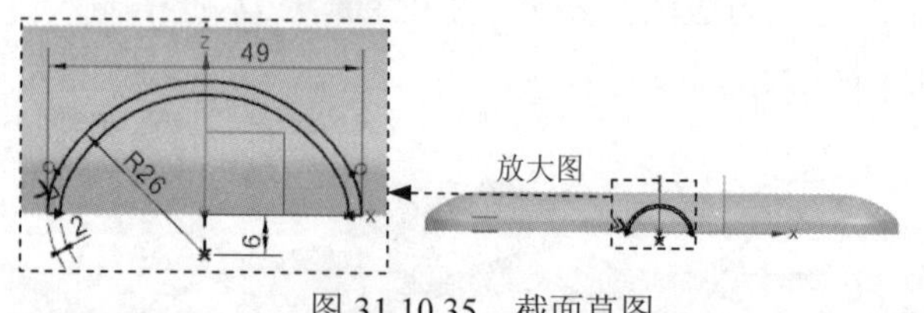

图 31.10.35　截面草图

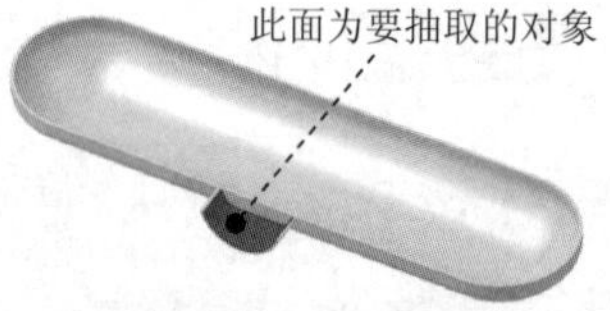

图 31.10.36　抽取特征 1

Step25. 创建抽取特征 2。选择菜单插入(S) → 关联复制(A) → 抽取几何体(E)... 命令，在类型区域中选择面选项，在面区域的面选项下拉列表中选择单个面选项，选取图 31.10.37 所示的面为抽取对象，单击确定按钮，完成抽取特征 2 的创建。

Step26. 创建抽取特征 3。选择菜单插入(S) → 关联复制(A) → 抽取几何体(E)... 命令，系统弹出“抽取几何体”对话框；在类型区域中选择面选项，在面区域的面选项下拉列表中选择单个面选项，选取图 31.10.38 所示的面为抽取对象；单击确定按钮，完成抽取特征 3 的创建。

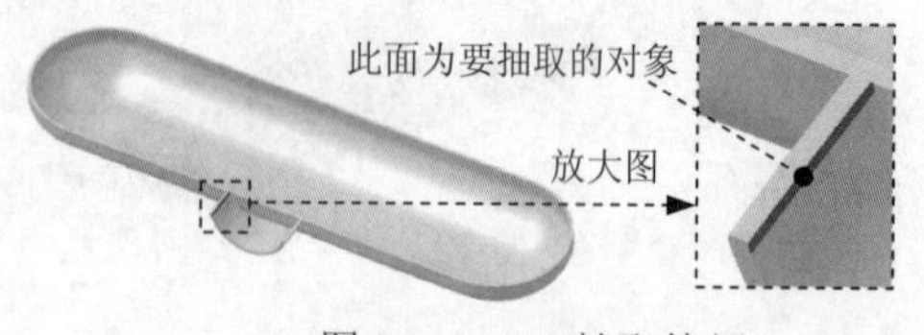

图 31.10.37　抽取特征 2

图 31.10.38　抽取特征 3

Step27. 创建曲面缝合特征 4。选择下拉菜单插入(S) → 组合体(B) → 缝合(W)... 命令，在目标区域中单击按钮，选取图 31.10.39 所示的面为缝合的目标片体；在刀具区域中单击按钮，依次选取 Step25 和 Step26 所创建的抽取特征为缝合工具片体。单击

确定按钮，完成缝合特征 4 的创建。

Step28. 创建图 31.10.40 所示曲面延伸特征。选择下拉菜单插入(S) → 修剪(T) → 修剪与延伸(N)...命令，系统弹出“修剪和延伸”对话框；在类型区域中选择按距离选项，在绘图区选取图 31.10.41 所示的边线，在距离文本框中输入值 4；单击< 确定 >按钮，完成曲面延伸特征的创建。

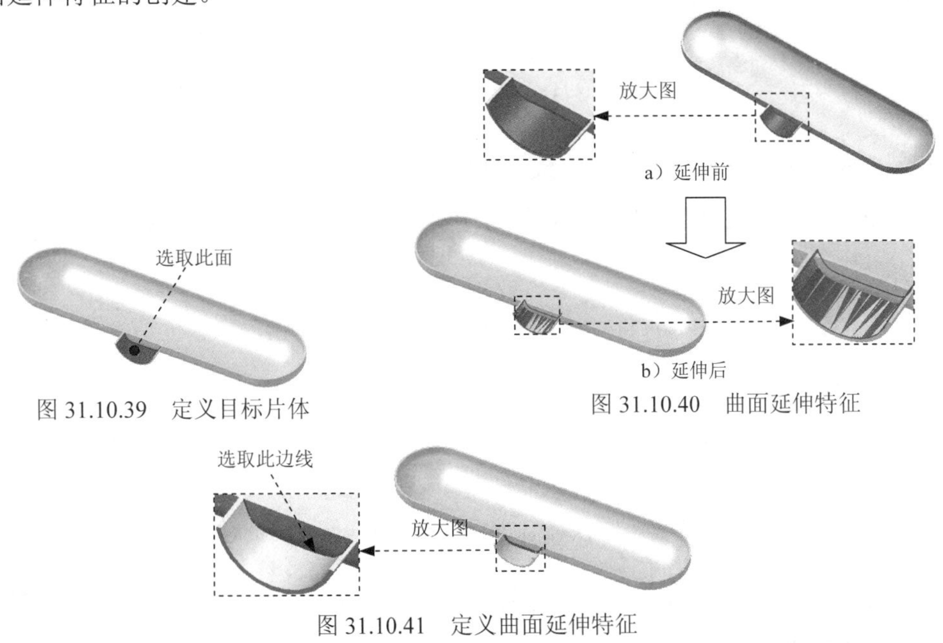

图 31.10.39 定义目标片体

图 31.10.40 曲面延伸特征

图 31.10.41 定义曲面延伸特征

Step29. 创建修剪体特征。选择下拉菜单插入(S) → 修剪(T) → 修剪体(T)...命令，系统弹出“修剪体”对话框；选取图 31.10.42 所示的特征作为修剪目标体，单击鼠标中键，选取图 31.10.43 所示的曲面为修剪工具体，采用系统默认的修剪方向；单击< 确定 >按钮，完成修剪体特征的创建。

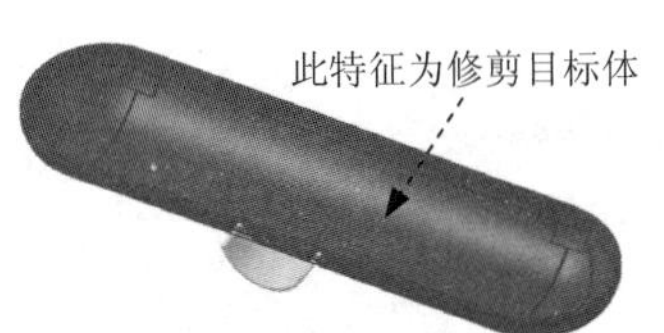

图 31.10.42 定义修剪目标体

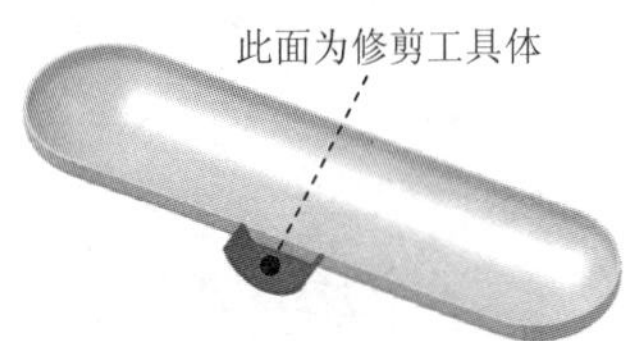

图 31.10.43 定义修剪工具体

Step30. 创建求和特征。选择下拉菜单插入(S) → 组合(B) → 求和(U)...命令（或单击按钮），系统弹出“求和”对话框；选取图 31.10.44 所示的实体为目标体，选取图 31.10.45 所示的实体为工具体，单击< 确定 >按钮，完成求和特征的创建。

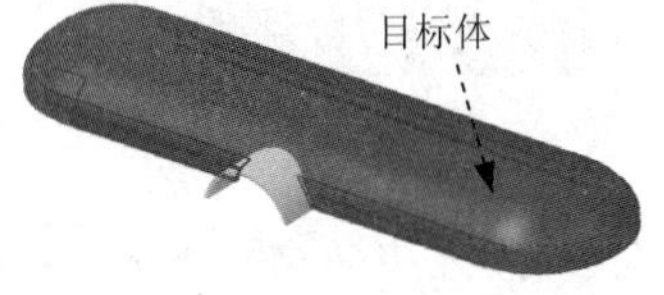

图 31.10.44 定义求和目标体

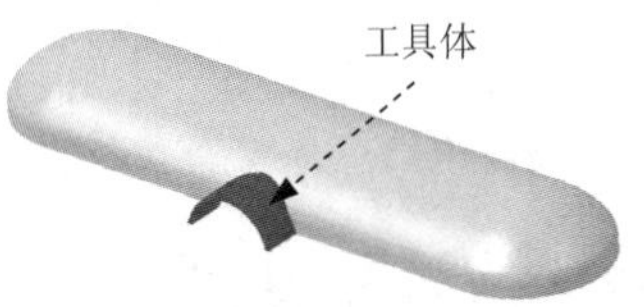

图 31.10.45 定义求和工具体

Step31. 创建边倒圆特征 2。选取图 31.10.46a 所示的边线为边倒圆参照，其圆角半径值为 4。

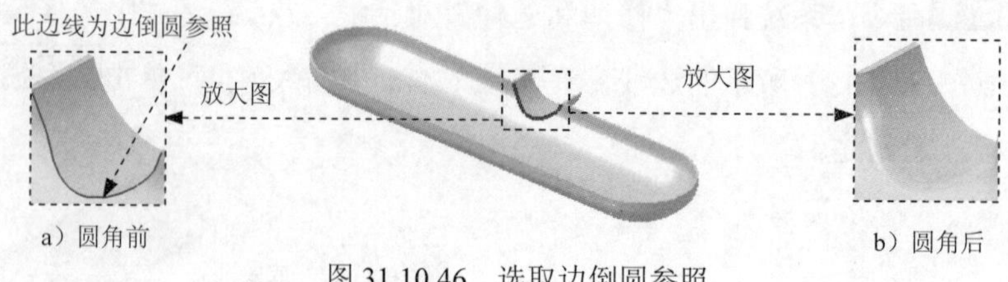

图 31.10.46 选取边倒圆参照

说明：为了便于选取边倒圆的边线，可将曲面进行隐藏。

Step32. 创建边倒圆特征 3。选取图 31.10.47a 所示的边线为边倒圆参照，其圆角半径值为 4。

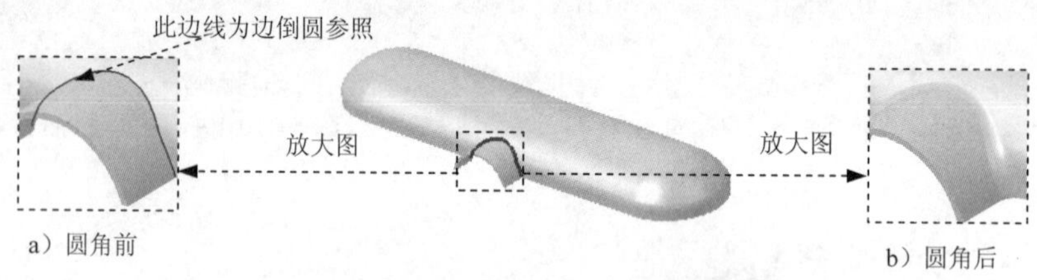

图 31.10.47 选取边倒圆参照

Step33. 创建图 31.10.48 所示的拉伸特征 4。选择下拉菜单 插入(S) → 设计特征(E) → 拉伸(E)... 命令，选取图 31.10.49 所示的平面为草图平面，绘制图 31.10.50 所示的截面草图；在“拉伸”对话框限制区域的开始下拉列表中选择值选项，并在其下的距离文本框中输入值 0；在限制区域的结束下拉列表中选择值选项，并在其下的距离文本框中输入值 2；在布尔区域的下拉列表中选择求和选项，系统将自动与模型中唯一一个体进行布尔求和运算。单击 < 确定 > 按钮，完成拉伸特征 4 的创建。

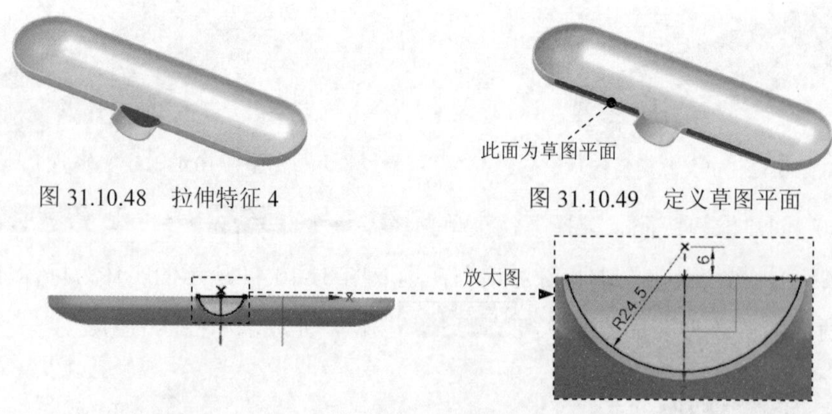

图 31.10.48 拉伸特征 4

图 31.10.49 定义草图平面

图 31.10.50 截面草图

Step34. 创建图 31.10.51 所示的拉伸特征 5。选择下拉菜单 插入(S) → 设计特征(E)

→ 拉伸(E)... 命令，选取 XY 基准平面为草图平面，绘制图 31.10.52 所示的截面草图；在“拉伸”对话框限制区域的开始下拉列表中选择值选项，并在其下的距离文本框中输入值 4；在限制区域的结束下拉列表中选择直至下一个选项；在指定矢量下拉列表中选择ZC选项；在布尔区域的下拉列表中选择求和选项，系统将自动与模型中唯一一个体进行布尔求和运算。单击< 确定 >按钮，完成拉伸特征 5 的创建。

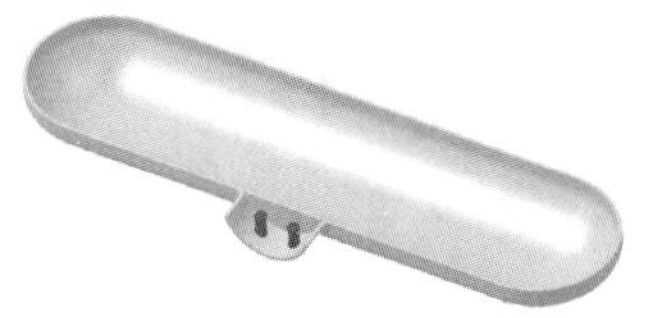
图 31.10.51　拉伸特征 5

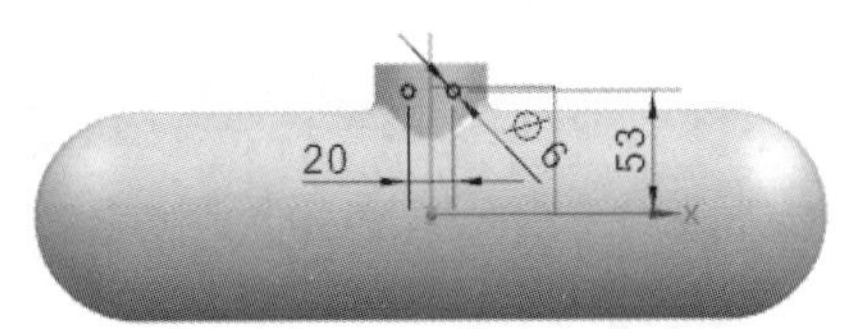

图 31.10.52　截面草图

Step35. 创建拔模特征。选择下拉菜单插入(S) → 细节特征(L) → 拔模(T)... 命令，系统弹出“拔模”对话框；在类型区域中选择从平面或曲面选项，在指定矢量下拉列表中选取-ZC选项，定义 Z 基准轴的反方向为拔模方向。选择图 31.10.53 所示的平面为固定平面，选取图 31.10.54 所示的面为要拔模的面，在角度 1文本框中输入值 1；单击“拔模”对话框中的< 确定 >按钮，完成拔模特征的创建。

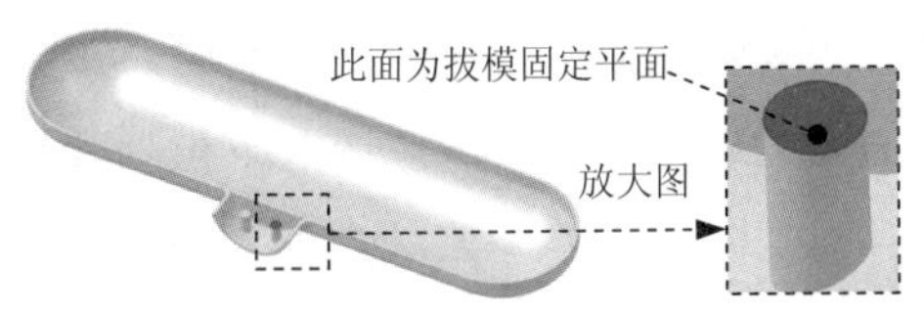

图 31.10.53　定义拔模固定平面

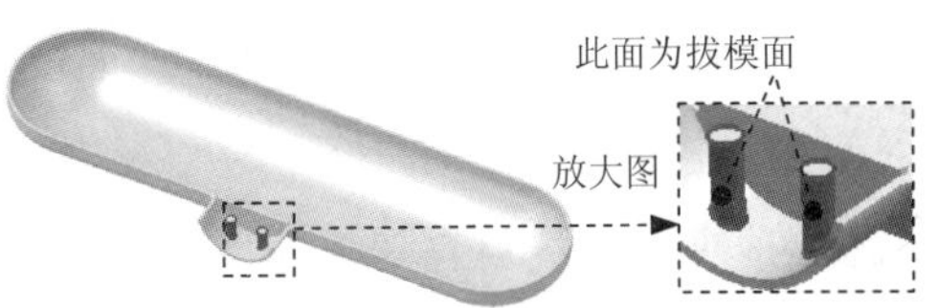

图 31.10.54　定义拔模面

Step36. 创建图 31.10.55 所示的孔特征 1。选择下拉菜单插入(S) → 设计特征(E) → 孔(H)... 命令（或单击按钮），系统弹出“孔”对话框；在类型下拉列表中选择常规孔选项；单击指定点 (0)区域右方的按钮，确认“选择条”工具条中的按钮被按下，选择图 31.10.56 所示的圆弧边线，完成孔中心点位置的指定；在成形下拉列表中选择简单选项，在直径文本框中输入值 3，在深度限制下拉列表中选择值选项，在深度文本框中输入值 10，在顶锥角文本框中输入值 0，其余参数采用系统默认设置，单击< 确定 >按钮，完成孔特征 1 的创建。

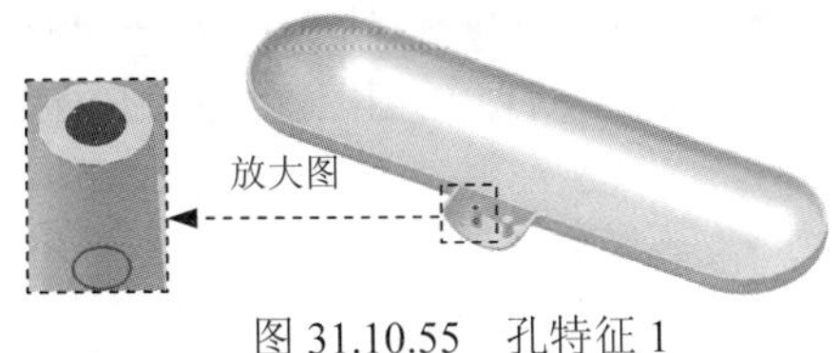

图 31.10.55　孔特征 1

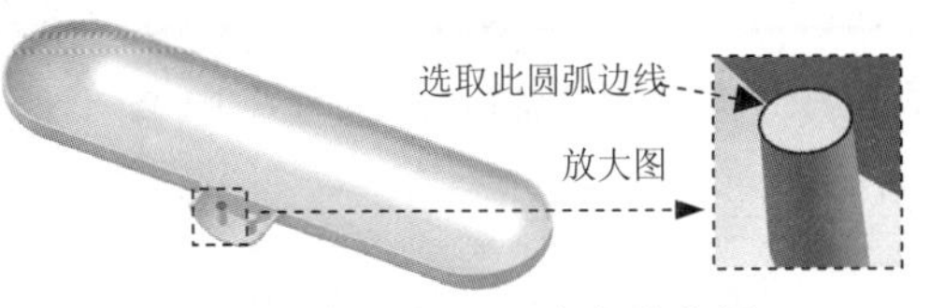

图 31.10.56　定义孔位置

Step37. 创建图 31.10.57 所示的孔特征 2。参考 Step36 创建孔特征 1 的操作步骤，选择图 31.10.58 所示的圆弧边线来完成孔中心点位置的指定，其余参数设置同孔特征 1，完

成孔特征 2 的创建。

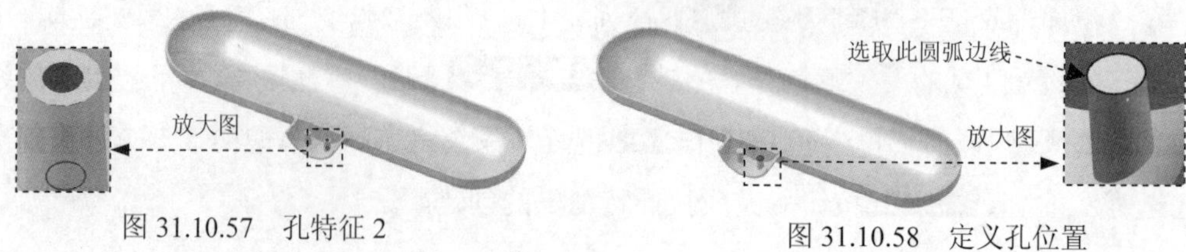

图 31.10.57　孔特征 2　　　　图 31.10.58　定义孔位置

Step38. 创建边倒圆特征 4。选取图 31.10.59a 所示的边线为边倒圆参照，其圆角半径值为 1。

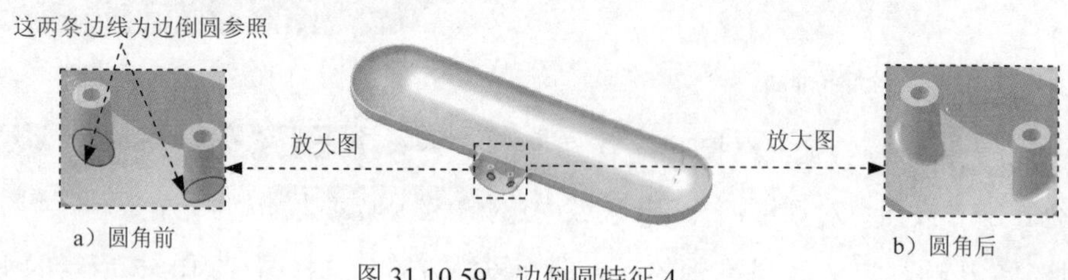

a）圆角前　　b）圆角后

图 31.10.59　边倒圆特征 4

Step39. 创建图 31.10.60 所示的拉伸特征 6。选择下拉菜单插入(S) → 设计特征(E) → 拉伸(E)...命令，选取 XY 基准平面为草图平面，绘制图 31.10.61 所示的截面草图；在“拉伸”对话框限制区域的开始下拉列表中选择值选项，并在其下的距离文本框中输入值 4；在限制区域的结束下拉列表中选择直至下一个选项；在布尔区域的下拉列表中选择求和选项，系统将自动与模型中唯一一个体进行布尔求和运算。单击< 确定 >按钮，完成拉伸特征 6 的创建。

图 31.10.60　拉伸特征 6　　　　图 31.10.61　截面草图

Step40. 创建图 31.10.62 所示的拉伸特征 7。选择下拉菜单插入(S) → 设计特征(E) → 拉伸(E)...命令，选取 YX 基准平面为草图平面，绘制图 31.10.63 所示的截面草图；在“拉伸”对话框限制区域的开始下拉列表中选择值选项，并在其下的距离文本框中输入值 4；在限制区域的结束下拉列表中选择直至下一个选项；在布尔区域的下拉列表中选择求和选项，系统将自动与模型中唯一一个体进行布尔求和运算。单击< 确定 >按钮，完成拉伸特征 7 的创建。

图 31.10.62　拉伸特征 7

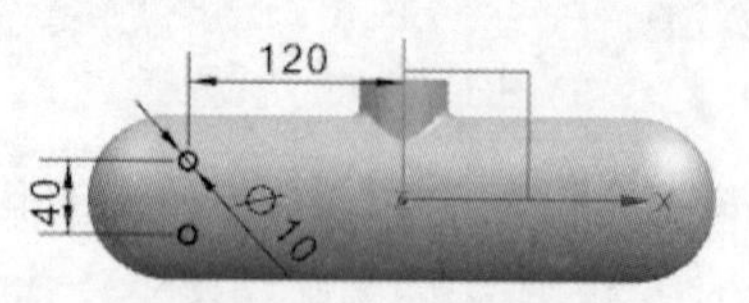

图 31.10.63　截面草图

Step41. 创建图 31.10.64 所示的拉伸特征 8。选择下拉菜单插入(S) ➡ 设计特征(E) ➡ 拉伸(E)...命令，选取 YX 基准平面为草图平面，绘制图 31.10.65 所示的截面草图；在“拉伸”对话框限制区域的开始下拉列表中选择值选项，并在其下的距离文本框中输入值 18；在限制区域的结束下拉列表中选择直至下一个选项；在布尔区域的下拉列表中选择求和选项，系统将自动与模型中唯一一个体进行布尔求和运算。单击< 确定 >按钮，完成拉伸特征 8 的创建。

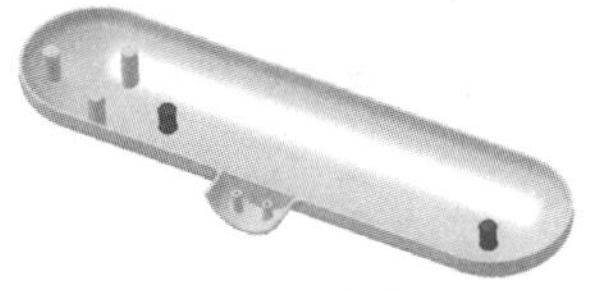
图 31.10.64 拉伸特征 8

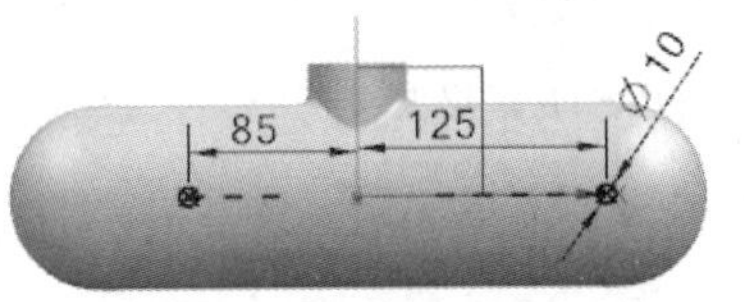

图 31.10.65 截面草图

Step42. 创建图 31.10.66 所示的孔特征 3。选择下拉菜单插入(S) ➡ 设计特征(E) ➡ 孔(H)...命令（或单击按钮），系统弹出“孔”对话框；在类型下拉列表中选择常规孔选项；单击* 指定点 (0)区域右方的按钮，确认“选择条”工具条中的按钮被按下，选择图 31.10.67 所示的圆弧边线，完成孔中心点位置的指定；在成形下拉列表中选择简单选项，在直径文本框中输入值 3，在深度限制下拉列表中选择值选项，在深度文本框中输入值 15，在顶锥角文本框中输入值 0，其余参数采用系统默认设置，单击确定按钮，完成孔特征 3 的创建。

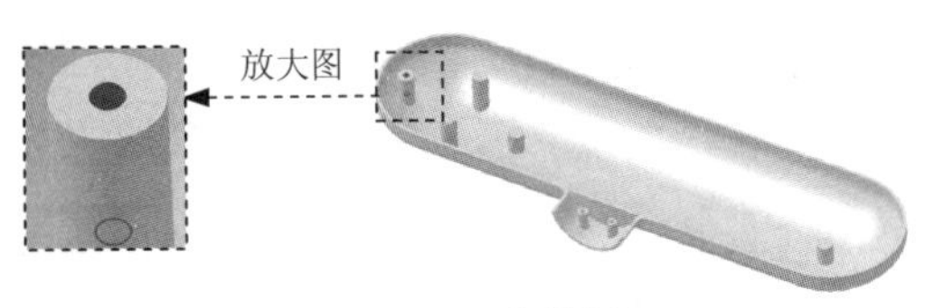

图 31.10.66 孔特征 3

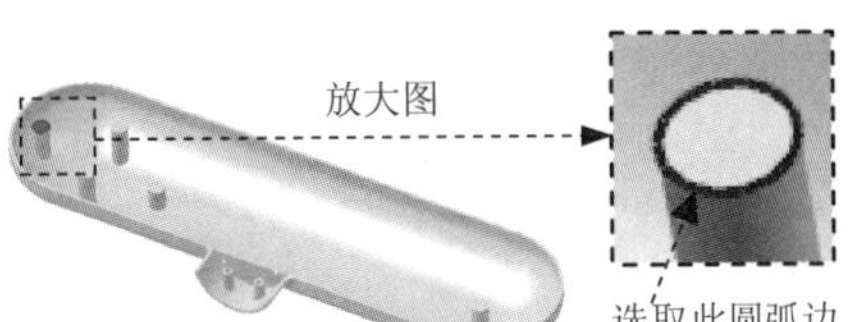

图 31.10.67 定义孔放置面

Step43. 创建图 31.10.68 所示的孔特征 4。参考 Step42 创建孔特征 3 的操作步骤，选择图 31.10.69 所示的圆弧边线来完成孔中心点位置的指定，在深度文本框中输入值 10，其余参数设置同孔特征 3，完成孔特征 4 的创建。

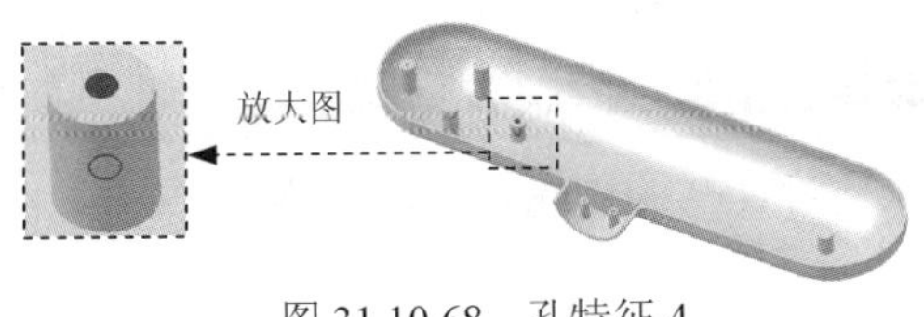

图 31.10.68 孔特征 4

图 31.10.69 定义孔位置

Step44. 创建图 31.10.70 所示的孔特征 5。参考 Step42 创建孔特征 3 的操作步骤，选择图 31.10.71 所示的圆弧边线来完成孔中心点位置的指定，在深度文本框中输入值 10，其余参数设置同孔特征 3，完成孔特征 5 的创建。

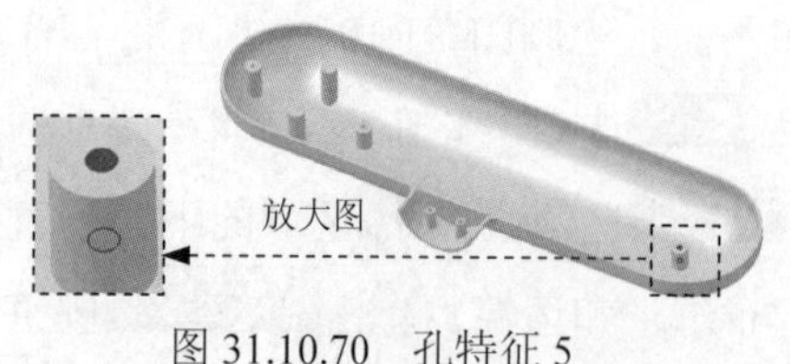

图 31.10.70　孔特征 5

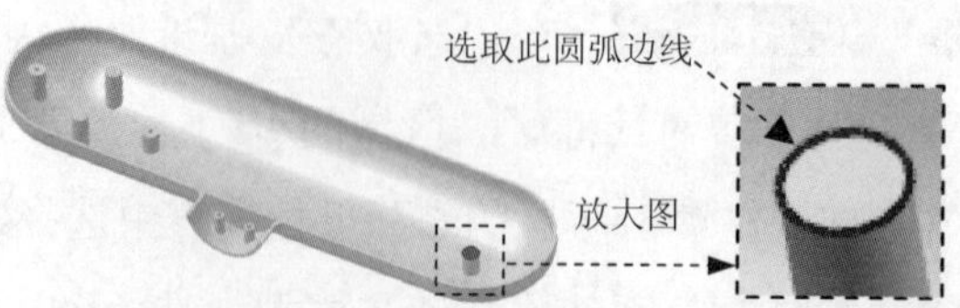

图 31.10.71　定义孔位置

Step45. 创建图 31.10.72 所示的孔特征 6。参考 Step42 创建孔特征 3 的操作步骤，选择图 31.10.73 所示的圆弧边线来完成孔中心点位置的指定，在 深度 文本框中输入值 10，其余参数设置同孔特征 3，完成孔特征 6 的创建。

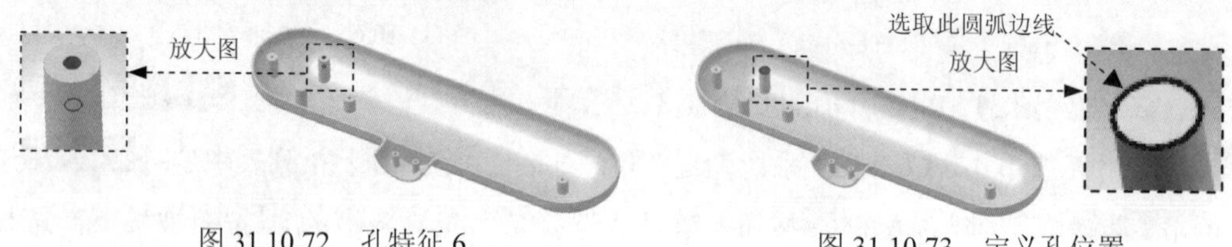

图 31.10.72　孔特征 6　　图 31.10.73　定义孔位置

Step46. 创建图 31.10.74 所示的孔特征 7。参考 Step42 创建孔特征 3 的操作步骤，选择图 31.10.75 所示的圆弧边线来完成孔中心点位置的指定，在 深度 文本框中输入值 10，其余参数设置同孔特征 3，完成孔特征 7 的创建。

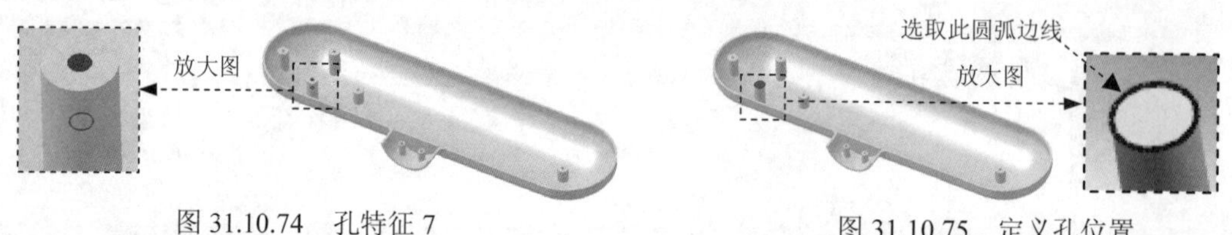

图 31.10.74　孔特征 7　　图 31.10.75　定义孔位置

Step47. 创建图 31.10.76 所示的拉伸特征 9。选择下拉菜单 插入(S) → 设计特征(E) → 拉伸(E)... 命令，选取图 31.10.77 所示的平面为草图平面，绘制图 31.10.78 所示的截面草图；在“拉伸”对话框 限制 区域的 开始 下拉列表中选择 值 选项，并在其下的 距离 文本框中输入值 0；在 限制 区域的 结束 下拉列表中选择 贯通 选项；在 指定矢量 下拉列表中选择 YC 选项；在 布尔 区域的下拉列表中选择 求差 选项，系统将自动与模型中唯一个体进行布尔求差运算，单击 < 确定 > 按钮，完成拉伸特征 9 的创建。

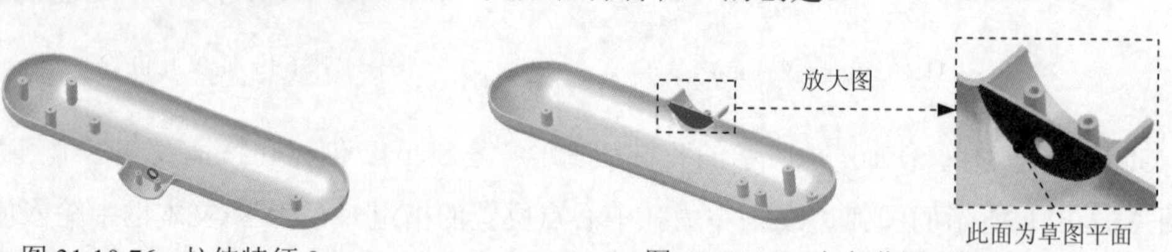

图 31.10.76　拉伸特征 9　　图 31.10.77　定义草图平面

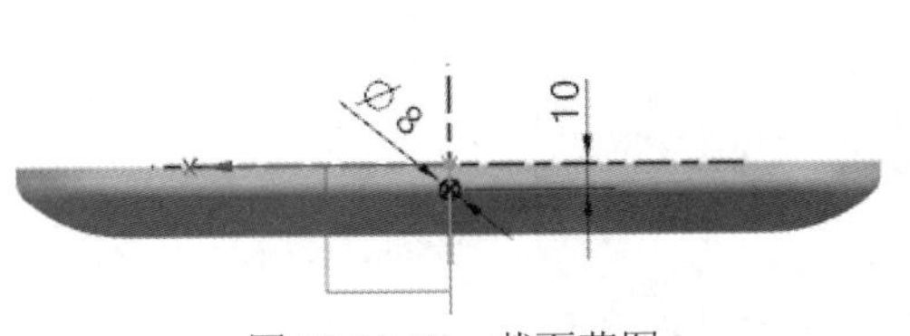

图 31.10.78　截面草图

Step48. 创建图 31.10.79 所示的草图 3。选择菜单 插入(S) → 在任务环境中绘制草图(V)... 命令，选取基准平面 3 为草图平面，单击 确定 按钮，绘制图 31.10.79 所示的草图 3，选择下拉菜单 任务(K) → 完成草图(K) 命令（或单击 完成草图 按钮），退出草图环境。

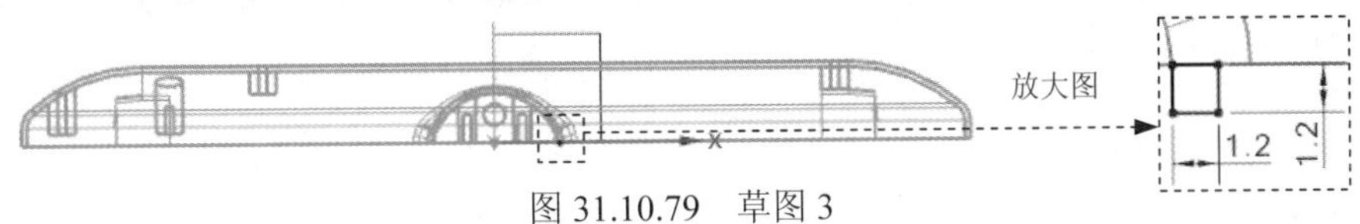

图 31.10.79　草图 3

Step49. 创建图 31.10.80b 所示的扫掠特征。选择下拉菜单 插入(S) → 扫掠(W) → 沿引导线扫掠(G)... 命令，系统弹出“沿引导线扫掠”对话框；在 截面 区域中单击 按钮，选择 Step48 所创建的草图 3 为截面线串；在 引导线 区域中单击 按钮，选择图 31.9.80a 所示的曲线为引导线串；偏置采用系统默认设置；在 布尔 区域的下拉列表中选择 求和 选项；单击 < 确定 > 按钮，完成扫掠特征的创建。

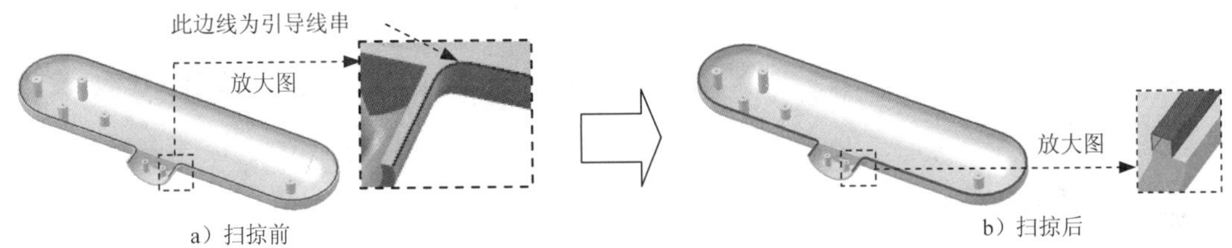

a）扫掠前　b）扫掠后

图 31.10.80　扫掠特征

注意：选取截面线串时，需要调整 选择条 工具条中的“曲线规则”为 相连曲线。

Step50. 创建图 31.10.81 所示的拉伸特征 10。选择下拉菜单 插入(S) → 设计特征(E) → 拉伸(E)... 命令，选取图 31.10.82 所示的平面为草图平面，绘制图 31.10.83 所示的截面草图；在“拉伸”对话框 限制 区域的 开始 下拉列表中选择 值 选项，并在其下的 距离 文本框中输入值 2；在 限制 区域的 结束 下拉列表中选择 值 选项，并在其下的 距离 文本框中输入值 0；在 布尔 区域的下拉列表中选择 求和 选项，系统将自动与模型中唯一个体进行布尔求和运算，单击 < 确定 > 按钮，完成拉伸特征 10 的创建。

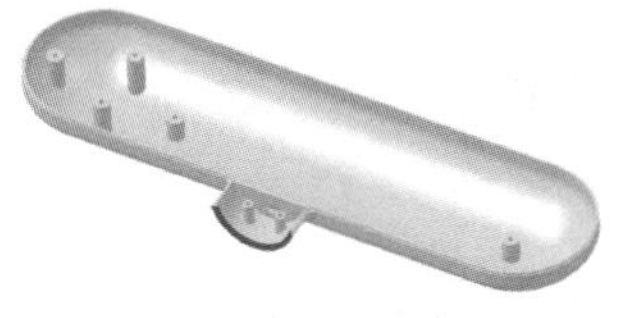
图 31.10.81　拉伸特征 10

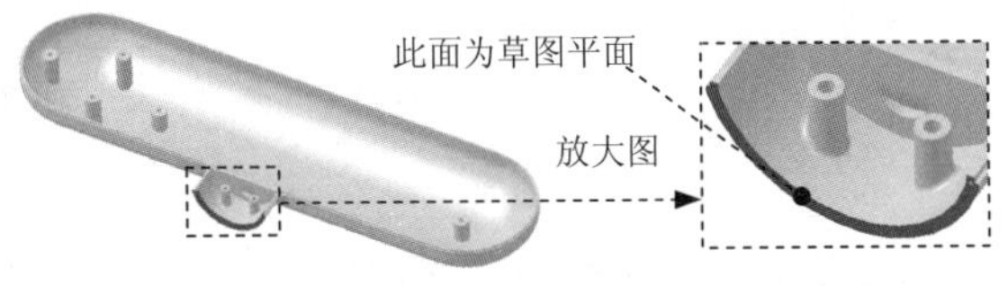

图 31.10.82　定义草图平面

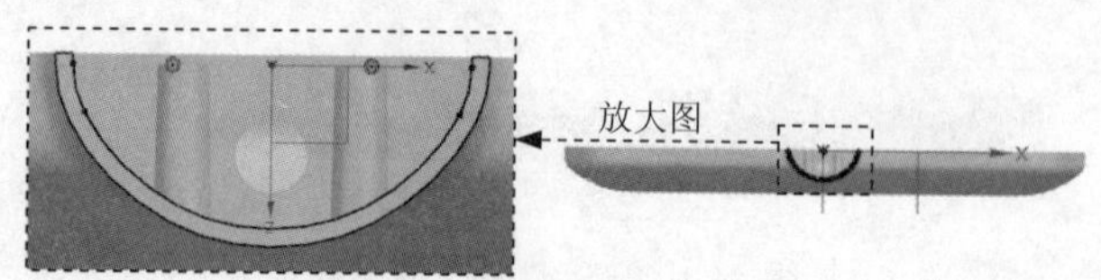

图 31.10.83 截面草图

Step51. 创建边倒圆特征 5。选取图 31.10.84 所示的边线为边倒圆参照，其圆角半径值为 0.5。

Step52. 创建倒斜角特征。选择下拉菜单 插入(S) → 细节特征(L) ▸ → 倒斜角(C)... 命令（或单击按钮），系统弹出“倒斜角”对话框；在边区域中单击按钮，选择图 31.10.85 所示的边线为倒斜角参照，在偏置区域的横截面下拉列表框中选择对称选项，在距离文本框输入值 1；在设置区域的偏置方法下拉列表中选择偏置面并修剪选项；单击 < 确定 > 按钮，完成倒斜角特征的创建。

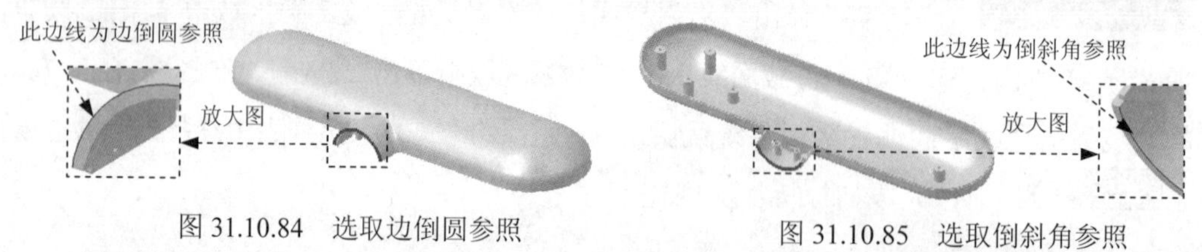

图 31.10.84 选取边倒圆参照

图 31.10.85 选取倒斜角参照

Step53. 将对象移动至图层并隐藏。选择下拉菜单 编辑(E) → 显示和隐藏(H) → 全部显示(A) 命令，所有对象将会处于显示状态；选择下拉菜单 格式(R) → 移动至图层(M)... 命令，系统弹出“类选择”对话框；在“类选择”对话框的过滤器区域中单击按钮，系统弹出“根据类型选择”对话框；在此对话框中选择曲线选项，并按住 Ctrl 键，依次选取草图、片体和基准选项，单击对话框中的确定按钮，系统再次弹出“类选择”对话框；单击“类选择”对话框对象区域中的按钮，单击确定按钮，此时系统弹出“图层移动”对话框，在目标图层或类别文本框中输入值 2，单击确定按钮；选择下拉菜单 格式(R) → 图层设置(S)... 命令，弹出“图层设置”对话框，在显示下拉列表中选择所有图层选项，在图层列表框中选择☑2 选项，然后单击设为不可见右边的按钮，单击关闭按钮，完成对象的隐藏。

Step54. 保存零件模型。选择下拉菜单 文件(F) → 保存(S) 命令，即可保存零件模型。

31.11 零件装配

本节介绍台灯的整个装配过程，使读者进一步熟悉 UG 的装配操作。读者可以从随书光盘目录 D:\ugnx90.5\work\ch31 中找到该装配体中的所有零部件。

Stage1. 创建子装配 1——底座组件（图 31.11.1）

图 31.11.1 底座组件（装配图）

Step1. 新建文件。选择下拉菜单 文件(F) → 新建(N)... 命令，系统弹出“新建”对话框。在 模型 选项卡的 模板 区域中选取模板类型为 装配，在 名称 文本框中输入文件名称 base_asm，在 文件夹 文本框中输入文件路径 D:\ugnx90.5\work\ch31，单击 确定 按钮，进入装配环境。

Step2. 在系统弹出的“添加组件”对话框中单击 取消 按钮，选择下拉菜单 格式(R) → 图层设置(S)... 命令，弹出“图层设置”对话框，在 显示 下拉列表中选择 所有图层，然后在 图层 列表框中选择 ☑2 选项，单击 设为不可见 右边的按钮，单击 关闭 按钮，完成对象的隐藏。

说明：此步骤的目的是使后面添加的组件中的图层 2 都处于不可见的状态，也就是将组件中的一些曲面进行隐藏，以便于在装配环境中操作。

Step3. 添加图 31.11.2 所示的底座下盖并定位。选择下拉菜单 装配(A) → 组件(C) → 添加组件(A)... 命令，在“添加组件”对话框的 打开 区域中单击按钮，在弹出的“部件名”对话框中选择文件 base_down_cover.prt，单击 OK 按钮，系统返回到“添加组件”对话框；在 放置 区域的 定位 下拉列表中选择 绝对原点 选项，单击 确定 按钮，此时底座下盖已被添加到装配文件中。

图 31.11.2 添加底座下盖

图 31.11.3 添加加重块

Step4. 添加图 31.11.3 所示的加重块并定位。

（1）添加组件。选择下拉菜单 装配(A) → 组件(C) → 添加组件(A)... 命令，系统弹出“添加组件”对话框；在“添加组件”对话框的 打开 区域中单击按钮，在弹出的“部件名”对话框中选择文件 aggravate_block.prt，单击 OK 按钮，系统弹出“添加组件”对话框。

（2）选择定位方式。在 放置 区域的 定位 下拉列表中选择 通过约束 选项，单击 确定 按钮，弹出“装配约束”对话框。

（3）添加约束。

① 在类型下拉列表中选择接触对齐选项，在要约束的几何体区域的方位下拉列表中选择首选接触选项，在“组件预览”窗口中选取图 31.11.4 所示的面 1，然后在图形区选取图 31.11.4 所示的面 2，在预览区域中勾选☑在主窗口中预览组件复选框，单击应用按钮，结果如图 31.11.5 所示，此时完成组件的接触约束。

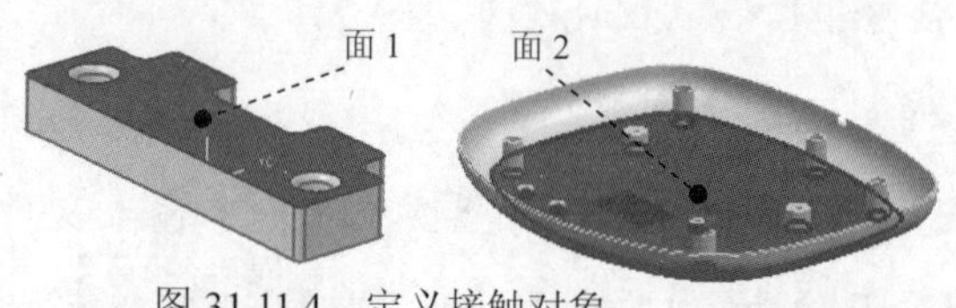

图 31.11.4　定义接触对象

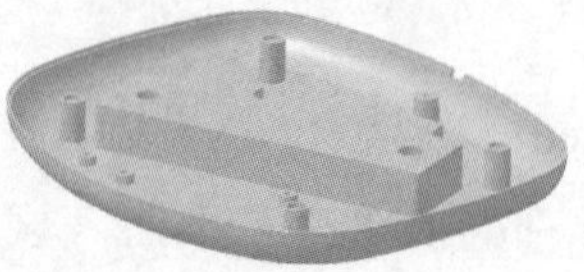

图 31.11.5　添加接触约束后

说明：由于鼠标选取的位置不同，加重块的位置可能与图示有所不同。

② 在要约束的几何体区域的方位下拉列表中选择自动判断中心/轴选项，在“组件预览”窗口中选取图 31.11.6 所示的圆柱面 1，在图形区选取图 31.11.6 所示圆柱面 2，单击应用按钮，结果如图 31.11.7 所示。

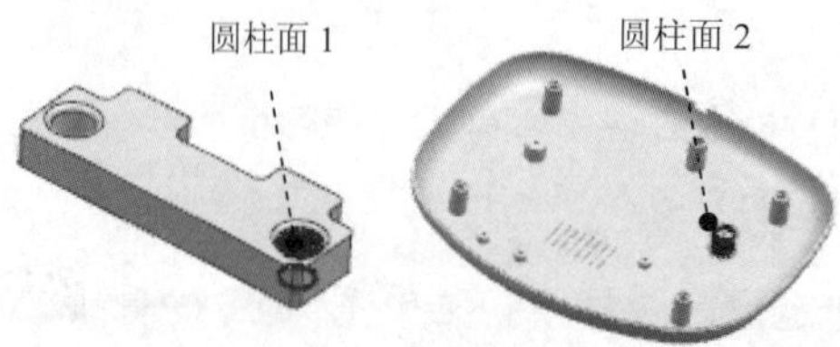

图 31.11.6　定义第 1 对中心轴对象

图 31.11.7　添加第 1 次中心约束后

说明：在图形区选取时，可以先在预览区域中取消选中☐在主窗口中预览组件复选框，这样便于选取模型表面。

③ 在要约束的几何体区域的方位下拉列表中选择自动判断中心/轴选项，选取图 31.11.8 所示的圆柱面 3 和圆柱面 4，单击应用按钮，结果如图 31.11.9 所示。

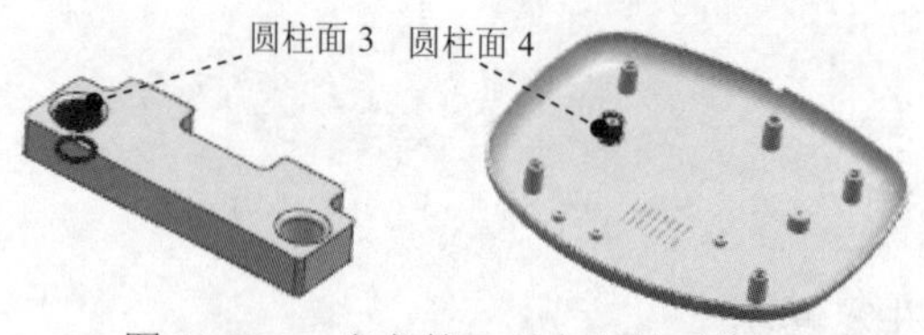

图 31.11.8　定义第 2 对中心轴对象

图 31.11.9　添加第 2 次中心约束后

（4）单击取消按钮，完成加重块的添加。

Step5. 添加图 31.11.10 所示的底座上盖并定位。

（1）添加组件。选择下拉菜单装配(A) → 组件(C) → 添加组件(A)...命令，系统弹出“添加组件”对话框；在“添加组件”对话框的打开区域中单击按钮，在弹出的“部件名”对话框中选择文件 base_top_cover.prt，单击OK按钮，系统返回到“添加组件”

对话框。

（2）选择定位方式。在放置区域的定位下拉列表中选择通过约束选项，单击确定按钮，系统弹出“装配约束”对话框。

（3）添加约束。

① 在类型下拉列表中选择接触对齐选项，在要约束的几何体区域的方位下拉列表中选择首选接触选项，在“组件预览”窗口中选取图 31.11.11 所示的模型表面，然后在图形区选取图 31.11.12 所示的模型表面，单击应用按钮，完成组件的接触约束，结果如图 31.11.10 所示。

② 在要约束的几何体区域的方位下拉列表中选择自动判断中心/轴选项，选取图 31.11.13 所示的底座上盖圆弧面 1 以及图 31.11.14 所示底座下盖圆弧面 1，单击应用按钮。

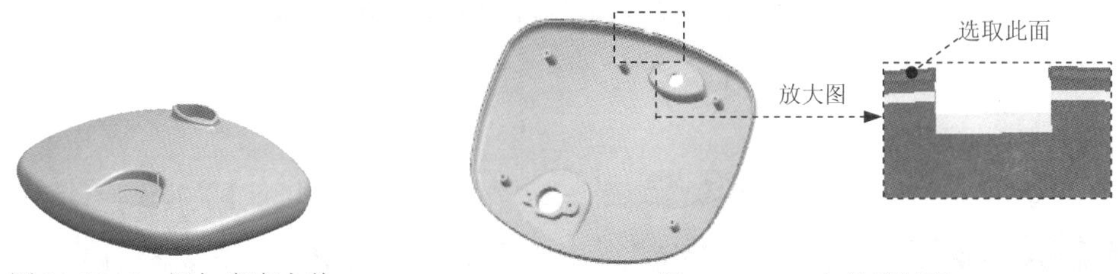

图 31.11.10 添加底座上盖　　图 31.11.11 定义接触面 1

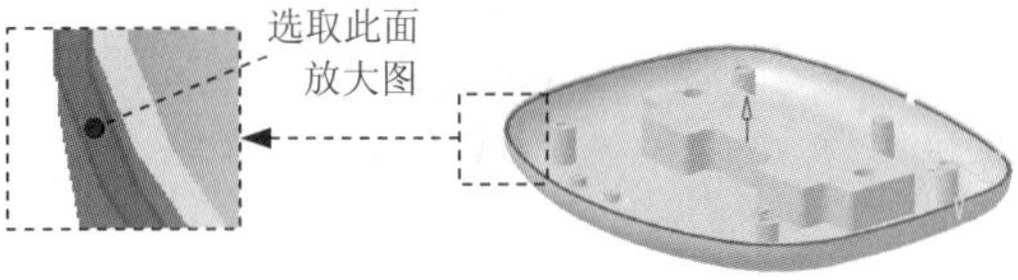

选取此面
放大图

底座上盖圆弧面 1

图 31.11.12 定义接触面 2 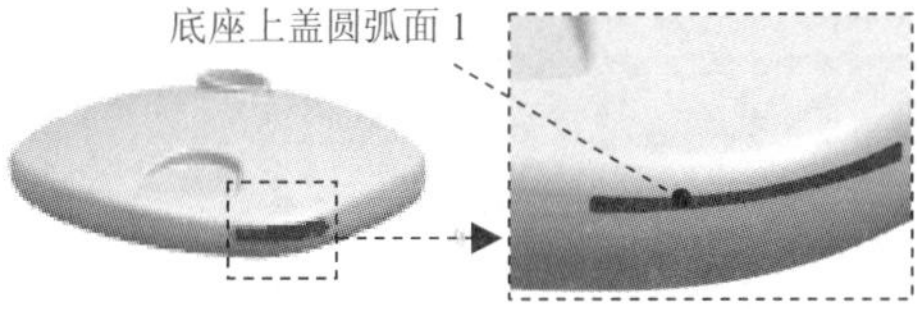　　图 31.11.13 定义第 1 个中心对象

③ 在要约束的几何体区域的方位下拉列表中选择自动判断中心/轴选项，在图形区选取图 31.11.15 所示的底座上盖圆弧面 2 以及图 31.11.16 所示底座下盖圆弧面 2，单击< 确定 >按钮，完成底座上盖的添加。

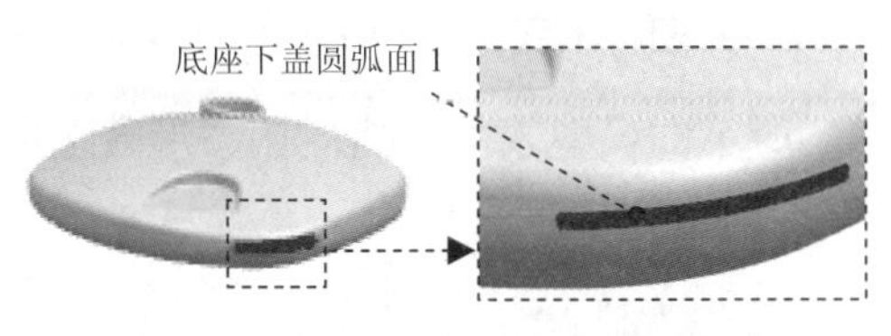

图 31.11.14 定义第 2 个中心对象

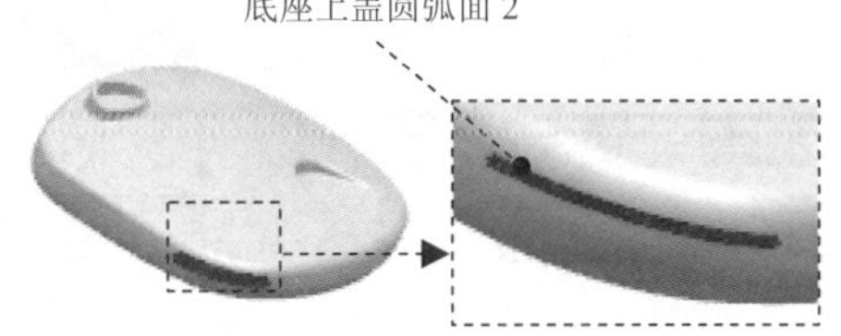

图 31.11.15 定义第 3 个中心对象

Step6. 隐藏底座下盖。在图形区右击图 31.11.17 所示的底座下盖，从弹出的快捷菜单中选择隐藏(H)选项，即可隐藏底座下盖。

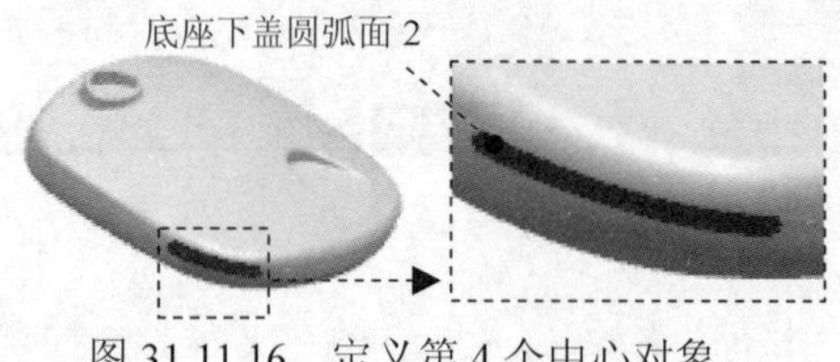

图 31.11.16　定义第 4 个中心对象

图 31.11.17　选取底座下盖

说明：也可以在装配导航器的模型树中右击 base_down_cover，从弹出的快捷菜单中选择隐藏选项，即可隐藏底座下盖。

Step7. 添加图 31.11.18 所示的台灯开关并定位。

（1）添加组件。选择下拉菜单 装配(A) → 组件(C) → 添加组件(A)... 命令，系统弹出“添加组件”对话框；在“添加组件”对话框的打开区域中单击按钮，在弹出的“部件名”对话框中选择文件 button.prt，单击 OK 按钮，系统返回到“添加组件”对话框。

（2）选择定位方式。在放置区域的定位下拉列表中选择通过约束选项，单击 确定 按钮，系统弹出“装配约束”对话框。

（3）添加约束。

① 在类型下拉列表中选择接触对齐选项，在要约束的几何体区域的方位下拉列表中选择自动判断中心/轴选项，在“组件预览”窗口中选择图 31.11.19 所示的圆柱面 1，然后在图形区选取 30.11.20 所示的圆柱面 2，单击 应用 按钮，结果如图 31.11.21 所示。

图 31.11.18　添加台灯开关

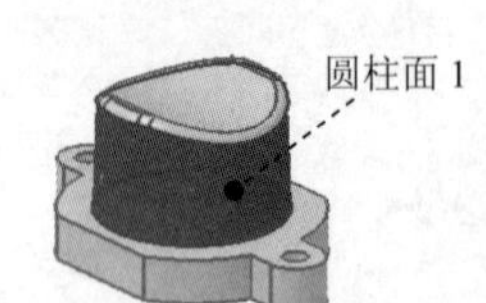

图 31.11.19　定义中心约束对象

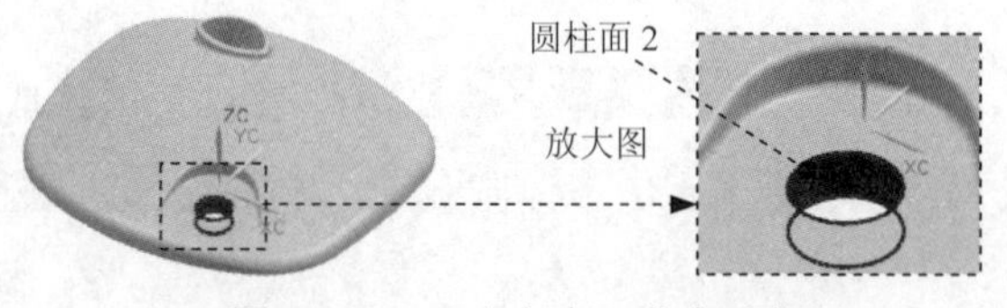

图 31.11.20　定义中心约束对象

图 31.11.21　添加中心约束后

② 在类型下拉列表中选择接触对齐选项，在要约束的几何体区域的方位下拉列表中选择首选接触选项，在图形区中选取图 31.11.22 所示的模型表面，然后在图形区选取图 31.11.23 所示的模型表面，单击 应用 按钮。

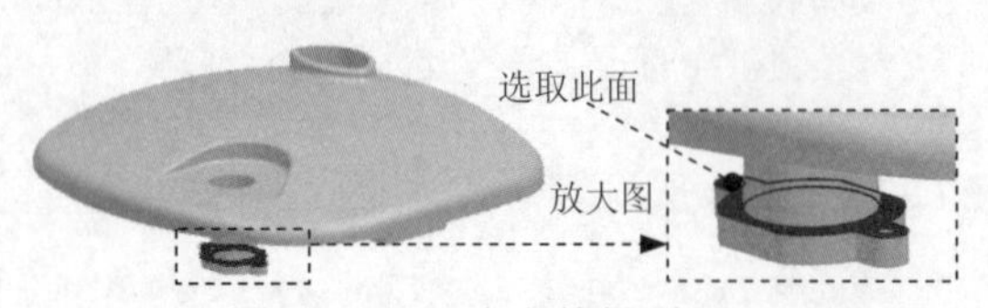

图 31.11.22　定义接触面 3

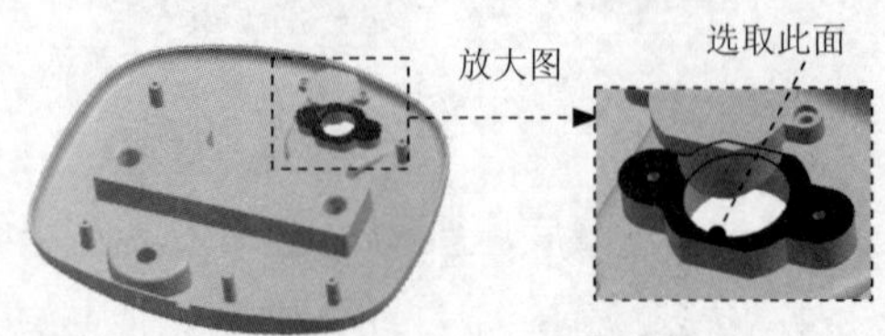

图 31.11.23　定义接触面 4

③ 在类型下拉列表中选择平行选项，选择图 31.11.24 所示的面，然后选择图 31.11.25 所示的面，单击应用按钮，结果如图 31.11.24 所示。

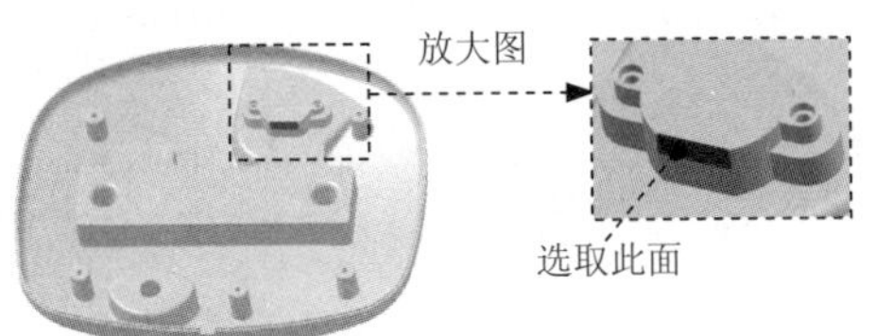

图 31.11.24　定义平行对象 1

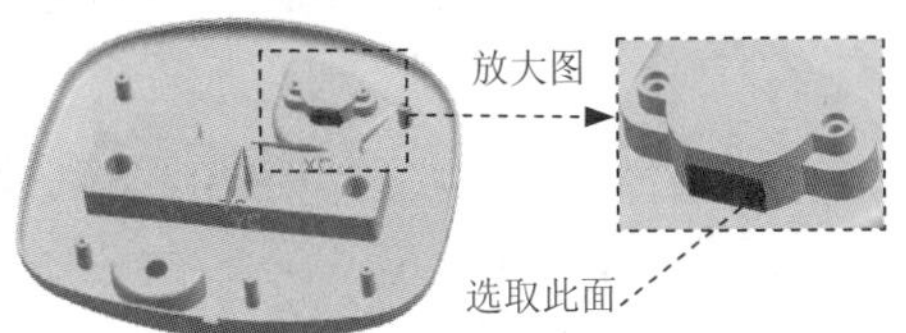

图 31.11.25　定义平行对象 2

（4）在“装配约束”对话框中单击取消按钮，完成台灯开关的添加。

Step8. 取消底座下盖的隐藏。单击左侧资源板中的“装配导航器”按钮，右击 base_down_cover（底座下盖），从弹出的快捷菜单中选择显示选项，即可显示底座下盖。

Step9. 保存零件模型。选择下拉菜单文件(F) → 保存(S)命令，即可保存零件模型。

Stage2. 创建子装配 2——灯头组件（图 31.11.26）

Step1. 新建文件。选择下拉菜单文件(F) → 新建(N)...命令，系统弹出“新建”对话框。在模板选项卡中选取模板类型为装配，在名称文本框中输入文件名称 lamp_chimney_asm，在文件夹文本框中输入文件路径 D:\ugnx90.5\work\ch31，单击确定按钮，进入装配环境。

Step2. 在系统弹出的“添加组件”对话框中单击取消按钮，选择下拉菜单格式(R) → 图层设置(S)...命令，弹出“图层设置”对话框，在显示下拉列表中选择所有图层选项，然后在图层列表框中选择☑2选项，然后单击设为不可见右边的按钮，单击关闭按钮，完成对象的隐藏。

Step3. 添加图 31.11.27 所示的灯罩上盖并定位。选择下拉菜单装配(A) → 组件(C) → 添加组件(A)...命令，系统弹出“添加组件”对话框；在“添加组件”对话框的打开区域中单击按钮，在弹出的“部件名”对话框中选择文件 lamp_chimney_top_cover，单击OK按钮，系统弹出“添加组件”对话框；在放置区域的定位下拉列表中选择绝对原点选项，单击确定按钮，此时灯罩上盖已被添加到装配文件中。

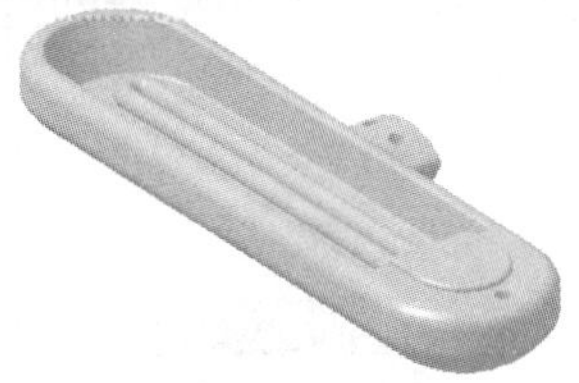

图 31.11.26　装配图

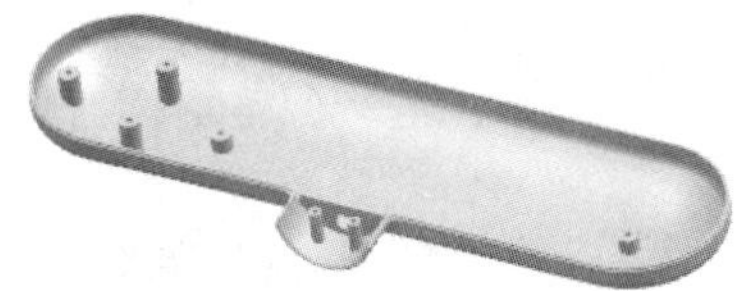

图 31.11.27　添加灯罩上盖

Step4. 添加图 31.11.28 所示的灯头并定位。

（1）添加组件。选择下拉菜单 装配(A) → 组件(C) → 添加组件(A)... 命令，系统弹出“添加组件”对话框；在“添加组件”对话框的 打开 区域中单击按钮，在弹出的“部件名”对话框中选择文件 light_socket.prt，单击 OK 按钮，系统弹出“添加组件”对话框。

（2）选择定位方式。在 放置 区域的 定位 下拉列表中选择 通过约束 选项，单击 确定 按钮，弹出“装配约束”对话框。

（3）添加约束。

① 在 类型 下拉列表中选择 接触对齐 选项，在 要约束的几何体 区域的 方位 下拉列表中选择 首选接触 选项，在“组件预览”窗口中选取图 31.11.29 所示的模型表面，然后在图形区选取图 31.11.30 所示的模型表面，单击 应用 按钮，结果如图 31.11.31 所示，此时完成组件的平面接触约束。

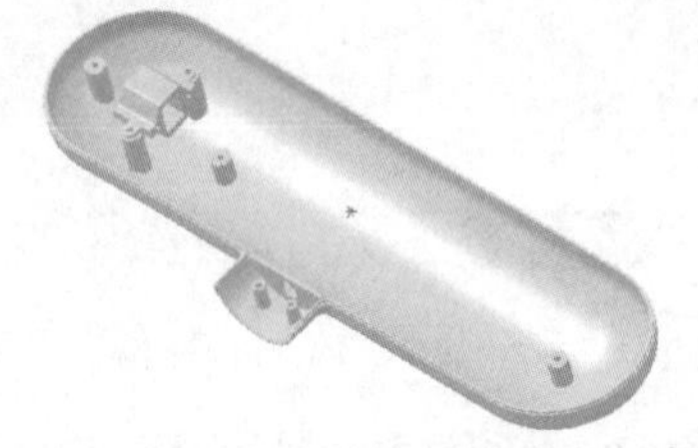

图 31.11.28　添加灯头

图 31.11.29　定义接触面 1

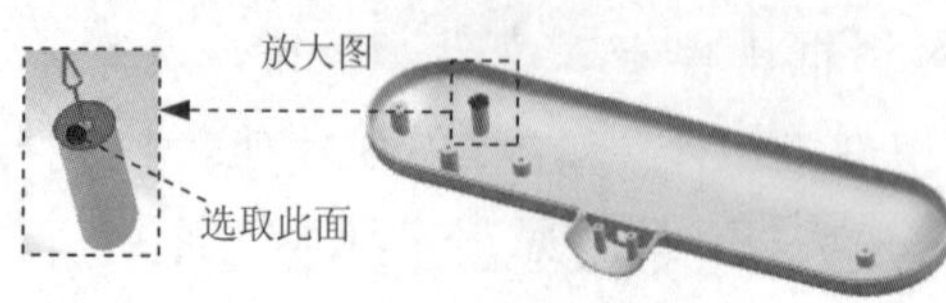

图 31.11.30　定义接触面 2

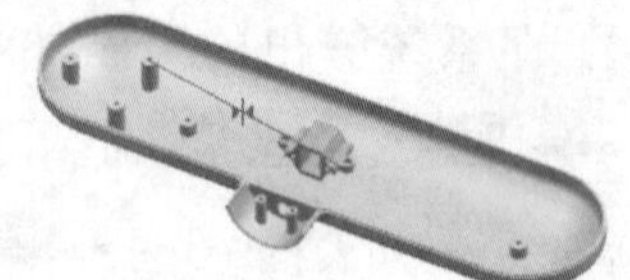

图 31.11.31　添加接触约束后

② 在 要约束的几何体 区域的 方位 下拉列表中选择 自动判断中心/轴 选项，在图形区选取图 31.11.32b 所示的模型表面，然后选取图 31.11.32a 所示的圆柱面 1，单击 应用 按钮，完成中心约束操作。

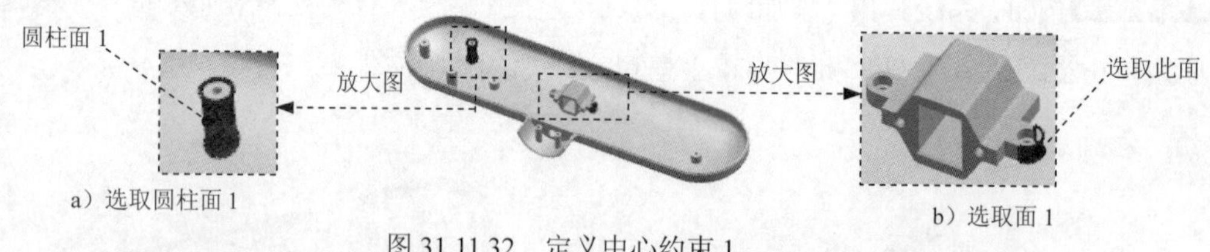

图 31.11.32　定义中心约束 1

③ 在 要约束的几何体 区域的 方位 下拉列表中选择 自动判断中心/轴 选项，选取图 31.11.33a 所示的模型表面，然后选取图 31.11.33b 所示的圆柱面 2，单击 应用 按钮，完成中心约束操作。

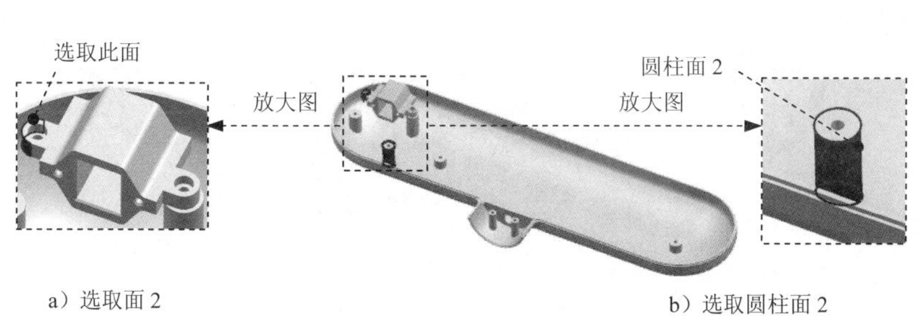

a）选取面 2　　b）选取圆柱面 2

图 31.11.33　定义中心约束 2

（4）单击< 确定 >按钮，完成灯头的添加。

Step5. 添加图 31.11.34 所示的灯罩下盖并定位。

（1）添加组件。选择下拉菜单装配(A) → 组件(C) → 添加组件(A)... 命令，系统弹出“添加组件”对话框；在“添加组件”对话框的打开区域中单击按钮，在弹出的“部件名”对话框中选择文件 lamp_chimney_down_cover.prt，单击OK按钮，系统返回到“添加组件”对话框。

（2）选择定位方式。在放置区域的定位下拉列表中选择通过约束选项，单击确定按钮，弹出“装配约束”对话框。

（3）添加约束。

① 在类型下拉列表中选择接触对齐选项，在要约束的几何体区域的方位下拉列表中选择首选接触选项，在“组件预览”窗口中选取图 31.11.35 所示的模型表面，然后在图形区选取图 31.11.36 所示的模型表面，单击应用按钮，完成组件的平面配对，结果如图 31.11.37 所示。

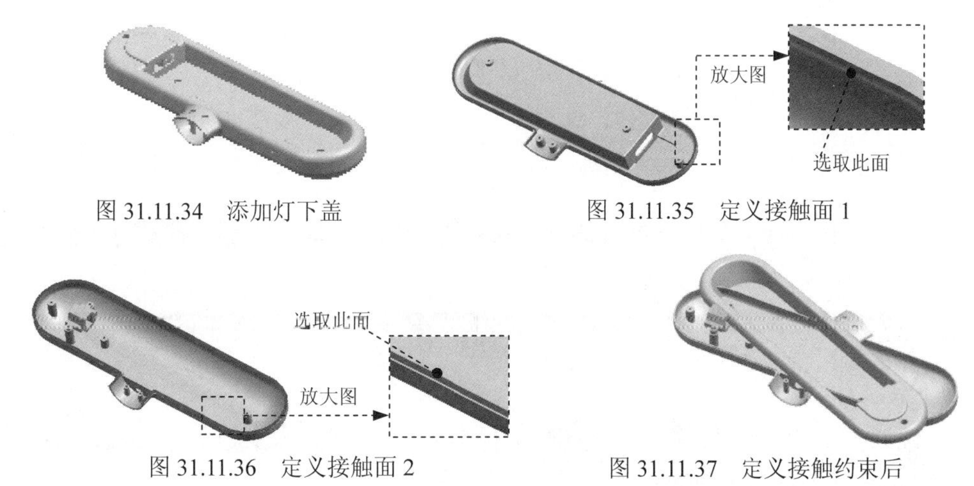

图 31.11.34　添加灯下盖

图 31.11.35　定义接触面 1

图 31.11.36　定义接触面 2

图 31.11.37　定义接触约束后

② 在要约束的几何体区域的方位下拉列表中选择自动判断中心/轴选项，在窗口中选取图 31.11.38b 所示的模型表面，然后选取图 31.11.38a 所示的模型表面，单击应用按钮，

结果如图 31.11.34 所示。

a）定义约束面　　b）定义约束面

图 31.11.38　定义中心约束 3

③ 在要约束的几何体区域的方位下拉列表中选择自动判断中心/轴选项，在图形区中选取图 31.11.39 所示的面 1，然后选取图 31.11.39 所示的面 2，单击应用按钮，完成中心约束操作。

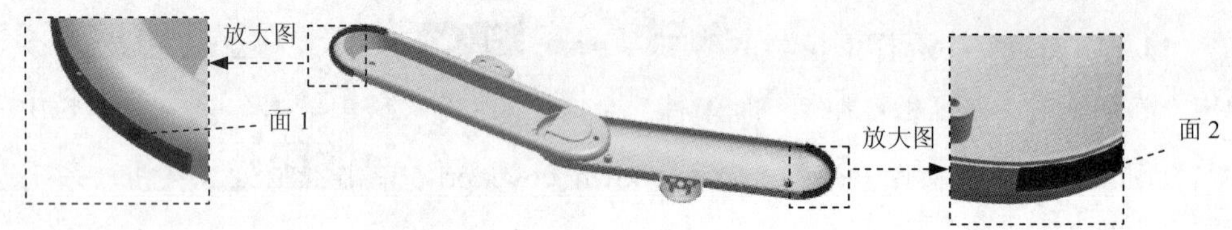

图 31.11.39　定义中心约束 4

（4）单击< 确定 >按钮，完成灯罩下盖的添加。

Step6. 隐藏灯罩下盖。在图形区右击灯罩下盖特征，从弹出的快捷菜单中选择隐藏(H)命令，即可隐藏灯罩下盖。结果如图 31.11.40 所示。

说明：也可以在装配导航器的模型树中右击Lamp_chimney_down_cover，从弹出的快捷菜单中选择隐藏命令，即可隐藏灯罩下盖。

Step7. 添加图 31.11.41 所示的灯管并定位。

图 31.11.40　隐藏灯罩下盖后　　图 31.11.41　添加灯管

（1）添加组件。选择下拉菜单装配(A) → 组件(C) → 添加组件(A)...命令，系统弹出“添加组件”对话框；在“添加组件”对话框的打开区域中单击按钮，在弹出的“部件名”对话框中选择文件 light.prt，单击OK按钮，系统返回到“添加组件”对话框。

（2）选择定位方式。在放置区域的定位下拉列表中选择通过约束选项，单击确定按钮，弹出“装配约束”对话框。

（3）添加约束。

① 在类型下拉列表中选择接触对齐选项，在要约束的几何体区域的方位下拉列表中选

择 接触 选项，在“组件预览”窗口中选取图 31.11.42 所示的模型表面，然后在图形区选取图 31.11.43 所示的模型表面，单击 应用 按钮，在图形区选取图 31.11.44b 所示的模型表面，然后选取图 31.11.44a 所示的模型表面，单击 应用 按钮，结果如图 31.11.45 所示。

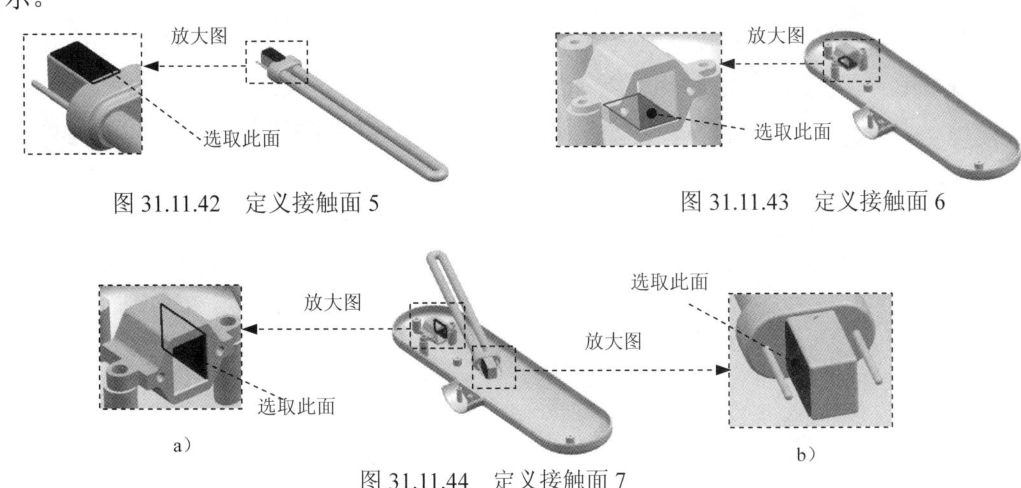

图 31.11.42 定义接触面 5

图 31.11.43 定义接触面 6

图 31.11.44 定义接触面 7

② 在 类型 下拉列表中选择 距离 选项，在窗口中选取图 31.11.46 所示的面 3，然后选取图 31.11.46 所示的面 4，在 距离 文本框中输入值 0，单击 < 确定 > 按钮，完成灯管的添加，结果如图 31.11.41 所示。

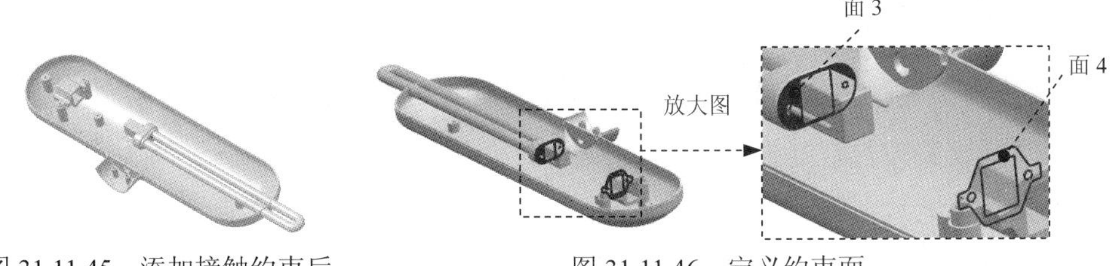

图 31.11.45 添加接触约束后

图 31.11.46 定义约束面

Step8. 取消 Step6 所隐藏的灯罩下盖。单击左侧资源板中的“装配导航器”按钮，右击 Lamp_chimney_down_cover（灯罩下盖），从弹出的快捷菜单中选择 显示 选项，即可显示灯罩下盖。

Step9. 保存零件模型。选择下拉菜单 文件(F) → 保存(S) 命令，即可保存零件模型。

Stage3. 创建总装配（图 31.11.47）

Step1. 新建文件。选择下拉菜单 文件(F) → 新建(N)... 命令，系统弹出“新建”对话框。在 模板 区域中选择 装配 选项，在 名称 文本框中输入文件名称 reading_lam_asm.prt，在 文件夹 文本框中输入文件路径 D:\ugnx90.5\work\ch31，单击 确定 按钮，进入装配环境。

Step2. 在系统弹出的“添加组件”对话框中单击 取消 按钮，选择下拉菜单 格式(R) → 图层设置(S)... 命令，系统弹出“图层设置”对话框，在 显示 下拉列表中选择所有图层选项，然后在图层列表框中选择☑2选项，单击设为不可见右边的按钮，单击关闭按钮，完成对象的隐藏。

Step3. 添加图 31.11.48 所示的台灯底座并定位。

（1）添加部件。选择下拉菜单装配(A) → 组件(C) → 添加组件(A)...命令，在“添加组件”对话框的打开区域中单击按钮，在弹出的“部件名”对话框中选择文件 base_asm.prt，单击OK按钮，系统弹出“添加组件”对话框。

（2）选择定位方式。在放置区域的定位下拉列表中选择绝对原点选项，单击确定按钮，此时台灯底座已被添加到装配文件中。

Step4. 添加图 31.11.49 所示的支撑管并定位。

图 31.11.47　装配图

图 31.11.48　添加底座

图 31.11.49　添加支撑管

（1）添加组件。选择下拉菜单装配(A) → 组件(C) → 添加组件(A)...命令，系统弹出“添加组件”对话框；在“添加组件”对话框的打开区域中单击按钮，在弹出的“部件名”对话框中选择文件 brace_pipe.prt，单击OK按钮，系统返回到“添加组件”对话框。

（2）选择定位方式。在放置区域的定位下拉列表中选择通过约束选项，单击确定按钮，弹出“装配约束”对话框。

（3）添加约束。

① 在类型下拉列表中选择接触对齐选项，在要约束的几何体区域的方位下拉列表中选择接触选项，在“组件预览”窗口中选取图 31.11.50 所示的面 1，然后在图形区选取图 31.11.51 所示的面 2，单击应用按钮。

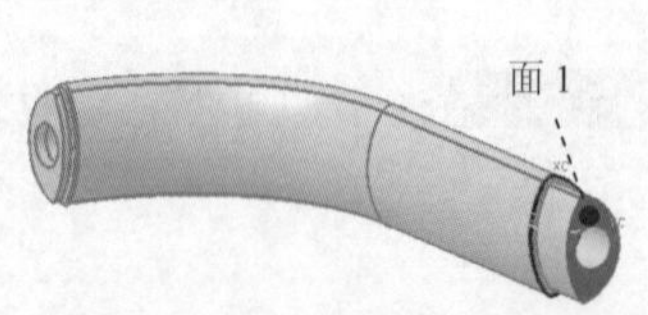

图 31.11.50　定义接触面 1

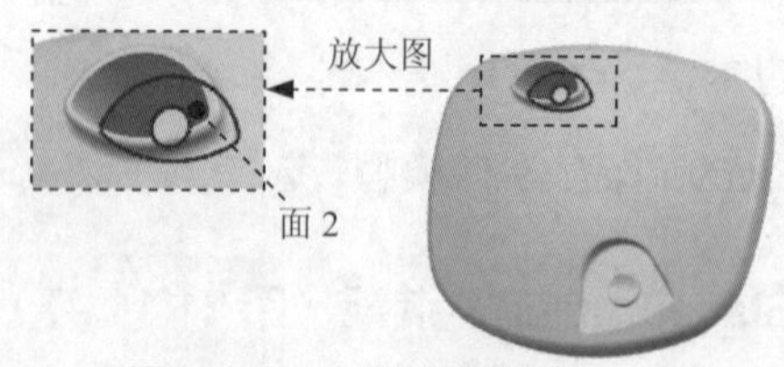

图 31.11.51　定义接触面 2

② 在要约束的几何体区域的方位下拉列表中选择接触选项，在图形区选取图 31.11.52 所示的面 3，然后选取图 31.11.52 所示的面 4，单击应用按钮。

③ 在类型下拉列表中选择平行选项，在图形区选取图 31.11.53 所示的面 5，然后选取图 31.11.53 所示的面 6，单击< 确定 >按钮，完成支撑管的添加，结果如图 31.11.49 所示。

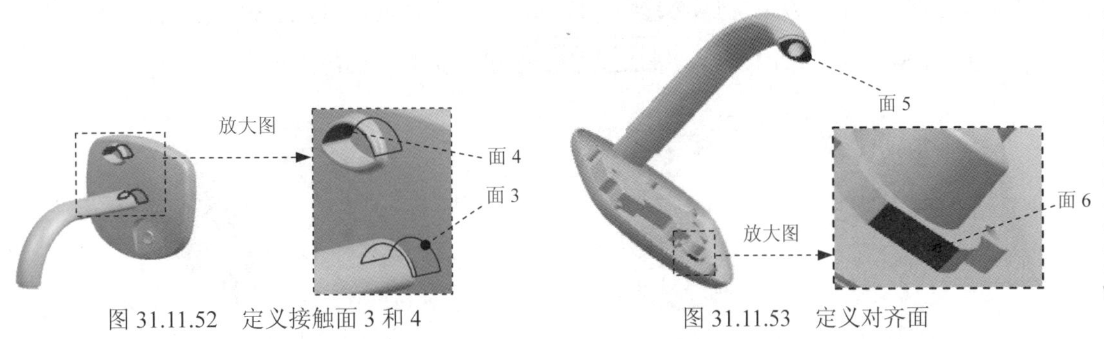

图 31.11.52 定义接触面 3 和 4　　图 31.11.53 定义对齐面

说明：为了方便选择参考面，此处将 base_top_cover.prt 部件隐藏，装配完成后再将其显示。

Step5. 添加图 31.11.54 所示的灯头并定位。

（1）添加组件。选择下拉菜单 装配(A) → 组件(C) → 添加组件(A)... 命令，系统弹出“添加组件”对话框；在“添加组件”对话框的 打开 区域中单击 按钮，在弹出的“部件名”对话框中选择文件 lamp_chimney_asm.prt，单击 OK 按钮，系统返回到“添加组件”对话框。

（2）选择定位方式。在 放置 区域的 定位 下拉列表中选择 通过约束 选项，单击 确定 按钮，弹出“装配约束”对话框。

（3）添加约束。

① 在 类型 下拉列表中选择 接触对齐 选项，在 要约束的几何体 区域的 方位 下拉列表中选择 接触 选项，在“组件预览”窗口中选取图 31.11.55 所示的面 7，然后在图形区选取图 31.11.56 所示的面 8，单击 应用 按钮。

② 在 要约束的几何体 区域的 方位 下拉列表中选择 接触 选项，在“组件预览”窗口中选取图 31.11.57 所示的面 9，然后选取图 31.11.58 所示的面 10，单击 应用 按钮。

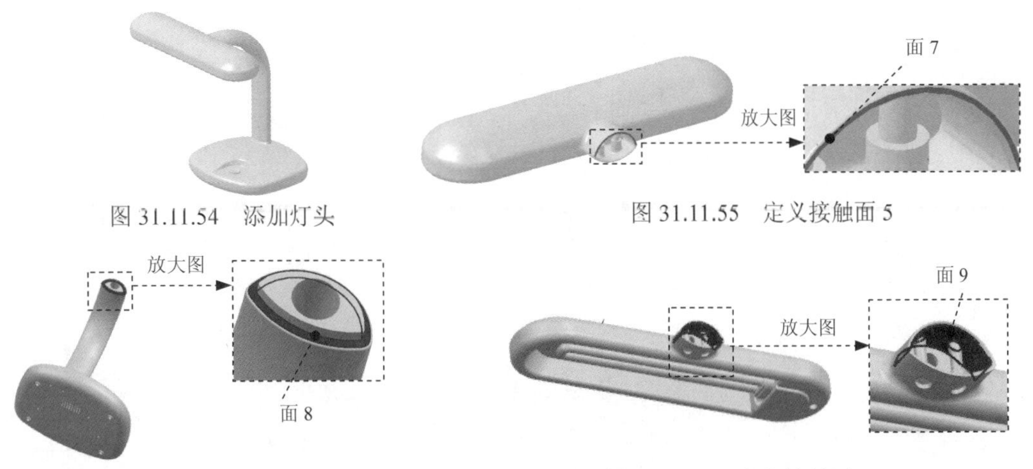

图 31.11.54 添加灯头　　图 31.11.55 定义接触面 5

图 31.11.56 定义接触面 6　　图 31.11.57 定义接触面 7

③ 在类型下拉列表中选择平行选项，在图形区选取图 31.11.59 所示的面 11，然后选取图 31.11.59 所示的面 12，单击< 确定 >按钮，完成灯头的添加。

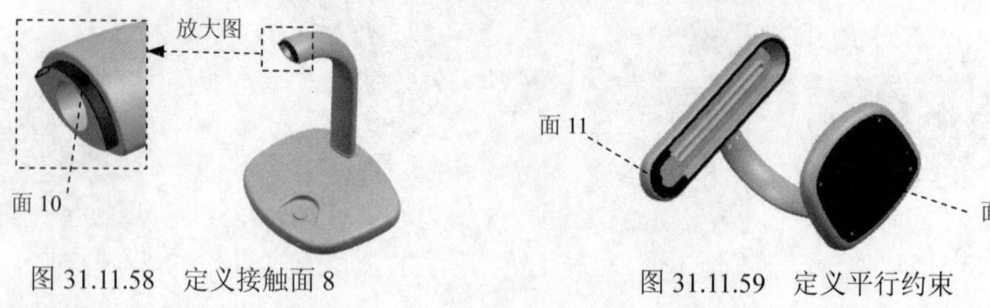

图 31.11.58　定义接触面 8　　图 31.11.59　定义平行约束

Step6. 保存零件模型。选择下拉菜单文件(F) → 保存(S)命令，即可保存零件模型。

实例 32 遥控器的自顶向下设计

32.1 概　　述

本实例详细讲解了一款遥控器的整个设计过程，该设计过程中采用了最为先进的设计方法——自顶向下（Top-Down Design）的设计方法。这种自顶向下的设计方法可以加快产品更新换代的速度，极大提高新产品的上市时间，并且可以获得较好的整体造型。许多家用电器（如电脑机箱、吹风机以及电脑鼠标）都可以采用这种方法进行设计。本例设计的产品成品模型如图 32.1.1 所示。

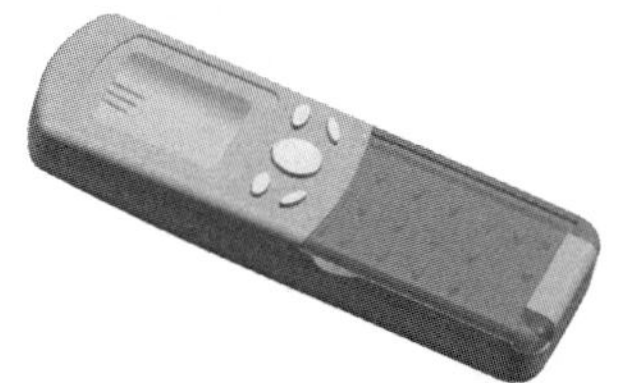

图 32.1.1　遥控器模型

在使用自顶向下的设计方法进行设计时，我们先引入一个新的概念——控件。控件即控制元件，用于控制模型的外观及尺寸等，控件在设计过程中起着承上启下的作用。最高级别的控件（通常称之为“一级控件”，是在整个设计开始时创建的原始结构模型）所承接的是整体模型与所有零件之间的位置及配合关系；一级控件之外的控件（二级控件或更低级别的控件）从上一级控件得到外形和尺寸等信息，再把这种关系传递给下一级控件或零件。在整个设计过程中，一级控件的作用非常重要，创建之初就把整个模型的外观勾勒出来，后续工作都是对一级控件的分割或细化，在整个设计过程中创建的所有控件或零件都与一级控件存在着根本的联系。本例中一级控件是一种特殊的零件模型，或者说是一个装配体的 3D 布局。

使用自顶向下的设计方法有如下两种方法：

（1）首先创建产品的整体外形，然后分割产品，从而得到各个零部件，再对零部件各个结构进行设计。

（2）首先创建产品中的重要结构，然后将装配几何关系的线与面复制到各零件，再插入新的零件并进行细节的设计。

本实例采用第一种设计方法，即将创建的产品的整体外形分割而得到各个零件。在 UG NX 9.0 中，用户可以通过选择下拉菜单 工具(T) → 装配导航器(A) ▸ → WAVE 模式(W) 命令或者在“装配导航器”窗口中右击，在弹出的快捷菜单中选择 WAVE 模式 命令，进入 WAVE 装配环境。设置工作部件的方法是选择下拉菜单 装配(A) → 关联控制(O) → 设置工作部件(W) 命令，选择要设计的工作部件；也可以在“装配导航器”窗口中要设置的部件上右击，在弹出的快捷菜单中选择 设为工作部件 命令，将选择的部件设置为工作部件。

本例中遥控器的设计流程图如图 32.1.2 所示。

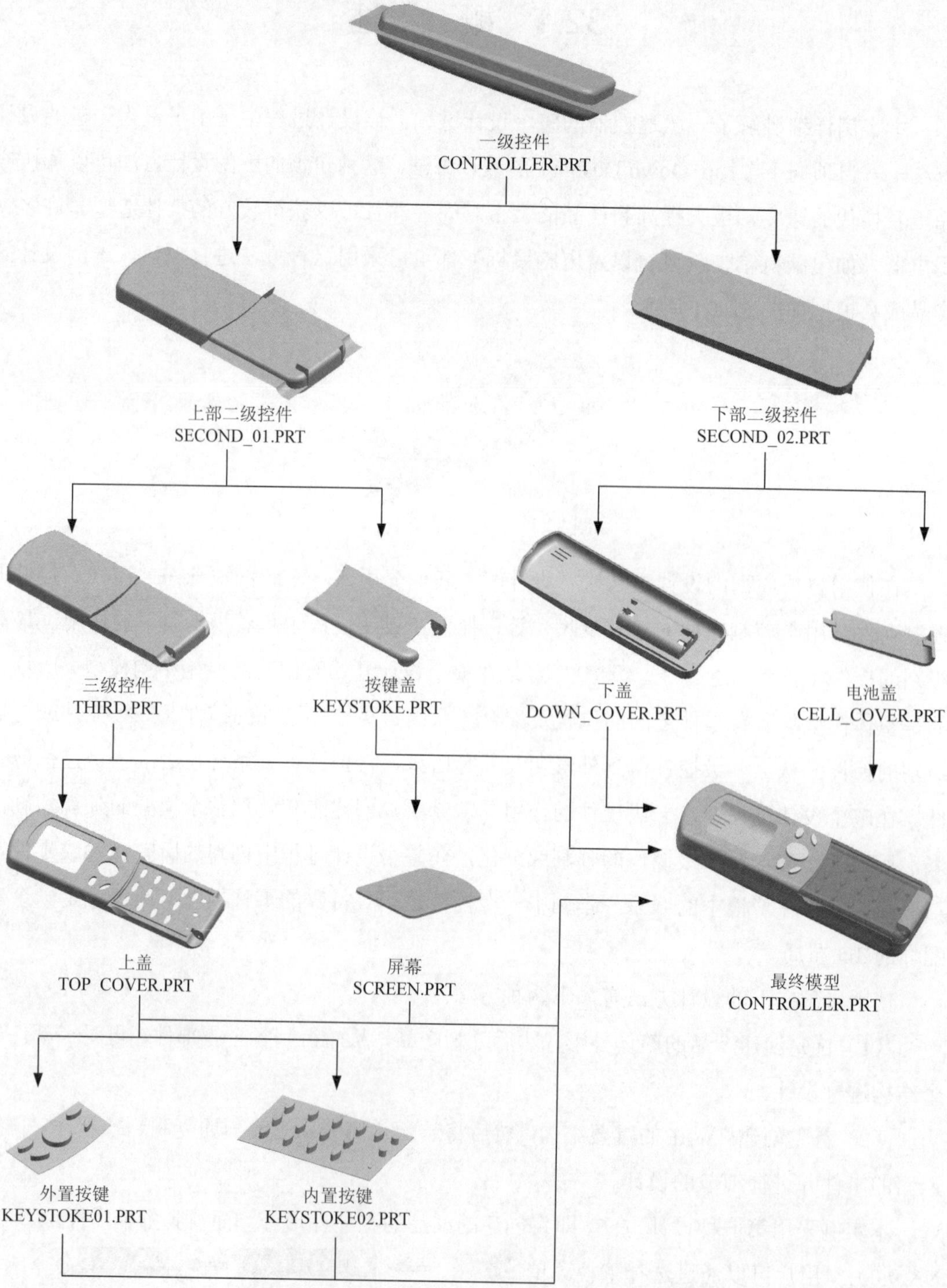

一级控件
CONTROLLER.PRT

上部二级控件
SECOND_01.PRT

下部二级控件
SECOND_02.PRT

三级控件
THIRD.PRT

按键盖
KEYSTOKE.PRT

下盖
DOWN_COVER.PRT

电池盖
CELL_COVER.PRT

上盖
TOP_COVER.PRT

屏幕
SCREEN.PRT

最终模型
CONTROLLER.PRT

外置按键
KEYSTOKE01.PRT

内置按键
KEYSTOKE02.PRT

图 32.1.2　设计流程图

32.2 创建一级控件

下面讲解一级控件（CONTROLLER.PRT）的创建过程，一级控件在整个设计过程中起着十分重要的作用，它不仅为两个二级控件提供原始模型，并且确定了遥控器的整体外观形状。零件模型及相应的模型树如图 32.2.1 所示。

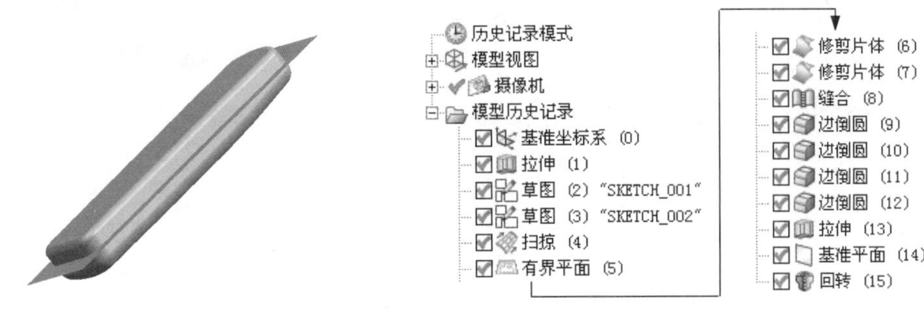

图 32.2.1　零件模型及模型树

Step1. 新建文件。选择下拉菜单文件(F) ➡ 新建(N)...命令，系统弹出“新建”对话框。在模型选项卡的模板区域中选取模板类型为模型；在名称文本框中输入文件名称 controller，单击确定按钮，进入建模环境。

说明：本例所建的所有模型应存放在同一文件夹下，制作完成后，整个模型将以装配体的形式出现；并且本例所创建的一级控件，在所有的零件设计完成后对其做相应的编辑，即是完成后的遥控器模型。

Step2. 创建图 32.2.2 所示的拉伸特征 1。选择下拉菜单插入(S) ➡ 设计特征(E) ➡ 拉伸(E)...命令（或单击按钮），系统弹出“拉伸”对话框；单击对话框中的“绘制截面”按钮，系统弹出“创建草图”对话框。选取 XY 基准平面为草图平面，选中设置区域的☑ 创建中间基准 CSYS 复选框，单击确定按钮，进入草图环境，绘制图 32.2.3 所示的截面草图，选择下拉菜单任务(K) ➡ 完成草图(K)命令（或单击完成草图按钮），退出草图环境；在“拉伸”对话框限制区域的开始下拉列表中选择值选项，并在其下的距离文本框中输入值 0；在限制区域的结束下拉列表中选择值选项，并在其下的距离文本框中输入值 20；在设置区域的体类型下拉列表中选择片体选项。其他参数采用系统默认设置；单击对话框中的< 确定 >按钮，完成拉伸特征 1 的创建。

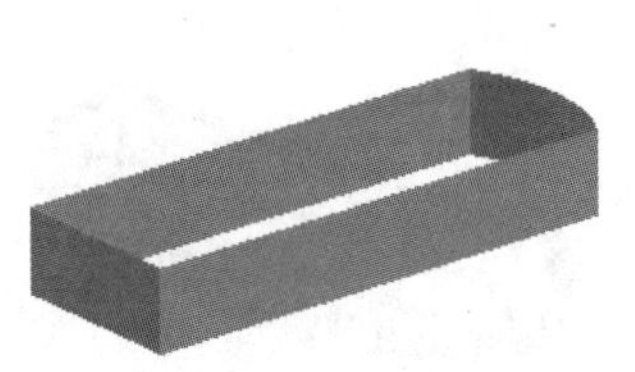

图 32.2.2　拉伸特征 1

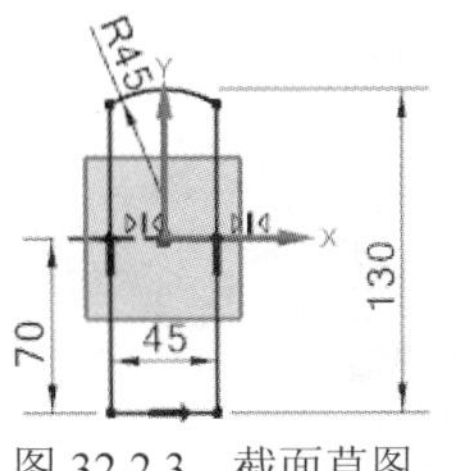

图 32.2.3　截面草图

Step3. 创建图 32.2.4 所示的草图 1。选择下拉菜单插入(S) → 在任务环境中绘制草图(V)...命令，系统弹出“创建草图”对话框；选取 YZ 基准平面为草图平面，取消选中设置区域的□创建中间基准 CSYS复选框，单击确定按钮；进入草图环境，绘制图 32.2.4 所示的草图 1；选择下拉菜单任务(K) → 完成草图(K)命令（或单击完成草图按钮），退出草图环境。

Step4. 创建图 32.2.5 所示的草图 2。选择下拉菜单插入(S) → 在任务环境中绘制草图(V)...命令，系统弹出“创建草图”对话框；选取 ZX 基准平面为草图平面，单击确定按钮；进入草图环境，绘制图 32.2.5 所示的草图 2；选择下拉菜单任务(K) → 完成草图(K)命令（或单击完成草图按钮），退出草图环境。

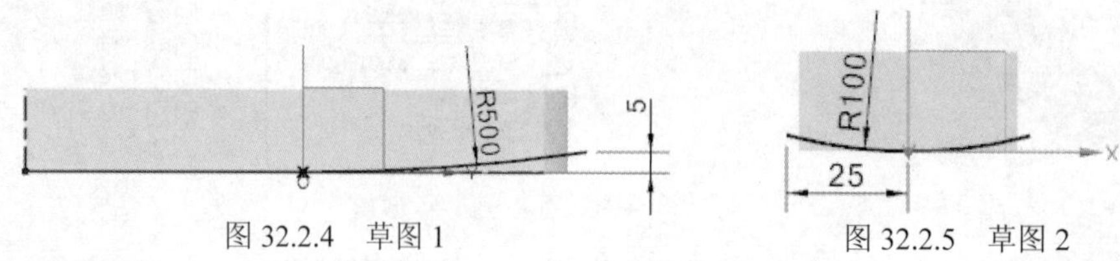

图 32.2.4　草图 1　　　图 32.2.5　草图 2

Step5. 创建图 32.2.6 所示的扫掠特征。选择下拉菜单插入(S) → 扫掠(W) → 扫掠(S)...命令，系统弹出“扫掠”对话框；选取草图 1 为截面线串，单击中键确认；选取草图 2 为引导线串，单击中键确认；其他参数采用系统默认设置；单击< 确定 >按钮，完成扫掠特征的创建。

Step6. 创建图 32.2.7 所示的有界平面。选择下拉菜单插入(S) → 曲面(R) → 有界平面(P)...命令，系统弹出“有界平面”对话框；选取图 32.2.8 所示的 4 条曲线；单击< 确定 >按钮，完成有界平面的创建。

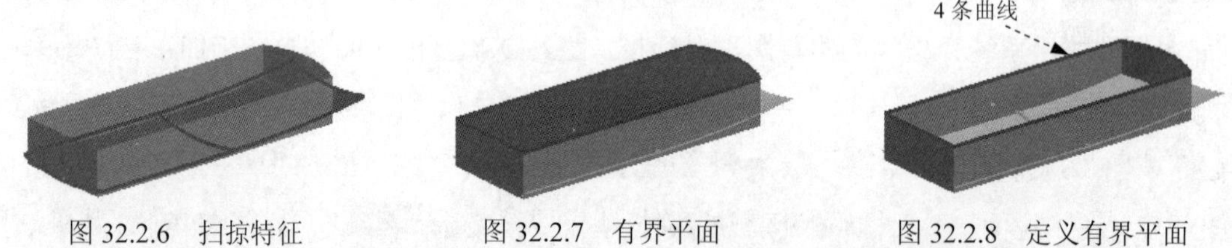

图 32.2.6　扫掠特征　　　图 32.2.7　有界平面　　　图 32.2.8　定义有界平面

Step7. 创建图 32.2.9 所示的修剪特征 1。选择下拉菜单插入(S) → 修剪(T) → 修剪片体(R)...命令，系统弹出“修剪片体”对话框；选择图 32.2.10 所示的目标体和边界对象；在区域区域中选中⊙保留单选项；其他参数采用系统默认设置；单击确定按钮，完成修剪特征 1 的创建。

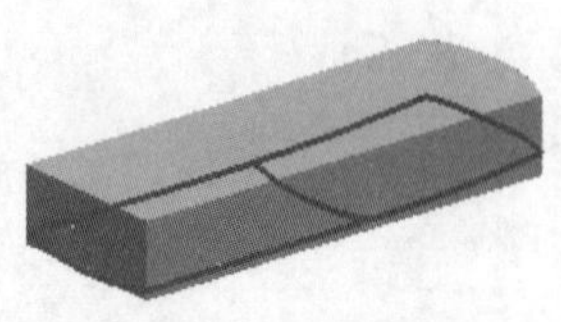
图 32.2.9　修剪特征 1

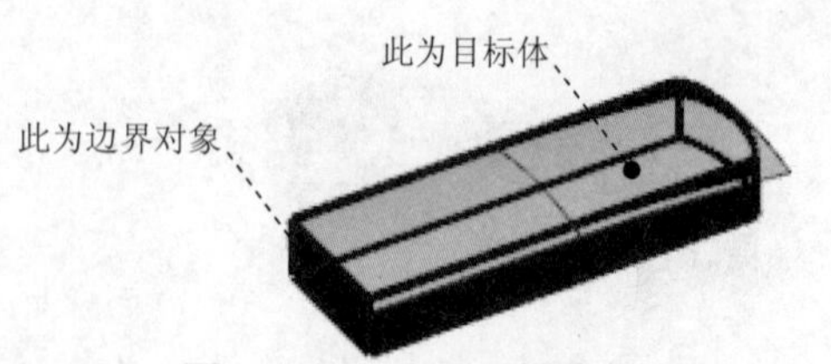

图 32.2.10　定义目标体和边界对象

Step8. 创建图 32.2.11 所示的修剪特征 2。选择下拉菜单插入(S) → 修剪(T) → 修剪片体(R)...命令，系统弹出“修剪片体”对话框；选取图 32.2.12 所示的目标体，选取修剪特征 1 为边界对象；在区域区域中选中保留单选项；其他参数采用系统默认设置；单击确定按钮，完成修剪特征 2 的创建。

图 32.2.11　修剪特征 2

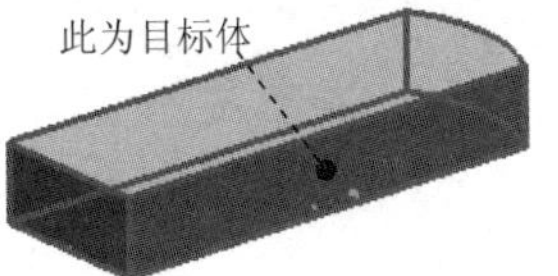

图 32.2.12　定义目标体

Step9. 曲面缝合。选择下拉菜单插入(S) → 组合(B) → 缝合(W)...命令，系统弹出“缝合”对话框；在类型区域的下拉列表中选择片体选项；选取修剪特征 2 为目标体；选取有界平面和修剪特征 1 为工具体；其他参数采用系统默认设置；单击确定按钮，完成缝合曲面的操作。

Step10. 创建图 32.2.13b 所示的边倒圆特征 1。选择下拉菜单插入(S) → 细节特征(L) → 边倒圆(E)...命令（或单击按钮），系统弹出“边倒圆”对话框；选取图 32.2.13a 所示的两条边为边倒圆参照，并在半径 1 文本框中输入值 8；单击< 确定 >按钮，完成边倒圆特征 1 的创建。

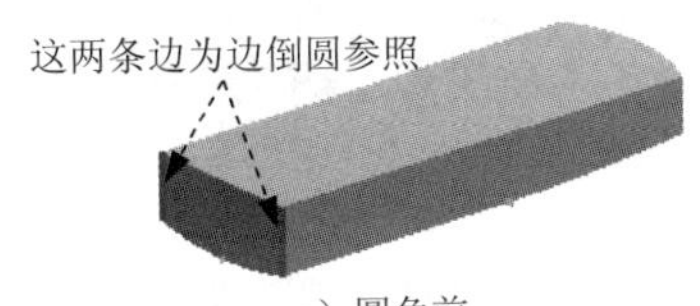

a）圆角前

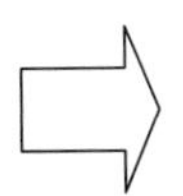

b）圆角后

图 32.2.13　边倒圆特征 1

Step11. 创建图 32.2.14b 所示的边倒圆特征 2。选取图 32.2.14a 所示的两条边为边倒圆参照，圆角半径值为 5。

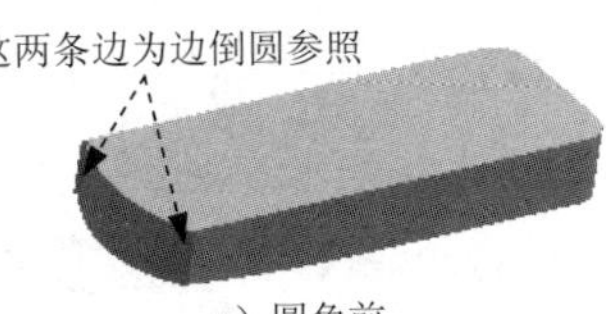

a）圆角前

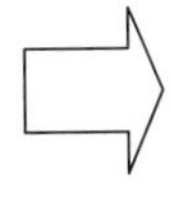

b）圆角后

图 32.2.14　边倒圆特征 2

Step12. 创建图 32.2.15b 所示的边倒圆特征 3。选取图 32.2.15a 所示的边线为边倒圆角参照，圆角半径值为 3。

a）圆角前

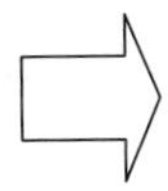

b）圆角后

图 32.2.15　边倒圆特征 3

Step13. 创建图 32.2.16b 所示的边倒圆特征 4。选取图 32.2.16a 所示的边线为边倒圆参照，圆角半径值为 6。

a）圆角前

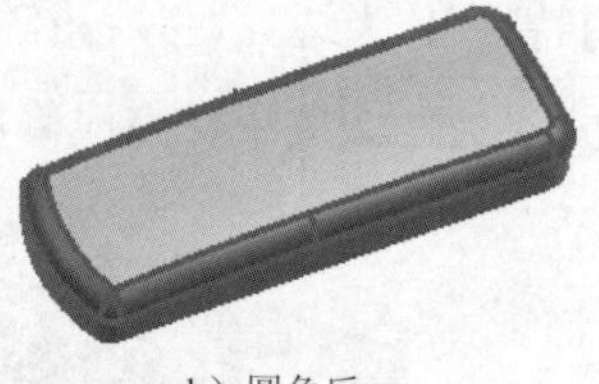
b）圆角后

图 32.2.16 边倒圆特征 4

Step14. 创建图 32.2.17 所示的拉伸特征 2。选择下拉菜单插入(S) → 设计特征(E) → 拉伸(E)... 命令（或单击按钮），系统弹出“拉伸”对话框；单击对话框中的“绘制截面”按钮，系统弹出“创建草图”对话框。选取 YZ 基准平面为草图平面，单击确定按钮，进入草图环境，绘制图 32.2.18 所示的截面草图，选择下拉菜单任务(K) → 完成草图(K)命令（或单击完成草图按钮），退出草图环境；在“拉伸”对话框限制区域的开始下拉列表中选择对称值选项，并在其下的距离文本框中输入值 30；其他参数采用系统默认设置；单击对话框中的< 确定 >按钮，完成拉伸特征 2 的创建。

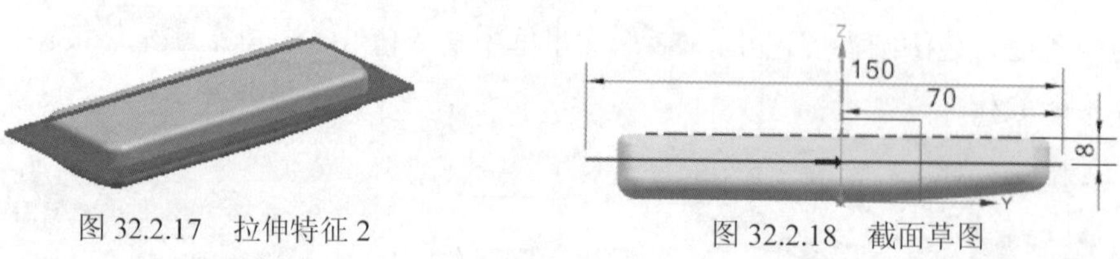

图 32.2.17 拉伸特征 2

图 32.2.18 截面草图

Step15. 创建图 32.2.19 所示的基准平面 1。选择下拉菜单插入(S) → 基准/点(D) → 基准平面(D)...命令，系统弹出“基准平面”对话框；单击< 确定 >按钮，完成基准平面 1 的创建（注：具体参数和操作参见随书光盘）。

Step16. 创建图 32.2.20 所示的旋转体。选择插入(S) → 设计特征(E) → 旋转(R)...命令（或单击按钮），系统弹出“旋转”对话框；单击对话框中的“绘制截面”按钮，系统弹出“创建草图”对话框。选取基准平面 1 为草图平面，单击确定按钮，进入草图环境，绘制图 32.2.21 所示的截面草图，选择下拉菜单任务(K) → 完成草图(K)命令（或单击完成草图按钮），退出草图环境；在指定矢量下拉列表中选择XC选项，并选取椭圆长轴的一个端点为旋转点；在布尔区域的下拉列表中选择求差选项，选择图 32.2.22 所示的特征为布尔求差运算的对象；单击< 确定 >按钮，完成旋转体的创建。

Step17. 设置隐藏。选择下拉菜单编辑(E) → 显示和隐藏(H) → 隐藏(H)...命令（或单击按钮），系统弹出“类选择”对话框；单击“类选择”对话框过滤器区域的按钮，系统弹出“根据类型选择”对话框，选择对话框列表中的草图选项，单击确定按钮。系统再次弹出“类选择”对话框，单击对话框对象区域的“全选”按钮；单击对话

框中的 确定 按钮，完成对设置对象的隐藏；以同样的方式隐藏所有基准面。

Step18. 保存零件模型。

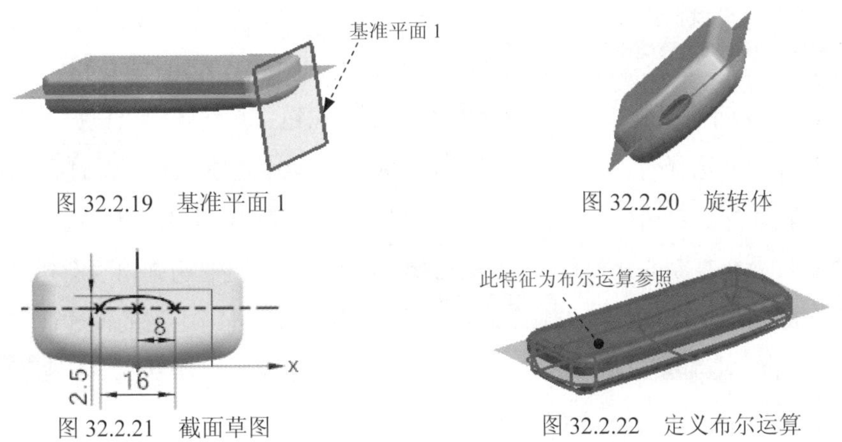

图 32.2.19 基准平面 1

图 32.2.20 旋转体

图 32.2.21 截面草图

图 32.2.22 定义布尔运算

32.3 创建上部二级控件

下面要创建的上部二级控件（second_01）是从骨架模型中分割出来的一部分，它继承了一级控件的相应外观形状，同时又作为控件模型为三级控件和按键盖提供相应外观和对应尺寸，也保证了设计零件的可装配性。下面讲解上部二级控件的创建过程，零件模型及相应的模型树如图 32.3.1 所示。

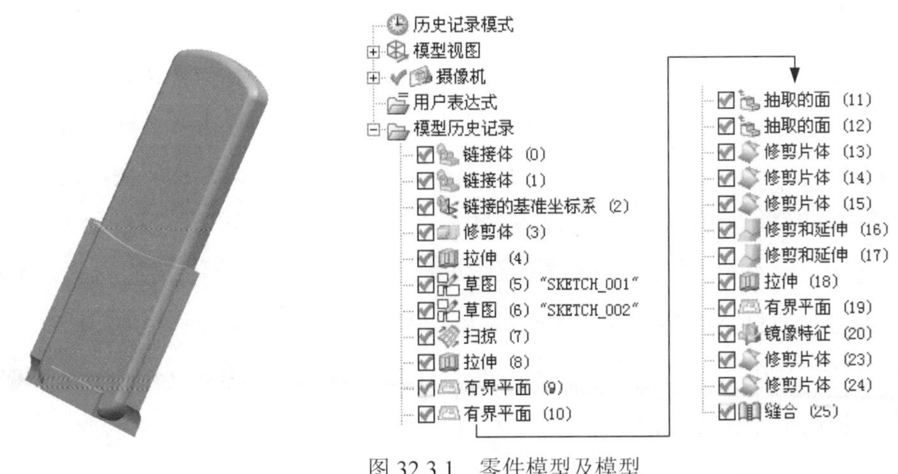

图 32.3.1 零件模型及模型

Step1. 创建 second_01 层。在“装配导航器”窗口中右击，在弹出的快捷菜单（一）中选择 WAVE 模式 命令，系统进入 WAVE 模式；在“装配导航器”窗口中的 controller 选项上右击，在弹出的快捷菜单（二）中选择 WAVE → 新建级别 命令，系统弹出 “新建级别”

对话框；单击“新建级别”对话框中的 指定部件名 按钮，在弹出的“选择部件名”对话框的 文件名(N): 文本框中输入文件名 second_01，单击 OK 按钮，系统再次弹出“新建级别”对话框；单击“新建级别”对话框中的 类选择 按钮，系统弹出“WAVE 组件间的复制”对话框，单击“WAVE 组件间的复制”对话框 过滤器 区域的 按钮，系统弹出“根据类型选择”对话框，按住 Ctrl 键，选择对话框列表中的 实体、片体 和 CSYS 选项，单击 确定 按钮。系统再次弹出“类选择”对话框，单击对话框 对象 区域的“全选”按钮。选取前面创建的整个骨架模型作为要复制的几何体，单击 确定 按钮。系统重新弹出“新建级别”对话框；在“新建级别”对话框中单击 确定 按钮，完成 second_01 层的创建；在“装配导航器”窗口中的 second_01 选项上右击，在弹出的快捷菜单（三）中选择 设为显示部件 命令，此时在新窗口中打开 second_01 文件。

Step2. 创建图 32.3.2 所示的修剪体特征 1。选择下拉菜单 插入(S) → 修剪(T) → 修剪体(T)... 命令，系统弹出“修剪体”对话框；选取图 32.3.3 所示的目标体和工具体；调整修剪方向使修剪结果如图 32.3.2 所示；单击 < 确定 > 按钮，完成修剪体特征 1 的创建（隐藏工具体）。

图 32.3.2 修剪体特征 1

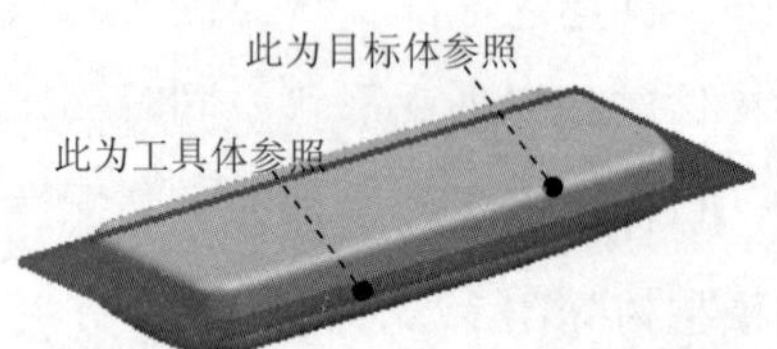

图 32.3.3 定义目标体和工具体

Step3. 创建图 32.3.4 所示的拉伸特征 1。选择下拉菜单 插入(S) → 设计特征(E) → 拉伸(E)... 命令（或单击 按钮），系统弹出“拉伸”对话框；单击对话框中的“绘制截面”按钮，系统弹出“创建草图”对话框，选取 YZ 基准平面为草图平面，选中 设置 区域的 ☑ 创建中间基准 CSYS 复选框，单击 确定 按钮，进入草图环境，绘制图 32.3.5 所示的截面草图，选择下拉菜单 任务(K) → 完成草图(K) 命令（或单击 完成草图 按钮），退出草图环境；在“拉伸”对话框 限制 区域的 开始 下拉列表中选择 对称值 选项，并在其下的 距离 文本框中输入值 30；其他参数采用系统默认设置；在 设置 区域的 体类型 下拉列表中选择 片体 选项；单击对话框中的 < 确定 > 按钮，完成拉伸特征 1 的创建。

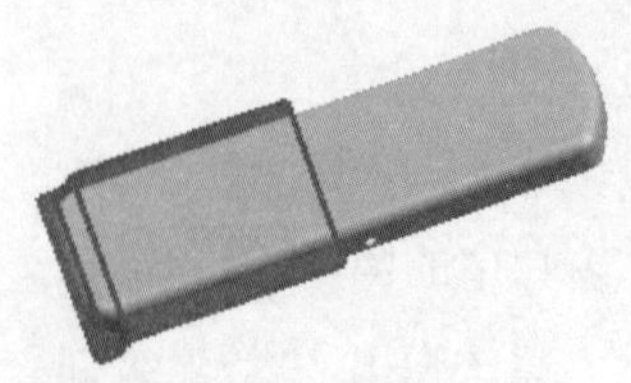
图 32.3.4 拉伸特征 1

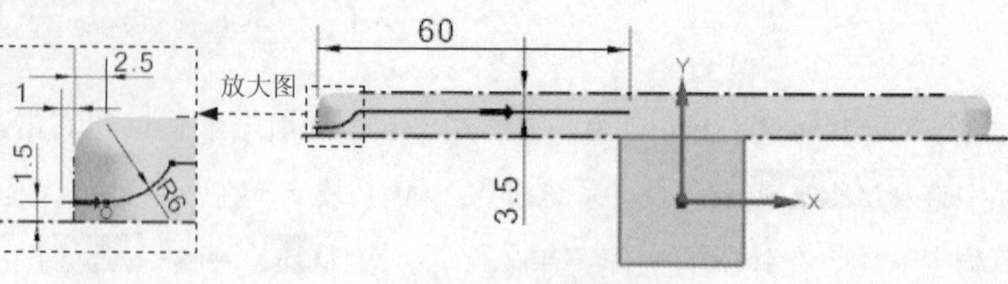

图 32.3.5 截面草图

Step4. 创建图 32.3.6 所示的草图 1。选择下拉菜单插入(S) → 在任务环境中绘制草图(V)...命令，系统弹出“创建草图”对话框；选取 XY 基准平面为草图平面，单击确定按钮；进入草图环境，绘制图 32.3.6 所示的草图 1；选择下拉菜单任务(K) → 完成草图(K)命令（或单击完成草图按钮），退出草图环境。

Step5. 创建图 32.3.7 所示的草图 2。选择下拉菜单插入(S) → 在任务环境中绘制草图(V)...命令，系统弹出“创建草图”对话框；选取 YZ 基准平面为草图平面，选取 YC 轴为水平方向参照，单击确定按钮；进入草图环境，绘制图 32.3.7 所示的草图 2；选择下拉菜单任务(K) → 完成草图(K)命令（或单击完成草图按钮），退出草图环境。

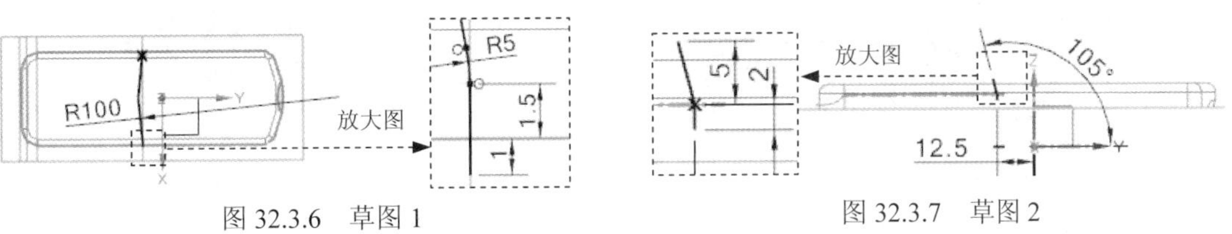

图 32.3.6 草图 1

图 32.3.7 草图 2

Step6. 创建图 32.3.8 所示的扫掠特征。选择下拉菜单插入(S) → 扫掠(W) → 扫掠(S)...命令，系统弹出“扫掠”对话框；选取草图 2 为截面线串，单击中键确认；选取草图 1 为引导线串，单击中键确认；其他参数采用系统默认设置；单击< 确定 >按钮，完成扫掠特征的创建。

Step7. 创建图 32.3.9 所示的拉伸特征 2。选择下拉菜单插入(S) → 设计特征(E) → 拉伸(E)...命令（或单击按钮），系统弹出“拉伸”对话框；单击对话框中的“绘制截面”按钮，系统弹出“创建草图”对话框。选取 YZ 基准平面为草图平面，单击确定按钮，进入草图环境，绘制图 32.3.10 所示的截面草图（草图左下角的端点与拉伸特征 1 的曲面边线重合），选择下拉菜单任务(K) → 完成草图(K)命令（或单击完成草图按钮），退出草图环境；在“拉伸”对话框限制区域的开始下拉列表中选择对称值选项，并在其下的距离文本框中输入值 14；其他参数采用系统默认设置；在设置区域的体类型下拉列表中选择片体选项；单击对话框中的< 确定 >按钮，完成拉伸特征 2 的创建。

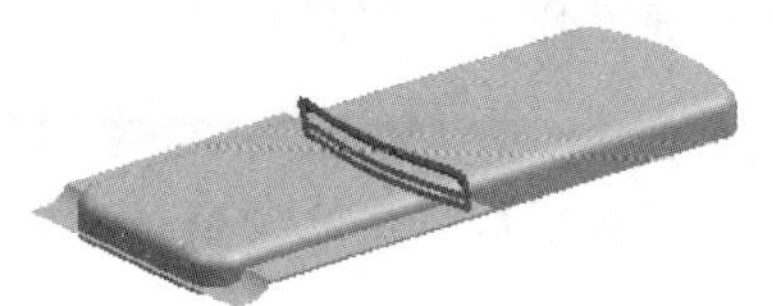

图 32.3.8 扫掠特征

图 32.3.9 拉伸特征 2

Step8. 创建图 32.3.11 所示的有界平面 1。选择下拉菜单插入(S) → 曲面(R) → 有界平面(P)...命令，系统弹出“有界平面”对话框；选取图 32.3.12 所示的曲线（拉伸特征 2 的边缘）；单击确定按钮，完成有界平面 1 的创建。系统重新弹出“有界平面”对话框，单击 取消 按钮退出对话框。

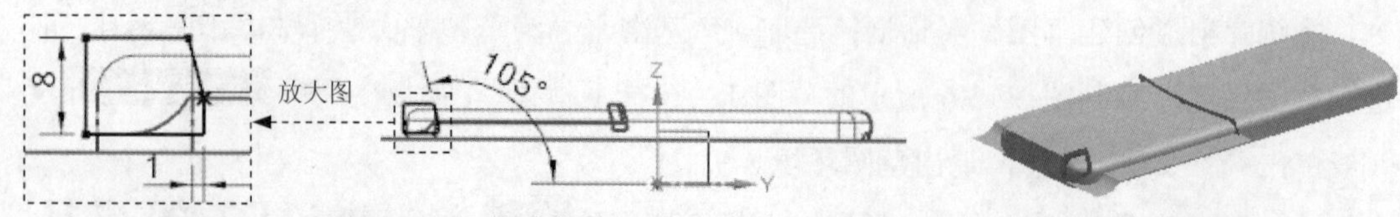

图 32.3.10　截面草图　　　　图 32.3.11　有界平面 1

Step9. 创建图 32.3.13 所示的有界平面 2。选择下拉菜单 插入(S) → 曲面(R) → 有界平面(P)... 命令，系统弹出“有界平面”对话框；选取拉伸特征 2 的另一侧边缘为有界平面的边界；单击 < 确定 > 按钮，完成有界平面 2 的创建。

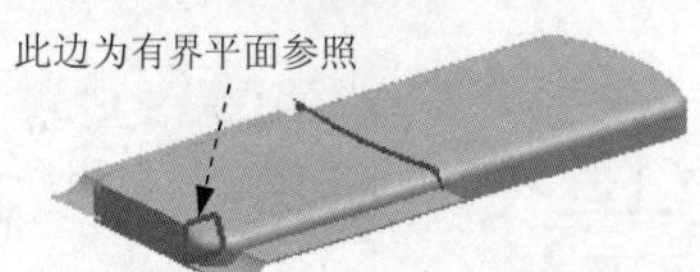

图 32.3.12　定义有界平面界限

图 32.3.13　有界平面 2

Step10. 创建抽取体特征 1。选择菜单 插入(S) → 关联复制(A) → 抽取几何体(E)... 命令，系统弹出“抽取几何体”对话框；在 类型 区域的下拉列表中选择 面 选项；选取图 32.3.14 所示的面为抽取体面；在 设置 区域中取消选中 □ 隐藏原先的 复选框，其他参数采用系统默认设置；单击 确定 按钮，完成抽取体特征的创建。

Step11. 创建抽取体特征 2。选择菜单 插入(S) → 关联复制(A) → 抽取几何体(E)... 命令，系统弹出“抽取几何体”对话框；在 类型 区域的下拉列表中选择 面 选项；选取图 32.3.15 所示的面为抽取体面；在 设置 区域中选中 ☑ 隐藏原先的 复选框，其他参数采用系统默认设置；单击 确定 按钮，完成抽取体特征 2 的创建。

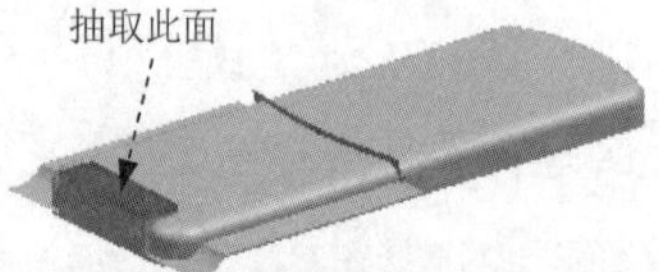

图 32.3.14　抽取体特征 1

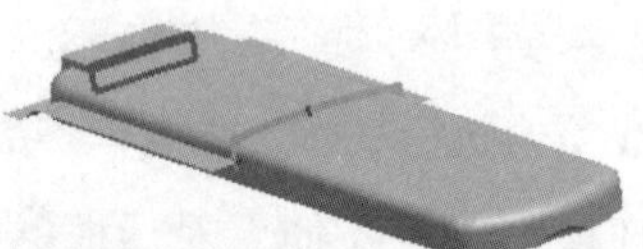
图 32.3.15　抽取体特征 2

Step12. 创建图 32.3.16 所示的修剪特征 1。选择下拉菜单 插入(S) → 修剪(T) → 修剪片体(R)... 命令，系统弹出“修剪片体”对话框；选择 Step3 创建的拉伸特征 1 为目标体，选取图 32.3.17 所示的边界对象（其中包括有界平面 1、有界平面 2、抽取体特征 1 和抽取体特征 2）；在 区域 区域中选中 ⊙ 保留 单选项；其他参数采用系统默认设置；单击 确定 按钮，完成修剪特征 1 的创建。

图 32.3.16　修剪特征 1

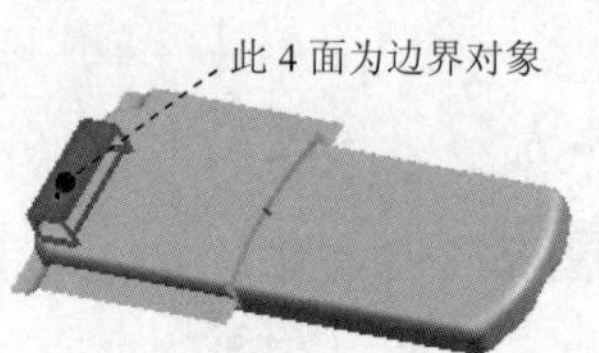

图 32.3.17　定义边界对象

Step13. 创建图 32.3.18 所示的修剪特征 2。选择下拉菜单插入(S) → 修剪(T) → 修剪片体(R)...命令，系统弹出“修剪片体”对话框；选择 Step8 创建的有界平面 1 为目标体，选取 Step12 创建的修剪特征 1 为边界对象；在区域区域中选中◉ 保留单选项（图 32.3.18 加亮部分为保持部分）；其他参数采用系统默认设置；单击确定按钮，完成修剪特征 2 的创建。

Step14. 创建图 32.3.19 所示的修剪特征 3。选择下拉菜单插入(S) → 修剪(T) → 修剪的片体(R)...命令，系统弹出“修剪片体”对话框；选择 Step9 创建的有界平面 2 为目标体，选取 Step12 创建的修剪特征 1 为边界对象；在区域区域中选中◉ 保留单选项（保持的为有界平面 1）；其他参数采用系统默认设置；单击确定按钮，完成修剪特征 3 的创建。

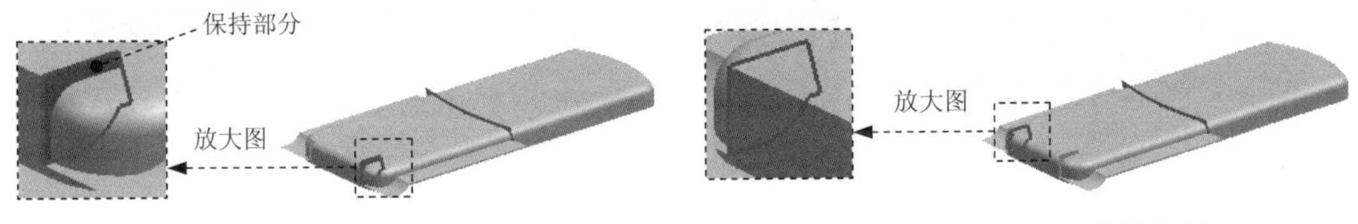

图 32.3.18 修剪特征 2　　图 32.3.19 修剪特征 3

Step15. 创建图 32.3.20 所示的修剪和延伸特 1。选择下拉菜单插入(S) → 修剪(T) → 修剪与延伸(N)...命令，系统弹出“修剪和延伸”对话框；在类型区域的下拉列表中选择直至选定选项。选取 Step12 创建的修剪特征 1 的靠近扫掠特征一侧的边线为目标；选取 Step6 创建的扫掠特征为刀具；其他参数采用系统默认设置；单击< 确定 >按钮，完成曲面的修剪和延伸特征 1 的创建。

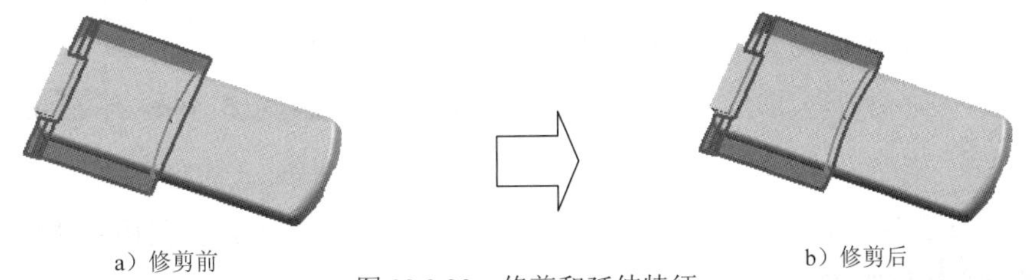

a）修剪前　　b）修剪后

图 32.3.20 修剪和延伸特征

Step16. 创建图 32.3.21 所示的修剪和延伸特征 2。选择下拉菜单插入(S) → 修剪(M)▸ → 修剪与延伸(N)...命令，系统弹出“修剪和延伸”对话框；在类型区域的下拉列表中选择直至选定选项。选取 Step6 创建的扫掠特征为目标；选取图 32.3.22 所示的平面为刀具参照，调整修剪方向为 Z 轴正方向；其他参数采用系统默认设置值；单击< 确定 >按钮，完成曲面的修剪和延伸特征 2 的创建。

a）修剪前　　b）修剪后

图 32.3.21 修剪和延伸特征　　图 32.3.22 定义刀具

Step17. 创建拉伸特征 3。选择下拉菜单插入(S) → 设计特征(E) → 拉伸(E)...命令（或单击按钮），系统弹出"拉伸"对话框；单击对话框中的"绘制截面"按钮，系统弹出"创建草图"对话框。选取 Step13 创建的修剪特征 2 所在平面为草图平面，单击确定按钮，进入草图环境，绘制图 32.3.23 所示的截面草图，选择下拉菜单任务(K) → 完成草图(K)命令（或单击完成草图按钮），退出草图环境；在"拉伸"对话框限制区域的开始下拉列表中选择值选项，并在其下的距离文本框中输入值 0；在限制区域的结束下拉列表中选择值选项，并在其下的距离文本框中输入值 3，在方向区域的*指定矢量 (0)下拉列表中选择-XC选项；在设置区域的体类型下拉列表中选择片体选项；其他参数采用系统默认设置值；单击< 确定 >按钮，完成拉伸特征 3 的创建。

Step18. 创建图 32.3.24 所示的有界平面 3。选择下拉菜单插入(S) → 曲面(R) → 有界平面(P)...命令，系统弹出"有界平面"对话框；选取拉伸特征 3 的边缘为有界平面的边界；单击< 确定 >按钮，完成有界平面 3 的创建。

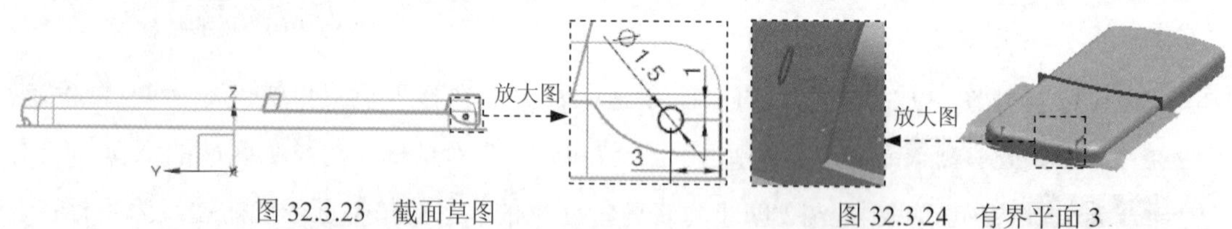

图 32.3.23　截面草图　　　　图 32.3.24　有界平面 3

Step19. 创建镜像特征。选择下拉菜单插入(S) → 关联复制(A) → 镜像特征(M)...命令，系统弹出 "镜像特征"对话框；选取拉伸特征 3 和有界平面 3 为镜像特征对象；选取 YZ 基准平面为镜像平面；单击< 确定 >按钮，完成镜像特征的创建。

Step20. 创建修剪特征 4。选择下拉菜单插入(S) → 修剪(T) → 修剪片体(R)...命令，系统弹出"修剪片体"对话框；选择 Step14 创建的修剪特征 3 为目标体，选取图 32.3.25 所示的曲面为边界对象；在区域区域中选中⊙保留单选项；其他参数采用系统默认设置值；单击< 确定 >按钮，完成修剪特征 4 的创建。

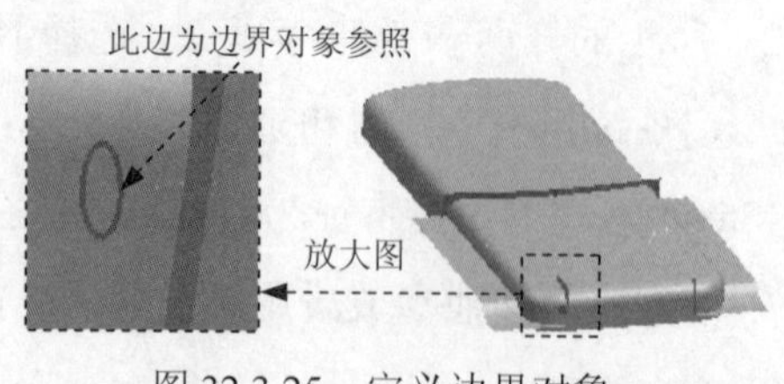

图 32.3.25　定义边界对象

Step21. 创建修剪特征 5。选择下拉菜单插入(S) → 修剪(T) → 修剪片体(R)...命令，系统弹出"修剪片体"对话框；选择 Step13 创建的修剪特征 2 为目标体，选取 Step17 创建的拉伸特征 3 的截面草图为边界对象；在区域区域中选中⊙保留单选项；其他参数采

用系统默认设置值；单击< 确定 >按钮，完成修剪特征 5 的创建。

Step22. 曲面缝合。选择下拉菜单插入(S) → 组合(B) → 缝合(W)...命令，系统弹出“缝合”对话框；在类型区域的下拉列表中选择片体选项；选取 Step12 创建的修剪特征 1 为目标体；选取图 32.3.26 所示的曲面为工具体（共 9 个面）；其他参数采用系统默认设置值；单击< 确定 >按钮，完成缝合曲面的操作。

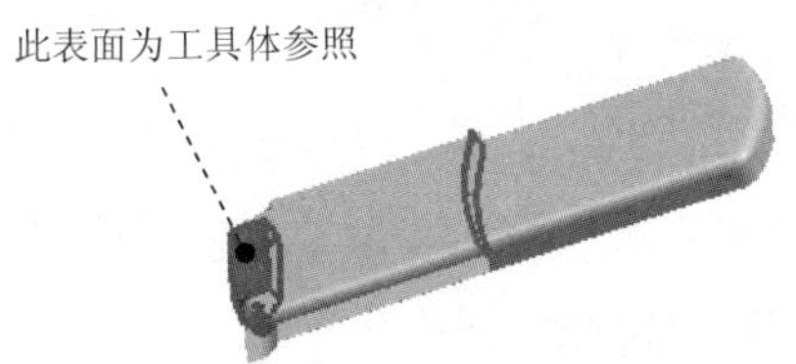

图 32.3.26 定义工具体

说明： 操作前可以将修剪体暂时隐藏，方便工具面的选取。

Step23. 设置隐藏。选择下拉菜单编辑(E) → 显示和隐藏(H) → 隐藏(H)...命令（或单击按钮），系统弹出“类选择”对话框；单击“类选择”对话框过滤器区域的按钮，系统弹出“根据类型选择”对话框，按住 Ctrl 键，选择对话框列表中的曲线和草图选项，单击确定按钮。系统再次弹出“类选择”对话框，单击对话框对象区域的“全选”按钮；单击对话框中的确定按钮，完成对设置对象的隐藏。

Step24. 保存零件。

32.4 创建下部二级控件

此处得到的下部二级控件（second_02）是从一级控件中分割出来的另一部分，它继承了一级控件除上部二级控件之外的外观形状，在后面的模型设计过程中它又被分割成下盖和电池盖两个零件。下面讲解下部二级控件的创建过程，零件模型及相应的模型树如图 32.4.1 所示。

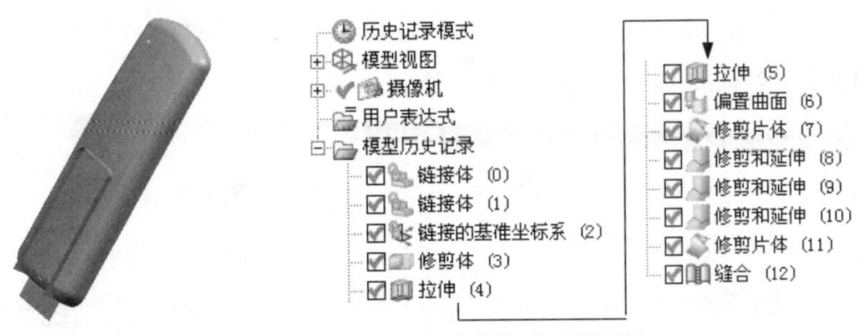

图 32.4.1 零件模型及模型树

Step1. 创建 second_02 层。在“装配导航器”窗口中的 second_01选项上右击，在弹出的快捷菜单中选择显示父项 ➡ controller命令，系统在“装配导航器”中显示 controller 部件；在“装配导航器”窗口中的☑ controller选项上右击，在弹出的系统快捷菜单（二）中选择WAVE ➡ 新建级别命令，系统弹出“新建级别”对话框；单击“新建级别”对话框中的指定部件名按钮，在弹出的“选择部件名”对话框的文件名(N):文本框中输入文件名 second_02，单击OK按钮，系统再次弹出“新建级别”对话框；单击“新建级别”对话框中的类选择按钮，系统弹出“WAVE 组件间的复制”对话框，单击“WAVE 组件间的复制”对话框过滤器区域的按钮，系统弹出“根据类型选择”对话框，按住 Ctrl 键，选择对话框列表中的实体、片体和CSYS选项，单击确定按钮。系统再次弹出“类选择”对话框，单击对话框对象区域的“全选”按钮。选取前面创建的整个骨架模型作为要复制的几何体，单击确定按钮。系统重新弹出“新建级别”对话框；在“新建级别”对话框中单击确定按钮，完成 second_02 层的创建；在“装配导航器”窗口中的☑ second_02选项上右击，在系统弹出的快捷菜单（三）中选择设为显示部件命令，进入模型编辑环境。

Step2. 创建图 32.4.2 所示的修剪体特征。选择下拉菜单插入(S) ➡ 修剪(M) ➡ 修剪体(T)...命令，系统弹出“修剪体”对话框；选取图 32.4.3 所示的实体为目标体和工具体；在工具区域中单击按钮调整修剪方向（方向为 Z 轴正向）；单击< 确定 >按钮，完成修剪体特征的创建（完成后隐藏工具体）。

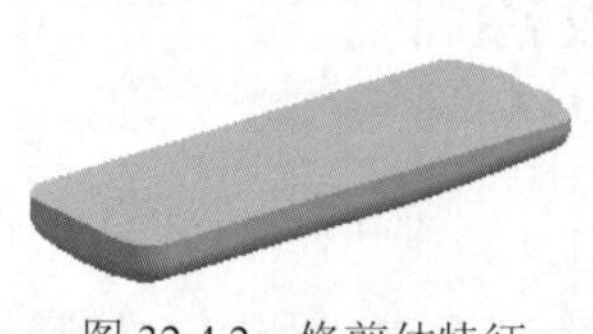
图 32.4.2 修剪体特征

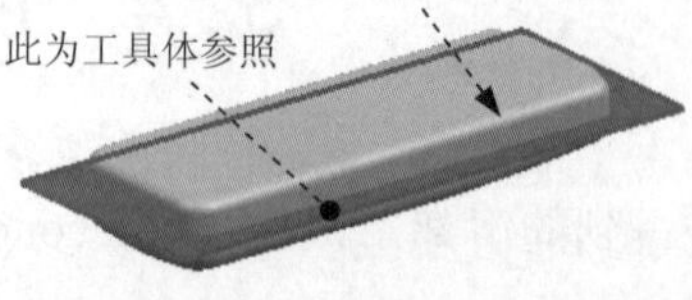

此为目标体参照
此为工具体参照

图 32.4.3 定义目标体和工具体

Step3. 创建图 32.4.4 所示的拉伸特征 1。选择下拉菜单插入(S) ➡ 设计特征(E) ➡ 拉伸(E)...命令（或单击按钮），系统弹出“拉伸”对话框；单击对话框中的“绘制截面”按钮，系统弹出“创建草图”对话框。选取 XY 基准平面为草图平面，选中设置区域的☑ 创建中间基准 CSYS复选框，单击确定按钮，进入草图环境，绘制图 32.4.5 所示的截面草图，选择下拉菜单任务(K) ➡ 完成草图(K)命令（或单击完成草图按钮），退出草图环境；在“拉伸”对话框限制区域的开始下拉列表中选择值选项，并在其下的距离文本框中输入值-2；在限制区域的结束下拉列表中选择值选项，并在其下的距离文本框中输入值 15，在方向区域的* 指定矢量 (0)下拉列表中选择ZC选项；其他参数采用系统默认设置值；在设置区域的体类型下拉列表中选择片体选项；单击对话框中的< 确定 >按钮，完成拉伸特征 1 的创建。

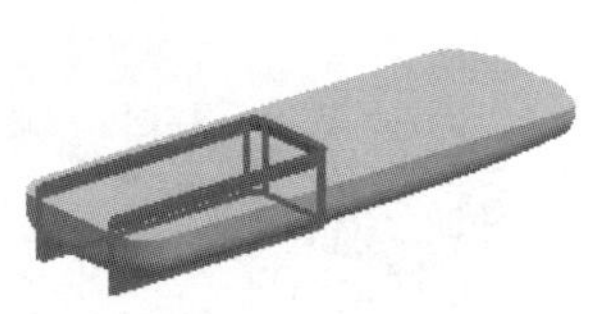

图 32.4.4 拉伸特征 1

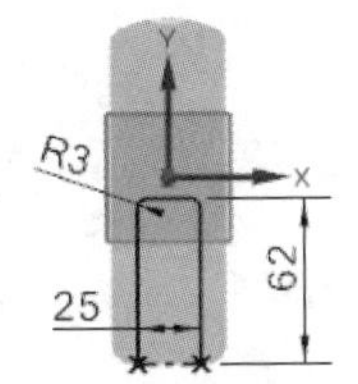

图 32.4.5 截面草图

Step4. 创建图 32.4.6 所示的拉伸特征 2。选择下拉菜单插入(S) → 设计特征(E) → 拉伸(E)...命令（或单击按钮），系统弹出“拉伸”对话框；单击对话框中的“绘制截面”按钮，系统弹出“创建草图”对话框。选取 XZ 基准平面为草图平面，取消选中设置区域的创建中间基准 CSYS 复选框，单击确定按钮，进入草图环境，绘制图 32.4.7 所示的截面草图，选择下拉菜单任务(K) → 完成草图(K)命令（或单击完成草图按钮），退出草图环境；在“拉伸”对话框限制区域的开始下拉列表中选择值选项，并在其下的距离文本框中输入值 60；在限制区域的结束下拉列表中选择值选项，并在其下的距离文本框中输入值 80，在方向区域的指定矢量(0)下拉列表中选择-YC选项；其他参数采用系统默认设置值；在设置区域的体类型下拉列表中选择片体选项；单击对话框中的< 确定 >按钮，完成拉伸特征 2 的创建。

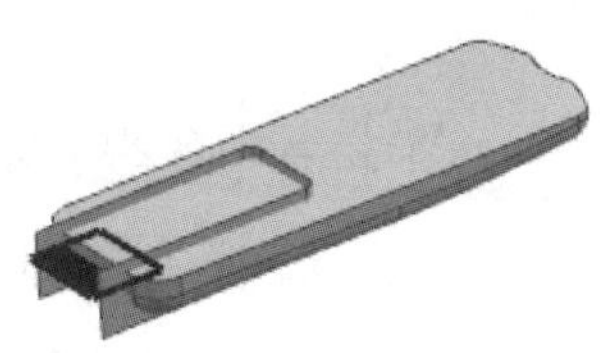

图 32.4.6 拉伸特征 2

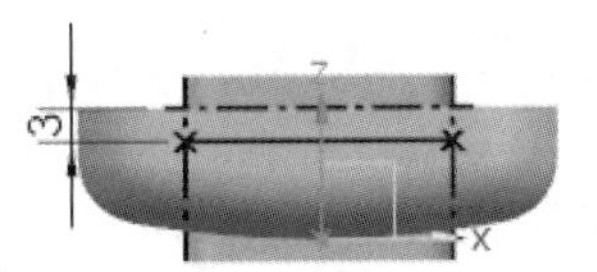

图 32.4.7 截面草图

Step5. 创建图 32.4.8 所示的偏置曲面。选择下拉菜单插入(S) → 偏置/缩放(O) → 偏置曲面(O)...命令，系统弹出“偏置曲面”对话框；选择图 32.4.9 所示的 3 个面为偏置曲面；在偏置 1文本框中输入值 2；单击按钮调整偏置方向（向 Z 轴正向偏置）；其他参数采用系统默认设置值；单击< 确定 >按钮，完成偏置曲面的创建。

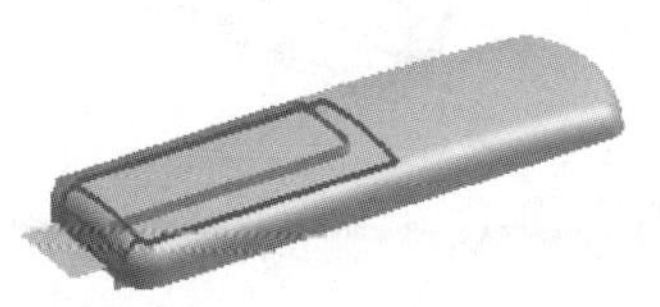

图 32.4.8 偏置曲面

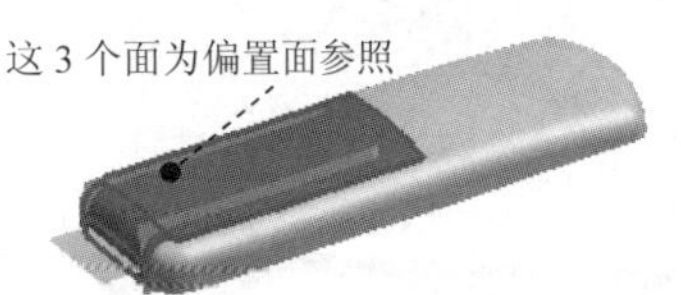

图 32.4.9 定义偏置面

Step6. 创建图 32.4.10 所示的修剪特征 1。选择下拉菜单插入(S) → 修剪(T) → 修剪片体(R)...命令，系统弹出“修剪片体”对话框；选取 Step4 创建的拉伸特征 2 为目标体，选取 Step5 创建的偏置曲面为边界对象；在区域区域中选中保留单选项；其他参数采用系统默认设置；单击确定按钮，完成修剪特征 1 的创建。

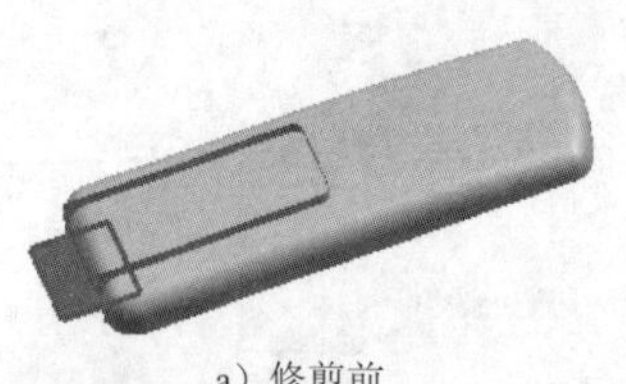
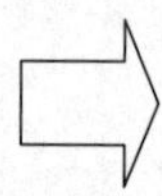
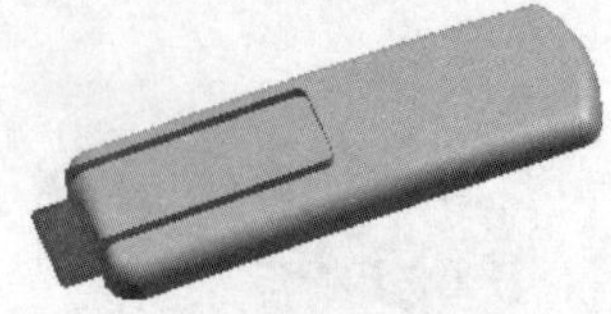

a）修剪前　　b）修剪后

图 32.4.10　修剪特征 1

Step7. 创建图 32.4.11 所示的修剪和延伸特征 1。选择下拉菜单插入(S) → 修剪(M) → 修剪与延伸(N)...命令，系统弹出“修剪和延伸”对话框；在类型区域的下拉列表中选择直至选定选项。选取 Step3 创建的拉伸特征 1 为目标体；选取 Step5 创建的偏置曲面为刀具体；其他参数采用系统默认设置；单击< 确定 >按钮，完成曲面的修剪和延伸特征 1 的创建。

a）修剪前　　b）修剪后

图 32.4.11　修剪和延伸特征 1

Step8. 创建图 32.4.12 所示的修剪和延伸特征 2。选择下拉菜单插入(S) → 修剪(M) → 修剪与延伸(N)...命令，系统弹出“修剪和延伸”对话框；在类型区域的下拉列表中选择直至选定选项。选取 Step5 创建的偏置曲面 1 为目标体；选取 Step7 创建的修剪和延伸特征 1 为刀具体；其他参数采用系统默认设置；单击< 确定 >按钮，完成曲面的修剪和延伸特征 2 的创建。

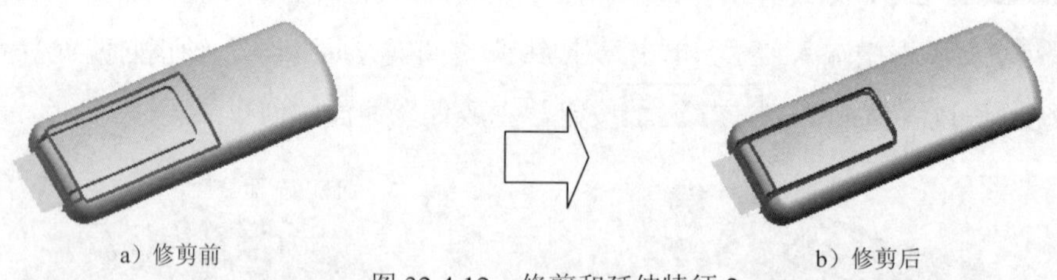

a）修剪前　　b）修剪后

图 32.4.12　修剪和延伸特征 2

Step9. 创建图 32.4.13 所示的修剪和延伸特征 3。选择下拉菜单插入(S) → 修剪(M) → 修剪与延伸(N)...命令，系统弹出“修剪和延伸”对话框；在类型区域的下拉列表中选择直至选定选项。选择 Step7 创建的修剪和延伸特征 1 为目标体；选取 Step6 创建的修剪特征 1 为刀具体；其他参数采用系统默认设置；单击< 确定 >按钮，完成曲面的修剪和延伸特征 3 的创建。

图 32.4.13 修剪和延伸特征 3

Step10. 创建图 32.4.14 所示的修剪特征 2。选择下拉菜单插入(S) → 修剪(T) → 修剪片体(R)...命令，系统弹出“修剪片体”对话框；选取 Step8 创建的修剪和延伸特征 2 为目标体，选取 Step6 创建的修剪特征 1 为边界对象；其他参数采用系统默认设置；单击 < 确定 > 按钮，完成修剪特征 2 的创建。

Step11. 曲面缝合。下拉菜单插入(S) → 组合(B) → 缝合(W)...命令，系统弹出“缝合”对话框；在类型区域的下拉列表中选择片体选项；选取 Step10 创建的修剪特征 2 为目标体；选取图 32.4.15 所示的两面为工具体；其他参数采用系统默认设置；单击确定按钮，完成缝合曲面的操作。

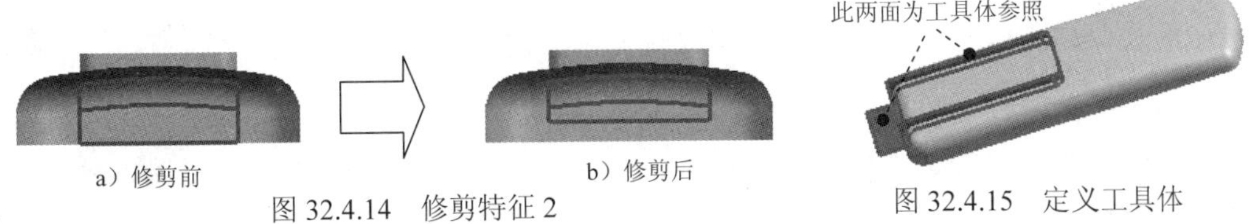

图 32.4.14 修剪特征 2

图 32.4.15 定义工具体

Step12. 保存零件模型。

32.5 创建三级控件

三级控件（third）是从上部二级控件上分割出来的一部分（另一部分是后面要创建的“按键盖”零件），同时为上盖和屏幕的创建提供了参考外形及尺寸。下面讲解三级控件的创建过程，零件模型及相应的模型树如图 32.5.1 所示。

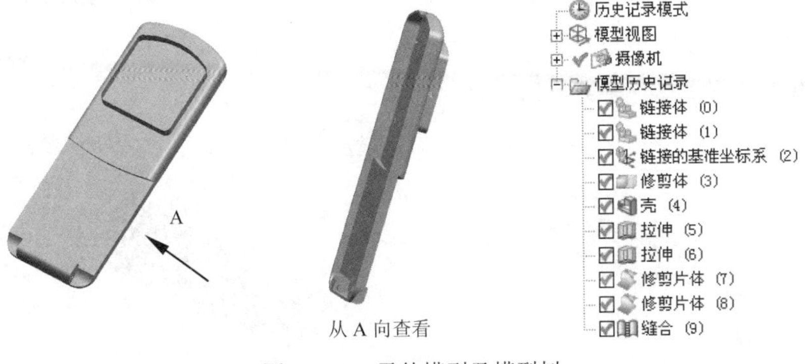

图 32.5.1 零件模型及模型树

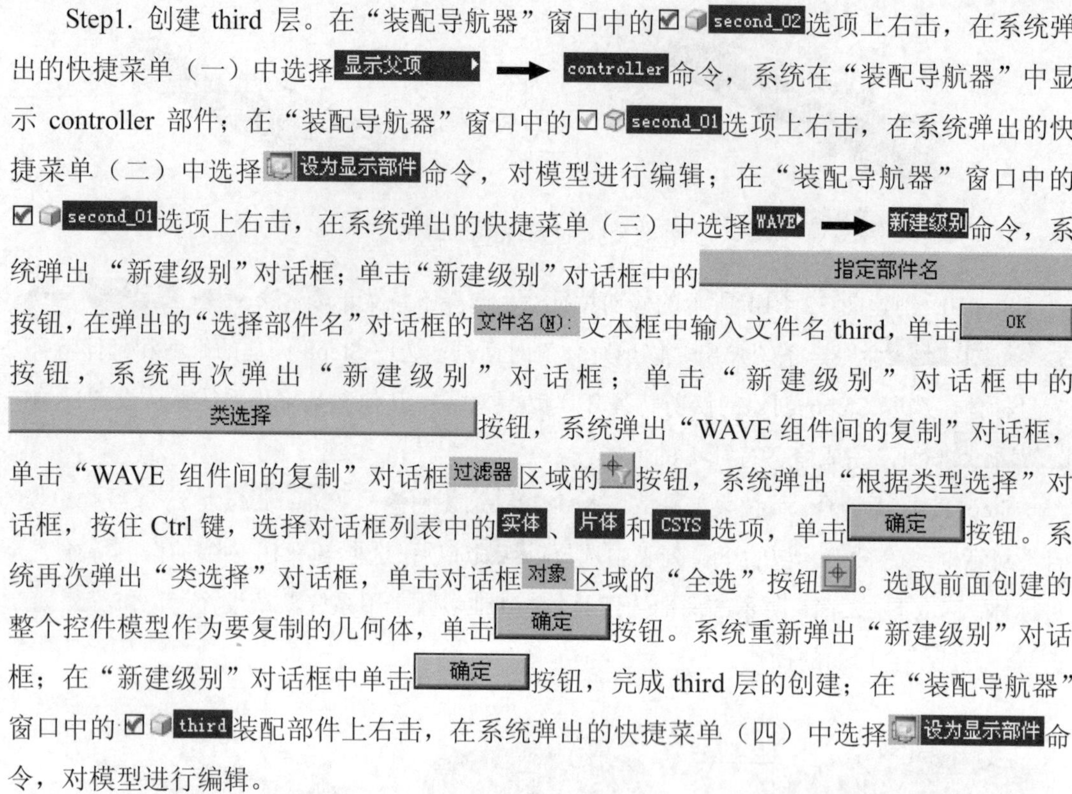

Step1. 创建 third 层。在“装配导航器”窗口中的☑ second_02选项上右击，在系统弹出的快捷菜单（一）中选择显示父项 ▸ → controller命令，系统在“装配导航器”中显示 controller 部件；在“装配导航器”窗口中的☑ second_01选项上右击，在系统弹出的快捷菜单（二）中选择设为显示部件命令，对模型进行编辑；在“装配导航器”窗口中的☑ second_01选项上右击，在系统弹出的快捷菜单（三）中选择WAVE ▸ → 新建级别命令，系统弹出“新建级别”对话框；单击“新建级别”对话框中的指定部件名按钮，在弹出的“选择部件名”对话框的文件名(N):文本框中输入文件名 third，单击OK按钮，系统再次弹出“新建级别”对话框；单击“新建级别”对话框中的类选择按钮，系统弹出“WAVE 组件间的复制”对话框，单击“WAVE 组件间的复制”对话框过滤器区域的按钮，系统弹出“根据类型选择”对话框，按住 Ctrl 键，选择对话框列表中的实体、片体和CSYS选项，单击确定按钮。系统再次弹出“类选择”对话框，单击对话框对象区域的“全选”按钮。选取前面创建的整个控件模型作为要复制的几何体，单击确定按钮。系统重新弹出“新建级别”对话框；在“新建级别”对话框中单击确定按钮，完成 third 层的创建；在“装配导航器”窗口中的☑ third装配部件上右击，在系统弹出的快捷菜单（四）中选择设为显示部件命令，对模型进行编辑。

Step2. 创建图 32.5.2 所示的修剪体特征。选择下拉菜单插入(S) → 修剪(T) → 修剪体(T)...命令，系统弹出“修剪体”对话框；选取图 32.5.3 所示的实体为目标体和工具体；在工具区域中单击按钮，调整修剪方向（修剪方向为 Z 轴正向）；单击< 确定 >按钮，完成修剪体特征的创建（完成后隐藏工具体）。

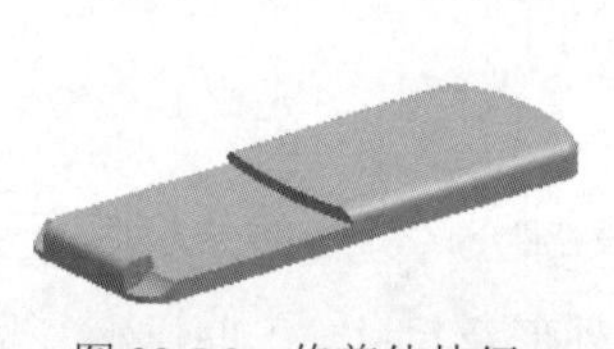

图 32.5.2　修剪体特征

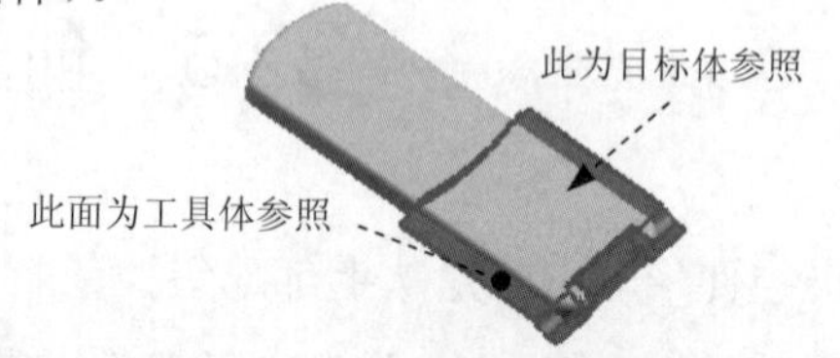

图 32.5.3　定义目标体和工具体

Step3. 创建图 32.5.4 的抽壳特征。选择下拉菜单插入(S) → 偏置/缩放(O) ▸ → 抽壳(H)... 命令（或单击按钮），系统弹出“抽壳”对话框；在“抽壳”对话框类型区域的下拉列表中选择移除面，然后抽壳选项；选取图 32.5.5 所示的面为移除面，并在厚度文本框中输入值 1.2，采用系统默认的抽壳方向；单击< 确定 >按钮，完成抽壳特征的创建。

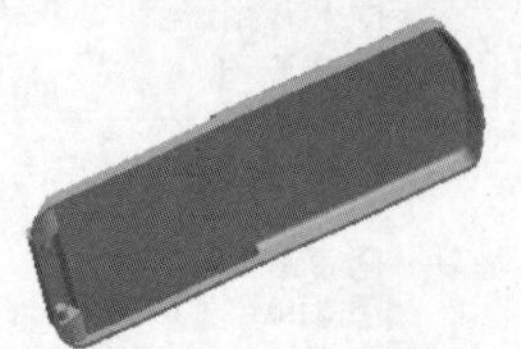

图 32.5.4　抽壳特征

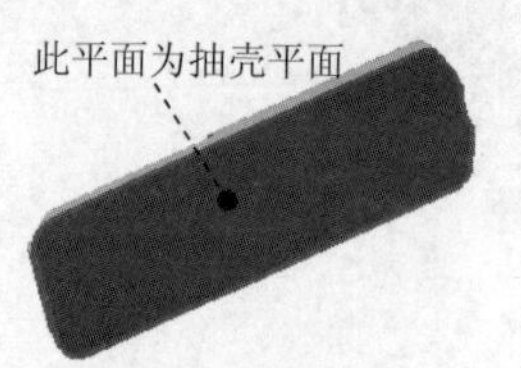

图 32.5.5　定义抽壳平面

Step4. 创建图 32.5.6 所示的拉伸特征 1。选择下拉菜单插入(S) → 设计特征(E) → 拉伸(E)... 命令（或单击按钮），系统弹出“拉伸”对话框；单击对话框中的“绘制截面”按钮，系统弹出“创建草图”对话框。选取图 32.5.7 所示的模型表面为草图平面，单击确定按钮，进入草图环境，绘制图 32.5.8 所示的截面草图，选择下拉菜单任务(K) → 完成草图(K)命令（或单击完成草图按钮），退出草图环境；在“拉伸”对话框限制区域的开始下拉列表中选择对称值选项，并在其下的距离文本框中输入值 5；在方向区域的* 指定矢量 (0)下拉列表中选择ZC选项；在布尔区域的下拉列表中选择无选项；其他参数采用系统默认设置；在设置区域的体类型下拉列表中选择片体选项；单击对话框中的< 确定 >按钮，完成拉伸特征 1 的创建。

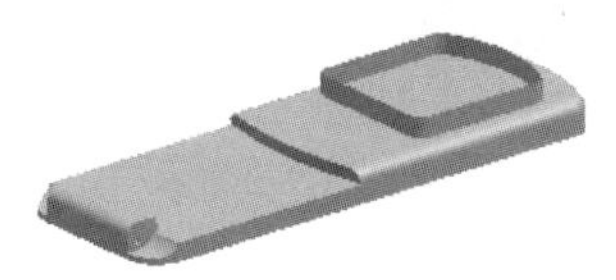
图 32.5.6 拉伸特征 1

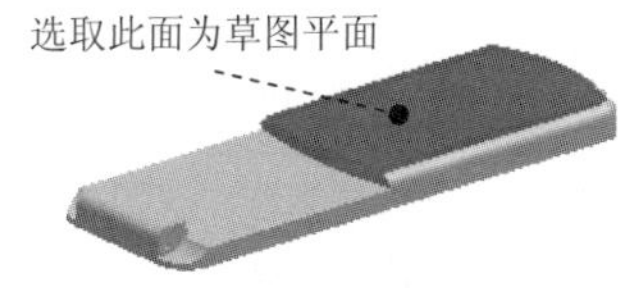

图 32.5.7 定义草图平面

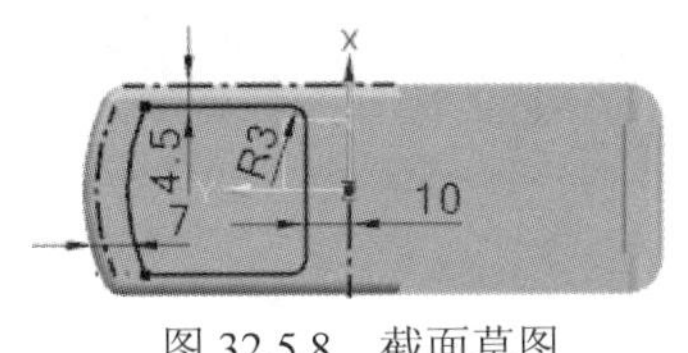

图 32.5.8 截面草图

Step5. 创建图 32.5.9 所示的拉伸特征 2。选择下拉菜单插入(S) → 设计特征(E) → 拉伸(E)... 命令（或单击按钮），系统弹出“拉伸”对话框；单击对话框中的“绘制截面”按钮，系统弹出“创建草图”对话框。选取 YZ 基准平面为草图平面，单击确定按钮，进入草图环境，绘制图 32.5.10 所示的截面草图，选择下拉菜单任务(K) → 完成草图(K)命令（或单击完成草图按钮），退出草图环境；在“拉伸”对话框限制区域的开始下拉列表中选择对称值选项，并在其下的距离文本框中输入值 30；在方向区域的* 指定矢量 (0)下拉列表中选择-XC选项；其他参数采用系统默认设置值；在设置区域的体类型下拉列表中选择片体选项；单击对话框中的< 确定 >按钮，完成拉伸特征 2 的创建。

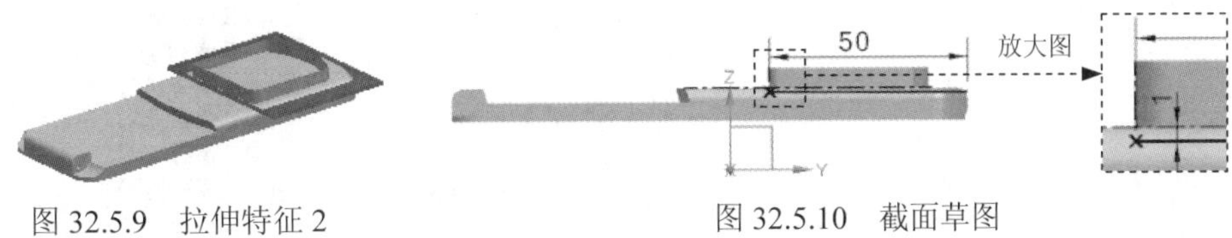

图 32.5.9 拉伸特征 2

图 32.5.10 截面草图

Step6. 创建图 32.5.11 所示的修剪特征 1。选择下拉菜单插入(S) → 修剪(T) → 修剪片体(R)... 命令，系统弹出“修剪片体”对话框；选择 Step4 创建的拉伸特征 1 为目标体，选取 Step5 创建的拉伸特征 2 为边界对象；在区域区域中选中保留单选项；其他参数采用系统默认设置；单击确定按钮，完成修剪特征 1 的创建。

Step7. 创建图 32.5.12 所示的修剪特征 2。选择下拉菜单插入(S) → 修剪(T) → 修剪片体(R)... 命令，系统弹出“修剪片体”对话框；选择 Step5 创建的拉伸特征 2 为目标体，选取 Step6 创建的修剪特征 1 为边界对象；在区域区域中选中舍弃单选项；其他参数采用系统默认设置；单击 确定 按钮，完成修剪特征 2 的创建。

图 32.5.11　修剪特征 1

图 32.5.12　修剪特征 2

Step8. 曲面缝合。选择下拉菜单 插入(S) ➡ 组合(B) ➡ 缝合(W)... 命令，系统弹出“缝合”对话框；在 类型 区域的下拉列表中选择 片体 选项；选取 Step6 创建的修剪特征 1 为目标体；选取 Step7 创建的修剪特征 2 为工具体；其他参数采用系统默认设置；单击 确定 按钮，完成缝合曲面的操作。

说明：在选取修剪特征 2 时可暂时将实体隐藏，待完成缝合曲面后再将其显示。

Step9. 保存零件模型。

32.6　创 建 上 盖

上盖（top_cover）虽然是以一个单独的零件从三级控件中被分割出来的，但是它仍然为内置按键和外置按键提供必需的参考。下面讲解上盖的创建过程，零件模型及相应的模型树如图 32.6.1 所示。

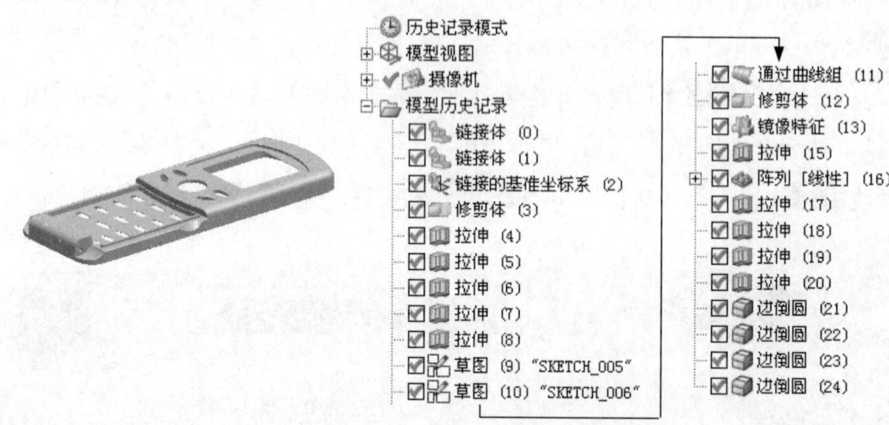

图 32.6.1　零件模型及模型树

Step1. 创建 top_cover 层。在图形区的右侧单击“装配导航器”按钮，在弹出的“装配导航器”窗口中选择 third 选项并右击，从系统弹出的快捷菜单中选择 WAVE ➡ 新建级别 命令。在弹出的子菜单中选择 新建级别 命令，系统弹出“新建级别”对话框；在“新建级别”对话框中单击 指定部件名 按钮，系统弹出“选择部件名”对话框。在 文件名(N): 文本框中输入部件名 top_cover，单击 OK 按钮，系统再次弹出“新建级别”对话框；单击“新建级别”对话框中的类选择按钮，系统弹出“WAVE 组件间的复制”对话框，单击“WAVE 组件间的复制”对话框过滤器区域的按钮，系统弹出“根据类型选择”对话框，按住 Ctrl 键，选择对话框列表中的实体、片体和CSYS选项，单击确定按钮。系统再次弹出“类选择”对话框，单击对话框对象区域的“全选”按钮。选取前面创建的整个控件模型作为要复制的几何体，单击确定按钮。系统重新弹出“新建级别”对话框；在“新建级别”对话框中单击确定按钮，完成 top_cover 层的创建。

Step2. 将部件上盖（top_cover）转为显示部件。在装配导航器中的top_cover部件上右击，在弹出的快捷菜单中选择设为显示部件命令。

Step3. 创建图 32.6.2 所示的修剪体特征 1。选择下拉菜单插入(S) → 修剪(T) → 修剪体(T)... 命令，系统弹出“修剪体”对话框；选取图 32.6.3 所示的实体特征为修剪的目标体，在绘图区域中单击鼠标中键，选取图 32.6.4 所示的曲面为修剪的工具体，其方向与 XC 基准轴的正方向相同；单击< 确定 >按钮，完成修剪体特征 1 的创建（完成后隐藏工具体）。

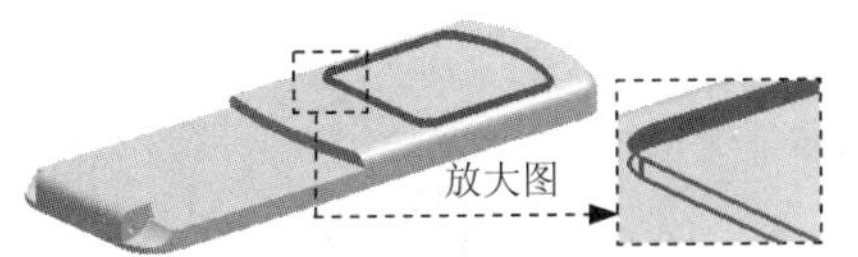

图 32.6.2 修剪体特征 1

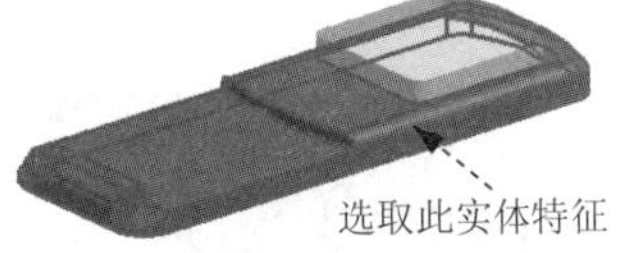

图 32.6.3 定义目标体

图 32.6.4 定义工具体

Step4. 创建图 32.6.5 所示的拉伸特征 1。选择下拉菜单插入(S) → 设计特征(E) → 拉伸(E)...命令（或单击按钮），系统弹出“拉伸”对话框；单击“拉伸”对话框中的“绘制截面”按钮，系统弹出“创建草图”对话框。选取图 32.6.6 所示的平面为草图平面，单击确定按钮，进入草图环境，绘制图 32.6.7 所示的截面草图，选择下拉菜单任务(K) → 完成草图(K)命令（或单击完成草图按钮），退出草图环境；在“拉伸”对话框限制区域的开始下拉列表中选择对称值选项，并在其下的距离文本框中输入值 5；在指定矢量下拉列表中选择ZC选项；在布尔区域的下拉列表中选择求差选项，采用系统默认的求差对象；单击< 确定 >按钮，完成拉伸特征 1 的创建。

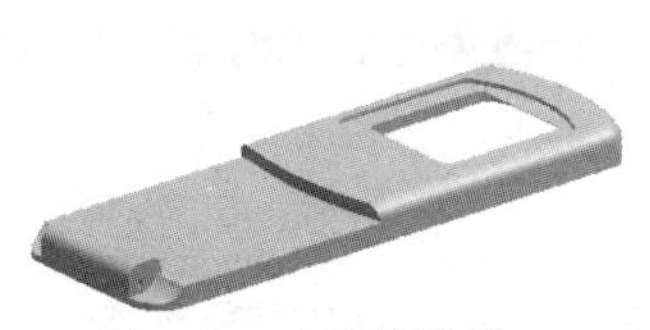
图 32.6.5 拉伸特征 1

图 32.6.6 定义草图平面

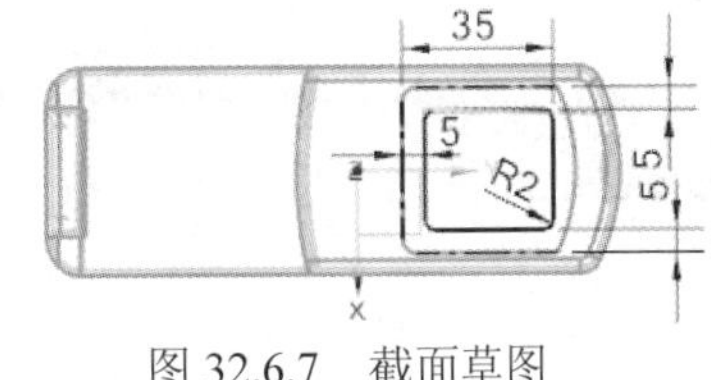

图 32.6.7 截面草图

Step5. 创建图 32.6.8 所示的拉伸特征 2。选择下拉菜单插入(S) → 设计特征(E) → 拉伸(E)...命令，系统弹出“拉伸”对话框。选取图 32.6.9 所示的平面为草图平面；绘制

图 32.6.10 所示的截面草图；在“拉伸”对话框限制区域的开始下拉列表中选择对称值选项，并在其下的距离文本框中输入值 5；在布尔区域的下拉列表中选择求差选项，系统将自动与模型中唯一一个体进行布尔求差运算，单击< 确定 >按钮，完成拉伸特征 2 的创建。

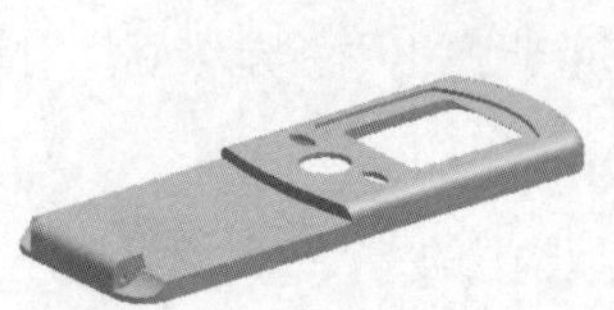
图 32.6.8　拉伸特征 2

图 32.6.9　定义草图平面

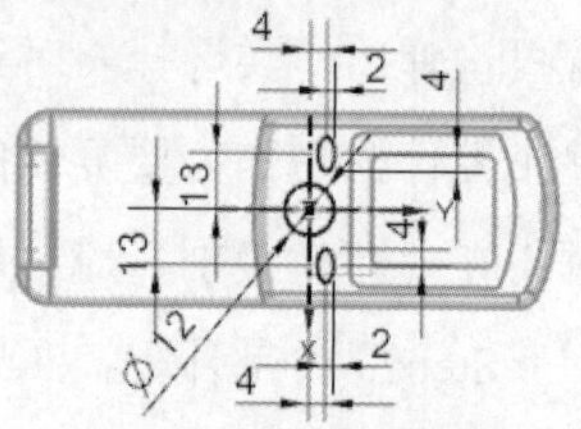

图 32.6.10　截面草图

Step6. 创建图 32.6.11 所示的拉伸特征 3。选择下拉菜单插入(S) → 设计特征(E) → 拉伸(E)...命令，系统弹出“拉伸”对话框。选取图 32.6.12 所示的平面为草图平面，绘制图 32.6.13 所示的截面草图；在“拉伸”对话框限制区域的开始下拉列表中选择对称值选项，并在其下的距离文本框中输入值 5；在布尔区域的下拉列表中选择求差选项，系统将自动与模型中唯一一个体进行布尔求差运算，单击< 确定 >按钮，完成拉伸特征 3 的创建。

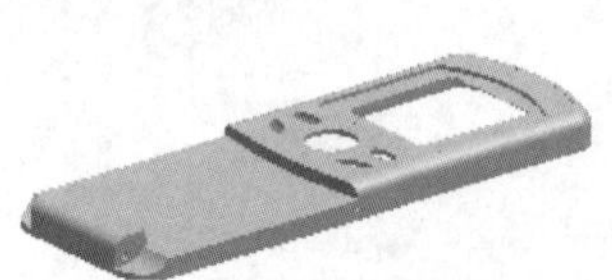
图 32.6.11　拉伸特征 3

图 32.6.12　定义草图平面

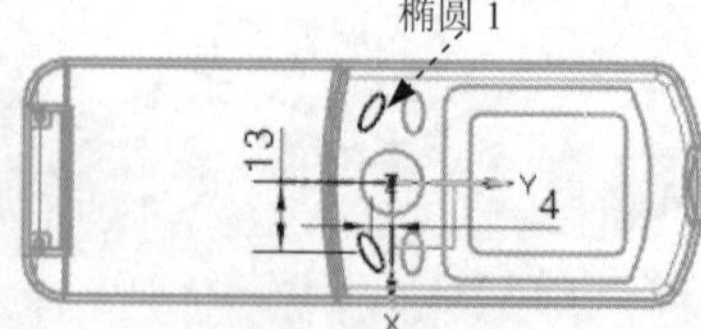

图 32.6.13　截面草图

注意：在绘制图 32.6.13 所示的椭圆 1 时，在弹出的“椭圆”对话框中的大半径文本框中输入值 1.5，在小半径文本框中输入值 4，在角度文本框中输入值-30，其他参数采用系统默认设置。

Step7. 创建图 32.6.14 所示的拉伸特征 4。选择下拉菜单插入(S) → 设计特征(E) → 拉伸(E)...命令，系统弹出“拉伸”对话框。选取图 32.6.15 所示的平面为草图平面；绘制图 32.6.16 所示的截面草图；在方向区域的* 指定矢量 (0)下拉列表中选择-ZC选项；在“拉伸”对话框限制区域的开始下拉列表中选择值选项，并在其下的距离文本框中输入值 0；在限制区域的结束下拉列表中选择值选项，并在其下的距离文本框中输入值 1；在布尔区域的下拉列表中选择求差选项，系统将自动与模型中唯一一个体进行布尔求差运算，单击< 确定 >按钮，完成拉伸特征 4 的创建。

图 32.6.14　拉伸特征 4

图 32.6.15　定义草图平面

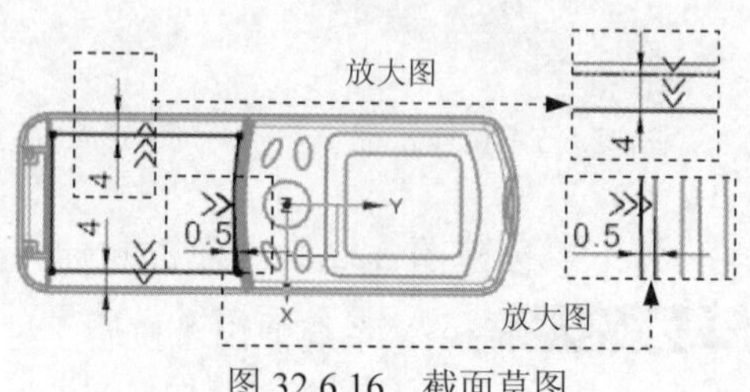

图 32.6.16　截面草图

Step8. 创建图 32.6.17 所示的拉伸特征 5。选择下拉菜单插入(S) → 设计特征(E) → 拉伸(E)... 命令，系统弹出“拉伸”对话框。选取图 32.6.18 所示的平面为草图平面；绘制图 32.6.19 所示的截面草图；在“拉伸”对话框限制区域的开始下拉列表中选择值选项，并在其下的距离文本框中输入值 0；在限制区域的结束下拉列表中选择值选项，并在其下的距离文本框中输入值 1；在指定矢量下拉列表中选择ZC选项；在布尔区域的下拉列表中选择求和选项，系统将自动与模型中唯一一个体进行布尔求和运算，单击< 确定 >按钮，完成拉伸特征 5 的创建。

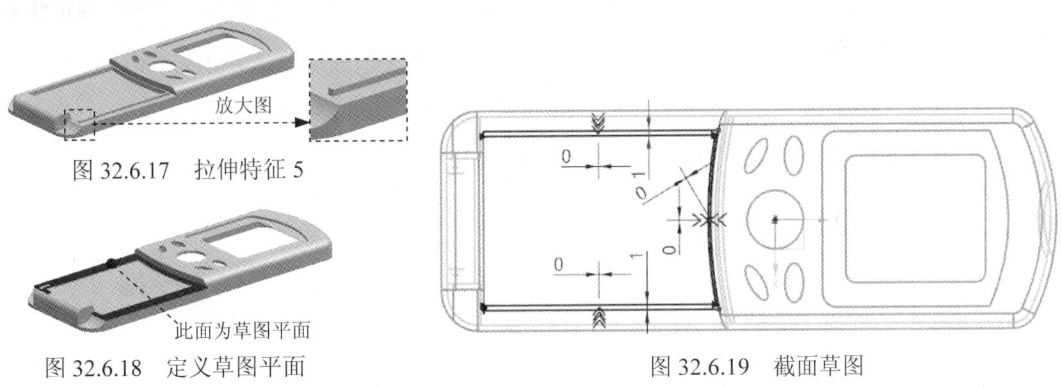

图 32.6.17 拉伸特征 5

图 32.6.18 定义草图平面

图 32.6.19 截面草图

Step9. 创建图 32.6.20 所示的草图 1。选择下拉菜单插入(S) → 在任务环境中绘制草图(V)... 命令，系统弹出“创建草图”对话框；选取图 32.6.21 所示的平面为草图平面，单击确定按钮；进入草图环境，绘制图 32.6.20 所示的草图 1；选择下拉菜单任务(K) → 完成草图(K) 命令（或单击完成草图按钮），退出草图环境。

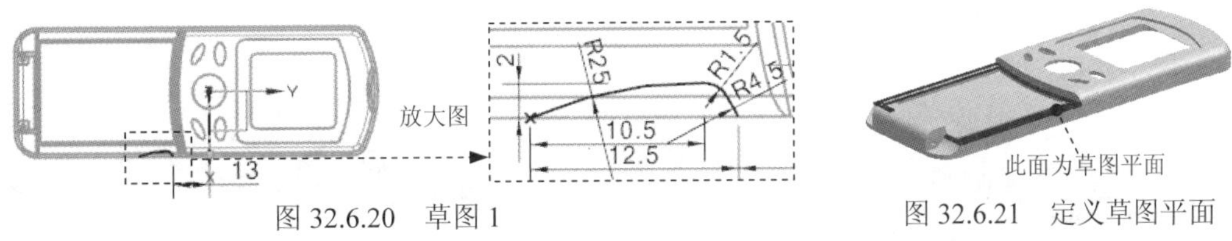

图 32.6.20 草图 1

图 32.6.21 定义草图平面

Step10. 创建图 32.6.22 所示的草图 2。选择下拉菜单插入(S) → 在任务环境中绘制草图(V)... 命令，系统弹出“创建草图”对话框；选取图 32.6.23 所示的面为草图平面，单击确定按钮；进入草图环境，绘制图 32.6.22 所示的草图 2；选择下拉菜单任务(K) → 完成草图(K) 命令（或单击完成草图按钮），退出草图环境。

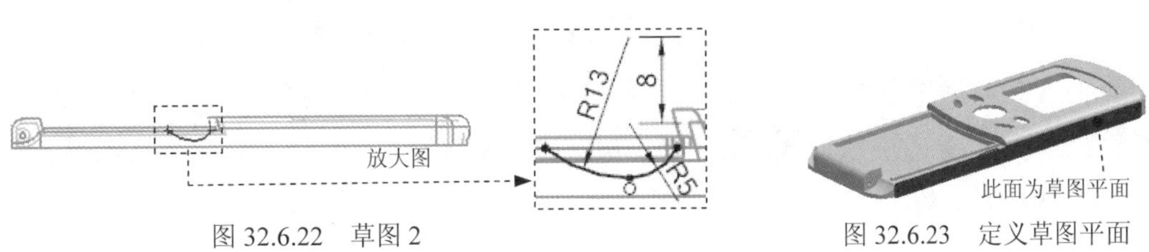

图 32.6.22 草图 2

图 32.6.23 定义草图平面

Step11. 创建曲线网格特征。选择下拉菜单 插入(S) → 网格曲面(M) → 通过曲线组(T)... 命令（或在“曲面”工具栏中单击“通过曲线组”按钮），系统弹出“通过曲线组”对话框；选择 Step9 所创建的草图 1，单击中键确认后选取 Step10 所创建的草图 2，在 对齐 区域的 对齐 下拉列表中选择 根据点 选项；在 输出曲面选项 区域的 补片类型 下拉列表中选择 单个 选项；其他参数采用系统默认设置；单击 < 确定 > 按钮，完成曲线网格特征的创建。

注意：在定义曲线串时，所选的曲线的方向如图 32.6.24 所示。

Step12. 创建图 32.6.25 所示的修剪体特征 2。选择下拉菜单 插入(S) → 修剪(T) → 修剪体(T)... 命令，系统弹出“修剪体”对话框；选取整个实体为修剪的目标体，在绘图区域中单击中键确认，选取 Step11 所创建的曲线网格特征为修剪的工具体，调整修剪方向；单击 < 确定 > 按钮，完成修剪体特征 2 的创建。

图 32.6.24 定义曲线网格特征

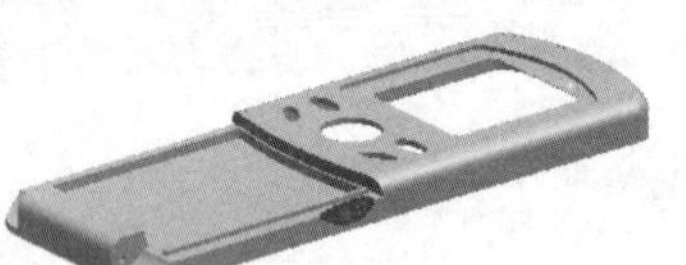

图 32.6.25 修剪体特征 2

Step13. 创建图 32.6.26b 所示的镜像特征。选择下拉菜单 插入(S) → 关联复制(A) → 镜像特征(M)... 命令（或单击按钮），系统弹出“镜像特征”对话框；在绘图区选取图 32.6.26a 所示的特征为镜像特征；在镜像平面区域的 平面 区域中单击按钮，选取 ZY 基准平面作为镜像平面；单击 确定 按钮，完成镜像特征的创建。

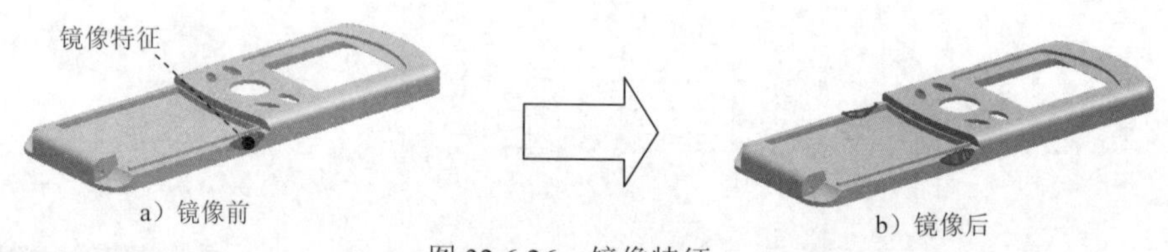

a）镜像前　b）镜像后

图 32.6.26 镜像特征

Step14. 创建图 32.6.27 所示的拉伸特征 6。选择下拉菜单 插入(S) → 设计特征(E) → 拉伸(E)... 命令，选取图 32.6.28 所示的平面为草图平面，绘制图 32.6.29 所示的截面草图；在“拉伸”对话框 限制 区域的 开始 下拉列表中选择 值 选项，并在其下的 距离 文本框中输入值 0；在 限制 区域的 结束 下拉列表中选择 值 选项，并在其下的 距离 文本框中输入值 20，在 方向 区域的 * 指定矢量 (0) 下拉列表中选择 -ZC 选项，采用 Z 基准轴的反方向为拉伸方向；在 布尔 区域的下拉列表中选择 求差 选项，选取整个模型为求差对象，单击 < 确定 > 按钮，完成拉伸特征 6 的创建。

图 32.6.27 拉伸特征 6

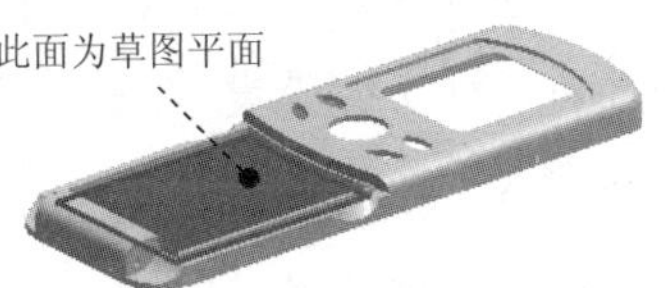

图 32.6.28 定义草图平面

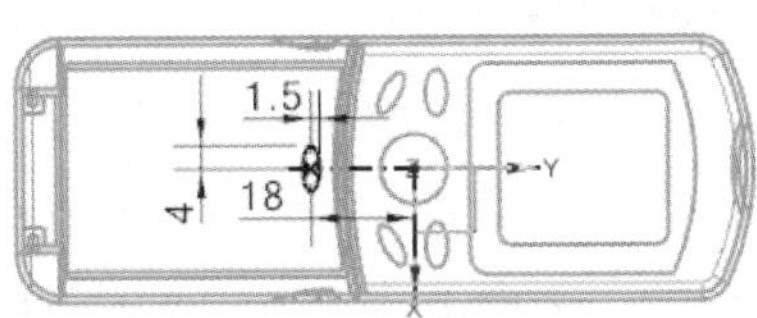

图 32.6.29 截面草图

注意：在绘制图 32.6.29 所示的截面草图时，在弹出的“椭圆”对话框中的大半径文本框中输入值 1.5，在小半径文本框中输入值 4，在角度文本框中输入值 0，其他参数采用系统默认设置。

Step15. 创建图 32.6.30 所示的阵列特征。选择下拉菜单插入(S) → 关联复制(A) → 阵列特征(A)...命令，系统弹出“阵列特征”对话框；绘图区选取 Step14 所创建的拉伸特征 6；在“阵列特征”对话框的布局下拉列表中选择线性选项；在“阵列特征”对话框方向 1区域的指定矢量下拉列表中选择-XC选项，在间距下拉列表中选择数量和节距选项，在数量文本框中输入值 2，并在节距文本框中输入值 12，选中☑对称复选框；在“阵列特征”对话框的方向 2区域指定矢量下拉列表中选择-YC选项，在间距下拉列表中选择数量和节距选项，在数量文本框中输入值 4，并在节距文本框中输入值 9；单击确定按钮，完成阵列特征的创建。

Step16. 创建图 32.6.31 所示的拉伸特征 7。选择下拉菜单插入(S) → 设计特征(E) → 拉伸(E)...命令，系统弹出“拉伸”对话框。选取图 32.6.32 所示的平面为草图平面，绘制图 32.6.33 所示的截面草图；在“拉伸”对话框限制区域的开始下拉列表中选择值选项，并在其下的距离文本框中输入值 0；在限制区域的结束下拉列表中选择值选项，并在其下的距离文本框中输入值 20；在方向区域的指定矢量(0)下拉列表中选择-ZC选项，采用 Z 基准轴的反方向为拉伸方向；在布尔区域的下拉列表中选择求差选项，选取整个模型为求差对象，单击< 确定 >按钮，完成拉伸特征 7 的创建。

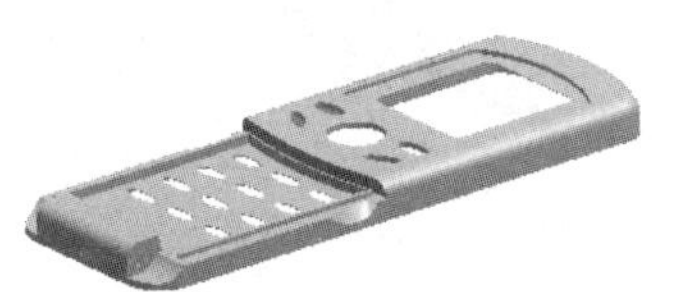

图 32.6.30 阵列特征

图 32.6.31 拉伸特征 7

图 32.6.32 定义草图平面

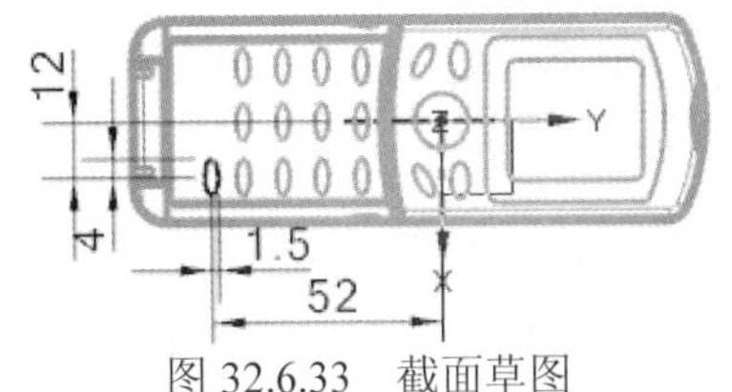

图 32.6.33 截面草图

Step17. 创建图 32.6.34 所示的拉伸特征 8。选择下拉菜单插入(S) → 设计特征(E) →

拉伸(E)...命令，系统弹出“拉伸”对话框。选取图 32.6.32 所示的平面为草图平面，绘制图 32.6.35 所示的截面草图；在“拉伸”对话框限制区域的开始下拉列表中选择值选项，并在其下的距离文本框中输入值 0；在限制区域的结束下拉列表中选择值选项，并在其下的距离文本框中输入值 20；在方向区域的* 指定矢量 (0)下拉列表中选择-ZC选项，采用 ZC 基准轴的反方向为拉伸方向；在布尔区域的下拉列表中选择求差选项，选取整个模型为求差对象，单击< 确定 >按钮，完成拉伸特征 8 的创建。

Step18. 创建图 32.6.36 所示的拉伸特征 9。选择下拉菜单插入(S) → 设计特征(E) → 拉伸(E)...命令，系统弹出“拉伸”对话框。选取图 32.6.37 所示的边线为截面草图；在“拉伸”对话框方向区域的* 指定矢量 (0)下拉列表中选择-ZC选项，在限制区域的开始下拉列表中选择值选项，并在其下的距离文本框中输入值 0；在限制区域的结束下拉列表中选择值选项，并在其下的距离文本框中输入值 0.5；在偏置区域的偏置文本框中选取两侧选项，在开始文本框中输入值 0.6，在结束文本框中输入值 0；在布尔区域的下拉列表中选择求和选项，系统将自动与模型中唯一一个体进行布尔求和运算，单击< 确定 >按钮，完成拉伸特征 9 的创建。

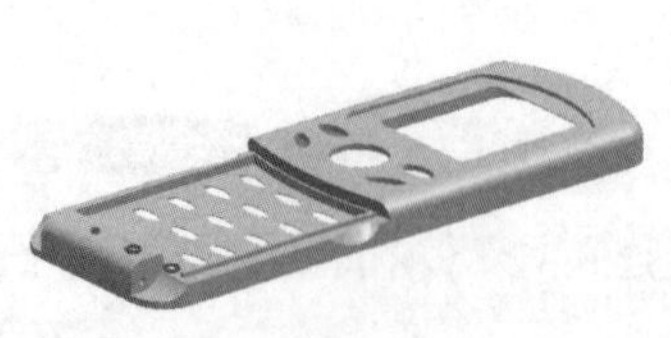
图 32.6.34 拉伸特征 8

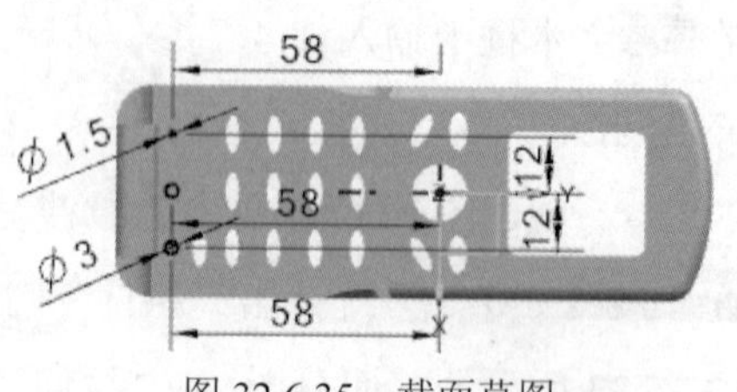

图 32.6.35 截面草图

说明：在选取截面草图时，可在“选择条”工具栏的下拉列表中选择相切曲线选项，再选取图 32.6.37 所示的截面草图。

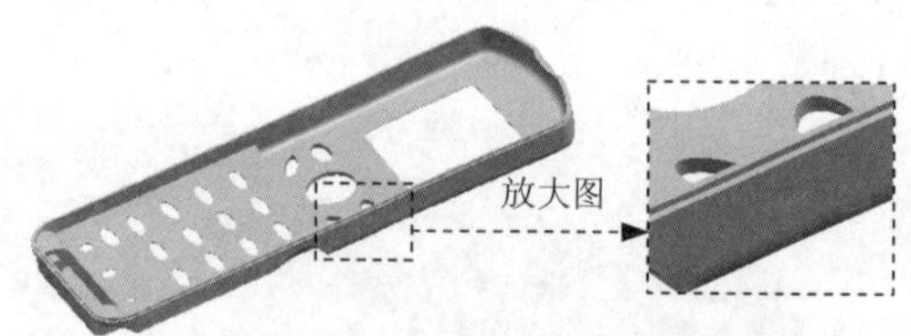

图 32.6.36 拉伸特征 9

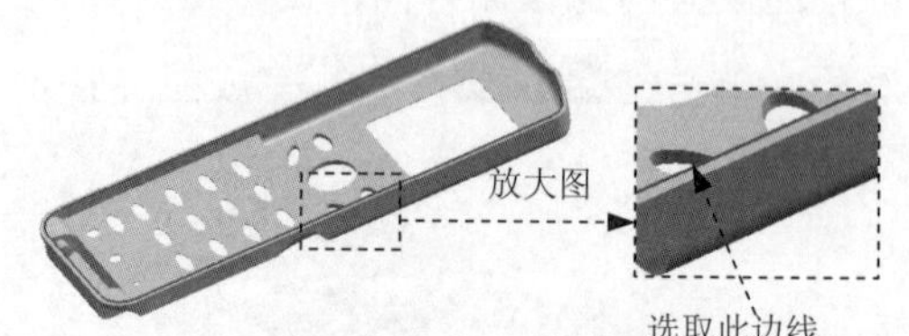

图 32.6.37 定义截面草图

Step19. 创建图 32.6.38 所示的拉伸特征 10。选择下拉菜单插入(S) → 设计特征(E) → 拉伸(E)...命令，系统弹出“拉伸”对话框。选取 ZX 基准平面为草图平面；绘制图 32.6.39 所示的截面草图；在“拉伸”对话框方向区域的* 指定矢量 (0)下拉列表中选择YC选项；在限制区域的开始下拉列表中选择值选项，并在其下的距离文本框中输入值 55；在限制区域的结束下拉列表中选择值选项，并在其下的距离文本框中输入值 65；在布尔区域的下拉列表中选择求差选项，选取整个模型为求差对象，单击< 确定 >按钮，完成拉伸特征 10 的创建。

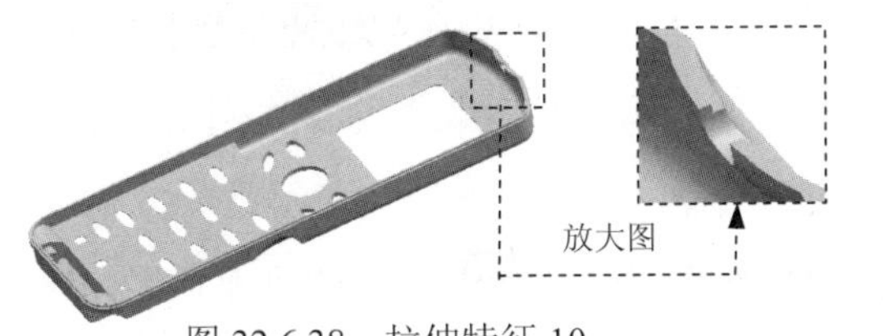

图 32.6.38 拉伸特征 10

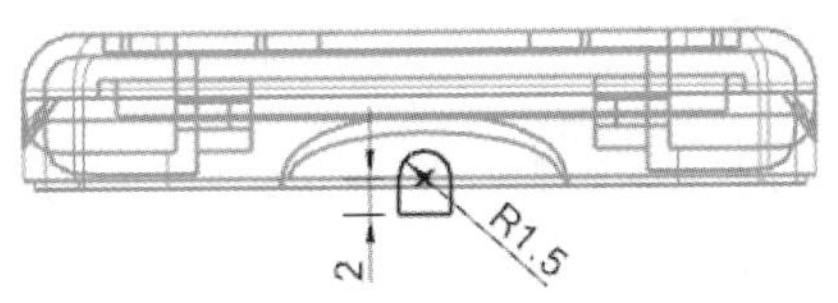

图 32.6.39 截面草图

Step20. 创建图 32.6.40b 所示的边倒圆特征 1。选择下拉菜单 插入(S) → 细节特征(L) ▸ → 边倒圆(E)... 命令（或单击按钮），系统弹出“边倒圆”对话框；在要倒圆的边区域中单击按钮，选取图 32.6.40a 所示的边线为边倒圆参照，并在半径 1 文本框中输入值 0.5；单击 < 确定 > 按钮，完成边倒圆特征 1 的创建。

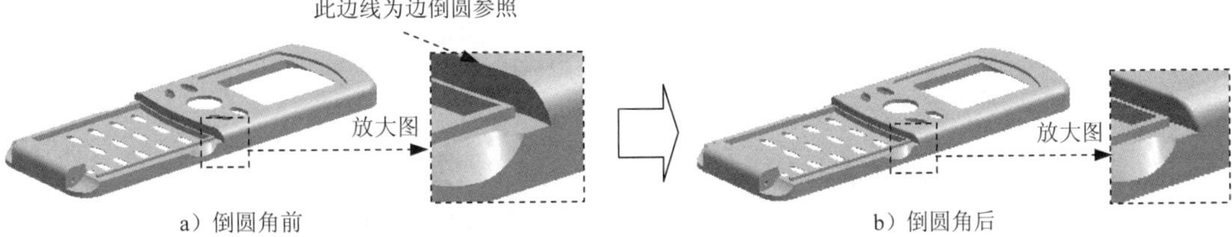

图 32.6.40 边倒圆特征 1

Step21. 创建边倒圆特征 2。选取图 32.6.41 所示的边线为边倒圆参照，其圆角半径值为 0.5。

Step22. 创建边倒圆特征 3。选取图 32.6.42 所示的两条边线为边倒圆参照，其圆角半径值为 0.5。

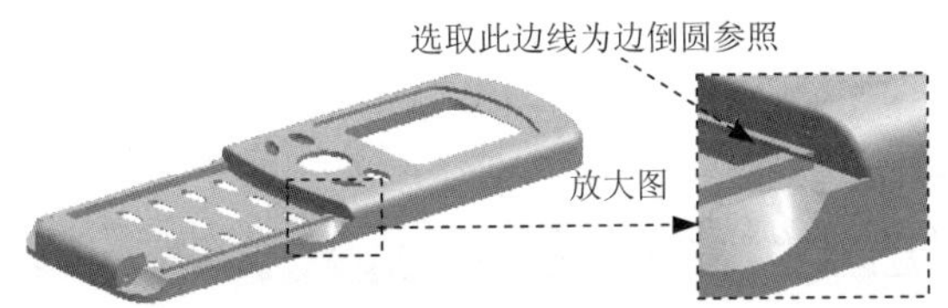

图 32.6.41 选取边倒圆参照

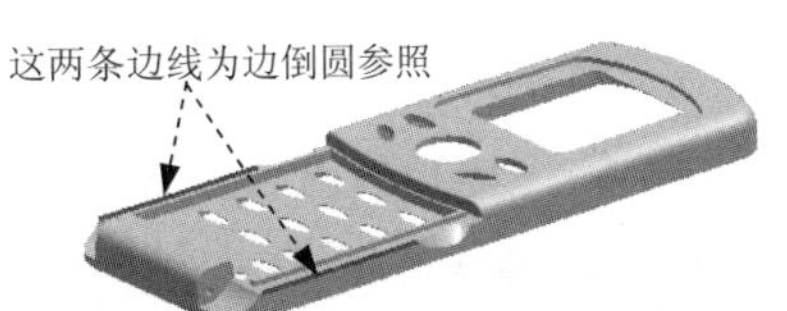

图 32.6.42 选取边倒圆参照

Step23. 创建边倒圆特征 4。选取图 32.6.43 所示的两条边线为边倒圆参照，其圆角半径值为 0.5。

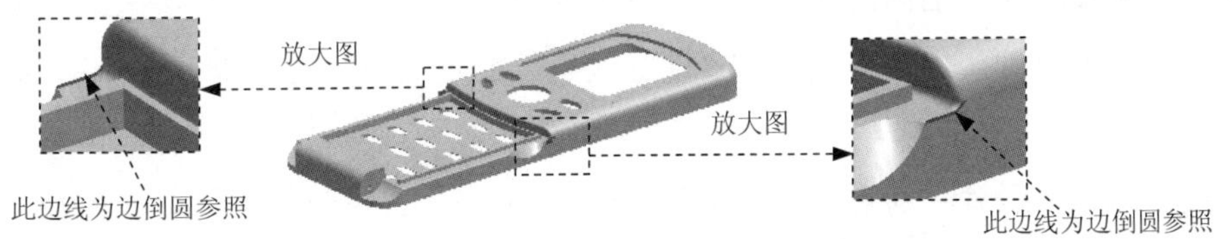

图 32.6.43 选取边倒圆参照

Step24. 设置隐藏。选择下拉菜单 编辑(E) → 显示和隐藏(H) → 隐藏(H)... 命令

（或单击按钮），系统弹出“类选择”对话框；单击“类选择”对话框中的按钮，系统弹出“根据类型选择”对话框，按住 Ctrl 键，选择对话框列表中的草图和片体选项，单击确定按钮。系统再次弹出“类选择”对话框，单击对话框中的按钮；单击对话框中的确定按钮，完成对设置对象的隐藏。

Step25. 保存零件模型。选择下拉菜单文件(F) ➡ 保存(S)命令，即可保存零件模型。

32.7 创 建 屏 幕

屏幕（screen）作为上盖的同级别零件，在从三级控件中分割出来后经过细化就是最终的模型零件。下面讲解屏幕的创建过程，零件模型及相应的模型树如图 32.7.1 所示。

图 32.7.1　零件模型及模型树

Step1. 创建 screen 层。在图形区的右侧单击“装配导航器”按钮，在弹出的“装配导航器”窗口中选择top_over选项并右击，从系统弹出的快捷菜单中选择显示父项选项后的子选项third。选取third选项并右击，从系统弹出的快捷菜单中选择WAVE命令。在弹出的子菜单中选择新建级别命令，系统弹出“新建级别”对话框；在“新建级别”对话框中单击指定部件名按钮，系统弹出“选择部件名”对话框。在文件名(N):文本框中输入部件名 screen，单击OK按钮，系统再次弹出“新建级别”对话框；单击“新建级别”对话框中的类选择按钮，系统弹出“WAVE 组件间的复制”对话框，单击“WAVE 组件间的复制”对话框过滤器区域的按钮，系统弹出“根据类型选择”对话框，按住 Ctrl 键，选择对话框列表中的实体、片体和CSYS选项，单击确定按钮。系统再次弹出“类选择”对话框，单击对话框对象区域的“全选”按钮。选取前面创建的整个控件模型作为要复制的几何体，单击确定按钮。系统重新弹出“新建级别”对话框；在“新建级别”对话框中单击确定按钮，完成 screen 层的创建。

注意：在选取控件中的实体时，为了不选到零件 top_cover 中的实体，可暂时将其隐藏。

Step2. 将 screen.prt 部件转为显示部件。在装配导航器中的screen部件名上右击，在弹出的快捷菜单中选择设为显示部件命令。

Step3. 创建图 32.7.2 所示的修剪体特征。选择下拉菜单插入(S) ➡ 修剪(T) ➡

修剪体(T)... 命令（或单击按钮），系统弹出“修剪体”对话框；选取图 32.7.3 所示的实体特征为修剪的目标体，在绘图区域中单击鼠标中键，选取图 32.7.4 所示的曲面为修剪的工具体，调整修剪方向；单击 < 确定 > 按钮，完成修剪体特征的创建。

图 32.7.2 修剪体特征

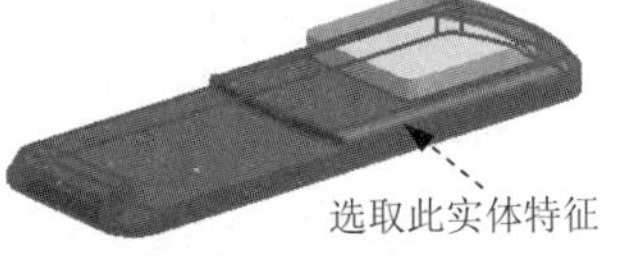

图 32.7.3 定义目标体

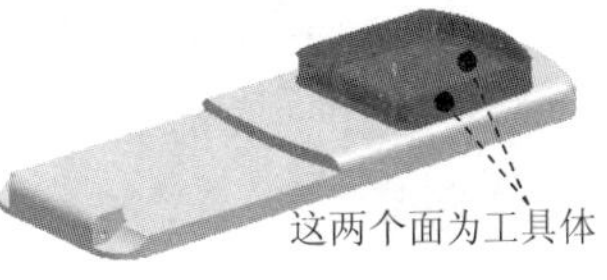

图 32.7.4 定义工具体

Step4. 设置隐藏。选择下拉菜单 编辑(E) → 显示和隐藏(H) → 隐藏(H)... 命令（或单击按钮），系统弹出“类选择”对话框；单击“类选择”对话框中的按钮，系统弹出“根据类型选择”对话框，按住 Ctrl 键，选择对话框列表中的 片体 和 基准 选项，单击 确定 按钮。系统再次弹出“类选择”对话框，单击对话框中的“全选”按钮；单击对话框中的 确定 按钮，完成对设置对象的隐藏。

Step5. 保存零件模型。选择下拉菜单 文件(F) → 保存(S) 命令，即可保存零件模型。

32.8 创建按键盖

按键盖（keystoke）从上部二级控件中继承外观和必要的尺寸，以此为基础进行细化即得到完整的按键盖零件。下面讲解按键盖的创建过程，零件模型及相应的模型树如图 32.8.1 所示。

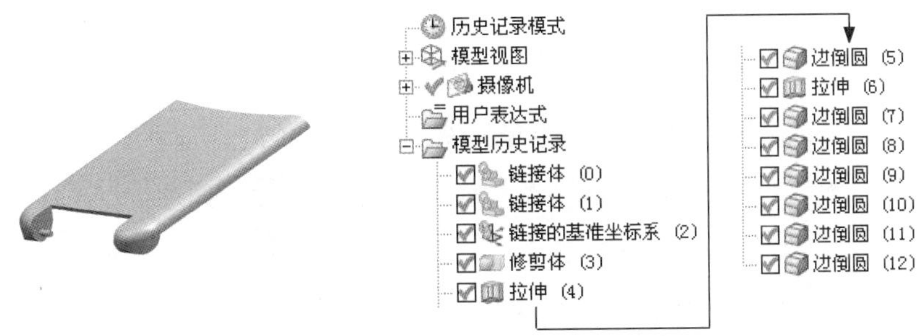

图 32.8.1 零件模型及模型树

Step1. 创建 keystoke 层。在“装配导航器”窗口中的 screen 选项上右击，系统弹出快捷菜单（一），在此快捷菜单中选择 显示父项 → second_01 命令，系统在“装配导航器”中显示 second_01 部件；在“装配导航器”窗口中的 second_01 选项上右击，系统弹出快捷菜单（二），在此快捷菜单中选择 WAVE → 新建级别 命令，系统弹出“新建级别”对话框；单击“新建级别”对话框中的 指定部件名 按钮，在弹出的“选择部件名”对话框的 文件名(N): 文本框中输入文件名 keystoke，单击 OK 按钮，系统再次弹出“新建级别”对话框；单击“新建级别”对话框中的 类选择 按钮，系统弹出“WAVE 组件间的复制”对话框，单击“WAVE 组件间的复制”对话框过滤器区域的按钮，系统弹出“根据类型选择”对话框，按住 Ctrl 键，选择对话框列表中的实体、片体和CSYS选项，单击 确定 按钮。系统再次弹出“类选择”对话框，单击对话框对象区域的“全选”按钮。选取前面创建的二级控件 1 中的实体、曲面以及坐标系作为要复制的几何体，单击 确定 按钮。系统重新弹出“新建级别”对话框；在“新建级别”对话框中单击 确定 按钮，完成 keystoke 层的创建；在“装配导航器”窗口中的☑keystoke选项上右击，系统弹出快捷菜单（三），在此快捷菜单中选择设为显示部件命令，对模型进行编辑。

Step2. 创建图 32.8.2 所示的修剪体特征。选择下拉菜单插入(S) ➡ 修剪(M) ➡ 修剪体(T)...命令，系统弹出“修剪体”对话框；选取图 32.8.3 所示的实体为目标体和工具体；调整修剪方向，修剪后如图 32.8.2 所示；单击 < 确定 > 按钮，完成修剪体特征的创建（完成后隐藏工具体）。

图 32.8.2　修剪体特征

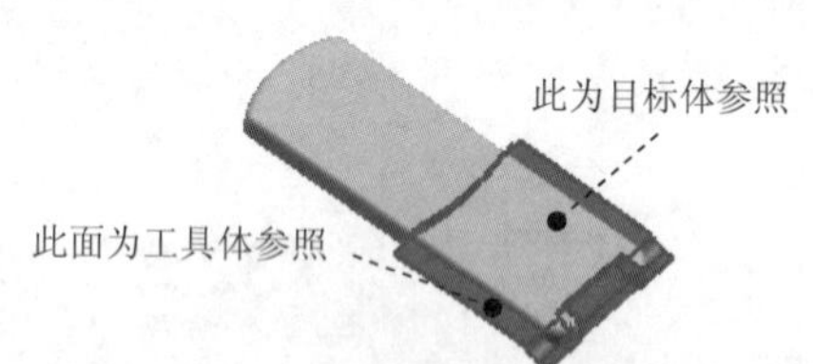

图 32.8.3　定义目标体和工具体

Step3. 创建图 32.8.4 所示的拉伸特征 1。选择下拉菜单插入(S) ➡ 设计特征(E) ➡ 拉伸(E)...命令（或单击按钮），系统弹出“拉伸”对话框；单击对话框中的“绘制截面”按钮，系统弹出“创建草图”对话框。选取 YZ 基准平面为草图平面，选中设置区域的☑创建中间基准 CSYS复选框，单击 确定 按钮，进入草图环境，绘制图 32.8.5 所示的截面草图，选择下拉菜单任务(K) ➡ 完成草图(K)命令（或单击完成草图按钮），退出草图环境；在“拉伸”对话框限制区域的开始下拉列表中选择对称值选项，并在其下的距离文本框中输入值 30；在方向区域的* 指定矢量 (0)下拉列表中选择XC选项；在布尔区域的下拉列表中选择求差选项，系统将自动与模型中唯一一个体进行布尔求差运算；其他参数采用系统默认设置；单击对话框中的 < 确定 > 按钮，完成拉伸特征 1 的创建。

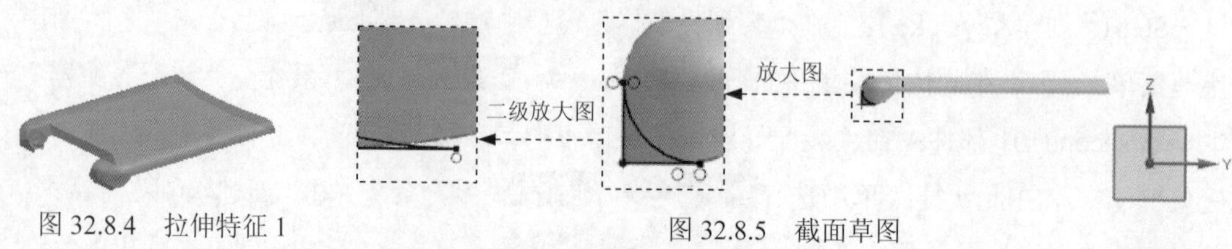

图 32.8.4　拉伸特征 1　　图 32.8.5　截面草图

Step4. 创建图 32.8.6b 所示的边倒圆特征 1。选择下拉菜单插入(S) ➡ 细节特征(L)

→ 边倒圆(E)...命令（或单击按钮），系统弹出“边倒圆”对话框；选取图 32.8.6a 所示的两条边为倒圆角参照，并在半径 1文本框中输入值 2；单击< 确定 >按钮，完成边倒圆特征 1 的创建。

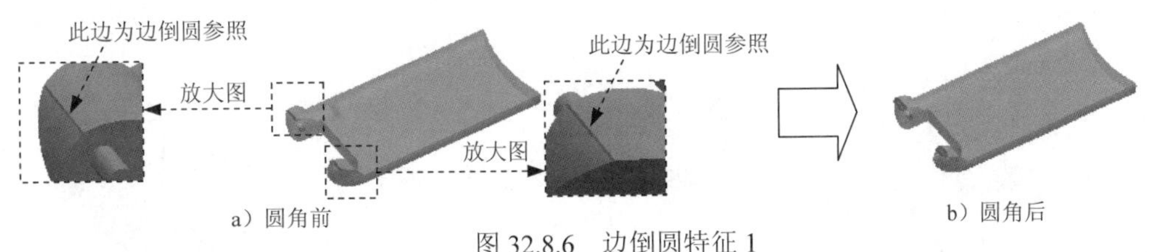

图 32.8.6 边倒圆特征 1

Step5. 创建图 32.8.7 所示的拉伸特征 2。选择下拉菜单插入(S) → 设计特征(E) → 拉伸(E)...命令（或单击按钮），系统弹出“拉伸”对话框；单击对话框中的“绘制截面”按钮，系统弹出“创建草图”对话框。选取 ZX 基准平面为草图平面，取消选中设置区域的□ 创建中间基准 CSYS复选框，单击确定按钮，进入草图环境，绘制图 32.8.8 所示的截面草图，选择下拉菜单任务(K) → 完成草图(K)命令（或单击完成草图按钮），退出草图环境；在“拉伸”对话框限制区域的开始下拉列表中选择值选项，并在其下的距离文本框中输入值 0；在限制区域的结束下拉列表中选择值选项，并在其下的距离文本框中输入值 62.3；在方向区域的* 指定矢量 (0)下拉列表中选择-YC选项；在布尔区域的下拉列表中选择求差选项，系统将自动与模型中唯一个体进行布尔求差运算；其他参数采用系统默认设置；单击对话框中的< 确定 >按钮，完成拉伸特征 2 的创建。

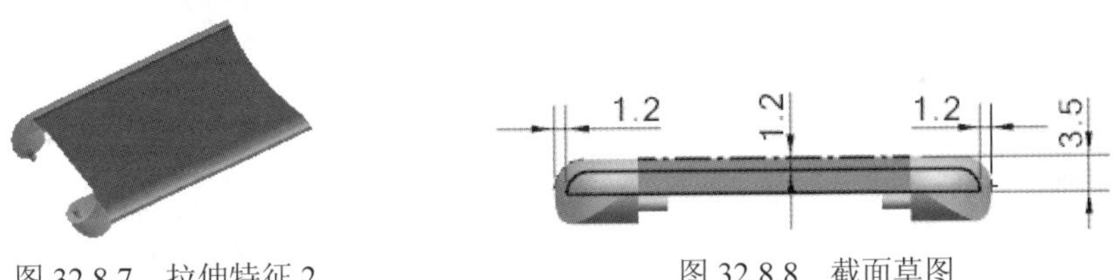

图 32.8.7 拉伸特征 2　　图 32.8.8 截面草图

Step6. 创建图 32.8.9b 所示的边倒圆特征 2。选择下拉菜单插入(S) → 细节特征(L) → 边倒圆(E)...命令（或单击按钮），系统弹出“边倒圆”对话框；选取图 32.8.9a 所示的边为边倒圆参照，并在半径 1文本框中输入值 150；单击< 确定 >按钮，完成边倒圆特征 2 的创建。

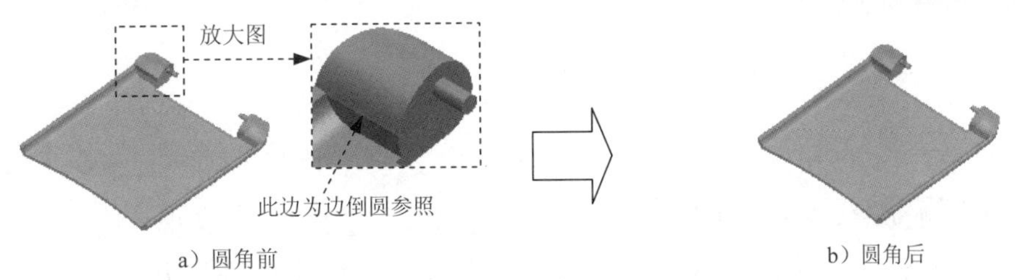

图 32.8.9 边倒圆特征 2

Step7. 创建图 32.8.10b 所示的边倒圆特征 3。选择下拉菜单 插入(S) → 细节特征(L) → 边倒圆(E)... 命令（或单击 按钮），系统弹出“边倒圆”对话框；选取图 32.8.10a 所示的边为边倒圆参照，并在 半径 1 文本框中输入值 5；单击 < 确定 > 按钮，完成边倒圆特征 3 的创建。

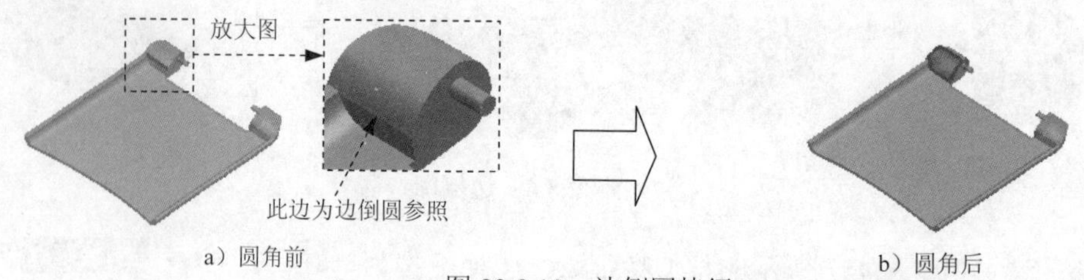

图 32.8.10　边倒圆特征 3

Step8. 创建图 32.8.11b 所示的边倒圆特征 4。选择下拉菜单 插入(S) → 细节特征(L) → 边倒圆(E)... 命令（或单击 按钮），系统弹出“边倒圆”对话框；选取图 32.8.11a 所示的边为边倒圆参照，并在 半径 1 文本框中输入值 150；单击 < 确定 > 按钮，完成边倒圆特征 4 的创建。

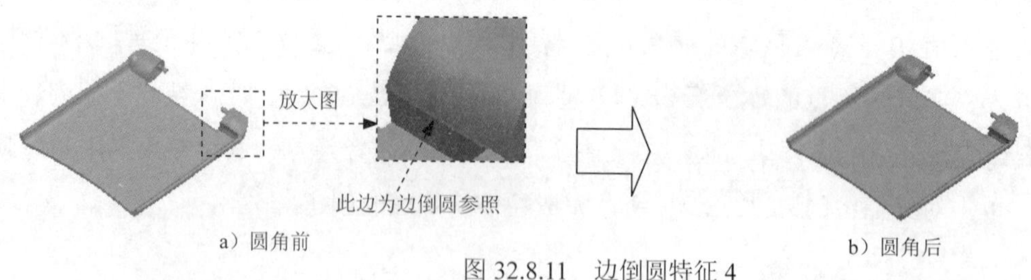

图 32.8.11　边倒圆特征 4

Step9. 创建图 32.8.12b 所示的边倒圆特征 5。选择下拉菜单 插入(S) → 细节特征(L) → 边倒圆(E)... 命令（或单击 按钮），系统弹出“边倒圆”对话框；选取图 32.8.12a 所示的边为边倒圆参照，并在 半径 1 文本框中输入值 5；单击 < 确定 > 按钮，完成边倒圆特征 5 的创建。

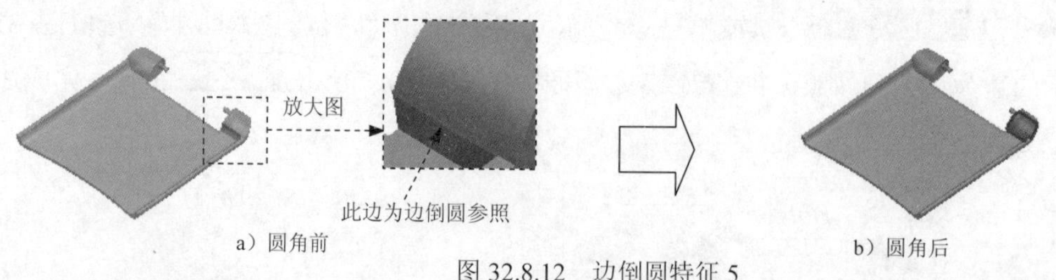

图 32.8.12　边倒圆特征 5

Step10. 创建图 32.8.13b 所示的边倒圆特征 6。选择下拉菜单 插入(S) → 细节特征(L) → 边倒圆(E)... 命令（或单击 按钮），系统弹出“边倒圆”对话框；选取图 32.8.13a 所示的边为边倒圆参照，并在 半径 1 文本框中输入值 0.5；单击 < 确定 > 按钮，完成边倒圆特征 6 的创建。

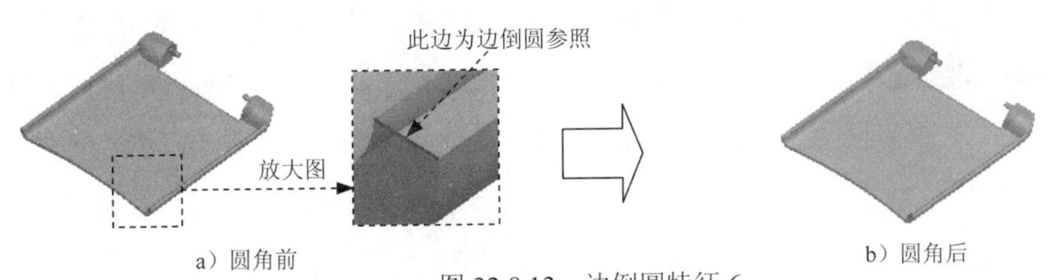

图 32.8.13 边倒圆特征 6

Step11. 创建图 32.8.14b 所示的边倒圆特征 7。选择下拉菜单 插入(S) ➡ 细节特征(L) ➡ 边倒圆(E)... 命令（或单击 按钮），系统弹出“边倒圆”对话框；选取图 32.8.14a 所示的边为边倒圆参照，并在 半径 1 文本框中输入值 0.5；单击 < 确定 > 按钮，完成边倒圆特征 7 的创建。

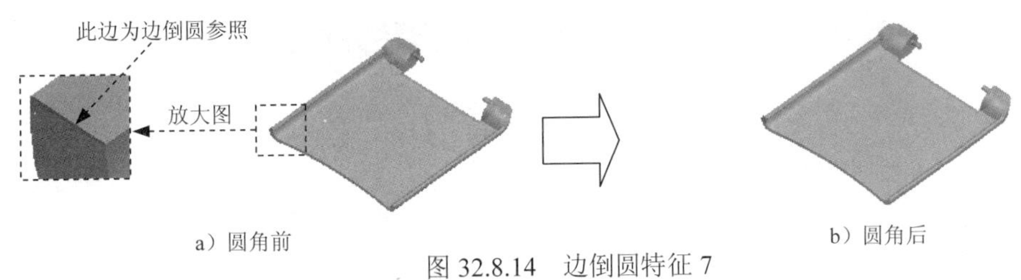

图 32.8.14 边倒圆特征 7

Step12. 保存零件模型。

32.9 创建外置按键

外置按键（keystoke01）从上盖得到必要的基础尺寸后对其进行细化设计，同样得到完整的外置按键零件。下面讲解外置按键的创建过程，零件模型及相应的模型树如图 32.9.1 所示。

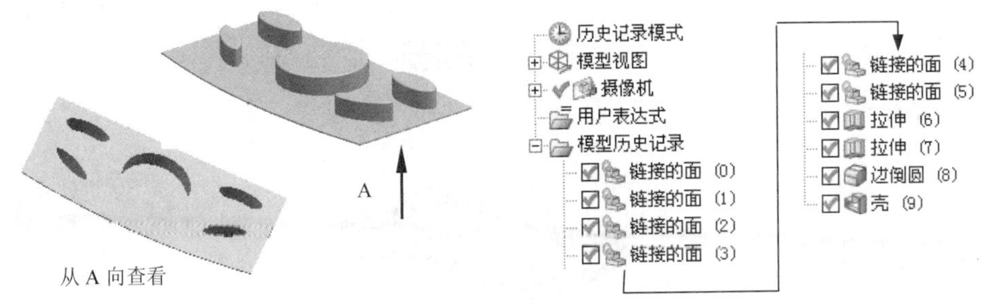

图 32.9.1 零件模型及模型树

Step1. 创建 keystoke 01 层。在图形区的右侧单击“装配导航器”按钮，在弹出的“装配导航器”窗口中选择 keystoke 选项并右击，从系统弹出的快捷菜单中选择 显示父项 选项后的子选项 second_01。选取 top_cover 选项并右击，从系统弹出的快捷菜单中选择

设为显示部件命令。选择☑top_cover选项并右击，从系统弹出的快捷菜单中选择WAVE ▶ → 新建级别命令，系统弹出“新建级别”对话框；在“新建级别”对话框中单击 指定部件名 按钮，系统弹出“选择部件名”对话框。在文件名(N):文本框中输入部件名 keystoke01，单击 OK 按钮，系统再次弹出“新建级别”对话框；单击“新建级别”对话框中的 类选择 按钮，系统弹出“WAVE 组件间的复制”对话框，在绘图区选取图 32.9.2 所示的面为要复制的几何体，单击 确定 按钮。系统重新弹出“新建级别”对话框；在“新建级别”对话框中单击 确定 按钮，完成 keystoke01 层的创建。

注意：在选取图 32.9.2 所示的面时，必须选取图中所示的 5 个按键孔的内表面。

Step2. 在图形区的右侧单击“装配导航器”按钮，在弹出的“装配导航器”窗口中右击☑keystoke01部件，在弹出的快捷菜单中选择设为显示部件命令，结果如图 32.9.3 所示。

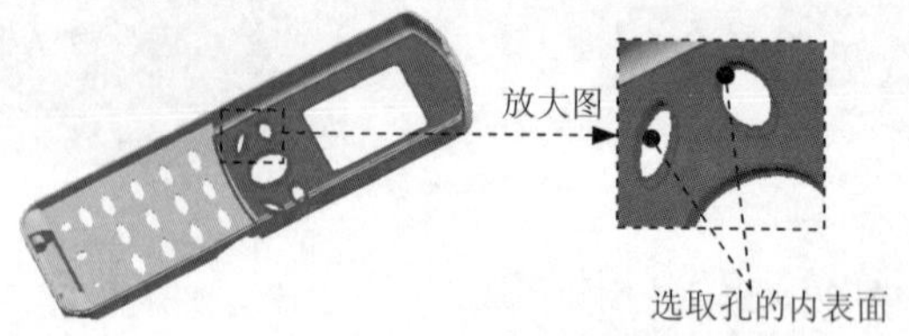

图 32.9.2　定义外置按键面

图 32.9.3　外置按键面

Step3. 创建图 32.9.4 所示的拉伸特征 1。选择下拉菜单插入(S) → 设计特征(E) ▶ → 拉伸(E)... 命令（或单击按钮），系统弹出“拉伸”对话框；单击“拉伸”对话框中的“绘制截面”按钮，系统弹出“创建草图”对话框。选取图 32.9.5 所示的平面为草图平面，单击 确定 按钮，进入草图环境，绘制图 32.9.6 所示的截面草图，选择下拉菜单任务(K) → 完成草图(K)命令（或单击完成草图按钮），退出草图环境；在“拉伸”对话框限制区域的开始下拉列表中选择值选项，并在其下的距离文本框中输入值 0；在限制区域的结束下拉列表中选择值选项，并在其下的距离文本框中输入值 1；在指定矢量下拉列表中选择-ZC选项；在布尔区域的下拉列表中选择无选项；其他参数采用系统默认设置；单击 < 确定 > 按钮，完成拉伸特征 1 的创建。

图 32.9.4　拉伸特征 1

图 32.9.5　截面草图

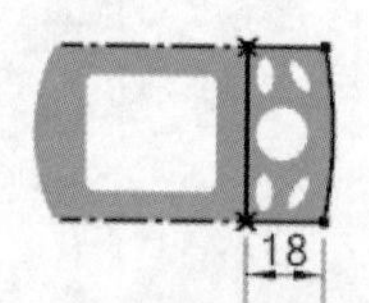

图 32.9.6　截面草图

Step4. 创建图 32.9.7 所示的拉伸特征 2。选择下拉菜单插入(S) → 设计特征(E) ▶ → 拉伸(E)... 命令，选取图 32.9.8 所示的平面为草图平面；绘制图 32.9.9 所示的截面草图（4 个椭圆和 1 个圆弧都向内偏置 0.2）；在限制区域的开始下拉列表中选择值选项，并在其下的距离文本框中输入值 0；在限制区域的结束下拉列表中选择值选项，并在其下的距离文本框中输入值 2.5；单击按钮，在布尔区域的下拉列表中选择求和选项，系统将自动与模型中唯一一个体进行布尔求和运算，单击< 确定 >按钮，完成拉伸特征 2 的创建。

图 32.9.7 拉伸特征 2　　图 32.9.8 定义草图平面　　图 32.9.9 截面草图

Step5 设置隐藏。选择下拉菜单编辑(E) → 显示和隐藏(H) → 隐藏(H)...命令（或单击按钮），系统弹出"类选择"对话框；单击"类选择"对话框中的按钮，系统弹出"根据类型选择"对话框，选择对话框列表中的片体选项，单击确定按钮。系统再次弹出"类选择"对话框，单击对话框中的按钮；单击对话框中的确定按钮，完成对设置对象的隐藏。

Step6. 创建边倒圆特征。选择下拉菜单插入(S) → 细节特征(L) ▸ → 边倒圆(E)...命令（或单击按钮），系统弹出"边倒圆"对话框；在要倒圆的边区域中单击按钮，选取图 32.9.10 所示的边线为边倒圆参照，并在半径 1文本框中输入值 0.3；单击< 确定 >按钮，完成边倒圆特征的创建。

Step7. 创建图 32.9.11b 所示的抽壳特征。选择下拉菜单插入(S) → 偏置/缩放(O) → 抽壳(H)...命令（或单击按钮），系统弹出"抽壳"对话框；在类型区域的下拉列表中选择移除面，然后抽壳选项；在要穿透的面区域中单击按钮，选择图 32.9.11a 所示的面为要移除的面，并在厚度文本框中输入值 0.2，采用系统默认方向；单击< 确定 >按钮，完成抽壳特征的创建。

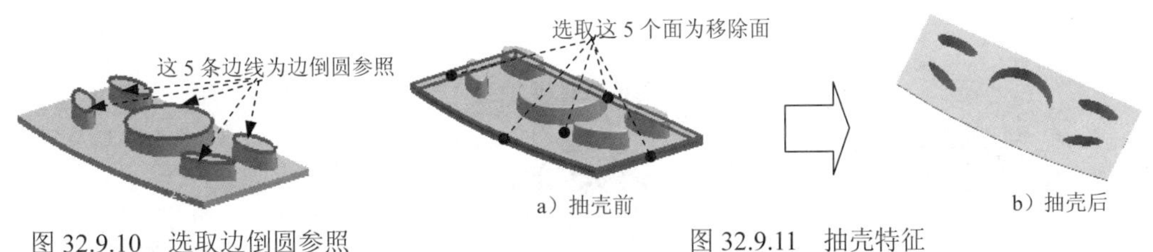

a）抽壳前　　b）抽壳后

图 32.9.10 选取边倒圆参照　　图 32.9.11 抽壳特征

Step8. 保存零件模型。选择下拉菜单文件(F) → 保存(S)命令，即可保存零件模型。

32.10 创建内置按键

下面讲解内置按键（down_cover）的创建过程，与外置按键相同，从上盖继承相应尺寸后对其进行细化设计，即得到完整的零件模型，零件模型及相应的模型树如图 32.10.1 所示。

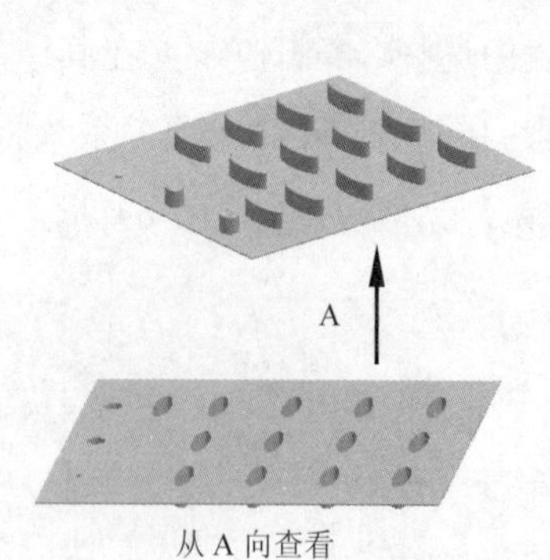

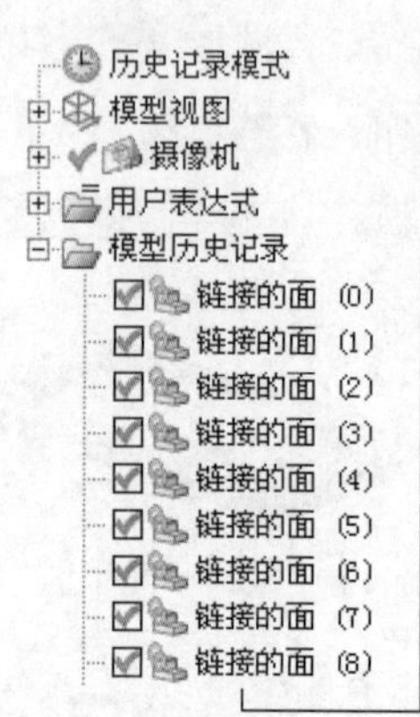

图 32.10.1 零件模型及模型树

Step1. 创建 keystoke02 层。在图形区的右侧单击“装配导航器”按钮，在弹出的“装配导航器”窗口中选择 keystoke01 选项并右击，从系统弹出的快捷菜单中选择 显示父项 选项后的子选项 top_cover 。选取 top_cover 选项并右击，从系统弹出的快捷菜单中选择 WAVE ▸ → 新建级别 命令，系统弹出“新建级别”对话框；在“新建级别”对话框中单击 指定部件名 按钮，系统弹出“选择部件名”对话框。在 文件名(N): 文本框中输入部件名 keystoke02，单击 OK 按钮，系统再次弹出“新建级别”对话框；单击“新建级别”对话框中的 类选择 按钮，系统弹出“WAVE 组件间的复制”对话框，在绘图区选取图 32.10.2 所示的 17 个面为要复制的几何体，单击 确定 按钮。系统重新弹出“新建级别”对话框；在“新建级别”对话框中单击 确定 按钮，完成 keystoke02 层的创建。

Step2. 在图形区的右侧单击“装配导航器”按钮，在弹出的“装配导航器”窗口中右击 keystoke02 选项，在弹出的快捷菜单中选择 设为显示部件 命令。结果如图 32.10.3 所示。

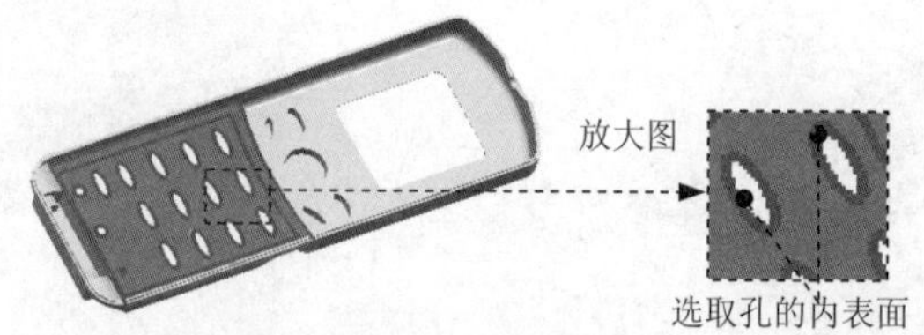

图 32.10.2 定义内置按键面

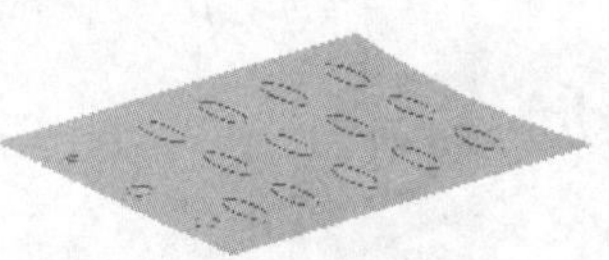

图 32.10.3 内置按键面

注意：在选取图 32.10.2 所示的面中有 16 个是孔的内表面。

Step3. 创建图 32.10.4 所示的拉伸特征 1。选择下拉菜单 插入(S) → 设计特征(E) ▸ → 拉伸(E)... 命令（或单击按钮），系统弹出“拉伸”对话框；单击“拉伸”对话框中的“绘制截面”按钮，系统弹出“创建草图”对话框。选取图 32.10.5 所示的平面为草图平面，单击 确定 按钮，进入草图环境，绘制图 32.10.6 所示的截面草图，选择下拉菜单 任务(K) → 完成草图(K) 命令（或单击 完成草图 按钮），退出草图环境；在“拉伸”对话框限制区域的开始下拉列表中选择值选项，并在其下的距离文本框中输入值 0；在限制区域的结束下拉列表中选择值选项，并在其下的距离文本框中输入值 1；在指定矢量下拉列表中选择-ZC选项；在布尔区域的下拉列表中选择无选项；其他参数采用系统默认设置；单击< 确定 >按钮，完成拉伸特征 1 的创建。

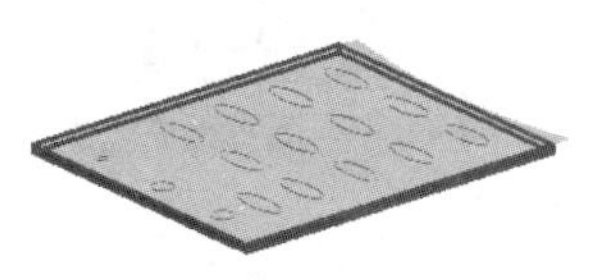
图 32.10.4 拉伸特征 1

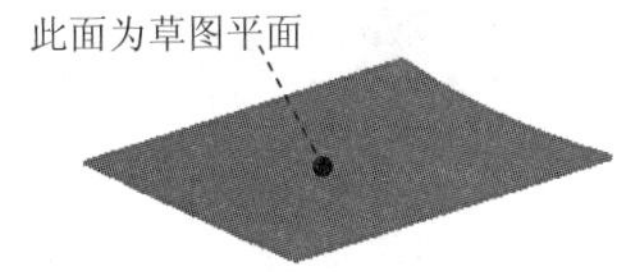

图 32.10.5 定义草图平面

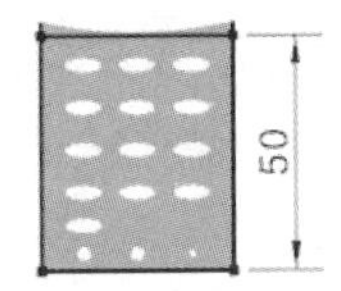

图 32.10.6 截面草图

Step4. 创建图 32.10.7 所示的拉伸特征 2。选择下拉菜单插入(S) → 设计特征(E) → 拉伸(E)...命令，系统弹出“拉伸”对话框。选取图 32.10.8 所示的平面为草图平面；绘制图 32.10.9 所示的截面草图；在“拉伸”对话框中单击“反向”按钮；在限制区域的开始下拉列表中选择值选项，并在其下的距离文本框中输入值 0；在限制区域的结束下拉列表中选择值选项，并在其下的距离文本框中输入值 2.5；在布尔区域的下拉列表中选择求和选项，系统将自动与模型中唯一个体进行布尔求和运算，单击< 确定 >按钮，完成拉伸特征 2 的创建。

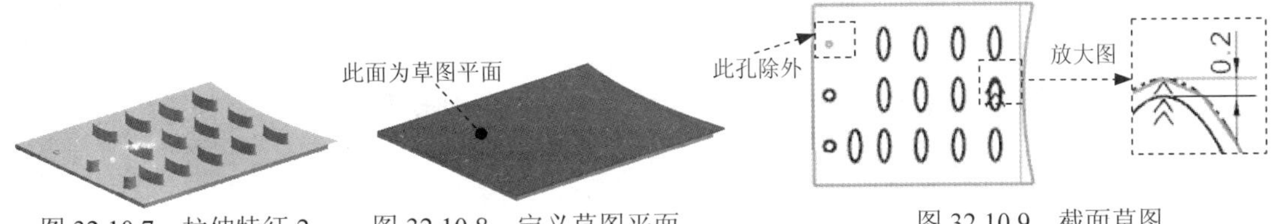

图 32.10.7 拉伸特征 2　图 32.10.8 定义草图平面　图 32.10.9 截面草图

Step5. 创建图 32.10.10 所示的拉伸特征 3。选择下拉菜单插入(S) → 设计特征(E) → 拉伸(E)...命令，系统弹出“拉伸”对话框。选取图 32.10.11 所示的平面为草图平面；绘制图 32.10.12 所示的截面草图；在“拉伸”对话框限制区域的开始下拉列表中选择值选项，并在其下的距离文本框中输入值 0；在限制区域的结束下拉列表中选择值选项，并在其下的距离文本框中输入值 0.5；在布尔区域的下拉列表中选择求和选项，系统将自动与模型中唯一个体进行布尔求和运算，单击< 确定 >按钮，完成拉伸特征 3 的创建。

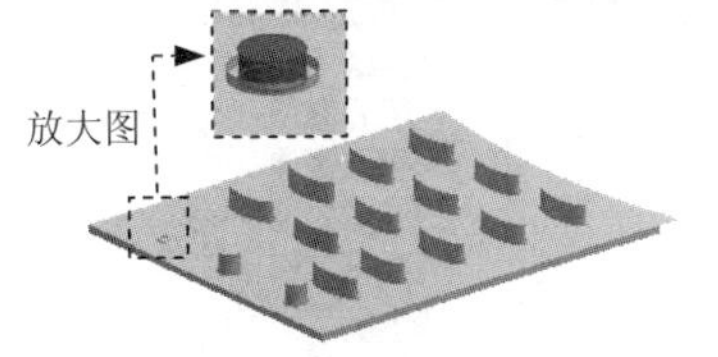

图 32.10.10 拉伸特征 3

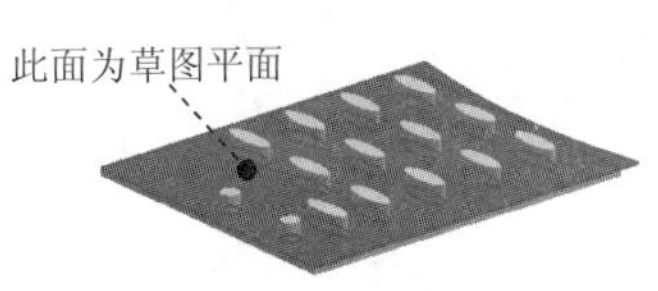

图 32.10.11 定义草图平面

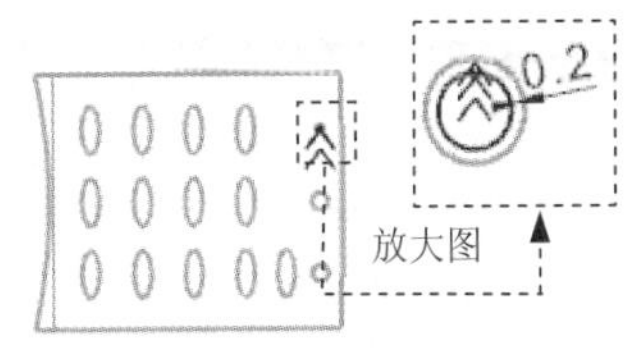

图 32.10.12 截面草图

Step6. 创建边倒圆特征。选择下拉菜单插入(S) → 细节特征(L) → 边倒圆(E)...命令（或单击按钮），系统弹出“边倒圆”对话框；在要倒圆的边区域中单击按钮，选

取图 32.10.13 所示的边线为边倒圆参照，并在半径 1文本框中输入值 0.1；单击< 确定 >按钮，完成边倒圆特征的创建。

Step7. 创建图 32.10.14b 所示的抽壳特征。选择下拉菜单插入(S) → 偏置/缩放(O) → 抽壳(H)... 命令（或单击按钮），系统弹出“抽壳”对话框；在类型区域的下拉列表中选择移除面，然后抽壳选项；在要穿透的面区域中单击按钮，选择图 32.10.14a 所示的面为要移除的面，并在厚度文本框中输入值 0.2，采用系统默认方向；单击< 确定 >按钮，完成抽壳特征的创建。

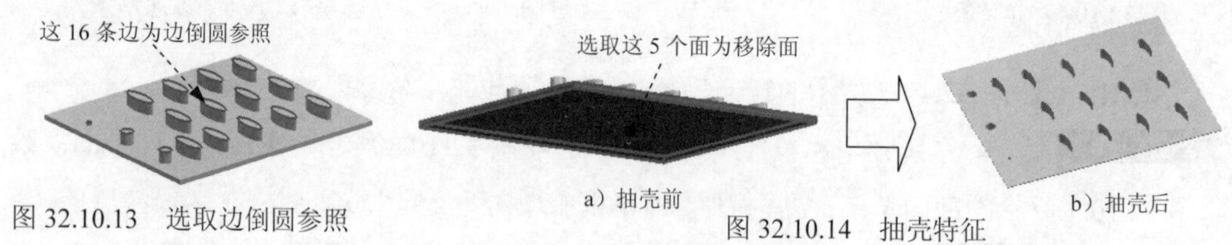

图 32.10.13　选取边倒圆参照

图 32.10.14　抽壳特征

Step8. 设置隐藏。选择下拉菜单编辑(E) → 显示和隐藏(H) → 隐藏(H)... 命令（或单击按钮），系统弹出“类选择”对话框；单击“类选择”对话框中的按钮，系统弹出“根据类型选择”对话框，选择对话框列表中的片体选项，单击确定按钮。系统再次弹出“类选择”对话框，单击对话框中的按钮；单击对话框中的确定按钮，完成对设置对象的隐藏。

Step9. 保存零件模型。选择下拉菜单文件(F) → 保存(S)命令，即可保存零件模型。

32.11　创 建 下 盖

下面讲解下盖（down_cover）的创建过程，下盖是从下部二级控件中分割出来的一部分，从而也继承了一级控件的相应外观形状，只要对其进行细化结构设计即可。零件模型及相应的模型树如图 32.11.1 所示。

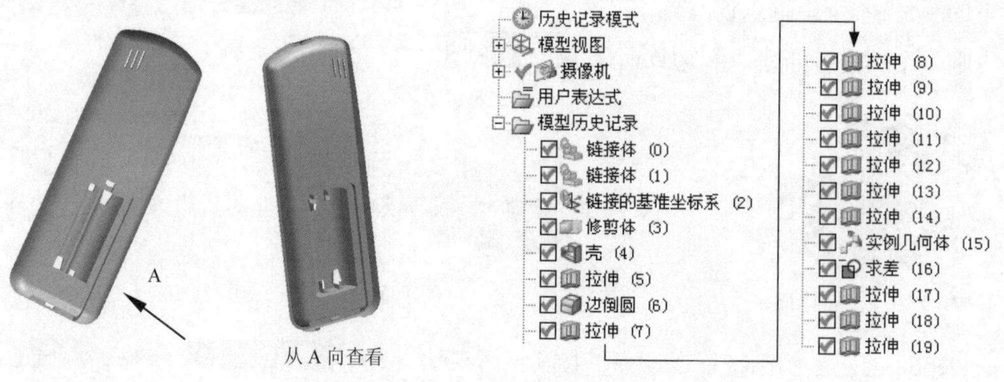

图 32.11.1　零件模型及模型树

Step1. 创建 down_cover 层。在“装配导航器”窗口中的☑ keystoke02选项上右击，系统弹出快捷菜单（一），在此快捷菜单中选择显示父项 ➡ controller命令，系统在“装配导航器”中显示 controller 部件；在“装配导航器”窗口中的☑ second_02选项上右击，系统弹出快捷菜单（二），在此快捷菜单中选择设为显示部件命令，对模型进行编辑；在“装配导航器”窗口中的☑ second_02选项上右击，系统弹出快捷菜单（三），在此快捷菜单中选择WAVE ➡ 新建级别命令，系统弹出“新建级别”对话框；单击“新建级别”对话框中的指定部件名按钮，在弹出的“选择部件名”对话框中的文件名(N):文本框中输入文件名 down_cover，单击OK按钮，系统再次弹出“新建级别”对话框；单击“新建级别”对话框中的类选择按钮，系统弹出“WAVE 组件间的复制”对话框，单击“WAVE 组件间的复制”对话框全选后的按钮，系统弹出“根据类型选择”对话框，按住 Ctrl 键，选择对话框列表中的实体、片体和CSYS选项，单击确定按钮。系统再次弹出“类选择”对话框，单击对话框对象区域的“全选”按钮。选取前面创建的二级控件 2 中的实体、曲面以及坐标系作为要复制的几何体，单击确定按钮。系统重新弹出“新建级别”对话框；在“新建级别”对话框中单击确定按钮，完成 down_cover 层的创建；在“装配导航器”窗口中的☑ down_cover选项上右击，在弹出的快捷菜单中选择设为显示部件命令，对模型进行编辑。

Step2. 创建图 32.11.2 所示的修剪体特征。选择下拉菜单插入(S) ➡ 修剪(M) ➡ 修剪体(T)...命令，系统弹出“修剪体”对话框；选取图 32.11.3 所示的实体为目标体和工具体；调整修剪方向，修剪后如图 32.11.2 所示；单击< 确定 >按钮，完成修剪体特征的创建（完成后隐藏工具体）。

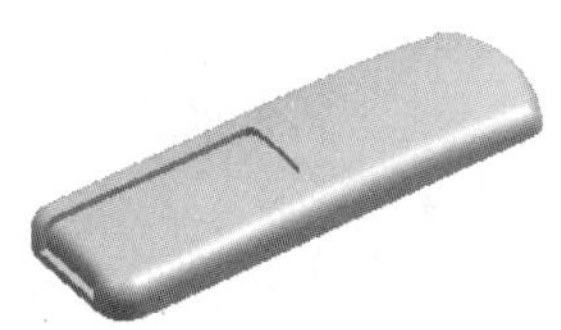

图 32.11.2　修剪体特征

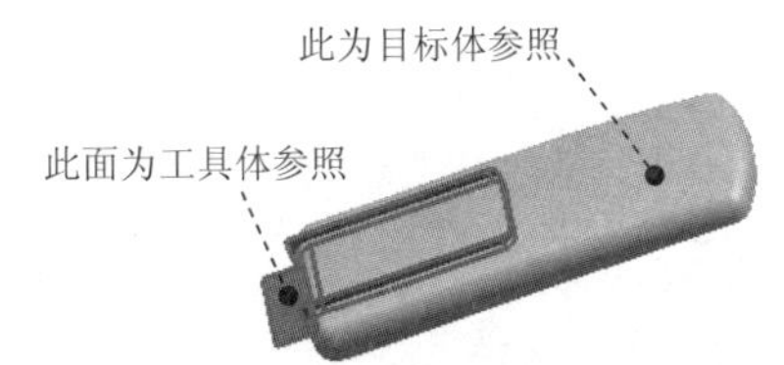

图 32.11.3　定义目标体和工具体

Step3. 创建图 32.11.4 所示的抽壳特征。选择下拉菜单插入(S) ➡ 偏置/缩放(O) ➡ 抽壳(H)... 命令（或单击按钮），系统弹出“抽壳”对话框；在“抽壳”对话框类型区域的下拉列表中选择移除面，然后抽壳选项；取图 32.11.5 所示的面为移除面，并在厚度文本框中输入值 1.2，采用系统默认抽壳方向；单击< 确定 >按钮，完成抽壳特征的创建。

图 32.11.4　抽壳特征

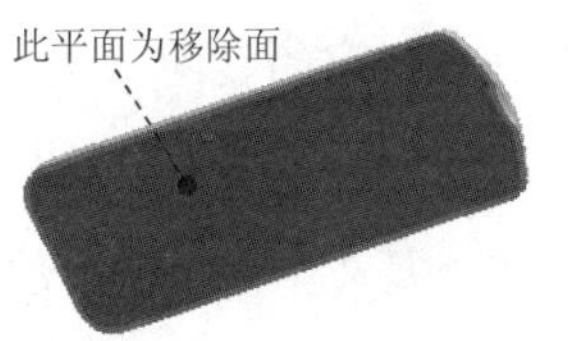

图 32.11.5　定义移除面

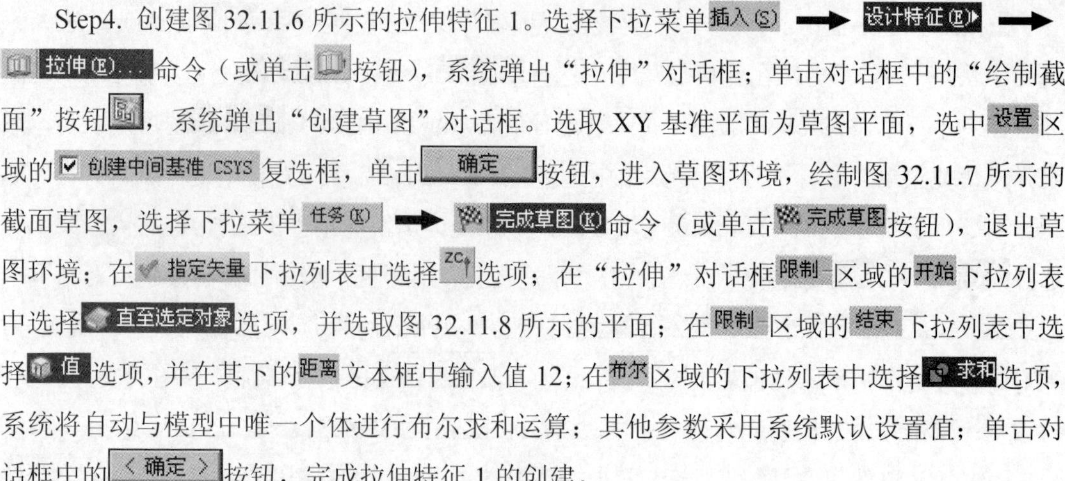
Step4. 创建图 32.11.6 所示的拉伸特征 1。选择下拉菜单插入(S) → 设计特征(E) → 拉伸(E)...命令（或单击按钮），系统弹出“拉伸”对话框；单击对话框中的“绘制截面”按钮，系统弹出“创建草图”对话框。选取 XY 基准平面为草图平面，选中设置区域的☑创建中间基准 CSYS 复选框，单击确定按钮，进入草图环境，绘制图 32.11.7 所示的截面草图，选择下拉菜单任务(K) → 完成草图(K)命令（或单击完成草图按钮），退出草图环境；在指定矢量下拉列表中选择ZC选项；在“拉伸”对话框限制区域的开始下拉列表中选择直至选定对象选项，并选取图 32.11.8 所示的平面；在限制区域的结束下拉列表中选择值选项，并在其下的距离文本框中输入值 12；在布尔区域的下拉列表中选择求和选项，系统将自动与模型中唯一一个体进行布尔求和运算；其他参数采用系统默认设置值；单击对话框中的< 确定 >按钮，完成拉伸特征 1 的创建。

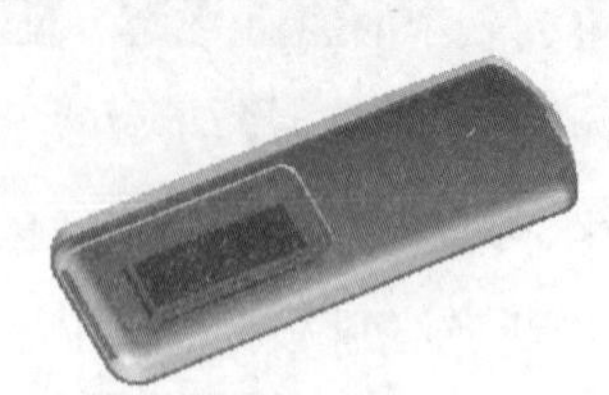
图 32.11.6　拉伸特征 1

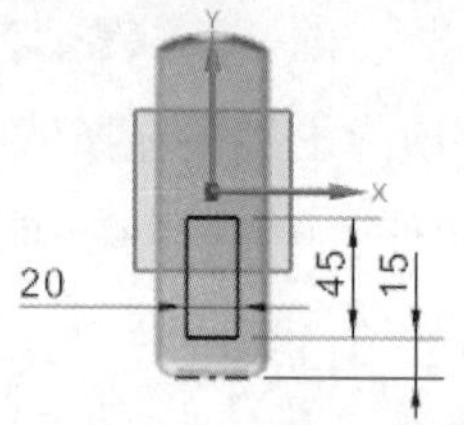

图 32.11.7　截面草图

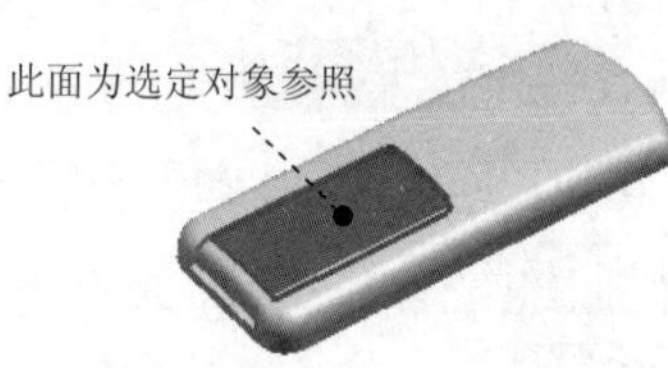

图 32.11.8　定义选定对象

Step5. 创建图 32.11.9b 所示的边倒圆特征。选择下拉菜单插入(S) → 细节特征(L) → 边倒圆(E)...命令（或单击按钮），系统弹出“边倒圆”对话框；选取图 32.11.9a 所示的两条边为边倒圆参照，并在半径 1 文本框中输入值 6；单击< 确定 >按钮，完成边倒圆特征的创建。

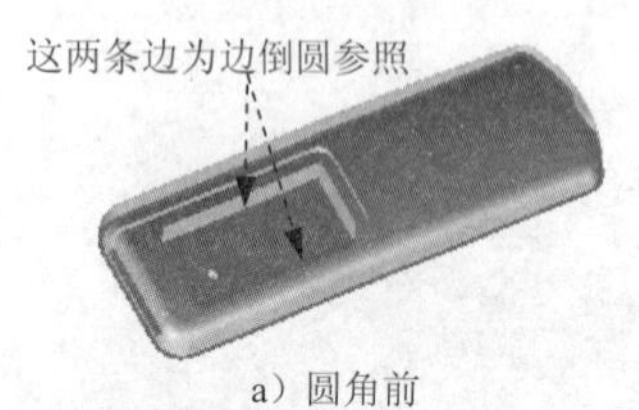

a）圆角前

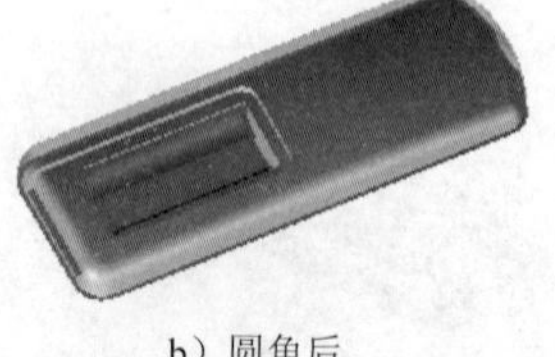
b）圆角后

图 32.11.9　边倒圆特征

Step6. 创建图 32.11.10 所示的拉伸特征 2。选择下拉菜单插入(S) → 设计特征(E) → 拉伸(E)...命令（或单击按钮），系统弹出“拉伸”对话框；单击对话框中的“绘制截面”按钮，系统弹出“创建草图”对话框。选取图 32.11.11 所示的模型表面为草图平面，取消选中设置区域的☐创建中间基准 CSYS 复选框，单击确定按钮，进入草图环境，绘制图 32.11.12 所示的截面草图，选择下拉菜单任务(K) → 完成草图(K)命令（或单击完成草图按钮），退出草图环境；在“拉伸”对话框限制区域的开始下拉列表中选择值选项，并在其下的距离文本框中输入值 2；在限制区域的终点下拉列表中选择值选项，并在其下的距离文本框中输入值 43；在方向区域的指定矢量 (0)下拉列表中选择YC选项；在布尔区域的下拉列表中选择求差选项，系统将自动与模型中唯一个体进行布尔求差运算；其他参数采用系统默认设置；单击对话框中的< 确定 >按钮，完成拉伸特征 2 的创建。

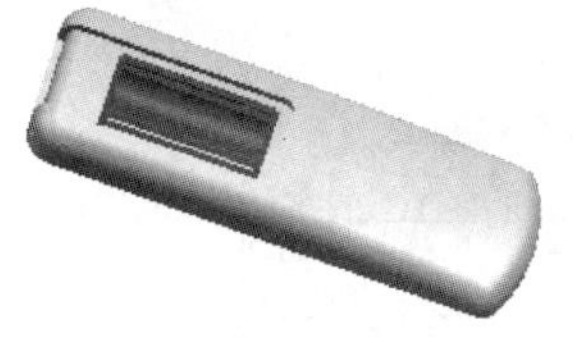

图 32.11.10 拉伸特征 2

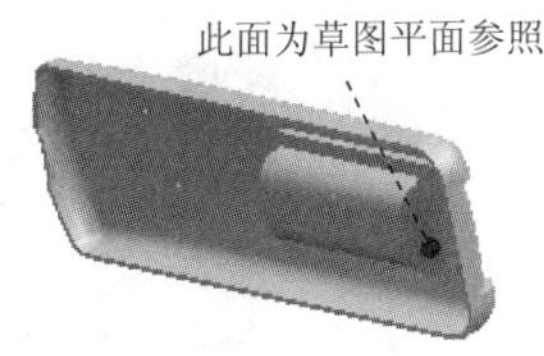

图 32.11.11 定义草图平面

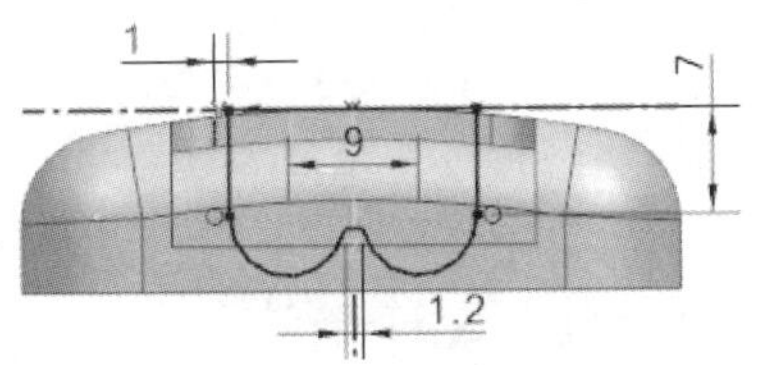

图 32.11.12 截面草图

Step7. 创建图 32.11.13 所示的拉伸特征 3。选择下拉菜单插入(S) ➡ 设计特征(E) ➡ 拉伸(E)...命令（或单击按钮），系统弹出“拉伸”对话框；单击对话框中的“绘制截面”按钮，系统弹出“创建草图”对话框。选取图 32.11.14 所示的模型表面为草图平面，单击确定按钮，进入草图环境，绘制图 32.11.15 所示的截面草图，选择下拉菜单任务(K) ➡ 完成草图(K)命令（或单击完成草图按钮），退出草图环境；在“拉伸”对话框限制区域的开始下拉列表中选择值选项，并在其下的距离文本框中输入值 0；在限制区域的结束下拉列表中选择直至选定选项，并选取图 32.11.16 所示的面为选定对象；在方向区域的*指定矢量(0)下拉列表中选择YC选项；在布尔区域的下拉列表中选择求差选项，系统将自动与模型中唯一个体进行布尔求差运算；其他参数采用系统默认设置；单击对话框中的< 确定 >按钮，完成拉伸特征 3 的创建。

图 32.11.13 拉伸特征 3

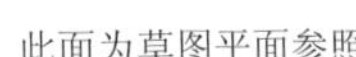

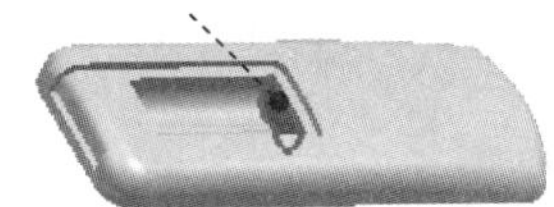

图 32.11.14 定义草图平面

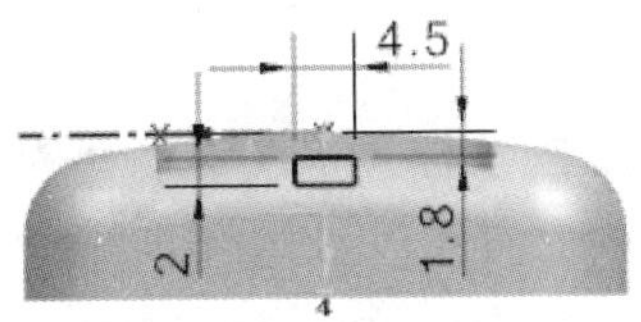

图 32.11.15 截面草图

此面为选定对象参照

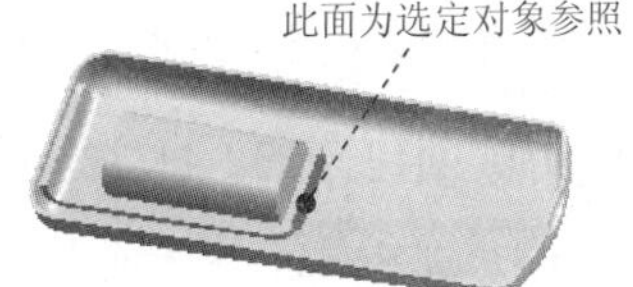

图 32.11.16 定义选定对象

Step8. 创建图 32.11.17 所示的拉伸特征 4。选择下拉菜单插入(S) ➡ 设计特征(E) ➡ 拉伸(E)...命令（或单击按钮），系统弹出“拉伸”对话框；单击对话框中的“绘制截面”按钮，系统弹出“创建草图”对话框。选取 XY 基准平面为草图平面，单击确定按钮，进入草图环境，绘制图 32.11.18 所示的截面草图，选择下拉菜单任务(K) ➡ 完成草图(K)命令（或单击完成草图按钮），退出草图环境；在“拉伸”对话框限制区域的开始下拉列表中选择值选项，并在其下的距离文本框中输入值 8；在限制区域的结束下拉列表中选择贯通选项；在方向区域的*指定矢量(0)下拉列表中选择ZC选项；在布尔区域的

下拉列表中选择求差选项，系统将自动与模型中唯一一个体进行布尔求差运算；其他参数采用系统默认设置；单击对话框中的< 确定 >按钮，完成拉伸特征 4 的创建。

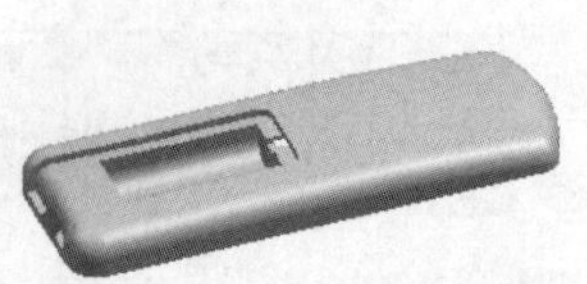
图 32.11.17　拉伸特征 4

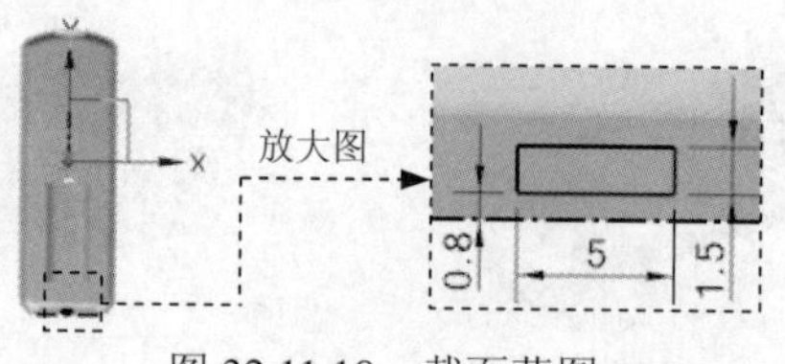

图 32.11.18　截面草图

Step9. 创建图 32.11.19 所示的拉伸特征 5。选择下拉菜单插入(S) → 设计特征(E) → 拉伸(E)...命令（或单击按钮），系统弹出"拉伸"对话框；单击对话框中的"绘制截面"按钮，系统弹出"创建草图"对话框。选取图 32.11.20 所示的模型表面为草图平面，单击确定按钮，进入草图环境，绘制图 32.11.21 所示的截面草图，选择下拉菜单任务(K) → 完成草图(K)命令（或单击完成草图按钮），退出草图环境；在"拉伸"对话框限制区域的开始下拉列表中选择值选项，并在其下的距离文本框中输入值 0；在限制区域的结束下拉列表中选择值选项，并在其下的距离文本框中输入值 5；在方向区域的* 指定矢量 (0)下拉列表中选择-YC选项；在布尔区域的下拉列表中选择求差选项，系统将自动与模型中唯一一个体进行布尔求差运算；其他参数采用系统默认设置；单击对话框中的< 确定 >按钮，完成拉伸特征 5 的创建。

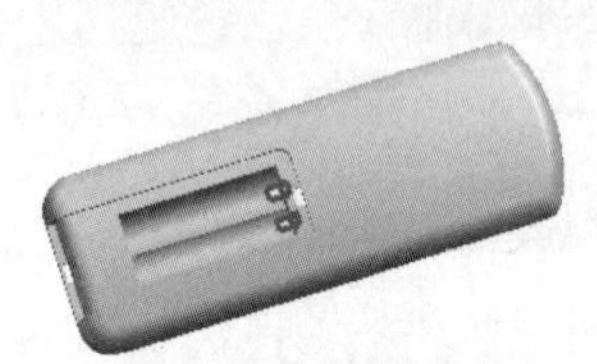
图 32.11.19　拉伸特征 5

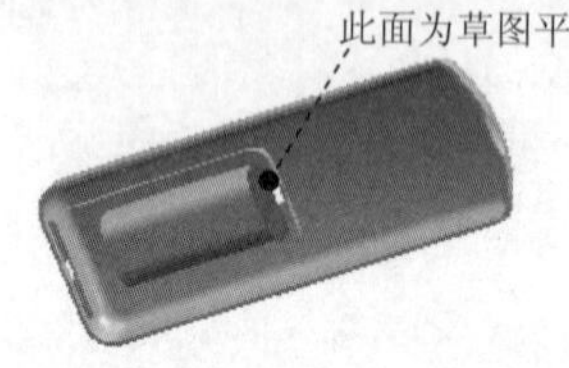

图 32.11.20　定义草图平面

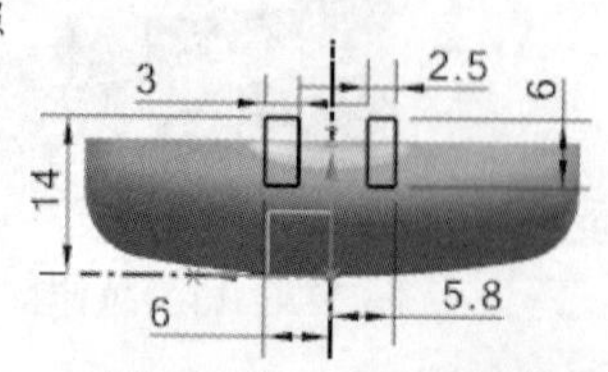

图 32.11.21　截面草图

Step10. 创建图 32.11.22 所示的拉伸特征 6。选择下拉菜单插入(S) → 设计特征(E) → 拉伸(E)...命令（或单击按钮），系统弹出"拉伸"对话框；单击对话框中的"绘制截面"按钮，系统弹出"创建草图"对话框。选取 XY 基准平面为草图平面，单击确定按钮，进入草图环境，绘制图 32.11.23 所示的截面草图，选择下拉菜单任务(K) → 完成草图(K)命令（或单击完成草图按钮），退出草图环境；在"拉伸"对话框限制区域的开始下拉列表中选择值选项，并在其下的距离文本框中输入值 0；在限制区域的结束下拉列表中选择值选项，并在其下的距离文本框中输入值 14；在方向区域的* 指定矢量 (0)下拉列表中选择ZC选项；在布尔区域的下拉列表中选择求差选项，系统将自动与模型中唯一一个体进行布尔求差运算；其他参数采用系统默认设置；单击对话框中的< 确定 >按钮，完成拉伸特征 6 的创建。

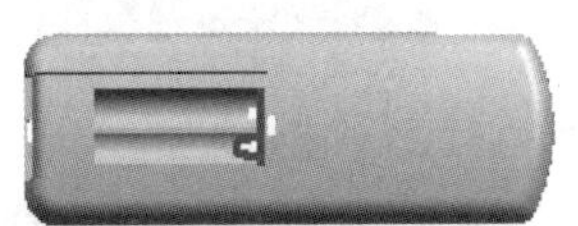

图 32.11.22 拉伸特征 6

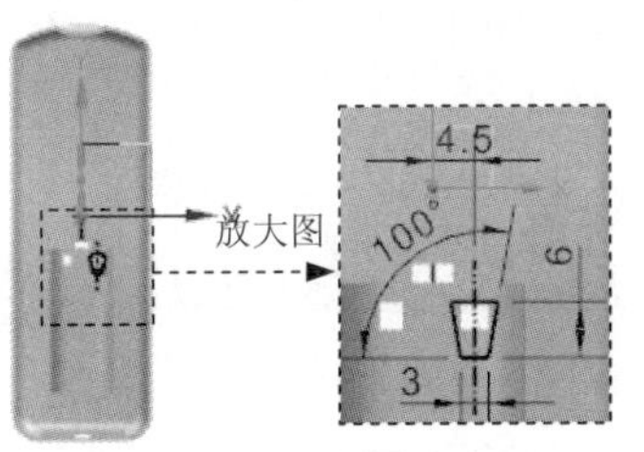

图 32.11.23 截面草图

Step11. 创建图 32.11.24 所示的拉伸特征 7。选择下拉菜单插入(S) → 设计特征(E) → 拉伸(E)...命令（或单击按钮），系统弹出“拉伸”对话框；单击对话框中的“绘制截面”按钮，系统弹出“创建草图”对话框。选取图 32.11.25 所示的模型表面为草图平面，单击确定按钮，进入草图环境，绘制图 32.11.26 所示的截面草图，选择下拉菜单任务(K) → 完成草图(K)命令（或单击完成草图按钮），退出草图环境；在“拉伸”对话框限制区域的开始下拉列表中选择值选项，并在其下的距离文本框中输入值 0；在限制区域的结束下拉列表中选择值选项，并在其下的距离文本框中输入值 5；在方向区域的*指定矢量 (0)下拉列表中选择YC选项；在布尔区域的下拉列表中选择求差选项，系统将自动与模型中唯一个体进行布尔求差运算；其他参数采用系统默认设置；单击对话框中的< 确定 >按钮，完成拉伸特征 7 的创建。

图 32.11.24 拉伸特征 7

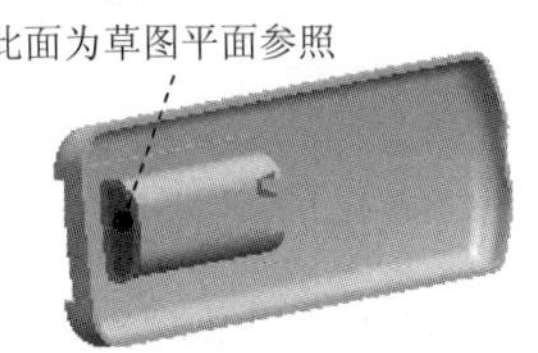

图 32.11.25 定义草图平面

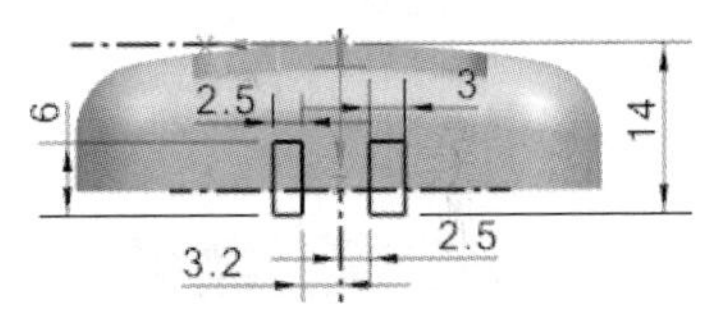

图 32.11.26 截面草图

Step12. 创建图 32.11.27 所示的拉伸特征 8。选择下拉菜单插入(S) → 设计特征(E) → 拉伸(E)...命令（或单击按钮），系统弹出“拉伸”对话框；单击对话框中的“绘制截面”按钮，系统弹出“创建草图”对话框。选取 XY 基准平面为草图平面，单击确定按钮，进入草图环境，绘制图 32.11.28 所示的截面草图，选择下拉菜单任务(K) → 完成草图(K)命令（或单击完成草图按钮），退出草图环境；在“拉伸”对话框限制区域的开始下拉列表中选择值选项，并在其下的距离文本框中输入值 0；在限制区域的结束下拉列表中选择值选项，并在其下的距离文本框中输入值 12；在方向区域的*指定矢量 (0)下拉列表中选择ZC选项；在布尔区域的下拉列表中选择求差选项，系统将自动与模型中唯一个体进行布尔求差运算；其他参数采用系统默认设置；单击对话框中的< 确定 >按钮，完成拉伸特征 8 的创建。

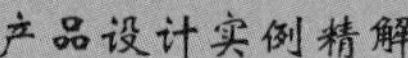

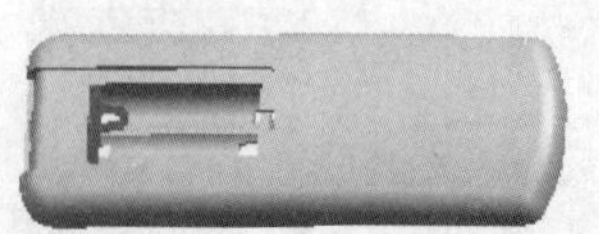

图 32.11.27 拉伸特征 8

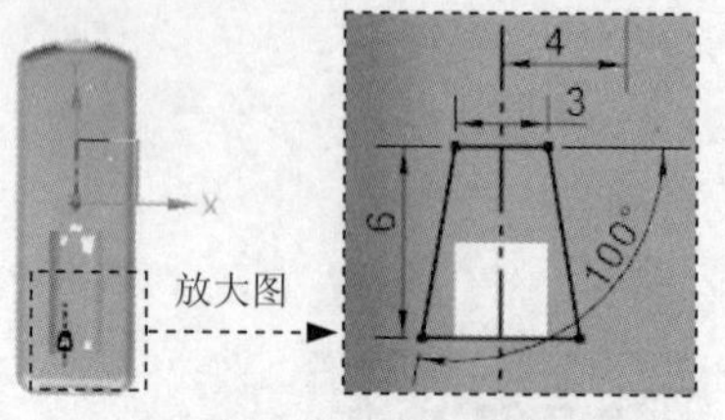

图 32.11.28 截面草图

Step13. 创建图 32.11.29 所示的拉伸特征 9。选择下拉菜单插入(S) ➡ 设计特征(E) ➡ 拉伸(E)...命令（或单击按钮），系统弹出“拉伸”对话框；单击对话框中的“绘制截面”按钮，系统弹出“创建草图”对话框。选取 XY 基准平面为草图平面，单击确定按钮，进入草图环境，绘制图 32.11.30 所示的截面草图，选择下拉菜单任务(K) ➡ 完成草图(K)命令（或单击完成草图按钮），退出草图环境；在“拉伸”对话框限制区域的开始下拉列表中选择值选项，并在其下的距离文本框中输入值 0；在限制区域的结束下拉列表中选择值选项，并在其下的距离文本框中输入值 12；在方向区域的指定矢量(0)下拉列表中选择ZC选项；在布尔区域中选择无选项；其他参数采用系统默认设置；单击对话框中的< 确定 >按钮，完成拉伸特征 9 的创建。

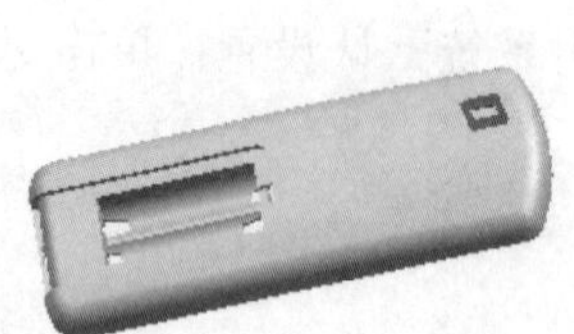

图 32.11.29 拉伸特征 9

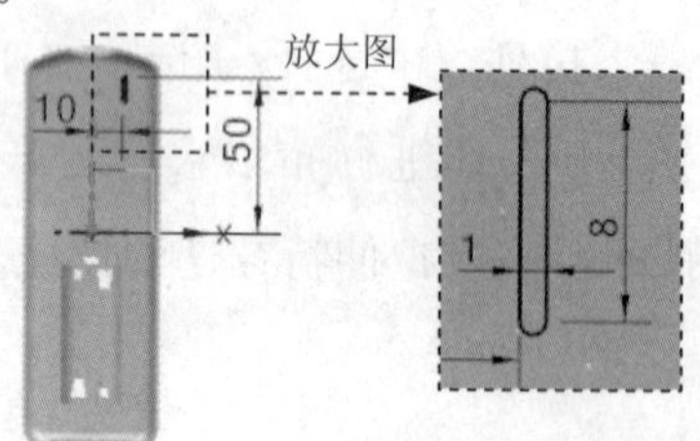

图 32.11.30 截面草图

Step14. 创建图 32.11.31 所示的实例几何体特征。选择菜单插入(S) ➡ 关联复制(A) ➡ 生成实例几何特征(G)...命令，系统弹出“实例几何体”对话框；在类型下拉列表中选取平移选项，选取 Step13 所创建的拉伸特征 9；单击指定矢量右边的“矢量构造器”按钮，系统弹出“矢量”对话框。在类型下拉列表中选取两点选项；单击指定出发点右边的按钮，弹出“点”对话框，在X、Y、Z文本框中均输入值 0，其余参数采用系统默认设置值，单击确定按钮，完成出发点的指定；单击指定终止点右边的按钮，弹出“点”对话框，在X文本框中输入值-2.8，在Y文本框中输入值 1，在Z文本框中输入值 0，其余参数采用系统默认设置，单击确定按钮，完成终止点的指定，然后在“矢量”对话框中单击确定按钮；在距离和副本数区域的距离文本框中输入值 2.8，在副本数文本框中输入值 2；单击< 确定 >按钮，完成实例几何体特征的创建。

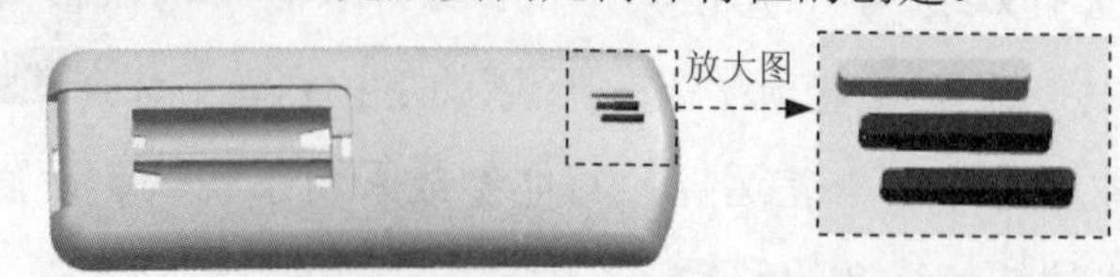

图 32.11.31 实例几何体特征

Step15. 创建图 32.11.32 所示的求差特征。选择下拉菜单 插入(S) → 组合(B) → 求差(S)... 命令，系统弹出“求差”对话框；选取图 32.11.33 所示的目标体，选取 Step13 创建的拉伸特征 9 和 Step14 创建的实例几何体特征为工具体；单击 确定 按钮，完成布尔求差特征的创建，并隐藏工具体。

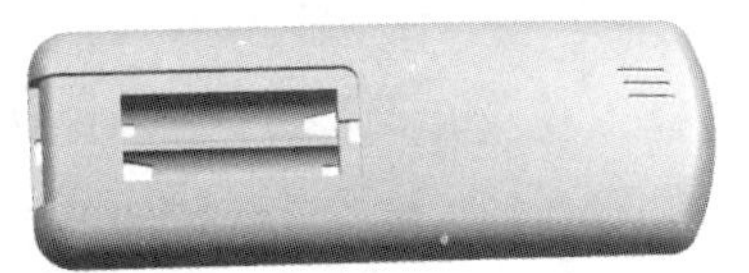
图 32.11.32 求差特征

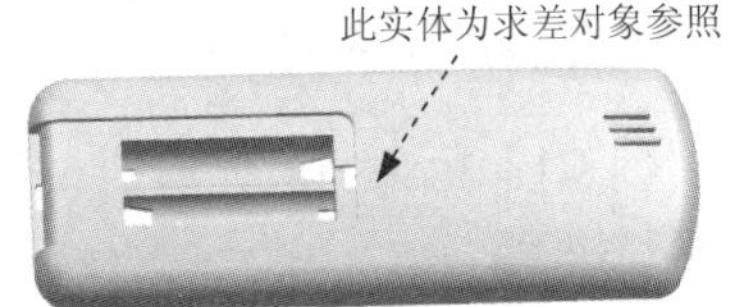

图 32.11.33 定义目标体

Step16. 创建图 32.11.34 所示的拉伸特征 10。选择下拉菜单 插入(S) → 设计特征(E) → 拉伸(E)... 命令（或单击按钮），系统弹出“拉伸”对话框；选择图 32.11.35 所示的截面曲线（截面曲线为实体的内边缘）；在“拉伸”对话框 限制 区域的 开始 下拉列表中选择 值 选项，并在其下的 距离 文本框中输入值 0；在 限制 区域的 结束 下拉列表中选择 值 选项，并在其下的 距离 文本框中输入值 0.5；在 方向 区域的 * 指定矢量 (0) 下拉列表中选择 -ZC 选项；在 布尔 区域的下拉列表中选择 求差 选项，系统将自动与模型中唯一个体进行布尔求差运算；其他参数采用系统默认设置；在 偏置 下拉列表中选择 两侧 选项，并在其下的 开始 文本框中输入值 0，在 结束 文本框中输入值-0.6；单击对话框中的 < 确定 > 按钮，完成拉伸特征 10 的创建。

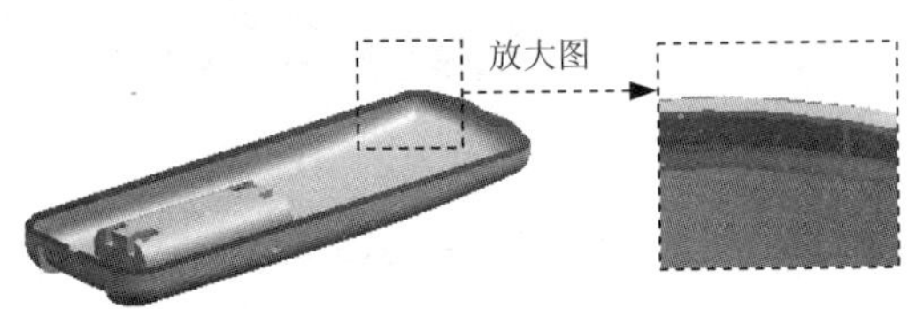

图 32.11.34 拉伸特征 10

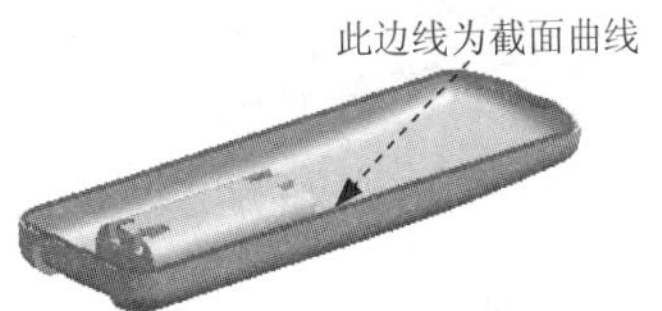

图 32.11.35 定义截面曲线

Step17. 创建图 32.11.36 所示的拉伸特征 11。选择下拉菜单 插入(S) → 设计特征(E) → 拉伸(E)... 命令（或单击按钮），系统弹出“拉伸”对话框；单击对话框中的“绘制截面”按钮，系统弹出“创建草图”对话框。选取 Step3 中抽壳时所选取的面所在的模型表面为草图平面，单击 确定 按钮，进入草图环境，绘制图 32.11.37 所示的截面草图（该圆的圆心约束在壳体的边线上和 Z 轴上），选择下拉菜单 任务(K) → 完成草图(K) 命令（或单击 完成草图 按钮），退出草图环境；在“拉伸”对话框 限制 区域的 开始 下拉列表中选择 值 选项，并在其下的 距离 文本框中输入值 0；在 限制 区域的 结束 下拉列表中选择 值 选项，并在其下的 距离 文本框中输入值 0.5；在 方向 区域的 * 指定矢量 (0) 下拉列表中选择 -YC 选项；在 布尔 区域的下拉列表中选择 求差 选项，系统将自动与模型中唯一个体进行布尔求差运算；其他参数采用系统默认设置；单击对话框中的 < 确定 > 按钮，完成拉伸特征 11 的创建。

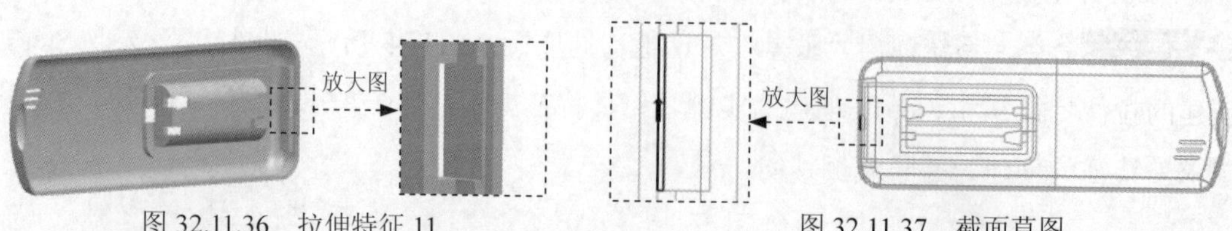

图 32.11.36　拉伸特征 11　　　　图 32.11.37　截面草图

Step18. 创建图 32.11.38 所示的拉伸特征 12。选择下拉菜单 插入(S) ➡ 设计特征(E) ➡ 拉伸(E)... 命令（或单击 按钮），系统弹出“拉伸”对话框；单击对话框中的“绘制截面”按钮，系统弹出“创建草图”对话框。单选取 ZX 基准平面为草图平面，单击 确定 按钮，进入草图环境，绘制图 32.11.39 所示的截面草图（该圆的圆心约束在壳体的边线上和 Z 轴上），选择下拉菜单 任务(K) ➡ 完成草图(K) 命令（或单击 完成草图 按钮），退出草图环境；在“拉伸”对话框 限制 区域的 开始 下拉列表中选择 值 选项，并在其下的 距离 文本框中输入值 50；在 限制 区域的 结束 下拉列表中选择 值 选项，并在其下的 距离 文本框中输入值 65；在 方向 区域的 指定矢量 (0) 下拉列表中选择 YC 选项；在 布尔 区域的下拉列表中选择 求差 选项，系统将自动与模型中唯一个体进行布尔求差运算；其他参数采用系统默认设置；单击对话框中的 < 确定 > 按钮，完成拉伸特征 12 的创建。

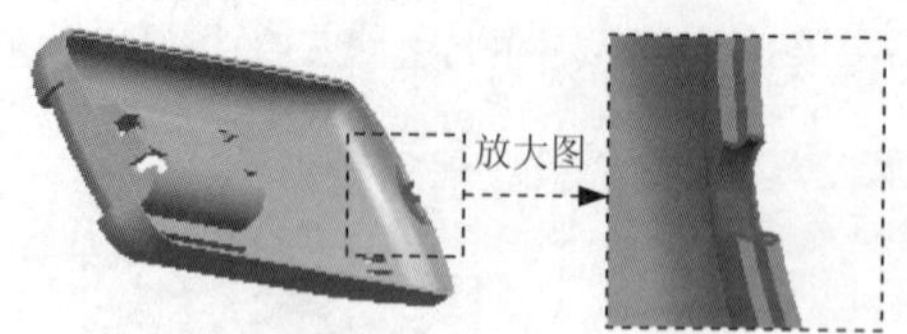

图 32.11.38　拉伸特征 12

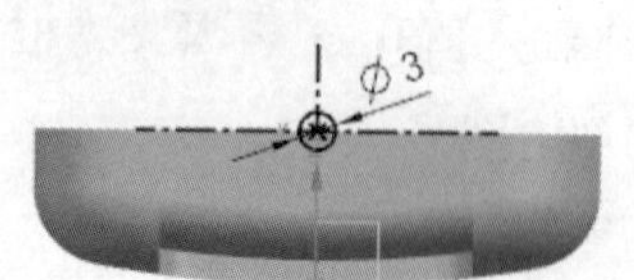

图 32.11.39　截面草图

Step19. 设置隐藏。选择下拉菜单 编辑(E) ➡ 显示和隐藏(H) ➡ 隐藏(H)... 命令（或单击 按钮），系统弹出“类选择”对话框；单击“类选择”对话框 过滤器 区域的 按钮，系统弹出“根据类型选择”对话框，选择对话框列表中的 基准 选项，单击 确定 按钮。系统再次弹出“类选择”对话框，单击对话框 对象 区域的“全选”按钮；单击对话框中的 确定 按钮，完成对设置对象的隐藏。

Step20. 保存零件模型。

32.12　创建电池盖

下面讲解电池盖（cell_cover）的创建过程，电池盖作为下部二级控件的另一部分，同样继承了相应的外观形状，同时获得本身的外形尺寸，这些都是对此进行设计的依据，零件模型及相应的模型树如图 32.12.1 所示。

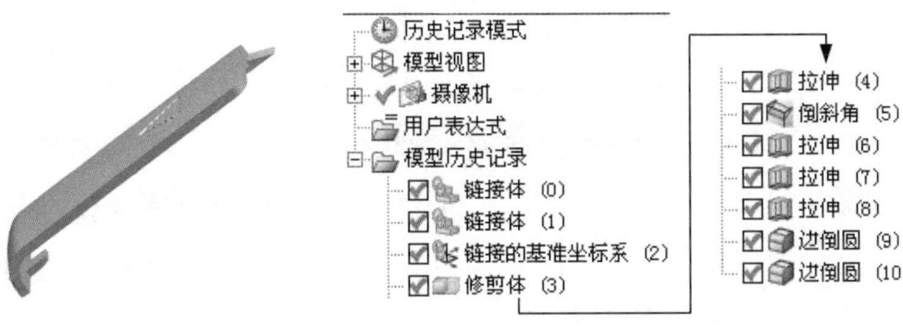

图 32.12.1 零件模型及模型树

Step1. 创建 cell_cover 层。在"装配导航器"窗口中的 down_cover 选项上右击，在弹出的快捷菜单（一）中选择 显示父项 → second_02 命令，系统在"装配导航器"中显示 second_02 部件；在"装配导航器"窗口中的 second_02 选项上右击，系统弹出快捷菜单（二），在此快捷菜单中选择 WAVE → 新建级别 命令，系统弹出"新建级别"对话框；单击"新建级别"对话框中的 指定部件名 按钮，在弹出的"选择部件名"对话框的 文件名(N): 文本框中输入文件名 cell_cover，单击 OK 按钮，系统再次弹出"新建级别"对话框；单击"新建级别"对话框中的 类选择 按钮，系统弹出"WAVE 组件间的复制"对话框，单击"WAVE 组件间的复制"对话框 过滤器 区域的 按钮，系统弹出"根据类型选择"对话框，按住 Ctrl 键，选择对话框列表中的 实体、片体 和 CSYS 选项，单击 确定 按钮。系统再次弹出"类选择"对话框，单击对话框 对象 区域的"全选"按钮。选取前面创建的二级控件 2 中的实体、曲面以及坐标系作为要复制的几何体，单击 确定 按钮。系统重新弹出"新建级别"对话框；在"新建级别"对话框中单击 确定 按钮，完成 cell_cover 层的创建；在"装配导航器"窗口中的 cell_cover 选项上右击，系统弹出快捷菜单（三），在此快捷菜单中选择 设为显示部件 命令，对模型进行编辑。

Step2. 创建图 32.12.2 所示的修剪体特征。选择下拉菜单 插入(S) → 修剪(M) → 修剪体(T)... 命令，系统弹出"修剪体"对话框；选取图 32.12.3 所示的实体为目标体和工具体；调整修剪方向，修剪后如图 32.12.2 所示；单击 < 确定 > 按钮，完成修剪体特征的创建（完成后隐藏工具体）。

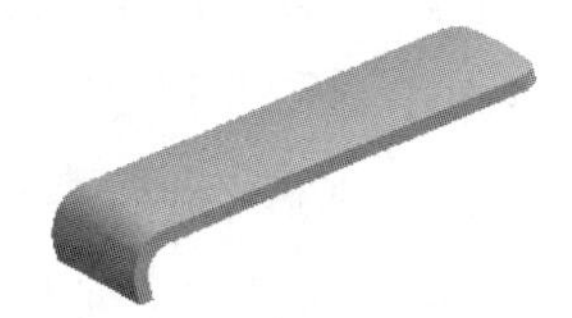

图 32.12.2 修剪体特征

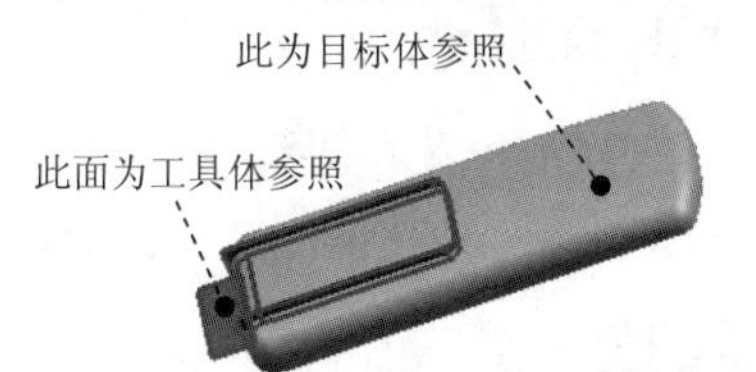

图 32.12.3 定义目标体和工具体

Step3. 创建图 32.12.4 所示的拉伸特征 1。选择下拉菜单 插入(S) → 设计特征(E) →

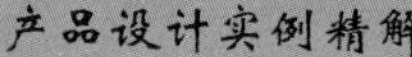

拉伸(E)...命令（或单击按钮），系统弹出“拉伸”对话框；单击对话框中的“绘制截面”按钮，系统弹出“创建草图”对话框。选取 YZ 基准平面为草图平面，选中设置区域的☑创建中间基准 CSYS 复选框，单击 确定 按钮，进入草图环境，绘制图 32.12.5 所示的截面草图，选择下拉菜单 任务(K) → 完成草图(K)命令（或单击完成草图按钮），退出草图环境；在指定矢量下拉列表中选择XC选项，在“拉伸”对话框限制区域的开始下拉列表中选择对称值选项，并在其下的距离文本框中输入值2.25；在布尔区域的下拉列表中选择求和选项，系统将自动与模型中唯一个体进行布尔求和运算；其他参数采用系统默认设置；单击对话框中的<确定>按钮，完成拉伸特征 1 的创建。

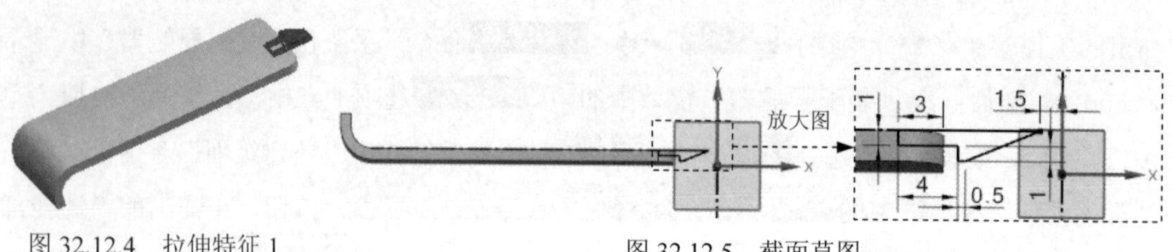

图 32.12.4 拉伸特征 1　　　图 32.12.5 截面草图

Step4. 创建图 32.12.6b 所示的倒斜角特征。选择下拉菜单插入(S) → 细节特征(L) → 倒斜角(C)...命令，系统弹出“倒斜角”对话框；选择图 32.12.6a 所示的边为倒斜角参照，并在偏置区域的横截面文本框中选择对称选项，在距离文本框中输入值 1.5；单击<确定>按钮，完成倒斜角特征的创建。

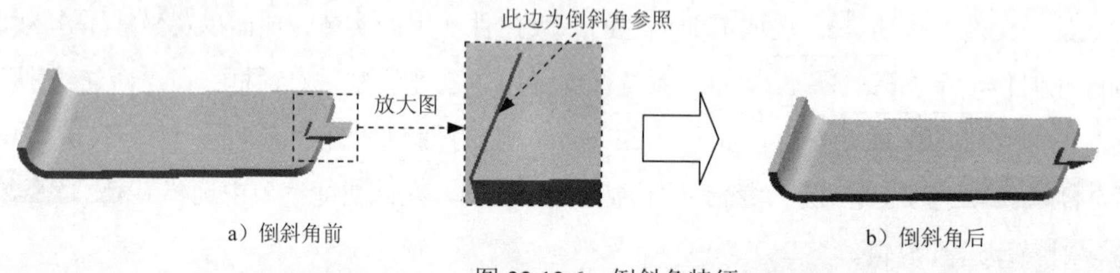

a）倒斜角前　　b）倒斜角后

图 32.12.6 倒斜角特征

Step5. 创建图 32.12.7 所示的拉伸特征 2。选择下拉菜单插入(S) → 设计特征(E) → 拉伸(E)...命令（或单击按钮），系统弹出“拉伸”对话框；单击对话框中的“绘制截面”按钮，系统弹出“创建草图”对话框。选取 YZ 基准平面为草图平面，取消选中设置区域的☐创建中间基准 CSYS 复选框；单击 确定 按钮，进入草图环境，绘制图 32.12.8 所示的截面草图，选择下拉菜单 任务(K) → 完成草图(K)命令（或单击完成草图按钮），退出草图环境；在“拉伸”对话框的指定矢量下拉列表中选择XC选项，在限制区域的开始下拉列表中选择对称值选项，并在其下的距离文本框中输入值 2.5；在布尔区域的下拉列表中选择求和选项，系统将自动与模型中唯一个体进行布尔求和运算；其他参数采用系统默认设置；单击对话框中的<确定>按钮，完成拉伸特征 2 的创建。

图 32.12.7 拉伸特征 2

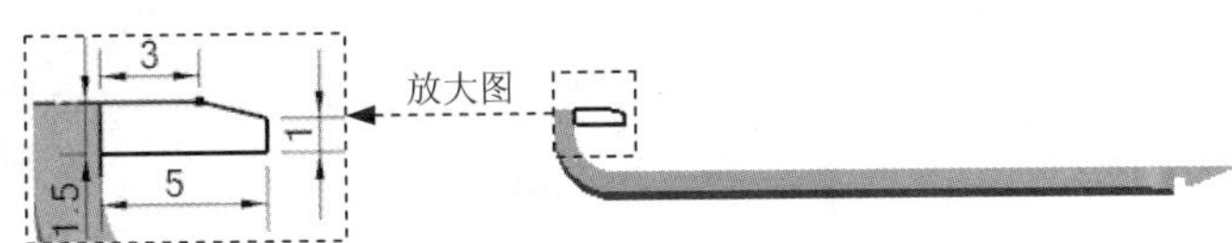

图 32.12.8 截面草图

Step6. 创建图 32.12.9 所示的拉伸特征 3。选择下拉菜单 插入(S) → 设计特征(E) → 拉伸(E)... 命令（或单击按钮），系统弹出“拉伸”对话框；单击对话框中的“绘制截面”按钮，系统弹出“创建草图”对话框。选取 XY 基准平面为草图平面，单击 < 确定 > 按钮，进入草图环境，绘制图 32.12.10 所示的截面草图，选择下拉菜单 任务(K) → 完成草图(K) 命令（或单击 完成草图 按钮），退出草图环境；在“拉伸”对话框的 指定矢量 下拉列表中选择 ZC↑ 选项，在 限制 区域的 开始 下拉列表中选择 值 选项，并在其下的 距离 文本框中输入值 0；在 限制 区域的 结束 下拉列表中选择 值 选项，并在其下的 距离 文本框中输入值 0.5；在 布尔 区域的下拉列表中选择 求差 选项，系统将自动与模型中唯一个体进行布尔求差运算；在 拔模 区域的 拔模 下拉列表中选择 从截面 选项，在 角度 文本框中输入值 20；其他参数采用系统默认设置；单击对话框中的 < 确定 > 按钮，完成拉伸特征 3 的创建。

Step7. 创建图 32.12.11 所示的拉伸特征 4。选择下拉菜单 插入(S) → 设计特征(E) → 拉伸(E)... 命令（或单击按钮），系统弹出“拉伸”对话框；单击对话框中的“绘制截面”按钮，系统弹出“创建草图”对话框。选取 XY 基准平面为草图平面，单击 确定 按钮，进入草图环境，绘制图 32.12.12 所示的截面草图（曲线横向尺寸递增 1.5，纵向间距为 1.5，并且图形关于 Y 轴对称分布），选择下拉菜单 任务(K) → 完成草图(K) 命令（或单击 完成草图 按钮），退出草图环境；在“拉伸”对话框 限制 区域的 开始 下拉列表中选择 值 选项，并在其下的 距离 文本框中输入值 0；在 限制 区域的 结束 下拉列表中选择 直至选定 选项，并选取图 32.12.13 所示的面为选定对象；在 布尔 区域的下拉列表中选择 求和 选项，系统将自动与模型中唯一个体进行布尔求和运算；其他参数采用系统默认设置；单击对话框中的 < 确定 > 按钮，完成拉伸特征 4 的创建。

图 32.12.9 拉伸特征 3

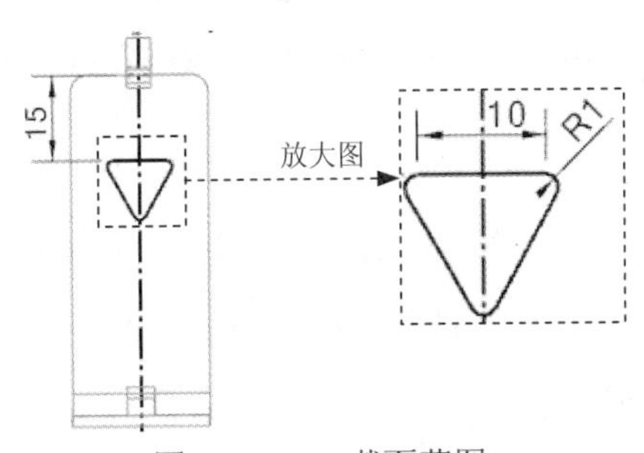

图 32.12.10 截面草图

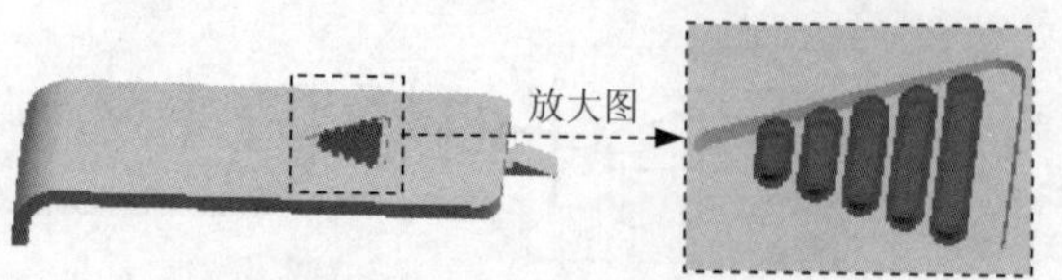

图 32.12.11　拉伸特征 4

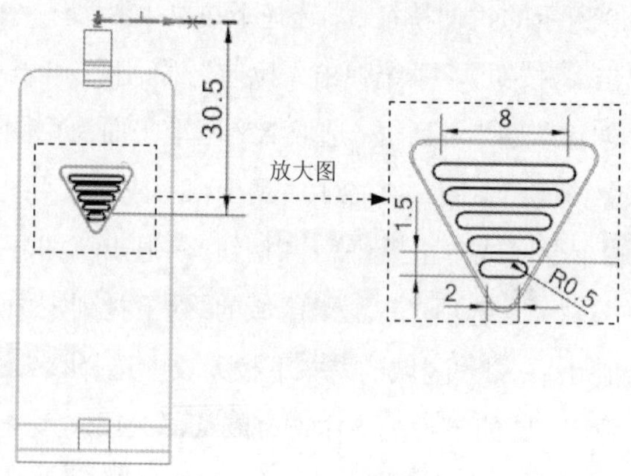

图 32.12.12　截面草图

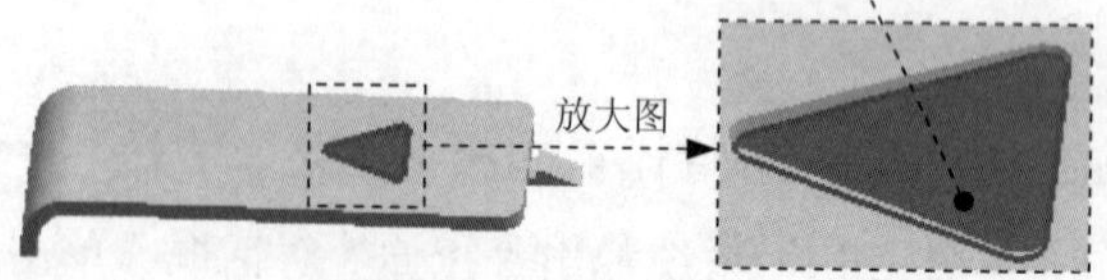

图 32.12.13　定义选定对象

Step8. 创建边倒圆特征 1。选择下拉菜单插入(S) → 细节特征(L) → 边倒圆(E)...命令（或单击按钮），系统弹出“边倒圆”对话框；选取图 32.12.14 所示的两条边为边倒圆参照，并在半径 1文本框中输入值 0.1；单击< 确定 >按钮，完成边倒圆特征 1 的创建。

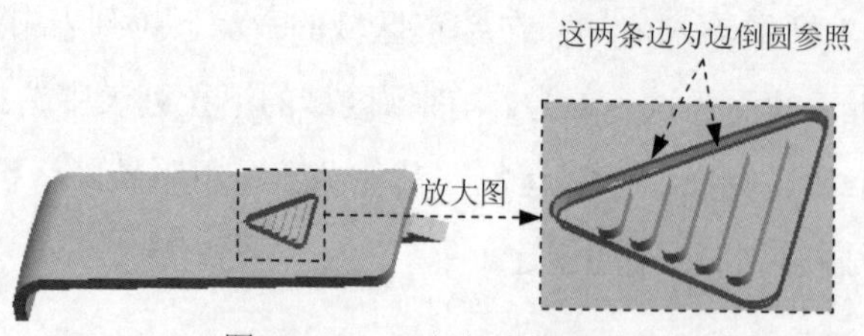

图 32.12.14　定义边倒圆参照

Step9. 创建边倒圆特征 2。选择下拉菜单插入(S) → 细节特征(L) → 边倒圆(E)...命令（或单击按钮），系统弹出“边倒圆”对话框；选取 Step7 创建的拉伸特征 4 的上下端边缘为边倒圆参照，并在半径 1文本框中输入值 0.1；单击< 确定 >按钮，完成边倒圆特征 2 的创建。

Step10. 设置隐藏。选择下拉菜单编辑(E) → 显示和隐藏(H) → 隐藏(H)...命令

（或单击按钮），系统弹出“类选择”对话框；单击“类选择”对话框过滤器区域的按钮，系统弹出“根据类型选择”对话框，选择对话框列表中的基准选项，单击确定按钮。系统再次弹出“类选择”对话框，单击对话框对象区域的按钮；单击对话框中的确定按钮，完成对设置对象的隐藏。

Step11. 保存零件模型。

32.13 编辑模型显示

以上对模型的各个部件已创建完成，但还不能得到清晰的装配体模型，要想得到比较清晰的装配体部件，还要进行下面的简单编辑。

Step1. 在“装配导航器”窗口中的cell_cover选项上右击，在弹出的快捷菜单（一）中选择显示父项 → controller命令，系统在“装配导航器”中显示 controller 部件。

Step2. 在“装配导航器”窗口中的controller选项上右击，系统弹出快捷菜单（二），在此快捷菜单中选择设为工作部件命令，对模型进行编辑。

Step3. 在“模型树”窗口中的第一个拉伸特征上右击，系统弹出快捷菜单（三），在此快捷菜单中选择隐藏(H)命令。

Step4. 在“装配导航器”窗口中取消选中controller、second_02、second_01和third选项，选中cell_cover、down_cover、keystoke、screen、top_over、keystoke02和keystoke01选项。

Step5. 选择下拉菜单编辑(E) → 显示和隐藏(H) → 隐藏(H)...命令（或单击按钮），系统弹出“类选择”对话框；单击“类选择”对话框过滤器区域中的按钮，系统弹出“根据类型选择”对话框，选择对话框列表中的曲线、草图、片体、基准和点选项，单击确定按钮。系统再次弹出“类选择”对话框，单击对话框对象区域中的“全选”按钮；单击对话框中的确定按钮，完成对设置对象的隐藏。

Step6. 至此，完整的遥控器模型已完成，可以对整个部件进行保存。

读者意见反馈卡

尊敬的读者：

感谢您购买中国水利水电出版社的图书！

我们一直致力于 CAD、CAPP、PDM、CAM 和 CAE 等相关技术的跟踪，希望能将更多优秀作者的宝贵经验与技巧介绍给您。当然，我们的工作离不开您的支持。如果您在看完本书之后，有好的意见和建议，或是有一些感兴趣的技术话题，都可以直接与我联系。

策划编辑：杨庆川、杨元泓

注：本书的随书光盘中含有该"读者意见反馈卡"的电子文档，您可将填写后的文件采用电子邮件的方式发给本书的责任编辑或主编。

E-mail: 展迪优 zhanygjames@163.com；宋杨：2535846207@qq.com。

请认真填写本卡，并通过邮寄或 *E-mail* 传给我们，我们将奉送精美礼品或购书优惠卡。

书名：《UG NX 9.0 产品设计实例精解》

1. 读者个人资料：

姓名：_________性别：___年龄：____职业：_________职务：_________学历：______

专业：_______单位名称：______________________电话：____________手机：_________

邮寄地址：______________________________邮编：______________E-mail：______________

2. 影响您购买本书的因素（可以选择多项）：

□内容　　□作者　　□价格

□朋友推荐　　□出版社品牌　　□书评广告

□工作单位（就读学校）指定　　□内容提要、前言或目录　　□封面封底

□购买了本书所属丛书中的其他图书　　□其他_________

3. 您对本书的总体感觉：

□很好　　□一般　　□不好

4. 您认为本书的语言文字水平：

□很好　　□一般　　□不好

5. 您认为本书的版式编排：

□很好　　□一般　　□不好

扫描二维码获取链接在线填写"读者意见反馈卡"，即有机会参与抽奖获取图书

6. 您认为 UG 其他哪些方面的内容是您所迫切需要的？

---

7. 其他哪些 CAD/CAM/CAE 方面的图书是您所需要的？

---

8. 您认为我们的图书在叙述方式、内容选择等方面还有哪些需要改进的？

如若邮寄，请填好本卡后寄至：

北京市海淀区玉渊潭南路普惠北里水务综合楼 401 室 中国水利水电出版社万水分社 宋杨（收） 邮编：100036 联系电话：（010）82562819 传真：（010）82564371

如需本书或其他图书，可与中国水利水电出版社网站联系邮购：

http://www.waterpub.com.cn　　咨询电话：（010）68367658。